DICTIONNAIRE

DES

SCIENCES NATURELLES.

TOME LVII.

VEA = VERS.

DICTIONNAIRE

DES

SCIENCES NATURELLES,

DANS LEQUEL

ON TRAITE MÉTHODIQUEMENT DES DIFFÉRENS ÊTRES DE LA NATURE, CONSIDÉRÉS SOIT EN EUX-MÊMES, D'APRÈS L'ÉTAT ACTUEL DE NOS CONNOISSANCES, SOIT RELATIVEMENT A L'UTILITÉ QU'EN PEUVENT RETIRER LA MÉDECINE, L'AGRICULTURE, LE COMMERCE ET LES ARTS.

SUIVI D'UNE BIOGRAPHIE DES PLUS CÉLÈBRES NATURALISTES.

Ouvrage destiné aux médecins, aux agriculteurs, aux commerçans, aux artistes, aux manufacturiers, et à tous ceux qui ont intérêt à connoître les productions de la nature, leurs caractères génériques et spécifiques, leur lieu natal, leurs propriétés et leurs usages.

PAR

Plusieurs Professeurs du Jardin du Roi, et des principales Écoles de Paris.

TOME CINQUANTE-SEPTIÈME.

F. G. LEVRAULT, Éditeur, à STRASBOURG,
et rue de la Harpe, N.º 81, à PARIS.

LE NORMANT, rue de Seine, N.º 8, à PARIS.

1828.

Liste des Auteurs par ordre de Matières.

Physique générale.

M. LACROIX, membre de l'Académie des Sciences et professeur au Collège de France. (L.)

Chimie.

M. CHEVREUL, membre de l'Académie des sciences, professeur au Collège royal de Charlemagne. (Ch.)

Minéralogie et Géologie.

M. Alexand. BRONGNIART, membre de l'Académie royale des Sciences, professeur de Minéralogie au Jardin du Roi. (B.)

M. BROCHANT DE VILLIERS, membre de l'Académie des Sciences. (B. de V.)

M. DEFRANCE, membre de plusieurs Sociétés savantes. (D. F.)

Botanique.

M. DESFONTAINES, membre de l'Académie des Sciences. (Desf.)

M. DE JUSSIEU, membre de l'Académie des Sciences, professeur au Jardin du Roi. (J.)

M. MIRBEL, membre de l'Académie des Sciences, professeur à la Faculté des Sciences. (B. M.)

M. HENRI CASSINI, associé libre de l'Académie des sciences, membre étranger de la Société Linnéenne de Londres. (H. Cass.)

M. LEMAN, membre de la Société philomatique de Paris. (Lem.)

M. LOISELEUR DESLONGCHAMPS, Docteur en médecine, membre de plusieurs Sociétés savantes. (L. D.)

M. MASSEY. (Mass.)

M. POIRET, membre de plusieurs Sociétés savantes et littéraires, continuateur de l'Encyclopédie botanique. (Poir.)

M. DE TUSSAC, membre de plusieurs Sociétés savantes, auteur de la Flore des Antilles. (De T.)

Zoologie générale, Anatomie et Physiologie.

M. G. CUVIER, membre et secrétaire perpétuel de l'Académie des Sciences, prof. au Jardin du Roi, etc. (G. C. ou CV. ou C.)

M. FLOURENS. (F.)

Mammifères.

M. GEOFFROY SAINT-HILAIRE, membre de l'Académie des Sciences, prof. au Jardin du Roi. (G.)

Oiseaux.

M. DUMONT de S.te CROIX, membre de plusieurs Sociétés savantes. (Ch. D.)

Reptiles et Poissons.

M. DE LACÉPÈDE, membre de l'Académie des Sciences, prof. au Jardin du Roi. (L. L.)

M. DUMÉRIL, membre de l'Académie des Sciences, professeur au jardin du Roi et à l'École de médecine. (C. D.)

M. CLOQUET, Docteur en médecine. (H. C.)

Insectes.

M. DUMÉRIL, membre de l'Académie des Sciences, professeur au jardin du Roi et à l'École de médecine. (C. D.)

Crustacés.

M. W. E. LEACH, membre de la Société roy. de Londres, Correspond. du Muséum d'histoire naturelle de France. (W. E. L.)

M. A. G. DESMAREST, membre titulaire de l'Académie royale de médecine, professeur à l'école royale vétérinaire d'Alfort, membre correspondant de l'académie des Sciences, etc.

Mollusques, Vers et Zoophytes.

M. DE BLAINVILLE, membre de l'Académie des Sciences, professeur à la Faculté des Sciences. (De B.)

———

M. TURPIN, naturaliste, est chargé de l'exécution des dessins et de la direction de la gravure.

MM. DE HUMBOLDT et RAMOND donneront quelques articles sur les objets nouveaux qu'ils ont observés dans leurs voyages, ou sur les sujets dont ils se sont plus particulièrement occupés. M. DE CANDOLLE nous a fait la même promesse.

M. PRÉVOT a donné l'article *Ocean*, M. VALENCIENNES plusieurs articles d'Ornithologie; M. DESPORTES l'article *Pigeon domestique*, et M. LESSON l'article *Pluvier*.

M. F. CUVIER, membre de l'académie des Sciences, est chargé de la direction générale de l'ouvrage, et il coopérera aux articles généraux de zoologie et à l'histoire des mammifères. (F. C.)

DICTIONNAIRE

DES

SCIENCES NATURELLES.

VEC

VEADO. (*Mamm.*) C'est l'un des noms que porte le cerf en Portugal. (Desm.)

VEAU. (*Conchyl.*) Nom marchand du *conus vitulinus*, Linn. (De B.)

VEAU. (*Mamm.*) Très-jeune animal de l'espèce du bœuf domestique. (Desm.)

VEAU AQUATIQUE. (*Vers.*) Ce nom a été employé pour désigner le dragonneau aquatique. (Desm.)

VEAU MARIN. (*Mamm.*) Ce nom a été donné par les marins et les habitans des côtes à presque tous les animaux du genre des Phoques, à cause de leur tête ronde et de leurs grands yeux; mais il doit être réservé particulièrement pour désigner le phoque ordinaire ou commun. (Desm.)

VEAU DE MER. (*Mamm.*) Voyez Veau marin. (Desm.)

VEBAR. (*Mamm.*) Nom arabe du lièvre , selon Gesner. (Desm.)

VEBERA. (*Bot.*) Voyez les articles Webera. (Lem.)

VECH. (*Mamm.*) Dénomination allemande qui se prononce *Fech*, et s'applique à l'écureuil gris. (Desm.)

VECHIO. (*Mamm.*) Nom du veau en Italie. (Desm.)

VECKELEY. (*Ichthyol.*) Un des noms saxons de *l'ablette*. Voyez Able dans le Supplément du tome I.ᵉʳ de ce Dictionnaire. (H. C.)

VEDEL. (*Mamm.*) Les veaux sont ainsi appelés dans le patois languedocien. (Desm.)

VEDELA. (*Bot.*) Adanson a fait sous ce nom un genre du *viscoides* de Plumier, publié par Burmann, t. 258, fig. 5. C'est une espèce du genre *Ardisia* de Swartz, ou *Anguillaria* de M. de Lamarck, qui, dans ses Illustrations, a nommé cette espèce *anguillaria laurifolia.* (J.)

VÉDÉLIE. (*Bot.*) Voyez Wedelia. (Lem.)

VÉDIANTIEN, *Vediantius.* (*Conchyl.*) Genre de coquilles nommé, plutôt qu'établi, par M. Risso (Histoire naturelle des côtes de Nice, tome 4, page 81), et qu'il caractérise ainsi : Coquille ovale; premier (dernier) tour de spire très-grand, ventru, celui du sommet mamelonné; suture large, profonde; ouverture alongée; péritrème (j'ignore ce que c'est) nul, excepté à droite, où il s'infléchit. Le fait est qu'à en juger d'après la figure, qui paroît exacte, la coquille qui constitue ce prétendu genre, est une agathine, si la columnelle est tronquée, comme elle semble l'être, ou une auricule, s'il y a un pli à cette columelle. Il se pourroit même, par un hasard singulier, que cette coquille ne fût qu'une simple variété de celle qui a servi à l'établissement, par le même auteur, d'un autre genre, sous le nom de *Ferussacia.* En effet, les caractères de ce dernier genre sont absolument les mêmes que ceux que nous venons de rapporter pour le Védiantien, presque avec la seule différence de la forme, ovale dans celui-ci et alongée (M. Risso dit à tort turriculée) dans celui-là, ce qui a forcé les tours de spire, en même nombre, d'être plus aplatis dans le Férussacie que dans le Védiantien; mais l'un et l'autre ont l'ouverture alongée, le péritrème nul, excepté à droite, où il s'infléchit. Le Védiantien cristal, *Vediantius crystallus,* fig. 24, est du reste, comme le Férussacie de Gronow, *Ferussacia gronowiana,* fig. 27, vitré ou pellucide, très-luisant, couleur de corne, et ils se trouvent l'un et l'autre, pendant toute l'année, dans les fissures des rochers du Lazaret de Nice. Le premier est cependant de moitié plus petit que l'autre. La coquille dont M. Risso fait encore un autre genre de même valeur, sous le nom de Pégée, *Pegea,* d'après l'inspiration du docteur Leach, sous le nom très-extraordinaire de P. incarnate, *P. carnea,* fig. 29, puisqu'elle est, dit-il, d'un blanc d'ivoire, pourroit encore fort bien être de la même espèce que le Védiantien cristal et le Férussacie de Gronow. (DE B.)

VEELA. (*Bot.*) Nom brame, cité par Rhéede, d'un mosambé, *cleome pentaphylla.* (J.)

VEELVRAAT. (*Mamm.*) C'est le nom hollandois du glouton. (DESM.)

VEETLA - CAITU. (*Bot.*) Burmann cite cette plante du Malabar, mentionnée par Rhéede, comme une variété du *commelina cristata.* (J.)

VEGELIA. (*Bot.*) Necker nomme ainsi le *weigela* de Thunberg. (J.)

VÉGÉTAUX. (*Bot.*) Les végétaux ont été considérés sous divers rapports dans un grand nombre d'articles de ce Dictionnaire (voyez les mots BOTANIQUE, MÉTHODE, THÉORIE FONDAMENTALE, et tous les articles de physiologie végétale). Il reste maintenant, 1.° à faire connoître leurs rapports avec les autres êtres de la nature, et notamment avec les animaux, et 2.°, à donner un aperçu de leurs parties extérieures.

1.° *Rapports des végétaux avec les autres êtres.* C'est une division bien ancienne et qui, si nous en jugeons par nos premières impressions, nous paroîtra d'une solidité inébranlable, que celle de tous les êtres en trois règnes : le minéral, le végétal et l'animal. Les minéraux, privés de la vie, augmentent en volume par superposition de nouvelles molécules. Les végétaux vivent, croissent, se propagent et meurent. Les animaux unissent à ces propriétés des végétaux, le sentiment de leur existence. Sans doute, cette manière d'envisager les œuvres de la création, a quelque chose de simple et d'imposant ; mais si nous y réfléchissons, nous verrons bientôt que nous ne pouvons en faire une application rigoureuse, parce que nous ignorons où la sensibilité cesse dans l'immense série des êtres organisés.

Les modernes rejettent la division en trois règnes; ils admettent deux grandes classes, celle des êtres organisés et celle des êtres inorganisés. Cette dernière classe embrasse toute la nature brute : les fluides, les gaz, les minéraux. Les molécules qui les composent sont soumises sans réserve aux lois de la chimie, de la physique et de la mécanique. L'autre classe renferme les végétaux et les animaux. Leurs molécules constituantes sont dans un perpétuel état de mobilité. Les parties organisées qui forment ces molécules sont irritables, c'est-à-dire, qu'elles sont susceptibles de se contracter par le contact de certains stimulans : propriété admirable dont nous apercevons les effets les plus manifestes, mais dont la cause première, que nous désignons sous le nom vague de *force vitale*, nous est tout-à-fait inconnue. Doué de cette propriété, le corps organisé résiste aux causes extérieures qui tendent à le détruire, rejette les substances inutiles ou nuisibles, choisit celles qui conviennent le mieux à sa nature, les associe et les dispose suivant les lois de l'organisation, leur communique le mouvement dont ses molécules sont animées, accroît son volume, se développe et reproduit enfin des êtres semblables à lui-même ; car, à bien considérer les choses, la nutrition et la génération sont deux modes du même phénomène. C'est donc l'irritabilité qui distingue à nos yeux les animaux et les végétaux de la matière brute. Quand l'irritabilité s'éteint, toute ligne de démarcation s'efface.

Les corps bruts se forment par la force attractive des élémens. Les corps organisés doivent la vie à des êtres de leur espèce. Les premiers cessent d'exister quand des forces chimiques ou mécaniques, supérieures à celles qui retenoient leurs molécules unies, agissent sur ces molécules et les séparent. Les seconds meurent quand les organes nécessaires à la vie perdent leur irritabilité.

Une comparaison rapide entre les végétaux et les animaux fera voir en quoi ces deux grandes divisions des êtres vivants se ressemblent ou diffèrent.

Le carbone, l'hydrogène, l'oxigène, et quelquefois l'azote, forment la base des substances végétales. On y trouve aussi, mais en moindre quantité, quelques oxides métalliques, quelques sels alcalins et terreux. Les matières animales offrent les mêmes composans. Une différence remarquable entre les deux classes, c'est qu'en général le carbone domine dans les plantes, et l'azote dans les animaux.

Une substance homogène, transparente, flexible, incolore, quelquefois formant une masse dans laquelle l'œil, aidé des verres les plus forts, ne distingue aucune organisation, mais plus souvent étendue en membranes et façonnée en tubes et en cellules, constitue le végétal tout entier. Les animaux d'un ordre inférieur, tels que les polypes, n'ont pas une organisation plus compliquée. Mais si l'on porte ses regards plus haut dans la chaîne des êtres, on découvre des animaux dont la structure est moins simple. Trois élémens organiques entrent dans leur composition : le tissu cellulaire, amas de cellules membraneuses et continues, dont les cavités communiquent entre elles par des lacunes ménagées dans leurs parois ; les fibres irritables, filets alongés, évidemment contractiles, qui composent les muscles par leur réunion, et qui garnissent les tubes artériels et le canal intestinal ; la substance médullaire, pulpe homogène, qui présente à l'œil armé du microscope une innombrable quantité de globules. Le cerveau, la moelle épinière, les nerfs, sont principalement formés de cette substance. Rien de semblable n'a été observé dans aucun végétal.

Les animaux, en général, sont pourvus d'un canal intestinal, ouvert le plus souvent à ses deux extrémités. Une ouverture reçoit les alimens, l'autre rejette les matières inutiles à la nutrition. Le canal intestinal est garni, dans une partie de sa longueur, de pores qui absorbent les molécules nutritives et les font passer dans le torrent de la circulation. Les plantes n'ont point de canal intestinal, et leurs pores absorbans sont répandus sur toute leur surface ; c'est pourquoi Aristote et Boerhaave les appellent des *animaux retournés.* Ce caractère de la présence et de l'absence du canal intestinal, le seul qui semble être exclusif, me paroît bien foible pour distinguer les deux grandes divisions des êtres organisés. En effet, les polypes et la plupart des radiaires n'ont pour intestins qu'un sac simple ou composé, à une seule ouverture, servant à la fois de bouche et d'anus ; et si l'on retourne le petit sac dont est formé tout entier le polype connu des naturalistes sous le nom d'hydre, la surface extérieure, devenue la surface intérieure, remplit très-bien les fonctions de canal intestinal ; preuve certaine que les deux surfaces sont remplies de pores absorbans également propres à pomper les substances nutritives. En considérant la dégradation successive des formes organiques, et jugeant de l'inconnu par le connu, il est naturel de soupçonner que tout vestige de canal intestinal finit par disparoître dans les animaux infusoires.

Les plantes se nourrissent de substances inorganisées; elles absorbent, avec l'eau, les matières minérales, végétales et animales, que ce liquide tient en dissolution. Les parties vertes, soumises au contact de la lumière, décomposent l'eau et l'acide carbonique, rejettent l'oxigène de cet acide presque en totalité, et retiennent le carbone et les principes de l'eau avec un peu d'azote que les gaz et le liquide absorbé ont introduit dans le tissu. Elles s'assimilent ces substances, et leur donnent, pour un temps, les caractères de l'organisation.

Les animaux se nourrissent de végétaux ou d'animaux qui s'étoient nourris de végétaux : d'où il suit que le tissu animal se compose des mêmes élémens que le tissu végétal ; mais les proportions ne sont pas les mêmes, parce que les élémens rejetés ou fixés diffèrent par la quantité dans les deux classes; et, par exemple, pour citer le fait le plus notable, la respiration, sorte de combustion qui a lieu partout où les vaisseaux sanguins sont en contact avec l'air atmosphérique, enlève sans cesse du gaz acide carbonique au tissu animal, tandis que le tissu végétal absorbe cette substance, et s'assimile le carbone. Voila ce qui fait qu'en dernière analyse le carbone abonde dans les végétaux et l'azote dans les animaux.

Les sucs nutritifs pénètrent toutes les parties du corps organisé et suivent des routes différentes, selon les espèces. Chez les quadrumanes et les oiseaux, les fluides enlevés aux alimens par les vaisseaux lactés, sont conduits par les veines, qui les portent au cœur, d'où ils passent dans les poumons, pour revenir de nouveau dans le cœur, qui les pousse dans un tronc artériel, lequel les distribue, par de nombreuses artérioles, à tous les organes. Une partie de ces fluides sert à la nutrition. Le surplus, résorbé par les vaisseaux lymphatiques, grossit la masse du sang veineux et parcourt encore le cœur, le poumon et les artères. Cette circulation ne cesse qu'avec la vie. Chez les poissons, le sang se rend directement des branchies aux artères, sans repasser par le cœur. Chez les reptiles, une grande partie du sang passe des veines dans les artères, sans même entrer dans les poumons. Ainsi, le système de la circulation va se simplifiant jusqu'à ce qu'il disparoisse. Il n'en subsiste aucun vestige dans les insectes. Ces animaux n'ont ni veines, ni cœur, ni artères. Les fluides nourriciers traversent les pores du canal intestinal, abreuvent le tissu organique et s'élaborent au contact de l'air introduit dans l'intérieur du corps par les trachées, espèces de vaisseaux pulmonaires qui s'ouvrent à sa surface. Le mode de nutrition des plantes parfaites diffère peu de celui-ci. La séve, balancée dans de longs tubes qui parcourent le végétal, se répand de tous côtés, se porte à la superficie, et particulièrement dans les feuilles, où, se mettant en contact avec l'air et la lumière, elle éprouve des décompositions et des combinaisons diverses, et acquiert les qualités nécessaires pour nourrir l'individu.

Dans les insectes, il existe au moins des organes pulmonaires ; mais dans les animaux inférieurs, dans les polypes, par exemple, on n'aperçoit plus rien de semblable. La substance dont ils sont formés est molle, homogène, souvent sans forme constante, et elle reçoit les matières nutritives par simple imbibition. Il semble que la nutrition s'opère de même dans les tremelles et autres plantes gélatineuses.

Le cerveau et les nerfs sont les organes de la sensibilité. L'opinion commune est que l'alliance des filets nerveux avec la fibre musculaire rend celle-ci irritable. On soupçonne que les nerfs dégagent quelque fluide subtil qui occasionne la contraction des muscles, et que l'émission de ce fluide ne peut avoir lieu que lorsqu'un stimulant agit sur les nerfs. Mais, quoique la sensibilité soit de toutes les causes d'excitation la plus puissante et la plus remarquable, il ne faut pas croire que l'irritabilité dépende de la sensibilité, car plusieurs mouvemens indispensables à la vie animale ne sont accompagnés d'aucune perception. Observons aussi que l'on connoît dans les animaux certains organes très-irritables, comme la matrice, par exemple, où l'on ne découvre point de fibres ; ce qui a fait dire à quelques physiologistes que les substances nerveuse et musculaire y existent dans une union intime. En partant de cette hypothèse, il faudroit admettre également que les deux substances sont confondues dans les

animaux infusoires et dans les polypes, dont le corps gélatineux, et néanmoins contractile, n'offre aucun indice de fibres
et de nerfs. Mais si nous rejetons toute hypothèse hasardée, et
que nous nous en tenions à l'examen pur et simple des phénomènes, que conclurons-nous ? Que la présence des substances
nerveuse et musculaire n'est pas indispensable à l'irritabilité.
Je vais plus loin : toutes les parties susceptibles de développement sont par cela même irritables, quoique leur contractilité ne soit pas toujours manifeste ; car la nutrition, ou la
propriété qu'ont les corps vivans de s'incorporer de nouvelles
molécules et de les assujettir aux lois de l'organisation, suppose de nécessité une force de succion qui attire les sucs nutritifs ; or, comment expliqueroit-on la succion autrement
que par la contraction et la dilatation alternatives des vaisseaux absorbans ? Le phénomène de la nutrition est donc une
preuve de l'irritabilité ; et puisque les plantes croissent, il
est clair qu'elles se nourrissent et qu'elles sont irritables. D'ailleurs plusieurs espèces exécutent des mouvemens très-visibles
qu'on a tenté vainement d'expliquer par les lois ordinaires de
la physique, et qui résultent, selon toute apparence, d'une
contractilité analogue à celle de la fibre musculaire.

Si l'extrême simplicité de structure ne se trouvoit que dans
les végétaux, il seroit facile de leur assigner un caractère
distinctif ; mais, comme nous venons déjà de l'indiquer, les
organes de la sensibilité et du mouvement volontaire subissent
une suite de dégradations, et s'effacent enfin dans les espèces
placées aux derniers degrés de l'échelle des animaux.

Les mammifères, les oiseaux, les reptiles, sont pourvus
de deux systèmes nerveux qui communiquent ensemble par
des ramifications, et cependant agissent séparément. L'un a
pour tronc principal la moelle épinière renfermée dans le
canal des vertèbres ; l'autre est un réseau garni de ganglions,
espèces de petits cerveaux situés avec les viscères dans les
grandes cavités du corps. Le système de la moelle épinière
est particulièrement affecté aux fonctions de la sensibilité et
aux mouvemens volontaires ; le système ganglionique préside
aux fonctions vitales intérieures, telles que la circulation,
la respiration et autres qui dépendent de la vie animale et
s'exécutent sans l'intervention de la volonté.

Dans les vers, les insectes, les crustacés, les coquillages et
les mollusques, le système de la moelle épinière manque; le
ganglionique existe seul; aussi la sensibilité de ces animaux
paroît-elle infiniment plus bornée que celle des premiers.
Ils n'ont point de centre commun pour les sensations, et
dans plusieurs on peut, sans mettre la vie en danger, re-
trancher quelque partie dont l'amputation seroit mortelle
pour les animaux d'un ordre supérieur. Lorsque l'on coupe
la tête d'un *nereis* ou d'un *gordius*, elle repousse sur le tronc.
La partie postérieure du lombric se régénère de même.
Chaque articulation du *tænia* jouit d'une vitalité qui lui est
propre. Ainsi déjà l'animal se rapproche de la plante.

Viennent ensuite les zoophytes, formés d'une substance
molle et gélatineuse, sans la plus légère apparence de muscles et de nerfs. C'est dans cette classe que se range le polype, dont le moindre fragment reproduit un nouvel individu.

Comment jugeons-nous que ces êtres, qui n'offrent aucun
vestige de l'organe de la sensibilité, ont des perceptions ?
Nous voyons qu'ils se meuvent, qu'ils saisissent de petits insectes, qu'ils semblent choisir leur nourriture ; mais certaines plantes, à ne regarder que les apparences, se com-
portent de la même manière. Y a-t-il quelque raison de nier
que la sensitive et le *dionæa* soient privés de la faculté de
sentir, et d'affirmer que cette noble faculté appartienne aux
zoophytes ? Aucune, si ce n'est celle que fournit l'analogie.
D'une part, considérant que les zoophytes exécutent des
mouvemens tout-à-fait semblables à ceux qui résultent de la
sensibilité dans les animaux visiblement pourvus de nerfs et
de muscles, nous concluons que ces mouvemens ont la même
origine; d'autre part, faisant attention que le petit nombre
de plantes qui se meuvent comme des êtres sensibles, ont
cependant les plus grands rapports de formes, d'organisation
et de développement avec les autres plantes, qui, selon
l'ordre de nos idées, ne doivent avoir aucune sensibilité,
nous concluons que les mouvemens des premières ont pour
cause une contractilité organique, indépendante de la volonté et de la sensibilité. C'est tout ce que peut l'intelli-
gence humaine pour éclairer des questions si délicates.

Les divers modes de la génération unissent étroitement les plantes aux animaux. Des enveloppes plus ou moins dures et nombreuses ; un embryon caché sous ces enveloppes ; une petite provision de substance nutritive pour les premiers besoins. ces choses sont communes à la graine et à l'œuf. Si presque toutes les plantes ont des graines, presque tous les animaux ont des œufs ; car on peut croire que les vivipares en produisent de même que les ovipares, mais qu'ils éclosent dans la matrice. Il est aussi des plantes dont la graine germe dans le fruit encore suspendu à la branche.

Beaucoup de végétaux n'ont point de graines. Beaucoup d'animaux n'ont point d'œufs. Les uns et les autres se multiplient par extension et séparation naturelle de leur propre substance. Il se développe à la superficie externe ou interne de certaines espèces de polypes, de petits tubercules qui grossissent, se détachent, et forment, tantôt près, tantôt loin de la souche principale, d'autres polypes, lesquels ne tardent pas à se multiplier par le même moyen. On croiroit voir une plante, une conferve, par exemple, se propager en donnant naissance à des tubercules.

Rien de plus curieux que la manière dont se régénèrent quelquefois ces petits vers aquatiques, que les naturalistes nomment *nereis*. Le corps de l'animal est alongé : à certaines époques il se partage dans sa longueur par des étranglemens ; à chaque étranglement on remarque deux points noirs : ce sont deux petits yeux qui commencent à paroître. Les étranglemens deviennent de plus en plus marqués, et le corps de l'animal finit par se séparer en plusieurs tronçons, qui sont autant de nouveaux *nereis*.

On sait qu'un polype coupé en plusieurs morceaux donne un égal nombre de polypes, et qu'une branche, ou même une feuille détachée, peut produire un arbre tout entier.

Il suit de la comparaison qui vient d'être établie entre les animaux et les végétaux, que ces êtres sont étroitement unis par les caractères essentiels de l'organisation ; qu'il semble impossible de les distinguer par un trait prononcé qui appartienne exclusivement aux uns et aux autres ; que la liaison des deux classes se montre surtout dans les espèces les moins parfaites, et qu'en général les différences sont plus nombreuses et plus marquées à mesure que l'on s'éloigne de ce point de départ; en sorte que les animaux et les végétaux forment deux séries graduées, ou, si l'on veut, deux chaînes ascendantes qui, partant d'un point commun, s'écartent l'une de l'autre à mesure qu'elles s'élèvent.

2.º *Aperçu des parties extérieures des végétaux.* Il existe dans les végétaux, de même que dans les animaux, deux ordres d'organes, les uns nécessaires à la conservation de l'individu : telles sont la racine, la tige et les feuilles ; les autres nécessaires à la propagation de l'espèce; tels sont la fleur et le fruit.

La partie qui fixe les végétaux à la terre et y absorbe les sucs nécessaires à la végétation, est la *racine*. Cet organe ne manque presque jamais.

La tige part de la racine. Quelquefois elle rampe sur terre ou même reste cachée dans son sein ; plus souvent elle s'élève vers le ciel, soit par ses propres forces, soit en s'appuyant sur un corps étranger. Les divisions de la tige sont des *branches*; les divisions des branches sont des *rameaux*.

Lorsque le végétal est privé de tige, les feuilles, les fleurs et les fruits naissent du sommet de la racine. Mais lorsque la tige existe, c'est toujours elle ou ses ramifications qui portent les feuilles, les fleurs et les fruits.

Les herbes ont en général des tiges molles, aqueuses, et de courte durée, qui fleurissent une seule fois et meurent ensuite.

Les arbres, les arbrisseaux, les arbustes, ont des tiges solides, ligneuses, qui fleurissent plusieurs fois et ne meurent qu'après un nombre d'années plus ou moins considérable.

De petits corps arrondis ou coniques, formés communément de lames ou d'écailles minces, appliquées les unes sur les autres, se montrent chaque année dans nos climats froids et tempérés, sur les tiges, les branches et les rameaux des arbrisseaux et des arbres. Ils recèlent les germes des productions des années suivantes, et les garantissent de l'intempérie des saisons. Ces germes et les lames qui les recouvrent sont des *boutons*.

Les boutons des arbres et des arbrisseaux des contrées équinoxiales sont presque toujours dépourvus d'écailles, mais il est rare qu'ils soient absolument nus.

Les racines qui survivent à la chute annuelle des tiges herbacées, et celles d'un grand nombre de végétaux à tiges ligneuses et par conséquent vivaces, produisent des boutons que l'on nomme *turions*.

La *bulbe* ou l'ognon des lis, des aulx, des scilles, ne diffère pas essentiellement des turions.

Le bouton, commençant à se développer, devient un *bourgeon*, et celui-ci, en s'alongeant, devient une branche ou un rameau.

Les arbustes se distinguent assez nettement des arbrisseaux, parce qu'ils n'offrent point de boutons à l'époque où la végétation est suspendue. Mais les arbrisseaux ne diffèrent des arbres que par la foiblesse et le peu d'élévation de leurs tiges, caractères vagues, qui laissent souvent le botaniste incertain sur l'expression qu'il doit employer.

Les *feuilles* sont communément des lames vertes, minces, molles, de peu de durée, que l'on doit considérer à la fois comme des racines aériennes et comme des poumons propres aux végétaux, parce qu'elles ont plus qu'aucune autre partie la propriété d'absorber l'eau et l'acide carbonique de l'atmosphère, de décomposer l'une et l'autre, et d'expirer du gaz oxigène au contact des rayons de la lumière : elles sont souvent resserrées à leur base en une espèce de queue que l'on nomme *pétiole*, et sont accompagnées quelquefois de *stipules*, appendices semblables à de petites feuilles.

Les végétaux, comme tous les êtres organisés, donnent naissance à des êtres semblables à eux, et perpétuent ainsi l'ouvrage de la création. Cet important phénomène s'opère dans la plupart par le concours de deux organes, l'*étamine* et le *pistil*, que l'on assimile, non sans raison, aux parties mâles et femelles des animaux.

Les espèces dans lesquelles ces organes existent d'une manière bien évidente, sont dites phénogames. Celles dans lesquelles l'existence de ces organes est plutôt soupçonnée que démontrée, sont dites cryptogames. Celles dans lesquelles on croit que ces organes n'existent pas, sont dites agames.

La présence d'une étamine ou d'un pistil suffit pour constituer la *fleur*; mais elle n'est complète que lorsque les deux organes réunis sont environnés d'un double périanthe. Les personnes étrangères aux connoissances botaniques donnent exclusivement le nom de fleur à ces enveloppes qui se font remarquer souvent par la vivacité de leurs couleurs, l'élégance de leurs formes et la suavité de leurs parfums.

L'organe mâle ou l'étamine comprend trois parties; le *pollen*, poussière composée ordinairement d'une quantité innombrable de vésicules remplies d'une liqueur fécondante : l'*anthère*, sac membraneux qui contient le pollen et le répand au temps de la fécondation : l'*androphore*, support de l'anthère.

On retrouve l'anthère et le pollen, quoique sous des formes très-variées, dans toutes les fleurs hermaphrodites ou mâles. Quant à l'androphore, il n'existe pas toujours.

L'organe femelle, ou pistil, comprend quatre parties : les *ovules*, premières ébauches des embryons et de leurs tégumens; l'*ovaire*, cavité du pistil dans laquelle sont renfermés les ovules; le *style*, espèce de trompe ou de filet qui s'élève de l'ovaire; le *stigmate*, extrémité supérieure du style, par laquelle on soupçonne que la liqueur du pollen est absorbée.

Le style manque dans beaucoup d'espèces; les ovules, l'ovaire et le stigmate sont des parties essentielles qui ne manquent jamais dans les plantes pourvues de fleurs.

Le *périanthe* est une enveloppe placée immédiatement au-dessous des organes sexuels. Il est continu avec le support de la fleur.

Dans beaucoup de végétaux le périanthe est simple; dans un plus grand nombre il est double, et alors sa partie externe est le *calice*, et sa partie interne la *corolle*.

Le calice est presque toujours vert, herbacé et plus susceptible de se dessécher que de se flétrir.

La corolle, à l'exception de la couleur verte, se teint de toutes les nuances. Elle est molle, aqueuse et fugace.

Quant au périanthe simple, tantôt sa substance ressemble à celle du calice, tantôt à celle de la corolle, et tantôt elle est mixte, c'est-à-dire, qu'elle participe de l'un et de l'autre par sa consistance et sa couleur.

Le périanthe simple est monosépale, lorsqu'il est d'une seule pièce; et polysépale, lorsqu'il est de plusieurs pièces. Chaque pièce prend le nom de *sépale*. Le calice modifié de la même manière reçoit les mêmes qualifications.

La corolle est monopétale ou polypétale, selon qu'elle est d'une ou plusieurs pièces ou *pétales*.

Le périanthe simple, aussi bien que le calice et la corolle qui forment le périanthe double, offrent, quand ils sont d'une seule pièce, le *tube*, qui est la partie inférieure; la *gorge*, qui est l'orifice du tube, et le limbe, qui est l'expansion comprise entre l'orifice et le bord supérieur.

Chaque pétale d'une corolle polypétale a son *onglet* et sa *lame*. L'onglet est la partie inférieure par laquelle le pétale est fixé; la lame est toute l'expansion supérieure.

La place où sont attachés les organes floraux, se nomme le *réceptacle*.

Les fleurs ont quelquefois des enveloppes accessoires; ce sont des *bractées*, petites feuilles qui diffèrent des autres, soit par leur consistance, soit par leurs formes, soit par leur couleur.

Les bractées réunies plusieurs ensemble en collerette, au-dessous des fleurs, constituent l'*involucre*.

On doit aussi considérer comme des bractées les *spathes*, enveloppes membraneuses ou même ligneuses qui environnent et cachent d'abord absolument une ou plusieurs fleurs, et ne les laissent voir que lorsqu'elles viennent à s'ouvrir ou à se déchirer.

Enfin, les petites écailles ou paillettes qui accompagnent les organes sexuels du blé, de l'avoine et autres plantes de la nombreuse famille des graminées, et qui prennent le nom de *lodicules*, de *spathellules* et de *spathelles*, suivant qu'elles sont plus ou moins rapprochées des parties génitales, ne sont encore autre chose que des bractées.

Le support d'une fleur solitaire et le support principal de plusieurs fleurs est un *pédoncule*, s'il part de la tige ou des rameaux, et une *hampe*, s'il part de la racine. Les *pédicelles* sont les dernières ramifications d'un pédoncule commun à plusieurs fleurs, ou, si l'on veut, ce sont les pédoncules particuliers de chaque fleur.

Après la fécondation, les styles, les stigmates, les étamines se flétrissent ou se desséchent; mais l'ovaire continue de se développer : il prend le nom de *fruit*.

On distingue dans le fruit le *péricarpe* et la *graine*.

Le péricarpe est la paroi de l'ovaire qui a changé de volume, de consistance, et souvent même de forme, en mûrissant. Il contient toujours les graines.

La graine est l'œuf végétal parvenu à sa perfection. Elle renferme sous une ou plusieurs *tuniques séminales*, l'*embryon*, germe précieux, dont l'existence assure la reproduction de l'espèce.

Le péricarpe est dur ou mou, sec ou succulent, simple ou composé. Tantôt il est d'une seule pièce et reste clos, tantôt il est de plusieurs pièces ou *valves*, lesquelles sont réunies par des sutures, jusqu'à la parfaite maturité, époque de leur séparation.

La cavité interne du péricarpe est souvent partagée en plusieurs *loges* par des *cloisons*.

La partie de la boîte péricarpienne, où chaque graine est attachée, est un *placenta*.

La réunion des placentas constitue le *placentaire*.

Le placentaire se développe quelquefois en axe, en colonne ou en columelle, en cône, en globe, etc., au centre du péricarpe; d'autres fois il s'étend en lames ou s'alonge en nervures sur la paroi ou sur la marge des valves ou des cloisons.

Souvent chaque graine est attachée à son placenta par l'intermédiaire d'un *funicule*, ligament qui a quelque analogie avec le cordon ombilical des animaux. Beaucoup de graines ont une, deux, et jusqu'à trois tuniques.

Une petite élévation quelquefois colorée, produite à la superficie des enveloppes séminales par le prolongement intérieur des vaisseaux du funicule, est le *prostype funiculaire*.

La cicatrice qui paroît sur les graines après que le funicule s'est détaché, est le *hile*.

Enfin, la plupart des graines ont un *périsperme*, petite masse charnue, farineuse ou cornée, qui accompagne l'embryon et lui sert d'aliment au temps de la germination.

L'embryon est la première ébauche de la plante qui se développera un jour. On y distingue le *blastème* et le *corps cotylédonaire*.

Le blastème comprend la *radicule*, petit bec saillant qui doit s'alonger en racine; la *plumule*, bouton de feuilles à peine formées et souvent repliées sur elles-mêmes; le *collet*, partie intermédiaire entre la radicule et la plumule.

Le corps cotylédonaire est formé d'un, deux, trois, quatre et jusqu'à douze appendices plus ou moins charnus, qui naissent du collet. Ils ont reçu le nom de *cotylédons* ou feuilles séminales. Ces appendices ont des rapports frappans avec les feuilles.

L'absence, la présence et le nombre de cotylédons a fourni la base de trois grandes divisions dans le règne végétal, savoir : les *acotylédons*, végétaux privés de cotylédons; les *monocotylédons*, végétaux munis d'un cotylédon ; les *dicotylédons*, végétaux munis de deux cotylédons ou plus.

En général, lorsque les feuilles séminales sont minces, l'embryon est accompagné d'un grand périsperme ; mais lorsque ces feuilles sont épaisses, le périsperme est très - mince et même disparoit totalement, et la propre substance du cotylédon en tient lieu. MIRB., *Élém.* (MASS.)

VÉGÉTAUX FOSSILES. (*Foss.*) L'histoire des végétaux qui, à diverses époques, ont été ensevelis dans les couches de la terre, la détermination de leurs rapports avec les plantes qui habitent encore notre globe, la manière dont les diverses formes végétales se sont succédé depuis les époques les plus reculées, où nous trouvons des traces de leur présence, jusqu'à nos jours, est certainement un des points les plus intéressans de l'histoire de la nature. Aussi, depuis plus d'un siècle la présence de ces empreintes végétales dans différentes couches de la terre avoit attiré l'attention des savans, et le peu d'analogie qui existe entre la plupart de ces plantes et celles qui croissent dans nos climats, avoit frappé plusieurs observateurs. Antoine de Jussieu fut un des premiers à faire remarquer la différence qui existe entre les végétaux qui se trouvent dans les mines de houille et ceux qui croissent dans nos climats, et l'analogie qu'ils présentent au contraire avec ceux des régions équatoriales.[1]

Pendant le dernier siècle, plusieurs mémoires répandus dans les collections des académies, firent connoître quelques faits intéressans relatifs à ce sujet; d'autres auteurs, en traitant de

---

[1] Mémoires de l'Académie des sciences ; 1718.

l'oryctognosie des pays qui en renferment un grand nombre, en donnèrent des figures généralement fort imparfaites, tels furent Luyd, Mylius, Volkmann, etc. Parmi les botanistes, Scheuchzer fut le seul qui en fit une étude spéciale, et son *Herbarium diluvianum* renferme des figures, souvent fort exactes, d'un assez grand nombre de plantes fossiles. Mais l'état imparfait de la botanique et l'absence, on peut dire complète, de la géologie, faisoient de l'étude de ces fossiles une science sans intérêt et sans généralité: chaque savant ne pouvoit que donner des figures plus ou moins exactes des échantillons qu'il rencontroit, et fournir ainsi quelques faits isolés, sans liaisons et sans comparaisons. La botanique régie par des systèmes artificiels, à peine éclairée par l'anatomie végétale encore très-négligée, ne possédant sur la plupart des végétaux exotiques que des notions très-incomplètes, ne pouvoit pas conduire, dans la plupart des cas, à des déterminations même approximatives des débris imparfaits qui se rencontrent à l'état fossile. Même à présent que l'anatomie végétale a été l'objet des études de tant de savans, maintenant que la méthode naturelle, en groupant les plantes d'après l'ensemble de leurs rapports, facilite de toute manière les déterminations de ce genre, nous sommes arrêtés continuellement par la difficulté même du sujet, qui dépend de l'état imparfait des échantillons fossiles, et de la connoissance incomplète que nous avons encore de beaucoup de végétaux vivans. Nous ne saurions donc avec justice reprocher aux savans du siècle passé, de n'avoir pas abordé un sujet aussi difficile que la détermination de ces fossiles.

Un assez long espace de temps, près d'un demi-siècle, s'écoula pendant lequel aucun travail important ne parut sur ce sujet; ce ne fut qu'en 1804, que la Flore de l'ancien monde de M. de Schlotheim [1] ramena l'attention des naturalistes sur cette branche des sciences. Des figures plus parfaites, des descriptions détaillées et faites avec la précision du style botanique, enfin quelques tentatives de comparaison avec les

---

1 *Beschreibung merkwürdiger Kräuter-Abdrücke und Pflanzen-Versteinerungen; ein Beitrag zur Flora der Vorwelt*, von E. F. von Schlotheim. Gotha, 1804.

57.

végétaux vivans, montrèrent que cette partie de l'histoire naturelle étoit susceptible d'être traitée comme les autres branches des sciences, et l'on peut dire que, si l'auteur avoit établi une nomenclature pour les végétaux qu'il a décrits, son ouvrage seroit devenu la base de tous les travaux qu'on a faits depuis sur le même sujet.

Malgré ce premier pas, l'histoire des végétaux fossiles resta encore stationnaire pendant quelques années, et on diroit que pendant ce temps les savans de l'Allemagne, de l'Angleterre, de la Suède, de l'Amérique et de la France, dirigèrent en même temps leurs études sur ce sujet ; car dans l'espace de peu d'années on vit paroître dans ces divers pays de nombreux travaux sur les végétaux fossiles, tels furent en Allemagne les ouvrages de MM. de Sternberg [1], Rhode [2], Martius [3], et les supplémens de M. de Schlotheim [4] ; en Angleterre, ceux de Parkinson [5], de M. Artis [6], sans parler de plusieurs mémoires renfermés dans les transactions géologiques ou dans les descriptions de diverses contrées; en Suède les mémoires de MM. Nilson [7] et Agardh [8] ; en Amérique, le grand mémoire de M. Steinhauer [9]: en France, je pourrois citer quelques mémoires [10] dans lesquels j'ai essayé de poser

---

1 *Versuch einer geognostisch-botanischen Darstellung der Flora der Vorwelt;* 4 fasc. in-fol. Leipzig, 1820 — 1826. Ouvrage qui a été traduit en françois par M. le comte de Bray ; c'est cette édition que je citerai de préférence.

2 Rhode, *Beyträge zur Pflanzenkunde der Vorwelt.*

3 *De plantis nonnullis antediluvianis, ope specierum inter tropicos nunc viventium illustrandis. Ratisbonæ,* 1822.

4 *Petrefaktenkunde.* Gotha, 1820. — *Nachträge zur Petrefaktenkunde.*

5 *Organic remains.*

6 *Antediluvian Phytology.* London, 1825.

7 Sur les végétaux fossiles de Hör en Scanie. *Mém. de l'Acad. des sciences de Stockholm.* 1820, vol. 2, p. 284.

Sur quelques végétaux terrestres fossiles qui se trouvent dans le grès vert en Scanie. *Mém. de l'Acad. des sc. de Stockholm.* 1824. v. 1, p. 143.

8 Mémoires de l'Académie des sciences de Stockholm. 1823.

9 *Trans. of the amer. Philos. society,* tom. 1.

10 Sur la classification et la distribution des végétaux fossiles. *Mém. du Muséum,* tom. 8.

Observations sur les fucoïdes et sur quelques autres plantes marines les principes qui me paroissent devoir diriger dans l'étude de cette branche des sciences, et de les appliquer à quelques cas particuliers. Tels sont les principaux ouvrages publiés récemment sur l'histoire des végétaux fossiles, ceux qu'on peut regarder comme faisant la base de nos connoissances sur ce sujet; je ne saurois exposer ici les principes ou les faits qu'ils renferment, sans sortir des limites de cette dissertation; et je suis obligé de renvoyer à l'ouvrage plus étendu dont je viens de commencer la publication[1], et dans lequel je chercherai à faire connoître avec les détails nécessaires toutes les découvertes faites dans cette branche de l'histoire naturelle. J'aurai occasion de discuter plusieurs des opinions adoptées par les savans que je viens de citer, lorsque je traiterai chacune des parties de ce sujet; cependant mon but, dans cet article, ne peut pas être d'approfondir chacun des points de l'étude des végétaux fossiles; mais seulement de présenter les faits les plus importans et les conséquences qu'on peut en déduire, de manière à ce qu'on puisse le considérer comme le prodrome de mon histoire des végétaux fossiles, à laquelle on devra recourir pour trouver plus de développement sur les faits de détail, tels que les déterminations et les analogies des espèces, et les preuves de plusieurs rapprochemens que je ne pourrai qu'indiquer ici.

Les corps organisés fossiles, en général, peuvent être con-

---

fossiles. *Mémoires de la société d'histoire naturelle de Paris*, tome 1.

Observations sur quelques végétaux fossiles du terrain houiller. *Ann. des sciences naturelles*, t. 4, p. 23.

Observations sur les végétaux fossiles renfermés dans les grès de Hör en Scanie. *Ann. des sciences naturelles*, tom. 4, p. 200.

Note sur les végétaux fossiles de l'oolithe de Mamers. *Ann. des scienc. nat.*, t. 4, p. 416.

Note sur les végétaux fossiles des terrains d'anthracite des Alpes. *Ann. des sciences naturelles*, t. 14.

1 Histoire des végétaux fossiles, ou Recherches botaniques et géologiques sur les végétaux renfermés dans les diverses couches du globe; 2 vol. in-4.°, gr. pap., avec 180 à 200 planches, paroissant en 12 à 15 livraisons de 15 planches chacune : les deux premières livraisons sont publiées.

sidérés sous trois points de vue différens : 1.º sous le rapport de leur détermination, de leur classification et de leur analogie avec les êtres existans ; 2.º sous le rapport de leur succession dans les diverses couches du globe ; 3.º comme nous indiquant l'état du globe à l'époque où ils existoient, et pouvant nous fournir des données plus ou moins précises sur sa température, sur l'étendue des continens et des eaux, sur la nature du sol et de l'atmosphère qui servoient à leur nutrition, etc.

Ces trois ordres de considérations doivent nécessairement se succéder dans l'ordre que nous indiquons ici ; les dernières étant des conséquences des résultats auxquels les premières nous conduisent. Nous ne diviserons cependant ces recherches sur les végétaux fossiles qu'en deux parties : la première botanique, la seconde géologique ; les conséquences générales qui résultent de ces deux ordres de considération, étant nécessairement réunies aux divers articles de cette seconde partie.

CHAPITRE Ier

Détermination et histoire botanique des végétaux fossiles.

Avant de passer à l'examen spécial des diverses familles de végétaux qui ont été trouvées à l'état fossile, nous devons examiner en général quels sont les moyens d'arriver à leur détermination ; les difficultés que cette détermination présente ; comment on peut éviter les erreurs dans lesquelles elle peut entraîner ; enfin, le degré de certitude de ces déterminations ; car toutes nos conséquences seroient fausses ou douteuses, si la détermination des fossiles qui leur sert de base étoit elle-même inexacte : nous ferons ensuite connoître la marche que nous avons adoptée pour les énumérer méthodiquement, et les règles qui nous ont dirigé dans la nomenclature que nous avons établie.

Les végétaux que nous trouvons à l'état fossile ne sont presque jamais entiers : ce ne sont, dans la plupart des cas, que des organes isolés : il s'agit donc de déterminer d'abord jusqu'à quel point la connoissance d'un seul organe peut nous conduire à la détermination des autres organes, et, par conséquent, à celle de la plante elle-même. Ces principes ne peuvent pas s'établir d'une manière générale; il faut les déterminer suivant les classes des végétaux et la nature des organes.

Les végétaux peuvent se diviser en cinq ou six grandes classes, dont quatre surtout sont très-distinctes et comprennent la plus grande partie des espèces actuellement existantes; ce sont : les agames, les cryptogames, les monocotylédones et les dicotylédones. Les organes des végétaux peuvent de leur côté se séparer en deux ordres; ceux qui servent à la nutrition de l'individu et ceux qui concourent à sa reproduction.

Parmi les plantes vivantes, les caractères des genres, des familles et même des classes, sont presque entièrement fondés sur les organes de la reproduction.

A l'état fossile, au contraire, nous ne trouvons le plus souvent que les organes de la végétation et surtout les tiges ou les feuilles. Il faut donc déterminer si nous pouvons toujours présumer avec quelque certitude la structure des organes reproducteurs, d'après celle des organes de la nutrition, et quels sont les cas où nous pouvons arriver à ce résultat avec le plus de précision.

Plus les êtres deviennent parfaits ou compliqués (car ces deux expressions sont à peu près synonymes) et plus, en général, leurs organes deviennent indépendans les uns des autres; plus, au contraire, leur structure est simple, et plus les divers organes qui les composent sont dans la dépendance les uns des autres sous le rapport de leur structure.

Ainsi, parmi les végétaux, la structure des organes de la végétation, des feuilles, par exemple, est liée d'une manière bien plus intime, bien plus *apparente* du moins, à celle des organes de la fructification dans les cryptogames que dans les monocotylédones, et dans les monocotylédones que dans les dicotylédones, de telle sorte que la forme et la disposition des nervures peuvent souvent, dans les premières, nous conduire à reconnoître des genres ou des espèces; dans les secondes, à distinguer quelques familles, tandis que dans les dernières elles ne peuvent nous mener aux mêmes résultats que dans des cas rares.

Les organes de la fructification, au contraire, ayant servi de base à la formation des genres et des familles dans les plantes phanérogames, et présentant beaucoup plus de variétés dans ces plantes, nous conduiront plus facilement à leur détermination qu'aucun autre organe, lorsqu'ils seront toutefois en assez bon état pour qu'on puisse bien distinguer leurs diverses parties.

Nous pouvons donc plus fréquemment et avec plus de certitude arriver à la détermination des familles et quelquefois des genres parmi les cryptogames, au moyen des caractères que présentent les tiges et les feuilles. Parmi les phanérogames, au contraire, nous ne pourrons parvenir à des déterminations précises, dans la plupart des cas, qu'au moyen des fruits ou des autres parties de la fructification.

Mais dans ces deux cas il ne faut pas se borner à une comparaison superficielle et à l'analogie des formes extérieures, formes très-souvent trompeuses.

Les végétaux, à l'exception des agames et de quelques cryptogames, sont formés de tissu cellulaire, et de vaisseaux accompagnés de tissu fibreux, qui constituent la véritable charpente des organes et déterminent leurs formes essentielles, que le tissu cellulaire ne fait souvent que masquer. C'est donc à la disposition des faisceaux fibro-vasculaires qui constituent les nervures des feuilles et les parties ligneuses du bois, qu'il faut donner une attention toute particulière pour déterminer les véritables rapports des végétaux entre eux. Malheureusement cette étude, quelquefois difficile même sur les végétaux vivans, devient d'une difficulté souvent presque insurmontable dans l'étude des fossiles. Il faut alors tâcher de retrouver dans les formes extérieures des indices de cette distribution des vaisseaux, et donner souvent plus d'importance à ces indices qu'à d'autres caractères plus sensibles, mais moins essentiels.

Une assez grande habitude de l'examen des fossiles végétaux est en outre nécessaire pour éviter les erreurs dans lesquelles pourroient conduire les changemens que la plante a éprouvés en passant à l'état fossile : ainsi il faut, 1.° déterminer les changemens dus à l'influence de la pression ; 2.° examiner s'il ne manque pas à l'échantillon quelques-unes des parties qui constituoient cette portion de plante à l'état vivant, si son écorce, par exemple, existe, ou si on n'a sous les yeux qu'un noyau intérieur imparfait; 3.° s'assurer si l'échantillon représente la plante elle-même, ou sa contre-épreuve dans la roche qui l'environnoit.

Après cet examen minutieux on peut, en général, déterminer la forme réelle de l'organe qui a été conservé à l'état fossile, ou avoir la certitude qu'on n'a sous les yeux qu'un fragment incomplet et indéterminable, dont il ne faut pas faire une espèce ou un genre particulier.

On doit ensuite chercher à déterminer quelle est la partie de la plante qui a été ainsi conservée, si c'est la tige seule ou avec ses feuilles, les feuilles, les fleurs, le fruit ou les graines.

Puis ensuite, recherchant dans la distribution des vaisseaux ou dans la forme extérieure qu'ils donnent aux organes, les caractères propres à faire reconnoître les grandes classes du règne végétal, on arrivera facilement, dans la plupart des cas, à déterminer la position de la plante fossile dans l'une de ces classes. La détermination des familles et des genres est fondée sur des caractères particuliers, que nous ne pouvons exposer ici; mais on voit qu'en donnant beaucoup d'attention aux caractères réellement importans de chaque organe, en connoissant bien l'ensemble du règne végétal, et en suivant une marche analytique qu'il est difficile de tracer d'avance, on arrive ainsi à exclure un grand nombre d'êtres, parmi lesquels on ne peut chercher les analogues de la plante fossile qu'on étudie, et à la rapprocher au contraire plus ou moins de ceux que nous connoissons et auprès desquels elle devoit se ranger.

La méthode que nous avons adoptée pour classer et dénommer ces fossiles, est fondée également sur ces rapprochemens plus ou moins intimes entre les plantes fossiles et les plantes vivantes.

Si l'analogie entre une plante fossile et une plante vivante est telle que les différences ne sortent pas des variations dont sont susceptibles les individus d'une même espèce de ce genre parmi les plantes vivantes, nous les considérerons comme identiques, et alors elle devra porter le même nom avec l'épithète de *fossilis*; mais pour que cette identité puisse être admise, il faut, ou connoître la plante tout entière à l'état fossile, ou du moins un organe essentiel, et dont les variations soient importantes et bien distinctes d'une espèce à une autre, sans quoi l'identité reste douteuse.

Si la plante fossile présente des caractères spécifiques qui la distinguent, mais qu'elle ne diffère pas plus des espèces vivantes que ces espèces ne diffèrent entre elles, je la considère comme une nouvelle espèce du même genre; si les différences sont un peu plus grandes, mais que l'organe qui les présente ne soit pas assez important pour que je puisse croire que cette plante devoit différer des autres plantes de ce genre par tous ses organes essentiels, je changerai seulement la terminaison du nom du genre en *ites*; ainsi : Zamia, *Zamites*; Thuya, *Thuytes*; Lycopodium, *Lycopodites*.

Si, au contraire, une plante fossile, quoique présentant plusieurs des caractères essentiels d'une famille, diffère cependant plus ou même autant, par l'organe qui est passé à l'état fossile, de tous les genres connus de cette famille que ces genres diffèrent entre eux, alors je serai conduit naturellement à la considérer comme constituant un genre nouveau, entièrement différent des genres actuellement existans.

Il est d'autres cas où les organes conservés à l'état fossile n'ont aucun rapport avec les caractères qui ont servi à établir les genres parmi les plantes vivantes de la même famille; on est alors obligé, pour faciliter le classement des espèces et leur détermination, d'établir des genres artificiels, fondés sur d'autres caractères : c'est ce qui a lieu dans la grande famille des Fougères. Enfin, il est des portions de plantes que nous pouvons bien déterminer comme appartenant à une des grandes classes du règne végétal, sans que nous puissions reconnoître la famille dans laquelle elles se rangeoient, soit faute de données suffisantes, soit parce qu'elles devoient constituer de nouvelles familles; dans ce cas nous les placerons après les familles connues, à la fin de la classe à laquelle elles appartiennent.

Telle est la méthode que nous avons adoptée pour nous éloigner le moins possible de celle qui est admise parmi les végétaux vivans, et pour indiquer cependant les doutes qui nous restent sur plusieurs points et qui engageront à éclaircir les parties encore obscures de cette science.

Nous allons maintenant passer en revue l'ensemble du règne végétal fossile, suivant cette méthode, en nous bornant à l'examen des familles et des genres et à l'énumération des espèces, dont on trouvera les descriptions et les figures dans mon Histoire des végétaux fossiles.

Nous avons déjà dit que le règne végétal peut se diviser très-naturellement en six grandes classes :

1.° Les agames ;
2.° Les cryptogames cellulaires ;
3.° Les cryptogames vasculaires ;
4.° Les phanérogames gymnospermes ,
5.° Les phanérogames monocotylédones ;
6.° Les phanérogames dicotylédones.

C'est dans cet ordre que nous allons examiner les végétaux fossiles qui s'y rapportent.

Classe I.ʳᵉ AGAMES.

Tous les végétaux de ce groupe sont constamment dépourvus de toute espèce d'organe spécial destiné à la fécondation, du moins on n'a jamais pu en découvrir aucun indice, et si un acte analogue à la fécondation s'opère chez ces végétaux, ce n'est probablement, comme chez les Conferves conjuguées, que par l'action réciproque de parties dans lesquelles on ne peut distinguer aucune différence propre à faire regarder l'une comme l'organe mâle, et l'autre comme l'organe femelle. Ces plantes sont entièrement formées de tissu cellulaire, sans aucun vaisseau ; on n'y a jamais découvert ni trachées ni fausses trachées, ni rien qui ressemblât à ces vaisseaux. Leur forme varie à l'infini, mais jamais elles n'offrent d'appendices foliacés, c'est-à-dire, d'expansions régulières et symétriquement disposées, formées par un tissu différent de celui de la tige, vertes et susceptibles de décomposer l'acide carbonique par l'action de la lumière. Quelques plantes de la famille des Algues présentent, il est vrai, des appendices assez semblables au premier aspect aux feuilles des plantes des classes supérieures, mais qui sont plus ou moins irrégulières, et dont le tissu est parfaitement continu avec celui de la tige, dont ces prétendues feuilles ne sont que des expansions.

Ce premier groupe du règne végétal comprend les familles formées aux dépens des Conferves de Linné, c'est-à-dire, les Arthrodiées, les Chaodinées, les Confervées et les Céramiaires ; celles qui ont pour type les genres *Ulva* et *Fucus* de Linné, ou les Ulvacées et les Fucacées[1] ; celles qui sont résultées de la division de la famille des Champignons, ou les Urédinées, les Mucédinées, les Lycoperdacées, les Champignons et les Hypoxylons ; enfin, les Lichens. De ces diverses familles deux seulement se sont trouvées jusqu'à présent à l'état fossile : ce sont les Conferves, en comprenant avec Linné sous ce nom les familles que nous avons énumérées ci-dessus et qu'on ne peut distinguer sur des impressions très-imparfaites, et les Algues, nom sous lequel nous réunissons les Ulvacées et les Fucacées, qui, malgré les caractères bien tranchés qui les distinguent parmi les plantes vivantes, ne peuvent être bien nettement reconnues à l'état fossile.

1.re F*amille*. **CONFERVES.**

Sous ce nom nous comprenons ici toutes les cryptogames formées de filamens simples ou rameux, articulés, qui croissent dans l'eau ; ce dernier caractère et leur existence de plus longue durée, servent à les distinguer des Mucédinées, dont elles diffèrent en outre par plusieurs points de leur organisation, mais que nous ne pouvons ici chercher à exposer, puisqu'ils sont tout-à-fait impossibles à observer sur les fossiles, et que de plus, les plantes de cette famille ne se trouvant que très-rarement à l'état fossile et n'ayant été jusqu'à présent étudiées que très-imparfaitement, elles n'occupent qu'un rang très-peu important dans la Flore de l'ancien monde.

On sait que ces plantes, que des observations récentes ont fait distribuer en quatre familles, auxquelles M. Bory de Saint-Vincent a donné les noms d'Arthrodiées, de Chaodinées, de Confervées et de Céramiaires, croissent également dans les eaux douces et dans la mer, à l'exception de la dernière de

---

1 Nous réunissons sous ce nom les Fucacées, les Floridées et les Dictyotées de MM. Lamouroux et Agardh.

ces quatre familles, qui paroît habiter exclusivement les eaux salées. On sait également qu'elles sont plus fréquentes dans les climats tempérés ou froids, que dans les mers des zones équatoriales.

Jusqu'à présent on n'a observé d'impression qui puisse se rapporter à ces végétaux que dans deux terrains différens; le plus ancien de ces terrains est la craie. Dans la craie de l'île de Bornholm, à Arnager, on a découvert des empreintes assez mal déterminées, qui paroissent cependant ne pouvoir provenir que de quelques espèces de Conferves : l'une de ces espèces se présente sous la forme de filamens simples, fasciculés, longs de six à huit centimètres, dont on peut distinguer, dans quelques parties, les articulations, qui paroissent assez rapprochées. Cette plante a un aspect analogue à celui du *Conferva linum*. On peut donner à cette espèce fossile le nom de *Confervites fasciculata* (Hist. des végét. foss., tom. 1, p. 35, pl. 1, fig. 1, 2, 3). L'autre forme des masses arrondies, composées de filamens courts, simples, roides, entrecroisés dans tous les sens : elle ressembleroit pour la forme générale au *Conferva ægagropila*, mais les filamens ne partent pas en rayonnant du centre; ils paroissent entrecroisés irrégulièrement, ou bien ils forment peut-être des réseaux, comme dans les *Hydrodiction;* ce qui établiroit assez de ressemblance entre cette plante fossile et le genre que nous venons de citer, c'est qu'elle ne paroît pas avoir formé une masse très-épaisse, mais une boule lâche, qui s'est aplatie complétement, et dans laquelle cependant on distingue encore les filamens qui la composent. Nous désignerons cette espèce par le nom de *Confervites ægagropiloides* (Hist. des végét. foss., p. 36, pl. 1, fig. 4 et 5).

Le calcaire de Monte Bolca, si riche en fossiles marins, animaux et végétaux, paroît aussi renfermer des plantes de cette famille. J'ai observé dans la collection de M. Gazola, à Vérone, plusieurs impressions de cette localité célèbre, qui appartenoient probablement à des Ceramium ou à des Conferves marines; mais ces impressions étoient trop déliées et trop peu nettes pour qu'il fût possible de les dessiner et d'en bien étudier la structure : sur quelques-unes cependant on voyoit les traces des articulations, et l'une d'entre elles portoit, vers les extrémités des rameaux, des grains noirs, semblables à la fructification des Céramiaires. On pouvoit y distinguer plusieurs espèces différentes, mais qu'il seroit très-difficile de caractériser : elles se rapportent toutes aux Ceramium à filamens dichotomes ou simples, et non pas à ceux dont les rameaux sont verticillés. Depuis j'ai vu dans la collection de M. le marquis de Dré une espèce de cette famille qui se rapproche beaucoup des *Thorea* et même de l'espèce la plus commune dans nos eaux douces, à laquelle M. Léman l'avoit déjà comparée. Cette analogie m'a engagé à lui donner le nom de *Confervites thoreæformis* (Hist. des végét. foss., tom. 1, p. 86, pl. 9 *bis*, fig. 3, 4).

On avoit indiqué depuis long-temps des Conferves fossiles dans les calcédoines et autres agathes arborisées; mais aussi beaucoup d'auteurs avoient pensé que toutes ces prétendues plantes étoient dues à des infiltrations inorganiques. Plus récemment M. Macculloch, qui a fait des recherches spéciales sur ce sujet[1], a admis que dans plusieurs cas il y a de véritables végétaux renfermés dans ces calcédoines; il assure y avoir quelquefois reconnu des articulations : il a figuré en outre quelques plantes analogues à des Jungermannes, observées dans ces mêmes pierres, et qui, si les figures étoient bien exactes, sembleroient indiquer une origine végétale ; mais j'ai cherché inutilement de ces filamens d'origine végétale dans les calcédoines que j'ai pu observer : tous ceux que j'ai vus, offroient au contraire des caractères incompatibles avec ce qu'on connoît dans les Conferves, et qui semblent annoncer des infiltrations d'origine inorganique : tels sont en particulier l'irrégularité des rameaux ou des filamens et leurs anastomoses sans ordre.

Je viens d'indiquer les seules traces que je connoisse de végétaux confervoïdes à l'état fossile : les uns, comme on voit, se trouvent dans la craie et dans des couches qui paroitroient répondre à la craie moyenne ou craie tufau de France; les autres appartiennent à des formations qui font partie des terrains de sédiment supérieurs. Je n'en connois jusqu'à présent aucun indice dans des terrains plus anciens que la craie, à moins qu'on ne voulût regarder comme appartenant à cette famille, des filamens épars ou fasciculés, simples ou plus souvent rameux,

---

1 Transact. géol., 1.ʳᵉ série, vol. 2, p. 510.

qu'on observe quelquefois dans les schistes houillers, mais
sur lesquels je n'ai jamais pu distinguer aucune trace d'articulations, et qui sembleroient devoir plutôt se rapporter à
des racines fibreuses et très-déliées, analogues à celles de
plusieurs plantes qui croissent dans l'eau.

2.ᵉ F*AMILLE*. **ALGUES.**

Les végétaux vivans qui appartiennent à cette famille habitent presque sans exception le fond des mers ; un petit
nombre d'espèces seulement, appartenant à la tribu des Ulves,
croissent dans les eaux douces ou à la surface de la terre humide : tous sont caractérisés par une fronde continue, membraneuse, charnue ou coriace ; tantôt plane et disposée dans
un même plan, tantôt cylindrique et irrégulièrement rameuse, quelquefois présentant des feuilles distinctes de la tige
qui les supporte. On n'y observe jamais aucun vaisseau ;
des cellules plus ou moins grandes et de forme variable composent seules le tissu de ces végétaux ; quelquefois cependant
ce tissu, devenant plus dense, forme des sortes de nervures
qui simulent celles des végétaux vasculaires, mais qui n'ont
jamais la ténuité et la régularité de ces dernières.

Les organes de la fructification consistent dans des capsules
réunies dans l'intérieur de tubercules placés à la surface de
la fronde, ou en séminules éparses ou réunies en groupes dans
le tissu même de cette fronde. Cette différence sert à séparer
la tribu des Fucacées de celle des Ulvacées, et peut même
engager à les regarder comme deux familles distinctes. Mais
ces caractères, ainsi que ceux qui ont servi à établir les genres,
étant impossibles à observer dans la plupart des cas sur les
fossiles, nous sommes obligés de considérer toutes les espèces
de cette famille comme un seul genre, que nous désignerons
sous le nom de *Fucoides*. Nous avons seulement cherché à les
distribuer autant que possible en sections naturelles qui correspondent à un ou à plusieurs des genres qu'on a établis dans
cette famille ; mais ces rapprochemens étant souvent un peu
douteux, à cause de l'absence des caractères de la fructification dans la plupart des fossiles, nous avons préféré ne pas
les adopter comme coupes génériques ; aussi n'avons-nous
donné à ces sections que des caractères déduits de la forme

de la fronde. Les personnes qui voudroient étudier avec plus de détail les caractères des genres de cette famille, pourront avoir recours aux ouvrages publiés sur ce sujet par plusieurs savans botanistes, et particulièrement par MM. Lamouroux et Agardh.

Les végétaux de cette famille qui habitent maintenant les mers, n'y sont pas répandus avec uniformité, et, quoique nous soyons loin de connoître toutes les espèces qui croissent dans les mers des régions éloignées du globe, cependant on peut facilement remarquer que certaines tribus ou certains genres sont beaucoup plus fréquens dans telle région que dans telle autre, ou même sont restreints dans des limites qu'ils ne dépassent plus actuellement.

Ainsi, dans la tribu des Fucacées nous voyons le genre *Sargassum*, extrêmement abondant au milieu des mers équatoriales, s'étendre jusqu'aux côtes d'Espagne et à la Méditerranée, et ne pas dépasser la latitude de 43°. Les genres *Amansia*, *Thamnophora*, sont presque dans le même cas ; tandis que les vrais Fucus, et notamment les Laminaires, sont beaucoup plus fréquens dans les mers tempérées et surtout dans les mers qui approchent des pôles. Les *Chondria*, *Sphærococcus*, *Delesseria* et autres genres de cette section, dominent dans les mers des régions tempérées, et paroissent diminuer lorsqu'on s'éloigne de cette zone pour s'approcher des tropiques ou du pôle.

Dans la tribu des Ulvacées on observe également que les Ulves proprement dites sont beaucoup plus nombreuses dans les mers des pays froids et des pays tempérés que dans celles de la zone torride, tandis que le genre *Caulerpa*, l'un des plus naturels de cette famille, est entièrement propre aux mers équatoriales ou australes ; une seule espèce, assez différente des autres, s'avançant jusque dans la Méditerranée.

Si de ces considérations sur la distribution de quelques-uns de ces genres dans les mers actuelles nous passons à l'examen des genres qui dominent parmi les fossiles, nous verrons que dans les terrains antérieurs à la craie nous trouvons plusieurs espèces qui appartiennent à des genres maintenant entièrement propres aux zones les plus chaudes du globe, tels sont les *Sargassum*, qui se trouvent fossiles jusqu'en Suède, tandis qu'on n'en trouve aucune espèce vivante au-delà de 43° de latitude : tels sont surtout les *Caulerpa* que nous retrouvons dans presque tous les terrains de sédiment moyen, à l'île d'Aix, à Höganes, dans les schistes bitumineux du pays de Mansfeld, tandis qu'actuellement les espèces qui se rapprochent le plus des espèces fossiles, ne croissent que dans les mers équatoriales ou dans l'hémisphère austral. Dans les terrains de sédiment supérieurs, au contraire, ce sont des genres et même des espèces des mers tempérées qui paroissent dominer : nous retrouvons bien à Monte-Bolca quelques espèces qui se rapprochent encore de ces *Caulerpa* des mers équatoriales, mais elles sont en petit nombre, tandis que la plupart des autres espèces appartiennent aux genres *Delesseria*, *Dictyota*, *Chondria*, etc., qui abondent dans nos mers. Quelques espèces même ne paroissent pas différer de celles qui les habitent actuellement. Pour s'assurer de ce résultat, il suffit de remarquer les indications de gisement que nous indiquerons à la suite du catalogue que nous allons donner des espèces fossiles de cette famille, ou de recourir à l'énumération que nous en donnerons par terrain, en traitant de la distribution des végétaux fossiles dans les diverses couches du globe.[1]

Plusieurs des espèces que nous allons énumérer, avoient déjà été décrites depuis quelques années, soit par MM. Agardh, Sternberg ou Schlotheim, soit par moi, et je viens de donner des descriptions détaillées et des figures de toutes ces espèces dans mon Histoire des végétaux fossiles.

FUCOIDES.

§. 1.er Sargassites. *Tige portant des expansions folia-cées, marquées de nervures.*

1. Fucoides septentrionalis, Hist. des vég. foss., 1, p. 50, pl. 11, fig. 24; *Sargassum septentrionale*, Agardh, *Act. Holm.*, 1823, tab. 2.

Mines de charbon de Höganes en Scanie.

---

1 J'ai souvent adopté dans ces citations de gisement la nomenclature géologique établie par mon père, dans l'article Théorie de la structure de l'écorce du globe de ce Dictionnaire, auquel je renvoie pour la définition de ces diverses dénominations. Lorsque l'époque de formation est douteuse ou inconnue, j'ai cité à la suite les localités ; dans les autres cas on les trouvera indiquées dans l'énumération par terrain que je donnerai dans le second chapitre.

2. Fucoides Sternbergii, Hist. des vég. foss., 1, p. 5i, pl. 5, fig. 1 ; *Algacites caulescens*, Sternb., *Fl. der Vorw.*, fasc. 3, p. 57, tab. 36, fig. 1; *Sargassum bohemicum*, Ag., *in* Sternb., *ed. gall.*, fasc. 3, pag. 44 ; *Fucoides bohemicus*. Sternb., *Tent. flor. prim.*, pag. 6. | Terrain de sédiment supérieur ?

§. 2. Fucites. *Fronde presque plane, rameuse, coriace, parcourue par une forte nervure moyenne.*

3. Fucoides strictus, Hist. des vég. foss., tom. 1, p. 52, pl. 11, fig. 1 — 5 ; *Rhodomela diluviana*, Ag., *Sp. alg.*, 1, 383. | Terrain de glauconie sableuse (Green-sand).

§. 3. Laminarites. *Fronde membraneuse, coriace, dépourvue de nervure ou traversée par une nervure simple.*

4. Fucoides tuberculosus, Hist. des vég. foss., tom. 1, p. 54, pl. 7, fig. 5. | Terrain de glauconie sableuse.

§. 4. Encœlites. *Fronde simple, cylindroïde, renflée, ponctuée à sa surface.*

5. Fucoides encelioides, Hist. des vég. foss., t. 1, p. 55, pl. 6, fig. 1 et 2. | Terrain jurassique schistoïde.

§. 5. Gigartinites. *Fronde rameuse, à branches presque cylindriques, charnues, jamais membraneuses.*

6. Fucoides Targionii, Hist. des vég. foss., tom. 1, p. 56, pl. 4, fig. 2 — 6. | Terrain de glauconie sableuse ?

7. Fucoides difformis, Hist. des vég. foss., tom. 1, p. 57, pl. 5, fig. 5. | *Ibid.*

8. Fucoides æqualis, Hist. des vég. foss., tom. 1, p. 58, pl. 5, fig. 4. | *Ibid.*

9. Fucoides intricatus, Hist. des vég. foss., tom. 1, p. 59, pl. 5, fig. 6 — 8. | *Ibid.*

10. Fucoides obtusus, Hist. des vég. foss., tom. 1, p. 60, pl. 8, fig. 4. | Formation du calcaire grossier.

11. Fucoides Stockii, Hist. des vég. foss., tom. 1, p. 61, pl. 6, fig. 3 et 4.	Terrain jurassique schistoïde.
12. Fucoides recurvus, Hist. des vég. foss., tom. 1, p. 62, pl. 5, fig. 2.	Terrain de glauconie sableuse?
13. Fucoides furcatus, Hist. des vég. foss., tom. 1, p. 62, pl. 5, fig. 1.	*Ibid.*
14. Fucoides antiquus, Hist. des vég. foss., tom. 1, p. 63, pl. 4, fig. 1.	Calcaire de transition.

§. 6. Delesserites. *Fronde membraneuse, entière ou lobée, pourvue de nervures.*

15. Fucoides spathulatus, Hist. des vég. foss., tom. 1, p. 63, pl. 7, fig. 4.	Formation du calcaire grossier.
16. Fucoides Lamourouxii, Hist. des vég. foss., tom. 1, p. 64, pl. 8, fig. 2.	*Ibid.*
17. Fucoides Bertrandi, Hist. des vég. foss., tom. 1, p. 65, pl. 7, fig. 2.	*Ibid.*
18. Fucoides Gazolanus, Hist. des vég. foss., tom. 1, p. 67, pl. 8, fig. 3.	*Ibid.*

§. 7. Dictyotites. *Fronde membraneuse, sans nervures, divisée en lobes disposés en éventail.*

19. Fucoides flabellaris, Hist. des vég. foss., tom. 1, p. 67, pl. 7, fig. 5.	Formation du calcaire grossier.
20. Fucoides multifidus, Hist. des vég. foss., tom. 1, p. 68, pl. 5, fig. 9 et 10.	*Ibid.*
21. Fucoides digitatus, Hist. des vég. foss., tom. 1 p. 69, pl. 9. fig. 1.	*Ibid.*

§. 8. Amansites. *Fronde membraneuse, pinnatifide ou profondément dentée, sans nervure.*

22. Fucoides dentatus, Hist. des vég. foss., tom. 1, p. 70, pl. 6, fig. 9 — 12.	Calcaire de transition.
23. Fucoides Serra, Hist. des vég. foss., tom. 1, pag. 71, pl. 6, fig. 7 et 8.	*Ibid.*

§. 9. CAULERPITES. *Tige simple ou rameuse, couverte de ramuscules courts, charnus, en forme de feuilles distiques ou imbriquées.*

24. FUCOIDES LYCOPODIOIDES, Hist. des vég. foss., tom. 1, p. 72, pl. 9, fig. 3.	Schiste bitumineux.
25. FUCOIDES SELAGINOIDES, Hist. des vég. foss., tom. 1, p. 73, pl. 9, fig. 2 ; pl. 9 *bis* fig. 5.	*Ibid.*
26. FUCOIDES FRUMENTARIUS, Hist. des vég. foss., tom. 1, p. 75 ; *Carpolithes frumentarius*, Schloth., *Petref.*, p. 419, tab. 27, fig. 1 ; *Algacites frumentarius*, Schloth., *Nachtr. zur Petref.*, p. 43.	*Ibid.*
27. FUCOIDES NILSONIANUS, Hist. des vég. foss., tom. 1, p. 76, pl. 2, fig. 22 et 23 ; *Caulerpa septentrionalis*, Ag., *loc. cit.*, tab. 2, fig. 7.	*Ibid.*
28. FUCOIDES BRARDII, Hist. des vég. foss., tom. 1, p. 77, pl. 2, fig. 8 — 19.	Terrain de glauconie sableuse.
29. FUCOIDES ORBIGNIANUS, Hist. des vég. foss., t. 1, p. 78, pl. 2, fig. 6 et 7.	*Ibid.*
30. FUCOIDES HYPNOIDES, Hist. des végét. foss., tom. 1, p. 84, pl. 9 *bis*, fig. 1 et 2.	*Ibid.*

§. 10. *Espèce qui ne peut se rapporter à aucune des sections précédentes.*

31. FUCOIDES AGARDHIANUS, Hist. des vég. foss., t. 1, p. 79, pl. 6, fig. 5 et 6.	Formation du calcaire grossier.

Espèces douteuses.

32. FUCOIDES PECTINATUS, Hist. des vég. foss., t. 1, p. 80 ; *Algacites orobiformis*, Schloth., *Nachtr. zur Petref.*, p. 43 ; — *ejusd. Petref.*, tab. 27, fig. 2.	Schiste bitumineux.
33. FUCOIDES TURBINATUS, Hist. des vég. foss., tom. 1, p. 81, pl. 8, fig. 1.	Formation du calcaire grossier.

34. FUCOIDES DISCOPHORUS, Hist. des vég. foss., tom. 1, p. 81, pl. 8, fig. 6.	Formation du calcaire grossier.
35. FUCOIDES LYNGBIANUS, Hist. des vég. foss., tom. 1, p. 82, pl. 2, fig. 20.	Craie.
36. FUCOIDES CYLINDRICUS, Hist. des vég. foss., tom. 1, p. 83, pl. 5, fig. 4.	Grès à bâtir. (STERNB.)
37. FUCOIDES CIRCINATUS, Hist. des vég. foss., tom. 1, p. 83, pl. 3, fig. 3.	Grès de transition.

On pourroit peut-être aussi rapporter à cette famille des impressions qu'on observe assez fréquemment dans le calcaire jurassique de la pointe de Chatellaillon, près La Rochelle, à la surface des couches d'un calcaire légèrement marneux; si ces impressions sont d'origine végétale, elles formeroient une espèce très-bien caractérisée parmi les Algues fossiles. Elles sont très-grandes, car j'en ai vu des échantillons de plus d'un mètre d'étendue; ce sont des tiges de cinq à six centimètres de larg à la base, aplaties probablement par la compression, plusieurs fois dichotomes, à rameaux ouverts et très-réguliers; la substance de la plante a été entièrement détruite et remplacée par du calcaire semblable à celui des couches voisines, de sorte qu'on ne peut y observer aucune structure végétale. Leur grandeur, leur mode de division, la forme de leurs rameaux, les rapprochent un peu de l'aspect qu'auroit le *Fucus loreus*, s'il avoit subi une compression semblable; les rameaux paroissent seulement plus roides et plus ouverts; ils sont en outre beaucoup plus gros.

On doit exclure de cette famille l'*Algacites filicoides* de M. de Schlotheim, qui est sans aucun doute une impression de feuilles de Cycadées de notre genre *Pterophyllum*, que nous décrirons sous le nom de *Pterophyllum longifolium*. On doit également ranger dans cette famille la plante que nous avions décrite, d'après des dessins qui nous avoient été communiqués par M. Buckland, sous le nom de *Fucoides pennatula;* nous en avons étudié plusieurs échantillons dans les collections de la Société géologique et de l'université d'Oxford, et c'est évidemment une feuille de Cycadées, à laquelle nous donnerons le nom de *Zamia pectinata*, M. de Sternberg l'ayant décrite sous le nom de *Polypodiolithes pectiniformis*.

La plante que nous avions signalée sous le nom de *Fucoides elegans*, et que nous avons pu étudier sur les échantillons mêmes à Oxford, ne peut rester parmi les Algues, elle me paroît appartenir à la famille des Conifères, où on la trouvera indiquée sous le nom de *Taxites podocarpoides*; enfin, on ne peut pas non plus laisser dans cette famille le fossile d'Höganes, que M. Agardh a décrit sous le nom d'*Amphibolis septentrionalis*, puisque le genre *Amphibolis*, dont elle se rapproche en effet, appartient à la famille des Nayades et non à celle des Algues.

Quant à l'*Algacites crispiformis* de M. de Schlotheim, nous possédons des échantillons provenant du schiste bitumineux de Menat, qui ressemblent parfaitement à ceux que nous avons vus dans la collection de ce savant, et un examen attentif nous fait penser que ce ne sont pas des restes de végétaux fossiles, mais des plantes cryptogames qui se sont développées entre les fissures du schiste et qui doivent être rangées dans le genre *Rhizomorpha*. Des végétations analogues, mais appartenant probablement à une autre espèce, ont été également observées dans les fissures d'un calcaire marneux à Nanterre et à Montmartre près Paris.

Classe II. CRYPTOGAMES CELLULEUSES.

Cette classe comprend les familles des Hépatiques et des Mousses, qui se distinguent des agames : 1.° par leurs organes reproducteurs beaucoup plus compliqués et qui indiquent l'existence de sexes différens; 2.° par la présence de véritables feuilles : elles diffèrent des cryptogames vasculaires, comme leur nom l'indique, par l'absence constante des vaisseaux.

Cette absence de vaisseaux paroît s'opposer à ce que ces plantes acquièrent une taille aussi considérable que celle des végétaux vasculaires, car toutes les plantes de cette classe sont très-petites, et aucune ne devient arborescente.

Nous ne connoissons aucune plante fossile de la famille des Hépatiques : deux espèces paroissent pouvoir se ranger dans celle des Mousses.

3.° Famille. MOUSSES.

Les Mousses sont de petits végétaux dont la tige, très-grêle, simple ou rameuse, n'est formée que de tissu cellulaire et fibreux, et porte des feuilles nombreuses, simples, sessiles, très-petites, minces, insérées le plus souvent tout autour de cette tige. Ces feuilles sont dépourvues de nervures ou traversées par un petit nombre de nervures simples, longitudinales.

La disposition et la forme de ces feuilles font assez facilement reconnoître ces végétaux à l'état vivant, même lorsqu'ils sont dépourvus de leur fructification, qui consiste, lorsqu'elle est parvenue à son entier développement, en des capsules ovoïdes ou cylindriques, le plus souvent pédicellées, fermées par un opercule et recouvertes par une coiffe membraneuse plus ou moins conique.

Long-temps on n'a connu aucune plante fossile qui pût se rapporter à cette famille, et maintenant encore nous n'en connoissons que deux qui puissent s'y ranger; mais l'absence de fructification ne permet pas de décider à quel genre elles appartiennent, et nous a obligé de les désigner sous le nom générique de *Muscites*.

MUSCITES.

1. Muscites Tournalii, Hist. des végét. foss., 1, pag. 93, pl. 10, fig. 1 et 2. Cette plante a tous les caractères des Mousses, et, malgré l'absence de fructification, nous n'avons aucun doute sur sa position dans cette famille. Elle se rapproche particulièrement des *Hypnum*, et surtout de l'*Hypnum riparium*.

Elle a été trouvée par M. Tournal dans le terrain d'eau douce gypseux d'Armissan, près Narbonne.

2. Muscites squamatus, Hist. des végét. foss., 1, pag. 95, pl. 10, fig. 5 — 7 : *Lycopodites squamatus*, Descript. géol. des env. de Paris, p. 359. Cette espèce diffère beaucoup plus des Mousses que nous connoissons que la précédente; la forme et le mode d'insertion des feuilles s'éloignent assez de ce qu'on observe dans la plupart des Mousses, pour qu'il nous reste quelque doute sur la position de cette plante; mais cependant nous croyons que c'est avec les *Sphagnum* et quelques espèces d'*Hypnum* qu'elle a le plus de rapports.

Classe III. CRYPTOGAMES VASCULAIRES.

Cette classe renferme les familles des Équisétacées, des Fougères, des Marsiléacées, des Characées et des Lycopodiacées, qui diffèrent des deux familles précédentes par la présence habituelle des vaisseaux qui ne manquent que dans les plantes aquatiques, telles que les *Chara*; leurs tissus sont presque aussi variés que ceux des plantes phanérogames : on n'y a pas cependant reconnu jusqu'à présent de véritables trachées. Leurs organes de la végétation sont aussi les mêmes et ont beaucoup d'analogie par leur structure et leur mode d'accroissement avec ceux des plantes monocotylédones. Ainsi, lorsque leur tige prend un grand accroissement, comme cela a lieu dans les Fougères, dans quelques Prêles et quelques Lycopodes, elle s'élève sans que son diamètre augmente ; dans les Fougères elle se termine par un bouquet de feuilles comme dans la plupart des monocotylédones arborescentes et comme dans les Cycadées : la structure interne de ces tiges varie cependant trop d'une famille à l'autre pour qu'on puisse rien dire de général sur ce sujet. Les feuilles présentent essentiellement la même structure que celles des plantes plus parfaites ; mais leur forme varie extrêmement.

Quant aux organes reproducteurs, dans quelques familles on reconnoît facilement des parties analogues, par leurs fonctions, au pollen et aux ovules des plantes phanérogames, quoique très-différentes par leur organisation. Dans d'autres, au contraire, et particulièrement parmi les Fougères, on n'a découvert aucun organe qui puisse représenter les étamines. En général, les végétaux de cette classe se rapprochent des plantes phanérogames par leurs organes de végétation, et s'en éloignent beaucoup par la manière dont la reproduction s'effectue.

4.e Famille. ÉQUISÉTACÉES.

La famille des Équisétacées, composée parmi les végétaux vivans du seul genre Prêle, *Equisetum*, paroît se présenter dans l'ancien monde sous des formes assez différentes de celles que nous lui connoissons. Les Prêles sont des plantes herbacées croissant dans les lieux humides ; elles ont en général une tige rampante, d'où naissent d'autres tiges, simples, droites, articulées de distance en distance, très-distincte-ment sillonnées longitudinalement ; chaque articulation est garnie d'une gaîne cylindrique, égale, profondément dentée sur son bord libre ; ces dents aiguës sont la terminaison des sortes de côtes qui séparent les sillons de la tige et qui se continuent sur les gaines.

L'anatomie de ces tiges montre que leur centre est occupé par une grande cavité cylindrique, qui s'étend d'une articu-lation à l'autre : autour de cette cavité centrale sont placées d'autres lacunes, beaucoup plus petites, qui s'étendent égale-ment d'une articulation à l'autre, et qui correspondent au fond des sillons qui parcourent la surface extérieure de ces tiges : les crêtes qui séparent ces sillons correspondent, au contraire, aux sortes de cloisons qui sont placées entre ces lacunes. Les vaisseaux qui parcourent l'intervalle de ces la-cunes se continuent en grande partie dans les nervures de la gaîne ; de sorte que, si on arrache avec soin cette gaîne, on observe à son point d'insertion des cicatrices arrondies, qui correspondent à ces vaisseaux et qui terminent les crêtes qui séparent les sillons de l'entre-nœud inférieur. Au-dessus, la tige qui s'élève au-delà de cette articulation, est également sillonnée, mais ses sillons alternent avec ceux qui sont au-dessous de l'articulation ; de telle sorte que l'anneau qui cor-respond à l'articulation ou plutôt à l'insertion de la gaîne, présente les extrémités alternantes des sillons qui couvrent la partie supérieure et la partie inférieure de la tige, et une série de points provenant de l'ablation de la gaîne et de la rup-ture des vaisseaux qui se portoient dans les dents qui la ter-minent. Outre ce que nous venons de dire de la structure de la tige principale, il naît des articulations de la base des gaînes, et en dehors de ces gaînes, des rameaux verticillés, en nombre variable suivant les espèces, et dont la structure essentielle est semblable à celle de la tige principale, mais qui en diffèrent cependant par l'absence de cavité dans leur centre et par la petitesse de leur gaîne.

L'existence de ces rameaux n'est pas un caractère commun à toutes les espèces ; quelques-unes en sont constamment dé-pourvues, ou du moins n'en présentent qu'un petit nombre.

disposés sans régularité : tels sont les *Equisetum hyemale, variegatum* , etc. D'autres en présentent rarement ou seulement dans les dernières périodes de leur vie ; d'autres, enfin, n'en offrent que sur les tiges stériles, tandis que les tiges fertiles en sont privées.

La fructification de ces plantes consiste en épis, qui terminent la tige principale et quelquefois les rameaux; ces épis sont formés d'écailles peltées, polygonales, parfaitement contiguës avant le moment de la dissémination, portées sur un pédicelle central, et soutenant en dessous des conceptacles membraneux, remplis de séminules d'une structure très-singulière, mais qu'il n'entre pas dans notre objet de décrire.

Cette famille n'étant composée que d'un seul genre, son organisation est très-uniforme; car ce genre lui-même varie peu dans ses caractères : on remarque seulement que les Prêles, comme les plantes des autres familles de cryptogames vasculaires, acquièrent un développement beaucoup plus considérable dans les régions équatoriales que dans les régions tempérées ou voisines du pôle.

Les deux espèces qui s'approchent le plus du pôle boréal (*Equisetum reptans*, Swartz, et *Equisetum scirpoides*, Michaux) sont sans aucun doute les plus petites du genre. Dans l'Europe et l'Amérique tempérée, ces plantes atteignent quelques pieds d'élévation, et leurs tiges principales ont la grosseur du doigt; enfin, dans les régions équinoxiales, l'*Equisetum giganteum* (*Equis. ramosissimum*, Humb., non Desf.) paroît atteindre, d'après la description de MM. de Humboldt et Bonpland, jusqu'à douze pieds d'élévation et près d'un pouce de diamètre.

A l'état fossile nous ne trouvons que deux plantes qui paroissent se rapporter d'une manière exacte au genre *Equisetum* : l'une a été observée dans le calcaire grossier des environs de Paris; nous l'avons décrite sous le nom d'*Equisetum brachyodon*; nous n'en connoissons que de très-petits fragmens. L'autre est très-abondante à Whitby, dans le Yorkshire, dans des couches qui accompagnent un dépôt de charbon fossile, et qui paroissent se rapporter à l'oolithe inférieure des géologues anglois. Ce sont de grandes tiges cylindriques qui atteignent de deux à trois mètres d'élévation, qui sont grosses comme le bras, articulées, dont les articulations varient de distance, et sont beaucoup plus rapprochées vers le bas: chaque articulation est entourée d'une gaine longue, cylindrique, dentée à son bord libre, et dont les dentelures sont nombreuses et aiguës, lorsque leur pointe n'a pas été brisée. La surface de la tige dans les entre-nœuds est lisse vers la base, marquée vers le haut de sillons, qui deviennent d'autant plus prononcées, qu'on approche davantage du bord libre de la gaine, où elles aboutissent aux intervalles des dents qui la terminent. Ces tiges sont la plupart placées verticalement dans les couches de grès qui les renferment; elles paroissent toujours nues et dépourvues de rameaux : quelques-unes cependant présentent quelques traces de l'insertion de cinq rameaux aux articulations. On voit qu'à l'exception de la taille, il n'existe aucune différence entre la tige de ces plantes et celle des pieds fertiles des *Equisetum*, dont les individus fructifères sont dépourvus de rameaux, tels que les *Equisetum arvense* et *telmateya*. Je désignerai cette plante remarquable, dont j'ai vu de fort beaux échantillons dans la collection de la Société philosophique d'York, sous le nom d'*Equisetum columnare*.

Outre ces deux espèces, bien caractérisées pour appartenir au genre *Equisetum*, M. Mérian m'a communiqué le dessin d'un fragment de plante trouvé à la Neuwelt, près Bâle, dans les marnes irisées qui font partie de la formation du lias; ce fragment a la plus grande analogie avec une portion de tige d'*Equisetum*, à peu près de la taille de ceux qui habitent actuellement nos climats, il paroît garni aux articulations de rameaux verticillés, au nombre de dix à douze; mais n'ayant pu examiner moi-même cet échantillon, je ne l'indique ici qu'avec doute sous le nom d'*Equisetum Meriani*.

De très-petits rameaux, que j'ai observés dans des schistes houillers d'Écosse, paroissent aussi se rapporter à ce genre; mais leur structure étoit peu nette et me laisse des doutes sur leurs caractères ; je les désignerai cependant sous le nom d'*Equisetum dubium* : enfin, M. Bischoff a figuré, d'après M. Bronn, une plante fossile de ce genre, provenant du terrain houiller de Saarbruck. Il lui a donné le nom de d'*Equisetum infundibuliforme*.

Dans les terrains plus anciens, dans la formation houillère, si remarquable par le développement considérable qu'ont acquis la plupart des cryptogames vasculaires, la famille des Équisétacées paroît avoir pris des formes très-différentes de celles qu'elle nous présente actuellement, et avoir atteint une taille très-supérieure à celle que nous lui connoissons, et dont cependant nous retrouvons encore quelques traces dans l'*Equisetum columnare* des terrains plus modernes de Whitby. On trouve en effet en grande quantité, dans les dépôts de houille de tous les pays, de grandes tiges simples, parfaitement cylindriques, articulées de distance en distance, le plus souvent sans aucun rameau, ou, dans quelques cas, avec des indices de branches verticillées autour de ces articulations. Ces tiges présentent des stries très-régulières, parallèles, qui s'étendent sans interruption d'une articulation à l'autre : arrivées à une de ces articulations, elles se terminent souvent par un tubercule circulaire ou oblong; la réunion de ces points forme autour de l'articulation une sorte de collier; au-dessus de ce nœud de nouvelles stries commencent, et alternent toujours ou presque toujours avec celles qui sont au-dessous.

D'après la description que nous avons donnée des tiges des Prêles, il est facile de voir combien il existe d'analogie entre ces végétaux et les fossiles que nous venons de décrire. En effet, les séries de points qu'offrent souvent les articulations, paroissent correspondre soit à des cicatrices produites par les vaisseaux des gaînes qui se seroient détruites, soit plutôt à des tubercules qu'on pourroit regarder comme les dents de ces gaînes avortées. Cette dernière manière de les considérer nous paroît plus vraisemblable; car, dans beaucoup de cas, on voit que ces points ou tubercules n'existent que sous l'épiderme de charbon qui enveloppe toute la plante : cet épiderme les recouvre complétement, et, dans ce cas, il est évident que ces tubercules ne peuvent pas être des cicatrices d'insertion d'un autre organe. Dans d'autres échantillons, ces tubercules paroissent dépourvus de l'épiderme qu'on observe sur le reste de la plante, mais il est possible que ce soit simplement le résultat du frottement qui peut l'avoir détruit plus facilement à la surface de tubercules saillans que sur le reste de la plante.

Si à ces caractères, qu'on retrouve dans presque tous les

échantillons de plantes fossiles de ce genre , nous en ajoutons quelques-uns. observés seulement sur un petit nombre d'échantillons. on verra que l'analogie entre ces plantes et la famille des Équisétacées est presque complète. Un échantillon provenant des mines de houille de Saarbruck, présente des portions, isolées il est vrai, de gaines dentelées, qui ont la plus grande analogie avec celles des vrais *Equisetum*. Ces gaines paroissent s'envelopper mutuellement , comme si elles naissoient d'une tige dont les entre-nœuds seroient plus courts que la longueur des gaines elles-mêmes; elles se présentent par leur face interne, de sorte que la tige qui devoit les porter, n'existe plus dans cet échantillon, et qu'il ne nous est pas possible d'affirmer qu'elles fissent partie des mêmes tiges que nous venons de décrire. Cependant tout nous porte à le penser; en effet, des gaines de cette espèce ne peuvent appartenir qu'à des tiges articulées, et leur forme, leur grandeur et leur disposition , indiquent qu'elles n'ont pu faire partie que de plantes de ce genre; mais un autre échantillon, qui fait partie du Muséum de la ville de Strasbourg , et que nous avons décrit sous le nom de *Calamites radiatus* , confirme complétement nos idées à cet égard. Dans cet échantillon on voit une tige qui a tous les caractères des vraies Calamites, lorsqu'elles sont dépourvues d'écorce; elle est cylindrique et en partie enveloppée dans la roche, dont on peut cependant la séparer, et dans laquelle on voit une portion de la gaine qui correspond à une articulation; cette gaine, quoiqu'ayant les caractères les plus essentiels de celle des *Equisetum* , en diffère cependant à plusieurs égards : elle est formée par une membrane divisée sur son bord libre en plusieurs dents égales et alongées, comme dans les Prêles; mais cette gaine, au lieu d'être dressée et appliquée contre la tige, comme dans ces plantes, est étalée dans un plan perpendiculaire à l'axe de la tige; caractère qui distingue cette espèce fossile de tous les *Equisetum* vivans.

On pourroit croire d'abord qu'il existoit de semblables gaines sur la tige de toutes les Calamites, et que ces gaines se sont détruites assez promptement pour que nous n'en voyions pas ordinairement de traces; mais, dans ce cas, il devroit du moins rester des indices de leur insertion autour des articulations. On n'en voit cependant aucune trace : car les tubercules qui sont placés sur ces articulations et que nous avions d'abord considérés comme des indices de cette nature, nous paroissent ne pas avoir le caractère de véritables cicatrices et n'être que de simples tubercules, qui représenteroient des gaines avortées.

Nous avons donc parmi les Calamites des plantes assez différentes les unes des autres, principalement par l'existence des gaines ou par leur avortement plus ou moins complet : ainsi les unes, comme le *Calamites radiatus*, ont une gaîne très-développée : d'autres, comme les *Calamites decoratus*, *Suckowii*, etc., n'ont plus que des tubercules verticillés ; enfin quelques-unes présentent une écorce très-épaisse, à la surface de laquelle on n'aperçoit plus aucun tubercule, et sur laquelle les articulations et les stries paroissent même à peine.

On a eu occasion d'observer, mais d'une manière assez imparfaite, le mode de terminaison de ces tiges. Ces observations sont incomplètes, car personne ne les a faites sur les plantes verticales et encore en place, de manière à pouvoir distinguer l'extrémité inférieure de l'extrémité supérieure ; tantôt on voit ces tiges s'amincir graduellement et les articulations s'espacer davantage ou quelquefois se rapprocher un peu les unes des autres ; dans d'autres échantillons, la tige se termine par une partie arrondie, sur laquelle les articulations sont toujours plus rapprochées, et les tubercules, qui, dans ce cas, paroissent de véritables cicatrices, deviennent plus marqués. Le premier mode de terminaison nous paroît appartenir à l'extrémité supérieure ; le second à l'extrémité inférieure ; et, dans ce cas, les grandes cicatrices qu'on y voit seroient celles des radicelles. Ce qui nous feroit surtout présumer que les extrémités arrondies correspondent à la base, c'est que dans les *Equisetum* vivans les articulations sont toujours plus rapprochées vers la base, et que le même caractère s'observe aussi sur les tiges verticales fossiles de l'*Equisetum columnare*.

Les Équisétacées fossiles présentent donc deux groupes bien distincts : l'un, dont on n'a trouvé des échantillons bien caractérisés que dans les terrains de sédiment moyen et supérieur, est parfaitement identique avec les *Equisetum* vivans, et

n'offre que de légères différences spécifiques ; il conservera
par conséquent le nom d'Equisetum : l'autre, propre aux terrains anciens, diffère assez des *Equisetum* actuellement existant
par sa taille et probablement par l'absence presque constante
des gaines, ou par la forme différente de cet organe, pour
nous autoriser à en former un genre particulier, distinct de
tous ceux qui existent actuellement.

Ce dernier genre a déjà été désigné, par Suckow et par
MM. de Schlotheim, de Sternberg et Artis, sous le nom de
Calamites, et quoique l'analogie que ce nom indique entre les
Calamus ou Rotang, genre de la famille des Palmiers, et ces
fossiles, me paraisse tout-à-fait contraire à ce que nous annonce l'organisation de ces plantes de l'ancien monde, je n'ai
pas cru pouvoir en admettre un autre ; mais je dois, après
avoir montré la ressemblance qui existe entre les Prêles et
les fossiles qui nous occupent, faire voir les différences qui
éloignent ces plantes des Calamus et des autres Palmiers, ainsi
que des Bambous, auxquels on les a successivement comparées.

Les *Calamus* ont, il est vrai, des tiges articulées ; mais ces
tiges n'offrent jamais les stries régulières qu'on observe dans
les Calamites ; chaque articulation ne présente qu'une seule
insertion unilatérale assez grande, produite par le bourgeon
placé à l'aisselle de la feuille qui naît de chacune de ces
articulations : cette cicatrice est ronde, dirigée supérieurement, et correspond à un sillon assez profond qui parcourt
l'entre-nœud supérieur ; jamais on n'observe ces cicatrices
ou tubercules réguliers qui entourent chacune des articulations des plantes fossiles, lorsqu'elles sont bien conservées,
ou lorsqu'on en voit, ce n'est qu'aux articulations inférieures, et dans ce cas elles sont produites par les radicelles
qui naissent du bas de la tige.

Les Bambous et les autres Graminées ont presque la même
structure que les *Calamus*, quoique ces derniers appartiennent
à la famille des Palmiers ; on remarque de même de grandes
cicatrices unilatérales sur chaque articulation ; cicatrices qui
sont surmontées d'un sillon ou d'une gouttière assez profonde,
et qui sont placées alternativement des deux côtés de cette tige.

Dans les vrais Palmiers on observe une organisation bien
plus différente de celle des plantes fossiles qui nous occupent ;

car les tiges ne présentent pas de véritables articulations qui entourent complétement, mais seulement des anneaux incomplets, provenant de la cicatrice produite par la base amplexicaule des feuilles.

Enfin, à toutes ces preuves en faveur de l'opinion que nous avons adoptée, nous pouvons ajouter celle déduite de l'absence, dans le terrain houiller, de feuilles ou de fruits qui puissent appartenir aux plantes précédentes, et cependant les feuilles et les fruits des Palmiers, et particulièrement ceux des *Calamus*, sont très-faciles à reconnoître, et les feuilles surtout devroient être extrêmement fréquentes, puisque ces grandes tiges sont peut-être de tous les fossiles du terrain houiller les plus généralement répandus et les plus abondans dans certaines localités.

En admettant par conséquent le genre *Calamites* comme appartenant à la famille des Équisétacées, on voit que cette famille s'est montrée, dès les temps les plus reculés de la création des êtres organisés, à la surface de la terre ; en effet, ce genre se trouve non-seulement dans le terrain houiller, mais même dans les anciens terrains d'anthracite de transition des Vosges. On voit en outre que cette famille avoit atteint dans ces époques reculées un développement beaucoup plus considérable que celui qu'elle présente actuellement ; développement qu'on observe également dans les autres familles de monocotylédones cryptogames qui composent la végétation de cette époque.

Dans les terrains d'époque plus récente, tels que le grès bigarré des Vosges, on trouve encore des fragmens assez nombreux de ces grandes Équisétacées arborescentes ; mais les échantillons, entièrement transformés en grès, sans épiderme charbonneux, ne paroissant que des moules intérieurs ou mal conservés, on ne peut déterminer avec certitude si ce sont les mêmes espèces que celles du terrain houiller.

Dans des terrains d'une formation encore plus récente on trouve déjà des plantes qui présentent tous les caractères des vrais *Equisetum* joints à une taille de beaucoup supérieure à celle de nos *Equisetum* actuels, et qui, par ce caractère et par la simplicité de leurs tiges, font un véritable passage entre les Calamites des anciennes formations et les *Equisetum* du monde actuel. Enfin, ce n'est que dans les terrains les plus modernes qu'on a trouvé quelques débris absolument semblables par leur structure et par leur taille aux Prêles de notre végétation actuelle.

Avant de donner l'énumération des espèces de cette famille, nous ferons remarquer que, dans des plantes d'une structure aussi simple, dont les organes sont aussi peu nombreux et aussi peu variés, l'examen le plus scrupuleux des détails de l'organisation, et de très-bonnes figures tant de l'ensemble que des détails, sont indispensables pour les bien reconnoître; l'épaisseur et la disposition de l'écorce, la forme des stries, leur disposition auprès de l'articulation, la présence ou l'absence des tubercules autour de ces articulations, sont des caractères qui, par leur combinaison, peuvent seuls nous conduire à fixer les espèces, et les deux premiers nous paroissent les plus importans, parce que ce sont ceux qui doivent le moins varier d'une partie de la plante à l'autre ou dans deux individus de la même espèce, et ce sont en effet ceux que l'examen de nombreux échantillons nous a prouvé être les plus constans. On conçoit d'après cela que souvent les synonymes que nous avons rapportés aux espèces que nous connoissons, peuvent être douteux; puisque rarement ces caractères sont bien exprimés dans les figures et à peine indiqués dans les descriptions. Enfin, souvent ces figures et ces descriptions se rapportent, comme cela a lieu pour beaucoup de tiges du terrain houiller, à des plantes dépourvues de leur épiderme, à des échantillons tout-à-fait imparfaits par conséquent, et sur lesquels aucun des caractères essentiels ne peut plus être reconnu : nous avons donc dû nous borner à établir ici comme espèces celles que nous avons pu étudier sur la nature même, et négliger pour le moment les espèces décrites par divers auteurs et sur lesquelles nous ne pouvons avoir d'opinion arrêtée.

Genre Ier EQUISETUM. *Tiges articulées, entourées de graines cylindriques régulièrement dentelées, appliquées contre la tige.*

1. EQUISETUM BRACHYODON, Hist. des vég. foss., 1, p. 114, pl. 12, fig. 11, 12. | Formation du calcaire grossier.

2. EQUISETUM MERIANI, Hist. des vég. foss., 1, p. 115, pl. 12, fig. 13.	Marnes irisées du terrain de lias.
3. EQUISETUM COLUMNARE, Hist. des végét. foss., 1, p. 115, pl. 13.	Oolithe inférieure et lias.
4. EQUISET. INFUNDIBULIFORME, Bronn; Hist. d. vég. foss., 1, p. 119, pl. 12, fig. 16.	Terrain houiller.
5. EQUISETUM DUBIUM, Hist. des vég. foss., 1, p. 120, pl. 12, fig. 17, 18.	*Ibid.*

Genre II. CALAMITES, Suckow, Schloth., Sternb., Artis. *Tiges articulées, régulièrement striées; articulations nues, ou entourées de tubercules arrondis, ou quelquefois par une gaine dentée, étalée.*

1. CALAMITES RADIATUS, Hist. des vég. foss., 1, p. 122, pl. 26, fig. 1 et 2.	Terrain de transition.
2. CALAMITES DECORATUS, Hist. des vég. foss., 1, p. 123, pl. 14, fig. 1 — 5.	Terrain houiller.
3. CALAMITES SUCKOWII, Hist. des vég. foss., 1, p. 124, pl. 14, fig. 6; pl. 15, fig. 1 — 6; pl. 16; *Calamites pseudo-bambusia?* Sternb., tab. 13, fig. 3.	*Ibid.*
4. CALAMITES UNDULATUS, Hist. des vég. foss., 1, p. 127, pl. 17, fig. 1 — 4.	*Ibid.*
5. CALAMITES RAMOSUS, Artis; Hist. des végét. foss., 1, p. 127, tab. 17, fig. 5, 6; *Calamites nodosus et carinatus*, Sternb.	*Ibid.*
6. CALAMITES CRUCIATUS, Hist. des vég. foss., 1, p. 128, pl. 19; *Calamites cruciatus et regularis*, Sternb.	*Ibid.*
7. CALAMITES CISTII, Hist. des végét. foss., 1, p. 129, pl. 20.	Terr. houiller et terr. d'anthracite d. Alpes.
8. CALAMITES DUBIUS, Artis; Hist. des vég. foss., 1, p. 130, pl. 18, fig. 1 — 3.	Terrain houiller.
9. CALAMITES CANNÆFORMIS, Schloth., Sternb.; Hist. des vég. foss., 1, p. 131, pl. 21.	*Ibid.*
10. CALAMITES PACHYDERMA, Hist. des végét. foss., 1, p. 132, pl. 22.	*Ibid.*

11. CALAMITES NODOSUS, Schl.; Hist. des vég. foss., 1, p. 133, pl. 23, fig. 2 — 4; *Calamites tumidus*, Sternb.	Terrain houiller.
12. CALAMITES APPROXIMATUS, Stern., Artis; Hist. des vég. foss., 1, p. 133, pl. 24; *Calamites approximatus et interruptus*, Schloth.	*Ibid.*
13. CALAMITES STEINHAUERI, Sternb.; Hist. des vég. foss., 1, p. 135, pl. 18, fig. 4.	*Ibid.*
14. CALAMITES VOLTZII, Hist. des vég. foss., 1, p. 135, pl. 25, fig. 2 et 3.	Terrain de transition.
15. CALAMITES GIGAS, Hist. des vég. foss., 1, p. 136, pl. 27.	Gisement inconnu.
16. CALAMITES MOUGEOTII, Hist. des vég. foss., 1, p. 137, pl. 25, fig. 4 et 5.	Grès bigarré.
17. CALAMITES ARENACEUS, Jæger; Hist. des vég. foss., 1, p. 137, pl. 25, fig. 1, et pl. 26, fig. 3 — 5.	*Ibid.*
18. CALAMITES REMOTUS, Schloth.; Hist. des vég. foss., 1, p. 138, pl. 25, fig. 2; *Calamites distans*, Sternb.?	Grès bigarré et terr. houiller?

5.ᵉ FAMILLE. **FOUGÈRES.**

Les végétaux qui composent cette famille sont encore très-nombreux à la surface du globe, et leur structure mérite d'être bien étudiée sur le vivant, afin d'apprécier facilement les caractères qui peuvent les faire reconnoître à l'état fossile.

Les Fougères présentent toujours une tige plus ou moins distincte, réduite, dans la plupart des espèces des climats froids ou tempérés, à une souche souterraine quelquefois peu développée.

Dans les *Pteris*, dans les *Asplenium*, dans les *Adianthum*, dans les *Polypodium* de nos climats, et même dans la plupart des espèces de ces genres qui croissent dans les pays chauds, cette tige est rampante, grêle, et donne naissance à des feuilles éloignées et éparses.

Dans les *Aspidium*, dans l'*Osmunda regalis*, et surtout dans le *Struthiopteris germanica*, cette tige, beaucoup plus grosse, rampante dans les *Aspidium*, presque droite dans les deux autres plantes que nous venons de citer, porte des feuilles nombreuses, qui naissent en spirale serrée autour du sommet de cette tige, à peine sortie du sol, et qui, par leur disposition régulière, forment une sorte de corbeille.

Les Fougères en arbre de la zone équinoxiale ne diffèrent de ces plantes que par le plus grand développement de cette tige, qui, au lieu de ramper sur la terre ou de s'élever à peine de quelques pouces au-dessus du sol, atteint une hauteur de plusieurs toises. Cette tige, dont on peut étudier plus facilement la structure sur ces grands végétaux, a une forme cylindrique ou conique ; sa base est quelquefois très-élargie et environnée de fibres nombreuses, en général roides et solides : sa surface est marquée d'impressions ou de cicatrices régulières, produites par la chute des pétioles.

La disposition et la forme de ces cicatrices dépendant de celles des feuilles qui les ont produites, nous en parlerons plus tard. La partie externe de cette tige est formée par une écorce ou plutôt par une couche distincte, d'une structure très-particulière et très-différente de celle de l'écorce des végétaux dicotylédons. On sait que dans les plantes monocotylédones arborescentes les couches externes de la tige sont beaucoup plus compactes et plus dures que les couches centrales, dans lesquelles la circulation des sucs nutritifs paroît s'exercer particulièrement. Cette couche externe, dans plusieurs Palmiers, acquiert une dureté considérable, tandis que le centre est encore tendre et spongieux. Dans les Fougères en arbre il paroît qu'au bout de quelques années cette couche extérieure, qui soutenoit les feuilles, se sépare après la chute de ces organes des couches plus internes, de manière à former une sorte de tuyau, autour de la tige encore vivante dans laquelle circulent les fluides qui se portent vers les feuilles qui terminent et couronnent cette tige.

Plusieurs échantillons de tiges de Fougères en arbre, que j'ai eu occasion de voir dans les collections, m'ont offert ce phénomène. Cette couche externe, cette sorte d'écorce, est d'une dureté et d'un aspect presque semblables à celui de la partie intérieure du péricarpe des Cocos. Extérieurement elle présente les cicatrices produites par la base des pétioles, intericurement elle offre des dépressions et des ondulations qui sont en rapport avec ces cicatrices extérieures; mais on n'aperçoit aucune trace d'adhérence à la tige centrale ; ce qui paroit annoncer que la séparation de cette couche extérieure s'est faite lentement et naturellement.

L'axe même de la tige présente dans son organisation quelques différences assez remarquables de ce qu'on observe dans les arbres monocotylédons.

Dans le plus grand nombre de ces plantes on voit que les vaisseaux ou plutôt les faisceaux de vaisseaux forment des sortes de fibres éparses sans aucun ordre régulier, plus serrées et unies par un tissu cellulaire plus dense vers la circonférence, plus éloignées et plus lâchement unies vers le centre.

Dans les Fougères, au contraire, ces vaisseaux sont rapprochés en un certain nombre de grands faisceaux réguliers vers la circonférence de la tige. Cette organisation paroit être la suite ou la cause de la disposition régulière des feuilles en séries verticales parallèles : disposition qui . comme on va le voir, caractérise toutes les tiges de Fougères arborescentes; mais quelle qu'en soit la cause, cette disposition des vaisseaux permet de distinguer facilement une tige de Fougère en arbre de celle de tous les arbres monocotylédons.

Les feuilles des Fougères présentent des caractères encore plus tranchés que leurs tiges. Leur pétiole est presque toujours comprimé latéralement. Aussi épais ou même plus épais que large, il est souvent parcouru supérieurement par un sillon assez profond.

Parmi les espéces vivantes je ne connois que l'*Osmunda regalis* qui présente un pétiole ailé latéralement vers sa partie inférieure, et cependant cette expansion membraneuse disparoit vers son point d'attache, et ses feuilles ne sont pas amplexicaules, comme celles de la plupart des plantes monocotylédones. [1]

Il résulte de cette forme des pétioles des Fougères que les

---

1 D'après l'observation faite par M. Gaudichaud sur l'*Angiopteris evecta*, Willd., cette belle Fougère des Moluques a les pétioles dilatés à la base, presque comme ceux des Palmiers, et la tige assez courte

cicatrices qu'ils laissent sur la tige après leur chute, sont presque toujours plus hautes que larges, très-rarement un peu plus larges que hautes, et jamais larges et amplexicaules, comme celles des arbres monocotylédons, de la famille des Liliacées, des Asparagées, et encore bien moins des Palmiers, où les feuilles produisent des cicatrices linéaires et transversales. Dans les Fougères, au contraire, les cicatrices d'insertion des feuilles représentent des sortes de disques bien limités, très-réguliers, dont la forme varie d'une espèce à l'autre; mais qui annoncent toujours un pétiole comprimé latéralement, ou tout au plus à peu près cylindrique. Ce disque présente souvent à sa partie supérieure une échancrure plus ou moins profonde, qui correspond au sillon du pétiole; enfin, sa surface montre des séries de points plus ou moins nombreux, qui indiquent le passage des vaisseaux de la tige dans le pétiole.

Ces traces de vaisseaux offrent encore un caractère propre à cette famille. Dans toutes les plantes monocotylédones que j'ai eu occasion d'observer, les faisceaux de vaisseaux sont épars et distribués sans ordre dans les pétioles des feuilles : c'est ce qu'on peut voir particulièrement dans les Palmiers, qui ont un pétiole parfaitement distinct du limbe de la feuille. Dans les Fougères, au contraire, les vaisseaux sont réunis en un nombre fixe et limité de faisceaux, qui sont distribués avec la plus grande symétrie dans l'intérieur du pétiole, en nombre pair pour ceux qui ne sont pas sur la ligne médiane.

Les coupes des pétioles des Fougères les plus communes de nos climats, montrent parfaitement cette structure[1], qui paroît se retrouver dans toutes. Il en résulte que les séries des points qui correspondent au passage de ces faisceaux de vaisseaux, et qu'on observe sur les disques d'insertion des feuilles, sont toujours distribués avec symétrie sur ces disques.

Ces disques, déjà si réguliers, produits par les bases des

---

qui les supporte, est marquée d'anneaux transversaux, comme dans ces plantes : c'est le seul exemple de cette structure que je connoisse dans la famille des Fougères.

1 Voyez la figure de quelques-unes de ces coupes, *Class. des végét. foss.*, tab. 4.

pétioles, sont en outre disposés sur la tige avec une régularité admirable, qui dépend du mode d'insertion des feuilles. Dans toutes les Fougères arborescentes dont j'ai vu les tiges, les feuilles sont insérées en séries parallèles, parfaitement droites depuis la base jusqu'au sommet de la tige, ou légèrement contournées en spirale. Le nombre de ces séries varie suivant la grosseur proportionnelle des pétioles et des tiges. Je n'ai vu qu'un trop petit nombre d'échantillons de ces plantes pour savoir si le nombre de ces séries est ordinairement constant dans la même espèce. Les pétioles sont toujours disposés à des distances égales dans ces séries, et ceux d'une série alternent avec ceux des deux séries voisines, de manière à former une sorte de quinconce, composé de lignes qui montent en spirale.

Toute la surface extérieure de ces tiges se trouve ainsi couverte, après la chute des feuilles, de disques d'une forme parfaitement régulière et toujours semblable, disposés avec la symétrie la plus admirable et la plus agréable à l'œil.

Les tiges de Fougères en arbre doivent à ce genre d'organisation un caractère tout-à-fait particulier, qui les fait reconnoître sans peine au milieu d'une infinité d'autres. [1]

Les feuilles elles-mêmes, qui par leur mode d'insertion donnent lieu à cet aspect singulier de la tige, ont une structure très-particulière. Elles sont presque toujours simples; les *Polypodium quercifolium*, *P. Gaudichaudii* et *P. Willdenowii* sont presque les seuls dont la feuille soit composée de vraies folioles articulées [2]. Dans la plupart des plantes de cette famille les feuilles sont simples, c'est-à-dire, continues dans

---

1 Plusieurs de ces tiges ont été figurées depuis quelques années. J'ai représenté celle du *Cyathea excelsa* (*Class. des vég. foss.*, tab. 4, fig. 6). M. Martius a donné des figures des tiges du *Cyathea compta*, et du *Cyathea phalerata* (*De plantis nonnullis antedil.*, tab. 1, fig. 1, 2, 3). M. Sternberg a publié celles du *Didymochlena sinuosa*, du *Cyathea Delgadii*, du *Cyathea Sternbergii*, et du *Polypodium armatum*. (*Flor. der Vorw.*, fasc. 4, tab. *A*, *B*, *C*, *E*.)

2 Voyez les figures de ces trois espèces dans les *Annales des sciences naturelles*, t. 5, pl. 12, 13, 14, où M. Bory de Saint-Vincent a bien établi les caractères qui les distinguent du *Polypodium quercifolium* de Linné, et a formé de ces plantes une section particulière sous le nom de *Drynaria*.

toutes leurs parties, mais plus ou moins profondément divisées. On a cependant généralement l'habitude, à laquelle nous nous conformerons dans les descriptions, de désigner par les mots de pinnées, bipinnées, tripinnées, etc., les feuilles dont les divisions sont tellement profondes qu'elles paroissent autant de folioles distinctes, et de n'employer le nom de pinnatifide que lorsque ces divisions n'atteignent pas la nervure moyenne. Le mode de division, le nombre et la forme de ces divisions, varient à l'infini, non-seulement d'une espèce à l'autre, mais quelquefois dans des individus d'âge différent ou dans les diverses parties d'une même feuille; mais un caractère plus constant et qui est en rapport avec la forme essentielle des feuilles, et dans quelque cas avec la disposition des fructifications, c'est le mode de distribution des nervures. On sent que ces nervures, formant pour ainsi dire le squelette des feuilles, déterminent leur forme primitive, tandis que les modifications qu'on remarque dans la forme extérieure dépendent souvent de l'union ou de la division plus ou moins profonde du parenchyme de la feuille. En outre, les fructifications des Fougères étant toujours portées sur les feuilles, soit que ces feuilles n'aient éprouvé aucune modification, soit qu'elles aient été déformées par la présence des capsules, et ces fructifications étant presque toujours fixées sur les nervures, on conçoit qu'il doit exister plus de rapports entre la structure des fructifications et la disposition des nervures, qu'entre celle-ci et la forme générale de la feuille : c'est en effet ce qu'on remarque dans plusieurs genres.

On doit aussi observer que si, par suite de la classification adoptée dans cette famille, les caractères des genres ne sont pas toujours en rapport avec la disposition des nervures, on ne pourra du moins établir des sections naturelles dans ces genres qu'en les fondant sur le mode de distribution des nervures, et non sur la division plus ou moins profonde des feuilles, qui varie très-souvent dans la même espèce.

Cela est si vrai que nous voyons les genres les plus naturels nous offrir dans la structure de leurs feuilles une uniformité remarquable, tandis que ceux qui montrent les variations les plus grandes dans cette structure vasculaire, seront admis par presque tous les botanistes comme peu naturels et formés de groupes très-distincts, tels sont les *Acrostichum*, les *Polypodium*, les *Aspidium*.

Il n'y a donc pas de meilleurs caractères pour grouper les Fougères d'après leurs frondes stériles, que ceux que présente la disposition des nervures, surtout en les combinant avec le mode de division des frondes et des pinnules. C'est en effet au moyen de ces caractères que nous avons divisé en plusieurs groupes toutes les Fougères fossiles, parmi lesquelles il est difficile de trouver quelques échantillons avec des indices de fructification : ce cas est si rare, que je crois que M. Sternberg n'en cite que deux, et je n'ai pu l'observer que sur six espèces et le plus souvent d'une manière trop peu nette pour pouvoir déterminer avec certitude le genre dont elles faisoient partie : je n'ai donc pas pensé qu'on dût, pour un si petit nombre d'individus, faire exception au mode général de classification adopté pour les fossiles de cette famille.

Cette rareté même des fructifications dans les Fougères fossiles m'engage à n'entrer dans aucun détail sur la structure de ces organes dans les plantes vivantes ; car il ne sera jamais possible d'observer sur des fossiles la structure même des capsules, qui exige souvent l'emploi du microscope et qui forme la base des premières divisions des Fougères vivantes : quant à la disposition de ces capsules, qui a servi dans presque tous les cas à établir les genres, il n'est personne qui ne sache que Linné avoit fondé les genres de Fougères uniquement sur la forme des groupes de capsules, et que depuis on s'est servi avec beaucoup d'avantage de la disposition des membranes ou tégumens qui recouvrent ou enveloppent ces groupes de capsules, ainsi que de leur position par rapport aux nervures, pour former des genres plus naturels ; d'ailleurs il est extrêmement rare qu'on puisse observer sur les Fougères fossiles qui présentent quelques indices de fructification, autre chose que la forme des groupes de capsules.

Il existe dans cette famille un certain nombre de genres très-remarquables, soit par la disposition de leur fructification, soit même par la forme de leur fronde ; tels sont, sous le rapport de la fructification surtout, tous les genres de la tribu des Osmondacées, à l'exception du *Mohria* et du *Todea*: les épis de fructification des *Osmunda*, des *Anemia*, des *Lygodium*, des *Schizea*, font reconnoître ces genres au premier aspect lorsqu'ils sont en fructification. On peut en dire autant des genres *Botrychium* et *Ophioglossum*; la forme des frondes si singulière des *Schizea* et des *Gleichenia*, les distingue immédiatement de toutes les Fougères, même sans le secours des fructifications. Aucune de ces plantes ne s'est présentée à l'état fossile avec des caractères propres à la faire reconnoître avec certitude; ainsi il est très-probable que les Osmondacées, les Ophioglossées et les Gleichéniées ne faisoient pas partie de la Flore de l'ancien monde; que les Polypodiacées seules constituoient toute la famille des Fougères, du moins à l'époque de formation des terrains houillers; car le genre *Tœniopteris*, qui se rapproche par la disposition des nervures de la tribu des Marattiées, est propre aux terrains plus modernes. [1]

Je sais que plusieurs botanistes ont cru reconnoître dans quelques Fougères du terrain houiller des plantes analogues à nos *Osmunda*, telles sont les *Nevropteris gigantea* et *flexuosa* de M. Sternberg, que ce savant avait d'abord désigné sous le nom d'*Osmunda gigantea*; je conviens qu'il existe quelque analogie, quant aux feuilles, entre cette plante et l'*Osmunda regalis*; mais j'ai découvert sur quelques feuilles des traces de fructification, qui me paroissent établir d'une manière certaine que c'est un genre de *Polypodiacées*, probablement différent de tous ceux qui existent actuellement, mais se rapprochant surtout des *Asplenium*.

Par la forme de leurs feuilles les Fougères fossiles se rapprochent beaucoup des genres maintenant les plus nombreux parmi les Fougères vivantes: ainsi c'est particulièrement avec les genres *Asplenium* ou *Darea*, *Polypodium*, *Aspidium*, *Cyathea*, *Blechnum*, *Pteris*, qu'on leur trouve le plus d'analogie,

---

1 On verra que nous indiquons sous le nom de *Schizopteris*, une plante fossile qui nous paroît avoir plus de rapports avec les frondes stériles des *Schizea* qu'avec aucune autre plante que nous connoissions; mais l'identité de ces deux genres et même la position de cette singulière plante fossile dans la famille des Fougères, sont loin d'être parfaitement établies.

et ces frondes fossiles ne présentent pas de ces déviations de la structure habituelle des plantes de ces genres, qui pourroient indiquer l'existence dans ces temps anciens de genres très-différens de ceux qui habitent encore notre globe.

Il est même assez remarquable que les genres qui paroissent les plus nombreux dans les terrains houillers, sont encore presque les seuls qui renferment des espèces arborescentes ; cependant, en examinant les tiges qui nous paroissent provenir de ces Fougères arborescentes de l'ancien monde, on trouve de grandes différences entre elles et celles du monde actuel, quoique les caractères essentiels, et l'on peut dire ordiniques, soient les mêmes.

Ainsi, malgré la grosseur et la hauteur de ces tiges, qui atteignent plus de 3 décimètres de diamètre, et plus de 12 à 15 mètres de longueur, et qui par conséquent surpassent de beaucoup les plus grandes Fougères arborescentes actuelles, les cicatrices laissées par les bases des pétioles sont beaucoup plus petites et annoncent par conséquent des feuilles beaucoup moins grandes que celles des Fougères en arbre qui croissent maintenant dans les régions équinoxiales, dont les frondes ont jusqu'à 3 à 4 mètres de long, et dont les pétioles sont larges de 3 à 4 centimètres à leur base. Au contraire, la grosseur des bases des pétioles des Fougères fossiles indique des frondes à peu près de la même grandeur que celles de nos Fougères indigènes, et c'est aussi ce qu'on peut déduire de l'examen des frondes fossiles elles-mêmes. Les feuilles, beaucoup plus petites, étoient réunies en beaucoup plus grand nombre autour de la tige; car au lieu de cinq à six rangs ou d'une douzaine au plus qu'on observe sur les tiges des Fougères vivantes, il devoit y en avoir cinquante à soixante et même plus. Enfin la tige ne paroissoit pas, dans la plupart des cas, couverte de ces fibrilles ou de ces écailles filamenteuses qui enveloppent en général la plupart des tiges des Fougères vivantes; cependant sur quelques espèces fossiles on voit des traces de ces fibrilles, mais elles paroissent être plus déliées, ce qui étoit en rapport avec la grandeur des feuilles. Une chose singulière c'est la disproportion qui existe quelquefois entre la grandeur des bases des feuilles et celle des côtes longitudinales qui les supportent, et qui le plus souvent paroissent assez en rapport avec la grosseur de la tige. Ainsi dans celles de ces tiges que nous avons nommées *Sigillaria canaliculata*, les bases des feuilles ont à peine un demi-centimètre de large, et l'espace qui les sépare est de plus de cinq centimètres, ce qui supposoit une tige très-forte, portant de très-petites feuilles. Un dernier caractère remarquable de ces tiges, c'est d'être quelquefois dichotomes vers leur extrémité supérieure, caractère qu'on n'observe plus sur aucune espèce vivante, mais qui est en rapport avec le grand développement de ces plantes.

Ces tiges de Fougères arborescentes, si fréquentes dans les terrains houillers, ne peuvent jamais être rapportées avec quelque certitude aux mêmes espèces que les frondes qu'elles portoient, elles sont toujours séparées, et ce n'est que par des recherches long-temps continuées, faites sur les lieux mêmes où on les trouve, qu'on pourra présumer que telle fronde et telle tige faisoient partie de la même plante, d'après leur coexistence fréquente dans les mêmes couches et dans les mêmes localités. En attendant que nous soyons arrivés à ces résultats, nous devons décrire les tiges et les feuilles isolément, et sans prétendre former un véritable genre de ces tiges, il faut adopter un nom générique pour les citer et les décrire : nous leur avons donné le nom de *Sigillaria*; plus tard M. de Sternberg, qui les avoit d'abord confondues avec ses *Lepidodendron*, les a séparées sous le nom de *Rhytidolepis*. Il a laissé toutefois plusieurs espèces, qui nous paroissent provenir également de la famille des Fougères et devoir rentrer dans le même groupe, dans le genre *Lepidodendron*, et il a formé de plusieurs autres espèces son genre *Alveolaria*; enfin, des individus dépourvus de leur écorce charbonneuse, ont servi de types aux genres *Syringodendron* et *Catenaria*.

Nous croyons donc devoir conserver le nom de *Sigillaria*, qui est en même temps le plus ancien appliqué à ce genre et le seul qui ait été donné à son ensemble.[1]

---

1 On trouvera indiquées sous le nom de *Filicites*, dans la partie géologique de cet article, quelques espèces que leurs caractères ne permettent pas jusqu'à présent de classer dans les genres que nous avons établis, et qui sont connues trop imparfaitement pour en constituer de nouveaux.

* *Frondes.*

I. PACHYPTERIS. *Frondes pinnées ou bipinnées ; pinnules entières, coriaces, sans nervures ou traversées par une nervure simple, rétrécies à la base et non adhérentes au rachis.*

Ce genre diffère du suivant par l'épaisseur remarquable des frondes, par leur aspect brillant, par la forme des pinnules, qui ne sont jamais lobées, et par l'absence de nervures distinctes. Il se rapproche un peu, par ces caractères et par la forme de ses frondes, de quelques *Asplenium* à feuilles épaisses et coriaces, tels que l'*Asplenium obtusatum* de la Nouvelle-Hollande.

1. PACHYPTERIS LANCEOLATA.	Dans l'oolithe infér.
2. PACHYPTERIS OVATA.	*Ibid.*

II. SPHENOPTERIS. *Fronde bi- ou tripinnée ; pinnules rétrécies à la base, non adhérentes au rachis, plus ou moins profondément lobées ; lobes divergens, presque palmés ; nervures paroissant presque rayonner de la base de la pinnule.*

La forme générale des frondes de ces Fougères et le mode de distribution des nervures leur donnent surtout beaucoup de ressemblance avec les Fougères vivantes des genres *Davallia, Dicksonia, Asplenium* ou *Darea.*

Aucune des espèces fossiles qui se rapportent à ce groupe, n'a offert jusqu'à présent d'indice de fructification.

1. SPHENOPTERIS MANTELLI ; *Hymenopteris psilotoides*, Mant.	Grès ferrugineux (*hasting's-sand*).
2. SPHENOPTERIS STRICTA, Sternb., *Tent. flor. prim.*, p. 15, tab. 36, fig. 2.	Terrain houiller.
3. SPHENOP. ARTEMISIÆFOLIA, Sternb., *loc. cit.*, tab. 54, fig. 1.	*Ibid.*
4. SPHENOPTERIS DELICATULA, Sternb., *l. c.*, p. 16, tab. 26, fig. 5.	*Ibid.*
5. SPHENOPTERIS DISSECTA.	*Ibid.*
6. SPHENOPTERIS FURCATA.	*Ibid.*
7. SPHENOPTERIS WILLIAMSONIS.	Oolithe inférieure.
8. SPHENOPTERIS DENTICULATA.	*Ibid.*
9. SPHENOPTERIS CRENULATA.	*Ibid.*
10. SPHENOPTERIS NERVOSA.	Terrain houiller.

11. SPHENOPTERIS LINEARIS, Sternb., *loc. cit.*, p. 15, tab. 42, fig. 4.	Terrain houiller.
12. SPHENOPTERIS ELEGANS, Ad. Br., Class. des végét. foss., pl. 2, fig. 2; Sternb., *loc. cit.*, p. 15; *Acrostichum silesiacum*, Sternb., tab. 23, fig. 2.	Ibid.
13. SPHENOPTERIS TRIFOLIOLATA; *Filicites trifoliolatus*, Artis, *Antedil. phyt.*, tab. 2.	Ibid.
14. SPHENOPTERIS LENDIGERA, *an Pecopteris orbiculata?* Sternb., *l. c.*, p. 19.	Ibid.
15. SPHENOPTERIS HYMENOPHYLLOIDES.	Oolithe inférieure.
16. SPHENOPT. SCHLOTHEIMII, Sternb., *l. c.*, p. 15; *Filic. adianthoides*, Schloth., *Nachtr. zur Petref.*, tab. 21, fig. 1.	Terrain houiller.
17. SPHENOPTERIS FRAGILIS; *Filicites fragilis*, Schloth., *Flor. der Vorw.*, tab. 10, fig. 17.	Ibid.
18. SPHENOPTERIS HŒNINGHAUSI.	Ibid.
19. SPHENOPTERIS DUBUISSONIS.	Ibid.
20. SPHENOPTERIS DISTANS, Sternb., *l. c.*, p. 16; *Filicites bermudensiformis*, Schloth., *Flor. der Vorw.*, t. 10, fig. 18*b*, *Nachtr. zur Petref.*, tab. 21, fig. 2.	Ibid.
21. SPHENOPTERIS GRACILIS.	Ibid.
22. SPHENOPTERIS LOSHII.	Ibid.
23. SPHENOPTERIS LATIFOLIA; *Filicites muricatus?* Schloth., *Petref.*, p. 409, *Flor. der Vorw.*, tab. 12, fig. 23.	Ibid.
24. SPHENOPTERIS GRAVENHORSTII.	Ibid.
25. SPHENOPTERIS BRARDII.	Ibid.
26. SPHENOPTERIS VIRLETII.	Ibid.
27. SPHENOPTERIS PALMETTA.	Grès bigarré.
28. SPHENOPTERIS MYRIOPHYLLUM.	Ibid.

Espèces douteuses.

29. SPHENOPTERIS? MACROPHYLLA.	Terr. jurass. schist.
30. SPHENOPT. ASPLENIOIDES, Sternb., *loc. cit.*, p. 16 (*sine icone*).	Terrain houiller.

31. Sphenopteris conferta , Sternb. , | Terrain houiller.
loc. cit. (*sine icone*).

III. CYCLOPTERIS. *Fronde simple , entière, le plus souvent orbiculaire ou réniforme; nervures nombreuses , toutes égales , dichotomes , rayonnant de la base.*

La forme et la disposition des nervures des frondes de ces Fougères sont analogues à celles qu'on observe parmi les Fougères vivantes, sur les *Adianthum reniforme* et *asarifolium*, et sur le *Trichomanes reniforme*. Son caractère essentiel est de ne présenter aucune nervure moyenne , toutes les nervures étant égales et se réunissant à la base de la feuille ; c'est ce caractère qui distingue ce genre des pinnules isolées du genre suivant.

1. Cyclopteris orbicularis ; *Carpolithes umbonatus?* Sternb., *loc. cit.*, pl. 14, fig. 2. | Terrain houiller.

2. Cyclopteris obliqua. — Parkins., *Org. rem.*, tom. 1, pl. 5, fig. 5. | *Ibid.*

3. Cyclopteris flabellata. | Terrain de transition.

IV. NEVROPTERIS. *Fronde pinnée ou bipinnée; pinnules non adhérentes par leur base au rachis , plus ou moins cordiformes, entières ; nervures très-fines, serrées, plusieurs fois dichotomes, arquées, naissant très-obliquement de la base de la pinnule et de la nervure moyenne, qui disparoît vers l'extrémité des pinnules.*

J'ai déjà dit qu'on a généralement comparé les plantes fossiles de ce genre aux *Osmunda;* on pouvoit cependant remarquer dans la forme des pinnules et dans le mode de distribution des nervures une assez grande différence entre ces plantes et les *Osmunda* voisins de l'*Osmunda regalis*, les seuls qui aient quelque analogie avec les plantes fossiles qui nous occupent. Il pouvoit en outre paroître assez singulier que, ces espèces fossiles étant très-fréquentes dans presque tous les terrains houillers, on n'eût jamais observé de trace des panicules de fructification qui caractérisent le genre *Osmunda*. En examinant un grand nombre d'échantillons de ce genre, j'ai fini par découvrir quelques pinnules du *Nevropteris flexuosa* en fructification. Ces fructifications consistent en de petits groupes oblongs, qui, sur les fossiles, sont blanchâtres ; ces petits paquets de fructification sont très-nettement limités et placés sur le bord externe des nervures ou dans des sortes d'aréoles formés par les nervures qui, sur ces folioles fructi-fères, sont souvent anastomosées. Les groupes de fructifica-tion, qu'on n'observe que sur les folioles les plus grandes, sont beaucoup plus nombreux vers l'extrémité de ces folioles, qu'ils couvrent presque entièrement; la manière nette dont ils sont limités peut faire présumer qu'ils sont couverts par un tégument membraneux, qui, d'après la position de ces groupes de fructification par rapport aux nervures, devoit s'ouvrir en dehors. Il existeroit donc une grande analogie entre ce genre et les *Asplenium*, dont il différeroit surtout par ses groupes de capsules beaucoup moins alongés et plus nom-breux, et dont le tégument paroît s'ouvrir en dehors.

La forme même des pinnules a assez d'analogie avec celle de certaines espèces d'*Asplenium*; mais ces pinnules sont tou-jours entières, tandis que dans les *Asplenium* elles sont le plus souvent lobées.

1. NEVROPTERIS ACUMINATUS; *Filicites acuminatus*, Schl., *Petref.*, pl. 16, fig. 4.	Terrain houiller.
2. NEVROPTERIS VILLIERSII.	*Ibid.*
3. NEVROPTERIS CISTII.	*Ibid.*
4. NEVROPTERIS ROTUNDIFOLIA.	*Ibid.*
5. NEVROPTERIS GAILLARDOTI.	Dans le calc. conchy-lien ou *Muschelkalk.*
6. NEVROPTERIS SORETII.	Terr. d'anthracite de la Tarentaise.
7. NEVROPTERIS LOSHII.	Terrain houiller.
8. NEVROPTERIS TENUIFOLIA, Sternb., *Tent. flor. prim.*, p. 17; *Filicites tenui-folius*. Schloth., *Petref.*. tab. 22, fig. 1; an *Filicites linguarius*, *ejusd.*, *Flor. der Vorw.*, tab. 11, fig. 25 ?	*Ibid.*
9. NEVROPTERIS HETEROPHYLLA, Ad. Br., Class. des vég. foss., tab. 2, fig. 6.	*Ibid.*
10. NEVROPTERIS GRANGERI.	*Ibid.*
11. NEVROP. FLEXUOSA, Sternb., *l. c.*, p. 16 (*excl. synon.*); *Osmunda gigantea*,	*Ibid.*

var. *B*, *ejusd.*, fasc. 5. tab. 52, fig. 2.

12. NEVROPTERIS GIGANTEA, Sternb., *loc. cit.*, page 16; *Osmunda gigantea, ejusd.*, fasc. 2, tab. 22.	Terrain houiller.
13. NEVROPTERIS OBLONGATA, Sternb., *loc. cit.*, p. 17.	*Ibid.*
14. NEVROPTERIS VOLTZII.	Grès bigarré.
15. NEVROPTERIS ELEGANS.	*Ibid.*
16. NEVROPTERIS PLICATA, Sternb. [1], *Tent. flor. prim.*, p. 16.	Terrain houiller.
17. NEVROPT. OBOVATA, *ibid.*, p. 16.	*Ibid.*
18. NEVROPT. DECURRENS, *ib.*, p. 17.	*Ibid.*
19. NEVROPT. CONFERTA, *ib.*, p. 17.	*Ibid.?*
20. NEVROPT. DISTANS, *ib.*, p. 17.	*Ibid.*

V. GLOSSOPTERIS. *Fronde simple, entière, plus ou moins lancéolée, rétrécie insensiblement vers sa base; nervure moyenne large à sa base, s'évanouissant vers le sommet et donnant naissance à des nervures secondaires, fines, arquées, obliques, dichotomes, quelquefois anastomosées à leur base.*

1. GLOSSOPTERIS BROWNIANA.	Terr. houiller (Nouv. Holl. et Indes).
2. GLOSSOPTERIS NILSONIANA; *Filicites Nilsoniana*; Ad. Br., *in* Ann. des sc. nat., t. 4, p. 218, pl. 12, fig. 1.	Terrain de Hör en Scanie (grès du lias?).

VI. PECOPTERIS. *Fronde une, deux ou trois fois pinnée; pinnules adhérentes par leur base au rachis, ou rarement libres, traversées par une nervure moyenne, qui s'étend jusqu'à l'extrémité de la pinnule; nervures secondaires sortant presque perpendiculairement de la nervure moyenne, simples ou une ou deux fois dichotomes.*

Il est impossible de fonder les divisions des Fougères fossiles sur le nombre de subdivisions successives qu'éprouve une même fronde; car on ne peut le plus souvent être certain si on a

---

1 Cette espèce et les suivantes ne m'étant connues que par les phrases très-courtes de M. de Sternberg, je doute si elles ne se rapportent pas à quelques-unes des espèces précédentes.

sous les yeux une fronde entière ou une portion seulement de cette fronde, et en outre une Fougère dont la fronde sera tri-pinnée à l'âge adulte, ne sera souvent que bipinnée dans un âge moins avancé: c'est ce qu'on peut observer facilement sur nos Fougères indigènes. C'est donc uniquement sur la forme des pinnules et sur le mode de distribution des nervures que doivent se fonder les divisions des Fougères fossiles. Le caractère essentiel du genre nombreux qui nous occupe maintenant, est d'avoir les dernières divisions des frondes beaucoup plus souvent pinnatifides que pinnées, et par conséquent de présenter le plus ordinairement des pinnules adhérentes par la base au rachis ou même unies entre elles en partie : chacune de ces pinnules est traversée par une nervure moyenne parfaitement distincte des nervures secondaires et qui s'étend jusqu'à l'extrémité de la pinnule presque sans diminuer sensiblement de grosseur. Les nervures secondaires, au lieu de naître obliquement de la nervure moyenne, comme dans les *Nevropteris*, et de venir ainsi s'appliquer contre cette nervure et la grossir vers sa base, en sortent presque perpendiculairement : elles sont quelquefois simples, le plus souvent bifurquées, rarement dichotomes; dans les espèces dont les pinnules sont elles-mêmes crénelées, lobées ou pinnatifides, ces nervures secondaires sont également une seconde fois pinnées, la nervure secondaire principale se portant au sommet du lobe, dans lequel elle distribue deux ou trois nervures tertiaires latérales; mais, dans ce cas, chacun de ces lobes devroit être regardé comme les pinnules proprement dites, qui sont soudées entre elles vers leur base, pour former une pinnule générale lobée.

Ce mode de division est le plus fréquent parmi les Fougères fossiles, comme parmi les Fougères vivantes. Parmi ces dernières elle se retrouve particulièrement dans les genres *Polypodium*, *Aspidium*, *Cyathea*, *Lomaria*, *Blechnum*, *Pteris*, et plusieurs des espèces fossiles ont surtout une analogie très-marquée avec les plantes du genre *Cyathea*; quelques-unes même ont présenté des traces de fructification disposées de la même manière que celles des Fougères de ce genre. On sait que toutes les espèces vivantes de *Cyathea* sont arborescentes, et que la plupart des Fougères en arbre se rapportent même à ce genre ou aux genres voisins qu'on en a séparés; on peut donc présumer que la plupart des Fougères arborescentes du terrain houiller faisoient partie de ce groupe.

1. PECOPTERIS LONGIFOLIA.	Terrain houiller.
2. PECOPTERIS BLECHNOIDES : *Alethopteris vulgatior*, Sternb., *Tent. flor. primord.*, page 21, tab. 55, fig. 2.	*Ibid.*
3. PECOPTERIS CANDOLLIANA.	*Ibid.*
4. PECOPTERIS CYATHEA : *Filicites cyatheus*, Schloth.. *Petref.*, 403; *Flor. der Vorw.*, tab. 7, fig. 11; *Pecopteris Schlotheimii*, Sternb., *loc. cit.*, p. 28.	*Ibid.*
5. PECOPTERIS ARBORESCENS : *Filicites arborescens*, Schloth., *Petref.*, p. 404; *Fl. der Vorw.*, tab. 8, fig. 13; *Filicites affinis*, ejusd.; *Fl. der Vorw.*, tab. 8, fig. 14; *Pecopteris arborea*, Sternb., *loc. cit.*, page 18.	*Ibid.*
6. PECOPTERIS PLATYRACHIS.	*Ibid.*
7. PECOPTERIS DETHIERSII.	*Ibid.*
8. PECOPTERIS POLYMORPHA : *an Pecopt. valida?* Sternb., *l.c.*, p. 18. (*Absq. icon.*)	*Ibid.*
9. PECOPTERIS OREOPTERIDIUS, Sternb., *loc. cit.*, p. 19; *Filicites oreopteridius*, Schloth., *Petref.*, p. 407; *Fl. der Vorw.*, tab. 6, fig. 9; *Pecopteris aspidioides?* Sternb., *loc. cit.*, p. 20, tab. 50, fig. 5.	*Ibid.*
10. PECOPTERIS BUCKLANDII.	*Ibid.*
11. PECOPTERIS AQUILINA, Sternb., *loc. cit.*, page 20; *Filicites aquilinus*, Schloth., *Petref.*, pag. 405; *Flor. der Vorw.*, tab. 4, fig. 7.	*Ibid.*
12. PECOPTERIS SCHLOTHEIMII : *Pecopteris affinis*, Sternb., *loc. cit.*, pag. 20; *Filicites aquilinus*, Schloth., *Flor. der Vorw.*, tab. 4, fig. 8.	*Ibid.*
13. PECOPTERIS PTEROIDES : *Filicites pteridius*, Schloth., *Petref.*, page 406; *Fl. der Vorw.*, tab. 14, fig. 27.	*Ibid.*

14. PECOPTERIS DAVREUXII; *Filicites decurrens?* Artis, pl. 21.	Terrain houiller.
15. PECOPTERIS POLYPODIOIDES.	Oolithe inférieure.
16. PECOPTERIS MANTELLI.	Terrain houiller.
17. PECOPTERIS LONCHITICA : *Filicites lonchiticus*, Schloth., *Petref.*, p. 411; *Fl. der Vorw.*, tab. 11, fig. 22 ; *Alethopteris lonchitidis*, Sternb., *l. c.*, p. 21.	*Ibid.*
18. PECOPTERIS SERLII.	*Ibid.*
19. PECOPTERIS MARGINATA.	*Ibid.*
20. PECOPTERIS GIGANTEA : *Filicites giganteus*, Schloth., *Petref.*, page 404.	*Ibid.*
21. PECOPTERIS PUNCTULATA.	*Ibid.*
22. PECOPTERIS GRANDINI.	*Ibid.*
23. PECOPTERIS MERIANI.	Marnes irisées du terrain de lias.
24. PECOPTERIS CRENULATA.	Terrain houiller.
25. PECOPTERIS NERVOSA : *Pecopteris bifurcata?* Sternb., *loc. cit.*, page 19, t. 59, fig. 2 ; *Filicites muricatus?* Schl.	*Ibid.*
26. PECOPTERIS OBLIQUA.	*Ibid.*
27. PECOPTERIS WILLIAMSONIS.	Oolithe inférieure.
28. PECOPTERIS DENTICULATA.	*Ibid.*
29. PECOPTERIS WHITBIENSIS.	*Ibid.*
30. PECOPTERIS PHILLIPSII.	*Ibid.*
31. PECOPTERIS PINGELII, Schouw., Mss.	Formation jurassique? (Bornholm.)
32. PECOPTERIS TENUIS, Schouw., Mss.	*Ibid.*
33. PECOPTERIS NEBBENSIS, Schouw., Mss.	*Ibid.*
34. PECOPTERIS BRARDII.	Terrain houiller.
35. PECOPTERIS ALATA.	*Ibid.*
36. PECOPTERIS CRISTATA.	*Ibid.*
37. PECOPTERIS ARGUTA, Sternb., *l. c.*, p. 19; *Filicites feminæformis*, Schl., *Petref.*, 307 : *Fl. der Vorw.*, t. 9, fig. 16.	*Ibid.*
38. PECOPTERIS DEFRANCII.	*Ibid.*
39. PECOPTERIS OVATA.	*Ibid.*

40. Pecopteris Plukenetii : *an Filicites Plukenetii ?* Schloth. , *Petref.* , pag. 410 : *Fl. der Vorw.* , tab. 10, fig. 19.	Terrain houiller.
41. Pecopteris Miltoni : *Filicites Miltoni,* Artis, *Anted. Phytol.* , pl. 4.	Ibid.
42. Pecopteris abbreviata.	Ibid
43. Pecopteris aspera.	Ibid.
44. Pecopteris microphylla.	Ibid.
45. Pecopteris æqualis.	Ibid.
46. Pecopteris pennæformis, Ad. Br., Class. des vég. foss. , tab. 2 , fig. 5.	Ibid.
47. Pecopter. angustissima . Sternb. , *Tent. flor. prim.*, p. 18 , fasc. 2 , tab. 23, fig. 1.	Ibid.
48. Pecopteris debilis, Sternb., *loc. cit.*, page 18, fasc. 2 , tab. 26, fig. 3.	Ibid.
49. Pecopteris dentata.	Ibid.
50. Pecopteris unita.	Ibid.
51. Pecopteris pectinata.	Ibid.
52. Pecopteris plumosa ; *Filicites plumosa ,* Artis, *Anted. Phyt.* , pl. 17.	Ibid.
53. Pecopteris gracilis.	Ibid.
54. Pecopteris triangularis.	Ibid.
55. Pecopteris acuta.	Ibid.

Espèces douteuses.

56. Pecopteris Agardhiana : *Filicites Agardhiana,* Ad. Brongn., *in* Ann. des sc. nat., tome 4, p. 218, pl. 12, fig. 2.	Grès du lias ? (Hör en Scanie.)
57. Pecopteris Reglei : *Filicites Reglei,* Ad. Brongn., *loc. cit.*, tome 4, page 421. pl. 19, fig. 2.	Oolithe de Mamers.
58. Pecopteris Desnoyersii ; *Filicites Desnoyersii.* Ad. Br.. *l. c.*, pl. 19. fig. 1.	Ibid.
59. Pecopteris similis [1], Sternberg, *Tentam. flor. primord.*, pag. 18.	Terrain houiller.

---

[1] Cette espèce et les suivantes, n'ayant été indiquées par M. de Stern-

60. Pecopter. discreta , Sternb., *l. c.*	Terrain houiller.
61. Pecopteris orbicula , Sternb. , *ibid.*, p. 19 ; *an Sphenopteris lendigera.*	*Ibid.*
62. Pecopteris cordata , Sternb., *ib.*	*Ibid.*
63. Pecopteris varians , Sternb., *ib.*	*Ibid.*
64. Pecopteris obtusata , Sternb., *ib.*	*Ibid.*
65. Pecopteris undulata , Sternb. , *ibid.*, p. 20.	*Ibid.*
66. Pecopteris repanda , Sternb., *ib.*	*Ibid.*
67. Pecopteris antiqua , Sternb., *ib.*	*Ibid.*
68. Pecopteris crenata , Sternb., *ib.*	*Ibid.*
69. Pecopteris elegans , Sternb., *ib.*	*Ibid.*
70. Pecopteris incisa , Sternb., *ibid.*	*Ibid.*
71. Pecopteris dubia , Sternb. , *ibid.*	*Ibid.*
72. Alethopt. brachyloba , Sternb., *Tent. flor. prim.*, page 21.	*Ibid.*
73. Aspleniopt. Schrankii , Sternb., *Fl. der Vorw.*, fasc. 2 , tab. 21 , fig. 2 ; *an Comptonia dryandræfolia,* nob. ?	Terrain de sédiment supérieur.

VII. LONCHOPTERIS. *Fronde plusieurs fois pinnatifide; pinnules plus ou moins adhérentes entre elles à leur base, traversées par une nervure moyenne; nervures secondaires réticulées.*

La forme des pinnules et le mode de distribution des nervures de ce groupe de Fougères a une grande analogie avec ce qu'on observe parmi les Fougères vivantes dans plusieurs espèces des genres *Lonchitis, Woodwardia,* etc.

1. Lonchopteris Bricii.	Terrain houiller.
2. Lonchopteris rugosa.	*Ibid.*
3. Lonchopteris Mandelli ; *Pecopteris reticulata,* Mant., *in Trans. geol.*, 2.ᵉ série , pag. 421, tab. 16 , fig. 1 , et tab. 17, fig. 3.	Dans le sable ferrugineux, inférieur à la craie (*hasting's-sand*).

berg dans son quatrième Cahier que par une phrase très-courte, sans description détaillée ni figures, il nous a été impossible de déterminer si elles diffèrent toutes de celles que nous avons pu étudier, ou si plusieurs d'entre elles se rapportent à quelques-unes de ces espèces.

VIII. ODONTOPTERIS. *Fronde bipinnée; pinnules adhérentes au rachis par leur base, qui n'est nullement rétrécie; nervures simples ou dichotomes, toutes égales, naissant du rachis; point de nervure moyenne distincte.*

La forme des frondes de ces Fougères, jointe à la disposition singulière des nervures, éloigne ce genre de tous ceux qui existent actuellement. La forme générale de cette fronde, dont nous devons à M. Brard un dessin presque complet, ne peut cependant laisser aucun doute que ce ne soit une Fougère.

1. ODONTOPTERIS CRENULATA.	Terrain houiller.
2. ODONTOPTERIS BRARDII, Ad. Br., Class. des végét. foss., tab. 2, fig. 5, Sternb., *Tent. flor. prim.*, p. 21.	*Ibid.*
3. ODONTOPTERIS MINOR.	*Ibid.*
4. ODONTOPTERIS OBTUSA.	Terr. houil., terr. d'anthracite des Alpes.
5. ODONTOPTERIS SCHLOTHEIMII: *Filicites osmundæformis*, Schl., *Petref.*, 412; *Fl. der Vorw.*, tab. 3, fig. 5 et 6, a (nec fig. 6, c); *Nevropteris nummularia*, Sternb., *loc. cit.*, p. 17.	Terrain houiller.

IX. ANOMOPTERIS. *Fronde profondément pinnatifide; pinnules très-longues, linéaires, réunies à leur base, traversées par une nervure moyenne, forte et égale dans toute son étendue; nervures secondaires simples, perpendiculaires à la nervure moyenne, renflées à leur extrémité libre et n'atteignant pas le bord de la pinnule.*

Cette Fougère, aussi remarquable par sa grandeur que par son organisation singulière, s'éloigne de toutes celles actuellement vivantes; elle rappelle seulement un peu l'*Angiopteris evecta* par la structure de ses pinnules; mais, dans cette plante, la fronde est deux fois pinnée, et les pinnules, bien loin d'être adhérentes au rachis et d'être unies entre elles à leur base, sont presque pétiolées et caduques.

Il nous paroît très-probable que cette plante constituoit un genre différent de tous ceux que nous connoissons, et peut-être ce genre appartient-il plutôt à la famille des Cycadées qu'à celle des Fougères.

Une tige du même terrain, que nous venons de recevoir pendant l'impression de cet article, nous paroît appartenir à cette même plante , et confirmer la place dans laquelle nous l'avons mise; cette tige a tous les caractères de celles des Fougères, et se rapproche même plus des tiges des Fougères vivantes que les *Sigillaria* du terrain houiller. La grosseur des bases des pétioles ne permet pas de la rapporter aux autres espèces de Fougères que nous connoissons dans ce terrain.

| 1. ANOMOPTERIS MOUGEOTII. | Grès bigarré. |

X. TÆNIOPTERIS. *Fronde simple, entière, étroite, à bords parallèles , traversée par une nervure moyenne , forte, épaisse, qui s'étend jusqu'à l'extrémité; nervures secondaires presque simples ou bifurquées à la base , presque perpendiculaires sur la nervure moyenne.*

La structure de ces frondes leur donne quelque analogie avec les Fougères de la tribu des Marattiées, dont les frondes sont également ou simples ou le plus souvent une seule fois pinnées ; dont les pinnules, rétrécies à leur base , presque pétiolées, sont caduques, et ressemblent alors à une fronde simple; dont enfin la nervure moyenne est très-forte, et les nervures secondaires, simples ou rarement bifurquées, sont presque perpendiculaires sur la nervure moyenne : c'est ce qu'on observe particulièrement sur les *Danœa* et l'*Angiopteris.*

1. TÆNIOPTERIS VITTATA : *Scitaminearum folium?* Sternb., fasc. 3, pag. 42, tab. 37, fig. 2 ; *Filicites? ejusd.*, fasc. 4 (*in indice iconum*).	Lias et terrain jurassique.
2. TÆNIOPTERIS LATIFOLIA.	Terr. jurass. schistoïde.
3. TÆNIOPTERIS BERTRANDI.	Terrain calcaréo-trappéen du Vicentin.

XI. CLATHROPTERIS. *Fronde profondément pinnatifide; pinnules traversées par une nervure moyenne, très-forte, qui s'étend jusqu'à l'extrémité; nervures secondaires nombreuses, simples, parallèles, presque perpendiculaires à la nervure moyenne, réunies par des nervures transversales , qui forment sur la feuille un réseau à mailles carrées.*

La disposition remarquable des nervures de cette plante

se retrouve parmi les Fougères vivantes dans trois genres différens : 1.° dans tous les *Meniscium*, quoique dans ces plantes
les nervures transversales soient moins arquées et forment
plutôt des zigzags anguleux; en outre, les pinnules, au lieu
d'être adhérentes par toute leur base, sont rétrécies à la
base et courtement pétiolées ; 2." dans plusieurs Polypodes,
tels que le *Polypodium quercifolium* et quelques espèces voisines, dont M. Bory de Saint-Vincent a formé la section des
Drynaria[1], parmi lesquels, à la grandeur près, le *Polypodium
Linnæi* a une grande analogie avec l'espèce fossile ; 3.° dans
quelques *Acrostichum*, tels que les *Acrostichum nicotianæ-
folium*, Willd.; *auriculatum*, Lamk., et *punctulatum*, Willd. :
mais dans ces espèces les pinnules sont aussi rétrécies à la
base et non adhérentes au rachis.

1. Clathropteris meniscioides; *Filicites meniscioides*, Ad. Br., *in* Ann.
des sc. nat., tom. 4, p. 218, pl. 11. | Grès du lias? (Hör en Scanie.)

XII. SCHIZOPTERIS. *Fronde linéaire, plane, sans nervure,
finement striée, presque flabelliforme, se divisant en plusieurs
lobes linéaires dichotomes, ou plutôt irrégulièrement pinnés,
dressés; lobes dilatés et arrondis vers l'extrémité.*

Cette plante, que je ne range qu'avec doute dans la famille
des Fougères, rappelle cependant la disposition des frondes
stériles des *Schizea* et de quelques *Asplenium*; je n'en connois
qu'un seul échantillon de la collection de Strasbourg, qui ne
suffit pas pour fixer ses rapports avec les plantes vivantes.

Schizopteris anomala. | Terrain houiller.

* *Tiges.*

SIGILLARIA. *Rhytidolepis, Alveolaria, Syringodendron, Catenaria et Lepidendronis Spec.*, Sternb.

Nous ne répéterons pas ici ce que nous avons déjà dit sur
l'analogie de ces tiges avec celles des Fougères en arbre, ni
sur la nécessité de réunir en un seul les genres *Rhytidolepis* et
Alveolaria, qui ne diffèrent que par des caractères d'une importance très-secondaire, et surtout par l'éloignement plus

---

1 Voyez Annal. des sc. nat., tom. 5, p. 462, pl. 12, 13, 14.

ou moins grand des cicatrices des feuilles, et les genres *Syringodendron* et *Catenaria*, qui ont été fondés sur des échantillons imparfaits, dépourvus de leur écorce extérieure. Nous ferons observer seulement que, malgré les différences essentielles qui distinguent les *Lepidodendron* des tiges de Fougères, les deux premières espèces que nous allons indiquer, ont été placées à tort, à ce qu'il nous semble, dans ce genre. Leur aspect extérieur est en effet celui des *Lepidodendron*; mais, dans ces derniers, les disques ou mamelons rhomboïdaux qui couvrent la surface de la tige, ne sont jamais formés par l'insertion de la feuille; c'est une portion de la tige plus proéminente, au sommet de laquelle est fixée la feuille, dont le point d'insertion est indiqué par un petit disque plat, toujours plus large que haut, et terminé latéralement par deux angles qui indiquent les bords de la feuille.

Dans les *Lepidodendron punctatum* et *appendiculatum* de M. de Sternberg, au contraire, tout le disque rhomboïdal est formé par la cicatrice d'insertion, qui se trouve ainsi être beaucoup plus grande que dans aucun véritable *Lepidodendron*, et plus haute que large, ce qui est contraire à la forme de la base des feuilles des Lycopodiacées, auxquelles nous croyons qu'appartiennent les *Lepidodendron*, tandis que cela s'accorde avec la forme la plus habituelle des pétioles des Fougères. Ce sont ces considérations qui nous ont fait placer ces deux espèces parmi les Fougères, et non parmi les Lycopodiacées, avec les *Lepidodendron*.

Toutes ces plantes étant propres au terrain houiller, nous n'avons pas cité leur gisement à la suite des espèces.

1. Sigillaria punctata, *Lepidodendron punctatum*, Sternb., *Flor. der Vorw.*, tab. 4 et tab. 8, fig. 2, *B*.

2. Sigillaria appendiculata, *Lepidodendron appendiculatum*, Sternb., *Flor. der Vorw.*, fasc. 3, p. 38, tab. 28; *Aphyllum cristatum*, Artis, *Antedil. Phytol.*, pl. 16.

3. Sigillaria peltigera.

4. Sigillaria cistii.

5. Sigillaria lævis.

6. Sigillaria canaliculata.

7. Sigillaria rugosa.

8. Sigillaria Cortei.

9. Sigillaria elongata, Ad. Br., Ann. des sc. nat., t. 4, pl. 2, fig. 3 et 4.

10. Sigillaria reniformis, Ad. Br., Ann. des sc. nat., t. 4, p. 32, pl. 2, fig. 2; *Rhytidolepis cordata*, Sternb., *Tent. flor. prim.*, p. 23.

11. Sigillaria lævigata.

12. Sigillaria hippocrepis, Ad. Br., *in* Ann. des sc. nat., t. 4, p. 32, pl. 2, fig. 1.

13. Sigillaria Davreuxii.

14. Sigillaria Candollii.

15. Sigillaria oculata; *Palmacites oculatus*, Schloth., *Petref.*, 394, tab. 17, fig. 1 (*non Rhytidolepis ocellata*, Sternb.).

16. Sigillaria orbicularis.

17. Sigillaria tessellata : *Phytolithus tessellatus*, Steinh., *Am. philos. soc. transact.*, tom. 1, t. 7, fig. 2; *Palmacites variolatus?* Schloth., *Petref.*, tab. 15, fig. 5, *A?*

18. Sigillaria Boblayi, *an Favularia pentagona*, Sternb., *Tent. flor. prim.*, pag. 13 ?

19. Sigillaria Knorrii; *Lepidodendron hexagonum*, Sternb., fasc. 1, p. 21 (*non Palmacites hexagonatus*, Schloth.).

20. Sigillaria elliptica.

21. Sigillaria transversalis.

22. Sigillaria pyriformis.

23. Sigillaria Sillimanni.

24. Sigillaria Voltzii.

25. Sigillaria subrotunda.

26. Sigillaria cuspidata.

27. Sigillaria scutellata, Ad. Br., Class. des vég. foss., tab. 1, fig. 4; *Rhytidolepis scutellata*, Sternb., fasc. 4, p. 23.

28. Sigillaria pachyderma, *an Rhytidolepis undulata?* Sternb., fasc. 4, p. 23 (*Rhytidolepis ocellata*, ejusd., fasc. 2, p. 36, tab. 15); *an Euphorbites vulgaris?* Artis, *Antedil. Phytol.*, pl. 15.

29. Sigillaria notata : *Phytolithus notatus*, Steinh., *loc. cit.*, tab. 8, fig. 3; *Rhytidolepis Steinhaueri*, Sternb., fasc. 4, p. 23.

30. Sigillaria Dournaisii.

31. Sigillaria trigona : *Lepidod. trigonum*, Sternb., fasc. 1, p. 23, t. 11, fig. 1; *Favularia trigona*, Sternb., *Tent.*, p. 13.

32. Sigillaria mamillaris, Ad. Br., *in* Ann. des sc. nat., tome 4, page 33, pl. 2, fig. 5.

33. SIGILLARIA ALVEOLARIS: *Lepidodendron alveolare*, Sternb., fasc. 1, tab. 9, fig. 1 ; *Favularia obovata*, Sternb., *Tent. flor. prim.*, p. 15.

34. SIGILLARIA HEXAGONA ; *Palmacites hexagonatus*, Schloth., *Petref.*, p. 394, tab. 15, fig. 1.

35. SIGILLARIA ELEGANS : *Favularia elegans*, Sternb., *Tent. flor. primord.*, pag. 14, tab. 52, fig. 4; *Palmacites variolatus?* Schloth., *Petref.*, 395, tab. 15, fig. 3.

36. SIGILLARIA ORNATA.

37. SIGILLARIA MENARDI.

38. SIGILLARIA BRARDII, *Clathraria Brardii*, Ad. Br., Class. des vég. foss., tab. 1, fig. 5 ; *Favularia Brardii*, Sternb., *Tent. flor. prim.*, p. 14.

39. SIGILLARIA LÆVIGATA.

40. SIGILLARIA OBLIQUA.

41. SIGILLARIA DUBIA, nob. (*non Favularia dubia*, Sternb.. Rhode, tab. 4, fig. 1).

42. SIGILLARIA DEFRANCII.

43. SIGILLARIA SERLII.

Espèce douteuse.

44. SIGILLARIA FIBROSA , *Rhytidolepis fibrosa*, Artis, *Antedil. Phytol.*, tab. 9.

6.ᵉ FAMILLE. **MARSILÉACÉES.**

La famille des Marsiléacées ne contient qu'un petit nombre de genres vivans, qui se groupent en deux sections : l'une renferme les genres *Marsilea* et *Pilularia*, dont la tige est rampante et porte des feuilles enroulées en crosse dans leur jeunesse, et dont les organes reproducteurs des deux sexes sont réunis dans des conceptacles communs, durs et coriaces; l'autre comprend les genres *Salvinia* et *Azolla*, qui flottent sur les eaux tranquilles, dont les feuilles sessiles, non roulées en crosse avant leur développement. sont opposées ou alternes, et qui présentent des organes mâles et femelles contenus dans des conceptacles membraneux différens.

Parmi les végétaux de la première section, la Pilulaire pourroit être considérée comme privée de véritables feuilles, ces organes étant réduits à des pétioles nus; dans le *Marsilea*, au contraire, ce pétiole porte quatre folioles opposées en croix, cunéiformes, tronquées et dentelées à leur extrémité. Les nervures de ces folioles partent en divergeant de leur point d'attache, et sont dichotomes comme celles de beaucoup de Fougères.

Dans les Marsiléacées de la seconde section les feuilles, plus ou moins arrondies, sont traversées par une seule nervure simple, quelquefois peu marquée.

Il existe parmi les fossiles du terrain houiller un groupe de végétaux que j'ai déjà rapporté à cette famille sous le nom de *Sphenophyllites* (en 1822), et que M. de Sternberg a établi également sous celui de *Rotularia* (en 1825).

La position de ce genre dans la famille des Marsiléacées n'est pas encore bien certaine, mais dans tous les cas les plantes qui le composent constituent un genre parfaitement distinct de tout ce que nous connoissons parmi les végétaux vivans et ayant des rapports d'un côté avec les *Marsilea* et de l'autre avec les *Ceratophyllum*, peut-être même ces derniers sont-ils plus intimes, et ces plantes fossiles devroient-elles se placer auprès des *Ceratophyllum*, dans la petite famille que ce genre doit nécessairement constituer.

Les plantes du genre *Sphenophyllum* forment au moins sept espèces, qui sont assez bien connues maintenant quant à leurs organes de la végétation ; car nous n'avons vu jusqu'à présent aucun indice de leur fructification, dont il seroit bien intéressant de découvrir quelques traces.

Ces végétaux présentent une tige simple ou peut-être rameuse, articulée, et portant des feuilles verticillées au nombre de six, huit, dix ou douze, chacune de ces feuilles est cunéiforme, quelquefois entière, tronquée à son extrémité, qui est simplement denticulée : dans d'autres espèces elles sont bilobées, et dans plusieurs espèces elles sont profondément bifides, et leurs lobes sont eux-mêmes ou divisés en deux ou laciniés à leur extrémité ; enfin, dans quelques cas les lobes deviennent étroits et linéaires, et la feuille est dichotome. Dans ce cas les feuilles et la plante entière ressemblent beaucoup aux *Ceratophyllum* ; mais ces feuilles n'offrent jamais les dentelures sur leurs bords externes qui existent toujours d'une manière plus ou moins marquée sur les feuilles des *Ceratophyllum*. Le tissu de ces feuilles ne paroît pas charnu, et les divisions ne semblent pas arrondies comme dans les plantes de ce genre ; ces feuilles ont au contraire l'aspect de celles des Fougères et des *Marsilea*; dans plusieurs espèces de *Marsilea* on voit les folioles se diviser plus ou moins profondément à leur extrémité, et on conçoit que si ces feuilles étoient submergées, au lieu de flotter à la surface de l'eau, elles pourroient prendre l'aspect de celles des *Sphenophyllum* à folioles découpées.

D'un autre côté, la disposition des feuilles en verticilles, et le nombre de ces feuilles à chaque verticille, a beaucoup de rapport avec ce qu'on observe dans les *Ceratophyllum*, et nous ne pouvons pour le moment décider entre ces deux rapprochemens.

SPHENOPHYLLUM ; *Rotularia*, Sternb.

Tige simple, articulée ; feuilles verticillées, au nombre de six à douze, distinctes jusqu'à leur base, cunéiformes, entières, ou émarginées, ou même bifides, à lobes plus ou moins profondément laciniés, presque dichotomes. Fructification inconnue.

1. SPHENOPHYLLUM SCHLOTHEIMII : *Palmacites verticillatus*, Schloth., *Petref.*, p. 396 ; *Flor. der Vorw.*, tab. 2, fig. 24.	Terrain houiller.
2. SPHENOPHYLLUM EMARGINATUM , Class. des vég. foss., pl. 2, fig. 8 ; *Rotularia marsileæfolia*, Sternb.	*Ibid.*
3. SPHENOPHYLLUM TRUNCATUM.	*Ibid.*
4. SPHENOPHYLLUM DENTATUM, *Rotularia pusilla?* Sternb., tab. 26, fig. 4.	*Ibid.*
5. SPHENOPHYL. FIMBRIATUM, *an Rotularia polyphylla?* Sternb., t. 50, fig. 4.	*Ibid.*
6. SPHENOPHYL. QUADRIFIDUM, *Rotularia saxifragæfolia?* Stern., t. 55, fig. 4.	*Ibid.*
7. SPHENOPHYLLUM DISSECTUM.	*Ibid.*

7.ᵉ *Famille*. **CHARACÉES.**

Le genre *Chara*, l'un des plus singuliers du règne végétal, compose à lui seul cette famille ; toutes les espèces qu'il renferme croissent dans les eaux douces ou saumâtres; aucune

n'habite dans la mer. La structure de leurs tiges a quelque
analogie avec celle des *Ceramium* et de quelques autres
plantes marines; mais leur fructification est très-différente.
Leurs tiges sont formées de rameaux fistuleux, composés
de tubes simples ou de plusieurs tubes réunis et remplis d'un
suc limpide, dans lequel circulent des globules verts. Ces
tubes sont ordinairement striés très-régulièrement; ils sont
interrompus de distance en distance par des cloisons, et la
tige est ainsi articulée: les rameaux sont verticillés autour
de ces articulations. Ces rameaux, dont la structure est la
même que celle de la tige principale, portent de petits ramuscules courts, simples, semblables presque à de petites épines,
et qui jouent le rôle de bractées: à leur aisselle se trouvent
les organes femelles, et au-dessous d'eux, sur les rameaux
principaux, sont ordinairement insérés les organes mâles. Nous
n'entrerons pas dans les détails de la structure très-singulière
de ces derniers, qui n'importent pas à l'étude des fossiles;
mais nous devons faire connoître le fruit qui résulte du développement de l'organe femelle. C'est une petite nucule recouverte de deux enveloppes; l'externe, mince, membraneuse, verte, est formée par cinq tubes semblables à ceux
des organes de la végétation, soudés ensemble et tordus en
spirale; leur sommet forme cinq petites dents, qui couronnent l'ovaire, et qu'on a regardées tantôt comme le limbe
d'un calice adhérent, tantôt comme des stigmates; opinions
qui ne paroissent pas mieux fondées l'une que l'autre, puisque ces parties, soit par leur structure, soit par les fonctions
qu'elles peuvent remplir, s'éloignent également du calice et
du stigmate des plantes phanérogames. Sous ce tégument externe on trouve une autre enveloppe crustacée, assez dure,
composée, comme l'externe, de cinq tubes ou lames tordues
en spirale, mais pleines, solides, et généralement d'une
couleur foncée et différente de celle du reste de la plante.
Ces lames peuvent se séparer l'une de l'autre par un léger
effort, et forment autant de valves en hélice qui se réunissent à la base et au sommet, où elles laissent un trou assez petit.

Dans l'intérieur de cette nucule crustacée on trouve une
substance amylacée, qui paroît renfermée dans une membrane
propre très-ténue, et peut-être même dans un tissu cellulaire

à parois très-minces. Les granules amylacés sont de grosseur et de forme très-diverses. Malgré les recherches les plus attentives, aucun observateur n'a encore pu découvrir d'embryon dans ces graines.

Beaucoup d'auteurs ont regardé chacun de ces granules amylacés comme un embryon ; mais la germination de ces plantes a prouvé qu'il n'existe dans chaque nucule qu'un seul embryon, qui, en germant, sort par l'une des extrémités de la nucule[1]. Ces granules amylacés forment donc une sorte de périsperme, à moins que leur réunion ne compose une masse celluleuse continue, qui fasse partie de l'embryon lui-même.

Les *Chara* fossiles ont été reconnus, pour la première fois, dans les meulières du terrain d'eau douce des environs de Paris par M. Léman. M. de Lamarck avoit précédemment décrit ces fossiles comme des coquilles microscopiques, sous le nom de *Gyrogonites*.

Depuis, nous avons reconnu l'existence de trois espèces distinctes parmi les Gyrogonites des environs de Paris. Une de ces espèces, celle décrite en premier par M. de Lamarck, a été retrouvée par M. Webster à l'île de Wight, également dans les terrains d'eau douce ; et récemment M. Lyell a observé, dans les mêmes terrains, à Whitecliff, dans l'île de Wight, une nouvelle espèce très-curieuse. Dans le mémoire qu'il a publié sur ce sujet[2], il a fait connoître également l'existence des graines et des tiges de *Chara* dans des dépôts modernes et cependant très-solides, analogues par la plupart de leurs caractères aux travertins des environs de Rome, qui se forment dans le lac de Bakie dans le Forfarshire, en Écosse.

Par cette observation intéressante il a entièrement confirmé l'opinion de l'identité des Gyrogonites et des fruits des *Chara*.

Outre les fruits de ce genre, on trouve presque toujours

---

1 Voyez, sur ce sujet, les observations de M. Vaucher (Mém. de la Soc. de physiq. et d'hist. nat. de Genève. tom. 1.er). et celles de Kaulfuss (*Ueber die Keimen der Charen*, Leipzig, 1825), observations que j'ai vérifiées plusieurs fois. Les personnes qui voudroient connoître avec plus de détail la structure de ces plantes, en trouveront en outre de très-bonnes descriptions et des figures fort exactes dans Wallroth. (*Annus botanicus, Halæ*, 1815.)

2 *Geol. transact.*, 2.e série, vol. 2 , p. 94, pl. 13, fig. 7 et 8.

dans les mêmes échantillons, des tiges qui appartiennent évidemment au même genre, mais qui ont été plus négligées, parce qu'elles ne peuvent pas, comme les fruits, servir facilement à la détermination des espèces. Ce sont de petits fragmens presque toujours brisés, ce qui est très-naturel, les tiges *Chara*, dès qu'elles se sèchent ou se décomposent, devenant extrêmement friables. Ces portions de tiges sont fortement striées et paroissent souvent fistuleuses. On les a observées particulièrement dans les meulières des environs de Paris et dans les dépôts récens de Bakie en Écosse.

On voit que les fossiles de cette famille sont tous propres aux terrains de sédiment supérieurs et aux formations d'eau douce. Il ne seroit pas cependant impossible qu'on en rencontrât dans les terrains marins, puisque quelques espèces croissent dans les mers peu salées, telles que la Baltique.

CHARA. *Capsule ovoïde ou globuleuse, uniloculaire, à cinq valves contournées en spirale, présentant une petite ouverture à ses deux extrémités.*

1. CHARA MEDICAGINULA, Ad. Br., *in* Cuv. et Brong., Descr. géol. des env. de Paris, p. 369, pl. 11, fig. 7 ; *Gyrogonites medicaginula*, Lamk., Ann. du Mus., vol. 5, p. 356, vol. 9, pl. 17, fig. 7 ; Léman, Bull. de la soc. phil., tom. 5, p. 108 ; Ann. du Mus., t. 15, tab. 23, fig. 12.	Meulières du terrain d'eau douce supérieur.
2. CHARA LEMANI, Ad. Br., *loc. cit.*, pl. 11, fig. 9.	Terr. d'eau douce inférieur au gypse.
3. CHARA HELICTERES, Ad. Br., *loc. cit.*, pl. 11, fig. 8.	Terr. d'eau douce sup.
4. CHARA TUBERCULOSA, Lyell, *Trans. geol.*, 2.ᵉ série, vol. 2, p. 94.	Terrain d'eau douce inférieur.
5. CHARA HISPIDA, *var. fossilis*, Lyell, *loc. cit.*, p. 93.	Dans un calcaire d'eau douce de formation moderne.

8.ᵉ FAMILLE. **LYCOPODIACÉES.**

Il est peu de familles plus difficiles à reconnoître et à bien limiter à l'état fossile que celle des Lycopodiacées ; car, sous le rapport de leurs organes de la végétation, ces plantes ont souvent une telle analogie avec certains genres de Conifères, que nous pourrons quelquefois rester dans le doute pour savoir si des rameaux détachés provenoient de l'une ou de l'autre de ces familles.

Les Lycopodiacées vivantes ne comprennent que quatre ou cinq genres, suivant qu'on subdivise ou qu'on ne subdivise pas le genre Lycopode en deux. Dans la première supposition, ces genres sont : *Lycopodium*, *Stachygynandrum*, *Psilotum*, *Tmesipteris* et *Isoetes*.

Leur tige est rarement simple, ordinairement divisée en plusieurs rameaux, pinnés ou dichotomes. Ce dernier mode, qui est très-fréquent parmi les Lycopodes, ne s'observe jamais chez les Conifères, et paroît même difficilement compatible avec le reste de l'organisation de ces végétaux. La tige des Lycopodes, comme celle des Fougères, des Cycadées et de la plupart des monocotylédones, ne paroît pas augmenter sensiblement en diamètre ; cependant, n'ayant pu suivre la végétation des espèces exotiques, les seules qui présentent des dimensions un peu considérables, nous ne pouvons rien affirmer à cet égard, et nous ne serions pas étonné que les tiges des Lycopodes à rameaux pinnés, tels que les *Lycopodium cernuum*, *flabellatum*, etc., augmentassent un peu de volume pendant leur développement ; cependant il est certain qu'on ne voit, même dans la base de ces tiges, aucun indice de couches concentriques ou d'autre mode d'accroissement en diamètre. La structure interne des tiges de Lycopodiacées est assez remarquable : on y distingue un tissu fibreux ou cellulaire alongé, qui occupe le centre et forme un axe solide, autour duquel se trouve une couche plus ou moins épaisse de tissu cellulaire, lâche, constituant une écorce épaisse. C'est à la surface de l'axe fibreux, entre lui et le parenchyme cortical, que se trouvent les vaisseaux qui montent en spirale autour de cet axe, d'où ils se détachent pour se porter dans les feuilles. Celles-ci s'insèrent tantôt tout autour de la tige en spirale, tantôt sur deux rangs, elles sont alors accompagnées de feuilles plus petites, qui les recouvrent, comme on l'observe dans la plupart des *Stachygynandrum*. Les feuilles, lorsqu'elles couvrent toute la tige, produisent à sa surface des cicatrices disposées très-régulièrement. Ces cicatrices ont une forme à peu près rhomboïdale ou lancéolée, et sont placées de manière que leur grand diamètre, qui va d'un bord de la feuille à l'autre, est horizontal. Le mode d'insertion relatif de ces feuilles détermine à la surface des tiges des sortes de mamelons, de forme rhomboïdale, séparés par des sillons réticulés. Ces mamelons peu saillans sont toujours alongés dans le sens de la tige, et c'est vers leur partie supérieure que la feuille est fixée. Au-dessous de l'insertion de la feuille on voit en général une ligne saillante, formant une sorte de crête moyenne, qui est la suite de la nervure médiane de la feuille : cet aspect des rameaux, produit par les cicatrices des feuilles, se retrouve sur un assez grand nombre de plantes dicotylédones, telles que les conifères à feuilles caduques, les bruyères, quelques genres de composées, etc. : mais chez toutes ces plantes cette apparence n'est que de peu de durée ; l'accroissement des rameaux détermine bientôt la destruction ou la rupture de la partie externe de l'écorce, et sur un arbre d'un volume même peu considérable on n'en voit plus aucune trace.

Si nous supposons, au contraire, des Lycopodes a tiges dichotomes, croissant comme les Palmiers et autres arbres monocotylédones, ou comme les Cycadées, avec lesquels ces végétaux ont plus de rapport, alors, les feuilles s'étant développées sur une tige parvenue déjà au diamètre qu'elle doit conserver jusqu'à la fin de sa vie, les cicatrices produites par leur chute persisteront, sans éprouver d'altération bien sensible.

Les feuilles de toutes les Lycopodiacées connues sont simples, entières, le plus souvent sessiles, très-rarement portées sur un court pétiole ; leur consistance est généralement assez ferme, et leur épiderme épais et brillant.

La structure des organes de la fructification mérite d'être indiquée, car on peut présumer que quelques fossiles se rapportent à ces organes. Dans tous les vrais Lycopodes, ils consistent en capsules comprimées, cordiformes ou réniformes, s'ouvrant en deux valves, et fixées par leur base à l'aisselle soit de feuilles ordinaires, soit de feuilles plus courtes, dont la réunion constitue des épis plus ou moins distincts.

57. 6

Ces capsules renferment de petits grains blanchâtres, lisses, très-nombreux, libres, qui paroissent de petites graines ou plutôt des embryons nus : on ne connoît pas leur mode de germination.

Dans les *Psilotum* et les *Tmesipteris*, l'organisation essentielle est la même : mais les capsules se divisent en deux ou trois coques bivalves.

Dans les *Stachygynandrum* il y a deux sortes d'organes ; les uns, d'une forme analogue à ceux que nous avons déjà décrits, contiennent des granules nombreux, sphériques, jaunes ou rougeâtres, souvent hérissées de petites papilles, comme les grains de pollen de beaucoup de plantes ; les autres renferment cinq graines sphériques, dont la germination a été bien décrite par M. Brotéro[1] et par M. Salisbury.[2]

Tout sembleroit donc annoncer dans ces plantes l'existence de deux sexes distincts et quelque analogie avec les plantes phanérogames ; mais comment concevoir alors une si grande différence dans une fonction aussi importante entre des plantes d'une même famille, et si semblables sous tous les autres rapports ?

Parmi les végétaux fossiles, plusieurs espèces de divers terrains paroissent analogues aux plantes de cette famille ; mais plusieurs ne nous sont connues que très-incomplétement : nous commencerons par cette raison leur examen par celui d'un groupe de grands végétaux, peut-être assez différent des vrais Lycopodes, mais sur lequel nous commençons à avoir des données plus étendues.

On trouve souvent dans les terrains houillers les tiges de végétaux arborescens, qui sont plusieurs fois dichotomes : dans les espèces les plus grandes elles atteignent jusqu'à près d'un mètre de diamètre à leur base, et on m'a assuré en avoir mesuré dans les mines de Werden de plus de vingt mètres de long. Ces tiges sont couvertes dans toute leur étendue de mamelons rhomboïdaux, disposés en spirale avec la plus grande régularité, et séparés par des sillons réticulés ; sur ces mamelons on remarque vers le haut la cicatrice d'insertion d'une

---

1 *Trans. of the linn. society*, tom. 5, p. 162.

2 *Ibid.*, tom. 12, pl. 19.

feuille, et au-dessous de cette cicatrice, qui est transversale, on voit une crête plus ou moins saillante qui descend sur la ligne médiane du mamelon : c'est à ces tiges que nous avions appliqué le nom de *Sagenaria*, et que M. de Sternberg a donné le nom de *Lepidodendron*, nom que nous adopterons de préférence.

Ce mode d'insertion des feuilles a, comme on voit, la plus grande analogie avec ce que nous avons décrit dans les Lycopodes ; les feuilles qui s'insèrent sur ces mamelons, et qu'on a observées assez souvent sur les jeunes rameaux, sont simples, entières, longues, linéaires, aiguës, tantôt étalées dans toutes les directions, tantôt déjetées sur deux rangs : ces caractères s'accordent aussi avec ce que nous connoissons dans les Lycopodes. Outre ces tiges et ces feuilles, qui se trouvent quelquefois encore réunies et plus souvent isolées, mais sur la dépendance mutuelle desquelles nous ne pouvons avoir aucun doute, on a trouvé encore, dans le terrain houiller, des organes reproducteurs, que nous présumons devoir appartenir à ces mêmes plantes, et qui, si nos présomptions se vérifient, nous donneront des notions plus exactes sur ces végétaux singuliers : les plus remarquables sont des cônes très-fréquens surtout dans les mines du Yorkshire, où on les trouve assez souvent en bon état dans les nodules de fer carbonaté. Nous avons eu occasion d'étudier la structure très-curieuse de ces cônes sur plusieurs échantillons très-bien conservés de la collection de l'université d'Oxford et de la Société géologique.

Ces cônes, d'une forme cylindroïde généralement assez alongée, sont formés d'écailles implantées perpendiculairement sur un axe ligneux. La partie moyenne de ces écailles est plus épaisse, s'évase vers son extrémité libre et se termine par une surface plane rhomboïdale ; ces sortes de disques se recouvrent mutuellement, mais de haut en bas, et non de bas en haut, comme dans les cônes ordinaires des Conifères. L'espèce de pédicelle qui soutient cette écaille en forme de pyramide renversée, est garnie sur les deux côtés d'une expansion ou sorte d'aile formée par une membrane épaisse ; enfin, la partie dilatée de l'écaille est creuse et paroissoit renfermer un corps d'une forme analogue à cette cavité et fixé à sa paroi inférieure.

Dans les cônes les mieux conservés, ce corps interne parois-soit pulvérulent et n'avoit nullement la solidité des autres parties du cône.

Il est difficile de rapporter ces cônes à d'autres plantes qu'aux tiges que nous avons décrites précédemment ; car nous connoissons la fructification de plusieurs des autres familles de plantes du terrain houiller, où celles dont nous ne connois-sons pas les organes reproducteurs, ne paroissent pas pouvoir produire de semblables cônes.

On a trouvé aussi dans plusieurs terrains houillers, et sur-tout à Langeac (département de la Loire), des corps pétrifiés très-différens des précédens, mais qui paroissent aussi se rap-porter à des organes de fructification peut-être de plantes de la même famille : ce sont des corps aplatis, presque lenticu-laires, mais plus ou moins cordiformes, c'est-à-dire terminés par une pointe peu aiguë et échancrés à leur base.

Ces organes ont l'analogie la plus frappante avec les cap-sules des Lycopodes ; mais appartiennent-ils aux mêmes plantes que les précédens? les uns sont-ils les organes mâles et les autres les organes femelles, ou bien se rapportent-ils à des plantes tout-à-fait différentes? C'est ce qu'il est impossible de décider dans l'état actuel de nos connoissances. [1]

Mais, en combinant ce que nous savons des tiges et des feuilles de ces grands végétaux avec les caractères présentés par les cônes que nous avons décrits, nous verrons que ces plantes différoient complétement de tout ce que nous con-noissons, et présentoient probablement des caractères inter-médiaires entre ceux des Lycopodes, des Cycadées et des Co-nifères.

Le mode de division de leur tige et la forme de leurs

---

[1] Nous avons rapporté ces sortes de capsules à la famille des Lyco-podiacées, à cause de la grande analogie de forme qui existe entre eux et les capsules des Lycopodes ; car nous devons reconnoître d'un autre côté qu'à Langeac et à Saint-Étienne, où on les a rencontrées plus com-munément, les tiges et les feuilles des *Lepidodendron* et autres Lycopo-diacées fossiles sont fort rares, tandis que les *Calamites* sont très-abondantes, ce qui pourroit faire penser que ces capsules sont leurs organes reproducteurs.

feuilles étoient les mêmes que dans les Lycopodes, dont elles différoient tant par leur taille.

Le mode de croissance de ces tiges devoit être analogue à celui des Cycadées.

Leurs organes reproducteurs formoient des cônes analogues ou aux chatons mâles des Conifères, mais beaucoup plus volumineux, ou aux cônes des *Araucaria*, mais formés d'écailles d'une forme très-différente.

Cette dernière opinion nous paroît la plus probable; car nous ne voyons pas en général que les organes reproducteurs, et surtout les organes mâles, acquièrent un volume beaucoup plus considérable dans les grands végétaux, et au contraire ces organes, dans les plantes voisines des cryptogames, sont le plus souvent peu développés.

Quant aux autres sortes d'organes, leur grande analogie avec les capsules des Lycopodes, dont elles ne diffèrent presque que par leur taille plus grande et par la pointe qui les termine le plus souvent, doit nous faire présumer que ces organes appartenoient à des plantes de la même famille dont les organes de la végétation ne différoient peut-être pas notablement de ceux du genre précédent, de même que les rameaux et les feuilles des Sapins et des Ifs ne diffèrent pas par des caractères essentiels, quoique leurs fruits n'aient aucun rapport extérieur.

Nous pouvons donc penser que les Lépidodendrons étoient des arbres qui, par leur végétation et par leur mode de croissance, se rapprochoient des Lycopodes et des Cycadées, et qui, par leurs organes reproducteurs, étoient peut-être plus voisins des Conifères; que ces derniers organes établissoient probablement dans ces végétaux deux groupes que nous ne pouvons pas encore bien distinguer : l'un, dont les fruits étoient réunis en cônes, formés d'écailles imbriquées, dont chacune contenoit une ou plusieurs graines; l'autre, dont les fruits consistoient en des sortes de noix comprimées, cordiformes, peut-être bivalves et polyspermes, peut-être indéhiscentes et monospermes, comme les nucules des Ifs, des Cycas, etc.

Nous devons espérer que des recherches attentives, faites dans les mines de houille, éclairciront d'ici à peu de temps ces questions; mais, en attendant que l'identité générique de ces divers organes soit complétement prouvée, nous donnerons aux tiges, seules ou garnies de leurs feuilles, le nom de *Lepidodendron*; aux feuilles isolées qui nous paroissent se rapporter à ces mêmes végétaux, le nom de *Lepidophyllum*; aux fruits en forme de cônes, celui de *Lepidostrobus*; enfin, aux fruits lenticulaires et cordiformes, le nom de *Cardiocarpon*. Nous indiquerons par les noms analogues des trois premiers genres les rapports qui nous paroissent unir ces divers végétaux fossiles et n'en former probablement que des organes différens de plantes d'un même genre.

Outre ces grands végétaux arborescens, tous propres au terrain houiller, il en est d'autres qui, par leur taille, se rapprochent davantage des Lycopodes actuellement existans et dont les rapports avec les plantes de cette famille sont plus ou moins marqués. Il y en a dont les tiges sont dichotomes, comme celles des *Lepidodendron* et de plusieurs Lycopodes; nous ne pouvons dans ce cas douter de l'analogie de ces plantes avec les Lycopodiacées ou avec le groupe des Lépidodendrées que nous venons de décrire; car les Conifères, dont ces rameaux se rapprochent assez par la forme et le mode d'insertion de leurs feuilles, n'ont jamais des branches dichotomes. Il est beaucoup plus difficile de fixer la limite des Lépidodendrons et des vrais Lycopodes ; car dans la plupart des cas ces plantes ne diffèrent, quant à leurs organes de la végétation, que par leur taille, et les petits rameaux des Lépidodendrons ont tout-à-fait la structure des Lycopodes. Nous laisserons donc dans le genre Lépidodendron toutes les espèces dont les feuilles s'insèrent distinctement sur le sommet d'un mamelon rhomboïdal régulier, dont elles paroissent se détacher facilement pour laisser une cicatrice semblable à celle que nous avons déjà décrite.

Nous considérerons au contraire comme des Lycopodes les espèces dont les feuilles, imbriquées de toute part, ne paroissent pas s'insérer sur un mamelon net et régulièrement limité. Ce dernier caractère indique en effet des plantes moins ligneuses, plus tendres, dont les formes extérieures se sont moins bien conservées et dont les feuilles étoient plus parfaitement continues avec le tissu de la tige.

Nous désignerons ce groupe des Lycopodes fossiles sous le nom de *Selaginites*, à cause de ses rapports avec la section des Lycopodes vivans, connus sous le nom de *Selago*.

Les Lycopodiacées fossiles à rameaux pinnés sont beaucoup plus difficiles à distinguer de certaines espèces de Conifères : je ne parle pas ici de la plupart de nos Conifères indigènes, tels que les Sapins et les Ifs, dont les feuilles et les rameaux n'ont qu'une ressemblance grossière avec quelques Lycopodes, mais de quelques genres de Conifères exotiques, tels que les genres *Araucaria* et *Cunninghamia*, dont les feuilles, parfaitement sessiles et décurrentes, lancéolées, linéaires ou sétacées, ne sont point articulées sur les rameaux qui les portent, et présentent en plus grand une structure très-analogue à celle des rameaux de certains Lycopodes.

L'un des meilleurs caractères, dans ce cas, pour distinguer les Lycopodes des Conifères, est fondé sur le mode de développement des rameaux dans ces deux familles : dans les Conifères un nouveau bourgeon se développe chaque année, et une branche est formée par ces élongations successives et distinctes les unes des autres. On trouve facilement à leur surface des indices de cette croissance interrompue dans l'insertion plus rapprochée des feuilles de la base de chaque pousse, dans le moindre développement de ces feuilles, dans l'espèce de contraction que la branche a éprouvée dans ce point : dans les Lycopodes, au contraire, le développement des rameaux est continu et analogue sous ce rapport à celui des tiges des monocotylédones ; aussi ne voit-on jamais sur les rameaux ces indications nettes d'une interruption complète de la végétation. Il en résulte aussi une uniformité bien plus grande dans la forme et la longueur des feuilles, qui diffèrent peu les unes des autres, même sur des rameaux d'un ordre différent ; tandis que parmi les Conifères les feuilles, ou du même rameau ou de rameaux différens, présentent des longueurs très-diverses.

Ainsi nous considérerons comme des Lycopodes à rameaux pinnés, les plantes fossiles dont les rameaux seront parfaitement continus et couverts, dans toute leur étendue, de feuilles non articulées et de même longueur, et nous leur donnerons le nom de *Lycopodites*.

Enfin, il existe un dernier groupe de plantes analogues à des Lycopodes, comprenant des espèces à feuilles distiques qui paroissent quelquefois accompagnées de petites feuilles plus courtes, comme dans les *Stachygynandrum*; ces plantes peu nombreuses ne méritent pas de former un groupe particulier, et, dans la plupart des cas, les échantillons laissent trop de doute sur la disposition des feuilles pour qu'on puisse en former une section particulière.

On sera aussi obligé de placer à la suite de ce genre beaucoup d'espèces douteuses, fondées seulement sur des échantillons très-incomplets; c'est encore parmi les Lycopodiacées douteuses qu'on peut ranger un genre singulier dont nous connoissons maintenant assez bien l'organisation, et que nous avons désigné sous le nom de *Stigmaria.*

La famille des Lycopodiacées comprend en effet un genre anomal, croissant sous l'eau, très-différent par son aspect des vrais Lycopodes, mais qui en a cependant tous les caractères essentiels: c'est l'Isoetes. Sa tige a la même structure que nous avons décrite dans les Lycopodes; ses organes reproducteurs, de deux sortes, présentent les mêmes caractères principaux; enfin, ces feuilles sont disposées de même en spirale, mais elles sont très-longues, molles, charnues et cylindriques, et les organes reproducteurs sont contenus dans leur partie inférieure.

Le genre *Stigmaria* offre plusieurs points de structure analogues à ceux de l'Isoetes: la tige de plusieurs des espèces de ce genre paroît avoir été assez molle et charnue; elle est traversée par un axe solide dont on voit des traces dans tous les échantillons, mais dont j'ai pu bien observer l'organisation sur un morceau conservé dans la collection de l'université d'Oxford.

Cet axe est environné de faisceaux vasculaires, qui montent en spirale autour de sa surface, et qui se détachent ensuite successivement pour se porter dans les feuilles. Cette structure est tout-à-fait celle des tiges des Lycopodes et de l'Isoetes.

Les feuilles, insérées en spirale, paroissent avoir été molles, charnues et cylindroïdes; leur cicatrice d'insertion, du moins, est parfaitement ronde, et les feuilles ne doivent très-probablement leur aspect membraneux et plat qu'à la compression ; car elles n'ont pas la régularité de feuilles naturellement planes et linéaires. Je sais que M. Artis a figuré ces feuilles comme portant deux autres feuilles ou folioles linéaires, articulées à leur extrémité ; mais il m'a été impossible de rien voir de semblable, et cette structure seroit si singulière que je me permets d'en douter jusqu'à ce qu'elle ait été vérifiée sur plusieurs échantillons et par plusieurs observateurs.

Le genre *Stigmaria* pourroit donc être considéré comme une Lycopodiacée aquatique gigantesque, une sorte d'Isoetes arborescent, comme les Lépidodendrons sont des Lycopodiacées terrestres en arbre.

LYCOPODITES : *Lycopodiolithis Spec.*, Schloth. ; *Walchia* et *Lycopodiolithis Spec.*, Sternb.

Rameaux pinnés ; feuilles insérées tout autour de la tige ou sur deux rangs opposés, ne laissant pas de cicatrices nettes et bien limitées.

1. LYCOPODITES PINIFORMIS ; *Lycopodiolithes piniformis*, Schloth. ; *Walchia piniformis*, Sternb.	Terrain houiller.
2. LYCOPODITES POLYPHYLLUS.	*Ibid.*
3. LYCOPODITES GRAVENHORSTII.	*Ibid.*
4. LYCOPODITES WILLIAMSONIS.	Oolithe inférieure.
5. LYCOPODITES ? HŒNINGHAUSII.	Terrain houiller.
6. LYCOPODITES IMBRICATUS.	*Ibid.*
7. LYCOPODITES PHLEGMARIOIDES ; *Lycopodiolithes phlegmarioides*, Sternb. , *Tent. flor. prim.*, p. 8 ; *Lycopodiolithes arboreus*, Schloth. , *Petref.*, page 413, tab. 22, fig. 3.	*Ibid.*
8. LYCOPODITES SILLIMANNI.	*Ibid.*
9. LYCOPODITES TENUIFOLIUS (*an Lepidendron ?*).	*Ibid.*

Espèces douteuses.

10. LYCOPODITES FILICIFORMIS ; *Lycopodiolithes filiciformis*, Schloth. , *Flor.*	Terrain houiller.

der Vorw., tab. 24, *fig. sinistra; Wal-chia filiciformis*, Sternb.	
11. LYCOPODITES AFFINIS; *Lycopodio-lithes filiciformis*, Schloth., *loc. cit., fig. dextra; Walchia affinis*, Sternb.	Terrain houiller.
12. LYCOPODITES GRACILIS.	Terrain marneux infé-rieur à la craie ? (Amberg.)
13. LYCOPODITES PATENS, Ad. Br., *in* Ann. des sc. nat., tom. 4, p. 208.	Grès du lias ? (Hör.)

SELAGINITES. *Tiges dichotomes, ne présentant pas de mame-lons réguliers à la base des feuilles, même vers le bas des tiges; feuilles souvent persistantes, élargies à leur base.*

Nota. Ces plantes ne doivent peut-être pas être distinguées des *Le-pidodendron.*

1. SELAGINITES PATENS.	Terrain houiller.
2. SELAGINITES ERECTUS.	*Ibid.*

LEPIDODENDRON. *Tiges dichotomes, couvertes vers leurs ex-trémités de feuilles simples, linéaires ou lancéolées, insérées sur des mamelons rhomboïdaux; partie inférieure des tiges dépour-vue de feuilles; mamelons marqués vers leur partie supérieure d'une cicatrice plus large dans le sens transversal, à trois an-gles, deux latéraux aigus, un inférieur obtus; ce dernier man-que quelquefois.*

Nota. La forme des cicatrices d'insertion des feuilles est le caractère essentiel de ce genre; il indique des feuilles presque trigones, qui, plus loin de leur insertion, deviennent planes, avec une nervure mé-diane très-marquée. Les espèces dont les bases des feuilles ont laissé une cicatrice arrondie, nous paroissent devoir être rapportées aux *Stigmaria*, ou peut-être doivent-elles former un genre distinct.

La distinction des espèces de ce genre est presque impossible à éta-blir d'une manière convenable dans l'état actuel de la science; car les formes des mamelons d'insertion et des cicatrices paroissent varier sui-vant le point de la tige où on les observe; ces mamelons devenant plus longs dans le bas de la tige, par suite de l'alongement de celle-ci, ainsi qu'on peut le voir sur la planche 1.re de l'ouvrage de M. de Sternberg. Cet alongement des mamelons d'insertion prouve bien que ces tiges n'augmentoient pas en diamètre : car, dans ce cas, le changement de forme auroit eu lieu dans un sens inverse.

1. LEPIDODENDRON SELAGINOIDES ; *Ly-copodiolithes selaginoides*, Stern., *Tent. flor. primord.*, pag. 8, tab. 16, fig. 3, tab. 17, fig. 1.	Terrain houiller.
2. LEPIDODENDRON ELEGANS ; *Lycopo-diolithes elegans*, Sternb.. *l. c.*, p. 8, tab. 16, fig. 1, 2, 4.	*Ibid.*
Nota. Cette espèce n'est peut-être que la partie inférieure de la précédente.	
3. LEPIDODENDRON BUCKLANDII.	*Ibid.*
4. LEPIDODENDRON OPHIURUS ; *Sage-naria ophiurus*, nob., Class. des végét. foss., pl. 4, fig. 1 ; *Lycopodites affinis*, Sternb., tab. 56, fig. 2.	*Ibid.*
5. LEPIDODENDRON RUGOSUM.	*Ibid.*
6. LEPIDODENDRON UNDERWOODIANUM.	*Ibid.*
7. LEPIDODENDRON TAXIFOLIUM ; *Lyco-podites taxifolius*, Sternb., *Tent. flor. prim.*, p. 8.	*Ibid.*
8. LEPIDODENDRON INSIGNE ; *Lycopo-dites insignis*, Sternb., *loc. cit.*	*Ibid.*
9. LEPIDODENDRON LONGIFOLIUM ; *Le-pidodendron dichotomum*, var., Stern-berg, *Flor. der Vorw.*, pl. 3.	*Ibid.*
10. LEPIDODENDRON STERNBERGII ; *Le-pidodendron dichotomum*, Sternb., *loc. cit.*, pl. 1 et 2.	*Ibid.*
11. LEPIDODENDRON MAMILLARE.	*Ibid.*
12. LEPIDODENDRON ORNATISSIMUM, Sternb., *l. c.*; Rhode, pl. 3 ; Allan, *in Edimb. roy. soc. trans.*, t. 9, pl. 14.	*Ibid.*
13. LEPIDODENDRON TETRAGONUM ; *an Lepidodendron tetragonum*, Sternberg, pl. 54, fig. 2 ?	*Ibid.*
14. LEPIDODENDRON VENOSUM.	*Ibid.*
15. LEPIDODENDRON TRANSVERSUM.	*Ibid.*
16. LEPIDODENDRON VOLKMANNIANUM, Sternb., pl. 53, fig. 3.	*Ibid.*
17. LEPIDODENDRON RHODIANUM,	*Ibid.*

Sternberg; Rhode , planche 1 , fig. 1.

18. ? LEPIDODENDRON CORDATUM ; *Ly-copodites cordatus* , Sternb. , pl. 56 , fig. 1.	Terrain houiller.
19. LEPIDODEND. OBOVATUM , Sternb., tab. 6 et 8 , fig. 1 *A*.	Ibid.
20. LEPIDODENDRON DUBIUM.	Ibid.
21. LEPIDODENDRON LÆVE.	Ibid.
22. LEPIDODENDRON PULCHELLUM.	Ibid.
23. LEPIDODENDRON CŒLATUM ; *Sagenaria cœlata* , nob. , Class. des végét. foss., pl. 1 , fig. 6.	Ibid.
24. LEPIDODENDRON VARIANS.	Ibid.
25. LEPIDODENDRON CARINATUM.	Ibid.
26. LEPIDODEND. CRENATUM , Sternb., pl. 8 , fig. 2 *B*.	Ibid.
27. LEPIDODEND. ACULEATUM , Sternb., pl. 6 , fig. 1 ; pl. 8 , fig. 1 *B*.	Ibid.
28. LEPIDODENDRON CISTII.	Ibid.

Espèces douteuses (genre distinct ?).

29. LEPIDODENDRON DISTANS.	Terrain houiller.
30. LEPIDODEND. LARICINUM , Stern. , fasc. 1 ; *Lepidofloyos laricinum* , Sternb. , *Tent. flor. prim.* , p. 13 , pl. 2 , fig. 2, 3, 4.	Ibid.

Espèces imparfaitement connues. [1]

31. LEPIDODENDRON RIMOSUM , Sternberg , tab. 10 , fig. 1 (*sine cortice*).	Terrain houiller.
32. LEPIDODEND. UNDULATUM , Stern. , tab. 10 , fig. 2 (*sine cortice*).	Ibid.
33. LEPIDODEND. CONFLUENS , Stern. ; Schloth. , tab. 15 , fig. 2 (*sine cortice*).	Ibid.
34. LEPIDODEND. IMBRICATUM , Stern. ; Schloth. , tab. 15 , fig. 6 (*sine cortice*).	Ibid.

---

1 Ces espèces ne sont peut-être que des échantillons incomplets de quelques-unes des précédentes.

LEPIDOPHYLLUM. *Feuilles sessiles, simples, entières, lancéolées ou linéaires, traversées par une seule nervure simple, ou
par trois nervures parallèles ; pas de nervures secondaires.*

1. LEPIDOPHYLLUM MAJUS; *Glossopteris dubius*, nob., Class. des végét. foss., pl. 2, fig. 4.	Terrain houiller.
2. LEPIDOPHYLLUM LANCEOLATUM.	*Ibid.*
3. LEPIDOPHYLLUM BOBLAYI.	*Ibid.*
4. LEPIDOPHYLLUM TRINERVE.	*Ibid.*
5. LEPIDOPHYLLUM LINEARE ; *Poacites carinata*, nob., loc. cit., pl. 3, fig. 2.	*Ibid.*

LEPIDOSTROBUS. *Cônes cylindroïdes , composés d'écailles
ailées sur leurs deux côtés , creusées d'une cavité infundibuliforme, et se terminant par des disques rhomboïdaux, imbriqués
de haut en bas.*

1. LEPIDOSTROBUS ORNATUS, Parkins., Org. remains, tom. 1 , pl. 9, fig. 1.	Terrain houiller.
2. LEPIDOSTROBUS UNDULATUS.	*Ibid.*
3. LEPIDOSTROBUS EMARGINATUS.	*Ibid.*
4. LEPIDOSTROBUS MAJOR.	*Ibid.*

CARDIOCARPON. *Fruits comprimés, lenticulaires, cordiformes
ou réniformes, terminés par une pointe peu aiguë.*

1. CARDIOCARPON MAJUS.	Terrain houiller.
2. CARDIOCARPON POMIERI.	*Ibid.*
3. CARDIOCARPON CORDIFORME.	*Ibid.*
4. CARDIOCARPON OVATUM.	*Ibid.*
5. CARDIOCARPON ACUTUM.	*Ibid.*

STIGMARIA. *Tiges traversées par un axe distinct, le plus souvent excentrique, couvert de faisceaux vasculaires en spirale,
qui se portent dans les feuilles; cicatrices des feuilles arrondies,
disposées en quinconce, quelquefois portées sur des mamelons
rhomboïdaux, plus ou moins nettement limités. Feuilles simples
(ou bifurquées?), linéaires, probablement charnues, rétrécies
à la base.*

1. STIGMARIA RETICULATA ; *Lepidoden-dron anglicum*, Sternberg, *Tent. flor.*	Terrain houiller.

primord., page 11, tab. 29, fig. 3.

2. STIGMARIA ? VELTHEIMIANA; *Lepi-dodendron Veltheimianum*, Sternberg, *loc. cit.*, p. 12, tab. 52, fig. 3. — Terrain houiller.

3. STIGMARIA REGULARIS. — *Ibid.*

4. STIGMARIA INTERMEDIA. — *Ibid.*

5. STIGMARIA FICOIDES, nob., Class. des végét. foss., fig. 7; Sternb., *loc. cit.*, p. 38; *Variolaria ficoides*, Sternb., *Fl. der Vorw.* — *Ibid.*

6. STIGMARIA TUBERCULOSA. — *Ibid.*

Espèces douteuses.

7. STIGMARIA RIGIDA. — Terrain houiller.

8. STIGMARIA MINIMA. — *Ibid.*

CLASSE IV. PHANÉROGAMES GYMNOSPERMES.

La famille des Cycadées et celle des Conifères forment un petit groupe de végétaux très-remarquables sous le rapport de presque tous les points de leur organisation. La première de ces familles avoit d'abord été placée par Jussieu et par Linné parmi les Fougères. L. C. Richard, le premier, fit sentir les liens étroits qui les unissent aux Conifères, et les belles découvertes de M. R. Brown sur la structure des organes femelles de ces deux familles, ne permettent plus de les séparer. Il nous semble donc naturel d'en former une classe particulière, intermédiaire aux Cryptogames et aux véritables Phanérogames, caractérisée surtout par la structure de leurs organes reproducteurs, analogues à ceux des plantes phanérogames, mais dont les ovules sont nus, et reçoivent directement l'influence du fluide fécondant. Néanmoins les Cycadées et les Conifères diffèrent beaucoup par leur aspect extérieur, par la forme de leur feuille et le mode de développement de leur tige, ainsi qu'on le verra par la courte description que nous donnerons de ces familles.

9.ᵉ FAMILLE. CYCADÉES.

La tige de toutes les Cycadées connues est simple; cependant dans quelques *Zamia* elle paroît susceptible de se diviser au sommet, ou plutôt de produire plusieurs bourgeons, qui ne s'alongent pas en véritables branches.

Dans le *Cycas circinalis* la tige s'élève quelquefois jusqu'à deux ou trois mètres; mais je ne crois pas qu'elle se ramifie jamais. Cette tige n'augmente pas en diamètre : son mode de croissance est analogue sous ce rapport à celui des Palmiers, quoique sa structure interne, encore très-imparfaitement connue, soit tout-à-fait différente de celle des tiges des monocotylédones, ainsi que nous le ferons voir dans un mémoire sur ce sujet. Il en résulte cependant que les cicatrices laissées par les bases des feuilles à la surface de cette tige, persistent pendant très-longtemps sans se détruire. Ces feuilles sont portées sur un pétiole dont la coupe est à peu près rhomboïdale; elles sont pinnées, et leurs folioles, nombreuses et régulières, diffèrent de forme dans les deux genres qui composent cette famille. Dans les *Cycas*, les folioles sont linéaires et traversées par une seule nervure moyenne, très-épaisse; le reste de la feuille est formé d'un parenchyme épais, dans lequel on n'aperçoit pas de nervures secondaires. Dans les *Zamia*, les folioles, dont la forme varie beaucoup plus, sont parcourues par des nervures longitudinales, parallèles ou légèrement divergentes, nombreuses, toutes égales et simples, ou quelquefois bifurquées.

Les folioles dans ces deux genres sont toujours continues avec le pétiole commun, et ne sont jamais articulées; mais souvent on voit à leur base une sorte de callus blanchâtre, qui indique leur union au pétiole. Ces folioles sont toujours épaisses et coriaces, entières, ou ne présentant que quelques dents plus ou moins profondes vers leur extrémité. Dans leur jeunesse, les feuilles des Cycadées sont enroulées en crosse, comme celles des Fougères, et ce caractère avoit beaucoup contribué à faire rapprocher ces deux familles. Les fleurs mâles dans les deux genres de cette famille sont formées de cônes, composés d'écailles élargies à leur extrémité libre, et portant à leur surface inférieure des anthères nombreuses, crustacées, ovoïdes, s'ouvrant par une fente longitudinale.

Les fleurs femelles diffèrent beaucoup plus. Dans les *Zamia*, elles sont formées de cônes analogues aux cônes mâles, mais dont les écailles portent sur leur surface inférieure deux ovules nus, pendans.

Dans les *Cycas*, des ovules semblables sont placées sur les deux bords, et dans des espèces de fossettes d'un rameau aplati, qui paroît analogue à un pétiole de feuille avorté. Ces ovules deviennent des graines, dont le test est dur et solide, et renferme un périsperme épais, dans l'intérieur duquel sont placés plusieurs embryons, qui paroissent dicotylédons.

On a trouvé à l'état fossile, dans les terrains secondaires, des empreintes qui paroissent se rapporter à divers organes de ces végétaux.

1.° *Des feuilles*. Les mieux caractérisées et celles qui se rapprochent le plus des plantes vivantes de cette famille, ont été trouvées a Whitby dans le Yorkshire, et dans quelques autres localités qui appartiennent également à la formation oolithique. Ces feuilles, comme celles des *Zamia*, sont pinnées, à folioles continues, avec le pétiole commun, quelquefois présentant une sorte de callus à leur base. Les folioles sont en général lancéolées ou presque linéaires, et parcourues par des nervures fines, égales et parallèles. Quelques-unes des espèces fossiles, et particulièrement celle à laquelle nous avons donné le nom de M. Mantell, ressemblent d'une manière frappante au *Zamia pungens*. Cette identité est telle que nous ne pouvons pas nous empêcher de placer ces plantes dans le genre *Zamia*, tout en établissant qu'il étoit possible que ces plantes, tout-à-fait semblables par leurs feuilles, fussent différentes par leur fructification.

Quelques autres espèces s'éloignent un peu plus des *Zamia* vivans par leurs folioles légèrement dilatées à leur base en une sorte d'oreillette, placée tantôt à leur partie supérieure, tantôt à leur partie inférieure. Enfin il est quelques plantes, considérées d'abord comme des Fougères, qui nous paroissent se rapprocher davantage de ce genre, quoiqu'elles en diffèrent par leurs folioles presque imbriquées, cordiformes à leur base, et par leurs nervures divergentes. Nous leur donnons le nom de *Zamites*; elles se rapprochent, par les caractères que nous venons d'indiquer des Fougères, du genre *Nevropteris*.

Outre ces plantes, très-analogues aux *Zamia*, il en est quelques autres qui paroissent s'en éloigner assez pour constituer dans cette famille des genres particuliers et différens de ceux que nous connoissons à l'état vivant. Dans les unes, les folioles, plus ou moins alongées, sont tronquées à leur extrémité, tantôt leur forme est à peu près carrée, quelquefois presque cunéiforme, tantôt elle est presque linéaire; elles sont parcourues par des nervures simples, fines, toutes égales et peu marquées, surtout vers l'extrémité des folioles. Nous avons déjà désigné ce genre sous le nom de *Pterophyllum*.

Dans d'autres plantes, qui appartiennent également à cette famille, les feuilles sont pinnées; mais les pinnules oblongues, plus ou moins alongées, sont adhérentes par toute leur base au rachis ou pétiole commun, et leur extrémité libre est arrondie. Les nervures sont parallèles, et une partie d'entre elles sont beaucoup plus marquées que celles qui les séparent. C'est à ce genre que nous avons donné le nom de *Nilsonia*.

Outre l'analogie de structure, qui nous paroît indiquer la place de ces plantes parmi les Cycadées, un caractère remarquable, propre seulement à cette famille et à celle des Fougères, s'est montré dans des échantillons de ces deux genres de plantes fossiles, je veux parler de l'enroulement en crosse des frondes. Des échantillons de *Nilsonia* et de *Pterophyllum*, trouvés à Hör en Scanie, ont présenté cette disposition caractéristique.

Une dernière forme de feuilles, découverte aussi en Suède par M. Nilson, paroît encore appartenir à cette famille; mais elle se rapproche particulièrement des Cycas, dont elle diffère surtout par une taille beaucoup moindre et par des frondes à folioles moins nombreuses. Ces frondes sont pinnées et composées de sept à neuf folioles linéaires, traversées par une forte nervure moyenne; elles paroissent s'être insérées au sommet d'une tige commune, comme cela s'observe dans les Cycadées. L'analogie de cette plante avec les Cycas nous engage à lui donner le nom de *Cycadites*.

2.° *Des tiges* : Leur détermination est encore plus difficile, car nous n'avons jusqu'à présent que des notions très-imparfaites sur la structure des tiges des Cycadées vivantes. Nous avons cru cependant pouvoir rapporter à cette famille une tige très-remarquable, découverte dans le calcaire de Portland, et dont M. Buckland à fait faire une belle lithographie. Cette plante, dont nous avons vu un échantillon à Londres, représente une sorte de grosse bulbe arrondie, formée par une tige presque sphéroïdale, déprimée à son sommet. Tout son pourtour est couvert de cicatrices rhomboïdales, disposées comme dans les tiges très-courtes et renflées des *Zamia*, et la dépression centrale correspond au point d'attache des jeunes feuilles. Il nous est difficile de conserver des doutes à l'égard de l'analogie de cette tige avec celle des Cycadées; mais il est remarquable qu'on n'ait pas encore observé de feuilles de ces plantes dans les mêmes couches calcaires, quoiqu'on en ait trouvé si souvent dans d'autres couches. Nous avons donné à cette plante le nom de *Mantellia*, en l'honneur d'un des géologues qui ont le plus contribué à étendre nos connoissances sur les fossiles de l'Angleterre, et auquel nous devons en particulier des observations précieuses sur les végétaux fossiles des terrains secondaires.

Une autre tige, trouvée dans le calcaire conchylien des environs de Lunéville, et qui fait partie de la superbe collection de la ville de Strasbourg, appartient sans aucun doute à la même famille, ainsi que le prouve la forme des insertions des feuilles et la structure interne, qui est encore bien conservée et tout-à-fait analogue à ce qu'on observe dans les *Cycas*; cette tige appartenoit probablement à un autre genre que la précédente, et paroît se rapprocher plutôt des *Cycas* que des *Zamia*; mais en attendant qu'on ait trouvé des feuilles de ces deux genres, nous les laisserons réunies dans le même genre; car elles appartiennent sans aucun doute à la même famille.

Nous avions d'abord pensé qu'on devoit aussi ranger dans cette famille la plante décrite par M. Mantell, sous le nom de *Clathraria Lyellii*, et celle du calcaire de Stonesfield, que M. de Sternberg a figurée sous le nom de *Conites Bucklandi*; mais l'examen d'échantillons plus complets de ces deux tiges nous engage à les considérer comme appartenant plutôt à des monocotylédones phanérogames, voisines des *Dracæna* et des

Xanthorrhea. Nous exposerons nos motifs en traitant des fossiles de la famille des Liliacées.

Les espèces que nous connoissons de la famille des Cycadées peuvent être disposées ainsi : la plupart d'entre elles sont encore inédites; mais elles seront incessamment publiées dans notre Histoire des végétaux fossiles.

† *Frondes.*

I. CYCADITES. *Feuilles pinnées, à pinnules linéaires, entières, adhérentes par toute leur base, traversées par une seule nervure moyenne, épaisse; point de nervures secondaires.*

1. Cycadites Nilsoniana, nob.; Nilson, *Act. holm.*, 1824, vol. 1, p. 147, tab. 2, fig. 4, 6.	Craie inférieure.

II. ZAMIA. *Feuilles pinnées, à pinnules entières ou denticulées vers leur extrémité, terminées en pointes, quelquefois élargies et comme auriculées à leur base, insérées seulement par la partie moyenne, et souvent plus épaisse, de leur base; nervures fines, égales, toutes parallèles ou à peine divergentes.*

* Pinnules aiguës, ne se recouvrant pas mutuellement, et ne passant pas dessus le pétiole commun; nervures parallèles ou peu divergentes, droites.

1. Zamia Feneonis.	Terrain jurassique.
2. Zamia longifolia.	Oolithe inférieure.
3. Zamia Mantelli.	*Ibid.*
4. Zamia pectinata ; *Polypodiolites pectiniformis*, Sternb., fasc. 3, p. 44, pl. 33, fig. 1.	Terr. jurassique schistoïde.
5. Zamia patens.	*Ibid.*
6. Zamia pennæformis.	Oolithe inférieure.
7. Zamia elegans.	*Ibid.*
8. Zamia Goldiæi.	*Ibid.*
9. Zamia acuta.	*Ibid.*
10. Zamia lævis.	*Ibid.*
11. Zamia Youngii.	*Ibid.*
12. Zamia Buchanani.	Salarigali, Indes orientales (gis. inconnu).

** Pinnules se recouvrant mutuellement et passant sur le pétiole
commun; nervures divergentes arquées, souvent bifurquées (Zamites).

13. Zamites Bechii; *Filicites Bechii,* Ad. Br., Ann. des scienc. nat., t. 4, p. 422, pl. 19, fig. 4; La Bèche, *Trans. geol.,* vol. 1, tab. 7, fig. 3.	Lias et terrain oolithique.
14. Zamites Bucklandii; *Filicites Bucklandii,* Ad. Br., *l. c.,* pl. 19, fig. 3; La Bèche, *loc. cit.,* tab. 7, fig. 2.	Ibid.
15. Zamites lagotis; *Filicites lagotis,* Ad. Br., *loc. cit.,* pl. 19, fig. 5.	Terrain oolithique.
16. Zamites hastata; *Filicites ? hastata,* Ad. Br., *loc. cit.,* pl. 19, fig. 6.	Ibid.

III. PTEROPHYLLUM. *Feuilles pinnées, à pinnules d'une largeur à peu près égale, s'insérant sur le petiole par toute la largeur de leur base, tronquées au sommet; nervures fines, égales, simples, peu marquées, toutes parallèles.*

1. Pterophyllum longifolium; *Algacites filicoides,* Schloth., *Nachtr.,* pag. 46, pl. 4, fig. 2.	Marnes irisées du terrain de Lias.
2. Pterophyllum Meriani.	Ibid.
3. Pterophyllum Jægeri; *Osmundites pectinatus,* Jæger, *Pflanz. Verstein. von Stuttgart,* pag. 29, tab. 7.	Keuper ou grès inférieur au Lias.
4. Pterophyllum Williamsonis.	Oolithe inférieure.
5. Pterophyllum majus, Ad. Br., Ann. des sc. nat., 4, p. 219, pl. 12, fig. 7.	Grès du Lias ? (Hör.)
6. Pterophyllum minus, Ad. Br., *l. c.,* page 219, pl. 12, fig. 8.	Ibid.

Espèces douteuses.

7. Pterophyllum enerve.	Marnes irisées.
8. Pterophyllum dubium, *Nilsonia? æqualis,* Ad. Br., *loc. cit.,* page 219, pl. 12, fig. 6.	Grès du Lias ? (Hör.)

IV. **NILSONIA.** *Feuilles pinnées ; pinnules rapprochées, oblongues, plus ou moins alongées, arrondies au sommet, adhérentes au rachis par toute la largeur de leur base, à nervures
parallèles, dont quelques-unes sont beaucoup plus marquées.*

1. Nilsonia brevis, Ad. Br., Ann. | Grès du lias? (Hör.)
des sc. nat., 4. p. 218, pl. 12, fig 4.
 2. Nilsonia elongata, Ad. Br., *loc.* | *Ibid.*
cit., pl. 12, fig. 5.

†† *Tiges.*

V. **MANTELLIA.** *Tiges cylindriques ou presque sphéroïdales,
sans axe central distinct, couvertes de cicatrices rhomboïdales,
dont le diamètre horizontal est plus grand que le diamètre vertical.*

1. Mantellia nidiformis. | Calcaire de Portland.
2. Mantellia cylindrica. | Calcaire conchylien.

10.e *Famille.* **CONIFÈRES.**

Les végétaux de cette famille sont tous arborescens; leurs
tiges, ordinairement très-rameuses et se divisant le plus souvent d'une manière très-régulière, ne sont jamais dichotomes comme celles des Lycopodes, et comme le seroient probablement celles des Cycadées, si elles se divisoient naturellement; les rameaux des Conifères sont au contraire ou verticillés, comme on l'observe dans les branches principales des
Pins, des Sapins, des Mélèzes, des *Araucauria*, des *Cunninghamia*, ou opposés, comme dans quelques Genévriers et dans les
Ephedra; ou alternes et distiques, comme les rameaux secondaires des Sapins, des Mélèzes, des *Araucaria*, des *Cunninghamia*, des Ifs, et toutes les branches des *Thuya;* ou, enfin, alternes et disposés sans ordre, comme dans les *Podocarpus*,
le *Gingko biloba*, et quelques autres genres.

La structure interne de ces tiges offre au premier aspect
beaucoup d'analogie avec celle des arbres dicotylédons, c'est-
à-dire que leur mode d'accroissement a lieu également par
la formation successive de couches de bois qui enveloppent
les précédentes, et de couches corticales placées à l'intérieur
des plus anciennes; mais le bois lui-même a une structure

très-différente de celui des véritables arbres dicotylédons: structure qu'il seroit cependant trop long d'exposer ici[1], mais qui, jointe à la particularité de leurs organes reproducteurs, les éloigne complétement des autres végétaux dicotylédons. Il résulte néanmoins du mode d'accroissement de ces arbres que leur écorce devient bientôt irrégulière, et ne conserve plus, au bout de peu d'années, aucune trace de l'insertion des feuilles; aussi extérieurement ces tiges ressemblent tout-à-fait à celles des arbres dicotylédons, et n'ont aucune analogie avec celles des Cycadées.

Les feuilles des Conifères offrent des différences très-remarquables, suivant les genres dans lesquels on les observe; différences qui permettent dans beaucoup de cas de reconnoître les genres auxquels elles appartiennent. Dans plusieurs genres ces feuilles sont linéaires, portées sur un court pétiole et articulées sur la tige; tels sont les Ifs, les *Podocarpus*, les Sapins; dans les Pins les feuilles sont réunies et même soudées plusieurs par leur base dans une gaîne commune : elles sont alors parfaitement aciculaires. Dans les Genévriers, les Cyprès et les *Thuya* elles sont sessiles et même élargies à leur base, opposées ou verticillées; mais dans les deux premiers genres les rameaux sont dirigés dans tous les sens; dans le dernier ils sont tous disposés dans un même plan et d'une régularité admirable.

Dans les *Cunninghamia* (*Pinus lanceolata*, L.; *Belis*, Salisb.) les feuilles sont planes, lancéolées ou sétacées, aiguës, sessiles ou même un peu décurrentes, insérées en spirale et déjetées de deux côtés sur les rameaux.

Une disposition analogue s'observe sur les *Araucaria* d'Amérique, tandis que sur l'*Araucaria excelsa* de l'île Norfolk les feuilles presque coniques et épaisses sont étalées tout autour des rameaux.

Enfin, ces feuilles prennent une forme tout-à-fait différente dans quelques genres; dans le *Dammara* de Rumphius (*Agathis*, Rich.), elles sont planes, ovales, entières et traversées

---

1 Kieser, dans un appendice de son excellent mémoire sur l'Organisation des plantes (un volume in-4.°, Harlem, 1814), a fait assez bien connoître cette organisation particulière du bois des Conifères.

par une infinité de petites nervures très-fines et parallèles.

Dans le *Phyllocladus* (*Podocarpus asplenioides*, Labill.) les feuilles sont rhomboïdales, et leur nervure moyenne donne naissance à des nervures obliques, parallèles entre elles, très-fines, ce qui fait ressembler ces feuilles aux pinnules de certains *Asplenium*; dans le Gingko (*Salisburya adianthoides*, Rich.) les feuilles ont tout-à-fait la forme de certains *Adianthum* ou *Trichomanes* à feuilles simples, et cette feuille en éventail est parcourue par des nervures fines toutes égales et dichotomes, comme celles des Fougères.

On voit par ces exemples que la forme des feuilles propre aux Conifères d'Europe ou du nord de l'Amérique n'est pas commune à toutes les plantes de cette famille.

La fructification de ces végétaux n'est pas moins variée, quant aux formes extérieures : les fleurs mâles consistent tantôt en des chatons composés d'anthères sessiles à deux loges, surmontées d'une crête membraneuse, tantôt en des épis formés d'écailles peltées, portant des anthères uniloculaires à leur face inférieure. La première forme s'observe dans les Pins, les Sapins, les Mélèzes, les Cèdres; la seconde dans les Ifs, les Genévriers, les *Thuya*, etc.

Les fleurs femelles, ou plutôt les ovules, sont tantôt isolées, nues ou enveloppées d'une sorte d'arille; le plus souvent elles sont groupées plusieurs à l'aisselle ou plutôt sur la face supérieure d'écailles dont la réunion forme des cônes plus ou moins réguliers ou des sortes de sphères composées d'écailles peltées.

La forme et la disposition de ces écailles varie assez d'un genre à l'autre pour qu'on puisse presque toujours les reconnoître par ce seul caractère; quant à la structure des organes femelles eux-mêmes, il seroit trop long et presque complétement inutile de la faire connoître ici. On peut consulter sur ce sujet le beau travail de feu Richard[1] et le mémoire de M. Rob. Brown[2]; nous rappellerons seulement que, d'après les

---

[1] Mémoires sur les Conifères et les Cycadées, 1 vol. in-4.°, avec planches, 1826.

[2] Appendice botanique du Voyage du capitaine King à la Nouvelle-Hollande, et *Annales des sciences naturelles*, tom. 8, p. 221.

observations de ces deux célèbres botanistes, l'analogie la plus grande existe entre cette famille et celle des Cycadées sous ce rapport, et nous pouvons présumer qu'à des époques antérieures à celle où nous existons, des modifications de structure, semblables à celles que nous observons dans les fruits des Conifères, se présentoient aussi dans les Cycadées.

Si nous appliquons ces connoissances de la structure des Conifères à l'étude des fossiles, nous verrons que plusieurs plantes de l'ancien monde doivent se rapporter à cette famille, soit aux mêmes genres qui existent actuellement, soit à des genres voisins.

Nous distinguerons d'abord facilement les plantes du genre *Pinus* à la forme de leur fruit et à la disposition de leurs feuilles : nous connoissons huit fruits de ce genre bien distincts les uns des autres, mais dont deux se rapprochent beaucoup des espèces vivantes.

Nous n'avons vu de feuilles du même genre que celles trouvées à Armissan près Narbonne, par M. Tournal. Ces feuilles paroissent réunies cinq par cinq, disposition qui n'est connue que dans trois espèces vivantes, et la longueur de ces feuilles annonce une espèce nouvelle. On a trouvé dans ce même lieu des rameaux dépourvus de feuilles, mais tout-à-fait analogues à ceux des Pins et surtout à ceux du *Pinus mugho;* enfin, on y a également observé des chatons mâles semblables à ceux des Pins, mais qui paroîtroient appartenir à deux espèces distinctes, d'après la différence qui existe quant à la grandeur de ces chatons et à la forme des étamines dans les deux échantillons que j'ai vus.

Une graine ailée, trouvée dans ce même lieu, provient aussi probablement d'une plante de ce genre.

Nous pouvons donc présumer que ces rameaux, ces feuilles, un des chatons et peut-être la graine, provenoient d'une même espèce de Pin, que nous désignerons sous le nom de *Pinus pseudo-strobus.*

Un second groupe de Conifères comprend les genres à feuilles simples, isolées par la base, plus ou moins linéaires, articulées sur la tige et caduques : tels sont les genres *Taxus, Podocarpus, Taxodium, Abies* et *Larix.* Ces genres se distinguent bien par leurs fruits, mais nous n'en connoissons aucun de bien conservé qui puisse s'y rapporter. Quant à la disposition des feuilles, elle permet de distinguer trois groupes différens parmi ces plantes:

1.° Les Cèdres et les Mélèzes (*Larix*), dans lesquels les feuilles sont fasciculées en grand nombre sur les jeunes rameaux.

2.° Les Sapins (*Abies*), dont les feuilles sont insérées isolément en double spirale de quatre feuilles chacune, et par conséquent sur huit rangs.

3.° Les Ifs, les *Podocarpus* et le Cyprès chauve (*Taxodium*), dont les feuilles offrent une disposition semblable, c'est-à-dire qu'elles sont insérées en une spirale simple de huit feuilles, qui fait trois tours avant qu'il se retrouve une feuille (la neuvième) exactement au-dessus de la première; les feuilles, qui paroissent éparses, sont déjetées sur deux rangs, mais sont bien moins nombreuses que dans les Sapins; ce qui donne aux rameaux un aspect tout-à-fait différent.

Nous ne connoissons d'une manière un peu complète aucune plante fossile qui puisse se rapporter aux deux premiers groupes, c'est-à-dire aux Mélèzes, Cèdres ou Sapins, soit par leurs feuilles, soit par leurs fruits. Un seul fruit incomplet se rapproche de ceux des Sapins; nous l'indiquerons plus bas.

Plusieurs espèces au contraire paroissent se ranger dans le troisième; la plupart ont été trouvées dans les terrains de sédiment supérieurs, soit dans les formations de lignites, tels que celles du Meisner, de l'Habichtwald, de Comothau en Bohème, soit dans des terrains d'eau douce, comme à Armissan. On n'y a jamais vu de fruit; un échantillon d'Armissan paroîtroit cependant offrir un petit bourgeon arrondi, analogue à ceux qui constituent les fleurs femelles des Ifs.

A Stonesfield on a trouvé une plante qui, par la disposition et la forme de ses feuilles, semble aussi appartenir à ce groupe, et qui en outre est accompagnée de fruits qui paroissent en dépendre et qui ont une forme très-analogue à celle des fruits des *Podocarpus*, enveloppés de leur sorte d'arille charnue.

Nous désignerons toutes ces plantes, analogues d'une part aux Ifs (*Taxus*) et aux *Podocarpus*, qui autrefois n'étoient pas séparés des Ifs, et de l'autre au Cyprès chauve (*Taxodium*, Rich., *Schubbertia*, Mirb.), par le nom de *Taxites*.

Une autre division des Conifères, sous le rapport de la disposition des feuilles, contient les genres *Cunninghamia* et *Araucaria* : dans ces plantes les feuilles, ordinairement planes, sont insérées en spirales serrées : elles sont complétement sessiles, même un peu décurrentes par leurs bords, non articulées sur la tige, et souvent déjetées sur deux rangs. Ce sont ces Conifères qui, par leur feuillage, se rapprochent beaucoup de certaines espèces de Lycopodes et sur lesquels nous conservons le plus de doutes par rapport aux fossiles qui paroissent leur ressembler. La manière dont les feuilles, insérées en spirale et semblables pour leur forme et leur grandeur dans la même partie d'un rameau, sont déjetées sur deux rangs, paroît cependant propre à ces végétaux, et dépendre de la position horizontale de ces rameaux, position qui est liée à la structure de la tige de ces plantes et qu'on ne retrouve pas dans les Lycopodes. La disposition régulièrement pinnée des branches de ces arbres est encore un caractère qu'on ne voit que rarement dans les Lycopodes. Enfin, les interruptions de développement, indiquées à la surface de ces rameaux, soit par une sorte d'étranglement et de bourrelet, soit par le rapprochement de l'insertion des feuilles, est tout-à-fait incompatible avec le mode de développement des Lycopodes.

Ces divers caractères nous avoient déjà fait présumer que quelques plantes fossiles du grès bigarré de Soultz-aux-bains, dans la chaîne des Vosges, appartenoient plutôt à cette famille qu'à celle des Lycopodiacées; de nouveaux échantillons, et surtout des portions de fructification, découvertes par M. Voltz, auquel nous devons presque tout ce que nous connoissons sur les végétaux fossiles de cette formation, viennent de confirmer nos idées à cet égard, et nous semblent annoncer que ces diverses plantes, au nombre de trois à quatre espèces, constituoient un genre entièrement nouveau, qui avoit surtout de l'affinité avec les genres *Araucaria* et *Cunninghamia*, et que nous sommes heureux de pouvoir désigner par le nom du savant géologue, auquel la botanique fossile doit déjà de si intéressantes découvertes.

Les rameaux des diverses espèces de *Voltzia* sont pinnés, couverts de feuilles insérées en spirale, tantôt presque coniques et fixées par une base souvent élargie (comme dans l'*Araucaria excelsa*), tantôt planes, sétacées, sessiles et légèrement décurrentes (comme dans les *Araucaria* d'Amérique et dans le *Cunninghamia*) : ces feuilles sont souvent légèrement courbées en faux.

Les fructifications consistent en des sortes de cônes formés d'écailles lâchement imbriquées, dont la forme et la disposition paroissent un peu varier, suivant les espèces : dans celles du *Voltzia brevifolia*, que nous avons vu fixées à l'extrémité d'un rameau de cette espèce, les écailles sont assez rapprochées, courtes, larges et très-distinctement trilobées; on voit sur les lobes latéraux de plusieurs d'entre elles un sillon se terminant supérieurement par un petit mamelon ou cicatrice qui paroît correspondre à l'attache d'une graine. Je doute s'il y en a une sur la ligne médiane; mais ces sillons paroissent pratiqués sur la surface intérieure d'une écaille creuse, dans l'intérieur de laquelle les graines auroient été logées : il faudroit des échantillons plus nombreux et plus nets pour bien éclaircir cette singulière structure; mais, si les apparences ne m'ont pas trompé, chaque écaille contiendroit ainsi dans son intérieur deux ou trois graines, comme les écailles des *Araucaria* en contiennent une seule.

Une autre empreinte me paroît représenter un cône analogue, appartenant à une espèce différente dont il est isolé, et probablement à celle que nous nommons *Voltzia rigida;* il a moins que le précédent l'apparence d'un fruit, mais il semble également formé d'écailles lâches et espacées, oblongues, tronquées et légèrement trilobées à leur extrémité : elles paroissent plus minces, et on n'y voit pas d'indication bien distincte de l'insertion des graines.

Nous présumons que ces deux fruits ne répondent pas à l'époque de la maturité des graines, mais plutôt à celle de la floraison ou peu après, ce qui rend la présence des graines beaucoup moins distincte. Sur le second échantillon, dont nous avons parlé, on voit en outre une sorte de gros chaton dont les détails ne peuvent pas être bien appréciés, mais qui ressemble beaucoup, par son aspect général, à une masse de chatons mâles, comme ceux des Pins. Telles sont les notions que nous avons pu nous former sur ce genre remarquable ; nous espérons que d'autres matériaux les éclairciront par la suite.

Quant à la distinction des espèces, nous croyons avoir pu l'établir sur un nombre suffisant d'échantillons pour qu'elle soit assez bien fondée.

Le dernier groupe de Conifères qu'il nous importe d'examiner, comprend les espèces à feuilles opposées ou verticillées, plus ou moins coniques ou sétacées, sessiles et même décurrentes, rarement articulées sur la tige.

Il comprend les genres Genévrier, Cyprès et *Thuya.*

Dans les *Thuya,* les feuilles sont toujours opposées en croix, et les rameaux sont tous disposés dans un même plan.

Cependant les feuilles du *Thuya articulata* sont verticillées quatre par quatre et décurrentes ; elles forment ainsi des sortes de petites gaines analogues à celles des jeunes rameaux des *Equisetum ;* mais elles offrent ce caractère remarquable, que les feuilles ou les dents de deux articulations successives n'alternent pas entre elles.

Dans les Genévriers et les Cyprès les feuilles sont ou opposées ou verticillées trois par trois : ces feuilles sont souvent très-alongées, aiguës et subulées, et elles offrent ce caractère singulier que celles des rameaux de l'année précédente diffèrent beaucoup pour la longueur et la forme des jeunes feuilles de l'année.

Parmi les fossiles nous connoissons plusieurs plantes qui doivent se ranger dans cette section.

1.º Deux espèces de *Thuya* avec leurs fruits, faciles à distinguer de ceux des Cyprès et des Genévriers, et des feuilles semblables à celles des plantes de cette section ; toutes deux viennent des terrains d'argile plastique, mais l'une, de Comothau en Bohême, est surtout remarquable par ses fruits portés sur des branches très-alongées, sans branches latérales ; l'autre, de Nidda, près Francfort, ressemble par la forme de son fruit au *Thuya orientalis,* mais en diffère par sa grosseur beaucoup plus considérable.

2.º Deux plantes de Comothan et de Nidda, ont aussi des feuilles opposées semblables à celles des Genévriers et des Cyprès, et se rapprochent de ces genres par leurs rameaux disposés sans ordre et dans tous les sens ; ne pouvant pas déterminer si ce sont des Cyprès ou des Genévriers, nous les désignerons sous le nom de *Juniperites*.

3.° Une plante fort singulière, que M. Bronn vient de faire connoître avec beaucoup de détails[1], et qui se trouve au Frankenberg en Hesse. Des fragmens de cette plante ont été signalés depuis long-temps comme des épis de Graminées ou des cônes de Sapins : des portions de fruit paroissent bien indiquer que ce végétal est très-rapproché des Cyprès; cependant la disposition des feuilles n'est pas du tout celle des vrais Cyprès, ces feuilles étant disposées sur six ou sept rangs et non opposées, et sur quatre rangs, comme dans tous les Cyprès bien connus. Nous doutons aussi que toutes les modifications de feuilles qu'il a figurées, puissent appartenir à la même plante, et plusieurs nous paroissent plutôt se rapporter, comme nous l'avions établi d'après d'autres échantillons, à la famille des Algues, au *Fucoides Brardii*[2]. Cette association de plantes marines et terrestres ne doit pas étonner : elle a lieu à Monte-Bolca, à Solenhofen, dans le calcaire grossier des environs de Paris, et dans plusieurs autres lieux.

4.° M. de Sternberg a déjà fait connoître sous le nom de *Thuytes* des plantes fort remarquables, trouvées à Stonesfield, près Oxford, et à Solenhofen, près Eichstædt : on n'a jamais vu les fructifications de ces végétaux, mais par la disposition de leurs rameaux et de leurs feuilles ils paroissent bien se rapprocher des *Thuya*; M. de Sternberg a même représenté des sortes de petits épis qui terminent les rameaux et qui ressemblent beaucoup aux chatons mâles des *Thuya*. Quant aux espèces de ce genre, celles que nous connoissons sont les mêmes que M. de Sternberg a publiées; mais nous avons eu l'avantage de pouvoir les étudier sur les échantillons mêmes, ce qui nous permettra d'en publier par la suite des figures plus exactes.

---

1 Leonhard, *Zeitschr. für Mineral.*, 1828.

2 Nous ne pouvons conserver le moindre doute sur les rapports des échantillons du *Fucoides Brardii*, venant de Pialpinson, avec la famille des Algues; le tissu étant encore conservé et n'étant pas du tout analogue à celui des plantes vasculaires, et d'un autre côté il y a des rapports frappans entre ces échantillons et plusieurs de ceux du Frankenberg.

Ces plantes, et surtout le *Thuytes divaricatus*, par leur grandeur et leur régularité, rappellent le superbe *Thuya dolabrata* du Japon. Mais, d'un autre côté, une de ces espèces, qui s'éloigne des autres il est vrai à plusieurs égards, le *Thuytes acutifolia*, montroit à l'extrémité d'un de ses rameaux un petit fruit qui paroissoit en faire partie, et qui auroit alors de l'analogie en beaucoup plus petit avec ceux des *Podocarpus*. Cette même espèce diffère des autres par ses feuilles alternes, très-aiguës, et pourroit peut-être se rapprocher du *Podocarpus imbricata* de Java. Il en seroit de même pour le *Thuytes cupressiformis*, et les deux premières espèces seules devroient alors se placer auprès des *Thuya*. De nouveaux échantillons en bon état sont nécessaires pour décider ces questions.

Il seroit surtout important de reconnoître à quelles plantes se rapportent les différens fruits qu'on trouve à Stonesfield dans les mêmes couches; quelques-uns de ces fruits appartiennent probablement à des Cycadées, d'autres à des Conifères, et quelques-uns à des plantes monocotylédones; mais ils sont généralement en très-mauvais état, et il faudroit, pour fixer leur rapport, les trouver attachés aux plantes dont ils proviennent.

Il est un dernier groupe de plantes fossiles, que nous ne connoissons encore que très-imparfaitement et que nous indiquerons pour le moment à la suite de la famille des Conifères : 1.° parce que ces plantes ont quelque analogie avec les *Thuytes* de Stonesfield par leur forme générale; 2.° parce qu'elles se trouvent dans des formations à peu près de même époque. Ces fossiles ont été trouvés à Whitby : ils offrent des tiges divisées en rameaux nombreux, pinnés, flexueux, couverts de feuilles très-courtes, en forme de mamelons ovoïdes ou un peu coniques; ces feuilles paroissent insérées en spirale, et ne sont pas opposées sur quatre rangs, comme dans les plantes précédentes; ce qui les distingue immédiatement. En outre les rameaux ne sont pas doublement pinnés avec la même régularité. Nous désignerons ces plantes singulières, dont il existe peut-être deux espèces à Whitby, sous le nom de *Brachyphyllum*.

Nous allons maintenant présenter une énumération méthodique des espèces connues de cette famille.

I. **PINUS.** *Feuilles réunies au nombre de deux, trois ou cinq dans une même gaine; cônes composés d'écailles imbriquées, élargies à leur sommet en un disque rhomboïdal.*

1. PINUS PSEUDOSTROBUS (*rami, folia, paamenta et semina*).	Terrain lacustre palæothérien.
2. PINUS CORTESII (*strobilus*).	Terr. de sédiment supérieur.
3. PINUS DEFRANCII (*strobilus*).	Ibid.
4. PINUS FAUJASII (*strobilus*).	Ibid.
5. PINUS ORNATA (*strobilus*), Sternb., tab. 55, fig. 1 et 2.	Ibid.
6. PINUS FAMILIARIS (*strob.*) Sternb., tab. 46, fig. 2.	Ibid.
7. PINUS MICROCARPA (*strobilus*).	Formation des lignites de sédiment supér.
8. PINUS UNCINATA (*strobilus*).	
9. PINUS DECORATA (*strobilus*).	

II. **ABIES.** *Feuilles isolées, insérées en double spirale sur huit rangs, souvent de longueur inégale, et déjetées sur deux rangs; cônes composés d'écailles, ne présentant pas de disque terminal.*

ABIES LARICIOIDES (*strobilus*).

III. **TAXITES.** *Feuilles isolées, portées sur un court pétiole, articulées et insérées en spirale simple, peu nombreuses, déjetées sur deux rangs.*

1. TAXITES TOURNALII (*ramuli*).	Terrain lacustre palæothérien.
2. TAXITES LANGSDORFII (*ramuli*).	Formation des lignites de sédiment supér.
3. TAXITES TENUIFOLIA (*ramuli*).	Ibid.
4. TAXITES DIVERSIFOLIA (*ramuli*).	Ibid.
5. TAXITES ACICULARIS (*ramuli*); *Phyllites abietina*, Descr. géolog. des env. de Paris, p. 362, pl. 11, fig. 13.	Ibid.
6. TAXITES PODOCARPOIDES (*ramuli et fructus*).	Terr. jurassique schistoïde.

IV. VOLTZIA. *Rameaux pinnés; feuilles insérées tout autour des rameaux, sessiles et légèrement décurrentes ou dilatées à leur base, et presque coniques, souvent déjetées sur deux rangs. Fruits formant des épis ou des cônes lâches, composés d'écailles assez éloignées, imbriquées, plus ou moins profondément trilobées.*

1. VOLTZIA BREVIFOLIA (*rami et fruct.*).	Grès bigarré.
2. VOLTZIA RIGIDA (*ramuli et fructus?*).	*Ibid.*
3. VOLTZIA ACUTIFOLIA (*rami*).	*Ibid.*
4. VOLTZIA HETEROPHYLLA (*ramuli*).	*Ibid.*

V. JUNIPERITES. *Rameaux disposés sans ordre; feuilles courtes, obtuses, insérées par une base large, opposées en croix et disposées sur quatre rangs.*

1. JUNIPERITES BREVIFOLIA (*ramuli*).	Formation des lignites de sédiment supér.
2. JUNIPERITES ACUTIFOLIA (*ramuli*).	*Ibid.*
3. JUNIPERITES ALIENA (*ram.*); *Thuytes alienus*, Sternb., tab. 45, fig. 1.	*Ibid.*

VI. CUPRESSITES. *Rameaux disposés sans ordre; feuilles insérées en spirale sur six à sept rangs, sessiles, élargies à leur base; fruit composé d'écailles peltées, marquées d'un mamelon conique dans leur centre.*

CUPRESSITES HULMANNI, Bronn, *in* Leonh., *Min. Zeit.*	Grès bigarré (Bronn).

VII. THUYA. *Rameaux alternes, disposés avec régularité dans un même plan; feuilles opposées en croix sur quatre rangs; fruit composé d'un petit nombre d'écailles imbriquées, terminées par un disque, marqué vers sa partie supérieure d'une pointe plus ou moins aiguë, quelquefois recourbée.*

1. THUYA GRACILIS (*ramuli et fructus*).	Formation des lignites de sédiment supér.
2. THUYA LANGSDORFII (*fructus*).	*Ibid.*
3. THUYA? GRAMINEA (*ramuli*); *Thuytes gramineus*, Sternb., tab. 35, fig. 4 (*an aff. Thuyæ articulatæ*, Vahl).	*Ibid.*

VIII. THUYTES. *Rameaux comme dans les Thuya ; fruit inconnu.*

1. Thuytes divaricata, Sternb., t. 59 et tab. 57, fig. 1, 4.	Terr. jurassique schistoïde.
2. Thuytes expansa, Sternb., t. 58, fig. 1 et 2.	Ibid.
3. Thuytes? cupressiformis, Stern., tab. 33, fig. 2.	Ibid.
4. Thuytes? acutifolia; *Thuytes articulatus*, Sternb., tab. 33, fig. 3.	Ibid.

Conifère douteuse.

IX. BRACHYPHYLLUM. *Rameaux pinnés, disposés dans un même plan sans régularité ; feuilles très-courtes, coniques, presque en forme de mamelons, insérées en spirale.*

Brachyophyllum mamillare.	Oolithe inférieure.

Classe V. PHANÉROGAMES MONOCOTYLÉDONES.

Dans cette grande classe les organes reproducteurs femelles consistent en des ovules contenus dans un ovaire, qui leur transmet l'influence du fluide fécondant. L'embryon ne présente qu'un seul cotylédon, qui enveloppe en général les autres feuilles.

La tige est le plus souvent herbacée ou réduite à un simple bulbe ; mais elle devient arborescente dans quelques espèces, et c'est alors qu'on peut surtout bien étudier sa structure. On voit qu'elle est formée de faisceaux fibro-vasculaires, disposés sans régularité ; elle se développe par sa partie centrale, et une fois arrivée à une certaine grosseur, elle s'élève ordinairement sans changer de diamètre ; d'où il résulte que toutes les formes extérieures qu'elle présente dans son jeune âge, et qui sont dues principalement aux cicatrices produites par la chute des feuilles, persistent pendant très-longtemps avant de s'effacer. Ce n'est que parmi les espèces à tiges rameuses, telles que les *Dracæna*, qu'on observe un accroissement remarquable dans le diamètre des tiges.

Il n'y a pas d'anneaux ligneux concentriques ni d'écorce

57.   8

distincte, à moins qu'on ne veuille donner ce nom à la couche superficielle de tissu cellulaire, qui acquiert quelquefois une grande dureté. Dans quelques cas aussi les bases des feuilles, soudées ou du moins agrégées entre elles par une matière étrangère, simulent une écorce et donnent à la tige un aspect tout particulier : c'est ce qu'on voit surtout très - bien sur le *Xanthorrhea*.

Les tiges des plantes de cette classe sont le plus souvent parfaitement simples, ou quand elles se ramifient, c'est en général en se bifurquant un plus ou moins grand nombre de fois. Ce n'est que parmi quelques familles, telles que les Graminées, les Joncées, les Asparagées, les Orchidées, qu'on voit les rameaux sortir latéralement.

Les feuilles varient pour leur mode d'insertion et pour leur structure d'une famille à l'autre ; mais, en général, les caractères qu'elles présentent sont constans dans une même famille. Dans quelques familles, telles que les Graminées, les Cypéracées, les Joncées, les Orchidées, les Iridées, etc., les feuilles sont alternes et distiques ; dans d'autres, telles que les Liliacées, les Asparagées, la plupart des Palmiers, elles sont insérées en spirale tout autour de la tige.

Les feuilles sont le plus souvent sessiles et même amplexicaules, très - rarement elles se rétrécissent à la base en un pétiole arrondi, comme on l'observe dans les Aroïdes. Quant à la structure du limbe même des feuilles, il offre six modifications principales : 1.° toutes les nervures sont parallèles et égales entre elles, comme dans les Nayades ; 2.° toutes les nervures sont parallèles ; mais la nervure moyenne est plus marquée, comme dans les Graminées, les Cypéracées, la plupart des Liliacées, des Asparagées, etc. ; 3.° les nervures secondaires sont simples et parallèles entre elles ; mais elles s'insèrent obliquement sur une nervure moyenne, beaucoup plus forte : c'est ce qu'on observe dans les Bananiers, les Cannées, les Amomées, et dans un petit nombre de genres d'autres familles : 4.° les feuilles sont pinnées ou plutôt pinnatifides, à folioles traversées par des nervures toutes parallèles ; 5.° elles peuvent être flabelliformes ; tous les lobes rayonnant du sommet du pétiole. Ces deux modifications sont propres aux Palmiers ; 6.° enfin, dans la famille des Aroïdes on trouve souvent des feuilles à nervures rameuses et anastomosées, comme parmi les plantes dicotylédones.

Les parties de la fleur sont dans presque toutes les plantes de cette classe en nombre ternaire. Dans quelques genres seulement ces parties sont en nombre binaire, et dans un plus grand nombre elles sont en partie réduites à une seule.

Jamais on n'y observe le nombre cinq et ses multiples, et très-rarement le nombre quatre ou huit, nombres qui sont les plus fréquens parmi les dicotylédones.

Dans les fruits fossiles la forme trigone ou hexagone est donc une assez forte présomption que ce fruit appartient à une plante monocotylédone, quoique cette forme, et surtout la première, se retrouve parmi les dicotylédones.

Parmi les fruits monocotylédons, les caractères les plus essentiels pour distinguer les familles ou les genres, sont :

1.° L'adhérence ou la non-adhérence du fruit au calice ; caractère dont on voit des traces presque toujours à la surface de ce fruit.

2.° Le nombre de ses faces, qui peut être de 3 ou de 6.

Les fruits simples, c'est-à-dire, provenant d'un ovaire dont les parties ne sont pas multiples, sont plus difficiles à distinguer. On les observe particulièrement dans les familles des Graminées, des Nayades, des Cypéracées, des Aroïdes et des Typhacées.

11.ᵉ FAMILLE. NAYADES.

La famille des Nayades, telle qu'elle a été définie sous le nom de *Fluviales*, par L. C. Richard [1], ne renferme qu'une petite partie des plantes auxquelles M. de Jussieu avoit donné le nom de *Nayades;* mais elle est remarquable en ce qu'elle comprend plusieurs genres de plantes qui croissent et fleurissent sous l'eau; les unes dans la mer, les autres dans les eaux douces.

Toutes ces plantes présentent des feuilles entières, qui varient depuis la forme presque circulaire jusqu'à la forme linéaire très-alongée; mais les nervures sont toujours parallèles, égales entre elles et convergentes au sommet, à moins

---

1 Mém. du Mus., 1, page 365.

que ce sommet ne soit tronqué, comme cela arrive quelquefois.

Ces feuilles sont ordinairement minces et transparentes,
mais d'un tissu solide, et leur épiderme est ordinairement
brillant et comme verni, surtout dans les espèces marines.

Ces dernières, qui constituent les genres *Ruppia*, *Zostera*,
Caulinia, *Cymodocea*, *Thalassia*, *Halophila*, sont en général
très-imparfaitement connues. Des espèces assez nombreuses
paroissent croître dans les mers des régions équatoriales et
australes, et offrir des modifications curieuses dans la forme
de leur feuille ; ainsi les *Zostera*, le *Caulinia* et le *Ruppia* des
mers d'Europe, ont les feuilles linéaires fort alongées, tandis que l'*Halophila ovata* de M. Gaudichaud a les feuilles
ovales et pétiolées, et une autre plante provenant de l'ile
Saint-Vincent, qui se rapporte probablement au même genre,
et que j'ai vu dans l'herbier de M. Hooker, avoit quatre
feuilles ovales, à trois nervures, réunies à l'extrémité d'un
long pétiole commun, presque comme dans les *Marsilea*.

Ces feuilles sont le plus souvent alternes et quelquefois
disposées sur deux rangs ; dans quelques espèces elles sont opposées.

Les feuilles isolées de cette famille se distinguent de celles
de la plupart des autres plantes monocotylédones par leurs
nervures toutes égales, séparées par un parenchyme très-
mince.

Nous formerons trois groupes des plantes fossiles qui nous
semblent appartenir à cette famille.

1.° Les feuilles analogues à celles des *Potamogeton*, sous le
nom de *Potamophyllites*. Ce groupe pourra renfermer des plantes
très-différentes les unes des autres par leur aspect extérieur ;
car on sait combien les *Potamogeton* varient par la forme de
leurs feuilles. Outre la plante que nous avons déjà décrite
sous le nom de *Phyllites multinervis*, on pourroit probablement y rapporter quelques plantes de Monte-Bolca, qui se
rapprochent surtout des *Potamogeton* à feuilles linéaires.

2.° Les feuilles larges, mais presque linéaires, à nervures
peu nombreuses, parallèles, analogues aux feuilles des *Zostera* et des *Caulinia*. Nous leur avons déjà donné le nom de
Zosterites.

3.° Des tiges rameuses portant sur leurs deux côtés opposés des cicatrices linéaires, transversales, alternes, formées par des feuilles semi-amplexicaules et analogues aux tiges du *Caulinia oceanica* et du *Caulinia antarctica* (*Ruppia antarctica*, Labill.; *Amphibolis*, Agardh).

Ces tiges peuvent porter le nom de *Caulinites*. Leur analogie avec les *Caulinia* est d'autant plus probable maintenant que j'en ai trouvé des échantillons dont naissoient des feuilles li- néaires, très-analogues, par leur grandeur et leur disposition, à celles du *Caulinia oceanica*, mais qui n'étoient pas assez nettes pour qu'on pût bien les étudier.

Le premier genre renfermeroit des plantes d'eau douce; les deux autres, des plantes marines.

Les espèces que je connois comme appartenant à ces genres, sont les suivantes :

I. POTAMOPHYLLITES. *Feuilles marquées de nervures très- nombreuses, convergentes, réunies par de petites nervures trans- versales ; point de nervure moyenne plus marquée.*

POTAMOPHYLLITES MULTINERVIS; *Phyllites multinervis*, Descr. des envir. de Paris, p. 360, pl. 10, fig. 2.	Format. d'eau douce inférieure au cal- caire grossier ?

II. ZOSTERITES. *Feuilles oblongues ou linéaires, marquées d'un petit nombre de nervures toutes égales, assez espacées, sans nervures secondaires.*

1. ZOSTERITES ORBIGNIANA, Ad. Br., Mém. de la soc. d'hist. nat. de Paris, tom. 1, pag. 317, pl. 21, fig. 5.	Terrain de glauconie sableuse.
2. ZOSTERITES BELLOVISANA, Ad. Br., loc. cit., fig. 7.	*Ibid.*
3. ZOSTERITES ELONGATA, Ad. Br., l. c., fig. 6.	*Ibid.*
4. ZOSTERITES LINEATA, Ad. Br., l. c., fig. 8.	*Ibid.*
5. ZOSTERITES AGARDHIANA; *Amphi- bolis septentrionalis*, Ag., *Act. Holm.*, 1823, p. 111, tab. 2, fig. 8.	Formation de lias ? (Höganes en Scanie.)
6. ZOSTERITES TENIÆFORMIS.	Terr. de sédiment sup.
7. ZOSTERITES ENERVIS.	*Ibid.*

III. CAULINITES. *Tige rameuse, portant des cicatrices semi-annulaires, ou presque annulaires; alternes sur deux rangs opposés, marquées de petits points tous égaux.*

Caulinites parisiensis; *Amphytoites parisiensis*, Desm. | Formation du calcaire grossier.

12.ᵉ Famille. **PALMIERS.**

Tout le monde connoît l'aspect remarquable que présentent les plantes de la famille des Palmiers. On sait que ce sont de grands végétaux arborescens, à tige simple ou très-rarement dichotome, terminée supérieurement par une touffe de feuilles souvent très-grandes, tantôt pinnées, tantôt divisées en lobes étalés en éventail.

La structure intérieure des tiges ne paroît pas offrir de caractéres propres à la distinguer de celle des autres plantes monocotylédones; du moins cette partie de l'anatomie comparée des végétaux n'est pas assez avancée pour que nous puissions en déduire des caractères pour reconnoître les familles. Extérieurement cette tige, cylindrique ou légèrement renflée dans son milieu, présente dans sa partie inférieure des anneaux transversaux, incomplets, produits par l'insertion de la base amplexicaule des pétioles des feuilles. Supérieurement, ces sortes de gaînes persistent, et les bases des pétioles hérissent la tige de toute part.

Ces lignes transversales, produites par l'insertion des feuilles, n'entourent presque jamais complétement la tige, et ne correspondent pas à une véritable articulation, excepté dans les *Calamus* et peut-être dans quelques genres voisins; enfin, la tige n'est pas fistuleuse comme dans les Graminées.

Les feuilles présentent deux modes de divisions bien différens : celles à lobes pinnés et celles à lobes en éventail.

Le mode d'insertion de ces divisions des feuilles les distingue facilement de toutes les autres feuilles pinnatifides, et particulièrement de celles des Cycadées, avec lesquelles on pourroit craindre de les confondre à l'état fossile. Dans les Palmiers à feuilles pinnées chaque foliole est repliée sur elle-même à sa base, et insérée sur le côté du pétiole, absolument comme les barbes d'une plume, leur bord correspondant à la face supérieure et inférieure de la feuille, tandis que dans les Cycadées la surface des folioles est dirigée dans le même plan que la feuille entière.

La même disposition a lieu dans les feuilles en éventail, qui ne sont réellement que des feuilles pinnées, dont les insertions des folioles sont très-rapprochées; aussi le pétiole se prolonge-t-il quelquefois assez loin dans la partie moyenne de la feuille, et cette disposition est un caractère propre à faire distinguer ces diverses feuilles les unes des autres.

Nous ne dirons rien des fleurs elles-mêmes, qu'on ne trouvera probablement jamais à l'état fossile ; mais on sait qu'elles forment des épis ou des panicules plus ou moins rameuses, renfermées dans une spathe d'abord complétement close, souvent comprimée, plus ou moins alongée et s'ouvrant ensuite par une fente latérale.

Les fruits présentent trois modifications essentielles : tantôt ils présentent trois ovaires distincts, qui, considérés isolément, offrent une face interne et une face externe qui ne sont pas semblables : souvent un seul de ces ovaires persiste ; mais il est facile de le reconnoître à ce défaut de symétrie : c'est ce qui a lieu dans le Dattier ; tantôt ces trois ovaires sont réunis sous une pulpe commune ; mais les noyaux sont distincts ; tantôt, enfin, ils ne forment plus qu'un seul noyau, dans lequel on voit encore des traces du nombre ternaire des parties, comme dans les Cocos.

On a trouvé à l'état fossile des parties très-différentes de ces végétaux remarquables.

1.º Des tiges caractérisées par la disposition des bases des pétioles ; telle est la plante figurée dans la Description géologique des environs de Paris, sous le nom d'*Endogenites echinata*, mais qui, se rapportant évidemment à la famille des Palmiers, sera mieux nommée *Palmacites echinatus*.

Parmi les bois monocotylédons dont nous ne connoissons que la structure interne, il en est probablement plusieurs qui appartiennent à cette famille ; mais nous n'avons pas jusqu'à présent de moyens de les distinguer des tiges des *Dracæna*, des *Pandanus*, des *Yucca*, des *Aloes*, etc.

2.º Des feuilles qui se rapportent, les unes à la forme en éventail ; les autres aux feuilles pinnées.

Les premières paroissent constituer trois espèces ; mais au

milieu du nombre immense de Palmiers qui existe, et dont nos collections ne renferment aucun échantillon, nous ne pouvons déterminer si les espèces fossiles sont différentes des espèces vivantes.

Outre ces trois espèces, M. de Sternberg en a figuré une, à laquelle il donne le nom de *Flabellaria borassifolia*, qui nous paroît très-douteuse, jusqu'à ce qu'on ait trouvé des échantillons avec leur pétiole ; car celui qu'il a représenté, paroîtroit indiquer plutôt des feuilles partant en touffe du sommet d'une tige, qu'une feuille flabelliforme.

Les secondes sont bien moins fréquentes. Un échantillon qui se rapporte évidemment à cette forme nous a été donné par M. Bertrand Roux, qui l'a trouvé dans le Psammite de la chartreuse de Brive, près le Puy. Nous lui donnerons le nom de *Phœnicites pumila* : c'est une feuille très-petite pour une espèce de Palmier, mais montrant bien le mode de plicature propre aux folioles de la plupart des plantes de cette famille. Elle a de l'analogie en plus petit avec celles des Dattiers et des *Areca*. Ses folioles linéaires sont alternes et assez éloignées.

Une seconde espèce, beaucoup plus remarquable, ne peut être rapportée avec certitude à aucun genre de cette famille ; mais je ne doute pas qu'elle n'en fasse partie, d'après le mode d'insertion de ses folioles ; elle ressemble surtout au *Caryota mitis*. M. de Sternberg, qui a fait connoître cette plante, l'a nommée *Nœggerathia foliosa* : c'est le seul exemple que nous connoissions d'une plante appartenant très-probablement à la famille des Palmiers, et trouvée dans les terrains houilliers d'Europe. [1]

Un second exemple paroît fourni par une plante des mines de houille de l'Inde, qui vient de m'être communiquée. Cette

---

[1] La plante figurée par M. de Sternberg sous le nom de *Palmacites caryotoides*, pl. 48, fig. 2, si nous en jugeons d'après sa figure, paroît avoir bien peu d'analogie avec les Palmiers que nous connoissons. Quant aux divers fruits cités par le même auteur sous le nom de *Palmacites astrocaryiformis*, *Nœggerathi* et *dubius*, il nous paroit peu probable qu'ils appartinssent à la famille des Palmiers, surtout les deux derniers, que nous avons eu occasion d'examiner par nous-même et dont nous parlerons plus tard.

plante, qui me semble devoir constituer un genre particulier, appartenant très-probablement à la famille des Palmiers, présente des feuilles pinnées, dont le pétiole commun est grêle et porte des folioles opposées, sessiles et même un peu embrassantes, assez éloignées les unes des autres. Ces folioles sont oblongues, lancéolées, à six ou huit nervures parallèles, toutes égales et très-marquées; elles paroissent quelquefois se déchirer au sommet, comme les folioles des Palmiers. Leur forme et leur disposition leur donnent surtout de l'analogie avec les feuilles des *Calamus* ou *Rotang*. Nous désignerons ce genre fossile sous le nom de *Zeugophyllites*.

Parmi les organes de la fructification nous devons d'abord remarquer le fossile figuré par M. de Sternberg, tab. 41, fossile qui nous paroit avoir la plus grande analogie avec une spathe de Palmiers, comme ce savant l'avoit déjà pensé; peut-être est-ce la spathe du *Flabellaria borassifolia* du même auteur, si cette feuille appartient bien à la famille des Palmiers, ou celle du *Nœggerathia foliosa*.

Quant aux fruits, leur détermination est le plus souvent difficile, soit à cause de leur conservation imparfaite, soit à cause du nombre considérable de fruits vivans avec lesquels il faut les comparer pour arriver à un résultat qui ait quelque certitude. Cependant il y a quelques genres faciles à reconnoitre; tels sont le genre *Cocos* et les genres voisins (*Bactris et Elais*), faciles à distinguer à leur noyau percé de trois trous à sa base.

Nous en connoissons trois espèces déjà figurées plus ou moins exactement, et que nous citerons plus bas; toutes trois proviennent des terrains de sédiment supérieurs. Quelques autres fruits fossiles de l'ile de Sheppey paroissent aussi se rapprocher de quelques fruits de Palmiers, et particulièrement des noyaux du Dattier; mais avant de nous prononcer sur les fruits nombreux de cette localité, il faut en faire un examen très-approfondi, auquel nous n'avons pas encore pu nous livrer.

On a cru aussi reconnoitre quelques fruits de Palmiers parmi les fossiles du terrain houiller. M. de Sternberg en cite trois, sous les noms de *Palmacites astrocariiformis*, *Nœggerathi* et *dubius*. Le premier nous est complétement inconnu, et il nous paroît difficile de fixer avec quelque pro-

babilité ses rapports avec les plantes vivantes. Cependant
l'opinion de M. de Sternberg, à son égard, a plus de vraisemblance. Quant aux deux autres, nous possédons un assez grand
nombre de fruits analogues à ces deux espèces, c'est-à-dire
de fruits à trois et à six côtes ; mais il nous paroît peu probable qu'ils appartiennent à la famille des Palmiers. Les
fruits trigones qui paroissent constituer plusieurs espèces voisines du *Palmacites Næggerathi* de M. de Sternberg sont à trois
valves et déhiscens. J'en ai vu un échantillon des mines de
houille d'Écosse dont les valves sont écartées, caractère qui,
comme on sait, ne se retrouve dans les fruits d'aucun Palmier.
Les fruits hexagones, qui constituent aussi deux ou trois espèces, ne peuvent pas être des fruits de Palmiers ; car dans
tous les genres de cette famille où le fruit est symétrique,
il est à trois parties et non à six ; en outre, ces fruits paroissent adhérens au calice et ressemblent assez au fruit des Mu-
sacés.

Les Palmiers paroissent donc fort rares dans les terrains
houillers.

M. de Sternberg pense aussi que le fruit figuré par M.
Mantell[1] est un fruit de Palmier analogue à ceux des *Co-
rypha*. Il y a, en effet, beaucoup d'analogie entre ces fruits ;
mais nous exposerons plus bas, en parlant de la plante décrite
par M. Mantell sous le nom de *Clathraria Lyellii*, les raisons
qui nous font penser que ce fruit appartient à une autre famille de plantes monocotylédones.

* *Tiges.*

I. PALMACITES. *Tiges cylindriques , simples , couvertes de
bases de feuilles pétiolées , à pétiole élargi et amplexicaule à
sa partie inférieure.*

PALMACITES ECHINATUS ; *Endogenites echinatus*, Ad. Br., Descript. géol. des envir. de Paris, p. 356, pl. 10, fig. 1.	Terr. de calcaire grossier inférieur.

---

1 Trans. géol., 2.ᵉ série, tom. 1, pag. 2, tab. 46, fig. 3 et 4.

** *Feuilles.*

II. FLABELLARIA. *Feuilles pétiolées, divisées en lobes linéaires disposés en éventail, plissés à leur base.*

1. FLABELLARIA RAPHIFOLIA, Sternb., fasc. 2, tab. 21.	Terrain marno - charbonneux.
2. FLABELLARIA LAMANONIS; *Palmacites Lamanonis*, Ad. Br., Class. des vég. foss.	Terr. lacustre palæothérium.
3. FLABELLARIA PARISIENSIS; *Palmacites parisiensis*, Ad. Br., Descript. géol. des env. de Paris, p. 364, pl. 8, fig. 2.	Terr. de calcaire grossier.
4. ? FLABELLAR. BORASSIFOLIA, Sternb., fasc. 2, p. 27, tab. 18.	Terr. houiller.

III. PHŒNICITES. *Feuilles pétiolées, pinnées; folioles linéaires liées en deux à leur base, à nervures fines et peu marquées.*

PHŒNICITES PUMILA.	Terrain de sédiment supérieur.

IV. NŒGGERATHIA. *Feuilles pétiolées, pinnées; folioles obovales presque cunéiformes, appliquées contre les parties latérales du pétiole, dentées vers leur extrémité, à nervures fines et divergentes.*

NŒGGERATHIA FOLIOSA, Sternberg, fasc. 2, pl. 20.	Terrain houiller.

V. ZEUGOPHYLLITES. *Feuilles pétiolées, pinnées; folioles opposées, oblongues ou ovales, entières, à nervures très-marquées, en petit nombre, confluentes à la base et au sommet, toutes d'une égale grosseur.*

ZEUGOPHYLLITES CALAMOIDES.	Terrain houiller.

*** *Fructifications.*

VI. COCOS. *Fruits ovoïdes, légèrement trigones, marqués de trois trous vers leur base.*

1. COCOS BURTINI, Burtin, Oryct. de Brux., pl. 30, fig. A.	Terrain de sédiment supérieur.

2. Cocos Parkinsonis, Park., *Org.*
remains, 1, pl. 7, fig. 1 — 3. | Terrain de sédiment supérieur.

3. Cocos Faujasii, Faujas, Ann. du Mus., 1, p. 445, t. 29. | *Ibid.*

13.ᵉ *Famille.* **LILIACÉES.**

Quelques fossiles annoncent l'existence de cette belle famille parmi les végétaux de l'ancien monde ; ces fossiles se rapportent à des tiges, à des feuilles, à quelques fruits et même à une impression de fleur.

Parmi les feuilles, la mieux caractérisée est une empreinte trouvée à Armissan, près Narbonne, qui rappelle, au premier aspect, une feuille de *Sagittaria ;* mais qui, comparée avec plus de soin, ressemble surtout aux espèces de Smilax à feuilles cordiformes et presque hastées, telles que le *Smilax aspera ;* la forme générale est à peu près la même, c'est-à-dire que les lobes inférieurs, divergens, sont arrondis, et ne sont pas aigus, comme dans les diverses espèces de Sagittaires.

Ce caractère est plus important qu'on ne le penseroit, parce qu'il est lié à la disposition des nervures. Dans les Sagittaires, plusieurs nervures principales se recourbent pour aller se terminer à l'extrémité de ces lobes, et déterminent ainsi leur forme plus ou moins aiguë. Dans les Smilax, les nervures se courbent, mais restent parallèles au bord de la feuille, et vont ensuite se terminer dans le lobe moyen : en outre, la disposition des nervures secondaires est assez différente dans ces deux genres, et celle qu'on observe dans la plante fossile, que nous indiquons ici, est tout-à-fait la même que dans les Smilax.

Nous pouvons donc fortement présumer que ces feuilles proviennent d'une espèce de Smilax voisine du *Smilax aspera ;* cependant, comme la disposition des nervures dans les *Tamus,* dans plusieurs *Dioscorea,* pourroit donner lieu, dans d'autres

---

1 Sous ce nom, nous comprenons les Liliacées proprement dites et les Asparagées réunies par M. Rob. Brown sous le nom d'*Asphodélées,* auxquelles nous pensons qu'on peut même joindre les **Smilacées** du même auteur.

espèces, à la même forme que nous observons dans cette plante fossile, nous lui donnerons seulement le nom de *Smilacites hastata.*

D'autres feuilles, moins bien caractérisées, appartiennent peut-être à cette famille; mais comme leur forme linéaire, à nervures parallèles, est propre à beaucoup de plantes monocotylédones, nous les laisserons parmi les espèces de familles douteuses, sous le nom de *Poacites.*

Nous remarquerons seulement que plusieurs espèces de ces feuilles se trouvent dans le terrain houiller, et qu'il seroit possible que les fruits dont nous avons parlé en traitant de la famille des Palmiers, appartinssent aux mêmes plantes. En effet, ces fruits sont trigones et déhiscens, comme ceux de plusieurs genres de la famille des Liliacées.

Quelques végétaux fossiles du terrain de grès bigarré paroissent aussi se rapprocher, d'une manière même étonnante, de quelques plantes de cette famille. Je citerai particulièrement deux espèces de plantes à feuilles verticillées quatre par quatre; ces feuilles sont linéaires, sessiles, elles paroissent minces et marquées de très-légères nervures longitudinales; l'absence presque complète de ces nervures est le caractère le plus important qui distingue ces impressions du *Convallaria verticillata.* Si ces nervures étoient plus marquées, les plantes fossiles ne paroîtroient différer que spécifiquement de la plante vivante que nous venons de citer. Dans l'une des espèces la tige est droite, et les feuilles étroites sont dirigées tout autour de la tige, comme dans le *Convallaria verticillata;* dans l'autre, la tige est courbée comme dans le sceau de Salomon (*Convallaria polygonatum*), et les feuilles, plus larges, mais cependant linéaires et verticillées, sont toutes dirigées du côté supérieur de cette tige, comme dans la plante vivante que nous venons d'indiquer. Cette dernière espèce fossile participeroit donc à la disposition verticillée des feuilles du *Convallaria verticillata,* et à la direction de la tige et des feuilles du *Convallaria polygonatum;* malheureusement on ne voit sur ces empreintes aucune trace de fructification; mais ces plantes étant bien certainement monocotylédones, et le nombre des plantes de cette classe à feuilles verticillées étant très-limité, les rapports que nous venons d'indiquer acquièrent plus de valeur, et nous croyons qu'on peut désigner ce genre fossile sous le nom de *Convallarites*, jusqu'à ce que de nouveaux échantillons, et surtout des traces de fructification, nous permettent de mieux fixer ses rapports avec les plantes du genre *Convallaria*.

Parmi les fossiles du terrain houiller on trouve, quoique rarement, des fragmens de tiges présentant des anneaux transversaux qui entourent ordinairement toute la tige, mais dont les extrémités, sur les échantillons bien conservés, se croisent comme l'insertion d'une feuille amplexicaule. Ces anneaux d'insertion, très-rapprochés, sont fort analogues à ceux qu'on voit sur les tiges des *Yucca*, de l'*Aletris fragrans* et de plusieurs Liliacées arborescentes. M. Artis a figuré une plante de ce groupe sous le nom de *Sternbergia transversa*.

Ces tiges ont aussi beaucoup de rapports avec celles des *Pandanus*; mais on n'a jamais trouvé dans ce terrain ni feuilles ni fruit qui indiquent la présence de ces végétaux.

On peut donc présumer que, lors de la formation des terrains houillers, il existoit un très-petit nombre de plantes monocotylédones arborescentes, à tiges analogues surtout à celles des *Yucca* et des *Aletris*, portant des feuilles fort semblables aussi à celles des plantes de ces genres, et dont les fruits auroient également été conservés dans ces terrains; mais cependant, comme l'analogie de ces tiges, de ces feuilles et de ces fruits avec la famille des Liliacées offre encore quelques doutes, d'autres familles monocotylédones présentant à peu près les mêmes caractères, nous préférons laisser ces portions de végétaux parmi les monocotylédones de famille douteuse. Quant aux fleurs, on n'en a jamais vu de trace; car personne ne considérera comme telles ce que M. Rhode a figuré sous ce nom; ces prétendues fleurs n'étant, suivant toutes les probabilités, que des cristallisations ou des infiltrations plus ou moins régulières, dans lesquelles on peut voir tout ce qu'on veut.

Ce n'est que dans des terrains bien plus récens, à Monte-Bolca, qu'on a trouvé quelques impressions de fleurs, parmi lesquelles une paroit analogue à celles de quelques plantes de la famille des Liliacées; en effet, on y reconnoit un périanthe à six divisions aiguës et un ovaire libre, conique, terminé par un long style, à peu près comme dans les *Yucca*; on n'y voit plus de trace des étamines, qui étoient peut-être tombées.

Outre les tiges du terrain houiller, dont nous avons parlé plus haut, on a trouvé dans des terrains plus récens deux tiges qui ont quelque analogie entre elles et avec les plantes arborescentes de cette famille.

De ces deux tiges l'une a été trouvée dans le grès de la forêt de Tilgate, et a été décrite par M. Mantell sous le nom de *Clathraria Lyellii*; l'autre, provenant de Stonesfield, est conservée dans la collection d'Oxford, et a été figurée par M. Sternberg (pl. 3o) sous le nom de *Conites Bucklandi*. Elles présentent toutes deux un axe central, couvert de sillons anastomosés, et présentant ainsi une surface réticulée, à mailles étroites, lancéolées, dirigées dans le sens de la longueur de la tige et très-petites par rapport au diamètre de cette tige. Autour de cet axe, qui représente la vraie tige, se trouve une écorce, ou plutôt une *fausse écorce*, formée par la soudure des bases des pétioles des feuilles. La surface externe de cette sorte d'écorce est marquée par les bases larges et rhomboïdales des feuilles ou de leur pétiole.

Cette structure est parfaitement celle des tiges de *Xanthorrea*, telles que nous les connoissons, d'après un bel échantillon conservé dans la collection de M. Lambert, à Londres, et d'après ceux rapportés par M. Gaudichaud [1]. Quant aux formes extérieures, une structure à peu près semblable paroit exister également dans les Cycas; mais l'organisation intérieure des tiges est tout-à-fait différente dans les plantes de cette famille, et un autre caractère que présentent les échantillons du *Clathraria Lyellii*, indique plus d'analogie entre cette plante et les *Xanthorrhea* et peut-être les *Dracœna*; l'axe dont nous avons parlé, est interrompu de distance en distance, et les fibres ou faisceaux vasculaires qui sillonnent sa surface, se réunissent obliquement sur le côté de l'extrémité supérieure de ces morceaux; lorsque deux de ces portions d'axe se succèdent, on voit qu'il existoit sur ce point une

---

1 M. De Candolle a donné une figure d'un de ces derniers morceaux dans son Organographie, pl. 7 et 8.

large cicatrice arrondie, absolument semblable à celle que produit sur les *Dracæna* l'insertion de l'axe de la panicule [1], insertion qui paroît avoir lieu de même sur les tiges de *Xanthorrhea* [2]. Enfin la tige du *Clathraria Lyellii* est quelquefois dichotome, comme celle des *Xanthorrhea*. Ce qui distingue cependant cette tige fossile de celles de ce genre de la Nouvelle-Hollande, c'est que, dans la plante vivante, les bases des feuilles qui forment cette fausse écorce, sont distinctes et seulement réunies par une matière résineuse, analogue au sang-dragon. Dans le *Clathraria*, au contraire, l'écorce paroît d'un seul morceau et formée par la soudure complète et intime des bases des feuilles ; ces feuilles sont aussi beaucoup plus grosses dans la plante fossile et en moins grand nombre autour de la tige.

Dans la plante fossile de Stonesfield on observe une structure très-analogue à celle que nous venons de décrire, mais les bases des feuilles ne paroissent pas soudées en une écorce continue ; elles représentent des sortes d'écailles imbriquées, plus redressées vers le haut ; ce qui établiroit encore plus de ressemblance entre cette plante et le *Xanthorrhea hastilis*.

On n'a pas trouvé dans les deux localités où ces fossiles ont été découverts, de feuilles qu'on puisse rapporter avec quelque certitude à des plantes analogues aux *Xanthorrhea*, *Dracæna*, etc. A Stonesfield, au contraire, on a découvert des feuilles de plusieurs Cycadées ; c'est ce qui nous avoit d'abord engagé à ranger ces deux tiges dans la famille des Cycadées, opinion que les raisons que nous venons de rapporter nous ont fait abandonner. On peut aussi présumer que la graine fossile figurée dans l'ouvrage de M. Mantell, sous le nom de *Carpolithes Mantelli*, appartient à une plante monocotylédone, et peut-être à la même que le *Clathraria Lyellii*.

Malgré l'analogie qui nous engage à rapporter ces deux sortes de tiges à la famille des Liliacées et à en rapprocher

---

1 Voyez la figure publiée par M. Berthelot des tiges de *Dracæna-Draco* (Ann. des sc. nat., t. 14, pl. 8, fig. 1).

2 Dans ces plantes la panicule de fleur doit, à ce que nous pensons, être considérée comme terminale, et le rameau qui continue la tige, est au contraire latéral ; mais, par l'effet de son développement, il fait suite directement à la tige, et l'axe de la panicule est rejeté de côté.

celles du terrain houiller, figurées par M. Artis, cependant elles constituent trois genres bien distincts : l'un, plus voisin des *Yucca* et des *Aletris*, pourra conserver le nom de *Sternbergia*, quoiqu'il fût peut-être préférable de ne pas donner à des plantes fossiles des noms déjà appliqués à des plantes vivantes; le second , se rapprochant davantage des *Xanthorrhea*, peut recevoir le nom de *Bucklandia*, qui rappelle celui d'un savant qui a fait faire tant de progrès à l'étude des fossiles, et qui a surtout bien fait connoître ceux du même lieu d'où cette tige provient ; le troisième , fondé sur la plante de Tilgate , doit conserver le nom de *Clathraria*, puisque ce nom a été ôté aux plantes du terrain houiller qui le portoient d'abord et que nous réunissons aux *Sigillaria*.

* *Tiges.*

I. BUCKLANDIA. *Tige couverte de fibres réticulées , donnant insertion à des feuilles non amplexicaules dont les pétioles sont libres jusqu'à leur base.*

Bucklandia squamosa; *Conites Bucklandi*, Sternb., fasc. 3 , tab. 3o.	Terr. jurassique schistoïde.

II. CLATHRARIA. *Tige composée d'un axe dont la surface est couverte de fibres réticulées , et d'une écorce formée par la soudure complète des bases des pétioles dont l'insertion est rhomboidale.*

Clathraria Lyellii, Mantell; *Bucklandia anomala*, Sternb. , *Tent. flor. prim.*, p. 33.	Terrain de glauconie sableuse.

** *Feuilles.*

III. SMILACITES. *Feuilles cordiformes ou hastées, traversées par une nervure moyenne plus marquée, et par deux ou trois nervures secondaires, de chaque côté, parallèles au bord de la feuille; nervures tertiaires réticulées.*

Smilacites hastata.	Terr. lacust. palæoth.

IV. CONVALLARITES. *Feuilles verticillées, linéaires, à nervures parallèles, à peine marquées; tige droite ou courbée.*

1. Convallarites erecta.	Grès bigarré.
2. Convallarites nutans.	*Ibid.*

V. ANTHOLITHES.

Antholites liliacea, nob., Class. des vég. foss., pl. 3.	Terrain de sédiment supérieur.

14.ᵉ FAMILLE. **CANNÉES.**

Cette famille, en la limitant comme l'avoit fait M. de Jussieu, comprend des végétaux fort remarquables, dont les feuilles, en général larges, ovales, oblongues ou lancéolées, sont traversées par une nervure moyenne très-épaisse, d'où naissent des nervures fines, serrées, obliques, toutes égales et simples. Dans plusieurs autres familles de plantes monocotylédones on trouve des nervures pinnées et obliques; mais il y en a toujours, de distance en distance, qui sont plus marquées que les autres; tandis que, dans les Cannées et les Bananiers, elles sont toutes égales et très-serrées. Les feuilles des Bananiers diffèrent de celles des Cannées par leurs nervures presque perpendiculaires sur la nervure moyenne, caractère qu'on n'observe que rarement parmi les Cannées.

Une feuille trouvée dans les couches qui accompagnent un lit de houille situé au-dessus de la vraie formation houillère de Saint-George Chatellaison¹, est la seule trace que je connoisse des feuilles de cette famille. Quoique incomplète, elle a tous les caractères que nous venons d'indiquer, et nous ne doutons pas que ce ne soit une feuille analogue à celles des *Canna*, des *Maranta*, des *Amonum* ou de quelque autre genre de cette famille.

Nous désignerons cette plante et les autres feuilles de la même famille qu'on pourroit découvrir, sous le nom de *Cannophyllites.*

---

1 M. Virlet, directeur des travaux de ces mines, auquel je dois beaucoup d'échantillons fort intéressans de cette localité, remarque que cette couche de houille, qu'on n'a commencé à exploiter que récemment près de Doué, affecte une direction et une inclinaison très-différentes de celles des autres couches de ce bassin; les mêmes plantes ne l'accompagnent pas, tandis que celle qui nous occupe ne s'est pas présentée dans les autres parties du même bassin; d'où il présume que cette couche de houille et les roches qui la renferment, sont d'une époque un peu plus récente.

On a découvert dans un terrain d'une époque bien plus récente, dans l'argile de l'ile de Sheppey, plusieurs échantillons d'un fruit qui a beaucoup de rapports avec ceux des *Amonum*. Ces fruits sont très-bien conservés ; ils sont trigones, très-déprimés et ombiliqués au sommet ; ils paroissent à trois valves, et la dépression du sommet nous semble présenter une très-petite aréole circulaire, qui indiqueroit la cicatrice d'un calice adhérent. Tous ces caractères s'accordent avec ce qu'on observe sur les fruits de quelques espèces d'*Amonum*.

Malgré cette analogie frappante, je sais que d'autres fruits présentent avec celui-ci des rapports presque aussi marqués, surtout dans les caractères extérieurs les plus importans. Ainsi, non-seulement les fruits de plusieurs Iridées et de quelques Liliacées, mais même ceux de quelques plantes dicotylédones, telles que les *Gouania*, sont également trigones et adhérens aux calices. Cependant on remarque sur le fruit fossile et sur les fruits des Cannées un léger sillon au milieu de chaque surface plane, sillon qui ne peut jamais exister sur les fruits des *Gouania*, cette partie correspondant à la loge qui contient la graine ; tandis que, dans les Cannées, elle répond à la cloison que chaque valve porte sur son milieu.

Ne pouvant pas affirmer l'identité générique de ces fruits avec ceux des *Amonum* ou de quelque autre plante de la famille des Cannées, quoique nous la présumions beaucoup, nous leur donnerons le nom d'*Amonocarpum*, et nous les laisserons parmi les Monocotylédones encore incertaines.

Les plantes fossiles de la famille des Cannées se bornent donc à la seule espèce suivante :

I. CANNOPHYLLITES. *Feuilles simples, entières, traversées par une nervure moyenne très-forte ; nervures secondaires obliques, simples, parallèles, toutes égales entre elles.*

CANNOPHYLLITES VIRLETII. | Terrain houiller ?

† Monocotylédones dont la famille n'est pas déterminée.

Les fossiles que nous rangeons dans ce groupe présentent des caractères qui établissent leur position parmi les plantes monocotylédones, mais qui ne suffisent pas pour fixer leur place dans une des familles de cette classe que nous connoissons. Nous devons espérer que de meilleurs échantillons et des recherches attentives diminueront le nombre de ces plantes douteuses, parmi lesquelles nous nous bornerons à indiquer les plus remarquables.

* *Organes de la végétation.*

De ce nombre sont toutes les tiges de monocotylédones arborescentes, connues généralement sous le nom de *bois de Palmiers*, que nous reconnoissons pour appartenir à cette classe d'après leur structure interne, mais dont nous ne pouvons pas jusqu'à présent déterminer les familles ; nous les avons désignées d'une manière générale sous le nom d'*Endogenites*. Tous ceux de ces bois bien caractérisés que nous connoissons ont été trouvés dans les terrains supérieurs à la craie. L'*Endogenites erosa* de M. Mantell est la seule espèce qui ait été trouvée au-dessous de la craie, à notre connoissance, et cette espèce n'offre qu'imparfaitement les caractères des tiges de cette classe : peut-être est-ce plutôt une tige de Fougère. Il est certain cependant que les terrains secondaires contiennent des tiges de végétaux de cette classe ; nous en avons déjà cité plusieurs : mais leur structure interne a disparu. Dans les bois monocotylédons des terrains plus modernes, la surface externe est au contraire très-rarement conservée, de manière que nous ne pouvons pas combiner ensemble les caractères fournis par la structure interne et ceux que donne le mode d'insertion des feuilles.

Une autre sorte de tiges monocotylédones constitue le groupe que nous avons nommé *Culmite ;* ce sont des tiges articulées, quelquefois rameuses, lisses ou irrégulièrement striées, présentant tantôt une seule cicatrice d'insertion à chaque nœud, tantôt plusieurs cicatrices arrondies, qui paroissent produites par l'origine des racines adventives. Ces fossiles paroissent en effet se rapporter, les uns à des tiges aériennes portant des cicatrices de feuilles et de rameaux, les autres à des tiges rampantes ou souterraines, qui présentent surtout des cicatrices de racines, et quelquefois de rameaux et de feuilles. Quant aux familles dont ces tiges peuvent provenir, elles sont nombreuses, et jusqu'à présent nous ne connoissons pas de moyen de les distinguer avec certitude sur les échantillons, tels qu'ils sont conservés à l'état fossile. Les plus remarquables de ces familles sont les Graminées, les Cypéracées, les Joncées et la plupart des familles qu'on en a séparées, les Cannées et même plusieurs Orchidées.

Un troisième groupe doit renfermer les tiges du terrain houiller désignées sous le nom de *Sternbergia*, et dont nous avons déjà signalé les rapports avec les Liliacées et les Pandanées.

Parmi les feuilles, nous devons laisser dans ce groupe des monocotylédones indéterminées, la plupart des feuilles désignées sous le nom de *Poacites*.

Il est probable cependant qu'on parviendra à les rapprocher des familles dont elles devoient faire partie, soit par une comparaison attentive, soit parce qu'on les trouvera fixées aux tiges qui les portoient. Nous avons déjà vu que les feuilles linéaires, courbées en gouttière et comme carénées, si fréquentes dans le terrain houiller, étoient très-probablement toutes des feuilles de ces *Lepidodendron* à feuilles linéaires, figurés par M. de Sternberg; que celles à nervures éloignées et toutes égales étoient sans doute des feuilles de *Zostera* ou d'autres Nayades; enfin, que les grandes feuilles planes, à nervures très-nombreuses, très-fines et toutes égales, dont on trouve trois ou quatre espèces dans le terrain houiller, étoient probablement des feuilles de Liliacées; mais ces dernières cependant pouvant se rapporter également bien à quelques autres familles, telles que les *Amaryllidées*, les *Orchidées*, les *Colchicacées*, etc., nous les énumérerons ici. Cet examen exclut déjà des Poacites non classées, presque toutes les espèces bien conservées, car il est fort singulier qu'une des formes de feuilles les plus fréquentes parmi les monocotylédones vivantes, ne se soit pas encore présentée à l'état fossile: ce sont celles à nervure moyenne plus grosse, accompagnée de nervures latérales, parallèles, dont quelques-unes sont plus marquées que les autres; forme qu'on observe dans la plupart des Graminées, des Cypéracées, des Joncées, des Liliacées, etc.

** *Inflorescences.*

Le Muséum de Strasbourg possède plusieurs échantillons remarquables, provenant des carrières de grès bigarré de Soultz-aux-bains, qui paroissent bien certainement être des épis de fleurs ou de fruits de plantes monocotylédones, mais dont il est difficile de fixer les rapports d'après les échantillons uniques que j'ai vus jusqu'à présent.

L'un présente deux épis à peu près fusiformes, composés d'écailles très-régulièrement imbriquées et si exactement appliquées les unes sur les autres qu'on distingue à peine leur bord libre; la partie visible extérieurement de ces écailles forme des plaques rhomboïdales, disposées avec une régularité bien rare dans des écailles imbriquées. Il est cependant difficile d'attribuer cette apparence extérieure à autre chose qu'à des écailles ainsi disposées, d'autant plus que sur le même morceau, qui renferme deux de ces épis, on voit une écaille isolée qui paroît être une de celles de la partie supérieure de ces épis, vue par sa face interne. Aucune des plantes que nous connoissons ne présente exactement cette structure; mais celles qui nous paroissent s'en rapprocher le plus, sont quelques espèces de Restiacées du cap de Bonne-Espérance, et surtout plusieurs *Xyris.*

Un autre échantillon offre un épi oblong, arrondi, dont on voit encore une portion du pédoncule; il paroît entièrement composé de fleurs ou de fruits sessiles, contigus, et qui rayonnent dans tous les sens, à peu près comme ceux qui composent les têtes de fruits des *Sparganium;* chacun de ces fruits ou de ces fleurs a une forme ovoïde acuminée, mais il est difficile de déterminer si ces parties saillantes sont produites par des fruits coniques, comme ceux des *Sparganium,* ou par des écailles divergentes, comme dans les têtes de fleurs de quelques Cypéracées et Restiacées : cette dernière opinion me paroîtroit plus probable, à cause de la ténuité et de l'aspect membraneux de ces parties.

La troisième plante en inflorescence de ce terrain est d'autant plus curieuse, qu'une partie de la tige et des feuilles l'accompagne. Cette tige est simple, elle porte deux à trois feuilles linéaires, sessiles, sans gaîne distincte, et sur lesquelles on n'aperçoit pas de nervures bien marquées ; mais le caractère le plus remarquable de ces feuilles, c'est d'être accompagnées à leur base de deux autres feuilles, plus étroites et plus courtes, de deux sortes de stipules recourbées en dehors, sorte d'organisation dont je ne connois aucun exemple parmi les plantes monocotylédones, et qui est bien évidente à la base d'une des feuilles de la plante fossile. L'épi de fleurs qui termine cette tige est composé de fleurs dont les divisions du périanthe ou les écailles sont subulées, aiguës, et paroitroient s'insérer sur l'ovaire, ou l'envelopper exactement à sa base ; mais toute cette organisation est si peu nette, qu'on ne sauroit rien affirmer à cet égard. On voit seulement que ces fleurs sont assez rapprochées, étalées et à divisions alongées et aiguës. Quant aux rapports de cette plante avec les plantes vivantes, il nous est impossible de les présumer ; la disposition de l'épi rappelle ceux de quelques orchidées et de quelques graminées, mais les feuilles sont très-différentes de ce que nous connoissons dans ces deux familles. Les trois plantes que nous venons d'indiquer constituoient très-probablement trois genres distincts de ceux qui existent maintenant, et auxquels nous donnerons les noms de *Paleoxyris*, d'*Echinostachys* et d'*Æthophyllum*.

*** *Fruits.*

Outre les fruits que nous avons déjà indiqués en parlant des familles des Palmiers, des Liliacées et des Cannées, on trouve dans les mêmes terrains plusieurs fruits qui paroissent appartenir à des plantes monocotylédones, mais dont on ne peut déterminer les rapports qu'avec beaucoup de doute. Parmi ceux de ces fruits que nous connoissons, trois sont surtout remarquables : l'un, du terrain houiller, paroit être un fruit ovoïde, ombiliqué à sa base par l'insertion du pédoncule, marqué de six côtes longitudinales plus prononcées vers la base, présentant vers son extrémité supérieure une large aréole hexagone, produite probablement par l'insertion du périanthe et ombiliquée dans son centre par l'attache du style. D'après les déformations qu'il a subies, ce fruit paroitroit avoir été charnu ; j'en possède plusieurs échantillons de Langeac, département de la Haute-Loire.

Un autre fruit du même lieu se rapproche beaucoup du précédent par ses caractères les plus essentiels ; il est presque cylindrique, rétréci insensiblement à sa base, qui paroît avoir été continue avec le pédoncule, à six côtes, et terminé supérieurement par une large aréole hexagone, dont le pourtour est formé par la cicatrice d'un périanthe adhérent ; au milieu de cette aréole on voit la trace du style. Ces deux fruits ressemblent surtout, en plus petit, à ceux de quelques Bananiers.

Le troisième fruit dont je veux parler ici, est très-commun à l'île de Shepey : il est assez gros, alongé, d'une forme plus ou moins renflée dans son milieu, à quatre, cinq ou six faces irrégulières, qui paroissent produites par la compression d'autres fruits voisins ; sa base est large et paroît toujours déchirée : on ne voit sur la surface aucun indice d'insertion de calice ; son sommet est conique. En général la forme et les dimensions de ce fossile varient beaucoup, ce qu'on observe également dans les fruits, qui croissent rapprochés en grand nombre, comme ceux des *Sparganium*, par exemple. Ce fruit a la plus grande analogie avec les fruits des *Pandanus*, et nous ne doutons presque pas qu'il n'appartienne à ce genre ou à une plante très-voisine. Quelques échantillons cassés montrent même dans l'intérieur de ces fruits un noyau central unique, comme on l'observe dans les *Sparganium* et dans les *Pandanus*, lorsque plusieurs ovaires ne sont pas soudés ensemble ; seulement ce noyau ou cette graine paroît plus grosse, proportionnellement au péricarpe, que dans la plupart des plantes de cette famille.

Les trois fruits que nous venons de faire connoître et ceux dont nous avons déjà parlé à l'article des familles des *Liliacées* et des *Cannées*, appartiennent certainement à quatre genres et probablement à quatre familles différentes. Il est difficile de douter qu'ils aient fait partie de plantes monocotylédones et d'espèces analogues à celles qui maintenant ne croissent plus que dans les parties les plus chaudes de notre globe.

En résumant ce que nous venons de dire des monocotylédones qui ne peuvent se rapporter avec certitude à aucune famille, on peut les classer ainsi :

* *Tiges.*

ENDOGENITES.

Plusieurs espèces très - distinctes, mais non déterminées jusqu'à présent.	Terrain de sédiment supérieur.

CULMITES.

1. Culmites nodosus, Descr. géol. des env. de Paris, p. 359, pl. 8, fig. 1, F.	Terr. de calc. grossier.
2. Culmites ambiguus, *l. c.*, pl. 8, fig. 6.	*Ibid.*
3. Culmites anomalus, *l. e.*, pl. 11, fig. 2.	Terrain lacustre supérieur.

STERNBERGIA.

1. Sternbergia angulosa; *Sternbergia transversa*, Artis, pl. 8.	Terrain houiller.
2. Sternbergia approximata.	*Ibid.*
3. Sternbergia distans.	*Ibid.*

** *Feuilles.*

POACITES.

1. Poacites lanceolata.	Terrain houiller.
2. Poacites æqualis.	*Ibid.*
3. Poacites striata.	*Ibid.*

*** *Inflorescences.*

PALÆOXYRIS.

Palæoxyris regularis.	Grès bigarré.

ECHINOSTACHYS.

Echinostachys oblonga.	Grès bigarré.

ÆTHOPHYLLUM.

Æthophyllum stipulare.	Grès bigarré.

**** *Fruits.*

TRIGONOCARPUM.

1. Trigonocarpum Parkinsonis, Parkins., *Org. rem.*, t. 1, pl. 7, fig. 6 — 8.	Terrain houiller.
2. Trigonocarpum Nœggerathi; *Palmacites Nœggerathi*, Sternb., p. 35, tab. 55, fig. 6 et 7.	*Ibid.*

3. Trigonocarpum ovatum.	Terrain houiller.
4. Trigonocarpum cylindricum.	*Ibid.*
5. Trigonocarpum dubium ; *Palma-cites dubius*, Sternb., *l. c.*, t. 58, fig. 3.	*Ibid.*

AMOMOCARPUM.

Amomocarpum depressum.	Terr. de sédiment sup.

MUSOCARPUM.

1. Musocarpum prismaticum.	Terrain houiller.
2. Musocarpum difforme.	*Ibid.*

PANDANOCARPUM.

Pandanocarpum oblongum.	Terr. de sédiment sup.

Classe VI. PHANÉROGAMES DICOTYLÉDONES.

Ces végétaux, qui forment la plus grande partie de la Flore de notre époque, sont si variés qu'il est très-difficile de parvenir à rapprocher les espèces fossiles des genres ou même des familles existantes, avec quelque certitude.

Les tiges ne nous offrent dans presque tous les cas que des caractères propres à faire reconnoître qu'ils appartiennent à cette grande classe ; mais jusqu'à présent nous ne pouvons pas parvenir à déterminer les familles dont elles faisoient partie, du moins dans le plus grand nombre des cas.

Les feuilles sont plus variées, elles présentent des caractères plus tranchés , et dont les modifications sont liées d'une manière plus évidente avec les variations des organes qui ont servi de base à la classification de ces plantes. Aussi peut-on espérer, par une étude très-étendue des caractères de ces organes dans les diverses familles, d'arriver à déterminer plusieurs des feuilles fossiles avec assez de certitude ; mais cette détermination exige des recherches très-longues que nous n'avons pas encore pu terminer : nous ne pourrons donc en citer qu'un petit nombre dont les analogies nous paroissent déjà très-probables. Les fleurs fourniroient de bons caractères, si elles étoient en bon état ; mais elles sont très-rares et très-mal conservées : les fruits sont donc le seul moyen d'arriver avec quelque certitude à la détermination de ces végétaux, encore faut-il pour cela qu'ils soient bien conservés et qu'ils présentent quelques caractères bien tranchés.

Les végétaux de cette classe paroissent extrêmement rares, si même ils existent, dans les terrains antérieurs à la craie ; on a cité comme indiquant leur présence dans des terrains plus anciens et même dans la houille des bois à couches concentriques ; mais nous excluons, comme on le voit, de cette classe les Conifères et les Cycadées, et il nous paroît très-probable que les bois fossiles, cités comme des exemples de plantes dicotylédones, appartiennent à des arbres de la première de ces familles.

Nous ne connoissons pas une feuille *bien évidemment* de plante dicotylédone dans un terrain *bien évidemment* aussi plus ancien que la craie : nous pouvons en dire autant des fruits ; jusqu'à présent je n'en connois pas, dans les terrains anciens, un seul qui appartienne bien certainement à une plante dicotylédone : en supposant même que cette absence des plantes dicotylédones dans les terrains anciens ne fût pas aussi absolue, du moins est-il bien certain qu'elles y sont très-rares : ainsi dans les terrains houillers, dans le grès bigarré de Soultz-aux-bains, dans le lias et les marnes irisés, dans les argiles de l'oolithe inférieure de Whitby, dans le schiste de Stonesfield, dans le grès de Tilgate, on n'en a pas trouvé un exemple, tandis que ces terrains abondent en cryptogames vasculaires et en phanérogames gymnospermes, et présentent quelques exemples de phanérogames monocotylédones.

Nous allons indiquer le petit nombre de végétaux de cette classe que nous avons pu jusqu'à présent rapporter à des familles connues ; il existe en outre un nombre considérable de fruits de ces plantes dans les argiles de l'île de Sheppey et dans les lignites de l'ouest de l'Allemagne près de Francfort et sur les bords du Rhin, dont nous espérons pouvoir déterminer une partie ; mais nous n'avons pas encore d'opinion assez arrêtée à leur égard pour parler de la plupart d'entre eux.

15.ᵉ Famille. **AMENTACÉES.**

Nous considérons ici les Amentacées dans leur ensemble, telles qu'elles étoient limitées dans le *Genera* de M. de Jussieu ; car les coupes qu'on y a établies, quoique fondées sur de très-bons caractères, subdiviseroient trop cette famille fort naturelle par son mode de végétation : ces végétaux paroissent avoir été nombreux à l'époque de la formation des terrains de sédiment supérieurs.

J'en connois en effet plusieurs exemples bien caractérisés.

1.º Plusieurs rameaux, très-probablement de Saule ou de Peuplier, avec des chatons analogues à ceux de ces plantes. Je ne connois ces plantes, qui ont été trouvées dans les lignites de Nidda près Francfort, que par des dessins que M. Langsdorf a bien voulu me communiquer, ce qui ne me permet pas d'avoir une opinion bien arrêtée à leur égard.

2.º Des fruits parfaitement semblables à ceux du Bouleau.

Ces fruits, comparés à ceux du Bouleau commun, n'en diffèrent que très-légèrement par la forme de la membrane qui les borde, ils en diffèrent beaucoup moins que ceux des Bouleaux ne diffèrent de ceux des Aulnes, malgré la grande ressemblance de ces deux genres. On voit encore sur ces impressions, qui viennent du calcaire marneux d'Armissan, près Narbonne, les deux styles qui surmontent le fruit. Nous ne pouvons donc conserver aucun doute sur l'identité générique de ces deux plantes, et nous donnerons à l'espèce fossile le nom de *Betula dryadum*.

Un autre fruit fossile, contenu dans les mêmes échantillons que les précédens, prouve l'existence à la même époque et dans la même contrée d'une espèce de Charme très-voisine de l'espèce d'Europe, mais qui en diffère cependant, ainsi que des deux autres espèces de ce genre, par la forme de la bractée trilobée qui couvre le fruit et dont les lobes latéraux sont plus longs et obtus.

Nous désignerons cette espèce bien caractérisée par le nom de *Carpinus macroptera*.

Les argiles de la formation de lignites en Bohème contiennent des feuilles d'une plante que M. de Sternberg a décrite sous le nom d'*Aspleniopteris difformis*, et qu'il a représentée, tab. 24, fig. 1, de son ouvrage.

Ce savant naturaliste l'a citée comme une exception à la règle, trop absolue peut-être, que nous avions établie, qu'il n'existoit pas de Fougères fossiles dans les terrains supérieurs à la craie ; tout en reconnoissant que dans quelques cas très-

rares on trouve des *fragmens* de Fougères dans les terrains
tertiaires, nous ne pouvons admettre la plante ci-dessus mentionnée pour une Fougère ; nous en avons plusieurs échantillons venant de Bohème, et en très-bon état, sur lesquels
on reconnoit facilement que la disposition des nervures est
tout-à-fait étrangère à ce qu'on observe dans les Fougères.
Au contraire, cette disposition des nervures est parfaitement
semblable à celle du *Comptonia aspleniifolia*, tellement qu'on
ne peut y reconnoître la plus légère différence ; ces deux
plantes ne se distinguent que par la forme des lobes de la
feuille un peu plus aigus dans l'espèce fossile que dans la
plante vivante ; nous désignerons par cette raison l'espèce
fossile sous le nom de *Comptonia acutiloba*.

Une plante très-voisine au premier aspect de celle que
nous venons de faire connoître a été trouvée à Armissan, près
Narbonne, et nous paroît appartenir à la même espèce que
M. de Sternberg a décrite et figurée sous le nom d'*Aspleniopteris Schranckii*, tab. 21, fig. 2, d'après des échantillons de
Hœring en Tyrol. La feuille trouvée à Armissan est beaucoup
plus complète ; elle s'éloigne, comme la précédente, des
Fougères par ses nervures principales, naissant de la côte
moyenne, au nombre de deux ou trois dans chaque lobe, et par
ses nervures secondaires réticulées irrégulièrement ; mais par
sa forme générale, par le nombre de ses lobes, par leur petitesse et leur forme très-aiguë, enfin, par la roideur des
nervures et l'épaisseur que paroissoit avoir la feuille, cet
échantillon ressembleroit beaucoup plus aux feuilles pinnatifides de quelques *Banksia*, et de la plupart des *Dryandra*.
Malheureusement les petits détails des nervures ne se voient
pas très-bien sur cette empreinte, et nous devons rester dans
le doute jusqu'à ce que de meilleurs échantillons nous aient
éclairés ; car ce seroit un fait bien extraordinaire que de
trouver en France, dans des terrains assez modernes, des débris de genres qui actuellement sont entièrement limités
dans l'hémisphère austral, et seulement dans une de ses parties, à la Nouvelle-Hollande.

L'existence déjà prouvée d'une espèce de *Comptonia* dans
les terrains tertiaires d'Europe pouvant faire présumer que
cette feuille étoit celle d'une autre espèce de ce genre, nous

la désignerons, jusqu'à ce que de nouveaux échantillons nous l'aient mieux fait connoître, par le nom de *Comptonia ? dryandræfolia.*

Outre ces végétaux, que des caractères bien tranchés rangent dans la famille des Amentacées, on rencontre dans les mêmes terrains des feuilles qui ont une grande analogie avec celles de plusieurs des genres de cette famille ; ainsi, le calcaire grossier des environs de Paris et les marnes d'Armissan renferment des feuilles analogues à celles des Saules ; le calcaire schisteux d'Œningen présente des feuilles semblables à celles des Peupliers, feuilles que Knorr avoit déjà figurées et dont nous avons représenté un autre échantillon [1]. Des feuilles analogues à celles du châtaignier sont très-fréquentes dans les schistes bitumineux de Menat et dans ceux qui accompagnent les lignites des bords du Rhin. Enfin, à Comothau, en Bohème, on a trouvé dans cette même formation des feuilles tout-à-fait semblables à celles de l'Orme, mais beaucoup plus petites.

La famille des Amentacées, qui compose maintenant presque entièrement les forêts de nos régions tempérées, et qui est surtout si nombreuse en espèces dans le nord de l'Amérique, étoit donc à l'époque de la formation des terrains tertiaires une des plus abondantes en espèces ; car il faut toujours avoir présent à l'esprit que les plantes conservées à l'état fossile, et surtout celles qui sont parvenues à notre connoissance, ne devoient former qu'une petite partie de l'ancienne végétation. Cette remarque s'applique particulièrement aux plantes qui se trouvent dispersées dans des terrains qui paroissent formés par transport, qu'on a peu d'intérêt à exploiter, et sur lesquels l'attention a été peu fixée jusqu'à présent.

Nous pouvons donc énumérer les espèces suivantes d'Amentacées.

CARPINUS.

Carpinus macroptera.	Terrain des lignites de sédiment supérieur.

BETULA.

Betula dryadum.	*Ibid.*

---

[1] Essai d'une class. des végét. foss., tab. 3, fig. 4.

COMPTONIA.

1. COMPTONIA ACUTILOBA.	Terrain des lignites de sédiment supérieur.
2. COMPTONIA ? DRYANDRÆFOLIA.	Terrain d'eau douce palæothérien.

Amentacées douteuses.

SALIX ? (*amenta et folia*).	Terr. de sédiment sup.
POPULUS ? (*amenta et folia*).	*Ibid.*
CASTANEA (*folia*).	*Ibid.*
ULMUS (*folia*).	*Ibid.*

16.ᵉ FAMILLE. **JUGLANDÉES.**

Cette petite famille, qui ne comprend presque que le genre *Juglans* ou Noyer, est aussi beaucoup plus répandu dans le nouveau continent que dans l'ancien, où l'on n'en connoît que deux ou trois espèces, tandis que plus de douze habitent les forêts de l'Amérique du Nord. Plusieurs fruits fossiles attestent l'existence de ces végétaux dans notre pays ou leur transport des régions qu'ils habitoient dans nos contrées. J'ai déjà fait connoître une de ces espèces sous le nom de *Juglans nux-taurinensis*, et j'ai indiqué les principales différences qui paroissent la distinguer des espèces vivantes. Je connois maintenant deux autres espèces fossiles de ce même genre, toutes deux sont propres aux terrains de lignite.

L'une vient de Nidda, près Francfort, où elle paroît commune. M. de Sternberg indique aussi dans les lignites de la Wettéravie une espèce de ce genre, qui, d'après sa figure, paroît être la même, et qu'il désigne sous le nom de *Juglandites ventricosus*. Nous conserverons donc à cette espèce le nom de *Juglans ventricosa;* elle ressemble particulièrement, comme le remarque M. de Sternberg, au *Juglans alba.*

L'autre, dont la localité exacte m'est inconnue et dont je ne possède qu'un échantillon moins bien conservé, peut recevoir le nom de *Juglans lævigata.*

M. de Sternberg indique encore une espèce de ce genre dans les argiles salifères de Wieliczka, mais il n'en a pas donné de figure, et d'après sa description on ne connoît que l'extérieur de ce fruit. ce qui doit laisser d'autant plus de doute à son égard, que nous ne eonnoissons jusqu'à présent aucun fruit de plantes réellement dicotylédones dans des terrains aussi anciens. La figure 6 de la planche 53 de la Flore de M. de Sternberg, que ce savant rapporte avec doute à cette famille, ne me paroit pas pouvoir s'y ranger ; d'après sa forme extérieure, je crois que c'est le même fruit que j'ai reçu en grande quantité, sous le nom de *Carpolithes rostratus* de Schlotheim, des terrains de lignite d'Arzberg et de plusieurs autres lieux entre le Rhin et le Mein. Ce fruit est très-différent des vraies noix, car on n'y voit pas de traces de cloisons.

Les espèces de *Juglans* fossiles, connues jusqu'à présent, se réduisent donc aux suivantes :

JUGLANS.

1. JUGLANS NUX-TAURINENSIS , Ad. Br. , Class. des végét. foss., pag. 65 , tab. 6 , fig. 6.	Formation marine supér. des terr. de sédiment supérieurs.
2. JUGLANS VENTRICOSA ; *Juglandites ventricosus* , Sternb, , *Tent. flor. prim.*, p. 40 , tab. 53 , fig. 5.	Formation de lignite des terrains de sédiment supérieurs.
3. JUGLANS LÆVIGATA.	*Ibid.*
4. JUGLANDITES SALINARUM, Sternb., *loc. cit.*, pag. 40.	Formation salifère de Wieliczka.

17.ᵉ *FAMILLE.* **ACÉRINÉES.**

Cette famille paroit aussi avoir contribué à la formation des lignites des terrains de sédiment supérieurs ; car non-seulement on trouve dans plusieurs couches de ces terrains des feuilles qui ont la plus grande analogie avec celles de plusieurs espèces d'Érables ; mais à Nidda, près Francfort, où ces feuilles sont fréquentes, on a trouvé un fruit qui nous paroît être évidemment la moitié du fruit d'un Érable. Je ne connois cependant ce fruit que par un dessin de M. de Langsdorff, qui m'a été communiqué par M. de Buch ; mais il ne me laisse pas le moindre doute sur son identité générique avec celui des *Acer*. Quant aux rapprochemens spécifiques, je n'ai pas pu jusqu'à présent les faire avec toute l'attention nécessaire, et je désignerai cette espèce, probablement nouvelle, sous le nom d'ACER LANGSDORFFII.

Les feuilles les plus fréquentes dans cette même localité sont des feuilles trilobées, à lobes aigus, largement dentés, qui appartiennent vraisemblablement aussi à une espèce d'Érable, et peut-être à la même plante que nous venons d'indiquer.

18.ᵉ *Famille.* **NYMPHÉACÉES.**

Nous avons déjà fait connoître le fossile singulier, trouvé à Lonjumeau près Paris, et dont nous avons prouvé l'analogie parfaite avec les tiges rampantes au fond de l'eau des *Nymphœa*, et surtout du *Nymphœa alba*. Nous avons aussi indiqué les rapports qui existent entre les graines trouvées dans le même lieu et que nous avons désignées sous le nom de *Carpolithes ovulum*, et celles des *Nymphœa*. Nous ne doutons presque pas que ces graines ne soient celles du *Nymphœa Arethusæ*, et la différence de taille qui existe entre ces graines et celles de nos *Nymphœa*, seroit un nouveau caractère pour distinguer cette espèce.

NYMPHÆA.

Nymphæa Arethusæ; *Rhizoma*, Class. des végét. foss., pl. 6, fig. 9; *Semina?* *ibid.*, pl. 6, fig. 2. — Terrain lacustre supérieur.

Outre cette espèce nous avons vu une impression de fleur de Monte-Bolca, qui a une grande analogie avec celle des plantes de ce genre, quoiqu'on ne puisse pas y distinguer assez bien les parties intérieures pour lever tous les doutes. Si cette plante appartient en effet au genre *Nymphœa*, elle se distingue de la plupart des espèces de ce genre par la petitesse de ses fleurs et par ses folioles calycinales aiguës.

† Végétaux dicotylédons dont la famille ne peut être déterminée.

Outre le petit nombre de plantes de cette classe que nous avons pu rapporter aux familles dont elles faisoient partie, il existe dans les terrains de sédiment supérieurs un grand nombre de plantes dicotylédones qu'il n'a pas été possible jusqu'à présent de rapprocher, avec quelque probabilité, des genres ou des familles auxquels elles appartenoient, quoique nous ne puissions le plus souvent conserver aucun doute sur leur position dans cette grande classe.

Ces fossiles se rapportent à des tiges, des feuilles, des fruits et quelquefois à des fleurs, sur lesquels nous allons successivement jeter un coup d'œil.

* *Des tiges.*

Les tiges dicotylédones se reconnoissent facilement à leur structure interne.

Ce caractère ne peut pas cependant les distinguer de celles des Conifères, et nous n'avons pas jusqu'à présent de moyen, à l'état fossile, de distinguer le bois de cette famille de celui des vrais dicotylédones. Ce seroit un des points les plus importans à déterminer dans l'étude des fossiles, et qui jetteroit beaucoup de jour sur la succession des familles. Nous avons déjà dit en effet qu'on n'avoit trouvé ni feuilles ni fruits de véritables dicotylédones dans les terrains antérieurs à la craie, et cependant on rencontre fréquemment dans ces terrains des morceaux plus ou moins considérables de bois fossiles, que leur structure fait considérer comme dicotylédons. Ces bois s'observent jusque dans les terrains très-anciens du Valdajol dans les Vosges. Mais ces bois pourroient également appartenir à la famille des Conifères, dont nous avons constaté l'existence à ces époques.

Ainsi les bois fossiles seuls ne peuvent pas suffire pour prouver l'existence des plantes dicotylédones à une époque particulière de formation. Ces bois, cependant, deviennent bien plus fréquens et paroissent offrir bien plus de variétés dans les terrains de sédiment supérieurs que dans les terrains plus anciens. Ils sont le plus ordinairement changés en silex ou en lignite, et leur texture est souvent bien conservée; mais il est assez rare d'en trouver des morceaux bien complets, c'est-à-dire, présentant toutes leurs diverses parties, depuis leur écorce jusqu'au centre du bois. De semblables échantillons seroient les seuls au moyen desquels on pourroit espérer de parvenir à des déterminations approximatives. Il seroit fort intéressant par cette raison de réunir, dans les terrains de lignite surtout, des morceaux aussi complets que possible des diverses espèces de tiges qu'on y rencontre, et des portions peu étendues, mais bien complètes et en bon état, auroient plus d'intérêt que ces énormes fragmens de troncs d'arbres qu'on voit dans presque tous les Musées.

Jusqu'à présent ces matériaux nous manquent, et nous ne pouvons rien dire de satisfaisant sur la détermination de ces bois.

** *Des feuilles.*

Les feuilles des plantes dicotylédones sont en général faciles à distinguer de celles des autres classes de végétaux, car il n'y a qu'un très-petit nombre de plantes monocotylédones qui en offrent d'analogues à quelques égards. Les cas dans lesquels il peut rester des doutes sur la détermination de la classe à laquelle une feuille peut appartenir, sont donc extrêmement rares, et ces organes, plus que tout autre, peuvent nous servir à prouver l'absence ou la présence de cette classe de végétaux à une époque particulière de formation, puisqu'ils sont en même temps les plus caractéristiques et en général les plus abondans. Cependant, d'après tout ce que j'ai pu voir jusqu'à présent, je crois qu'on n'a jamais trouvé une seule feuille évidemment dicotylédone dans des terrains plus anciens que la craie. De nouvelles recherches prouveront peut-être l'existence de ces végétaux à cette époque, mais il est certain du moins qu'ils étoient très-rares, et que ce n'est que pendant la période qui a suivi le dépôt de la craie qu'ils ont commencé à devenir très-nombreux.

Quant à la détermination de ces organes, il faut, pour la tenter avec l'espoir d'y mettre quelque exactitude, des recherches et des comparaisons plus étendues que je n'ai pu les faire jusqu'à présent. Il me paroît probable qu'on pourra parvenir à rapprocher certaines feuilles, d'une forme bien caractérisée, des genres ou des familles dont elles faisoient partie; mais je crois que le plus grand nombre de ces feuilles resteront long-temps, et peut-être toujours, comme de simples indices de l'existence d'une grande variété de plantes dicotylédones à l'époque de la formation des terrains qui les renferment, et comme des sortes de médailles qu'on pourra décrire et dénommer, mais rarement rapprocher des êtres existans. On pourra, sous ce rapport, leur conserver le nom général de PHYLLITES; mais nous allongerions inutilement cet article en donnant ici l'énumération des espèces qu'on peut y distinguer.

*** *Des fleurs.*

Les fleurs fossiles sont, comme on sait, fort rares : ce n'est qu'à Monte-Bolca qu'on en trouve, à ce que je crois, de bien caractérisées; encore les échantillons en sont peu nombreux et presque toujours trop imparfaits pour qu'on puisse se former une opinion arrêtée à leur égard. J'ai déjà indiqué les deux plus nettes que je connoisse, comme se rapportant probablement aux familles des Liliacées et des Nymphéacées. Les espèces indéterminables sont généralement désignées sous le nom d'Antholithe.

**** *Des fruits.*

Ces organes sont très-fréquens dans les terrains de sédiment supérieurs, et ce sont, sans aucun doute, ceux qui peuvent nous conduire avec le plus de certitude à la détermination des familles et des genres dont ils faisoient partie. Cependant cette détermination est encore fort difficile, à cause de l'état de conservation le plus souvent très-imparfait de ces fossiles.

La distinction même des fruits des plantes dicotylédones, de ceux des plantes monocotylédones, est souvent difficile. On peut dire cependant que les fruits dont les parties sont au nombre de cinq, appartiennent, sans exception, aux dicotylédones; que ceux à quatre parties ou à quatre faces sont très-rares parmi les monocotylédones; que ceux à trois sont au contraire plus fréquens parmi les monocotylédones, quoiqu'il y en ait des exemples nombreux aussi parmi les dicotylédones; enfin les fruits formés d'une seule partie ou d'un seul carpelle, existent dans les deux divisions; mais sont beaucoup plus fréquens parmi les dicotylédones, et ce n'est que dans cette grande classe, à une ou deux exceptions près, qu'on en trouve de polyspermes et de déhiscens.

Quant à la détermination des familles et des genres, au moyen de ces fruits, parmi les dicotylédones, il est impossible de tracer d'avance la marche qu'on doit suivre : ce n'est que par une connoissance étendue de l'ensemble de la botanique et par une méthode d'exclusion bien dirigée qu'on peut y arriver.

La distinction des graines et des fruits est aussi dans beaucoup de cas une chose assez difficile, quoique le plus souvent l'on retrouve sur les fruits des traces du style et quelquefois du calice, et souvent des indices ou de déhiscences, ou de l'existence de plusieurs graines, qui démontrent la nature de l'organe.

Les fruits fossiles sont très-abondans dans certaines localités, particulièrement dans les terrains de sédiment supérieurs, dans les formations de lignites, telles que celles de l'Allemagne occidentale, et dans quelques parties du bassin de Londres, surtout à l'île de Sheppey.

Le plus grand nombre des espèces de ces formations paroissent se rapporter évidemment à des plantes dicotylédones; mais leur état, souvent très-imparfait, rend leur détermination trop douteuse pour que je me hasarde pour le moment à la tenter. J'espère que des échantillons plus parfaits de ces fruits me mettront à même de les déterminer par la suite avec plus de certitude.

Parmi les fruits fossiles qu'on a trouvés, très-rarement il est vrai, dans les formations inférieures à la craie, je ne crois pas non plus qu'il y en ait un seul qu'on puisse affirmer avoir dû appartenir à une plante dicotylédone.

Tous ceux que j'ai vus, et qu'on pouvoit rapprocher des plantes connues, étoient plus analogues aux fruits des plantes monocotylédones, ou bien à ceux des Cycadées ou des Conifères, qu'aux fruits d'aucune plante dicotylédone.

Tous les fruits indéterminables de cette classe sont généralement connus sous le nom de Carpolithes; mais il seroit peut-être à désirer qu'on réservât ce nom aux fruits complétement indéterminables, et qu'on adoptât des noms différens pour les fruits monocotylédones et dicotylédones dont la famille ne peut être déterminée.

†† Végétaux dont la classe est incertaine.

On doit distinguer dans cette sorte d'appendice deux groupes de végétaux : les uns qui nous sont bien connus, mais que leurs caractères singuliers et ambigus ne nous permettent pas de classer avec certitude dans une des grandes classes que nous venons de passer en revue ; les autres, dont les caractères

sont trop peu tranchés ou qui sont connus trop imparfaitement pour que nous puissions nous former une opinion probable à leur égard.

Nous ne parlerons ici avec quelques détails que des premiers, et nous indiquerons seulement parmi les seconds quelques corps qui méritent de fixer l'attention des observateurs,
comme pouvant éclaircir et compléter ce que nous savons
sur des végétaux déjà classés dans diverses familles, et dont ils
faisoient probablement partie.

Parmi les premiers nous devons surtout faire connoître un
groupe de végétaux à feuilles verticillées, que nous avions
d'abord désigné par le nom d'Astérophyllites, et que M. de
Sternberg a depuis subdivisé en plusieurs genres, parmi lesquels nous croyons pouvoir en conserver trois, qui se rédui-
ront peut-être à deux; savoir : les genres *Annularia*, *Asterophyllites* et *Volkmannia*, auxquels nous en ajouterons un tout-
à-fait nouveau sous le nom de *Phyllotheca*. Nous allons les
examiner successivement.

Genre Ier PHYLLOTHECA.

Ce genre remarquable est propre à jeter beaucoup de
lumière sur les suivans ; c'est pourquoi nous nous en occu-
perons en premier. La seule espèce qui le constitue jusqu'à
présent provient des mines de houille de *Hawkesbury river*,
près le port Jackson à la Nouvelle-Hollande. L'échantillon
que nous en possédons présente un grand nombre d'individus
en bon état : ce sont des tiges simples, droites, articulées,
entourées de distance en distance par des gaînes appliquées
contre cette tige, comme dans les *Equisetum*, mais terminées
par de longues feuilles linéaires, qui remplacent les dents
courtes des gaînes des Prêles. Ces feuilles sont, ou dressées,
ou plus souvent étalées, et même réfléchies; elles sont linéaires, aiguës, sans nervure distincte, au moins deux fois
plus longues que la gaîne. Les gaînes elles-mêmes présentent
de légers sillons longitudinaux, qui disparoissen. vers la base
et qui semblent correspondre à l'intervalle des feuilles,
comme les sillons des gaînes des *Equisetum* correspondent à
l'intervalle des dents. La tige, dans l'espace qui sépare les

gaines, paroît lisse ; mais sur des fragmens de tiges un peu plus grosses, qui appartiennent probablement à des individus plus âgés, de la même plante, on voit des stries régulières, presque comme sur les Calamites.

Cette plante semble donc représenter un *Equisetum*, dont les gaînes donneroient naissance à des appendices foliacées, au lieu de se terminer par de simples dents ; mais cette organisation est si différente de celle de tous les *Equisetum* connus, qu'elle doit nécessairement constituer un genre, et peut-être même cette plante, malgré son analogie extérieure avec les *Equisetum*, s'en éloignoit-elle par d'autres caractères essentiels. Elle se lie en outre d'une manière remarquable avec les autres genres à feuilles verticillées, dont nous allons parler ; genres qui s'éloignent bien plus des *Equisetum*. Ces diverses considérations nous ont engagé à ne pas diviser ce groupe de végétaux, et à ne pas rapporter, par conséquent, la plante qui nous occupe aux Équisétacées. Nous donnerons à la seule espèce connue le nom de Phyllotheca australis. Nous devons l'échantillon que nous possédons à M. le professeur Buckland. Il en existe plusieurs autres dans le Muséum d'Oxford.

Genre II. ANNULARIA.

Ces plantes présentent des tiges rameuses, dont les rameaux sont opposés sur la tige principale, simples ou quelquefois eux-mêmes rameux ; cette tige et les rameaux sont grêles, même sur les plantes les plus grandes. Ils ne paroissent pas épais et charnus, comme ceux du genre suivant. Les feuilles sont verticillées, ordinairement en grand nombre, et déterminoient probablement une sorte d'articulation sur le point de la tige où elles s'inséroient ; le nombre des feuilles à chaque verticille varie, suivant les espèces, depuis six jusqu'à dix-huit ou vingt.

Ces feuilles, plus ou moins alongées, généralement planes, obtuses et traversées par une nervure moyenne, simple, assez marquée, sont soudées entre elles par la base de manière à former une sorte d'anneau ou de gaîne courte et étalée que traverse la tige. C'est ce caractère qui distingue essentiellement ce genre du suivant ; mais en outre le port et la forme des feuilles sont assez différens pour confirmer cette distinction.

Les feuilles de ces singuliers végétaux présentent encore un autre caractère, tout-à-fait particulier et plus ou moins distinct, suivant les espéces; mais très-marqué sur les échantillons bien complets de l'*Annularia longifolia* que j'ai vus dans la collection de l'université d'Oxford : ces feuilles ne sont pas d'une longueur semblable dans toutes les parties du verticille, mais au contraire elles atteignent une longueur beaucoup plus grande d'un côté, de sorte que la tige paroît au foyer d'une ellipse dont les extrémités des feuilles forment la circonférence.

Cette disposition, jointe à la manière dont les feuilles des divers verticilles qui se suivent sont toujours étalées avec la plus grande régularité dans un même plan, ce qui n'a pas lieu pour les autres plantes à feuilles verticillées, me fait fortement présumer que ces plantes flottoient à la surface des eaux, sur laquelle leurs rosettes de feuilles s'étaloient toutes dans le même plan, comme nous les voyons encore dans le schiste qui les renferme.

On n'a jamais aperçu aucune trace de fructification sur ces végétaux, que la structure de leurs organes de la végétation éloigne de toutes les plantes que nous connoissons maintenant à l'état vivant.

Nous ne pouvons même pas déterminer avec quelque certitude si ces plantes appartenoient à la grande division des monocotylédones ou à celle des dicotylédones, ou si même elles ne se rapprochoient pas davantage des cryptogames vasculaires.

Parmi les monocotylédones, la disposition des feuilles par verticille est fort rare, on l'observe cependant dans quelques genres de diverses familles; mais c'est particulièrement parmi les Hydrocharidées qu'on connoît quelques plantes aquatiques à feuilles verticillées qui ont une analogie éloignée avec nos plantes fossiles. En effet, dans les genres *Elodea* et *Hydrilla*, qui présentent cette disposition, les feuilles varient de trois à neuf par verticilles; elles sont libres jusqu'à la base et toujours dentelées sur leurs bords, ce qu'on n'observe jamais sur les plantes fossiles qui nous occupent.

Parmi les plantes dicotylédones il en est plusieurs, particulièrement dans la famille des Rubiacées et dans celle des Caryophyllées, qui ont des feuilles verticillées au moins aussi analogues aux *Annularia* par leur nombre, leur forme et leur disposition, que celles des Hydrocharidées que nous venons de citer; mais qui en diffèrent cependant par le nombre toujours beaucoup moindre de ces feuilles, qui dans aucune espèce ne dépasse, je crois, celui de dix, et qui sont toujours libres jusqu'à leur base.

On remarque seulement dans les Mollugo une inégalité de longueur dans les feuilles, qui a quelque rapport avec celle des *Annularia*.

Néanmoins ces analogies nous paroissent bien éloignées, et nous pouvons présumer que ces plantes composoient un genre et peut-être une famille tout-à-fait distincte de celles que nous connoissons, genre qui par la nature de ses feuilles paroitroit plutôt se rapprocher des plantes dicotylédones que des monocotylédones; mais qui avoit peut-être encore plus d'analogie avec quelques cryptogames, telles que les *Salvinia*, dont les feuilles opposées et les rameaux flottans ont quelques rapports avec ceux de ces plantes fossiles ou avec les Équisétacées, auxquelles elles se lient par le genre précédent et par la réunion de leurs feuilles en un anneau qui représenteroit la gaine des Prêles moins développée. Si cette idée, que je ne mets en avant qu'avec doute, se confirmoit, ces plantes seroient des Équisétacées flottantes, et nous aurions depuis les Calamites jusqu'à ce genre, tous les degrés possibles d'avortement ou de développement de gaines composées essentiellement de feuilles dont les bases ou les pétioles seroient soudés entre eux Ces feuilles seroient complétement ou presque complétement avortées dans les Calamites; réduites à leurs bases, soudées dans les *Equisetum;* toutes les parties seroient également développées dans le genre *Phyllotheca*, et dans les *Annularia* le limbe foliacé auroit pris un développement beaucoup plus grand que la gaine réduite à un simple anneau.

On peut résumer ainsi le caractère de ce dernier genre, et y distinguer les espèces suivantes:

ANNULARIA. *Tige grêle, articulée, à rameaux opposés naissant au-dessus des feuilles. Feuilles verticillées, planes, le plus souvent obtuses, traversées par une seule nervure, soudées entre elles à leur base, de longueur inégale.*

1. Annularia minuta ; *an Bechera dubia,* Sternb., *Tent. flor. prim.*, 1, p. 3o, tab. 51, fig. 3 ?	Terrain houiller.
2. Annularia brevifolia.	*Ibid.*
3. Annularia fertilis, Sternb., *loc. cit.*, p. 31, tab. 51, fig. 2.	*Ibid.*
4. Annularia floribunda, Sternb., *loc. cit.*, p. 31.	*Ibid.*
5. Annularia longifolia : *Bornia stellata,* Sternb., *loc. cit.*, p. 28 ; *Casuarinites stellatus,* Schloth., *Flor. der Vorw.*, tab. 1, fig. 4.	*Ibid.*
6. Annularia spinulosa , Sternb., *loc. cit.*, p. 31, tab. 19, fig. 4.	*Ibid.*
7. Annularia radiata, Sternb.; *Asterophyllites radiatus,* Ad. Br., *Class. des vég. foss.*, p. 35, tab. 2, fig. 7.	*Ibid.*

Genre III. ASTÉROPHYLLITES.

Nous n'avions pas cru d'abord devoir séparer ce genre du précédent, mais des échantillons plus nombreux et plus parfaits nous ont fait adopter à cet égard l'opinion de M. de Sternberg ; nous ne pouvons pas cependant admettre les subdivisions qu'il a établies depuis dans ce groupe et dont il a formé des genres particuliers sous les noms de *Bornia, Bruckmannia* et *Bechera.* Les deux premiers ne nous paroissent nullement distincts, et le dernier est une réunion de plantes tout-à-fait différentes les unes des autres, parmi lesquelles il y a quelques espèces qui doivent probablement se ranger dans ce genre ou dans le précédent.

Les Astérophyllites sont des plantes à tiges rarement simples, articulées, portant des rameaux opposés et disposés dans le même plan ; chaque articulation est entourée de feuilles verticillées, en grand nombre (quinze à vingt), simples, étroites, aiguës, libres jusqu'à leur base, toutes égales entre elles et plus ou moins étalées régulièrement autour de la tige. Ces feuilles ne sont jamais disposées avec ordre dans un seul plan continu, comme celles des *Annularia*, et l'on voit que dans l'état de vie elles ne flottoient pas à la surface d'un liquide, mais qu'elles étoient étalées tout autour de la tige qui les supportoit, comme dans les *Hippuris*, l'*Elatine alsinastrum*, etc. Jusqu'à présent on ne connoissoit pas les fructifications des plantes de ce genre, mais un échantillon remarquable des mines d'Anzin, qui appartient sans aucun doute à ce genre, quoique je ne puisse pas exactement déterminer l'espèce, présente des fruits en partie insérés à l'aisselle des feuilles et en partie détachés : ces fruits paroissent être des nucules comprimées, pointues supérieurement et entourées d'une aile membraneuse, plus étendue supérieurement, et échancrée au sommet, qui sembleroit présenter deux cornes qu'on pourroit considérer comme des traces des bases des styles. Ces fruits sont probablement monospermes, car on ne voit aucune trace de déhiscence ni de dépression sur la ligne médiane qui pût indiquer la présence de deux graines; l'existence de la membrane qui l'entoure doit faire penser que sa forme comprimée lui est propre et n'est pas un résultat de la pression qu'elle a éprouvée.

Dans une autre espèce de ce genre (*Asterophyllites Brardii*), ou qui s'en rapproche du moins par la plupart de ses caractères, j'ai cru apercevoir des traces d'anthères ovales à deux lobes, placées entre la tige et les feuilles, qui sont ovales-lancéolées et dressées dans cette espèce : ces anthères paroîtroient avoir été disposées en un seul rang autour de la tige, et être portées sur un court filet; mais n'ayant aperçu de traces bien nettes de ces organes que sur un seul verticille, je n'ose encore rien établir de certain à cet égard.

Ces diverses observations, qui commencent à nous donner une connoissance assez complète de ce genre remarquable, ne rendent pas cependant ses rapports avec les végétaux vivans plus clairs : elles tendent plutôt à nous prouver qu'il s'éloigne complétement, au moins génériquement, des plantes connues, et peuvent seulement nous faire présumer qu'il avoit plus d'analogie avec les genres *Hippuris*, *Myriophyllum* et *Ce-*

ratophyllum qu'avec aucun autre genre que nous connoissions. Mais nous devons remarquer ici que nos connoissances sur les plantes aquatiques submergées des climats chauds sont peu étendues; ces plantes échappent facilement aux recherches des voyageurs, et c'est probablement parmi ces plantes que nous pourrions espérer de trouver quelque genre voisin de celui qui nous occupe.

Outre les fruits que nous avons décrits, et que nous avons vus fixés sur une tige d'Astérophyllites, on trouve assez fréquemment dans les terrains houillers, et surtout dans celui de Terrasson, qui présente deux espèces particulières d'Astérophyllites, d'autres fruits assez analogues à ceux que nous avons décrits, et qui appartiennent probablement à d'autres espèces du même genre.

Ils sont également comprimés, ovoïdes, mais sans aile membraneuse bien marquée; ils paroissent aussi légèrement échancrés au sommet. On en a trouvé deux espèces dans le terrain houiller de Terrasson : l'une, plus petite que celle des mines d'Anzin, est ovale, avec un simple petit rebord non membraneux; l'autre, deux fois plus grande au moins que celle d'Anzin, est surtout plus large, légèrement striée en long et bordée d'une aile assez large.

Telles sont les notions que nous avons pu réunir sur ces plantes, les seules indices peut-être de plantes dicotylédones dans le terrain houiller; indices qui ne sont même pas évidens, quoique fort probables.

On peut établir ainsi le caractère de ce genre, auquel nous conserverons le nom d'Astérophyllites, qui est antérieur de plusieurs années à ceux de *Bornia* et de *Bruckmannia*, que M. de Sternberg lui a donnés.

ASTÉROPHYLLITES. *Tige rarement simple, souvent épaisse, à rameaux opposés, tous disposés dans le même plan; feuilles planes, plus ou moins linéaires, aiguës, traversées par une nervure moyenne simple, libres jusqu'à la base. Fruit monosperme? nucule ovoïde comprimée, bordée d'une aile membraneuse échancrée à son sommet.*

1. ASTEROPHYLLITES EQUISETIFORMIS ; | Terrain houiller.
Casuarinites equisetiformis , Schloth. , |

Fl. der Vorw., tab. 1, fig. 1; tab. 2, fig. 3; *Bornia equisetiformis*, Sternb., Ten'. flor. prim., p. 28.

2. ASTEROPHYLLITES RIGIDA ; *Bruckmannia rigida*, Sternb., *l. c.*, pag. 29, tab. 19, fig. 1.

Terrain houiller.

3. ASTEROPHYLLITES HIPPUROIDES.

Ibid.

4. ASTEROPHYLL. LONGIFOLIA ; *Bruckmannia longifolia*, Sternb., *loc. cit.*, p. 29; *Flor. der Vorw.*, tab. 58, fig. 1.

Ibid.

5. ASTEROPHYLL. TENUIFOLIA ; *Bruckmannia tenuifolia*, Sternb., *loc. cit.*, p. 29, tab. 19, fig. 2 ; Schloth., *Flor. der Vorw.*, tab. 1, fig. 2.

Ibid.

6. ASTEROPHYLL. TUBERCULATA, *Bruckmannia tuberculata*, Sternb., *loc. cit.*, p. 29, tab. 45, fig. 2.

Ibid.

7. ASTEROPHYLLITES DELICATULA ; *Bechera delicatula?* Sternb., *loc. cit.*, p. 31, pl. 49, fig. 2.

Ibid.

Espèces douteuses.

8. ASTEROPHYLLITES BRARDII ; *an Annularia reflexa ?* Sternb.

Terrain houiller.

9. ASTEROPHYLLITES PYGMEA.

Terrain de transition.

10. ASTEROPHYLLITES DUBIA; *Bechera grandis*, Sternb., *loc. cit.*, p. 30, tab. 49, fig. 1.

Terrain houiller.

11. ASTEROPHYLLITES DIFFUSA; *Bechera diffusa*, Sternb., *loc. cit.*, p. 30, tab. 19, fig. 3.

Ibid.

Genre IV. VOLKMANNIA, Sternb.

Tige striée, articulée, inflorescence spiciforme.

Ce genre m'étant complétement inconnu, je ne puis que citer le caractère donné par M. de Sternberg et les espèces qu'il y rapporte ; je place comme espèce douteuse à la suite de ce genre un fossile assez singulier, qui paroit présenter une tige couverte d'écailles larges, membraneuses, laciniées sur leur bord, comme la figure de M. de Sternberg semble l'indiquer dans son *Volkmannia distachya*.

Ces plantes ne seroient-elles pas des fructifications de quelques-unes des espèces du genre précédent, comme sembleroit l'annoncer la structure de leurs tiges? Cette idée me paroît mériter de fixer l'attention des personnes qui pourront observer des échantillons en bon état de ces fossiles remarquables.

1. Volkmannia polystachya, Sternberg, *Tent. flor. prim.*, p. 30, tab. 51, fig. 1.	Terrain houiller.
2. Volkmannia distachya, Sternb., *loc. cit.*, tab. 48, fig. 3.	*Ibid.*

Espèce douteuse.

3. Volkmannia erosa.	Terrain houiller.

CARPOLITHES.

Nous terminerons la partie botanique de ce prodrome, et ce qui a rapport aux végétaux dont la position dans les grandes classes du règne végétal est incertaine, par l'indication de quelques fruits ou de quelques portions de fruits fossiles assez singuliers, trouvés dans le terrain houiller, et que nous ne pouvons jusqu'à présent rapporter avec quelque probabilité à aucune des plantes qui sont connues dans ce terrain.

Ces fruits appartiennent à quatre formes différentes, pour ne parler que de ceux dont nous avons des échantillons assez nombreux.

Le premier groupe se rapproche encore beaucoup des fruits que nous avons indiqués comme appartenant au genre Astérophyllites; mais leur taille beaucoup plus grande, l'épaisseur plus considérable de leur noyau central, et la disposition de la membrane qui les borde, nous laissent quelques doutes sur leur analogie avec les fruits de ce genre.

Nous en connoissons deux espèces, une de Newcastle et une de Saint-Étienne; dans cette dernière le noyau est oblong, un peu caréné dans son milieu et bordé d'une aile membraneuse, légèrement plissée, qui paroît échancrée au sommet.

Le second genre de fruits ne comprend qu'une seule espèce, dont nous avons des échantillons parfaitement conservés des mines de Firmini près Saint-Étienne : ce sont des graines ou des fruits probablement monospermes, ellipsoïdes, très-légèrement comprimés, sans aucune trace d'ailes membraneuses ; mais présentant deux lignes plus saillantes sur leurs bords et marquées à leur base d'une petite cicatrice d'insertion, et à leur extrémité opposée d'un petit mamelon conique, dont le pourtour de la base est légèrement déprimé.

Ces fruits ont en plus grand l'analogie la plus frappante avec les fruits de l'If (*Taxus baccata*), dont elles diffèrent surtout par leur taille et leur forme un peu plus alongée.

En coupant ces fruits tranversalement, je n'ai pu apercevoir dans leur intérieur aucune trace d'organisation ; ils sont parfaitement homogènes et transformés, je crois, en fer carbonaté ; mais dans un autre échantillon, moins parfait extérieurement et encore enchâssé dans la roche, qui provient de Saint-Étienne, et que je crois pouvoir rapporter avec certitude à cette même espèce, on voit une cavité simple, entourée d'une sorte de coque (péricarpe ou testa) épaisse. La cavité paroît se terminer supérieurement en un petit canal conique analogue à celui que forme le commencement interne du micropyle : je n'oserois pas cependant affirmer l'existence de ce caractère. S'il existoit bien clairement, il rendroit très-probable l'analogie de ce fruit avec celui des Conifères, et comme le *Lycopodites piniformis* est très-fréquent dans ce terrain, on pourroit présumer que ce fruit lui appartient. Si, au contraire, c'est un véritable fruit, et que le petit cône terminal soit la base du style, alors ce fossile ressembleroit beaucoup au fruit des *Ceratophyllum*, et nous pourrions présumer que c'est le fruit du genre *Sphenophyllum*, dont nous avons déjà indiqué les rapports avec les *Ceratophyllum*.

Le troisième groupe de fruits douteux de ce même terrain provient de Langeac ; il paroît renfermer deux espèces. Ces fossiles sembleroient plutôt être des graines que des fruits, à en juger par l'absence de symétrie et de toute espèce de trace du style. L'une de ces espèces, et la mieux conservée, est presque sphérique; mais elle est toujours oblique par rapport à son point d'attache, et présente autour de son point d'insertion un renflement analogue à celui qu'on observe sur plusieurs graines vivantes ; on y remarque en outre une ligne plus saillante, qui forme une sorte d'équateur tout autour de la graine. Nous ne pouvons nous faire aucune opinion probable sur ces graines.

Enfin, le dernier groupe de corps fossiles que nous voulions signaler ici comprend des sortes d'écailles épaisses et contenant peut-être des graines, ou servant à les protéger ; ces écailles ovales, marquées de nervures nombreuses, parallèles et convergentes aux deux extrémités, nous paroissent plutôt être des dépendances des organes de la fructification que de véritables fruits, ou que des feuilles ordinaires : j'en connois deux espèces, très-différentes par leur taille ; l'une a cinq à six centimètres de long sur trois à quatre de large, et présente quinze à seize nervures ; l'autre a un peu plus d'un centimètre de long sur un peu moins en largeur : elle est marquée de dix à douze nervures.

Ces organes méritent d'être recherchés et examinés sur de nombreux échantillons pour pouvoir déterminer à quelles plantes ils appartiennent.

Je ne parlerai pas des plantes douteuses qui appartiennent à d'autres terrains ; car, en général, nos doutes dépendent du mauvais état des échantillons, et la connoissance imparfaite que nous donnerions de ces plantes n'auroit même pas l'avantage de compléter ce que nous savons sur les fossiles de ces terrains, leur étude étant encore trop peu avancée pour que nous puissions espérer de l'amener bientôt au même point où nous sommes arrivés pour le terrain houiller. Je rappellerai seulement les fossiles que j'ai déjà décrits sous le nom de *Mamillaria Desnoyersii* (Ann. des sc. nat., tom. 4, page 419, pl. 19, fig. 9 — 11), et que j'ai cru pouvoir comparer aux tiges des Euphorbes arborescentes : analogie qui, quoique fondée sur des rapports extérieurs assez marqués, auroit cependant besoin d'être confirmée par l'examen d'échantillons en meilleur état.

CHAPITRE II.

Distribution des végétaux fossiles dans les diverses couches de la terre.

Après avoir fait connoître dans le premier chapitre l'ensemble des végétaux fossiles sous le rapport botanique et sans distinction de l'époque à laquelle ces végétaux existoient, il nous reste à les considérer suivant l'ordre de leur apparition à la surface de la terre; car l'ensemble de ces végétaux, tels que nous les avons passés en revue, ne donne aucune idée juste de la végétation de la terre aux diverses époques de sa formation, et l'examen des différentes flores qui se sont succédé à la surface du globe est propre à intéresser, non-seulement les géologues qui peuvent se servir de ces fossiles pour caractériser certaines formations, mais les botanistes qui veulent considérer l'étude des végétaux d'une manière générale, puisque cet examen leur fait pour ainsi dire connoître l'ordre de création des diverses familles du règne végétal. Enfin, cette distribution des végétaux dans les différentes couches de la terre pourra nous fournir quelques données sur l'état de notre globe aux époques où ils existoient.

§. 1.ᵉʳ TERRAIN DE TRANSITION.

Ce terrain, si riche en madrépores et autres animaux des classes inférieures, est très-pauvre en végétaux fossiles. Je ne connois comme appartenant bien certainement à cette époque que quelques *Fucoides*, qui ont été trouvés dans le calcaire de transition avec d'autres fossiles qui déterminoient bien l'époque de formation de ce calcaire. Dans quelques autres lieux on a trouvé, dans des couches que plusieurs géologues distingués rapportent à ce terrain, des plantes parfaitement semblables à celles du terrain houiller : ainsi le Musée de Strasbourg possède plusieurs échantillons de plantes qui accompagnent les anthracites de Berghaupten et de Zundsweiher, dans le pays de Bade, et d'autres qui se trouvent dans les terrains de transition de Bitschwiller (département du Haut-Rhin). M. Voltz considère ces formations comme appartenant aux terrains de transition et par conséquent comme plus anciens que la houille. M. Omalius d'Halloy cite aussi dans les terrains ardoisiers des Ardennes, qui lui paroissent contemporains du calcaire de transition, quelques débris de plantes analogues à celles du terrain houiller.[1]

Je ne parle pas ici des terrains d'anthracite des Alpes, puisque les observations récentes de M. Élie de Beaumont paroissent devoir les faire rapporter à une époque beaucoup moins ancienne.[2]

Il résulte toutefois de l'examen que nous avons fait des fossiles indiqués jusqu'à présent dans ces terrains de transition, qu'ils ne diffèrent souvent pas spécifiquement de ceux du terrain houiller, et qu'ils appartiennent tous aux mêmes genres, ainsi qu'on le verra par la liste que nous allons en donner ; on verra aussi que parmi les divers terrains de houille, le bassin qui s'étend de Saint-George-Chatellaison à Montrelais est celui qui offre le plus d'analogie, par les espèces de plantes qu'il renferme, avec ceux de Berghaupten et de Bitschwiller ; plusieurs espèces très-communes dans ce bassin houiller, telles que le *Sphenopteris dissecta*, et le *Pecopteris aspera*, se retrouvent en effet à Berghaupten.

Flore des terrains de transition.

* *Plantes marines.*

ALGUES.

1. FUCOIDES ANTIQUUS.	Calcaire de l'île de Linoë, près Christiania.
2. FUCOIDES SERRA.	Calcaire des env. de Québec.
3. FUCOIDES DENTATUS.	*Ibid.*
4. FUCOIDES CIRCINATUS.	Grès de la base du Kinnekulle en Suède.

** *Plantes terrestres.*

ÉQUISÉTACÉES.

1. CALAMITES RADIATUS.	Bitschwiller (Haut-Rhin).
2. CALAMITES VOLTZII.	Zundsweiher (grand-duché de Bade).

---

1 Voyez *Mémoires géologiques*; Namur, 1828, p. 122.
2 Voyez les Annales des sciences naturelles, Juin 1828.

FOUGÈRES.

1. SPHENOPTERIS DISSECTA.	Berghaupten (grand - duché de Bade).
2. CYCLOPTERIS FLABELLATA.	*Ibid.*
3. PECOPTERIS ASPERA.	*Ibid.*
4. SIGILLARIA TESSELATA.	*Ibid.*
5. SIGILLARIA VOLTZII.	Zundsweiher.

LYCOPODIACÉES.

1. LEPIDODENDRON. Plusieurs espèces en mauvais état et difficiles à déterminer.	Berghaupten et Bitschwiller.
2. STIGMARIA FICOIDES.	Bitschwiller.

*** *Plantes de classe douteuse.*

1. ASTEROPHYLLITES PYGMEA.	Berghaupten.

Si les localités d'où ces plantes proviennent appartiennent réellement aux terrains de transition, on peut conclure de cette liste que la végétation qui a donné naissance aux dépôts de houille existoit déjà à l'époque de la formation de ces terrains, et présumer qu'un espace de temps très-considérable n'a pas séparé le dépôt de ces deux formations. Les observations géologiques conduisent presque au même résultat; car le calcaire carbonifère des géologues anglois, qui ne diffère peut-être pas du calcaire de transition, alterne quelquefois avec les couches inférieures de la formation houillère, ce qui semble lier intimement cette formation aux terrains de transition.

§. 2. TERRAIN HOUILLER.

Il y a peu de phénomènes aussi remarquables en géologie que cette immense accumulation de végétaux, qui a donné naissance à des couches de charbon souvent d'une épaisseur très-considérable et quelquefois superposées en grand nombre les unes au-dessus des autres. Ce phénomène devient encore plus singulier, quand on pense que cette accumulation immense de combustible végétal est presque le premier indice qui se soit conservé de l'existence du règne végétal sur la terre, et quand on réfléchit que les végétaux qui ont formé ces vastes dépôts, n'appartenoient qu'à cinq ou six familles et à un nombre d'espèces infiniment inférieur à celui qui existe actuellement dans les pays les plus circonscrits et les moins favorisés à cet égard.

Avant de chercher à nous former une idée du mode de formation de ces dépôts de houille, énumérons d'abord les espèces qui y ont été observées.

Flore des terrains houillers.

* *Plantes marines.*

Aucune empreinte qu'on puisse rapporter avec quelque certitude à la famille des Algues n'a été découverte dans ces terrains.

** *Plantes terrestres ou d'eau douce.*

Classe III. CRYPTOGAMES VASCULAIRES.

ÉQUISÉTACÉES.

1. Equiset. infundibuliforme.	Saarbruek.
2. Equisetum dubium.	Wigan, dans le Lancastersh.
3. Calamites decoratus.	Yorkshire; Saarbruck.
4. Calamites Suckowii.	Newcastle; Saarbruck; Liége; Anzin; Litry; Wilkesbarre en Pensylvanie; Richmond en Virginie.
5. Calamites undulatus.	Yorkshire; Radnitz (Bohème).
6. Calamites ramosus.	Yorkshire; Mannebach, Wettin en Allemagne.
7. Calamites cruciatus.	Litry; Saarbruck.
8. Calamites Cistii.	Wilkesbarre en Pensylvanie; Montrelais; Saarbruck, etc.
9. Calamites dubius.	Yorkshire; Zanesville, état de l'Ohio.
10. Calamites cannæformis.	Langeac (H.^{te}-Loire); Alais; Yorkshire; Mannebach, Wettin, Radnitz en Allemagne.
11. Calamites pachyderma.	Saint-Étienne.
12. Calamites nodosus.	Newcastle; le Lardin, dép. de la Dordogne.
13. Calamites approximatus.	Alais; Liége; S. Étienne, etc.
14. Calamites Steinhaueri.	Yorkshire.

FOUGÈRES.

1. Sphenopteris furcata.	Charleroi; Newcastle; Silésie; Saarbruck.

2. SPHENOPTERIS ELEGANS.	Waldenburg, en Silésie.
3. SPHENOPTERIS STRICTA.	Mines du Northumberland et de Glasgow.
4. SPHENOPT. ARTEMISIÆFOLIA.	Newcastle.
5. SPHENOPTERIS DELICATULA.	Saarbruck ; Radnitz.
6. SPHENOPTERIS DISSECTA.	Montrelais; S. George-Chatellaison ; S. Hippolyte , dans les Vosges.
7. SPHENOPTERIS LINEARIS.	Swina en Bohême.
8. SPHENOPTERIS BRARDII.	Le Lardin.
9. SPHENOPTERIS NERVOSA.	
10. SPHENOPTERIS TRIFOLIOLATA.	Anzin , près Valenciennes ; Mons, env. de Liége; Silésie ; Yorkshire.
11. SPHENOPTERIS LENDIGERA.	
12. SPHENOPTERIS SCHLOTHEIMII.	Doutweiler près Saarbruck ; Waldenburg et Breitenbach en Silésie.
13. SPHENOPTERIS FRAGILIS.	Breitenbach.
14. SPHENOPT. HŒNINGHAUSII.	Mines de Werden; Newcastle.
15. SPHENOPTERIS DUBUISSONIS.	Montrelais.
16. SPHENOPTERIS DISTANS.	Silésie ; Illmenau.
17. SPHENOPTERIS GRACILIS.	Newcastle.
18. SPHENOPT. GRAVENHORSTII.	Silésie.
19. SPHENOPTERIS LOSHII.	Newcastle.
20. SPHENOPTERIS LATIFOLIA.	*Ibid.*
21. SPHENOPTERIS VIRLETII.	Saint - George - Chatellaison.
22. CYCLOPTERIS ORBICULARIS.	Saint-Étienne ; Liége.
23. CYCLOPTERIS AURICULATA.	Yorkshire.
24. NEVROPTERIS ACUMINATUS.	Klein-Schmalkalden (SCHLOT.)
25. NEVROPTERIS VILLIERSII.	Alais , départ. du Gard.
26. NEVROPTERIS CISTII.	Wilkesbarre en Pensylvanie.
27. NEVROPTERIS ROTUNDIFOLIA.	Mine du Plessis (Calv.); Yorkshire.
28. NEVROPTERIS LOSHII.	Newcastle ; Anzin ; Liége ; Wilkesbarre.
29. NEVROPTERIS TENUIFOLIA.	Saarbruck ; Miereschau en Bohême ; Waldenburg en Silésie ; Montrelais.
30. NEVROPTERIS HETEROPHYLLA.	Saarbruck ; Valenciennes ; Newcastle.
31. NEVROPTERIS GRANGERI.	Zanesville, état de l'Ohio.
32. NEVROPTERIS FLEXUOSA.	Envir. de Bath ; Saarbruck (STERNE.).
33. NEVROPTERIS GIGANTEA.	Mines d'Anzin.

34. NEVROPTERIS OBLONGATA.	Paulton, Sommersetshire.
35. GLOSSOPTERIS BROWNIANA.	Hawkesbury-River, près le port Jackson, Nouv. Galles du Sud, et mines de Rana-Gunge près Rajemahl dans l'Inde septentrionale.
36. PECOPTERIS LONGIFOLIA.	
37. PECOPTERIS BLECHNOIDES.	Mines de Werden près Dusseldorf; Saint-Priest, dép. de la Loire.
38. PECOPTERIS CANDOLLIANA.	Alais, dép. du Gard.
39. PECOPTERIS CYATHEA.	Saint-Étienne.
40. PECOPTERIS ARBORESCENS.	Saint-Étienne; Aubin, dép. de l'Aveyron; Anzin; Mannebach.
41. PECOPTERIS PLATYRACHIS.	Saint-Étienne.
42. PECOPTERIS DETHIERSII.	Mines de Charleroi.
43. PECOPTERIS POLYMORPHA.	Saint-Étienne; Alais; Litry, dép. du Calv.; Wilkesbarre,
44. PECOPTERIS OREOPTERIDIS.	Le Lardin; Mannebach, Wettin (SCHLOTH.).
45. PECOPTERIS BUCKLANDII.	Environs de Bath.
46. PECOPTERIS AQUILINA.	Mannebach et Wettin(SCHL.),
47. PECOPTERIS SCHLOTHEIMII.	Mannebach (SCHLOT.); Geislautern.
48. PECOPTERIS PTEROIDES.	Mannebach; Aubin.
49. PECOPTERIS DAVREUXII.	Liége; Valenciennes.
50. PECOPTERIS MANTELLI.	Newcastle; Liége.
51. PECOPTERIS LONCHITICA.	Newcastle; Saarbruck; Silésie; Namur.
52. PECOPTERIS SERLII.	Bath; Saint-Étienne; Geislautern; Wilkesbarre.
53. PECOPTERIS GRANDINI.	Geislautern.
54. PECOPTERIS CRENULATA.	*Ibid.*
55. PECOPTERIS MARGINATA.	Alais.
56. PECOPTERIS GIGANTEA.	Abascherhütte, pays de Trèves; Saarbruck; Wilkesbarre; Liége.
57. PECOPTERIS PUNCTULATA.	Montagne des Rousses en Oisans; Wilkesbarre.
58. PECOPTERIS NERVOSA.	Waldenburg; Rolduc; Liége; pays de Galles.
59. PECOPTERIS OBLIQUA.	Valenciennes.
60. PECOPTERIS BRARDII.	Mines du Lardin.
61. PECOPTERIS DEFRANCII.	Saarbruck.

62. Pecopteris ovata.	Saint-Étienne.
63. Pecopteris Plukenetii.	Alais; Saint-Étienne.
64. Pecopteris arguta.	Saint - Étienne ; Saarbruck (Schloth.); Rhode - Island , États-Unis.
65. Pecopteris alata.	Nouv. Galles du sud.
66. Pecopteris cristata.	Saarbruck.
67. Pecopteris aspera.	Montrelais.
68. Pecopteris Miltoni.	Saarbruck; Yorkshire (Art.).
69. Pecopteris abbreviata.	Valenciennes.
70. Pecopteris microphylla.	Saarbruck.
71. Pecopteris æqualis.	Fresnes et Vieux-Condé prés Valenciennes; Silésie.
72. Pecopteris acuta.	Saarbruck; Ronchamp, Haute-Saône.
73. Pecopteris unita.	Geislautern; Saint-Étienne.
74. Pecopteris debilis.	Mines de Ronchamp.
75. Pecopteris dentata.	Valenciennes; Doutweiler.
76. Pecopteris angustissima.	Swina , en Bohème ; Saarbruck.
77. Pecopteris gracilis.	Geislautern; Valenciennes.
78. Pecopteris pennæformis.	Mines de Fresnes et de Vieux-Condé; Saarbruck.
79. Pecopteris triangularis.	Mines de Fresnes et de Vieux-Condé.
80. Pecopteris pectinata.	Geislautern.
81. Pecopteris plumosa.	Saarbruck ; Valenciennes ; Yorkshire (Artis).
82. Lonchopteris Dournaisii.	Valenciennes.
83. Lonchopteris cancellata.	
84. Odontopteris Brardi.	Le Lardin et Terrasson (Dordogne); Saint-Étienne.
85. Odontopteris crenulata.	Terrasson.
86. Odontopteris minor.	Saint - Étienne et le Lardin.
87. Odontopteris obtusa.	Terrasson.
88. Odontopt. Schlotheimii.	Mines de Mannebach et de Wettin.
89. Schizopteris anomala.	Saarbruck.
90. Sigillaria punctata.	Bohème.
91. Sigillaria appendiculata.	Bohème ; Yorkshire.
92. Sigillaria peltigera.	Alais.
93. Sigillaria Cistii.	Wilkesbarre.
94. Sigillaria levis.	Liége.
95. Sigillaria canaliculata.	Saarbruck.
96. Sigillaria rugosa.	Wilkesbarre.

97.	Sigillaria Cortei.	Mines d'Essen.
98.	Sigillaria elongata.	Charleroi; Liége.
99.	Sigillaria reniformis.	Mons; envir. d'Essen.
100.	Sigillaria hippocrepis.	Mons.
101.	Sigillaria Davreuxii.	Liége.
102.	Sigillaria Candollii.	Alais.
103.	Sigillaria oculata.	Bohème.
104.	Sigillaria orbicularis.	Saint-Étienne; Saarbruck.
105.	Sigillaria tessellata.	Alais; Bath; Eschweiler; Wilkesbarre.
106.	Sigillaria Boblayi.	Anzin.
107.	Sigillaria Knorrii.	Saarbruck.
108.	Sigillaria elliptica.	Saint-Étienne.
109.	Sigillaria transversalis.	Eschweiler près Aix-la-Chap.
110.	Sigillaria pyriformis.	
111.	Sigillaria Sillimanni.	Wilkesbarre.
112.	Sigillaria subrotunda.	Doutweiler près Saarbruck.
113.	Sigillaria cuspidata.	Saint-Étienne.
114.	Sigillaria scutellata.	
115.	Sigillaria pachyderma.	
116.	Sigillaria notata.	Saarbruck; Silésie; Liége.
117.	Sigillaria Dournaisii.	Charleroi; Valenciennes.
118.	Sigillaria trigona.	Radnitz, en Bohème (Stern.).
119.	Sigillaria mamillaris.	Charleroi.
120.	Sigillaria alveolaris.	Saarbruck.
121.	Sigillaria hexagona.	Mines de Borckum près d'Essen, et d'Eschweiler.
122.	Sigillaria elegans.	Mines de Borckum.
123.	Sigillaria ornata.	
124.	Sigillaria Menardi.	
125.	Sigillaria Brardi.	Terrasson.
126.	Sigillaria lævigata.	Montrelais.
127.	Sigillaria obliqua.	Wilkesbarre.
128.	Sigillaria dubia.	*Ibid.*
129.	Sigillaria Defrancii.	
130.	Sigillaria Serlii.	Paulton (Sommersetshire).

MARSILÉACÉES.

1.	Sphenophyllum Schlotheimii.	Waldenburg en Silésie.
2.	Sphenophyllum emarginatum.	Bath; Wilkesbarre.
3.	Sphenophyllum truncatum.	Sommersetshire.
4.	Sphenophyllum dentatum.	Newcastle; Anzin; Geislaut.
5.	Sphenophyllum fimbriatum.	
6.	Sphenophyllum quadrifidum.	Terrasson.
7.	Sphenophyllum dissectum.	Montrelais; S. George-Chatell.

LYCOPODIACÉES.

1. LYCOPODITES PINIFORMIS.	Saxe-Gotha; Saint-Étienne.
2. LYCOPODITES POLYPHYLLUS.	
3. LYCOPOD. GRAVENHORSTII.	Silésie.
4. LYCOPODITES SILLIMANNI.	Hadley, sur la rivière Connecticut aux États-Unis.
5. LYCOPOD. HŒNINGHAUSII.	Eisleben.
6. LYCOPODITES IMBRICATUS.	Saint-George-Chatellaison.
7. LYCOPOD. PHLEGMARIOIDES.	Newcastle; Silésie.
8. LYCOPODITES TENUIFOLIUS.	Saint-George-Chatellaison.
9. LYCOPODITES? FILICIFORMIS.	Wettin.
10. LYCOPODITES? AFFINIS.	*Ibid.*
11. SELAGINITES PATENS.	Édimbourg.
12. SELAGINITES ERECTUS.	Mont-Jean près d'Angers.
13. LEPIDODEND. SELAGINOIDES.	Bohème; Silésie.
14. LEPIDODENDRON ELEGANS.	Swina en Bohème.
15. LEPIDODEND. BUCKLANDI.	Colebrookdale.
16. LEPIDODENDRON OPHIURUS.	Newcastle; Charleroi.
17. LEPIDODENDRON RUGOSUM.	Charleroi; Valenciennes.
18. LEPIDODEND. UNDERWOODII.	Isle d'Anglesea.
19. LEPIDODENDRON TAXIFOLIUM.	Illmenau.
20. LEPIDODENDRON INSIGNE.	Saint-Ingbert en Bavière.
21. LEPIDODEND. STERNBERGII.	Swina en Bohème.
22. LEPIDODEND. LONGIFOLIUM.	*Ibid.*
23. LEPIDODENDRON MAMILLARE.	Wilkesbarre.
24. LEPIDODEND. ORNATISSIMUM.	Édimbourg; Yorkshire; Silésie.
25. LEPIDODEND. TETRAGONUM.	Newcastle.
26. LEPIDODENDRON VENOSUM.	Waldenburg en Silésie.
27. LEPIDODEND. TRANSVERSUM.	Glasgow.
28. LEPIDOD. VOLKMANNIANUM.	Silésie.
29. LEPIDODENDRON RHODIANUM.	Silésie; Yorkshire; Valencien.
30. LEPIDODENDRON CORDATUM.	Durham en Angleterre.
31. LEPIDODENDRON OBOVATUM.	Radnitz en Bohème; Silésie; Mines de Fresnes et Vieux-Condé.
32. LEPIDODENDRON DUBIUM.	Newcastle.
33. LEPIDODENDRON LÆVE.	Comté de la Marche.
34. LEPIDODEND. PULCHELLUM.	Alais; Liége.
35. LEPIDODENDRON CŒLATUM.	Yorkshire.
36. LEPIDODENDRON VARIANS.	Wilkesbarre; Saarbruck.
37. LEPIDODENDRON CARINATUM.	Saint-George-Chatellaison; Montrelais.
38. LEPIDODENDRON CRENATUM.	Bohème; Eschweiler; Essen; Zanesville.

39. LEPIDODENDRON ACULEATUM.	Essen; Wilkesbarre; Bohême; Silésie.
40. LEPIDODENDRON CISTII.	Wilkesbarre.
41. LEPIDODENDRON DISTANS.	Saint-Étienne.
42. LEPIDODENDRON LARICINUM.	Bohême; Silésie.
43. LEPIDODENDRON RIMOSUM.	Bohême.
44. LEPIDODENDRON UNDULATUM.	*Idem.*
45. LEPIDODENDRON CONFLUENS.	Silésie; Eschweiler.
46. LEPIDODEND. IMBRICATUM.	Eschweiler; Wettin.
47. LEPIDOPHYLLUM MAJUS.	Geislautern.
48. LEPIDOPHYLL. LANCEOLATUM.	Montrelais.
49. LEPIDOPHYLLUM BOBLAYI.	Valenciennes.
50. LEPIDOPHYLLUM TRINERVE.	Montrelais.
51. LEPIDOPHYLLUM LINEARE.	Alais.
52. LEPIDOSTROBUS ORNATUS.	Shropshire.
53. LEPIDOSTROBUS UNDULATUS.	Angleterre.
54. LEPIDOSTROB. EMARGINATUS.	Yorkshire.
55. LEPIDOSTROBUS MAJOR.	
56. CARDIOCARPON MAJUS.	Saint-Étienne; Langeac.
57. CARDIOCARPON POMIERI.	Langeac (H.^{te} Loire).
58. CARDIOCARPON CORDIFORME.	*Ibid.*
59. CARDIOCARPON OVATUM.	*Ibid.*
60. CARDIOCARPON ACUTUM.	*Ibid.*
61. STIGMARIA RETICULATA.	Angleterre.
62. STIGMARIA WELTHEIMIANA.	Magdebourg.
63. STIGMARIA REGULARIS.	Allemagne.
64. STIGMARIA INTERMEDIA.	Saint - George - Chatellaison; Montrelais; Wilkesbarre.
65. STIGMARIA FICOIDES.	Saint-George-Chatellaison et Montrelais; Saint-Étienne; Liége; Charleroi; Valenciennes; Muhlheim près Dusseldorf; Dudley en Derbyshire; Silésie; Bavière.
66. STIGMARIA TUBERCULOSA.	Montrelais; Wilkesbarre.
67. STIGMARIA RIGIDA.	Anzin près Valenciennes.
68. STIGMARIA MINIMA.	Isle d'Anglesea; Charleroi.

CLASSE IV. PHANÉROGAMES GYMNOSPERMES.

Aucune plante du terrain houiller ne paroît se rapporter à cette classe, à moins que quelques-unes des plantes que nous avons placées parmi les Lycopodes ne fussent des Conifères.

Classe V. PHANÉROGAMES MONOCOTYLÉDONES.
PALMIERS.

1. Flabellaria ? borassifolia.	Swina en Bohème.
2. Nœggerathia foliosa.	Bohème.
3. Zeugophyllites calamoides.	Mines de Rana-Gunje près Rajemahl, dans l'Inde sept.

CANNÉES.

Cannophyllites Virletii.	S. George-Chatellaison.

* *Monocotylédones dont la famille est incertaine.*

1. Sternbergia angulosa.	Yorkshire.
2. Sternbergia approximata.	Langeac ; Saint-Étienne.
3. Sternbergia distans.	Édimbourg.
4. Poacites lanceolata.	Zanesville, état de l'Ohio.
5. Poacites æqualis.	Terrasson.
6. Poacites striata.	*Ibid.*
7. Trigonocarp. Parkinsonis.	Angleterre et Écosse.
8. Trigonocarp. Nœggerathi.	Langeac ; mines de houille du bord du Rhin.
9. Trigonocarpum ovatum.	Langeac.
10. Trigonocarp. cylindricum.	*Ibid.*
11. Trigonocarpum dubium.	
12. Musocarpum prismaticum.	*Ibid.*
13. Musocarpum difforme.	*Ibid.*
14. Musocarpum contractum.	Oldam, Lancastershire.

** *Végétaux dont la classe est incertaine.*

1. Phyllotheca australis.	Hawkesbury - River , Nouvelle - Hollande.
2. Annularia minuta.	Terrasson.
3. Annularia brevifolia.	Alais ; Geislautern.
4. Annularia fertilis.	S. Étienne ; Bath ; Wilkesbar.
5. Annularia floribunda.	Saarbruck (Sternb.).
6. Annularia longifolia.	Camerton près Bath ; Geislautern ; Silésie ; Alais ; Wilkesbarre.
Var. minor.	Charleroi ; Terrasson.
7. Annularia spinulosa.	Saxe (Sternb.).
8. Annularia radiata.	Saarbruck.
9. Asterophyl. equisetiformis.	Mannebach en Saxe ; Rhode-Island.
10. Asterophyllites rigida.	Alais ; Valenciennes ; Charleroi ; Bohème.

11. ASTEROPHYLL. HIPPUROIDES.	Alais.
12. ASTEROPHYLLITES LONGIFOLIA.	Eschweiler (STERNB.).
13. ASTEROPHYLLITES TENUIFOLIA.	Silésie ; Newcastle.
14. ASTEROPHYLL. TUBERCULATA.	Allemagne (STERNB.).
15. ASTEROPHYLL. DELICATULA.	Charleroi ; Anzin.
16. ASTEROPHYLLITES BRARDI.	Terrasson.
17. ASTEROPHYLLITES DUBIA.	
18. ASTEROPHYLLITES DIFFUSA.	Radnitz en Bohème.
19. VOLKMANNIA POLYSTACHYA.	Waldenburg en Silésie.
20. VOLKMANNIA DISTACHYA.	Swina en Bohème.
21. VOLKMANNIA EROSA.	Terrasson.

Si maintenant nous résumons cette flore, en présentant en chiffres le nombre des espèces de chaque classe et de chaque famille, et si nous mettons en regard les nombres approximatifs des plantes vivantes de chacune de ces classes, nombres qui, considérés d'une manière absolue, s'éloignent certainement de la vérité, mais dont les rapports sont assez exacts pour notre objet, nous aurons le tableau suivant.

	A L'ÉPOQUE de la formation du terrain houiller.	A L'ÉPOQUE actuelle.
I. AGAMES..............................	0	7,000
II. CRYPTOGAMES CELLULEUSES......	0	1,500
III. CRYPTOGAMES VASCULAIRES.		
ÉQUISÉTACÉES............ 14		
FOUGÈRES................ 130	219	1,700
MARSILÉACÉES........... 7		
LYCOPODIACÉES.......... 68		
IV. PHANÉROGAMES GYMNOSPERMES.	0	150
V. PHANÉROGAMES MONOCOTYLÉD.		
PALMIERS................ 3		
CANNÉES................ 1	18	8,000
INDÉTERMINÉES.......... 14		
VI. PHANÉROGAMES DICOTYLÉDONES (certaines)......................	0	32,000
Plantes dont la classe est incertaine......	21	
	258	50,350

Il suffit de jeter un coup d'œil sur ce tableau pour voir la différence qui existe entre la végétation de cette époque reculée et celle qui couvre actuellement notre globe. La plus grande partie de cette flore est formée par les Cryptogames vasculaires, c'est-à-dire par les Fougères et les familles voisines, qui constituent à elles seules les cinq sixièmes de la somme totale des végétaux de cette époque, tandis qu'elles ne forment qu'un trentième de la végétation actuelle ; au contraire, les plantes dicotylédones, qui composent plus des trois cinquièmes des végétaux vivans, n'existoient probablement pas à cette époque, ou ne formoient qu'un douzième de l'ensemble de la végétation, en supposant qu'on rapporta à cette classe les vingt espèces, dont la position est incertaine.

Quant aux Phanérogames monocotylédones, dont le nombre est plutôt trop fort sur notre liste, puisqu'il comprend des organes très-différens, appartenant peut-être aux mêmes espèces, elles ne forment qu'un quatorzième du total ; tandis qu'actuellement ces végétaux composent environ un sixième des espèces connues.

D'autres différences entre la flore de cette époque et celle des temps modernes résultent de la comparaison des végétaux des mêmes familles ; nous voyons que des genres fort différens de ceux que nous connoissons existoient alors dans la plupart de ces familles. Les *Calamites* parmi les Équisétacées, les *Nevropteris* et les *Odontopteris* parmi les Fougères, les *Sphenophyllum* parmi les Marsiléacées, les *Lepidodendron* parmi les Lycopodiacées ; les genres *Næggerathia* et *Zeugophyllites*, dans la famille des Palmiers ; enfin, les *Phyllotheca*, les *Rotularia* et les *Asterophyllites*, sont autant de groupes tout-à-fait étrangers à notre végétation actuelle.

Si nous considérons d'une manière générale les caractères les plus frappans qui distinguent ces genres des plantes des mêmes familles que nous connoissons, nous verrons que, parmi les Cryptogames en particulier, les espèces de cette époque différoient de celles qui habitent maintenant notre globe par une taille plus considérable, par un développement plus grand de tous leurs organes et surtout de leurs tiges ; développement qui maintenant est toujours le résultat d'une température plus élevée et d'un climat plus humide. On sait, en effet, que ces causes favorisent, plus qu'aucune autre, l'accroissement des végétaux en général, et plus spécialement celui des Cryptogames vasculaires et des monocotylédones ; ainsi dans les climats froids ou tempérés on ne rencontre que des Équisétacées et des Lycopodes peu élevées, que des Fougères basses et rampantes, que des Monocotylédones herbacées ;

tandis que sous les tropiques ou à peu de degrés au-delà, les Prêles et les Lycopodes s'élèvent souvent à une hauteur assez considérable, et beaucoup d'espèces de Fougères et de Monocotylédones deviennent arborescentes.

Ces caractères de la végétation primitive du globe ne sont pas particuliers à une petite partie de sa surface, à l'Europe seulement, par exemple. Les mêmes formes et souvent les mêmes espèces se retrouvent à de très-grandes distances ; ainsi les plantes des terrains houillers de l'Amérique septentrionale sont la plupart parfaitement identiques avec celles de l'Europe, et toutes appartiennent aux mêmes genres. Quelques échantillons du Groënland se rapportent aussi à des Fougères analogues à celles de nos mines de houille d'Europe, et il paroît que des espèces semblables ont été trouvées par le capitaine Parry dans le fond de la baie de Baffin ; c'est du moins ce qu'on peut conclure de la notice publiée par M. le professeur Jameson, sur les roches rapportées par ce voyageur, car il ne m'a pas été possible d'examiner par moi-même ces échantillons, dont la détermination exacte eût été fort intéressante.

Nous ne possédons jusqu'à présent que bien peu de renseignemens sur les fossiles qui accompagnent la houille entre les tropiques ou dans les régions australes. J'ai vu trois espèces de plantes fossiles des mines de houille de la Nouvelle-Hollande : deux sont dés Fougères, et la troisième est une plante à feuilles verticillées ; toutes trois appartiennent par conséquent aux mêmes familles que les plantes des terrains houillers de l'hémisphère boréal, quoiqu'à des espèces ou même à des genres différens.

Je n'ai encore pu examiner que deux espèces de plantes bien caractérisées des mines de houille de l'Inde : l'une est une Fougère, différant à peine comme variété de l'une des espèces de la Nouvelle-Hollande ; l'autre constitue un genre particulier, très-probablement de la famille des Palmiers.

Il existe encore des mines de houille dans l'Amérique équatoriale et australe, dans la Colombie, le Pérou et le Chili ; mais, malgré tous mes efforts, je n'ai pu obtenir jusqu'à présent aucun échantillon des plantes fossiles qui les accompagnent ; nous n'avons donc que des données bien incomplètes sur les plantes fossiles des terrains houillers de la zone équinoxiale et des régions australes, et par conséquent sur la végétation primitive de ces parties du globe ; cependant le peu d'échantillons que nous connoissons, se rapportant aux mêmes familles que ceux des dépôts houillers d'Europe, sembleroient indiquer dans la végétation de cette époque une uniformité bien plus grande que celle qui existe actuellement.

Des faits plus nombreux sont pourtant nécessaires pour étendre aux terrains houillers de ces régions les conclusions auxquelles nous conduisent ceux de l'Europe et de l'Amérique septentrionale. Nous espérons que les voyageurs instruits fixeront leur attention sur tout ce qui peut éclaircir cette question, l'une des plus intéressantes de la géologie, et nous fourniront les moyens de comparer la végétation des diverses zones du globe à cette époque.

Les deux caractères essentiels de la végétation qui a donné naissance aux couches de houille de l'hémisphère boréal et peut-être de tout le globe [1], sont donc : 1.º la proportion considérable des Cryptogames vasculaires ; 2.º le grand développement des végétaux de cette classe.

Tels sont les résultats certains et indépendans de toute théorie que nous fournit l'étude des végétaux de cette époque; mais il est difficile, après être arrivé à ces résultats, de ne pas chercher à remonter aux causes qui les ont produits et de ne pas tâcher de se représenter l'état dans lequel devoit se trouver notre globe, lorsqu'une végétation aussi remarquable couvroit sa surface.

Ce n'est encore que par la comparaison de cette flore avec celles des diverses parties de la surface actuelle du globe que

---

1 Je considère toujours la houille comme devant son origine aux végétaux qui croissoient sur la terre à l'époque de sa formation, et je crois qu'il est bien peu de savans maintenant qui ne partagent cette opinion. Cependant on avoit indiqué quelques terrains houillers qui n'étoient pas accompagnés de restes de plantes. Les mines de Saint-George-Chatellaison, dans le département de Maine-et-Loire, avoient été citées en particulier comme étant dans ce cas : mais, depuis l'époque où M. Cordier fit cette remarque, de nombreux fossiles ont été observés dans ces mines, et j'ai eu occasion de les citer dans l'énumération précédente. Cette exception apparente, sur laquelle on auroit peut-être cherché à se fonder pour attribuer à la houille une autre origine, est donc détruite.

nous pouvons arriver à ce résultat. Une première conséquence de cette comparaison semble découler naturellement de la présence de beaucoup de Monocotylédones ou de Cryptogames vasculaires arborescentes à cette époque ; végétaux qui n'existent plus que dans les parties les plus chaudes de la terre. Il y a donc une grande probabilité que le climat des parties de la terre où ces végétaux croissoient, étoit au moins aussi chaud que celui des régions équinoxiales, peut-être même plus chaud, puisque nous voyons actuellement ces plantes prendre toujours un accroissement d'autant plus grand que le climat est plus chaud et que celles qui croissoient sur la terre à cette époque reculée surpassoient les plus grandes espèces qui l'habitent à présent.

Si d'une autre part nous comparons cette flore ancienne avec les flores des diverses régions du globe, sous le point de vue de la proportion numérique des espèces des différentes classes, nous n'en trouverons aucune qui lui soit complétement analogue ; mais nous verrons que plus ces flores appartiennent à des espaces de terre plus circonscrits au milieu d'étendues d'eau plus vastes, c'est-à-dire à des îles plus petites et plus éloignées des continens, et plus elles se rapprochent par la proportion des diverses familles de ce que nous connoissons dans les terrains houillers. Suivant l'observation faite en premier, je crois, par M. R. Brown [1], et qui a été développée depuis par M. d'Urville [2], les Fougères et les Lycopodes paroissent soumises à deux influences différentes, qui déterminent le nombre des espèces de ces familles par rapport au nombre total des végétaux phanérogames : la température est une de ces causes ; l'influence de l'air humide et de la température uniforme de la mer, paroît être l'autre. Il en résulte que dans les localités également favorisées sous le rapport de ces dernières circonstances, ces plantes sont plus fréquentes dans la zone équatoriale que dans les zones plus froides ; mais que sous la même zone elles sont beaucoup plus abondantes dans les îles que sur les continens. Nous pourrions citer de nombreux exemples à l'appui de cette proposi-

---

[1] Observ. sur la botanique du Congo, p. 42.
[2] Ann. des sc. nat, tom. 6, p. 51.

tion, mais ce n'en est pas ici le lieu; nous dirons seulement que dans les parties les plus favorables au développement de ces plantes sur le continent de l'Europe tempérée, leur rapport aux phanérogames est comme 1 : 40, tandis que dans les mêmes circonstances, dans les régions continentales, entre les tropiques, M. R. Brown admet que ce rapport est comme 1 : 20, et dans les cas moins favorables comme 1 : 26.

Sous la même latitude cette proportion devient bien plus grande dans les îles : ainsi, dans les Antilles le rapport des Fougères aux plantes Phanérogames paroît être à peu près comme 1 : 10, au lieu de 1 : 20, qui est celui des parties les plus favorisées du continent américain; dans les îles de la mer du Sud ce rapport, au lieu d'être 1 : 26, comme dans le continent de l'Inde et de la Nouvelle-Hollande tropicale, devient 1 : 4 ou 1 : 3; à Sainte-Hélène et à Tristan d'Acugna la proportion de ces végétaux est comme 2 : 3; enfin, à l'île de l'Ascension, en ne considérant que les plantes évidemment indigènes, il paroît y avoir égalité entre les plantes Phanérogames et les Cryptogames vasculaires.

On conçoit donc que, si des îles analogues à celles que nous venons de citer, existoient seules sur la surface de notre globe au milieu d'une vaste mer, où elles ne formeroient que des sortes de points épars, la proportion des Fougères seroit probablement encore plus grande, et, au lieu de l'égalité des deux grands groupes de végétaux que nous comparons, nous pourrions voir les Cryptogames vasculaires l'emporter de beaucoup sur les Phanérogames; c'est ce qui a lieu dans le terrain houiller, et ces considérations de géographie botanique doivent déjà nous porter à penser que les végétaux qui ont donné naissance à ces dépôts, croissoient sur des archipels d'îles peu étendues. La disposition des terrains houillers par lignes interrompues, qu'on a appelés des bassins et comparés à des successions de lacs ou à des vallées, est au moins aussi analogue à la disposition la plus fréquente des îles qui, représentant les crêtes de chaines de montagnes sous-marines, sont généralement placées en séries; enfin, le morcellement du terrain houiller, et au contraire la vaste étendue et la continuité des terrains de calcaire de transition, qu'on peut considérer comme les dépôts formés dans la mer qui environnoit ces îles, nous semblent confirmer cette hypothèse.

M. de Sternberg et M. Boué, en se fondant uniquement sur des considérations géologiques, avoient été également conduits à admettre qu'à l'époque de la formation des terrains houillers, les continens devoient avoir moins d'étendue et les mers devoient couvrir une plus grande surface que cela n'a lieu maintenant; la géographie botanique ancienne confirme complétement cette hypothèse et lui donne beaucoup plus de probabilité.

La géologie et la botanique nous paroissent donc s'accorder pour annoncer qu'à cette époque la surface sèche de la terre étoit bornée à des îles peu étendues, disposées par archipels au sein de vastes mers, et sur lesquelles croissoient les végétaux dont nous trouvons les restes dans la formation houillère. Des preuves nombreuses établissent également que ces végétaux croissoient dans les lieux mêmes où nous les trouvons, ou du moins à de très-petites distances; la manière dont les plantes sont conservées dans les roches qui accompagnent les couches de houille, et la présence dans plusieurs cas de tiges verticales et telles qu'elles devoient être pendant leur vie, sont les plus convaincantes. Nous ne saurions par cette raison attribuer la formation des couches de houille à l'accumulation des détritus de végétaux transportés de loin, et déposés pour ainsi dire à l'état de bouillie dans le fond des mers environnantes, ainsi que le supposent MM. de Sternberg et Boué; il seroit en effet bien difficile de comprendre comment les mêmes causes qui ont réduit en une sorte de bouillie les plantes qui ont formé la houille elle-même, n'ont pas altéré les végétaux qui se trouvent dans les couches voisines; comment cette houille, formée au milieu de la mer, ne contient aucun débris marin; comment, enfin, une substance déposée ainsi ne présenteroit pas plus d'inégalités dans l'épaisseur de la même couche, suivant la forme du fond sur lequel elle s'est étendue. Le transport de ces détritus végétaux par les cours d'eau s'accorde aussi difficilement avec la supposition faite par les mêmes auteurs d'un sol divisé en îles peu étendues et peu élevées, sur lesquelles il ne pouvoit pas exister de cours d'eau bien puissans; enfin, on ne conçoit pas dans cette hypothèse comment les restes ramollis des

végétaux terrestres tenus en suspension dans l'eau de la mer,
n'auroient formé que des dépôts limités comme les couches de
houille, et ne se seroient pas répandus sur tout le fond de la
mer, qui devoit couvrir alors la plus grande partie de la terre.

L'égalité d'épaisseur des couches de houille, dans le plus
grand nombre des cas, leur disposition, la nature même de
cette substance, nous portent à partager l'opinion de Deluc,
qui considéroit ces couches comme de vastes tourbières, dont
diverses circonstances avoient amené l'ensevelissement sous
des couches d'autres substances. En effet, la manière de
considérer la formation de la houille qui paroit le mieux
s'accorder avec ce que nous savons de la disposition des
terrains houillers, consiste à supposer que des iles plus ou
moins étendues étoient couvertes de plantes douées d'une végétation très-active, due à l'influence d'une température
chaude et humide, et peut-être d'une autre cause, que nous
indiquerons plus bas; que ces végétaux formoient par leur
destruction des couches de tourbe plus ou moins étendues,
et plus ou moins épaisses, dans les vallées qui s'ouvroient vers
la mer; couches analogues, sous beaucoup de rapports, aux
tourbières qui existent encore dans les vallées des montagnes;
que ces lits de tourbe pouvoient, en se formant, alterner
avec des dépôts de sable ou d'argile, comme on l'observe
maintenant dans les tourbières de beaucoup de pays, et notamment dans celles de la vallée de la Somme et de plusieurs
parties de la Hollande. Dans d'autres cas ces alternances peuvent être dues à des phénomènes qui ne peuvent plus se reproduire dans les circonstances actuelles, et nous n'examine-
rons pas les diverses hypothèses, tout-à-fait géologiques, par
lesquelles on a tenté d'expliquer cette alternative des couches
de houille et de roches de diverse nature, tantôt par l'élévation de la mer, tantôt par l'abaissement du sol qui portoit
ces tourbières; tantôt, enfin, par le glissement de ces couches
de tourbes dans la mer; cette discussion nous entraîneroit
trop loin de notre sujet.

Mais on peut élever contre l'idée que nous venons d'admettre, de se représenter les couches de houille comme
des lits de tourbe, une objection qui mérite d'être discutée.
Nulle part nous ne connoissons de tourbières entièrement

ou presque entièrement formées de Fougères, de Lycopodes, de Prêles, etc. Ces végétaux s'y trouvent bien quelquefois, mais ils ne forment qu'une petite partie des plantes de nos tourbières, et ne peuvent pas être considérées comme ayant fourni les matériaux essentiels de la tourbe. Nous ferons remarquer d'abord à cet égard que nous n'avons que bien peu de données sur la topographie botanique ou sur les associations des plantes des régions équinoxiales. Mais, en outre, il s'agit moins de savoir si des Fougères croissent abondamment dans les tourbières des pays chauds et contribuent à la formation de la tourbe, que de déterminer s'il ne pouvoit pas exister, à l'époque de la formation des terrains houillers, des circonstances particulières qui pussent faciliter la formation de semblables tourbières.

Telles sont, en particulier, toutes les causes qui peuvent activer la végétation, la rendre en partie indépendante du sol et s'opposer à la décomposition des matières végétales résultant des végétaux morts. Parmi les diverses circonstances qui peuvent amener ces résultats, il en est une dont l'existence me paroît difficile à révoquer en doute, et sur laquelle cependant on n'a pas, je crois, fixé l'attention. Il est évident que les êtres organisés actuellement existans, tant animaux que végétaux, que les dépôts de combustibles fossiles de toutes les époques, que tous les calcaires bitumineux renferment une quantité considérable de carbone, qui, avant l'existence des êtres qui le contenoient et qui l'ont déposé dans les couches de la terre, devoit se trouver dans la nature dans un état tel que ces êtres pussent se l'assimiler. On peut, avec beaucoup de vraisemblance, supposer que ce carbone étoit répandu, à l'état d'acide carbonique, dans l'atmosphère, et que c'est à cet état que les végétaux l'ont puisé d'abord pour le transmettre ensuite aux animaux.

On sait parfaitement par les expériences de M. Théodore de Saussure, que la proportion d'acide carbonique que renferme notre atmosphère, est loin d'être la plus favorable à la vie des végétaux; qu'une quantité beaucoup plus considérable, jusqu'à 2, 3, 4 et même jusqu'à 8 pour 100, rend la végétation plus active lorsque les plantes sont exposées à l'influence du soleil. Une proportion d'acide carbonique plus grande que celle qui existe actuellement dans l'atmosphère, devoit donc rendre la vie des végétaux plus active et plus indépendante d'un sol encore stérile et chargé de peu de terreau, en permettant à ces végétaux de vivre presque uniquement aux dépens de l'atmosphère. D'un autre côté, la présence de cette plus grande quantité d'acide carbonique dans l'air devoit s'opposer, en partie du moins, à la décomposition des végétaux morts et à leur transformation en terreau, qui est due presque entièrement à la soustraction de leur carbone par l'oxigène de l'air. Le bois et tous les restes de végétaux morts devoient donc se conserver plus long-temps, ou perdre seulement leur partie aqueuse et se transformer ainsi en une matière plus riche en carbone que le terreau, analogue à la tourbe, et qui auroit été l'origine de la houille.

On peut ainsi concevoir facilement la formation de cette sorte de tourbières dans des lieux et avec des végétaux qui ne seroient plus propres à donner naissance à nos tourbes actuelles.

Cette hypothèse de la présence d'une plus grande quantité d'acide carbonique dans l'atmosphère, à l'époque de la formation du premier terrain de sédiment, sans laquelle nous ne concevons pas comment on pourroit expliquer, d'une manière plausible, l'origine de tout le carbone fixé dans les corps organisés fossiles et vivans, s'accorde aussi parfaitement avec l'existence bien plus ancienne des végétaux terrestres que des animaux à respiration aérienne, pour lesquels cette même quantité d'acide carbonique eût été mortelle. Aussi ce n'est qu'après que bien des générations de plantes eurent purgé, pour ainsi dire, l'atmosphère de son excès de carbone, et l'eurent fixé dans le sol à l'état de houille ou d'autres combustibles fossiles, que les reptiles d'abord, et ensuite les mammifères, purent exister sur la terre. Ils amenèrent alors l'état d'équilibre entre la respiration des plantes et celle des animaux qui caractérise l'époque actuelle et qui est peut-être une des causes de la stabilité des formes des êtres organisés vivans.

Pour résumer ce qui a rapport aux terrains houillers, nous voyons que la végétation de cette époque est caractérisée par la prédominance numérique des cryptogames vasculaires, et par le développement considérable de ces plantes; que ce

genre de végétation indique une température beaucoup plus
élevée que celle de nos régions tempérées, et des espaces de
terre peu étendus au milieu de mers très-vastes ; qu'on ne peut
cependant douter que les plantes qui les ont formés, n'aient
cru dans les lieux où nous trouvons leurs débris ; enfin, que
la force de végétation de ces plantes et leur transformation
facile en une sorte de tourbe, première origine de la houille,
s'accorde parfaitement avec l'existence probable à cette époque d'une plus grande quantité d'acide carbonique dans l'air.

§. 3. Terrain du calcaire pénéen et des schistes bitumineux.

Ce terrain est aussi pauvre en fossiles végétaux qu'en débris d'animaux, et tous ceux que nous y connoissons jusqu'à
présent, paroissent être des plantes marines. Parmi ceux que
nous allons citer, les espèces des schistes de Mansfeld sont
les seules qui appartiennent évidemment à cette époque. Nous
y rapportons avec doute les couches de charbon fossile, accompagnées de plantes marines, de Höganes en Scanie ; formation dont l'époque paroît difficile à fixer avec quelque
certitude.

La recherche des végétaux fossiles de ce terrain est donc
un des points les plus intéressans de la botanique souterraine.
On peut cependant présumer que les plantes terrestres, si
on en trouve, auront une grande analogie avec celles du
terrain houiller ; car à Muse, près d'Autun, M. de Bonnard
a recueilli dans les mêmes échantillons, qui renferment des
poissons semblables à ceux du pays de Mansfeld, deux espèces de Fougères, parfaitement identiques avec celles du
terrain houiller ; savoir : les *Pecopteris arborescens* et *Pecopteris abbreviata*.

On a souvent indiqué dans les schistes du pays de Mansfeld des impressions de Lycopodes et de Fougères ; mais je
n'ai jamais pu en voir, tout ce qu'on m'a montré comme tel
étant des échantillons plus ou moins bien conservés des *Fucoides lycopodioides* et *selaginoides*.

Tous les renseignemens qu'on pourroit me fournir sur des
végétaux terrestres de cette localité, seroient donc précieux
pour moi.

La petite flore de cette formation se borne aux espèces
suivantes :

ALGUES.

1. Fucoides lycopodioides.	Pays de Mansfeld.
2. Fucoides selaginoides.	*Ibid.*
3. Fucoides frumentarius.	*Ibid.*
4. Fucoides pectinatus.	*Ibid.*
5. Fucoides digitatus.	*Ibid.*
6. Fucoides septentrionalis.	Höganes en Scanie.
7. Fucoides Nilsonianus.	*Ibid.*

NAYADES.

Zosterites Agardhiana.	*Ibid.*

§. 4. Terrain de grès bigarré.

Je ne sache pas qu'aucun des savans qui se sont occupés des
végétaux fossiles, ait cité des espèces déterminées de végétaux dans ce terrain. Quelques géologues ont seulement annoncé vaguement qu'on y rencontroit des impressions de
plantes, sans les faire connoître. [1]

C'est à M. Voltz, ingénieur en chef des mines, à Strasbourg, que nous devons presque entièrement la connoissance
des plantes remarquables que cette formation renferme, et
le zèle qu'il met à poursuivre ses recherches sur ce sujet, doit
nous faire espérer que d'ici à peu de temps nous connoîtrons
la plupart des espèces qui y sont enfouies.

Cette flore, pour le moment, se borne cependant aux dix-
neuf espèces suivantes, en n'y comprenant que les espèces
bien caractérisées.

ÉQUISÉTACÉES.

1. Calamites arenaceus.	Wasselonne et Mar- moutier (Bas-Rhin).
2. Calamites Mougeotii.	Marmoutier.
3. Calamites remotus.	Wasselonne.

FOUGÈRES.

1. Anomopteris Mougeotii.	Soultz - aux - bains ; Wasselonne.

---

1 Les plantes décrites et figurées par M. Jæger paroissent appartenir
à la formation du keuper ou des marnes irisées, dont nous parlerons
plus tard, en traitant des plantes du lias.

2. Nevropteris Voltzii. | Soultz-aux-bains.
3. Nevropteris elegans. | Ibid.
4. Sphenopteris palmetta. | Ibid.
5. Sphenopteris myriophyllum. | Ibid.
6. Filicites scolopendroides. | Ibid.

CONIFÈRES.

1. Voltzia brevifolia. | Soultz-aux-bains.
2. Voltzia rigida. | Ibid.
3. Voltzia acutifolia. | Ibid.
4. Voltzia heterophylla. | Ibid.
5. ? Cupressites Hullmanni. | Frankenberg enHesse.[1]

LILIACÉES.

1. Convallarites erecta. | Soultz-aux-bains.
2. Convallarites nutans. | Ibid.

Monocotylédones douteuses.

1. Palæoxyris regularis. | Soultz-aux-bains.
2. Echinostachys oblongus. | Ibid.
3. Æthophyllum stipularis. | Ibid.

On voit, en comparant cette liste à celle du terrain houiller et à celle que nous donnerons plus bas des plantes de la formation du lias, des marnes irisées et du keuper, combien elle diffère de l'une et de l'autre.

Cette flore se rattache à celle du terrain houiller par la présence de quelques Calamites et de plusieurs Fougères; mais ces Calamites sont mal caractérisées, leur écorce extérieure manque dans tous les échantillons que nous avons vus, et il se pourroit qu'elles n'appartinssent pas au même genre que celles du terrain houiller. Les Fougères constituent des espèces très-différentes de celles de la formation houillère, et il est même probable, si nous connoissions leur fructification, que les espèces de *Nevropteris* et de *Sphenopteris* de ce terrain devroient former des genres particuliers. On n'y retrouve plus de *Lepidodendron*, de *Stigmaria*, de *Sphenophyllum*, d'*Asterophyllites*, ni d'*Annularia*, et la seule tige de Fougère arborescente est très-différente de celles des terrains houillers. On y remarque au contraire un genre de Conifères bien carac-

---

[1] M. Bronn, en décrivant ce fossile singulier, rapporte le terrain qui le renferme au grès bigarré (*Bunten-Sandstein*). Nous n'avons pas d'autres renseignemens sur son gisement.

térisé, et auquel on ne pourroit rattacher qu'avec doute quelques plantes du terrain houiller. Enfin, les Monocotylédones y sont plus nombreuses, mieux caractérisées, et semblent indiquer des formes plus variées, puisqu'elles forment plus d'un quart des espèces de ce terrain, tandis qu'elles n'entrent que pour un quatorzième dans la flore du terrain houiller.

La végétation de cette époque diffère surtout de celle qui paroit lui avoir succédé presque immédiatement, et dont elle n'est séparée que par le calcaire conchylien, par l'absence des Cycadées et des véritables *Equisetum*, qui commencent à paroître dans le keuper et les marnes irisées; enfin, elle diffère de la végétation de ces deux époques par la présence de quelques genres qui lui sont particuliers et qu'on peut, je crois, regarder comme caractéristiques de cette formation. Ces genres sont : parmi les Fougères, l'*Anomopteris*, genre qu'on n'a encore trouvé que dans le grès bigarré, dans des localités assez éloignées les unes des autres, et parmi les Conifères, les espèces de *Voltzia*, à moins toutefois que quelques plantes du Lias ou du Calcaire oolithique, considérées comme des Lycopodes, ne fussent des espèces de ce dernier genre.

Rien à cette époque n'indique encore la présence de plantes réellement dicotylédones; mais en signalant ces exceptions, nous devons rappeler qu'on ne connoît encore que dix-neuf espèces de ce terrain, ce qui, très-probablement, ne représente qu'une petite partie des végétaux qui habitoient la terre à l'époque de sa formation.

§. 5. CALCAIRE CONCHYLIEN.

Cette formation, qui paroît presque entièrement marine, n'a offert jusqu'à présent que des fragmens très-rares de végétaux, fragmens qu'on ne peut considérer que comme des traces de la végétation qui couvroit probablement alors quelques points de la terre, mais dont les débris plus nombreux n'auront été enfouis que lors de la formation des couches arénacées ou argileuses, qui recouvrent ce calcaire.

Les mieux caractérisés de ces débris, les seuls déterminables, sont les suivans :

FOUGÈRES.

NEVROPTERIS GAILLARDOTI.   Envir. de Lunéville.

CYCADÉES.

MANTELLIA CYLINDRICA. | Envir. de Lunéville.

Outre ces deux plantes, j'ai vu dans ce même calcaire quelques petits fragmens de *Fucus* et l'indice d'une plante à feuilles filiformes, très-ténues et verticillées; mais ces portions de plantes sont trop incomplètes pour qu'on puisse avoir aucune opinion à leur sujet. C'est à M. Gaillardot, médecin à Lunéville, que nous devons le peu que nous savons sur les fossiles végétaux de ce terrain.[1]

§. 6. TERRAIN DU KEUPER, DES MARNES IRISÉES ET DU LIAS.

Nous réunissons ensemble ces trois formations, dont les plantes fossiles nous paroissent avoir beaucoup d'analogie; mais ces plantes, quoiqu'elles paroissent assez fréquentes dans certaines localités, nous sont en général peu connues : c'est l'époque de formation sur laquelle nous possédons le moins de données, et sur laquelle nous désirerions le plus en recevoir.

Ainsi, dans le lias proprement dit, nous ne connoissons que les plantes figurées par M. de la Bèche. Les notices que nous possédons sur celles des marnes irisées sont fondées sur un petit nombre d'échantillons de la collection de Strasbourg et sur quelques dessins que nous devons à M. Mérian, professeur à Bâle. Enfin, les plantes du keuper ne nous sont connues que par l'ouvrage de M. Jæger[2]. Plusieurs localités en

---

[1] M. Boué cite dans cette formation des plantes nombreuses dicotylédones, des poissons très-variés, des plésiosaures, des cétacés; mais dans cette énumération un peu vague, n'y a-t-il pas quelque confusion, soit sous le rapport de la détermination des fossiles, soit sous celui de la nature réelle des terrains qui les renferment. Le même auteur, dans le tableau qui accompagne son mémoire, cite dans cette formation des dépôts de lignites à Pyrmont en Westphalie, et des restes de plantes dans les montagnes du Vicentin, mais il ne les définit pas davantage. M. Boué m'avoit remis anciennement des croquis de plantes fossiles trouvées aux environs de Pyrmont dans des roches qu'il rapportoit alors au *Quadersandstein;* mais ces croquis, quoique n'étant pas susceptibles d'être déterminés exactement, ressemblent plutôt à des feuilles de cycadées qu'à des feuilles dicotylédones.

[2] *Ueber die Pflanzen-Versteinerungen des Bausandsteins von Stuttgart,* von G. F. Jæger. — Dans l'extrait que nous avons publié de cet

Angleterre (Lime-Regis), en Allemagne (Westphalie et Wur-
temberg), et même en France (Vic, Luxembourg, Cor-
celles, etc.), paroissent en présenter; mais nous n'en possédons pas d'échantillons.

Nous croyons pouvoir rapporter à cette époque de formation les grès de Hör, en Scanie, dont nous avons déjà fait
connoître les fossiles et la position probable [1]. Ce que nous
savons maintenant sur les végétaux fossiles du grès bigarré
et du calcaire jurassique, confirme et fixe davantage l'opinion que nous avions émise alors, et ce n'est qu'avec les
plantes du grès du Lias ou du Keuper que ces fossiles nous
paroissent avoir de l'analogie, ainsi qu'on va le voir par l'énumération suivante. La présence du *Clathropteris meniscioides*
dans le grès du Lias des Vosges, où M. Élie de Beaumont l'a
observé, me semble surtout fixer sa position avec beaucoup
de probabilité.

ÉQUISÉTACÉES.

1. Equisetum Meriani.	La Neuewelt près Bâle.
2. Equisetum columnare.	Corcelles (H.^{te}-Saône).

FOUGÈRES.

1. Glossopteris Nilsoniana.	Hör en Scanie.
2. Pecopteris Agardhiana.	*Ibid.*
3. Pecopteris Meriani.	La Neuewelt.
4. Clathropteris meniscioides.	Hör; S. Étienne près la Marche (Vosges).
5. Tæniopteris vittata.	Hör; La Neuewelt.
Var. major (marantoidea arenacea, Jæger, *Pflanz. Verst.*, tab. 5, fig. 5).	Environs de Stuttgart.
6. Filicites Stuttgartiensis; *Aspidioides Stuttgartiensis, Jæger, loc. cit.*, tab. 8, fig. 1.	*Ibid.*
7. Filicites lanceolata; *Onocleites lanceolata, Jæger, l. c.*, tab. 6, fig. 8.	*Ibid.*

LYCOPODIACÉES.

Lycopodites patens.	Hör.

ouvrage dans les Annales des sciences naturelles, tome 15, nous avons
discuté les analogies des plantes qui y sont décrites et figurées, et sur
plusieurs desquelles nous ne partageons pas l'opinion de l'auteur.

[1] Ann. des sciences nat., tom. 4, p. 200.

CYCADÉES.

1. ZAMITES BECHII.	Lime-Regis, Dorsetsh.
2. ZAMITES BUCKLANDII.	*Ibid.*
3. PTEROPHYLLUM LONGIFOLIUM.	La Neuewelt.
4. PTEROPHYLLUM JÆGERI.	Environs de Stuttgart.
5. PTEROPHYLLUM MERIANI.	La Neuewelt.
6. PTEROPHYLLUM? ENERVE.	*Ibid.*
7. PTEROPHYLLUM DUBIUM.	Hör.
8. PTEROPHYLLUM MAJUS.	*Ibid.*
9. PTEROPHYLLUM MINUS.	*Ibid.*
10. NILSONIA BREVIS.	*Ibid.*
11. NILSONIA ELONGATA.	*Ibid.*

Monocotylédones dont la famille est incertaine.

CULMITES NILSONII.	Hör.

Cette liste, quoique certainement très-incomplète, est cependant fort remarquable par la grande prédominance qu'acquièrent tout de suite les plantes de la famille des Cycadées, dont nous n'avions pas encore vu de trace dans le grès bigarré; tandis qu'elles composent plus de la moitié de la flore de ce terrain, telle que nous la connoissons. En supposant que des recherches plus étendues dans des localités différentes, augmentent le nombre des espèces des autres familles, il est probable que le nombre des espèces de cette famille augmentera aussi, et que la prédominance des Cycadées sera toujours un des caractères remarquables de cette époque.

L'absence complète des Conifères parmi ces fossiles, est une des choses qui nous étonne, ces plantes paroissant exister en assez grande quantité dans le grès bigarré, et se retrouver dans les terrains plus récens. Le peu de traces de Monocotylédones et l'absence des Dicotylédones [1] méritent encore d'être remarquées; car, sans vouloir prétendre qu'elle soit absolue, elle indique au moins une grande rareté des plantes de ces deux grandes classes si nombreuses maintenant, puisque, réunies, elles forment près des quatre cinquièmes de la végétation actuelle de la terre.

---

[1] Parmi les impressions végétales du grès de Hör, il y a quelques portions de feuilles qui sembleroient indiquer une plante dicotylédone; mais ce sont des fragmens trop incomplets pour qu'on puisse avoir aucune opinion arrêtée sur leur origine.

§. 7. Terrain jurassique.

Sous ce nom je comprends non-seulement toute la série des couches oolithiques des géologues anglois, mais encore quelques-unes des couches qui les séparent de la craie et qu'il eût été difficile de considérer isolément; tels sont les sables ferrugineux et le grès de la forêt de Tilgate, dont les fossiles me paroissent se rattacher, à plusieurs égards, à ceux des couches supérieures de la série oolithique, et sont trop peu nombreux pour en faire un groupe distinct. La période dont je vais donner la flore, s'étend donc depuis la partie supérieure du lias jusqu'au commencement du dépôt de la craie chloritée ou grès vert (*Green-Sand*), que ses productions, presque toutes marines, me paroissent séparer des dernières couches que nous indiquons ici ; couches qui contiennent au contraire beaucoup de débris d'êtres terrestres. Les gîtes les plus riches en fossiles végétaux dans cette série, sont :

1.° Whitby, sur la côte du Yorkshire. D'après les observations de MM. Sedgwich, Murchison, et surtout d'après les renseignemens inédits que M. Phillips m'a communiqués, les couches qui contiennent les plantes fossiles appartiennent à l'oolithe inférieure et reposent presque immédiatement sur le lias. Outre les empreintes de plantes dispersées dans des couches argileuses ou arénacées, il y a plusieurs petits lits de charbon fossile, exploités pour les usages locaux. Dans les couches de grès qui surmontent ces dépôts, on observe dans plusieurs endroits des tiges de l'*Equisetum columnare*, traversant ces couches verticalement : ce qui annonce bien que les plantes que nous trouvons dans ce terrain, ont vécu sur le lieu même, et n'y ont pas été transportées d'autres régions.

2.° Stonesfield, près d'Oxford, qui appartient à une époque un peu plus récente, mais dont les fossiles se lient cependant par plusieurs caractères à ceux de Whitby. Ces fossiles sont en général moins bien conservés, la matière végétale ayant été complétement détruite ou réduite à l'état pulvérulent, tandis qu'elle est parfaitement intacte dans presque toutes les plantes de Whitby.

5.° Mamers, dans le département de la Sarthe [1]. Les couches

---

qui renferment les fossiles végétaux de cette localité, paroissent fort analogues à celles de Stonesfield, et les plantes y sont à peu près dans le même état de conservation; mais aucune espèce identique ne se trouve dans ces deux localités.

4.° Solenhofen, près d'Eichstedt. M. de Buch a bien fait connoître la position géologique de ces fameuses carrières : elle paroît correspondre assez exactement à celle du calcaire schistoïde de Stonesfield, et l'existence d'une même espèce de plante, parfaitement identique (*Thuites divaricatus*) dans ces deux localités, confirme ce rapprochement.

5.° La forêt de Tilgate, si complétement décrite par M. Mantell, quoique se rapportant à une époque de formation plus récente, puisque les couches de grès qui contiennent les plantes appartiennent au sable ferrugineux (*Hasting's-Sand*); cependant j'ai cru devoir rattacher à cette série les trois ou quatre plantes qu'on y connoît.

6.° L'analogie des fragmens de plantes trouvées dans les couches qui accompagnent le charbon de l'île de Bornholm, et celle de ces couches elles-mêmes avec les roches et les fossiles de Whitby, me font aussi présumer que ces deux formations sont, ou de la même époque, ou d'époques peu différentes.

Je ne possède encore qu'une seule espèce de plante fossile du calcaire du Jura proprement dit; elle a été trouvée à Seissel par M. Fénéon, ingénieur des mines et professeur à l'école de Saint-Étienne. Nous devons espérer que de nouvelles recherches nous feront mieux connoître les fossiles de cette localité. On va voir, par l'énumération des plantes fossiles de ces diverses localités, que presque toutes appartiennent aux mêmes familles, souvent aux mêmes genres et même à des espèces très-voisines ou identiques.

ALGUES.

1. Fucoides furcatus, var. *B*.	Stonesfield.
2. Fucoides Stockii.	Solenhofen.
3. Fucoides encelioides.	*Ibid.*

ÉQUISÉTACÉES.

Equisetum columnare.	Whitby (côte du Yorkshire).

cette contrée et la notice sur les végétaux qui y sont renfermés, *Ann. des sciences naturelles*, tom. 4, pag. 353 et 416.

FOUGÈRES.

1. Pachypteris lanceolata.	Whitby.
2. Pachypteris ovata.	*Ibid.*
3. Sphenopteris Mantelli.	Tilgate, dans le Sussex.
4. Sphenopteris hymenophylloides.	Stonesfield; Whitby.
5. Sphenopteris crenulata.	Whitby.
6. Sphenopteris denticulata.	*Ibid.*
7. Sphenopteris Williamsonis.	*Ibid.*
8. Sphenopteris? macrophylla.	Stonesfield.
9. Pecopteris Reglei.	Mamers.
10. Pecopteris Desnoyersii.	*Ibid.*
11. Pecopteris Pingelii.	Bornholm.
12. Pecopteris nebbensis.	*Ibid.*
13. Pecopteris tenuis.	*Ibid.*
14. Pecopteris whitbyensis.	Whitby.
15. Pecopteris denticulata.	*Ibid.*
16. Pecopteris Phillipsii.	*Ibid.*
17. Pecopteris polypodioides.	*Ibid.*
18. Lonchopteris Mantelli.	Tilgate; env. de Beauvais.
19. Tæniopteris vittata.	Whitby.
20. Tæniopteris latifolia.	Stonesfield.
21. Filicites Bechii.	Bornholm.

LYCOPODIACÉES.

Lycopodites Williamsonis.	Whitby.

CYCADÉES.

1. Zamia Mantelli.	Whitby.
2. Zamia longifolia.	*Ibid.*
3. Zamia pectinata.	Stonesfield.
4. Zamia patens.	*Ibid.*
5. Zamia pennæformis.	Whitby.
6. Zamia elegans.	*Ibid.*
7. Zamia Goldiæi.	*Ibid.*
8. Zamia acuta.	*Ibid.*
9. Zamia Feneonis.	Seissel.
10. Zamia lævis.	Whitby.
11. Zamia Youngii.	*Ibid.*
12. Zamites Bechii.	Mamers.
13. Zamites Bucklandii.	*Ibid.*
14. Zamites lagotis.	*Ibid.*
15. Zamites hastata.	*Ibid.*
16. Pterophyllum Williamsonis.	Whitby.

17. MANTELLIA NIDIFORMIS. [1]	Calc. de l'île de Portland.

CONIFÈRES.

1. TAXITES PODOCARPOIDES.	Stonesfield.
2. THUYTES DIVANIATA.	Stonesfield ; Solenhof.
3. THUYTES EXPANSA.	Stonesfield.
4. THUYTES ACUTIFOLIA.	*Ibid.*
5. THUYTES CUPRESSIFORMIS.	*Ibid.*
6. BRACHYPHYLLUM MAMILLARE.	Whitby.

LILIACÉES.

1. BUCKLANDIA SQUAMOSA.	Stonesfield.
2. CLATHRARIA LYELLII (CARPOLITHES MANTELLI).	Tilgate.

Plantes de classe incertaine.

MAMILLARIA DESNOYERSII.	Mamers.

Les proportions de cette flore diffèrent à peine de celles de la flore précédente. A l'époque de la formation du lias les végétaux fossiles se divisoient en deux grandes classes, les Cryptogames vasculaires et les Phanérogames gymnospermes, et cette dernière paroissoit l'emporter un peu sur la première. Dans la période qui nous occupe, le résultat est presque le même ; nous trouvons une égalité parfaite entre

---

[1] Pendant l'impression de cet ouvrage je viens d'apprendre que M. Buckland a lu, le 6 Juin dernier, à la Société géologique, un Mémoire sur les tiges fossiles du calcaire de Portland ; il reconnoît, ainsi que M. Brown, qu'il a consulté à cet égard, l'analogie de ces tiges avec celles des *Zamia* et des *Cycas* ; il paroît même qu'il a pu fonder cette comparaison non - seulement sur leur forme extérieure, mais sur leur structure interne, et cette structure, ainsi que nous l'avions reconnue sur la tige du même genre du calcaire conchylien, présente les caractères les plus importans des tiges des Cycadées. Il désigne par cette raison ces fossiles sous le nom de *Cycadoidea*, nom qui nous paroît avoir l'inconvénient de pouvoir s'appliquer également à toutes les plantes fossiles de cette famille, qui doivent cependant constituer des genres bien distincts. M. Buckland distingue parmi ces tiges deux espèces : l'une, dont les feuilles présentent des bases beaucoup plus larges, a reçu de lui le nom de *Cycadoidea megalophylla*, c'est celle que nous avons nommée *Mantellia nidiformis* ; l'autre, qui nous est inconnue, est désignée par ce savant sous le nom de *Cycadoidea microphylla*.

ces deux classes, qui composent aussi presque à elles seules la végétation de cette époque.

La rareté, et l'on pourroit presque dire l'absence des monocotylédones et des dicotylédones, est donc encore plus frappante dans cette période que dans la précédente ; car le nombre des espèces que nous connoissons s'élève à plus de quarante-huit, tandis que dans la première nous n'en connoissions que vingt-une, et parmi ces plantes il n'y a que deux monocotylédones et pas un seul indice bien certain de dicotylédones. Sur un grand nombre d'échantillons de Whitby et de Stonesfield que j'ai examinés en Angleterre, ou qu'on a bien voulu m'envoyer, il n'y a pas le plus petit fragment de feuille ou de fruit qu'on puisse considérer comme indiquant a cette époque la présence de cette grande classe.

L'existence seulement de deux des grandes classes du règne végétal, et de celles qui maintenant sont les moins nombreuses, forme donc le caractère le plus frappant de la végétation de toute la période qui s'est étendue depuis la fin du dépôt du grès bigarré jusqu'au commencement de la formation de la craie. Mais la prédominance de la famille des Cycadées est encore plus remarquable, cette famille étant à peine aussi nombreuse maintenant sur tout le globe qu'elle l'étoit alors dans la petite partie de l'Europe où on a recherché les fossiles végétaux de ces formations ; elle ne forme, par conséquent, pas un millième de la végétation actuelle, tandis qu'elle composoit la moitié de la flore de cette époque ; enfin, maintenant elle est limitée dans les régions tropicales et australes, et alors elle croissoit dans l'Europe tempérée.

Les Fougères, qui constituent en grande partie l'autre moitié de cette flore, sont fort différentes, spécifiquement, de celles du terrain houiller et du grès bigarré ; ainsi on ne peut pas les considérer comme un reste de la végétation de cette première période.

Cette différence remarquable entre la flore du lias ou du calcaire jurassique, et celle du terrain houiller, doit rendre d'autant plus curieuse les dernières observations de M. Élie de Beaumont sur les terrains d'anthracite de la Tarentaise [1] ;

---

1 Voyez les Annales des sciences naturelles, tome 14, page 113. A

car, suivant les recherches de cet habile géologue, ces terrains, d'après leur position et d'après les coquilles fossiles qu'ils contiennent, seroient de la même époque de formation que le lias, tandis que les plantes fossiles qui accompagnent ces couches de combustibles, sont toutes parfaitement identiques avec celles du terrain houiller. Il faudroit donc supposer, si rien n'a pu induire en erreur sur la position de ce terrain, qu'à l'époque de la formation du lias, outre les plantes qu'on trouve ordinairement dans ce terrain et qui paroissent propres aux régions mêmes où nous les observons, d'autres plantes ont pu, dans quelques cas, être apportées de régions plus ou moins éloignées et être déposées dans ces mêmes couches. Si cette supposition, qui n'est encore fondée que sur un fait isolé, se confirme, on devra admettre qu'à la même époque où les plantes ordinaires du lias croissoient dans les régions tempérées, telles que l'Europe, les végétaux propres au terrain houiller habitoient encore d'autres régions, telles que la zone équatoriale.

§. 8. Terrain crétacé.

Nous comprenons sous ce titre non - seulement la craie proprement dite, mais la glauconie sableuse ou sable vert (*Green-Sand* des géologues anglois), qui lui sert de base. Cette série de couches ne renferme que peu de fossiles végétaux et presque aucune espèce terrestre. Ce n'est qu'en Scanie que M. Nilson a trouvé quelques fragmens de plantes terrestres, de la famille des Cycadées, dans les couches les plus inférieures de la craie, et peut-être même pourroit-on présumer que ces plantes appartiennent encore, comme celles de la forêt de Tilgate, à la fin de la période précédente, ou bien qu'étant trouvée sur le bord du vaste bassin de craie du nord de l'Europe, cette formation se rapprochoit dans ce lieu des parties découvertes du sol.

La masse de la craie n'a présenté aucune trace de plante terrestre et même très-peu de plantes marines, et cette grande formation, par l'absence complète de végétaux terrestres, et

---

la suite du Mémoire de M. de Beaumont, nous avons donné la liste de toutes les plantes fossiles observées dans les terrains décrits par ce naturaliste.

par la différence absolue qui existe entre les plantes de la
période précédente et celles de la période suivante, pourroit
être considérée comme ayant succédé à une destruction complète de la végétation de la terre, et s'étant déposé à une époque durant laquelle la surface de la terre étoit, ou complétement recouverte par les eaux, ou dépourvue de végétation.

Une des localités où la craie inférieure présente les caractères les plus remarquables, est l'île d'Aix, près La Rochelle, où un dépôt considérable de lignite se trouve contenu
dans les couches inférieures de la craie, et mêlé d'un grand
nombre de *Fucus* et d'autres plantes marines. La nature du
bois qui forme ces lignites, nous est encore peu connue ;
mais une grande partie de la masse même du lignite semble
due à une tourbe marine, formée par des *Fucus* et des *Zostera*. Cette même formation paroît se prolonger assez loin
dans l'intérieur des terres, sur la lisière des terrains de craie
et de calcaire jurassique.

Nous avons rapporté aux couches inférieures de la craie,
analogues au sable vert, les *Macigno*, si riches en *Fucus*, de
diverses parties de l'Italie. Nous avons été conduit à admettre
cette position d'après l'analogie de ces couches avec celles des
Voirons, qui contiennent les mêmes fossiles, et que MM. Du-
fresnoy et Élie de Beaumont considèrent comme de la formation de glauconie sableuse et d'après l'existence des mêmes
Fucus dans des couches du Sussex, que M. Mantell rapporte
au *Green-Sand*. Cette position a cependant besoin d'être mieux
déterminée ; car l'opinion que nous avons adoptée n'est pas
celle de M. Boué et de plusieurs autres géologues distingués,
qui considèrent ces couches comme beaucoup plus anciennes.

* *Plantes marines.*

CONFERVES.

1. Confervites fasciculata.	Arnager, dans l'île de Bornholm.
2. Confervites ægagropiloides.	*Ibid.*

ALGUES.

1. Fucoides Brardi.	Pialpinson (Dordog.).
2. Fucoides Orbignianus.	Isle d'Aix près La Rochelle.

3. Fucoides strictus.	Isle d'Aix.
4. Fucoides tuberculosus.	*Ibid.*
5. Fucoides Targionii.	Les Voirons près Genève ; envir. de Florence ; Bignor dans le Sussex.
6. Fucoides æqualis.	Vernasque , dans le Plaisantin.
7. Fucoides difformis.	Bidache près Bayonne.
8. Fucoides intricatus.	Oneille ; Gênes ; Florence ; Vienne en Autriche ; Bidache.
9. Fucoides furcatus.	Vernasque ; Gênes ; Florence.
10. Fucoides recurvus.	Vernasque.
11. Fucoides Lyngbianus.	Arnager.

NAYADES.

1. Zosterites cauliniæfolia.	Isle d'Aix.
2. Zosterites lineata.	*Ibid.*
3. Zosterites Bellovisana.	*Ibid.*
4. Zosterites elongata.	*Ibid.*

** *Plantes terrestres.*

CYCADÉES.

Cycadités Nilsonii.	Craie infér. de Scanie.

§. 9. Terrain marno-charbonneux.

Je désigne ici sous ce nom, admis par mon père, les diverses couches comprises entre la craie et le terrain de calcaire grossier, c'est-à-dire l'argile plastique, les psammites mollasses et les dépôts de lignites qui accompagnent souvent ces deux sortes de formations.

Ce terrain est un des plus riches en débris de végétaux ; mais il est cependant bien rare de les trouver dans un état de conservation qui permette de les déterminer avec précision, ou bien ils appartiennent à des classes de végétaux parmi lesquelles la détermination devient beaucoup plus difficile.

On doit remarquer en outre que les divers dépôts de lignites que nous comprenons dans ce terrain, quoique différant probablement peu par leur époque de formation, présentent cependant des différences locales beaucoup plus marquées que celles qu'on observe dans les terrains plus anciens. Des circonstances bien plus variées paroissent avoir présidé à leur dépôt, et tout nous annonce que la végétation terrestre présentoit déjà des modifications très-notables, dues au climat, de sorte que, sous l'influence de ces circonstances locales, des êtres de lieux éloignés et fort différens les uns des autres, ont pu être déposés dans des points assez rapprochés.

C'est ainsi que certains dépôts de lignites ne sont presque accompagnés que de restes de Conifères ou d'autres arbres forestiers analogues à ceux de l'Europe tempérée ou du nord de l'Amérique : tels sont les lignites des environs de Francfort sur le Mein, ceux du Meisner et des pays voisins, ceux de Comothau et d'autres points de la Bohème.

D'autres couches de lignite renferment, comme plantes caractéristiques, des monocotylédones arborescentes, et particulièrement des Palmiers, qui annoncent que les plantes qui leur ont donné naissance, croissoient sous un climat plus chaud que celui qui règne maintenant en Europe. On peut en citer pour exemples les lignites de Bruhl et de Liblar, près Cologne; ceux de la mollasse de Suisse, aux bords des lacs de Zurich et de Genève; ceux de Hœring en Tyrol.

Enfin, dans quelques endroits, sans rencontrer dans cette formation de véritables lignites, on y trouve une accumulation de débris très-variés de végétaux, qui y ont évidemment été amenés de loin. L'exemple le plus frappant de ce genre de dépôt est celui de l'île de Sheppey, à l'embouchure de la Tamise, où des fruits très-nombreux et très-variés, transformés en pyrites, mais souvent assez bien conservés, sont réunis, comme ils pourroient encore l'être par le grand courant de l'Océan, qui souvent amène sur les côtes de Norwége des fruits des Antilles et du golfe du Mexique.

Doit-on considérer ces divers dépôts comme à peu près contemporains, et leurs différences comme dues à des modes divers de formation, ou admettre parmi ces lignites des époques de formation très-différentes? C'est ce qu'il est difficile de décider en ce moment. J'avoue cependant que je serois tenté d'adopter plutôt la première opinion; car, dans l'autre hypothèse, lequel de ces ordres de lignites devroit-on considérer comme le plus ancien? Sont-ce les lignites à Palmier? Mais si les Conifères sont postérieurs aux Palmiers, comment les Palmiers reparoissent-ils dans la formation gypseuse de Paris et d'Aix en Provence? Si les Conifères sont au contraire les plus anciens, comment concevoir que les Palmiers, qui exigent une température plus élevée que les genres de Conifères que nous trouvons à l'état fossile dans ces terrains, aient pu venir après eux, tous les phénomènes géologiques annonçant que la température de la surface du globe a été constamment en décroissant? Si, au contraire, on admet l'autre hypothèse, on seroit conduit à considérer les lignites à Palmiers comme représentant la végétation propre à l'Europe à cette époque; végétation qui s'est perpétuée avec peu de changement jusqu'à l'époque de la formation gypseuse, dans laquelle on retrouve encore des Palmiers. La position verticale des tiges de palmier de Liblar confirme cette manière de voir.

Les lignites à Conifères représenteroient, dans ce cas, la végétation des parties plus septentrionales de notre hémisphère, ou celle de points plus élevés des mêmes régions; ce seroient donc ou des lignites formés par des accumulations d'arbres et d'autres portions de plantes venant de points assez éloignés, et transportés, soit par les courans de la mer, soit par les fleuves, dans des lieux où ils se seroient déposés, ou bien des lignites formés dans des points élevés de notre hémisphère, points dont la température pouvoit être différente de celle des régions où croissoient les Palmiers.

La première supposition a peut-être plus de probabilité, quand on pense aux accumulations immenses de bois qui se forment encore à l'embouchure des grands fleuves du nord de l'Amérique, et qui sont souvent portés en grande quantité sur les côtes du Groënland, et quand on examine les dépôts de l'île de Sheppey, qui peuvent difficilement être attribués à une autre cause.

L'analogie qui existe entre les plantes de ces terrains et celles qui sont les plus fréquentes encore dans les forêts de l'Amérique du Nord, telles que les Conifères, les Amentacées, les Acérinées, et surtout les Noyers, qui n'existent plus spontanément en Europe, mérite aussi d'être remarquée, quoiqu'on ne puisse pas supposer que les continens, à cette époque, présentassent déjà les mêmes formes qu'ils ont actuellement.

Cette analogie sera plus frappante d'après la liste suivante, dans laquelle cependant ne figurent pas beaucoup d'espèces, qui ne peuvent pas jusqu'à présent être déterminées avec certitude.

* *Plantes marines.*

Aucune espèce marine n'a été trouvée dans ce terrain.

** *Plantes terrestres.*

FOUGÈRES.

Quelques fragmens indéterminables. | Menat en Auvergne.

CONIFÈRES.

1. PINUS SPHÆROCARPA.	Erxleben près Helmstædt.
2. PINUS ORNATA.	Walsch en Bohème.
3. PINUS FAMILIARIS.	Triblitz en Bohème.
4. TAXITES ACICULARIS.	Montagne du Meisner
5. TAXITES TENUIFOLIA.	Comothau en Bohème.
6. TAXITES DIVERSIFOLIA.	Environs de Cassel.
7. TAXITES LANGSDORFII.	Nidda près Francfort.
8. JUNIPERITES BREVIFOLIA.	Comothau.
9. JUNIPERITES ACUTIFOLIA.	*Ibid.*
10? JUNIPERITES ALIENA.	Smetschna en Bohème.
11. THUYA GRACILIS.	Comothau.
12. THUYA LANGSDORFII.	Nidda.
13. THUYA GRAMINEA.	Pérutz en Bohème.

NAYADES.

POTAMOPHYLLITES MULTINERVIS. | Mont-Rouge pr. Paris.

PALMIERS.

1. PALMACITES ECHINATUS.	Wailly près Soissons.[1]
2. FLABELLARIA RAPHIFOLIA.	Hœring en Tyrol; Lausanne; Vinacourt, près Amiens.
3. PHŒNICITES PUMILA.	La Chartreuse de Brive près le Puy en Velay.

---

[1] Cette plante pourroit être rapportée à la formation suivante; mais se trouvant dans les couches les plus inférieures du calcaire grossier, il est probable qu'elle faisoit partie de la végétation précédente, et on peut présumer, d'après le volume de la base des pétioles, que c'est la tige du *Flabellaria raphifolia.*

4. Cocos Parkinsonis.	Isle Sheppey à l'embouchure de la Tamise.
5. Cocos Faujasii.	Liblar près Cologne.
6. Cocos Burtini.	Woluwe p. Bruxelles.

Monocotylédones de famille incertaine.

Endogenites.	Liblar ; Horgen près Zurich.
Amomocarpum depressum.	Isle Sheppey.
Pandanocarpum pyramidatum.	*Ibid.*

AMENTACÉES.

Comptonia acutiloba.	Comothau en Bohême.
Salix? (*amenta et folia*).	Nidda.
Populus? (*amenta?*).	*Ibid.*
Castanea? (*folia*).	Menat.
Ulmus (*folia*).	Comothau.

JUGLANDÉES.

1. Juglans ventricosa.	Nidda.
2. Juglans lævigata.	*Ibid.*

ACÉRINÉES.

Acer Langsdorfii.	Nidda.

Dicotylédones de famille incertaine.

Exogenites.	Tous les terr. de lignit.
Phyllites cinnamomeifolia.	Montagne du Meisner.
Espèces nombreuses non décrites.	Tous les terr. de lignit.
Carpolithes (beaucoup d'espèces indéterminées).	Sheppey ; Nidda.

On voit par cette énumération combien tout à coup la nature de la végétation terrestre a changé. Au-dessous de la craie, dans les diverses couches de la formation jurassique, nous ne trouvions encore que des Fougères, des Cycadées et des Conifères : au-dessus de cette grande formation il n'y a plus ni Cycadées, ni presque aucune Fougère. La végétation est composée de Conifères très-différentes de celles des terrains plus anciens, beaucoup plus analogues à celles de nos climats, de Palmiers, et surtout d'un nombre immense de plantes dicotylédones, dont l'existence nous est prouvée par la présence de leurs tiges, de leurs feuilles et de leurs fruits.

Nous ne pouvons pas cependant établir de proportion entre les diverses classes du règne végétal à cette époque , car le nombre des Dicotylédones est presque impossible à fixer avec quelque précision; et, d'ailleurs, les circonstances locales, le genre de station dans lequel croissoient les végétaux qui ont formé les lignites. paroissent avoir eu une grande influence sur ces flores locales. Mais, si nous en jugeons par l'abondance des fossiles de chaque classe dans nos collections, nous verrons que leur rapport numérique étoit à peu près le même qu'à présent, les Dicotylédones surpassant de beaucoup les autres classes.

A aucune époque géologique nous ne voyons un changement aussi complet et aussi subit dans la végétation terrestre, changement qui semble annoncer des modifications essentielles dans la nature de la surface du globe ou dans l'atmosphère qui l'environne, par suite desquelles notre sol a été susceptible de nourrir des plantes tout-à-fait différentes de celles qui y existoient auparavant.

C'est à dater de cette époque qu'on peut présumer que les circonstances qui influent le plus sur le développement des végétaux terrestres , sont devenues semblables à celles qui existent maintenant, et c'est aussi peu de temps après cette apparition d'une végétation analogue à la végétation actuelle que la terre paroît avoir commencé à présenter un ensemble d'animaux analogue à celui qui existe maintenant.

§. 10. Terrain de calcaire grossier.

Ce terrain, d'origine marine, ne contient évidemment en végétaux terrestres que ceux qui y ont été transportés; ce ne sont, par cette raison, que des débris épars plus ou moins nombreux, suivant que des circonstances locales les ont réunis ou dispersés dans le fond de la mer; aussi rencontre-t-on presque toujours ces végétaux terrestres mêlés non-seulement à des animaux marins, mais aussi à des végétaux de même origine. Cette réunion est bien remarquable à Monte-Bolca , le lieu le plus riche en fossiles végétaux de cette époque.

On doit conclure de là que les végétaux terrestres que nous trouvons dans ce terrain , ne nous font connoître que d'une manière très-incomplète la flore contemporaine.

Les végétaux marins sont plus intéressans, en ce qu'ils nous donnent une idée plus exacte de la végétation sous-marine de cette époque, dont ils formoient probablement une plus grande fraction.

En outre, les restes de plantes terrestres contenus dans cette formation paroissent appartenir à la même flore ou à une flore très-analogue à celle que nous avons fait connoître dans le paragraphe précédent, et les différences que nous observons entre elles ne dépendent probablement que d'influences locales.

** Plantes marines.*

CONFERVES.

CONFERVITES THOREÆFORMIS.	Monte-Bolca.
Autres Confervites analogues à des CERAMIUM.	*Ibid.*

ALGUES.

1. FUCOIDES OBTUSUS.	Monte-Bolca.
2. FUCOIDES LAMOUROUXII.	*Ibid.*
3. FUCOIDES SPATHULATUS.	*Ibid.*
4. FUCOIDES BERTRANDI.	*Ibid.*
5. FUCOIDES GAZOLANUS.	*Ibid.*
6. FUCOIDES FLABELLARIS.	*Ibid.*
7. FUCOIDES MULTIFIDUS.	Salcedo, Vicentin.
8. FUCOIDES AGARDHIANUS.	Monte-Bolca.
9. FUCOIDES DISCOPHORUS.	*Ibid.*
10. FUCOIDES TURBINATUS.	*Ibid.*
11. FUCOIDES STERNBERGII.	Walsch en Bohême.

NAYADES.

1. CAULINITES PARISIENSIS.	Environs de Paris.
2. ZOSTERITES TENIÆFORMIS.	Salcedo.
3. ZOSTERITES ENERVIS.	*Ibid.*

*** Plantes terrestres.*

ÉQUISÉTACÉES.

EQUISETUM BRACHYODON.	Mont-Rouge pr. Paris.

FOUGÈRES.

TÆNIOPTERIS BERTRANDI.	Pugnello p. Chiampo, dans le Vicentin.

CONIFÈRES.

PINUS DEFRANCII.	Arcueil près Paris.

PALMIERS.

FLABELLARIA PARISIENSIS.	S. Nom près Versailles.

Monocotylédones de famille incertaine.

ANTHOLITHES LILIACEA.	Monte-Bolca.
CULMITES NODOSUS.	Environs de Paris.
CULMITES AMBIGUUS.	Ibid.

Dicotylédones de famille incertaine.

EXOGENITES (*siliceux*).	Assez fréquent dans les carrières de Sèvres.
PHYLLITES LINEARIS, Desc. géol. des env. de Paris, p. 362, pl. 11, fig. 13.	Mont-Rouge p. Paris.
PHYLLITES NERIOIDES, *ibid.*, pl. 8, fig. 1 *B*, *C*.	Ibid.
PHYLLITES MUCRONATA, *ibid.*, pl. 8, fig. 1 *A*.	Ibid.
PHYLL. REMIFORMIS, *ib.*, pl. 10, fig. 4.	Ibid.
PHYLLITES RETUSA, *ib.*, pl. 10, fig. 5.	Ibid.
PHYLLITES SPATHULATA, *ibid.*, pl. 10, fig. 6.	Saint-Nom près Versailles.
PHYLL. LANCEA, *ibid.*, pl. 8, fig. 1 *D*.	Mont-Rouge.

Nota. Beaucoup d'autres espèces de Phyllites se trouvent dans le calcaire de Monte-Bolca; mais il seroit tout-à-fait inutile de les énumérer, sans en donner de figures et sans pouvoir en citer.

ANTHOLITHES NYMPHOIDES.	Monte-Bolca.

Nota. Le calcaire de cette même localité renferme plusieurs autres espèces d'Antholites, mais trop imparfaites pour qu'on puisse les déterminer même approximativement.

CARPOLITHES. Les fruits fossiles sont beaucoup plus rares dans cette formation que dans aucune autre; nous ne connoissons que celui du *Pinus Defrancii*.

§. 11. TERRAIN LACUSTRE PALÆOTHÉRIEN.

Cette formation, que caractérise ordinairement la présence du gypse et des ossemens de *Palæotherium* ou d'*Anoplotherium*, renferme presque toujours quelques débris de végétaux; mais leur quantité varie beaucoup et nous prouve encore l'influence des circonstances locales sur le dépôt de ces fossiles. Ainsi, à Paris, les végétaux sont extrêmement rares dans la formation gypseuse; on n'en connoît que quelques débris. A Aix, en Provence, ils sont plus fréquens : mais cependant les espèces sont peu nombreuses. A la Stradella, près Pavie, les feuilles dicotylédones sont abondantes. Enfin , à Armissan, près Narbonne, les végétaux sont nombreux, variés et généralement déterminables.

Ce terrain présente en outre des différences dans la nature des plantes analogues à celles que nous avons observées en parlant des terrains de lignite. Ainsi, à Paris et à Aix on trouve des tiges ou des feuilles de Palmiers; à Armissan on trouve au contraire des Conifères et des Amentacées.

Des circonstances particulières dans le mode de formation de ces terrains ont-elles déterminé ces différences , ou bien sont-elles dues à la diversité des époques où leur dépôt a eu lieu? C'est ce que nous laissons aux géologues à décider.

* *Plantes marines.*

Je ne connois aucune plante marine dans cette formation.

** *Plantes terrestres.*

MOUSSES.

Muscites Tournalii.	Armissan p. Narbonne.

ÉQUISÉTACÉES.

Equisetum brachyodon.	Armissan.

FOUGÈRES.

Filicites polybotrya.	*Ibid.*

CHARACÉES.

Chara Lemani.	Saint-Ouen près Paris.
Chara tuberculosa.	Isle de Wight.

LILIACÉES.

Smilacites hastata.	Armissan.

PALMIERS.

Flabellaria Lamanonis.	Aix en Provence.

CONIFÈRES.

Pinus pseudo-strobus.	Armissan.
Taxites Tournalii.	*Ibid.*

AMENTACÉES.

Comptonia ? dryandræfolia.	Armissan.
Betula dryadum.	*Ibid.*
Carpinus macroptera.	*Ibid.*

Monocotylédones de famille incertaine.

Endogenites.	Montmartre.
Poacites.	Aix.

Dicotylédones de famille incertaine.

Phyllites (plusieurs espèces indéterminées).	Aix ; Armissan ; La Stradella près Pavie.

Si on compare ce catalogue à celui que nous avons donné des plantes des terrains de lignites, on trouvera une grande analogie quant aux familles et aux genres de plantes qui y figurent, quoiqu'il y ait des différences notables sous le rapport des espèces ; d'ailleurs les plantes de cette formation sont bien moins connues que celles des terrains marno-charbonneux, qui sont plus riches en plantes et plus généralement exploités. Nous devons cependant espérer que la localité remarquable d'Armissan nous fournira des matériaux plus étendus pour tracer la flore de cette époque.

§. 12. Terrain marin supérieur.

Les fossiles végétaux de cette formation sont si peu nombreux, que nous ne les citons que pour ne pas laisser de lacune ; ils appartiennent au grand dépôt des collines subapennines, qui paroissent analogues, pour leur époque de formation, au terrain marin supérieur des environs de Paris.

Je ne sache pas qu'on ait trouvé dans ces terrains, ou dans ceux qui sont plus récens, rien qui annonce la présence des Palmiers ou d'autres plantes des pays chauds ; mais les fossiles végétaux sont si peu nombreux dans cette formation et dans la suivante, qu'on ne peut rien en conclure. Ceux qui appartiennent à ce terrain sont les suivans :

CONIFÈRES.

Pinus Cortesii.	Environs de Plaisance,

JUGLANDÉES.

Juglans nux-taurinensis.	Environs de Turin.

§. 13. Terrains lacustres supérieurs.

Malgré le petit nombre de fossiles végétaux que nous connoissons dans ce terrain, leur ensemble est curieux par les données qu'ils nous fournissent sur l'origine des meulières qui les renferment. En effet, ces fossiles n'appartiennent qu'à cinq ou six plantes différentes, mais qui toutes paroissent être des plantes aquatiques, analogues à celles qui croissent encore au fond des étangs peu profonds; et ce qui est le plus singulier, c'est que pas un débris de plantes terrestres, soit de feuilles, soit de fruits, ne s'y rencontre; car l'analogie du *Carpolithes thalictroides* avec les fruits des *Thalictrum* est, je crois, plutôt apparente que réelle, et ce nom ne doit être considéré que comme rappelant une ressemblance dans les formes extérieures; ce fruit se rapprochant peut-être plus en réalité de ceux des *Nayas*, des *Zanichellia* et des *Potamogeton*.

La fréquence des *Chara* dans cette formation annonce particulièrement un dépôt formé dans des eaux peu profondes, du moins dans les lieux où ces fossiles ont été trouvés, et indique l'analogie qui existe entre nos meulières et les formations modernes du lac de Bakie en Écosse, formations décrites récemment par M. Lyell, et qui renferment des fruits et des tiges des *Chara* qui vivent dans ce lac, comme les meulières contiennent les fruits et les tiges des *Chara* qui habitoient les lacs ou les étangs dans lesquels ces roches se sont formées.

Il est inutile de dire qu'on n'a jamais trouvé de trace de plantes marines dans cette formation, dont les fossiles sont loin de nous donner une idée de la végétation de cette époque, mais nous représentent seulement la Flore d'un genre de station très-spécial, flore qui a une grande analogie avec celle des mêmes localités à l'époque actuelle.

MOUSSES.

MUSCITES? SQUAMATUS.	Lonjumeau près Paris.

CHARACÉES.

1. CHARA MEDICAGINULA.	Montmorency, Sanois, Trappes, près Paris.
2. CHARA HELICTERES.	Pleurs, dép. de l'Aisne.

NYMPHÉACÉES.

NYMPHÆA ARETHUSÆ.	Lonjumeau.

Plantes dont la position est douteuse.

CULMITES ANOMALUS.	Lonjumeau.
CARPOLITHES THALICTROIDES.	*Ibid.*

§. 14. TERRAINS DE FORMATION CONTEMPORAINE.

Sous ce titre nous voulons seulement indiquer ici des terrains qui, quoique se formant sous nos yeux ou ne remontant pas à une époque antérieure aux temps historiques, renferment des débris de plantes qui ne diffèrent souvent pas par leur mode de conservation de ceux qu'on trouve dans les terrains plus anciens ; tels sont les graines de *Chara* contenues dans l'espèce de travertin de Bakie en Écosse ; les feuilles et les fruits enveloppés de carbonate de chaux par des eaux incrustantes ; tels sont surtout les grandes couches de tourbe, qui, par les modifications qu'ont éprouvées les végétaux qui les composent, ressemblent quelquefois d'une manière étonnante à de véritables lignites.

Ces divers dépôts, dont l'étude est digne de l'attention du géologue, comme pouvant l'éclairer sur le mode de formation de terrains plus anciens, ont beaucoup moins d'intérêt sous le point de vue de la botanique ; car aucune plante différente de celles qui existent maintenant dans les mêmes climats, n'y a été reconnue.

Il seroit intéressant cependant de rechercher si dans les couches les plus anciennes des tourbières on ne retrouveroit pas des fruits d'arbres, ou différens de ceux qui existent actuellement, ou du moins de ceux qui croissent encore dans la même contrée. La destruction de plusieurs des animaux dont on trouve les ossemens dans les tourbières, et surtout celle du grand daim des tourbières d'Irlande, peut faire présumer que la même chose a eu lieu pour quelques végétaux, et des recherches à cet égard pourroient éclaircir plusieurs points de la géographie physique ancienne. On doit seulement bien éviter de confondre avec les vraies tourbières certaines couches de lignites dénudées ou cachées sous la mer, et qui ont été souvent désignées par le nom de *forêts sous-marines*, nom qui a été appliqué tantôt à des amas récens d'arbres dans certains golfes ou à des tourbières qui ont glissé sous la mer, et tantôt à de véritables lignites plus ou moins anciens et mis à découvert sous la mer.

CONCLUSIONS.

Nous avons déjà, dans le chapitre précédent, fait remar-

quer plusieurs des conséquences auxquelles conduit naturellement l'étude des plantes fossiles de diverses époques, comparées aux plantes actuellement existantes ; mais il nous reste
à considérer d'une manière plus générale les changemens que
la végétation de la surface terrestre a éprouvés et les causes
qui peuvent avoir donné lieu à ces changemens.

On peut rapporter à quatre périodes différentes de végétation les diverses flores présentées par époque de formation
géologique dans le chapitre précédent, et j'entends par période de végétation, un espace de temps plus ou moins considérable, pendant lequel la nature de la végétation, c'est-à-
dire les rapports numériques des familles ou des classes entre
elles , n'a pas changé sensiblement. Sur ces quatre périodes
il y en a trois de parfaitement tranchées : la seconde est moins
bien caractérisée ; elle ne peut cependant être rattachée ni
à celle qui la suit, ni à celle qui la précéde : c'est, pour
ainsi dire, une période transitoire, période qui, en outre ,
nous est beaucoup moins bien connue que les autres.

Ces quatre périodes peuvent être ainsi limitées :

La première s'étend depuis les premières traces de la végétation qui se montrent dans quelques terrains de transition,
jusqu'à la fin de la formation houillère ou au grès rouge.

La seconde correspond au dépôt de grès bigarré, et paroît
séparée de la précédente par des formations, ou dépourvues
de végétaux, ou ne renfermant que des impressions de plantes
marines, telles que le grès rouge et le calcaire pénéen.

La troisième commence à l'époque de formation du calcaire
conchylien, et s'étend jusqu'au dépôt de la craie.

Enfin, la quatrième correspond au temps pendant lequel les
terrains postérieurs à la craie, ou terrains de sédiment supérieurs, se sont déposés.

La première de ces périodes est caractérisée par la prédominance numérique et par le grand développement des Cryptogames vasculaires.

La seconde n'est pas encore assez bien connue pour qu'on
puisse en tracer avec quelque précision les caractères essentiels.

La troisième est remarquable par l'abondance des Cycadées,
jointes aux Fougères et aux Conifères.

Enfin, la quatrième se distingue de toutes les précédentes

par la prédominance numérique des plantes dicotylédones
et par l'absence de formes étrangères à la végétation actuelle.

Nous pouvons, par un tableau, faire sentir clairement la
différence de la végétation pendant ces quatre périodes.

NOMS DES CLASSES.	1.re PÉRIODE.	2.e PÉRIODE.	3.e PÉRIODE.	4.e PÉRIODE.	PÉRIODE ACTUELLE.
1. AGAMES..........	4	7	3	13	7,000
2. CRYPTOGAMES CELLU-LEUSES..........	0	0	0	2	1,500
3. CRYPTOGAMES VASCU-LAIRES..........	220	8	31	7	1,700
4. PHANÉROGAMES GYM-NOSPERMES	0	5	35	17	150
5. PHANÉROGAMES MO-NOCOTYLÉDONES...	16	5	3	25	8,000
6. PHANÉROGAMES DI-COTYLÉDONES.....	0	0	0	100	32,000
	240	25	72	164	50,350

Les nombres indiqués pour les plantes de la quatrième période ne sont qu'approximatifs, surtout pour les Monocotylédones et les Dicotylédones, dont les espèces ne sont pas
exactement déterminées et sont sans aucun doute plus nombreuses que je ne l'ai admis. Des circonstances locales ont
aussi influé sur ces nombres, particulièrement sur celui de
la quatrième classe, dont le nombre, assez considérable,
paroît dû principalement à ce que les terrains de lignites sont
en grande partie formés par les débris de forêts de Conifères,
parmi lesquels on trouve en général peu d'autres plantes.

Ces diverses corrections, que nous n'avons pas voulu faire,
pour représenter plus exactement ce que nous offrent nos
collections, rendroient les proportions de ces classes tout-à-
fait les mêmes que celles qui existent dans la période actuelle,
dont la végétation peut être considérée comme la suite de celle
qui a commencé immédiatement après le dépôt de la craie.

Ces diverses périodes ne sont que des abstractions, puisque
les êtres qui vivoient pendant leur durée n'ont pas toujours
conservé exactement les mêmes caractères depuis le commencement jusqu'à la fin, mais ont été remplacés par d'autres

57.   14

êtres qui n'en différoient que spécifiquement, ou plus rarement génériquement. Mais ce sont des abstractions analogues à celles qu'on a été obligé d'établir lorsqu'on a voulu
considérer la distribution des végétaux à la surface du globe,
et qu'on l'a divisée en régions plus ou moins étendues.

On doit cependant remarquer un fait qui rend les périodes
que nous indiquons moins arbitraires, et qui semble annoncer
qu'elles sont fondées sur la nature même des révolutions de
notre globe ; c'est qu'elles sont presque toujours séparées par
des formations qui ne paroissent pas contenir de fossiles terrestres, qui pourroient par conséquent être considérées comme
ayant détruit complétement la végétation préexistante et ayant
préludé à une nouvelle création végétale.

Tels sont le grès rouge, le calcaire conchylien, et surtout
la craie.

On doit remarquer en outre qu'il n'y a pas de passage insensible entre les végétaux de ces diverses périodes, tandis
qu'il y en a presque toujours entre ceux des diverses époques
de formation comprises dans ces périodes.

Le développement que le règne végétal a pris successivement depuis les temps les plus anciens où nous trouvons des
traces de son existence jusqu'à nos jours, n'est pas un des
résultats les moins curieux de la comparaison de ces diverses
périodes.

Ainsi, dans la première période il n'existe presque que
des cryptogames, végétaux d'une structure plus simple que
ceux des classes suivantes.

Dans la seconde période le nombre des deux classes suivantes devient proportionnellement plus considérable.

Pendant la troisième période ce sont particulièrement les
Phanérogames gymnospermes qui prédominent, et la création
pour ainsi dire simultanée des Cycadées et des Conifères,
familles dont la botanique nous dévoile les rapports, malgré
leurs formes extérieures si différentes, n'est pas un des phénomènes les moins curieux. Cette classe de végétaux peut en
outre être considérée, d'après sa structure, comme intermédiaire entre les Cryptogames et les véritables Phanérogames,
et son époque d'apparition sur la surface de la terre suit en
effet celle des Cryptogames et précède celle de la plupart des

Phanérogames , qui ne deviennent prépondérantes que pendant la quatrième période.

Nous pouvons donc admettre parmi les végétaux , comme parmi les animaux , que les êtres les plus simples ont précédé les plus compliqués, et que la nature a créé successivement des êtres de plus en plus parfaits.

Il est même remarquable que les grands changemens de la flore et de la faune terrestre ont eu lieu presque simultanément : ainsi les reptiles ne deviennent fréquens qu'au commencement de la troisième période de végétation, dans le keuper, époque qui correspond à la création des Cycadées; celle des mammifères coïncide avec le commencement de la quatrième période, c'est-à-dire, que les animaux dont l'organisation est la plus parfaite, ont commencé à exister ou du moins à devenir fréquens en même temps que les végétaux dicotylédons, que nous pouvons également considérer comme les plus complets. [1]

Mais ces changemens successifs dans les êtres organisés ne seroient-ils pas la suite des changemens que la surface du globe a éprouvés? C'est ce que nous pouvons présumer d'après ce que nous voyons actuellement et d'après ce que nous avons déjà avancé en traitant du terrain houiller.

Il est bien peu de physiciens qui doutent maintenant que la terre n'ait eu, dans les premiers temps de sa formation, une température plus élevée que celle dont elle jouit actuellement. La nature et la grandeur des végétaux du terrain houiller présentent une des confirmations les plus fortes de cette théorie que la géologie puisse fournir; et la diminution successive de cette température est sans aucun doute une des causes qui ont le plus influé sur les changemens que la végétation a subis depuis cette époque reculée jusqu'à nos jours.

Si la végétation a commencé sur des îles peu étendues, éparses dans un vaste océan, sans aucun grand continent, comme l'analogie de la flore de la première période de végétation avec celle des petites îles éloignées des continens nous le fait

---

1 Je fais abstraction dans ces considérations de l'exception unique jusqu'à présent fournie par le mammifère fossile de Stonesfield et de celles très-rares que pourroient présenter quelques plantes dicotylédones antérieures à la craie.

présumer, on doit considérer cette disposition de la surface du globe comme la cause principale de la nature de cette flore. Si peu à peu ces îles se sont réunies pour former des continens plus vastes, la surface de la terre sera devenue propre à la végétation de plantes différentes, plus variées, analogues enfin à celles qui composent les flores des pays continentaux.

C'est particulièrement après la formation de la craie que la végétation a pris ce caractère que nous pouvons appeler continental, et nous pouvons fortement présumer que c'est à compter de cette époque qu'une grande partie de la surface terrestre a été mise à découvert et a formé de vrais continens.

Si l'hypothèse que nous avons présentée sur l'existence d'une quantité beaucoup plus considérable d'acide carbonique dans l'air durant la première période de végétation, qu'à l'époque actuelle, est considérée comme vraisemblable, nous devrons aussi penser que la diminution successive de ce gaz a dû avoir une grande influence sur la nature des êtres qui ont vécu à diverses époques à la surface de la terre ; mais nous ne possédons pas encore de données suffisantes sur l'influence de ce gaz sur les végétaux des diverses classes, pour pouvoir rien établir de certain à cet égard.

On voit que l'étude des végétaux fossiles est féconde en résultats curieux, et cependant cette étude ne fait que commencer : que ne devons-nous donc pas espérer lorsqu'elle sera devenue l'objet des recherches de savans nombreux, et lorsque ces recherches se seront étendues à des points de la surface du globe très-éloignés les uns des autres. (AD. BRONGN.)

VEGIGA DE PERRO. (*Bot.*) Quer, dans son *Flor. espan.*, dit que les Castillans nomment ainsi l'alkekenge ou coqueret, *physalis alkekengi*. (J.)

VEHUCO DE LA CHINA. (*Bot.*) A Cumana en Amérique on nomme ainsi le *cissus salutaris* de la Flore équinoxiale. (J.)

VEILLE DES PLANTES. (*Bot.*) Heures auxquelles leurs fleurs s'ouvrent, restent épanouies et se ferment. Voyez HORLOGE DE FLORE. (MASS.)

VEILLEUSE. (*Bot.*) Un des noms vulgaires du colchique d'automne. (L. D.)

VEILLOTE. (*Bot.*) Dans plusieurs cantons de la France on donne ce nom vulgaire au colchique d'automne, qui fleurit à l'époque où commencent les soirées d'hiver et les veillées villageoises. Dans l'Anjou, suivant M. Desvaux, il est nommé veilleuse et chénarde. Sa ressemblance avec le safran lui a fait encore donner les noms de safran sauvage, faux-safran. (J.)

VEINAT. (*Ichthyol.*) Un des synonymes de maquereau. Voyez Scombre. (H. C.)

VEINE DE MÉDINE, *Vena medinensis*. (*Entomoz.*) Nom sous lequel quelques auteurs anciens ont désigné le ver que l'on connoît aujourd'hui sous la dénomination de dragoneau, *gordius medinensis*, Linn.; *filaria medinensis*, Rudolphi. (De B.)

VEINÉ. (*Erpét.*) Nom spécifique d'un Bongare. Voyez ce mot. (H. C.)

VEINÉE [Feuille]. (*Bot.*) Pourvue de nervures très-déliées, plus sensibles à la vue qu'au tact; exemples : *salix reticulata*, *arbutus alpina*, etc. (Mass.)

VEINES. (*Anat.*) Voyez Système de la circulation et Tissus. (H. C.)

VEIRA. (*Ichthyol.*) En Languedoc on appelle ainsi le maquereau. Voyez Scombre. (H. C.)

VEIRON. (*Ichthyol.*) Voyez Alvin. (H. C.)

VEISSIA. (*Bot.*) Voyez Weissia. (Lem.)

VEJUCO. (*Bot.*) Ce nom espagnol-américain, suivi d'un surnom, est donné à diverses plantes de l'Amérique méridionale. Le *paullinia caribœa* est le *vejuco* de Sarzillo, de la province de Caracasana, suivant M. Kunth. Son *bignonia glabrata* est le *vejuco blanco* des environs de Cumana, où se trouve aussi son *sarcostemma cumanense*, nommé *vejuco de leche*. Sur les rives du fleuve de la Magdeleine et près d'Angostura, le *vitis tiliæfolia* est nommé *vejuco de ague*; et près du Maypuri et des missions de l'Orénoque, est le *vejuco de manure*, espèce de *pothos*. Il y a encore le *vejuco del guaco*, qui est le *mikania guaco*, Humboldt. (J.)

VEJUQUILO. (*Bot.*) Le *convolvulus tuberculatus* est ainsi nommé aux environs de Tageariga, dans l'Amérique méridionale, suivant M. Kunth. (J.)

VELAGA. (*Bot.*) Le genre fait sous ce nom par Adanson, est le même que le *pterospermodendrum* d'Amman, que Linnæus avoit réuni à son *pentapetes*, et qui, plus récem-

ment, a été rétabli, par Schreber et Willdenow, sous le
nom de *pterospermum*, adopté par M. De Candolle et séparé
des malvacées pour être reporté aux byttnériacées, famille
voisine, que nous avons indiquée comme section des herman-
niées. Le *pentapetes* de Linnæus est ainsi réduit à son *pentapetes phœnicea*, qui fait partie de la même réunion avec le
don. brya, auquel Cavanilles l'avoit primitivement associé. (J.)

VELAGUIDA. (*Bot.*) Belon, voyageant dans la Syrie, cite
sous ce nom un arbre que les Grecs, dit-il, nommoient *platyphyllos*. C'est un chêne dont le gland, de la grosseur d'un
œuf de pigeon, ayant un peu le goût de châtaigne, pourroit
être mangé en temps de disette. Ce ne peut être le *platyphyllos* de Daléchamps, qui est notre chêne ordinaire à gland
beaucoup plus petit. Le *velaguida* a plus de rapport par son
fruit avec le *quercus esculus*, qui est le *phagos* des Grecs, l'*esculus* de Pline. Daléchamps dit que Pline cite l'*esculus* et le
platyphyllos dans le même lieu, comme deux espèces différentes, mais que plusieurs les regardent comme la même. (J.)

VÉLANÈDE. (*Bot.*) Voyez VALANÈDE. (L. D.)

VELANI. (*Bot.*) Suivant M. de Lamarck, les Grecs nomment ainsi le fruit du *velanida*, qui est le chêne à grosses cu-
pules, *quercus ægylops*, dont le gland est gros. Ce dernier
caractère le rapproche du VELAGUIDA de Belon (voyez ce mot);
mais il ne paroit pas que ce soit la même espèce. (J.)

VÉLAR ; *Erysimum*, Linn. (*Bot.*) Genre de plantes dicotylédones polypétales, de la famille des *crucifères*, Juss., et
de la *tétradynamie siliqueuse*, Linn., qui a pour caractère :
un calice de quatre folioles droites, serrées, souvent colorées ; une corolle de quatre pétales à onglet de la longueur
du calice ; six étamines, dont quatre plus longues et deux
plus courtes, un ovaire linéaire, tétragone, surmonté d'un
style souvent court et terminé par un stigmate très-petit,
simple ou en tête ; une silique alongée, linéaire, parfaitement
tétragone, à deux valves, à deux loges contenant plusieurs
graines très-petites.

Les vélars sont le plus ordinairement des plantes herbacées, à feuilles oblongues, alternes, et à fleurs communément jaunes, disposées en grappe terminale. On en connoît
une quarantaine d'espèces, qui appartiennent en général à

l'Europe ou aux contrées occidentales de l'Asie , et dont plusieurs croissent naturellement en France.

VÉLAR A FEUILLES ÉTROITES: *Erysimum angustifolium*, Willd., *Spec.* 3, p. 513. Sa racine est bisannuelle, presque simple, blanchâtre; elle produit une tige droite, cylindrique, haute d'un à deux pieds, simple ou peu rameuse, toute couverte, ainsi que le reste de la plante, de poils couchés qui lui donnent une couleur blanchâtre; ses feuilles sont linéaires, très-étroites, un peu canaliculées; ses fleurs sont presque sessiles, petites, et leur calice persiste pendant quelque temps à la base des jeunes siliques. Cette espèce croît dans les lieux sablonneux en Hongrie.

VÉLAR EFFILÉ; *Erysimum virgatum*, Willd., *Spec.* 3, p. 512. Sa racine est bisannuelle, de même que dans l'espèce précédente; elle produit une tige droite, divisée en rameaux roides, effilés; ses feuilles sont lancéolées, glabres, les inférieures très-entières et celles des rameaux quelquefois un peu dentées; ses fleurs, disposées en grappes terminales à l'extrémité de la tige ou des rameaux, ont le limbe de leurs pétales ovale-oblong; les siliques sont redressées et roides. Cette plante croît dans le Jura, en Belgique et en Allemagne aux environs de Mayence.

VÉLAR A FEUILLES D'ÉPERVIÈRE; *Erysimum hieracifolium*, Linn., *Sp.* 923. Sa racine est bisannuelle, fusiforme, blanchâtre; elle produit une tige droite, cylindrique, pubescente, rameuse; ses feuilles sont étroites, oblongues, rétrécies à leur base, grossièrement dentées; ses fleurs sont d'un jaune pâle, disposées en grappes droites et alongées. Cette plante croît en Allemagne, en Suède et dans plusieurs autres parties de l'Europe.

VÉLAR GIROFLÉ: *Erysimum cheiranthoides*, Linn., *Spec.* 923; Jacq., *Fl. Aust.*, t. 23. Sa racine est annuelle, pivotante; sa tige est droite, roide, simple inférieurement, un peu anguleuse et rude au toucher, entièrement recouverte de poils courts et couchés, haute d'un pied ou davantage; ses feuilles sont lancéolées, entières ou munies de quelques dents écartées et peu profondes, paroissant glabres au premier aspect, mais revêtues des deux côtés de poils nombreux, exactement couchés et souvent bifurqués; ses fleurs sont petites, d'un jaune pâle, disposées en grappe au sommet de la tige et des rameaux ; il leur succède des siliques nombreuses, tout-à-fait tétragones , longues de dix à douze lignes , portées sur des pédoncules ouverts horizontalement. Cette plante croît sur le bord des champs, dans les haies, en France et dans plusieurs autres contrées de l'Europe.

VÉLAR DE SAINTE-BARBE, vulgairement HERBE SAINTE-BARBE, JULIENNE JAUNE , BARBARÉE , RONDOTTE : *Erysimum barbarea* , Linn., *Spec.*, 922 ; *Barbarea vulgaris* . Brown , *in Hort. Kew.*, éd. 2 , vol. 4 , p. 109. Sa racine est fusiforme , presque ligneuse , vivace ; sa tige est striée , redressée , feuillée , glabre, rameuse dans sa partie supérieure , haute d'un à deux pieds ; ses feuilles sont d'un vert foncé , glabres , les inférieures pétiolées en lyre , à divisions latérales oblongues, les supérieures simples, sessiles, irrégulièrement dentées en leurs bords ; ses fleurs sont d'un jaune d'or , rapprochées les unes des autres et disposées à l'extrémité des tiges ou des rameaux en grappes serrées ; les siliques sont courtes, redressées ou un peu ouvertes, terminées par le style persistant sous la forme d'une longue corne , chargées de quatre angles très-peu saillans et paroissant presque cylindriques. Cette plante croît naturellement en France et dans plusieurs parties de l'Europe , dans les prairies humides , sur les bords des ruisseaux et des rivières. Elle offre une variété à fleurs doubles qu'on cultive pour l'ornement des jardins.

VÉLAR PRÉCOCE ; *Erysimum præcox*, Smith , *Fl. britt.*, 2 , p. 707. Cette espèce a tout le port de la précédente, mais elle en diffère d'une manière constante par les lobes latéraux de ses feuilles inférieures , qui sont arrondis ; par ses feuilles supérieures pinnatifides , à divisions opposées , linéaires-oblongues , très-entières ; par ses fleurs d'un jaune plus pâle ; enfin, par ses siliques beaucoup plus longues , terminées par une corne plus courte. Le vélar précoce croît sur le bord des eaux, dans les lieux humides ou arrosés ; on le trouve en France et dans plusieurs autres parties de l'Europe. Cette plante a un goût qui n'est pas désagréable et qui approche de celui du cresson de fontaine ; les Anglois la mangent en salade. Le vélar de Sainte-Barbe a au contraire une saveur amère et nauséabonde.

L'*erysimum officinale* de Linnæus, vulgairement nommé *tor-*

telle et *vélar*, n'appartient plus à ce genre, il a été placé dans le *Sisymbrium* par M. De Candolle. (L. D.)

VÉLELLE, *Velella.* (*Actinoz.*) Dénomination employée par M. de Lamarck et par tous les zoologistes modernes, pour désigner un genre d'animaux radiaires de la classe des arachnodermaires, et par conséquent fort voisin des méduses, proposé depuis long-temps par Brown, dans son Histoire naturelle de la Jamaïque, sous le nom de *Phyllidocé*, et que Forskal a établi depuis, dans sa Faune arabique, sous celui d'*Holothurie*, que l'on applique aujourd'hui à un groupe d'animaux tout différens et d'une autre classe. Linné en faisoit des espèces de son genre Méduse, et cela véritablement avec assez de raison, tant l'organisation de ces animaux paroît analogue. Je n'ai cependant pas pu encore m'en assurer par moi-même sur des vélelles vivantes, parce qu'on ne les rencontre, à ce qu'il semble, qu'en haute mer. Toutefois ce que j'en ai vu me permet de donner de ce genre la caractéristique suivante : Corps gélatineux, plus ou moins ovalaire, très-déprimé, convexe et bombé en dessus, un peu concave en dessous, contenant dans le centre de sa partie supérieure une pièce subcartilagineuse, résistante, surmontée d'une lame de même nature, verticale et oblique; bouche inférieure, centrale à l'extrémité d'un court prolongement proboscidiforme, et entourée de cirrhes tentaculaires de deux ordres; le rang externe beaucoup plus long que les autres. Ainsi ce genre est à peine distinct de celui des porpites, si ce n'est par la forme de la pièce cartilagineuse qui soutient le disque. C'est ce dont on pourra se convaincre en comparant ce que nous avons dit de la structure de ces derniers avec la description que donne Forskal de son *holothuria spirans*, dont M. de Lamarck fait sa vélelle à limbe nu ; en voici la traduction : La longueur du plus grand diamètre du disque est de deux pouces, tandis que celle du plus petit n'est que de six lignes : à sa partie supérieure est un nucléus ovale, résistant, élevé en une sorte de bouton blanc, d'un bleu sombre sur ses bords, et marqué d'anneaux ovales et concentriques; sa partie interne, brune ou d'un bleu obscur, est partagée en deux parties par la base de la crête : de chaque côté il en part une ligne ou impression linéaire, qui du centre se porte au bord, perpendiculairement à la crête; une autre ligne moins profonde, moins visible, se trouve séparer en deux parties égales l'espace compris entre la crête et la première ligne. Le limbe, plus étroit que le nucléus, est plat, flexible, d'un bleu pâle en dedans et parsemé vers son bord de points noirs ou d'un bleu sombre; il est en outre, vers les bords, entouré d'une ligne noire; mais le bord lui-même, mince et transparent, est d'un bleu clair sans taches. La crête ou lame verticale est appliquée sur le nucléus et non sur le limbe; elle est placée obliquement, de manière qu'en la regardant par une extrémité ou par l'autre, elle est dirigée ou à droite ou à gauche, en avant. Elle est comprimée, composée d'un limbe flexible et d'une partie résistante, subtriangulaire, deux fois plus haute que large à la base, avec les côtés arrondis. Le sommet, proéminent, obtus, atteignant presque jusqu'au bord du limbe, est réticulé par des veines obscures très-fines; le bord est résistant, hyalin et ponctué de bleu; son limbe est flexible, arrondi de chaque côté, plus large à la base qu'au sommet, tout bleuâtre, avec des veines blanches, très-fines, parallèles au bord. En dessous, tous les tentacules sont attachés au nucléus : ceux du disque sont nombreux et plus courts que ceux du limbe et de la circonférence, qui sont blancs, filiformes, plus épais à la base et à l'extrémité, susceptibles d'être dilatés en offrant une grande ouverture. Les cirrhes tentaculaires de la circonférence du nucléus sont inégaux, et leurs différens rangs, souvent plus longs que le limbe, surpassent aussi la longueur du corps; ils sont du reste tous filiformes, subulés, d'un bleu hyalin, avec une ligne plus obscure au milieu. L'animal peut mouvoir en tous sens les tentacules du disque, les alonger, les raccourcir, et aussi dilater et rétrécir la bouche. Quant à ceux de la circonférence, il peut moins les raccourcir, mais bien les contourner en différens sens. Le nucléus est noir en dessous; le limbe étant d'un bleu pâle marqué de points noirs. Au milieu est un estomac globuleux, de couleur blanche, avec la bouche très-dilatable et à l'extrémité d'une sorte de petite trompe cylindrique et rétractile.

Il paroît que les anneaux du nucléus contiennent de l'air.

Les vélelles nagent au moyen de leur crête, en ramant avec

les tentacules de la circonférence. Comme les porpites, elles se tiennent, dans le beau temps, constamment à la surface et en haute mer. Elles se servent cependant aussi de leurs tentacules pour se mouvoir, ainsi que pour saisir leur nourriture.

Elles sont très-phosphorescentes et causent des démangeaisons, comme certaines méduses, quand on les touche. On dit que les matelots les mangent frites.

Il paroit qu'on trouve des vélelles dans toutes les mers des pays chauds, et dans la Méditerranée, souvent par milliers; mais toujours en haute mer, à moins qu'elles n'aient été entraînées par les vents ou les courans.

M. de Lamarck définit trois espèces de vélelles; mais il est fort probable que la première a été établie sur un individu altéré qui avoit perdu ses tentacules, comme cela arrive si souvent aux porpites; ce sont :

La VÉLELLE MUTIQUE, *V. mutica; Medusa Velella*, Linn., Gm., p. 3155, d'après Brown, *Jam.*, 387, tab. 48, fig. 1. Corps oblong-ovale, presque nu, cilié sur les bords, avec la crête membraneuse.

De l'océan Atlantique et de la Méditerranée, s'il faut croire que ce soit bien la même que M. Marcel de Serres a observée et qu'il dit être quelquefois rejetée en si grande abondance sur le rivage, qu'elle y forme un ruban bleu.

La V. A LIMBE NU, *V. limbosa : Holothuria spirans*, Forsk., *Faun. arab.*, p. 104, n.° 15, et *Icon.*, tab. 26, fig. K; cop. dans l'Encycl. méthod., pl. 90, fig. 1 et 2. Corps ovale, un peu alongé, à crête dorsale, oblique, subtriangulaire, et pourvu de cirrhes tentaculaires de deux sortes, ceux de la circonférence longs et filiformes.

De la Méditerranée.

La V. SCAPHIDIENNE; *V. scaphidia*, Péron, Lesueur, Voyage aux terres australes, 1, p. 44, pl. 30, fig. 6. Corps ovale, à crête dorsale. oblique, très-mince, transparente et blanchâtre; des tentacules très-courts et très-nombreux dans toute la surface inférieure du disque.

De l'océan atlantique austral, où elle a été observée par milliers.

M. Bosc ajoute :

La V. PETIT-VERRE; *V. poculum*, Montagu, *Transact. linn.*, vol. 11, tab. 14, et se borne à dire qu'elle a les tentacules violets et qu'elle se trouve sur les côtes d'Angleterre. (Dr B.)

VELEZA. (*Bot.*) Nom de la dentellaire, *plumbago europæa*, en Espagne. (Lem.)

VÉLÈZE; *Velezia*, Linn. (*Bot.*) Genre de plantes dicoty-lédones polypétales, de la famille des *caryophyllées*, Juss., et de la *pentandrie digynie*, Linn., dont les principaux caractères sont les suivans : Calice tubuleux, étroit, à cinq dents; corolle de cinq pétales, à onglet filiforme, de la longueur du calice, et à limbe échancré ou denté; cinq étamines à filamens capillaires, terminés par des anthères cordiformes; un ovaire supère, surmonté de deux styles capillaires, à stigmates simples; capsule cylindrique, grêle, enveloppée par le calice persistant, à une seule loge, s'ouvrant en quatre valves et contenant des graines oblongues, attachées à un réceptacle central et filiforme; il y a quelquefois six dents au calice, six pétales, six étamines et trois styles.

Les vélèzes sont des plantes annuelles, à feuilles entières, opposées, et à fleurs axillaires. On n'en connoit que deux espèces, propres à l'Europe et à l'Orient.

Vélèze roide; *Velezia rigida*, Linn., *Spec.*, 474. Sa racine est grêle, fibreuse; elle produit une tige menue, noueuse, légèrement pubescente, plus ou moins rameuse, haute de quatre à six pouces, garnie de feuilles étroites, subulées, conniventes à leur base et presque engainantes. Ses fleurs sont petites, purpurines, solitaires ou deux à trois ensemble, et sessiles dans les aisselles des feuilles; elles ont le calice pubescent et les pétales bifides. Cette petite plante croît naturellement dans le midi de la France, en Italie, en Espagne et dans l'Afrique septentrionale.

Vélèze a quatre dents; *Velezia quadridentata*, Smith, *Fl. Græc. Prodr.* Cette espèce diffère principalement de la précédente par ses calices glabres et par ses pétales à quatre dents : elle croît dans l'Asie mineure et les îles de l'archipel grec. (L. D.)

VELGUTTA. (*Bot.*) Dodoëns, au rapport de C. Bauhin, donnoit ce surnom (équivalent de *multibona*, ou jouissant de beaucoup de vertus) à la plante ombellifère connue maintenant sous celui d'*athamanta oreoselinum*. (J.)

VÉLIE. (*Bot.*) Voyez Plevrandra. (J.)

VÉLIE, *Velia.* (*Entom.*) M. Latreille a formé sous ce nom un genre parmi les insectes hémiptères, voisin des hydro-mètres et des gerres, dont il ne diffère que par la brièveté des pattes, dont la paire intermédiaire se trouve rapprochée de l'antérieure. (C. D.)

VÉLIFÈRE. (*Ichth.*) Nom spécifique de l'Oligopode. Voyez ce mot. (H. C.)

VELLA. (*Bot.*) Genre de plantes dicotylédones, à fleurs complètes, polypétalées, régulières, de la famille des *crucifères*, de la *tétradynamie siliculeuse* de Linnæus, offrant pour caractère essentiel : Un calice cylindrique, à quatre folioles droites, caduques; quatre pétales à longs onglets; six étamines tétradynames; un ovaire supérieur; un style conique; un stigmate simple; une petite silique globuleuse, à deux loges, surmontées d'une languette une fois plus longue que les valves.

Vella annuelle : *Vella annua*, Linn., *Spec.*; Lamk., *Ill. gen.*, tab. 555, fig. 1; Clus., *Hist.*, 2, pag. 130; *Carrichtera vellæ*, Dec., Syst. vég., 2, p. 641. Sa racine est épaisse, blanchâtre et fibreuse; elle produit une tige tortueuse, qui, presque dès sa base, se divise en plusieurs rameaux étalés. Elle est droite, rude, cylindrique, velue, haute d'environ un pied. Les feuilles sont alternes, pétiolées, presque deux fois ailées; les pinnules alternes, pinnatifides; les folioles confluentes, courtes, presque linéaires, vertes, inégales, obtuses, un peu velues; les pétioles hispides. Les fleurs sont petites, disposées en grappes simples, alongées, latérales, point feuillées, axillaires et terminales, les fleurs du haut plus rapprochées, toutes pédicellées; les pédoncules, ainsi que les pédicelles, hérissés de poils rudes. Les calices sont velus, à quatre folioles caduques, droites, linéaires, un peu aiguës; la corolle, blanche ou jaunâtre, offre les pétales ovales, arrondis et entiers, onguiculés. Après la floraison les pédicelles se courbent et portent des fruits pendans. L'ovaire est ovale; le style conique, plan, foliacé; la silique ovale, presque globuleuse, hérissée, à deux valves séparées par une cloison qui se prolonge en dehors de toute la longueur de la silique, en forme d'une languette ovale, comprimée, entière; quatre semences sont dans chaque loge. Cette plante a des feuilles âcres, d'une saveur piquante, approchant de celle du cresson; antiscorbutique. Elle croît en Espagne, dans le royaume de Valence, en Barbarie, etc., dans les terrains sablonneux.

Vella faux-cytise : *Vella pseudo-cytisus*, Linn., *Sp.*; Lamk., *Ill. gen.*, tab. 555, fig. 2; Cav., *Ic. rar.*, 1, tab. 42. Cette espèce est, par son port, très-différente de la précédente. Sa racine est dure, ligneuse, ramifiée; ses tiges sont droites, d'une hauteur médiocre, ligneuses, divisées en rameaux alternes, presque simples, glabres, cylindriques, un peu hérissées. Les feuilles sont nombreuses, en ovale renversé, sessiles, alternes, un peu blanchâtres, ciliées à leurs bords, entières, rétrécies à leur base, couvertes de quelques poils roides. Les fleurs sont disposées en une grappe droite, simple, lâche, terminale, alongée, point feuillée. Ces fleurs sont alternes, médiocrement pédicellées; les pédicelles droits, hérissés; le calice est hispide, cylindrique, à quatre folioles lancéolées, aiguës; la corolle jaune; les pétales sont arrondis; leur onglet très-étroit; les anthères sagittées, aiguës; les quatre plus longues souvent stériles; la silique est petite, ovale, presque elliptique, comprimée, à deux valves glabres, concaves, avec deux semences dans chaque loge. Cette plante croît dans l'Espagne.

Vella hispide : *Vella hispida*, Pers., *Synops.*, 2, pag. 185; *Boleum asperum*, Desv., Journ. bot., 3, tab. 6; Dec., Syst. vég., 2, p. 641. Ses tiges sont basses, ligneuses, tortueuses; les rameaux grêles, redressés, longs de six ou douze pouces, presque simples, hérissés de poils roides et longs. Les feuilles sont alternes, presque sessiles, linéaires-lancéolées, aiguës; les inférieures divisées en trois ou quatre lobes distans, hispides. Les grappes sont, dans leur jeunesse, disposées en corymbes, puis plus alongées, munies de deux bractées à la base des pédicelles inférieurs; les autres dépourvues de bractées; les folioles du calice oblongues, un peu pileuses en dehors; le limbe des pétales est jaune ou blanchâtre, oblong, un peu ovale; les onglets sont filiformes, plus longs que le calice; les siliques sont petites, globuleuses, oblongues, hérissées, indéhiscentes, à deux loges, avec une languette prolongée au-delà des valves, plus longue qu'elles; une ou deux semences sont dans chaque loge. Cette plante croît dans l'Espagne, aux lieux arides. (Poir.)

VELLA. (*Bot.*) La plante à laquelle Galien donnöit ce nom est, suivant C. Bauhin, le cresson d'eau, *nasturtium* de Tournefort, réuni au *sisymbrium* par Linnæus, au *cardamine* par M. de Lamarck, rétabli par MM. Brown et De Candolle. Mentzel cite le nom *vellon* pour le même : le *Vella* de Linnæus et des modernes est un autre genre, qui a été conservé. (J.)

VELLAI-ARONGAI. (*Bot.*) Le *gentiana verticillata* est ainsi nommé dans un herbier de la côte de Coromandel. (J.)

VELLEIA. (*Bot.*) Genre de plantes dicotylédones, à fleurs complètes, monopétalées, de la famille des *godénoviées*, de la *pentandrie monogynie* de Linnæus, offrant pour caractère essentiel : Un calice persistant, campanulé, à trois ou cinq découpures; une corolle tubuleuse, à deux lèvres bâillantes; la supérieure bifide, l'inférieure trifide; cinq étamines; les anthères à deux loges; un ovaire inférieur; un style terminé par un stigmate urcéolé; une capsule à deux loges, à quatre valves; plusieurs semences imbriquées, cartilagineuses à leurs bords.

Ce genre a été établi par M. Smith, en l'honneur de Velley, auteur de plusieurs fascicules sur les fucus. Il a été divisé en deux sections par M. Rob. Brown, d'après le nombre des divisions du calice et la forme de la corolle.

* *Calice à trois divisions; corolle un peu en bosse à sa base.*

Velleia en lyre; *Velleia lyrata*, Rob. Brown, *Nov. Holl.*, 1, p. 580. Cette plante est glabre sur toutes ses parties. Sa tige est garnie de feuilles en lyre, incisées et dentées à leur base. Les fleurs sont paniculées, à la base des ramifications bifurquées; les deux bractées sont séparées; les divisions du calice ovales, presque orbiculaires. Dans le *velleia spathulata*, également glabre sur toutes ses parties, les feuilles sont en forme de spatule, entières à leur base, barbues dans leur aisselle, tandis que dans le *velleia pubescens* toutes les parties sont couvertes de duvet; les feuilles dentées; les folioles du calice ovales, oblongues, aiguës. Le *velleia perfoliata* est glabre; les bractées, placées à la bifurcation des panicules, sont très-grandes, adhérentes par leur base, un peu arrondies et dentées. Ces plantes croissent à la Nouvelle-Hollande.

** *Calice à cinq divisions; corolle munie à sa base d'un éperon persistant.*

Velleia a trois nervures : *Velleia trinervia*, Labill., *Nov. Holl.*, 1, tab. 77; *Goodenia tenella*, *Bot. Magaz.*, tab. 1137; *Euthales*, Rob. Brown, *Nov. Holl.*, *loc. cit.* Plante herbacée, dont les tiges sont droites, bifurquées, un peu striées, flexueuses à leur partie inférieure, cylindriques, hautes d'environ un pied; les feuilles radicales assez grandes, oblongues, courantes sur un pétiole un peu plus long qu'elles, garnies de poils dans leur aisselle, glabres, entières, obtuses, d'inégale grandeur; les feuilles des tiges fort distantes, petites, sessiles, opposées, situées à la base des bifurcations, semblables à de petites bractées ovales-lancéolées, entières, obtuses. Les fleurs sont terminales, disposées, à l'extrémité des bifurcations, en une panicule très-lâche; les ramifications sont opposées, dichotomes, uniflores; le pédoncule est souvent muni dans son milieu de deux petites bractées opposées, outre celles des bifurcations. Le calice est campanulé, garni en dedans de poils couchés, divisé à son limbe en cinq découpures presque inégales, un peu aiguës. La corolle est d'un jaune de soufre; le tube velu en dedans; le limbe à deux lèvres bâillantes; la supérieure à deux lobes, l'inférieure à trois divisions hispides, aiguës, traversées par une côte épaisse, saillante. Le stigmate est urcéolé, cilié à ses bords, divisé, jusqu'à son milieu, par une cloison plane, libre à ses côtés, que M. de Labillardière regarde comme le véritable stigmate. Le fruit est une capsule ovale, à quatre valves, à deux loges. Cette plante a été découverte par M. de Labillardière dans la terre de Van-Leuwin, à la Nouvelle-Hollande. (Poir.)

VELLENDAMARAM. (*Bot.*) Nom ancien du *croton bacciferum* de Linnæus. (J.)

VELLIA-TAGERA. (*Bot.*) Une espèce de casse, *cassia glauca*, est figurée sous ce nom indien dans Rumphius. (Lem.)

VELLOSIA. (*Bot.*) Genre de plantes monocotylédones, à fleurs incomplètes, de la famille des *broméliacées*, de la *polyandrie monogynie* de Linnæus, offrant pour caractère essentiel: Une corolle infundibuliforme; le tube presque nul ou très-long; le limbe campanulé, à six découpures ovales, lancéo-

lées, aiguës ; point de calice ; quinze ou dix-huit étamines, insérées sur le tube à la corolle ; un ovaire inférieur, trigone,
à trois loges ; un style filiforme ; un stigmate membraneux,
à trois lobes profonds, à trois sillons ; une capsule triangulaire, à trois loges polyspermes, couronnées par la corolle.

Vellosia a long tube : *Vellosia tubiflora*, Kunth, *in* Humb.
et Bonpl., *Nov. gen.*, 7, p. 155 ; Vand., *Fl. Lusit. et Bras.*,
tab. 2, fig. 12 ; *Radia tubiflora*, Ach. Rich., Bull. de la Soc.
phil., 1822 ; *Syn. pl. æquin.*, 1, p. 300. Plante un peu ligneuse,
haute d'un pied, ramassée en gazon. La tige est couverte à
sa partie inférieure d'écailles, et munie à sa partie supérieure
de deux ou trois rameaux très-courts, garnis à leur sommet
de feuilles entassées, linéaires, graminiformes, dilatées et vaginales à leur base, pubescentes, un peu visqueuses, particulièrement vers leur base. Les fleurs sont grandes, blanches,
axillaires, d'une odeur agréable, portées sur un très-long
pédoncule rougeâtre, visqueux et pubescent. La corolle a
un tube cylindrique long de deux pouces ; le limbe presque
campanulé, divisé profondément en six parties régulières,
ovales, lancéolées. aiguës ; dix-huit étamines insérées à l'orifice du tube du calice, opposées trois par trois à ses divisions. Les filamens sont très-courts ; les anthères étroites, linéaires ; l'ovaire est pubescent ; le style grêle ; le stigmate à trois
lobes, marqué intérieurement d'un sillon verdâtre ; une capsule triangulaire, à trois loges, couronnées par les débris per-
sistans de la corolle, renfermant des semences nombreuses.
Cette plante croît le long de l'Orénoque, sur les roches gra-
nitiques. (Poir.)

VELMUIS. (*Mamm.*) C'est le nom du mulot en hollandois.
(Desm.)

VELOTE. (*Bot.*) C'est sous ce nom que M. Poiret décrit,
dans le Dictionnaire encyclopédique, le *dillwynia* de M. Smith.
Voyez Dillwynia. (J.)

VELOURS ANGLOIS. (*Conchyl.*) C'est, selon M. Bosc, le
nom marchand d'une espèce de cône ; il ne dit pas laquelle.
(De B.)

VELOURS JAUNE. (*Entom.*) Geoffroy nomme ainsi la 8.ᵉ
espèce de son genre Dermeste. (C. D.)

VELOURS NOIR. (*Entom.*) C'est ainsi que Geoffroy a désigné une petite espéce de hanneton, qu'il a décrite comme un scarabée, sous le n.° 23. C'est le HANNETON HUMÉRAL, *Melolontha humeralis*, ainsi nommé dans ce Dictionnaire. (C. D.)

VELOURS VERT. (*Entom.*) Geoffroy a décrit deux insectes différens sous le même nom. Le premier est le gribouri soyeux, *cryptocephalus sericeus*, et l'autre est son bupreste, n.° 27, qui est la cicindèle champêtre. (C. D.)

VELOUTÉ. (*Bot.*) Couvert de poils courts, doux, serrés comme du velours ; exemples : *digitalis purpurea*, feuilles du *cotyledon coccinea*, fruit de l'*amygdalus persica*, stigmate du *chelidonium glaucium*, etc. (MASS.)

VELOUTIER. (*Bot.*) Nom donné, dans l'Isle-de-France, au *tournefortia argentea*. Voyez *Pittone moirée*, à l'article PITTONE. (J.)

VELTHEIMIA. (*Bot.*) Genre de plantes monocotylédones, à fleurs incomplètes, de la famille des *a. phodélées*, de l'*hexandrie monogynie* de Linnæus, offrant pour caractère essentiel : Une corolle tubuleuse, pendante, à six dents ; point de calice ; six étamines insérées sur le tube de la corolle ; un ovaire supérieur ; un style ; un stigmate simple ou trifide ; une capsule membraneuse à trois ailes, à trois loges ; une semence dans chaque loge.

Ce genre, composé de plusieurs espèces d'*alctris* et d'*aloe*, diffère des uns et des autres par l'insertion des filamens vers le milieu du tube de la corolle : il diffère des premiers par la corolle tubuleuse, entière, à six dents, et non infundibuliforme, à six divisions profondes ; il diffère des seconds par l'insertion des étamines et par les angles ailés de ses capsules à trois loges monospermes.

VELTHEIMIA A FEUILLES VERTES : *Veltheimia viridiflora*, Willd., *Spec.*, 2, p. 181 ; Jacq., *Hort. Schœnbr.*, 1, tab. 78 ; Redout., *Lil.*, tab. 193 ; *Aletris capensis*, Linn., *Spec.* ; *Bot. Magaz.*, tab. 501. Cette plante a pour racine une bulbe violette, écailleuse, de la grosseur d'une pomme, qui pousse une demi-douzaine de feuilles oblongues, lancéolées, ondulées, lisses, vertes, quelquefois tachées et disposées en faisceau. Du milieu des feuilles s'élève, à la hauteur d'un pied ou d'un pied et demi, une hampe cylindrique, parsemée de petites taches purpurines ou violettes, et terminée par un bel épi de fleurs ovales-coniques. Ces fleurs sont rouges, pendantes, attachées par de très-courts pédoncules, et ont chacune une bractée en alène. La corolle est cylindrique, un peu courbée, renflée légèrement à sa base et à son bord, partagée en six dents émoussées, très-peu profondes, presque droites. Le fruit est une capsule ovale, ayant trois angles saillans et comprimés en manière d'ailes. Cette plante croît au cap de Bonne-Espérance.

VELTHEIMIA A FEUILLES GLAUQUES : *Veltheimia glauca*, Jacq., *Hort. Schœnbr.*, 1, tab. 77; *Bot. Magaz.*, tab. 1091; *Aletris glauca*, Ait., *Hort. Kew.* Cette espèce est entièrement glabre : elle est pourvue d'une bulbe ovale-oblongue, tuniquée, presque conique, brune à l'extérieur, garnie en dessous de grosses fibres blanches, épaisses. Toutes les feuilles sont radicales, un peu droites, glauques, oblongues-lancéolées, aiguës ou obtuses avec une pointe fort petite, entières, vaginales à leur base, longues de sept à huit pouces, plus ou moins ondulées à leurs bords. Les hampes sont droites, un peu plus longues que les feuilles, parsemées de taches purpurines, terminées par un épi droit, épais, long de trois ou quatre pouces; chaque fleur soutenue par un pédicelle court, rougeâtre, pendant, accompagné de deux bractées lancéolées. La corolle est d'une couleur de chair un peu rougeâtre; la capsule oblongue, à trois ailes; les semences noires. Cette plante croît au cap de Bonne-Espérance : elle fleurit dans les jardins en Octobre et Novembre.

VELTHEIMIA UVAIRE : *Veltheimia uvaria*, Willd., *Spec.*, loc. cit.; *Aletris uvaria*, Linn., *Syst. veg.*; *Aloe uvaria*, Linn., *Sp.*; *Aloe longifolia*, Lamk., *Enc.*; *Tritoma uvaria*, *Bot. Magaz.*, tab. 768. Cette espèce est très-belle; sa racine épaisse, jaune, garnie de fibres latérales. Elle pousse un faisceau de feuilles linéaires, ensiformes, canaliculées, munies en dessous d'un angle tranchant, qui règne dans toute leur longueur, vertes, étroites, fort longues, d'une consistance herbacée, denticulées à leurs bords dans leur partie supérieure, longues de quatre pieds, larges d'un demi-pouce. De leur milieu s'élève une hampe nue, cylindrique, haute de trois pieds, terminée par un bel épi touffu de fleurs nombreuses, d'un jaune rougeâtre, pendantes, presque sessiles; la corolle grêle, cylindrique, marquée de six lignes dans sa longueur, terminée

par six dents. M. de Lamarck dit avoir observé que les étamines étoient insérées, non sur le tube de la corolle, mais sur
le réceptacle de l'ovaire, ce qui l'a déterminé à ranger cette
plante parmi les *aloe :* elle croît au cap de Bonne-Espérance.

Veltheimia sarmenteuse : *Veltheimia sarmentosa,* Pers., *Syn.,*
1, p. 577 : *Aletris sarmentosa,* Andr., *Bot. repos.,* tab. 54; *Tritoma media, Bot. Magaz.,* tab. 744; Redout., Lil., tab. 161.
Ses racines sont sarmenteuses et rampantes : elles produisent
des feuilles lâches, fort longues, souples, molles, en forme
de lame d'épée, simples, très-glabres, entières, à trois angles très-aigus. Du centre des feuilles s'élève une hampe
droite, épaisse, nue, cylindrique, munie vers sa partie supérieure de quelques écailles éparses, membraneuses, très-
minces, distantes, aiguës, qui se retrouvent à la base de
chaque fleur. Les fleurs sont disposées en un épi terminal,
droit, touffu, oblong; chaque fleur soutenue par un court
pédicelle, pendante, d'un rouge éclatant. La corolle est tubulée, divisée à son orifice en six dents courtes, droites, un
peu aiguës, de couleur verdâtre; les filamens insérés un peu
au-dessous de la base des dents, saillans, filiformes; trois plus
courts; l'ovaire ovale; le style droit, de la longueur des plus
courtes étamines. La capsule est ovale, à trois côtes, à trois
loges, renfermant plusieurs semences. Cette plante croît au
cap de Bonne-Espérance. (Poir.)

VELTIS. (*Bot.*) Adanson sépare du *centaurea* de Linnæus,
sous ce nom générique, les espèces dont les écailles du périanthe ou péricline sont terminées par une épine simple.
Les mêmes ont été également séparées plus récemment sous
le nom de *crocodilium,* donné antérieurement par Vaillant
à une des espèces de ce genre, et adopté par plusieurs modernes. Ceux de *lupfia,* donné par Necker, et de *veretum* par
Persoon, ne sont que des synonymes. (J.)

VELU. (*Bot.*) Garni de poils longs, mous, très-rapprochés;
exemples : feuilles du *pæonia villosa,* du *valantia cruciata;*
fruit du *pæonia mascula,* etc. Lorsque les poils sont moins nombreux et un peu roides, on emploie le mot poilu; exemples :
daucus carotta, hieracium pilosella, etc. (Mass.)

VELU. (*Ichthyol.*) Nom spécifique d'un Monacanthe. Voyez
ce mot. (H. C.)

VELUE. (*Entom.*) Goedaërt donne ce nom à une chenille qui paroit être celle dite hérissonne, qui produit un bombyce écaille. (C. D.)

VELUETTE. (*Bot.*) C'est le piloselle, *hieracium pilosella*, Linn. (Lem.)

VELUTTA-ITTI-CANNI. (*Bot.*) Voyez Valli-itti-canni. (J.)

VELUTTA - MANDARU. (*Bot.*) Nom malabare, cité par Rhéede, du *bauhinia acuminata*. (J.)

VELUTTA-MODELA-MUCCU. (*Bot.*) La persicaire du Levant, *polygonum orientale*, est ainsi nommée au Malabar, suivant Rhéede. (J.)

VELVOTTE. (*Bot.*) Nom vulgaire de la linaire bâtarde, *linaria spuria*, que Daléchamps désigne aussi sous celui de véronique femelle. (J.)

VELVOTTE SAUVAGE. (*Bot.*) C'est la véronique des champs. (L. D.)

VEMME. (*Ichthyol.*) Voyez Smaa-fiskur, t. XLIX, p. 363. (H. C.)

VENAISON. (*Mamm.*) Nom que l'on donne à la chair et à la graisse des cerfs et des autres bêtes fauves. (Desm.)

VENANA. (*Bot.*) Genre de plantes dicotylédones, à fleurs complètes, polypétalées, de la *pentandrie monogynie* de Linnæus, offrant pour caractère essentiel : Un calice persistant, d'une seule pièce, à cinq lobes arrondis; cinq pétales réguliers; cinq étamines; les filamens dilatés à leur base, insérés sur le réceptacle : les anthères ovales, versatiles; l'ovaire supérieur; un style court; un stigmate presque trigone; des filets nombreux, insérés sur le réceptacle, environnant le pistil. Le fruit n'est pas connu.

Ce genre paroît se rapprocher beaucoup du genre *Brexia* de M. du Petit-Thouars, et peut-être devoir y être réuni. D'après cet auteur, son fruit est une baie revêtue d'une écorce ligneuse, oblongue, à cinq angles, à cinq loges; les semences nombreuses, disposées sur trois rangs dans le centre du fruit; les cotylédons hémisphériques, placés dans le centre du fruit.

Venana de Madagascar : *Venana madagascariensis*, Lamk., *Ill. gen.*, tab. 151; Poir., Encycl., Suppl. Arbre chargé de rameaux glabres, cylindriques, alternes. Les feuilles sont alternes, pétiolées, très-simples, ovales, entières, longues de trois ou quatre pouces, larges de deux, glabres à leurs deux faces, arrondies et très-obtuses au sommet et à la base, traversées par des veines lâches, très-fines; les pétioles longs de trois ou quatre lignes. Les fleurs sont disposées à l'extrémité des rameaux en une panicule très-lâche, remarquable par la forme de ses pédoncules très-simples, distans, élargis insensiblement de la base au sommet en corne d'abondance, longs de deux pouces et plus, terminés par de petites fleurs sessiles, en tête. La corolle est trois fois plus grande que le calice; les pétales ovales, arrondis, étalés; les filamens de la longueur des pétales; un style épais, très-court, terminé par un stigmate en tête. Cette plante a été découverte par Commerson dans l'île de Madagascar. (Poir.)

VENDANGRON. (*Bot.*) Nom de la berle longicorne dans le département de l'Indre. (Lem.)

VENEN. (*Bot.*) C'est sous ce nom qu'est cité, dans le Petit recueil des voyages, un arbre épineux de la partie orientale de l'Inde, dont les fleurs, blanches, ont une odeur agréable, et dont le fruit, assez gros, contient, sous une écorce un peu ferme, une pulpe rougeâtre ayant le goût du raisin non parvenu à maturité. Avec ses fleurs et son fruit on prépare une sorte de liqueur. Ces indications sont insuffisantes pour reconnoître le genre de cet arbre. (J.)

VÉNÉRICARDE, *Venericardia*. (*Conchyl.*) Genre établi depuis long-temps par M. de Lamarck pour un certain nombre de coquilles qui lui semblent faire le passage des conques aux cardiacées, mais qui réellement sont à peine distinctes des cardites, si ce n'est par leur forme plus suborbiculaire et parce qu'elles n'ont que deux dents cardinales obliques, dirigées du même côté; tandis que dans celles-ci il y a une petite dent sous le crochet, et la seconde se prolonge sous le corselet. En preuve, c'est que M. de Lamarck lui-même a décrit comme une cardite, une coquille de la Méditerranée, dont Poli a fait sa *chama antiquata*, que depuis plusieurs années nous avons regardée comme un véritable vénéricarde. D'après cela il est probable que ce genre ne devra former par la suite qu'une simple division des cardites. Quoi qu'il en soit, on ne connoît encore que deux espèces vivantes de vénéricardes : l'une des mers de l'Australasie et l'autre de la Méditerranée.

La Vénéricarde australe : *V. australis*, Lamk., Anim. sans vert., t. 5, p. 611. Très-petite coquille (quatre lignes environ), suborbiculaire, côtelée par des côtes étroites, imbriquées d'écailles et noduleuses : couleur teintée de pourpre.

Cette coquille, qui a été trouvée dans le sable que renfermoit une autre coquille de la Nouvelle-Hollande, étoit probablement jeune. M. de Lamarck connoît l'analogue vivant de la vénéricarde imbriquée, que l'on trouve très-communément fossile à Grignon, aux environs de Paris.

La V. cannelée : *V. sulcata*, Payraudeau, Cat. de la Corse, p. 54; *Cardita sulcata*, Lamk.; *Chama antiquata*, Linn., Gmel., pag. 3300, n.° 4; *Lymnæa multilabiata*, Poli, Test. des deux Sicil., 2, t. 23, fig. 12 et 13. Coquille suborbiculaire, inéquilatérale (le côté antérieur un peu plus grand que le postérieur), pourvue de larges côtes convexes, striées en travers et denticulant fortement le bord : couleur blanche, marquée de roux et de brun sous un épiderme verdâtre.

De la Méditerranée, sur les côtes de France et d'Italie. Poli a donné à l'animal de cette coquille le nom de *Lymnæa multilabiata*, à cause de la division en trois ou quatre lobes de chaque appendice buccal.

La V. ensanglantée : *V. cruenta*; *Lymnæa cruenta*, Poli, Test. des deux Sicil., tab. 23, fig. 14, 15. Coquille suborbiculaire, pectiniforme, subéquilatérale, un peu plus large en avant qu'en arrière, pourvue de côtes plus nombreuses et plus étroites que dans la vénéricarde cannelée, mais denticulant également le bord : couleur rougeâtre.

Cette espèce, qui provient sans doute des mers de Sicile, est bien distincte de la précédente, surtout par l'animal; en effet, celui-ci a les appendices buccaux simples, comme la plupart des lamellibranches, et son pied est conique, très-alongé, un peu comme dans les bacardes, tandis que celui de la V. cannelée est comprimé, tranchant et fissuré en arrière. (DE B.)

VÉNÉRICARDE. (*Foss.*) Ce n'est que dans les couches plus nouvelles que la craie qu'on a rencontré les espèces de ce genre à l'état fossile.

Vénéricarde a côtes plates: *Venericardia planicosta*, Lamk., Ann. du Mus., vol. 7, pag. 55, et vol. 9, pl. 31, fig. 10, et pl.

32 , fig. 2 ; Knorr , *Foss.*, part. 2, tab. 25 , fig. 3 ; Sowerby,
Min. conch., n.° 9, tab. 50 ; Desh. , Descript. des foss. des
environs de Paris , vol. 1, page 149, pl. 24 , fig. 1 , 2 et 3.
Coquille fort inéquilatérale , en cœur , oblique , à valves fort
épaisses , surtout vers la charnière. Elle est couverte de
vingt-deux à vingt-cinq côtes longitudinales , simples , aplaties , et qui vont en s'élargissant vers le bord supérieur ; le
bord interne est denté en scie ; les crochets sont très-protu-
bérans . recourbés et dirigés vers le corselet ; longueur, plus
de trois pouces et demi ; largeur, trois pouces cinq lignes.
Fossile de Grignon , département de Seine-et-Oise , des couches
du calcaire grossier et du grès marin supérieur des environs
de Paris , du Hampshire en Angleterre , et de Hauteville près
de Valognes ; M. Deshayes en possède un individu qui a été
recueilli dans les faluns de la Touraine. M. de Lamarck annonce qu'on trouve cette espèce à Florence et dans le Piémont ;
mais Brocchi dit (page 524 de son ouvrage sur les fossiles
d'Italie) qu'elle lui est entièrement inconnue. Dans l'Hist.
nat. des princip. prod. de l'Europe mérid. , M. Risso dit qu'on
trouve cette espèce fossile à la Trinité près de Nice ; mais cet
auteur, en citant la planche 12, fig. 16, de l'ouvrage de
Brocchi, paroit l'avoir confondue avec la Vénéricarde rhomboïdale, dont il sera question ci-après.

V ÉNÉRICARDE PÉTONCULAIRE : *Venericardia pectuncularis*, Lamk.,
loc. cit. , tom. 7 , p. 58 , n.° 6 ; V ÉNUS DE L'OISE , Cambry, Descript. du dép. de l'Oise , pl. 7, fig. 1 ; Desh. , *loc. cit.*, pl.
25, fig. 1 et 2. Coquille orbiculaire , subéquilatérale , couverte de vingt-quatre à vingt-six côtes convexes , subimbri-
quées , peu saillantes et plus aplaties vers le bord que sur les
crochets. Elle a plus de trois pouces de largeur sur autant de
longueur. Fossile de Bracheux et de Noailles près de Beauvais,
dans une couche de sable quarzeux.

Dans le tome 7 des Annales ci-dessus citées, M. de Lamarck
avoit signalé , sous le nom de *vénéricarde à côtes nombreuses* ,
une coquille qui n'est qu'une variété de la vénéricarde pétonculaire , dont quelques individus sont couverts de côtes
doubles, c'est-à-dire, qu'il s'en trouve une plus petite à côté
d'une plus grande.

V ÉNÉRICARDE IMBRIQUÉE : *Venericardia imbricata* , Lamk.

Vélins du Muséum , n.° 32 , fig. 1 ; Ann. du Mus. , tom. 7 , p.
56 , n.° 3 , et vol. 9 , pl. 52 , fig. 1 ; Desh., *loc. cit.* , pl. 24 ,
fig. 4 et 5 ; List. , t. 497 , fig. 52 ; Encycl. , pl. 274 , fig. 4 ;
Chemn. , *Conch.* , 6 , t. 30 , fig. 314 et 315. Coquille suborbiculaire , portant vingt-six à vingt-huit côtes convexes ,
imbriquées et rudes, avec le bord des valves denté en scie.
Elle est longue et large de dix-neuf lignes. Fossile de Grignon
(où elle est très-commune) , de Liancourt , département de
l'Oise , et de Courtagnon près de Reims , où les individus
qu'on y rencontre sont moins rudes au toucher et ont les
écailles plus serrées. Il semble que beaucoup de localités de
couches de calcaire coquillier ou de grès marin supérieur
présentent des individus de cette espèce avec des modifications
qui ont pu les faire regarder comme des espèces différentes.
Dans son Mémoire géologique sur les terrains du Vicentin, M.
Brongniart dit qu'à Castel-Gomberto , dans le Vicentin , on
trouve une variété de cette coquille qui est plus grosse, et
dont les côtes sont plus arrondies.

La vénéricarde imbriquée a beaucoup de rapports avec la
vénéricarde australe , Lamk. , qui habite les mers de la Nouvelle-Hollande.

Vénéricarde a côtes aiguës: *Venericardia acuticosta*, Lamk.,
Ann. du Mus. , tom. 7 , p. 57 , n.° 4 ; *ejusd.* , Animaux sans
vert. , tome 5 , p. 611 , n.° 5. Coquille suborbiculaire, couverte de trente à trente-deux côtes aiguës, un peu écailleuses
et rudes. Du reste, cette espèce a beaucoup de rapports avec
l'espèce précédente. Fossile de Chaumont (Oise) , de Fonte-
nai Saints-Pères près de Mantes , et de Liancourt.

Vénéricarde douce ; *Venericardia mitis* , Lamk. , Anim. sans
vert. , tom. 5 , p. 611 , n.° 6. Coquille suborbiculaire , à côtes
douces , peu élevées , serrées et crénelées au bord postérieur.
Fossile des Boves , département de Seine-et-Oise.

Vénéricarde décrépite : *Venericardia senilis* , Lamk. , Anim.
sans vert. , tom. 5 , p. 611 , n.° 7 ; Vénéricarde ridée , *ejusd.* ,
Ann. du Mus., tom. 7 , p. 57 , n.° 5 ; Sow., *Min. conch.* , pl.
258 ; Park. , *Organ. remains* , fig. 15 et 17. Coquille en cœur,
oblique , très-inéquilatérale , couverte de seize ou dix-sept
côtes très élevées, sans aspérités , mais imbriquées de lames
dont les bords ne se relèvent pas. Longueur et largeur , un

pouce et demi. La lunule, très-apparente, est en cœur court et enfoncé, et elle a l'aspect d'une cardite. Fossile des environs d'Angers, de Holiwels et de Suffolk, en Angleterre.

VÉNÉRICARDE CŒUR D'OISEAU : *Venericardia cor avium*, Lamk., Ann. du Mus., tom. 7, p. 57, n.° 7 ; *Venericardia globosa et venericardia oblonga*, Sow., *loc. cit.*, tab. 289; *Chama sulcata*, Brander, *Foss. hanton.*, fig. 100. Coquille ovale, en cœur, enflée, couverte de dix-sept à vingt côtes convexes, bien séparées et imbriquées de lames serrées, courtes et obtuses. Longueur, sept lignes; largeur, six lignes. Le bord des valves est légèrement crénelé. Fossile d'Anvers, d'Essanville, de Montmirail, près de Paris; de Barton et du Hampshire.

VÉNÉRICARDE TUILÉE : *Venericardia squamosa*, Lamk., Ann. du Mus., tom. 9, pl. 32, fig. 4; Vélins du Mus., n.° 30, fig. 8. Coquille suborbiculaire, portant dix-neuf côtes couvertes d'écailles relevées, concaves et écartées entre elles. Longueur, six lignes; largeur sept lignes. Le bord des valves est légèrement crénelé. Fossile de Grignon.

VÉNÉRICARDE TREILLISSÉE : *Venericardia decussata*, Lamk., Vélins du Mus., n.° 31, fig. 12 ; Ann. du Mus., tom. 7, p. 59, n.° 9, et tom. 9, pl. 32, fig. 5. Coquille suborbiculaire, portant des côtes longitudinales, qui sont coupées par d'autres petites côtes concentriques. Longueur et largeur, cinq lignes. Fossile de Grignon. M. de Lamarck avoit désigné cette espèce sous le nom de *bucarde hétéroclite*, et cette erreur a été rectifiée par lui.

VÉNÉRICARDE ÉLÉGANTE : *Venericardia elegans*, Lamk. Vélins du Mus., n.° 27, fig. 7 ; Ann. du Mus., tom. 7, p. 59, n.° 10, et tom. 9, pl. 32, fig. 3. Elle est à peu près de la même grandeur que l'espèce précédente ; mais elle est plus élégante à cause de la finesse et du grand nombre de ses côtes longitudinales, qui sont chargées de très-petites écailles noduleuses. Fossile de Grignon.

VÉNÉRICARDE CÔTES-LISSES ; *Venericardia lævicosta*, Lamk., Anim. sans vert., tom. 5, p. 611, n.° 8. Coquille en cœur, oblique, à côtes longitudinales élevées; celles qui sont sur le dos de la coquille sont lisses, les autres sont écailleuses. Largeur, dix lignes. Fossile des faluns de la Touraine.

VÉNÉRICARDE CONCENTRIQUE ; *Venericardia concentrica*, Lamk., *loc. cit.*, n.° 9. Coquille suborbiculaire, un peu déprimée, couverte de sillons concentriques, élevés et lamelleux. Largeur, six lignes. Fossile de Chaumont (Oise).

VÉNÉRICARDE GRANULÉE : *Venericardia granulata*, Def. ; *an Venericardia deltoidea ?* Sow., *Min. conch.*, tab. 259, fig. 1. Coquille ovale, en cœur, portant dix-neuf côtes garnies d'écailles ou plutôt de petits grains. Longueur, un pouce ; largeur, onze lignes. Fossile de Chaumont, de Mouchy-le-Châtel, de Montmirail, dans le calcaire grossier, et d'Ermenonville, dans le grès marin supérieur. Cette espèce a beaucoup de rapports avec une autre, qui vit dans les mers de la Nouvelle-Hollande. On trouve à Thorigné près d'Angers des coquilles qui ont la plus grande ressemblance avec la vénéricarde granulée.

VÉNÉRICARDE DE LA CAROLINE ; *Venericardia carolinensis*, Def. On trouve à l'état fossile dans la Caroline du Nord cette espèce, qui porte vingt-une côtes granulées. Elle n'a que sept lignes de longueur sur six lignes de largeur, et du reste elle a beaucoup de rapports avec la vénéricarde granulée, dont elle n'est peut-être qu'une variété, et avec la *venericardia chamæformis*, Sow., *l. c.*, pl. 490, fig. 1. On trouve à Thorigné des coquilles qui portent vingt-trois à vingt-quatre côtes, et qui ont encore beaucoup d'analogie avec cette dernière.

VÉNÉRICARDE ORBICULAIRE ; *Venericardia subrotunda*, Def. Coquille orbiculaire portant vingt-six côtes, couvertes de petites éminences transverses, fort régulières ; le bord intérieur est un peu denté en scie. Longueur et largeur, huit lignes. Fossile d'Amblainville, département de l'Oise.

VÉNÉRICARDE ÉPAISSE ; *Venericardia spissa*, Def. Coquille suborbiculaire, portant trente à trente-deux côtes un peu aplaties, et couvertes d'écailles courtes et transverses. Longueur et largeur quatorze lignes. Fossile de Montmirail et de Courtagnon. Ces coquilles ne sont peut-être que des variétés de la vénéricarde imbriquée. On trouve à Aumont et à Aix, département de l'Oise, dans une couche de sable quarzeux, des coquilles qui ont les plus grands rapports avec la vénéricarde épaisse, mais qui sont un peu plus aplaties.

VÉNÉRICARDE RHOMBOÏDALE : *Venericardia rhomboidea ; Chama rhomboidea*, Brocchi, *Conch. foss. subapp.*, tab. 12, fig. 16. Coquille en cœur, portant dix-neuf à vingt côtes arrondies, couvertes de stries transverses, provenant des accroissemens. Longueur et largeur, dix-huit lignes. Il semble qu'elle diffère de la figure ci-dessus citée, en ce que cette dernière paroit indiquer que les côtes sont carénées. Fossile de Rome et du Plaisantin.

Vénéricarde intermédiaire: *Venericardia intermedia, Chama intermedia*, Brocchi, *loc. cit.*, même planche, fig. 15. Coquille subcordiforme, oblique, portant dix-neuf à vingt côtes élevées, couvertes d'écailles transverses et courtes, et laissant un intervalle profond entre chacune d'elles. La lunule est en cœur et profonde. Elle a d'ailleurs beaucoup de rapports avec la vénéricarde rhomboïdale. Fossile de la vallée d'Andone et du Plaisantin. Quelques individus ont des écailles assez élevées sur les côtes qui garnissent le bord postérieur.

Vénéricarde petite-corbeille; *Venericardia sportella*, Def. Coquille suborbiculaire, déprimée, portant trente-une côtes arrondies, couvertes de petits cordons transverses, arrondis et serrés, imitant la contexture d'une corbeille. Longueur, dix-huit lignes; largeur, dix-neuf lignes. Fossile de Rauville, département de la Manche. On trouve à Gilocourt, département de l'Oise, dans une couche de sable quarzeux rempli de grains d'un vert très-foncé, des coquilles fort fragiles, comme presque toutes celles qu'on trouve dans de pareilles couches, et qui ont vingt-quatre côtes lisses, mais qui du reste ont des rapports avec cette jolie espèce.

Vénéricarde pectinée: *Venericardia pectinata; Chama pectinata*, Brocchi, *loc. cit.*, tab. 16, fig. 12. Coquille en cœur, portant vingt-deux côtes élevées, subtétragones, sur lesquelles il se trouve quelques nœuds ou écailles courtes. Longueur, vingt-deux lignes; largeur, vingt-une lignes. Fossile de la vallée d'Andone et du Piémont. M. Brocchi avoit cru d'abord que cette espèce pouvoit se rapporter à la vénéricarde imbriquée, mais il a reconnu depuis, qu'elle devoit constituer une espèce particulière. Il est peu d'exemples qui présentent des espèces identiques trouvées à des distances aussi considérables que celle des environs de Paris, où on rencontre la vénéricarde imbriquée, aux lieux où on trouve la vénéricarde pectinée.

Vénéricarde aile-d'oiseau; *Venericardia pinnula*, de Baste-

rot, Mém. géolog. sur les env. de Bordeaux , p. 79, pl. 5 ,
fig. 4. Cette espèce ne diffère de la vénéricarde épaisse que
parce qu'elle n'a que vingt-cinq à vingt-six côtes presque dépourvues d'écailles. Fossile de Saucats.

VÉNÉRICARDE DE JOUANNET; *Venericardia Jouanneti*, de Bast. ,
loc. cit., p. 80, tab. 5 , fig. 3. Cette espèce ne paroît différer
de la vénéricarde rhomboïdale que par sa taille, qui est de
près de deux pouces de longueur sur deux pouces deux lignes
de largeur. Fossile d'Italie, des environs de Vienne en Autriche et de Bordeaux.

VÉNÉRICARDE A UNE DENT ; *Venericardia unidentata*, de Bast. ,
loc. cit., p. 80. Coquille trigone , portant des côtes longitudinales; à charnière composée de deux dents, dont l'une est
proéminente et obtuse. Fossile de Dax , où elle est très-commune. M. de Basterot dit qu'elle pourroit être placée parmi
les cardites.

Venericardia? lauræ; Alex. Brong., *loc. cit.*, p. 80, pl. 5 ,
fig. 3. Coquille suborbiculaire ou subtrigone , épaisse, convexe , à côtes noduleuses, écailleuse vers le bord. Longueur,
onze lignes; largeur, dix lignes. Fossile de Sangonini dans le
Vicentin. M. Brongniart n'ayant pas vu la charnière de cette
coquille, n'a présumé qu'elle dépendoit du genre Vénéricarde
que par sa forme extérieure. (D. F.)

VÉNÉRUPE, *Venerupis.* (*Conchyl.*) M. de Lamarck est le
premier zoologiste qui ait employé ce nom, qui signifie *Vénus
de rochers*, pour désigner un petit genre de coquilles, qu'il
place dans la famille peu naturelle qu'il a nommée *lithophages.* Les caractères qu'il assigne à ce genre sont : Coquille
transverse , inéquilatérale, à côté postérieur (antérieur) fort
court; l'antérieur (postérieur) un peu bâillant; charnière
ayant deux dents sur une valve, trois sur l'autre, quelquefois trois sur chaque valve , ces dents étant petites, rapprochées, parallèles et peu ou point divergentes; ligament extérieur. M. de Lamarck définit dans son genre Vénérupe sept
espèces, que nous allons faire connoître.

Dans le *Genera* qui fait suite à l'article MOLLUSQUES de ce
Dictionnaire, nous avons étendu la dénomination de vénérupe à deux autres genres de lithophages de M. de Lamarck,
aux Rupellaires et aux Pétricoles; parce que nous nous sommes

assurés qu'il n'y a réellement entre ces genres aucune différence suffisante pour les caractériser : alors la caractéristique qu'il a donnée du genre Vénérupe a été modifiée ainsi :
Animal tout-à-fait semblable à celui des Vénus ; coquille plus
ou moins irrégulière, subtrigone, striée ou rayonnée du
sommet à la circonférence, équivalve, très-inéquilatérale ;
le côté antérieur plus court et plus arrondi ; le postérieur subtronqué ; sommets bien marqués ; charnière assez régulière,
plus ou moins dissemblable, formée par des dents cardinales,
grêles, étroites, parallèles, un peu variables en nombre sur
chaque valve ; ligament très-foible, extérieur ; deux impressions musculaires bien distinctes, ovales, réunies par une
impression palléale, étroite et très-profondément sinueuse
en arrière ; une impression du muscle rétracteur antérieur
du pied comme dans les Vénus. En général, tous les caractères des vénérupes se retrouvent presque complétement dans
la subdivision qui comprend les Vénus treillissées, dont M.
Schumacher a fait son genre *Tapis*. La seule différence capitale, c'est que les vénérupes, se logeant dans les interstices,
dans les excavations des rochers, sont toujours plus courtes
et plus irrégulières, et que les dents de la charnière, encore
plus petites, tendent davantage à s'effacer.

Dans cette manière de voir nous partageons les vénérupes
en trois sections, qui correspondent aux trois genres de M.
de Lamarck.

A. *Espèces striées longitudinalement ; dents cardinales
au nombre de deux, quelquefois de trois à droite
et de trois à gauche.*

Ce sont les véritables vénérupes.

La Vénérupe perforante : *V. perforans*, Montagu, *Test. brit.*,
pag. 127, t. 3, fig. 6 ; Maton et Rakett, Soc. linn., 8, p. 89.
Coquille ovale, rhomboïdale, finement et peu profondément
striée verticalement, grossièrement sillonnée dans sa longueur, à sommets lisses ; côté postérieur beaucoup plus long
que l'autre, anguleux, comme tronqué et lamelleux ; trois
dents sur chaque valve. Couleur d'un blanc sale.

Cette coquille, d'un pouce de long environ, se trouve dans

les anfractuosités des rochers, et aussi, dit-on, dans la
pierre même, sur les côtes de France, dans la Manche et
l'Océan, et sur celles d'Angleterre. Nous ne serions pas étonnés
que ce fût une *Venus decussata* gênée dans son développement;
du moins il est certain qu'il est assez difficile de la distinguer
de cette dernière coquille, encore jeune.

La Vénérupe noyau; *V. nucleus*, de Lamk., *l. c.*, p. 507, n.° 2.
Coquille de neuf a dix lignes de long, obtuse aux deux extrémités; la postérieure étant lamelleuse, striée du reste dans
sa longueur; les crochets seuls lisses; trois dents sur une
valve, deux sur l'autre.

Cette coquille, que nous avons trouvée communément dans
les pierres à La Rochelle et aux environs, paroît être à
peine une variété de la précédente.

La V. lamelleuse : *V. irus; Donax irus*, Linn., Gmel., page
5265, n.° 11; Chemn., *Conch.*, 6, tab. 26, fig. 268 — 278;
Enc. méth., pl. 262, fig. 4. Coquille ovale, plus longue et
plus large du côté postérieur, qui est subanguleux, cerclée
de lamelles transverses, rugueuses, dont les interstices sont
striés verticalement.

De la Méditerranée, de l'Adriatique, de la Manche, sur
les côtes d'Angleterre, dans les pierres ou adhérente aux
fucus. M. Payraudeau dit positivement que sur les côtes de
la Corse elle ne se trouve jamais dans les pierres.

La V. étrangère; *V. exotica*, de Lamk., *ibid.*, n.° 4. Coquille ovale-oblongue, d'environ quinze lignes de long, obtuse aux deux extrémités, cerclée de rugosités lamelleuses,
longitudinales, dont les interstices sont striés verticalement
et treillissés dans quelques endroits.

Du Voyage de Péron et Lesueur.

La V. distante; *V. distans, id., ibid.*, n.° 5. Coquille ovale,
rhomboïdale, avec des lamelles longitudinales rares, distantes,
croisées par des stries verticales fines. Couleur blanche, tachée de fauve.

Des mers australes, aux îles Saint-Pierre et Saint-François.

La V. crénelée; *V. crenata, id., ibid.*, n.° 6. Coquille assez
grande (quarante millimètres), ovale, sillonnée dans les
deux sens; les lamelles des sillons supérieurs crénelées. Couleur violette à l'intérieur.

Des mers de la Nouvelle-Hollande.

La Vénérupe carditoïde ; *V. carditoides*, id., *ibid.* Coquille médiocre (trente-deux millimètres), ovale-oblongue, obtuse aux extrémités, cerclée de lamelles transverses, dont les interstices sont côtelés verticalement. Couleur blanche.

Des mers de la Nouvelle-Hollande.

La V. de Lajonkaire ; *V. Lajonkairii*, Payraudeau, Mollusq. de la Corse, pag. 36, pl. 1, fig. 11 — 13. Coquille d'un pouce à peu près de longueur, presque orbiculaire, subéquilatérale, tronquée en arrière, arrondie en avant, à valves convexes, finement striées du sommet à la base, avec des sillons longitudinaux d'accroissement peu nombreux ; crochets rapprochés et fléchis en dedans. Couleur blanche.

Rapportée par la drague et les filets des corailleurs, dans les golfes de Figari, de Santa-Maura, de Porto-Vechio, dans la Méditerranée.

A juger d'après la figure donnée par M. Payraudeau, cette coquille ne seroit pas une véritable vénérupe pour M. de Lamarck. En effet elle paroît n'avoir qu'une dent cardinale sur une valve et deux sur l'autre.

B. *Espèces ovales, trigones, rayonnées, n'ayant à la charnière que deux dents sur une valve et une sur l'autre.* (Genre Pétricole.)

La Vénérupe lamellifère : *V. lamellifera* ; *Petricola lamellosa*, Lamk., *l. c.*, p. 503, n.° 1. Coquille d'un pouce et demi de long, ovale, trigone, oblique, traversée dans sa longueur par des lamelles érigées et un peu réfléchies, dont les interstices sont très-finement striés verticalement.

De la Méditerranée, dans les pierres, et même, d'après ce que dit M. Payraudeau, dans le bois pourri.

La V. demi-lamelleuse : *V. semi-lamellata* ; *Petricola semilamellata*, de Lamk., *ibid.*, n.° 3. Coquille petite, mince, demi-transparente, trigone, traversée dans sa longueur par des sillons, dont les inférieurs sont lamelleux, et·qui sont striés verticalement dans les intervalles ; deux dents sur une valve et une seule sur l'autre.

Des environs de La Rochelle, où elle est commune dans les pierres.

La Vénérupe striée : *V. striata ; Pet. striata*, id., ibid., n.° 5.
Coquille ovale, trigone, comprimée sur le côté postérieur,
striée par des sillons verticaux, très-nombreux, traversés par
quelques stries ; deux dents sur une valve et une dent bifide
sur l'autre.

Des côtes de La Rochelle, dans les pierres, et de la Méditerranée, suivant M. Payraudeau.

La V. côtellée : *V. costellata ; Pet. costellata*, id., ibid., n.° 6.
Coquille trigone, enflée et radiée par de petites côtes verticales, nombreuses, ondées et assez aiguës ; une dent large et
deux plus petites sur une valve ; une seule sur l'autre.

Des environs de La Rochelle, dans les pierres, et aussi
des côtes de Corse.

La V. roccellaire : *V. roccellaria ; Pet. roccellaria*, id., ibid.,
n.° 7. Coquille ovale, trigone, rugueuse, à cause des stries
verticales, radiées du sommet à la base, traversées par quelques stries longitudinales. Deux dents sur une valve ; une
dent obsolète sur l'autre.

Des environs de La Rochelle, dans les pierres, et des
côtes de la Corse, où elle est commune, suivant M. Payraudeau.

La V. ochroleuque : *V. ochroleuca ; Pet. ochroleuca*, id., ib.,
n.° 2. Coquille mince, ovale-trigone, avec des stries longitudinales assez éloignées, dont les intervalles sont striés finement, surtout dans le sens vertical. Couleur d'un blanc jaunâtre. Deux dents sur une valve et une bifide ou en cœur
sur l'autre.

Des environs de Bordeaux, d'où l'a reçue M. de Lamarck,
et des côtes de Corse, surtout dans le port de Bonifacio,
suivant M. Payraudeau, qui assure ne l'avoir jamais trouvée
que sur la plage et point dans les pierres.

Il est à remarquer que cet auteur dit que les stries longitudinales dans cette coquille sont nombreuses et un peu
lamelleuses, et cependant la figure l'indique presque lisse.
Il nous semble, d'ailleurs, qu'il n'y a qu'une dent très-petite
à la valve droite.

La V. lucinale : *V. lucinalis ; Pet. lucinalis*, id., ibid., n.° 4.
Coquille petite, suborbiculaire, renflée, subdéprimée inférieurement, treillissée par des stries longitudinales arquées,

57.   16

et d'autres verticales, infléchies d'une manière variable ; deux dents sur une valve et une sur l'autre.

Rapportée du Port du roi George, à la Nouvelle-Hollande, par MM. Péron et Lesueur.

C. *Espèces à stries radiées, avec deux dents cardinales à chaque valve.* (G. RUPELLARIA, Fleur. de Belle-vue et de Lamarck.)

La VÉNÉRUPE RUPELLAIRE : *V. rupellaria ; Pet. ruperella*, id., *ib.*, n.° 9 ; *Rupell. striata*, Fleuriau de Bellevue, Mém. sur quelques nouveaux genres de mollusq. ; Journ. de physiq., t. 54, pag. 345 ; sorte de Came de Lafaille, Acad. de La Rochelle, tom. 2, pag. 61, pl. 2, lettre G. Coquille ovale, trigone, renflée à son extrémité antérieure, rugueuse dans le sens vertical à l'autre, mais quelquefois dans toute l'étendue des valves ; deux dents sur chacune de celles-ci, dont une au moins est bifide.

On la trouve dans les rochers calcaires des côtes de la Méditerranée et surtout des côtes de l'Océan, aux environs de La Rochelle, où elle est extrêmement commune, toutes les pierres calcaires tendres qui bordent la mer, étant criblées par elle. L'orifice de sa loge est en trou de serrure.

Nous avons observé cette espèce à La Rochelle dans les rochers, ainsi que dans la collection de M. Fleuriau de Bellevue, et nous nous sommes assurés, après un examen attentif avec lui, que les *petricola semi-lamellata*, *striata*, *costellata*, *roccellaria*, de M. de Lamarck, ne sont que de simples variétés de la rupellaire striée de M. Fleuriau de Bellevue ; cette coquille variant beaucoup, non-seulement dans la grandeur, la forme, la disposition des stries, mais encore dans le nombre des dents de la charnière, dont l'une est souvent obsolète.

La V. LITHOPHAGE : *V. lithophaga ; Venus lithophaga*, Linn., Gmel., pag. 3295, n.° 145, d'après Retzius, *Academ. Taurin.*, 1786 et 1787, *add.*, pag. 11 — 14, fig. 1 et 2 ; *Rupellaria reticulata*, Fleur. de Bellev., *loc. cit.*, n.° 2. Coquille ovale, bâillante aux deux extrémités, inégalement réticulée à sa surface et à bord intérieur légèrement dentelé.

Cette espéce, qui ne diffère peut-être pas beaucoup de la précédente, et qui, en effet, porte aussi deux dents alternativement bifides sur chaque valve, se trouve aussi dans les rochers aux environs de Livourne, et d'après Olivi, communément dans les pierres calcaires de l'Istrie, et même, dit-il dans une lettre à Retz, dans une pierre calcaire blanche, compacte, susceptible de poli, à particules indiscernables, nommée marbre d'Istrie.

La Vénus lapicide : *V. lapicida* ; *V. lapicida*, Linn., Gmel., pag. 3269, n.° 148 ; Chemn., *Conch. yl.*, 10, pag. 356, t. 172, fig. 1664 et 1665. Coquille striée verticalement en avant et longitudinalement en arrière, de couleur blanche.

De l'Archipel américain, dans les madrépores et les roches calcaires.

La Vénérupe fabagelie : *V. fabagella* ; *Pet. fabagella*, Lamk., *ibid.*, n.° 12. Coquille ovale, treillissée par des stries verticales, très-fines et quelques sillons longitudinaux.

De la Nouvelle-Hollande, dans des madrépores.

La V. languette : *V. linguatula* ; *Pet. linguatula*, id., ibid., n.° 14 ; *Mya solenoides*, Péron. Petite coquille oblongue ; le côté antérieur extrêmement court ; le postérieur alongé et subtronqué.

Des environs du Port du roi George, à la Nouvelle-Hollande.

La V. pholadiforme : *V. pholadiformis* ; *Pet. pholadiformis*, id., ibid., n.° 11. Coquille alongée, à côté antérieur très-court ; le postérieur presque lisse, et du reste radiée par sillons verticaux, lamelloso-dentés.

Patrie inconnue.

Nous ne terminerons pas cette énumération caractéristique des différentes espèces de Vénérupes ou de Vénus, qui vivent le plus souvent dans des excavations qu'elles se creusent dans les pierres, sans donner le résultat de nos observations faites à La Rochelle dans la collection de M. Fleuriau de Bellevue, et dans la nature même, sur les coquilles térébrantes qui ont fait partie de son intéressant Mémoire, inséré dans le Journal de physique.

Son premier genre, appelé Rupellaire, par une double allusion au nom latin de La Rochelle, *Rupella*, et à ce que les coquilles qui le forment, vivent dans les pierres, a été confondue par M. de Lamarck dans son genre Pétricole, et son nom défiguré sous celui de P. ruperelle.

Le second, que M. Fleuriau de Bellevue appelle Rupicole, est établi sur une anatine de M. de Lamarck. *analina rupicola*, qui entre aujourd'hui dans le nouveau genre Ostéodesme, proposé par M. Deshaies.

Le troisième genre, auquel M. Fleuriau de Bellevue ne croit pas devoir donner de nom particulier, parce que la coquille qu'il avoit sous les yeux lui paroît avoir tous les caractères des Vénus, et qu'il a nommée en effet *Venus saxatilis*, est la *venerupis perforans* de M. de Lamarck.

Le quatrième genre, établi par M. Fleuriau de Bellevue, a été adopté par M. de Lamarck et tous les zoologistes subséquens sous le nom qu'il lui avoit donné, celui de Saxicave; seulement l'espèce qu'il a décrite avec la dénomination de S. striée, a été plus mal nommée S. gallicane par M. de Lamarck.

Nous avons fait l'observation que cet animal creuse un trou, dont l'orifice est simple, au contraire de ce qui a lieu pour toutes les vénérupes.

Enfin nous avons trouvé dans la collection du respectable protecteur des sciences naturelles à La Rochelle, un autre genre, établi aussi sur une coquille térébrante, à laquelle M. Fleuriau de Bellevue donne dans ses Manuscrits le nom de roccellaire, *rocellaria*. Nous nous sommes assurés que c'étoit avec raison qu'il l'avoit distingué, puisque c'étoit une gastrochène de Spengler, celle que M. de Lamarck a nommée *G. modiolina*. Son trou est tapissé en arrière par une plaque adhérente, formant tube, ayant un orifice bilobé.

Nous dirons aussi qu'ayant vu dans la collection de M. Fleuriau de Bellevue toutes les preuves à l'appui de son opinion sur le procédé que les animaux lithophages emploient pour se loger dans les corps au milieu desquels on les trouve, et qui consiste à admettre un fluide acide sans action de la coquille elle-même, nous n'avons pas été pleinement convaincus de l'acidité du fluide; mais il nous paroît indubitable que dans le commencement, et pour certaines espèces, c'est un fluide qui doit au moins ramollir la pierre, les mouvemens de l'ani-

mal et de sa coquille, quand elle est propre à cela, faisant
le reste. Voyez Lithophages. (De B.)

VÉNÉRUPE. (Foss.) Un petit nombre d'espèces de ce genre
n'a été trouvé jusqu'à ce jour à l'état fossile que dans les
plus nouvelles couches marines, et dans des pierres calcaires
plus anciennes que l'époque où ces espèces ont vécu.

Vénérupe globuleuse : *Venerupis globulosa*, Desh., Descript.
des coq. foss. des env. de Paris, tom. 1. p. 69, pl. 10, fig.
3, 4 et 5 ; Mém. de la soc. d'hist. nat. de Paris, tom. 1, p.
256, n.° 1, pl. 15, fig. 13 et 14. Coquille ovale-globuleuse,
oblique, en cœur, couverte de stries concentriques, fines,
minces ; ouverte à son bord postérieur, portant deux dents
cardinales sur une valve, et trois sur l'autre. Longueur,
quatre lignes ; largeur, cinq lignes. Fossile de Valmondois,
département de Seine-et-Oise.

Vénérupe striatule ; *Venerupis striatula*, Desh., Descript.
des coq. foss. des env. de Paris, p. 70, même pl., fig. 6 et 7.
Coquille ovale-transverse, inéquilatérale, globuleuse, finement et irrégulièrement striée et à crochets courts. Longueur,
sept lignes ; largeur, neuf lignes. Fossile d'Assy, département
de l'Oise, et de la Chapelle près de Senlis, dans une couche
de grès marin supérieur. M. Deshayes soupçonne que cette
espèce pourroit n'être qu'une variété de celle qui précède.

Vénérupe de Brocchi ; *Venerupis Brocchii*, Def. Coquille
transverse, inéquilatérale, lisse et à crochets très-courts. Longueur, neuf lignes ; largeur, dix-huit lignes. Fossile de Chaumont, département de l'Oise.

Vénérupe de Faujas : *Venerupis Faujasii*, de Bast., Mémoire
géolog. sur les env. de Bordeaux, p. 92 ; *Chama coralliophaga*,
Brocc., Conch. foss. subapp., pl. 13, fig. 10 ; *Cardita lithophaga*,
Faujas, Ann. du Mus., tom. 2, pl. 40, fig. 2 et 3. Coquille
transverse, un peu triangulaire, presque lisse, à crochets
fort courts. Longueur, onze lignes ; largeur, deux pouces. Fossile du Plaisantin. Chemnitz dit que son analogue vit dans
la mer des Indes. M. de Lamarck a rangé cette espèce dans
les cypricardes (Anim. sans vert. vol. 6, première partie,
page 28), en disant que la cypricarde datte, qui vit dans
les mers de Saint-Domingue, étoit identique avec elle ; mais
celle qui est fossile, ne portant aucune trace de dent laté-

rale sous le corselet, doit entrer dans le genre Vénérupe, plutôt que dans celui des cypricardes.

Vénérupe d'Italie ; *Venerupis italica*, Def. Cette espéce ne diffère de la précédente que parce qu'elle est moins grande et que son bord postérieur est couvert de rugosités. Longueur, huit lignes ; largeur, quinze lignes. Fossile d'Italie. On trouve cette espèce, ainsi que celle qui précéde, dans des trous qu'elles ont formés dans des pierres calcaires fort dures.

Vénérupe parasite ; *Venerupis parasita*, Def. Coquille suborbiculaire, bombée, subéquilatérale, couverte de fines stries longitudinales, et dont les bords sont irréguliers. Longueur et largeur, un pouce. Le seul individu de cette espèce que nous ayons vu, se trouvoit collé avec de la marne grise dans laquelle on rencontre les fossiles du Plaisantin, dans une valve très-irrégulière d'une coquille dont nous ne connoissons pas l'espèce. Celle-ci n'a point de charnière, ou elle a été détruite. Elle est nacrée en dedans, et porte sur l'un de ses côtés une forte impression musculaire ronde. Le dehors de cette valve est rugueux, et il est très - probable que l'animal auquel elle a appartenu, avoit creusé le trou dans lequel la vénérupe parasite a dû se trouver. (D. F.)

VENETOU. (*Ornith.*) On dit que les naturels de la Guiane donnent ce nom aux jacanas, et M. Vieillot en a fait la désignation spécifique d'une espèce. (Ch. D. et L.)

VENGERON. (*Ichthyol.*) Voyez Vangeron. (H. C.)

VENGOLINE. (*Ornith.*) Nom spécifique d'une espèce de linotte africaine, nommée encore sénégali chanteur, *fringilla angolensis*, par M. Vieillot. (Ch. D. et L.)

VENIMEUX. (*Ichthyol.* Nom spécifique d'un Denté, que nous avons décrit dans ce Dictionnaire, tome XIII, pag. 77. Voyez aussi Ichthyque. (H. C.)

VENIN ; *Venenum, Toxicum.* (*Zool. génér.*) On désigne spécialement par ce nom les humeurs éminemment délétères ou simplement nuisibles qui sont sécrétées par certains animaux.

C'est ainsi que l'on dit le *venin de la vipère*, le *venin du crotale, de l'aspic, du naja, de la guêpe, du cousin, de l'abeille*, etc.

Tous les animaux qui jouissent de la faculté de sécréter un venin, sont appelés *venimeux*.

La sécrétion du venin, zoologiquement parlant, est une fonction tout aussi naturelle que celle de la salive, de la bile, du sperme, de l'urine, des larmes, etc.; car le naturaliste ne regarde point comme étant de son domaine l'histoire de certains poisons, qui, tels que le virus de la petite vérole et de la syphilis, que les principes contagieux du charbon, de l'anthrax, de la pustule maligne et de la rage, se développent accidentellement et par le concours de certaines altérations morbides dans le corps de l'homme et des animaux.

L'examen de ces derniers appartient essentiellement à la médecine.

Les premiers seuls doivent donc nous occuper, encore n'avons-nous plus que peu de chose à en dire d'une manière générale, puisque les particularités qui concernent chacun d'eux, se trouvent exposées aux divers articles qui ont été consacrés aux animaux qui les produisent.

Du reste rappelons ici, en commençant, que si les venins animaux sont moins nombreux que les poisons végétaux ou minéraux, ils ont une action tout aussi funeste au moins et beaucoup plus rapide presque constamment.

Aucun individu de la nombreuse classe des mammifères et des oiseaux n'est possesseur d'un venin naturel; car on ne sauroit regarder comme tel la sanie qui découle de leur corps putréfié par suite de la cessation de la vie.

C'est donc simplement pour mémoire que nous dirons ici, et presque tous les anatomistes ont pu l'observer, que les piqûres faites avec la pointe d'un scalpel ou de tout autre instrument, imprégné du putrilage de cadavre d'un animal vertébré en état de décomposition, sont accompagnées d'un appareil effrayant de graves accidens, surtout si le blessé est affoibli par des excès d'un genre quelconque, par une maladie antécédente ou par une diathèse cachectique sous l'influence de laquelle il demeure placé. Alors, en effet, au bout de quelques heures, les ganglions lymphatiques voisins du siége de la lésion, s'engorgent et deviennent le centre d'un phlegmon douloureux, après l'apparition duquel la plaie se rouvre et s'environne d'une inflammation érythémateuse peu active, en même temps que l'estomac est fatigué par des nausées, que les forces s'abattent, que le pouls devient petit et accéléré, et que toute l'économie se trouve frappée d'une adynamie, à la suite de laquelle la mort survient en peu de temps, si l'on ne se hâte d'administrer les remèdes convenables.

Certes, c'est bien là une véritable intoxication ; un principe délétère a été déposé dans la plaie par l'instrument vulnérant et a étendu ses ravages sur tout l'organisme ; mais ce principe n'est point le résultat, la conséquence d'une fonction de l'économie vivante : il est le produit d'une fermentation favorisée par l'absence de la vie.

Mais si les mammifères et les oiseaux ne nous offrent aucun venin véritable, les animaux de la classe variée des reptiles nous en présentent en foule, et ils y sont aussi différens par les effets auxquels ils donnent lieu, que par leur mode de sécrétion. C'est une vérité dont on pourra se convaincre en lisant nos articles Bongare, Chélonée, Chersydre, Crapaud, Crotale, Élaps, Gecko, Geitje, Hydrophide, Naja, Ophidiens, Pélamide, Plature, Reptiles, Serpens, Trigonocéphale, Vipère, où sont d'ailleurs consignés tous les détails possibles à cet égard.

Parmi les poissons, il est quelques espèces qui portent des épines crochues ou des aiguillons dentelés, qui, sans verser aucun venin dans la piqûre, déterminent le tétanos et d'autres symptômes non moins fâcheux, par suite de la déchirure des organes où ils ont pénétré. La pastenague, l'aigle de mer, la vive et quelques autres sont dans ce cas. (Voyez Myliobate, Pastenague, Raie, Vive.)

La chair de plusieurs poissons est pareillement délétère pour ceux qui s'en nourrissent. Nous avons traité cette matière avec quelque étendue déjà à notre article Ichthyque (voyez aussi Mégalope et Tétrodon). Le foie de la Roussette est dans le même cas (voyez ce mot) et les œufs des barbeaux, des lottes et des brochets, superpurgent avec de vives coliques, sinon constamment, au moins dans le plus grand nombre des cas. (Voyez Barbeau, Ésoce, Lotte.)

Plusieurs mollusques se rapprochent en cela des poissons.

C'est ainsi que les moules sont souvent, pour les personnes

qui en font usage comme aliment, la cause d'un exanthéme cutané du genre de l'urticaire ou de l'érysipèle, accompagné de symptômes d'empoisonnement. (Voyez MOULE, tom. XXXIII, pag. 129.)

Quelquefois les huîtres produisent des accidens analogues : c'est ce dont on a pu se convaincre il y a quelques années, lorsque des huîtres qu'on avoit mis parquer dans les fossés de la citadelle du Hàvre de Grâce, causèrent simultanément sur une grande étendue de pays et dans une foule de communes fort éloignées les unes des autres, une sorte d'épidémie, qui attira dans le temps l'attention de l'Autorité. (Voyez HUÎTRE et MOLLUSQUES.)

Autrefois aussi, sous la dénomination de *lièvre de mer*, les aplysies ont passé pour le plus subtil, le plus dangereux des poisons. Les personnes pour qui c'est un besoin d'être parfois transportées au milieu des chimères, trouveroient amplement de quoi charmer leurs loisirs dans les récits que les anciens, unanimement à peu près, nous ont faits sur ce mollusque nu que la mer récèle dans son sein. La liste des propriétés pernicieuses dont on le croyoit doué, l'histoire de l'étonnant pouvoir qu'on lui a attribué, seroient bien longues à faire, et nous craindrions d'entreprendre ce travail, quand bien même il ne seroit pas démontré aujourd'hui que l'animal si redouté par Pline, par Dioscoride, par Ælien, par Apulée, Aëtius, Scribonius Largus, Nicander, Galien, Avicenne, Paul d'Égine et par presque tous les pères de la médecine, ne sauroit ni empoisonner ceux qui mangent sa chair, ni faire mourir ceux qui le regardent, ni faire avorter les femmes grosses par son seul aspect ; qu'il est simplement visqueux et dégoûtant comme une limace ; qu'il laisse suinter de sa peau un liquide fétide et nauséeux à la vérité, mais non vénéneux ; que d'une ouverture pratiquée sur la lame supérieure de son manteau, sort une humeur blanche, âcre et épaisse, qui n'est point plus dangereuse ; que le fluide d'un pourpre foncé qu'il exhale par toute la surface de son corps, n'est autre chose qu'une matière colorante suspendue dans un excipient muqueux, et qu'on peut y plonger la main sans en éprouver d'inconvéniens.

Beaucoup d'insectes sont porteurs d'un venin particulier.

Les méloës, les cantharides, les mylabres et beaucoup d'autres coléoptères ont une action épispastique à l'extérieur, et causent à l'intérieur une vive inflammation des organes urinaires et générateurs.

Les abeilles, les scorpions, les guêpes, quelques araignées, les tarentules, les cousins versent un liquide empoisonné dans les piqûres que font leurs dards, leurs aiguillons.

Les poils de certaines chenilles, des arpenteuses et des pithyocampes en particulier, causent des exanthèmes cutanés, en conséquence de la facilité avec laquelle ils se brisent.

Est-ce aussi par suite de l'existence d'un venin spécial que le sarcopte de la gale donne lieu aux affections psoriques? que le lepte automnal fait lever des ampoules? On l'ignore encore. (Voyez ABEILLE, AIGUILLON, ARAIGNÉE, CANTHARIDE, CHENILLE, COUSIN, DARD, GUÊPE, LEPTE, MÉLOË, MYLABRE, PITHYOCAMPE, SARCOPTE, SCOLOPENDRE, SCORPION, TAON, TARENTULE.)

Parmi les animaux radiaires, il faut aussi signaler comme vénéneux les ASTÉRIES et la plupart des MÉDUSES. (Voyez ces mots et ZOOPHYTES.)

Quant à l'électricité que sécrètent certains poissons pour leur défense, on ne sauroit la regarder comme appartenant à la catégorie des venins. Voyez CEINTURE, GYMNONOTE, MALAPTÉRURE, RHINOBATE, TÉTRODON, TORPILLE et TRICHIURE. (H. C.)

VENIN ou VÉLIN DE MER. (*Actinoz.*) C'est le nom que l'on trouve assez souvent employé sur nos côtes par les gens du peuple pour désigner les méduses en général, parce que leur contact produit souvent les effets de l'urtication ou une légère inflammation. (DE B.)

VENŒJO. (*Ornith.*) C'est le nom espagnol du martinet. (DESM.)

VENT. (*Phys.*) Météore qui consiste dans le déplacement de l'air en grande masse, pour se porter d'un lieu où il est plus comprimé dans un autre où il l'est moins. Les vents sont donc des *courans d'air;* mais on n'emploie le plus souvent cette dernière dénomination que pour les petits mouvemens produits par les circonstances locales, dans des espaces resserrés, les appartemens, par exemple. On classe les vents sous trois divisions : *vents constans*, *vents périodiques* et *vents variables*.

Les premiers sont les *vents alisés*, courans réguliers, qui ont constamment lieu sur l'océan Atlantique et sur le grand Océan (*Mer Pacifique* ou *Mer du Sud*), à peu près entre les Tropiques (voyez ce mot). Leur direction moyenne est de l'*est* à l'*ouest*; mais ils prennent une inclinaison vers le sud dans l'hémisphère de ce nom, et vers le nord dans l'autre hémisphère. [1]

Entre ces deux directions il existe une limite où l'on rencontre le plus souvent des calmes entremêlés de violens orages; cette limite n'est pas précisément l'équateur : elle s'étend de 2 à 5 degrés de latitude nord.

La connoissance des vents alisés est importante pour la communication entre l'ancien continent et le nouveau. Les navigateurs qui, partant d'Europe, veulent accueillir l'Amérique dans la zone torride, font d'abord route au Midi, pour atteindre ces vents entre les tropiques; et ils n'ont plus pour ainsi dire qu'à s'y laisser entraîner : mais aussi, lorsqu'ils reviennent, ils doivent s'élever au Nord pour sortir de la région où règnent ces mêmes vents qui leur seroient contraires alors.

Les communications ne peuvent avoir lieu qu'à des époques et dans un ordre déterminés, entre les régions où règnent les vents périodiques appelés *moussons*, qui soufflent pendant un certain temps dans une même direction, et ensuite dans la direction opposée, comme il arrive dans les mers de l'Inde. De la côte de Malacca à la Chine, par exemple, il règne des vents de sud-ouest, depuis Avril jusqu'en Octobre, et de nord-est, depuis Octobre jusqu'en Avril; en sorte qu'il faut saisir le premier intervalle pour aller de l'Inde en Chine, et le second pour en revenir. Ce ne sont pas là les seuls parages dans lesquels il y ait des moussons; on en rencontre de fort régulières sur la mer Rouge, où, depuis Avril jusqu'en Oc-

---

1 La direction du vent est indiquée par les divisions de l'horizon, qui sont au nombre de trente-deux; elles sont marquées sur les horizons des sphères et des globes artificiels, et sur les figures nommées *roses des vents*, qu'on voit sur les boussoles et dans les traités de géographie et de navigation.

tobre, les vents viennent du nord-ouest, et du sud-est dans le reste de l'année, directions qui sont à peu près parallèles à celle de ce long golfe.

Au nombre des vents périodiques sont ceux qu'on nomme *brise de terre* et *brise de mer*, dont la direction change deux fois en vingt-quatre heures; la seconde, soufflant pendant le jour, tempère la chaleur des côtes de la mer. Cette brise est plus marquée dans la zone torride que dans les zones tempérées; mais déjà les côtes de la Méditerranée l'éprouvent sensiblement. Dans certaines localités les vents changent d'une manière qui semble tenir en même temps des moussons et des brises : tels sont les *vents de Saint-Louis* (au Sénégal), qui changent de direction dans le cours de l'année et éprouvent en outre des variations diurnes dans un ordre régulier.

En rassemblant les remarques insérées dans les voyages de terre et de mer, on trouveroit encore bien d'autres exemples de périodicité des vents; mais un pareil détail ne sauroit entrer dans cet article; nous renverrons aux Journaux des navigateurs, et spécialement aux *Tableaux des vents, des marées et des courans qui ont été observés sur toutes les mers du globe*, par Ch. Romme.

S'il n'est pas possible de développer ici ce qui regarde les vents qui présentent quelque sorte de régularité, il l'est encore moins de se jeter dans toutes les discussions qu'on pourroit établir sur les vents variables qu'on éprouve dans les zones tempérées. Depuis que l'on cultive avec soin la météorologie, on a un grand nombre d'observations, desquelles cependant on n'a guère pu conclure que les rapports moyens de fréquence entre les diverses directions dans lesquelles les vents soufflent, et leurs qualités, c'est-à-dire s'ils sont généralement chauds ou froids, secs ou humides, doux ou orageux. Si l'on prend Paris pour exemple, le vent du sud-ouest est celui qui souffle le plus fréquemment : suivant les tables dressées par Cotte sur dix années d'observations, ce vent règne pendant 173 jours dans une année, et le vent d'est pendant 10 jours seulement. (*Mém. des savans étrangers*, année 1773, pag. 470.) A Londres le vent le plus fréquent est encore le sud-ouest, qui souffle 112 jours de l'année, et le plus rare est le vent du nord, qui n'occupe que 16 jours. Dans d'autres lieux, le partage des jours de l'année entre les vents divers est moins inégal. A Pétersbourg il y a 72 jours de vent d'ouest, qui est le plus fréquent, et 50 jours de sud-est, qui l'est le moins.

Les accidens de la surface terrestre influent beaucoup sur les vents. On conçoit d'abord que les grandes chaînes de montagnes les modifient : les Alleghanis et les Andes en Amérique, les Gattes dans la presqu'île de l'Inde, en-deçà du Gange, en offrent des exemples remarquables, ainsi qu'on peut le voir dans l'ouvrage de Volney sur les États - Unis, dans le Voyage de M. de Humboldt, et dans la Description de l'Indostan par Rennell. De plus, l'observation assidue des phénomènes météorologiques en divers cantons a prouvé que même les collines un peu étendues exercent une action sur les courans de l'air, puisqu'il tombe des quantités de pluie fort inégales dans des lieux très-voisins l'un de l'autre (voyez Météores, t. XXX, p. 307); car la chute de la pluie paroît liée en général avec le cours des vents.

On remarque surtout dans les zones tempérées que, parmi les diverses directions que peut prendre le vent, il y en a qui amènent plus fréquemment de la pluie que les autres, et qu'il s'en trouve qui font baisser la température; en un mot, les vents, dans chaque pays, ont des qualités propres, mais qui varient d'un pays à un autre. On les a d'abord attribuées à la nature des régions sur lesquelles passe l'air affluent. Ainsi, pour la France, l'air amené par les vents compris entre le sud-ouest et le nord-ouest, ayant passé sur une grande étendue de mer, doit être plus chargé de vapeur aqueuse que celui qu'apportent les vents compris entre le nord et l'est, qui passent sur les contrées froides de l'Europe et sur les terres sèches de la Tartarie : parmi ces derniers le vent de nord-est, qui prend le nom de *bise*, est regardé comme le vent le plus froid et le plus sec dans nos contrées. Les vents qui viennent du côté du Midi sont en général les plus chauds. Dans les États-Unis de l'Amérique septentrionale, c'est au contraire le vent d'est, qui a traversé l'océan Atlantique, qui est pluvieux. Les vents froids sont entre l'ouest et le nord, parce qu'ils viennent des parties glaciales de ce continent.

Sur les côtes de la Méditerranée, le vent de siroco (*sud-*

quart-sud-est) produit une chaleur étouffante, parce que l'air qu'il amène, venant des déserts de l'Afrique, a parcouru trop peu d'espace sur la mer pour y perdre sa qualité sèche et brûlante.

Le même vent, en Égypte, devient le *kamsin*, qui dessèche en peu de minutes la végétation, et fait périr les animaux qui le respirent sans précaution. Pour en diminuer l'effet, il faut se jeter à terre pendant qu'il souffle, ou éviter au moins les bouffées les plus ardentes, qui ne durent qu'un temps très-court. Sur la Côte d'or on éprouve un vent analogue, nommé *harmattan*. (Voyez la *Correspondance astronomique* de M. de Zach, tom. 7, pag. 538.)

Les vents ont sur la densité de l'air une action que le baromètre manifeste dans nos contrées. Il s'élève quand les vents soufflent entre le nord et l'est ; ceux du sud à l'ouest le font baisser, au moins le plus souvent, et toujours ou presque toujours les ouragans, les tempêtes, sont précédés d'un abaissement prompt et notable du baromètre.

Les ouragans ont fait connoître une circonstance à laquelle on n'auroit pas pensé d'abord : c'est qu'ils commencent dans le point de leur course le plus éloigné de celui duquel le vent paroît souffler : ainsi l'ouragan produit par un vent du nord, a commencé dans le lieu le plus méridional de ceux où il s'est fait sentir. Cette remarque, due à Franklin (voyez le tome 2, page 78, de la traduction françoise de ses *Œuvres*), a été vérifiée souvent depuis. On voit dans les *Annales de chimie et de physique*, tom. 9, p. 66, qu'un ouragan qui s'est manifesté à dix milles au nord du cap Hatteras, par 35° 15′ de latitude nord, le 23 Décembre 1811 à 8 heures du soir, n'est parvenu à Boston, par 42° 22′ de latitude nord, que le 24 à 4 heures du matin. Franklin compare cet effet à ce qui se passe dans un canal fermé par une vanne ; lorsqu'on ouvre cette vanne, c'est la partie contiguë du fluide qui se met la première en mouvement ; les autres ne s'ébranlent que successivement, et dans la direction contraire à celle du courant.

De même, lorsqu'on allume du feu dans la cheminée d'une chambre, où l'air étoit d'abord en repos, la raréfaction qui se produit auprès du foyer fait bientôt élever l'air chaud, en

partie dans le tuyau de la cheminée, et en partie dans le haut
de la chambre. Ce mouvement se communique de proche
en proche jusqu'à l'air du dehors, qui afflue vers la cheminée.
En suivant cette comparaison, Franklin conclut que, si dans
le golfe du Mexique l'air éprouve une forte et subite raréfaction qui détermine un courant ascendant rapide, l'air
des régions septentrionales, venant successivement remplir
ce vide, produira un vent très-fort du septentrion, et peut-
être un ouragan.

Comme on vient de le voir, c'est aux raréfactions et aux
condensations que l'air subit, qu'on rapporte la production des
vents. Ces variations de densité peuvent venir, soit des changemens de température, soit de la production ou de la condensation de la vapeur aqueuse qui s'élève de la surface des
mers et des fleuves; mais ces circonstances s'enchaînent tellement, qu'il est presque impossible d'assigner la part de chacune et l'ordre de leur succession, surtout par rapport aux
vents variables, quoique, cependant, l'état particulier de l'atmosphère dans chaque lieu et à chaque instant soit une conséquence nécessaire de l'état précédent. Mais si l'on a fixé
quelquefois son attention sur la multitude et l'irrégularité
apparente des mouvemens que présente une rivière dans les
grandes eaux, surtout en avant et en arrière des piles d'un
pont, on se figurera ce que doivent être ceux de l'océan aérien,
dont les parties sont douées d'une si grande mobilité et qui
éprouve tant d'inflexions et de réflexions dans les sinuosités
dont la surface terrestre est sillonnée. On conçoit comment
il peut souffler divers vents à la fois, les uns près de terre
et les autres dans les régions plus élevées, ainsi que le montre
la différence qui a lieu souvent entre la direction des nuages
et celle des girouettes; et comment il y a des courans ascendans
et descendans, desquels il peut résulter des trombes, des vents
locaux, qui se précipitent quelquefois d'une montagne sur les
espaces qui environnent sa base.

Aussi les considérations sur les causes générales de raréfaction de l'air n'ont encore fourni d'explication un peu plausible que pour les vents alisés, parce qu'ils ont lieu dans la
partie la plus étendue, et par conséquent la plus libre, de
l'océan, et dans la zone torride, où l'ordre des phénomènes

météorologiques paroît moins troublé qu'ailleurs par les causes accidentelles. Halley donna de ces vents l'explication suivante :

La présence continuelle du soleil sur la zone torride détermine, par sa chaleur, un courant d'air ascendant, qui, parvenu vers l'extrémité de l'atmosphère, se répand du côté de chaque pôle, en s'abaissant près de la surface : là le fluide se refroidit et remplace, de proche en proche, l'air qui s'est élevé dans la zone torride, à peu près comme le courant inférieur d'une chambre remplace le courant supérieur. mais l'atmosphère, tournant avec la terre, tend à prendre, sur chaque parallèle, une vitesse de rotation proportionnelle au rayon de ce cercle. Une molécule d'air, qui retourne vers l'équateur après avoir passé sur ce parallèle, ne revient pas tout de suite à la vitesse qui convient à l'équateur ou aux parallèles voisins ; elle reste donc en arrière vers l'ouest et paroît frapper, comme venant de l'est, les corps placés à la surface de terre ; c'est, par conséquent, comme si l'air dans cette partie étoit en mouvement de l'est à l'ouest. Je n'ai indiqué ici que la partie principale du phénomène. En le détaillant, on parvient à rendre raison des déviations du courant aérien vers l'un et l'autre pôle, par le déplacement continuel du point où la raréfaction de l'air est à son maximum, lequel change avec la position du soleil, par suite des deux mouvemens de la terre. (Voyez SYSTÈME DU MONDE, tome LII, page 24.)

On a tenté aussi d'expliquer les moussons et même les vents accidentels. Quelques physiciens ont exposé des conjectures très-ingénieuses ; de ce nombre sont celles que Mariotte a formées sur le vent ou, pour mieux dire, l'espèce de tourmente qui s'élève avant la chute de la pluie dans les orages, et qu'il attribue à l'air que les grosses gouttes d'eau entraînent d'abord avec elles comme une sorte d'atmosphère. Cet air, s'échappant, produit un vent local qui se porte de l'endroit où il pleut à ceux où l'eau ne tombe pas encore. Ce fait paroît assez semblable à ce qui se passe dans les trombes, dont on se sert pour souffler les hauts-fourneaux où l'on fond le fer. M. Mathieu Dombasle en a depuis proposé une autre explication, à laquelle il a joint celle de « l'accéléra-
« tion de la vitesse du vent général sous l'ombre d'un nuage

« souvent assez petit, et non pluvieux, qui traverse une plaine
« actuellement échauffée par le soleil. » Il attribue ce dernier
fait au refroidissement produit au-dessous du nuage, lorsqu'il
arrête les rayons du soleil. (Voyez les *Annales de chimie et de
physique*, tom. 9, pag. 89 ; tom. 10, pag. 52 à 61.)

Nous recommandons aux lecteurs la lettre de M. Gay-Lussac à M. de Humboldt sur la formation des nuages orageux,
et le Mémoire de M. de Humboldt sur l'influence de la dé-
clinaison du soleil sur le commencement des pluies équatoriales ; phénomènes dans lesquels les vents entrent pour beaucoup. (*Annales de chim. et de phys.*, tome 8, pag. 158 et 179.)
Dans le premier de ces articles (page 172) M. Gay-Lussac, at-
tribuant au vide occasioné par la condensation de la vapeur
aqueuse, le vent qui accompagne un orage, observe qu'une
variation subite de $2^{mill},26$ (1^{lig}) dans la hauteur du baromètre, ce qui ne correspond encore qu'à une chute de $30^{mill},68$
($13^l,6$) d'eau, produiroit un vent dont la vitesse seroit de 20
lieues à l'heure. L'ouragan cité plus haut (p. 254), en exemple
de la direction que suivent ces météores, avoit parcouru en
8 heures plus de 7 degrés de latitude, environ 791 kilomètres
(203 lieues de 2000 toises) ce qui fait 98 kilomètres (25 lieues)
à l'heure. [1]

L'atmosphère doit, comme la mer, avoir un flux et un re-
flux ; mais ces courans sont tout-à-fait insensibles (voyez Système du monde, tom. LII, p. 45). Il en est de même de ceux
qui répondent aux petites variations diurnes du baromètre,
si régulières entre les tropiques, et qui paroissent dues aux
variations diurnes de la température.

La vitesse et la force du vent varient beaucoup depuis
celui qu'on sent à peine jusqu'à l'ouragan qui renverse les

---

[1] En terminant sa lettre, M. Gay-Lussac relève la fausseté de la
dénomination d'*éclair de chaleur*, donnée à des éclairs qui paroissent
à peu près dans l'horizon, et ne sont suivis d'aucun bruit, parce que
le nuage où ils ont lieu, est trop éloigné pour que le son, qui se propage beaucoup moins bien que la lumière, soit entendu. En effet, lorsqu'un nuage, élevé seulement de 1000 mètres (500 toises) au-dessus de la
terre, paroît à l'horizon, il est à plus de 79 kilomètres (20 lieues) du
spectateur.

édifices et déracine les arbres. On trouve dans les Traités de physique et dans l'*Annuaire du Bureau des longitudes* (année 1823 et précédentes), une table de la vitesse des vents. Il suffira dans cet article de rapporter la mesure des termes les plus remarquables.

Dans ce qu'on appelle encore un vent doux, la vitesse est de $2^m,24$ (83 pouces) par seconde, et l'impulsion contre une surface de 9 décimètres, qui équivaut à un carré de 3 décimètres de côté, soutiendroit un poids de 66 grammes.

Un vent *élevé* peut avoir $15^m,66$ (48 pieds) de vitesse par seconde, et sa force impulsive sur la surface indiquée ci-dessus, est alors de $2^{kilog},75$.

Dans l'ouragan, enfin, la vitesse du vent peut s'élever à $44^m,36$ (158 pieds) par seconde, et la force impulsive à $22^{kilog},29$. (L. C.)

VENTALE, *Ventale*. (*Amorphoz.*) Division générique, établie par M. Oken (Élém. d'hist. nat. zool., tom. 1, p. 79) parmi les éponges. Les caractères qu'il lui assigne sont d'être feutré et flabelliforme, et les espèces qu'il y range sont les *Spongia agaricina*, Linn., *fibrillosa*, Linn., et *lamellosa*, que nous ne connoissons pas. (DE B.)

VENTENATIA. (*Bot.*) Genre de plantes dicotylédones, à fleurs complètes, polypétalées, de la *polyandrie monogynie* de Linnæus, offrant pour caractère essentiel : Un calice à trois divisions profondes, concaves, caduques; une grande corolle; des pétales nombreux; un grand nombre d'étamines insérées sur le réceptacle; un ovaire supérieur; un style simple; un stigmate épais, presque à cinq lobes; une baie à cinq loges; plusieurs semences dans chaque loge.

Le genre *Ventenatia* avoit déjà été établi par Cavanilles, mais appliqué à une autre plante, qui paroît appartenir aux *styphelia* de Smith, ou se rapprocher des *epacris*. Kœler a aussi appliqué le nom de *ventenatia* à quelques plantes de la famille des graminées. Enfin, M. Smith avoit désigné sous le **nom de** *ventenatia* une plante qui entre comme espèce dans les *Stylidium*.

VENTENATIA GLAUQUE : *Ventenatia glauca*, Pal. Beauv., Flor. d'Ow. et Ben., 1, tab. 17; Poir., *Ill. gen.*, Suppl., tab. 965. Arbuste dont la tige se divise en rameaux glabres, alternes, cylindriques, garnis de feuilles alternes, pétiolées, très-grandes, glabres, ovales-oblongues, entières, couvertes en dessus d'une sorte de gluten glauque, qui devient presque pulvérulent quand il est sec, arrondies à leur base, terminées à leur sommet par une longue pointe acuminée, point de stipules. Les fleurs sont grandes, très-belles, situées vers l'extrémité des rameaux, portées sur des pédoncules solitaires, uniflores, latéraux ou opposés aux feuilles, alternes, cylindriques, beaucoup plus courts que les feuilles. Le calice est glabre, fort court, à trois folioles égales, concaves, coriaces, obtuses; la corolle est d'un beau rouge carmin, composée de dix à douze pétales arrondis au sommet en forme de spatule, rétrécis presque en onglet à leur base, agréablement veinés, insérés, ainsi que les étamines, sur le réceptacle; les filamens droits, filiformes, inégaux, beaucoup plus courts que la corolle; l'ovaire ovale; le style plus long que les étamines; le stigmate épais, presque à cinq lobes. Le fruit est une baie ovale oblongue, cannelée, terminée par une sorte de mamelon, divisée intérieurement en cinq loges; plusieurs semences renfermées dans chaque loge. Cette plante croit en Afrique, à Agathon, dans les lieux un peu élevés, aérés et dégarnis de bois. (Poir.)

VENTENATUM. (*Bot.*) Ce genre, établi par Leschenault de la Tour, est le même que celui nommé *Diplolæna* par R. Brown, dont M. Desfontaines a bien fait connoitre les caractéres. (Lem.)

VENTILAGO. (*Bot.*) Genre de plantes dicotylédones, à fleurs complètes, de la famille des *rhamnées*, de la *pentandrie monogynie* de Linnæus, offrant pour caractère essentiel: Un calice tubulé, persistant, à cinq découpures; une corolle composée de cinq écailles fort petites, placées entre les divisions du calice; cinq étamines insérées sur le calice, opposées aux pétales; un ovaire adhérent avec le tube du calice; un style court; un stigmate obtus; une capsule indéhiscente (samare) à une seule semence, surmontée d'une aile membraneuse.

VENTILAGO DE MADRAS: *Ventilago maderaspatana*, Roxb., Coram., 1, tab. 76; Gærtn., *De fruct.*, tab. 49; *Funis viminalis*, Rumph, *Herb. amb.*, 5, tab. 2. Grand arbrisseau dont la tige, épaisse, a ses rameaux très-souples, alternes, glabres,

cylindriques, garnis de feuilles alternes, médiocrement pétiolées, fermes, épaisses, glabres à leurs deux faces, entières,
aiguës ou un peu obtuses, traversées par des nervures simples, latérales, comme ridées ou plissées transversalement.
Les fleurs sont petites, verdâtres, nombreuses, disposées en
une panicule assez ample, terminale ; ses ramifications un
peu grêles et alternes. Le calice est d'une seule pièce, adhérent à l'ovaire, terminé par cinq dents fort petites, aiguës,
souvent colorées ; une corolle de cinq écailles fort petites ;
les cinq étamines ont les filamens courts, terminés par des anthères arrondies ; l'ovaire est enfoncé jusqu'à sa moitié dans le
tube du calice. Le fruit est une capsule presque sphérique
ou ovale, fort petite, uniloculaire, indéhiscente, à une seule
semence surmontée d'une aile membraneuse, elliptique, oblongue, coriace.

Cette plante croît dans les Indes orientales, le long des
côtes maritimes, sur les montagnes boisées.

Ventilago a feuilles dentées ; *Ventilago denticulata*, Pers.,
Synops., 1, pag. 250. Cette plante a des rameaux garnis de
feuilles alternes, ovales, légèrement pubescentes, denticulées ou crénelées à leur contour, aiguës au sommet. Les fleurs
sont petites, disposées en une panicule terminale ; le calice,
très-court, entier à sa base ; cinq petites dents aiguës ; cinq
écailles remplacent les pétales, et alternent avec les dents du
calice. Le fruit est une capsule un peu sphérique, surmontée
d'une aile membraneuse, un peu étroite, obtuse. Cette plante
croît dans les Indes orientales. (Poir.)

VENTOU. (*Ornith.*) Synonyme de Ouantou , espèce de
pic. (Desm.) .

VENTRE , *Venter*, *Abdomen*. (*Zool. génér.* , *Anat. comp.*)
Voyez Abdomen. (H. C.)

VENTRE ou ABDOMEN DANS LES INSECTES. (*Entom.*)
Voyez Abdomen , tom. I.ᵉʳ, pag. 6, article dans lequel nous
avons donné beaucoup de détails sur ce sujet. (C. D.)

VENTRU. (*Bot.*) Renflé dans une partie de sa longueur ;
exemples : hampe de l'oignon commun ; corolle de l'*erica
ventricosa* ; follicules de l'*asclepias syriaca* , etc. (Mass.)

VENTRU. (*Ichth.*) Nom spécifique d'un Cycloptère. Voyez
ce mot. (H. C.)

VENTURON, (*Ornith.*) Nom cité dans la plupart des auteurs pour une espèce de fringille très-voisine du serin cini, et qui est le *fringilla citrinella*. (Ch. D. et L.)

VENULARIA. (*Bot.*) Persoon, dans sa Mycologie européenne, vol. 1, pag. 5, se demande s'il ne seroit pas convenable de faire, sous le nom de *Venularia*, un genre de la plante qu'il désigne par *capillaria grammica*, laquelle croît sur les feuilles desséchées, et surtout sur celles du chêne, en lignes noires, flexueuses, simples ou rameuses : on ne connoît rien de sa structure. Le genre *Venularia*, comme le *Capillaria*, également de Persoon, n'ont pas été admis par les botanistes. (Lem.)

VÉNUS. (*Entom.*) Fabricius a donné ce nom d'espèce à un papillon de Surinam à ailes prolongées en forme de queue, dont les supérieures sont vertes, piquées d'or, et les inférieures variées de noir, de vert et d'or. (C. D.)

VÉNUS, *Venus*. (*Malacoz.*) Genre de malacozoaires lamellibranches, de la famille des conchacés, établi par Linné pour un grand nombre d'espèces de coquilles qu'il est souvent assez difficile de distinguer d'une manière un peu tranchée. La caractéristique du genre Vénus dans la manière linnéenne peut être exprimée ainsi : Animal ovale ou arrondi, ordinairement assez peu comprimé, enveloppé par un manteau ouvert dans tout son côté antérieur et inférieur, et dont les bords onduleux sont garnis de cirrhes tentaculaires sur un seul rang ; pied considérable, comprimé, tranchant, diversiforme ; tubes médiocrement alongés et presque constamment réunis ; bouche petite, semi-lunaire, pourvue d'appendices labiaux assez petits ; branchies larges, courtes, libres, c'est-à-dire non réunies ni entre elles ni avec celles du côté opposé. Coquille solide, assez épaisse, régulière, parfaitement équivalve et close, plus ou moins équilatérale ; sommets bien marqués, inclinés en avant ; charnière subsimilaire, composée de trois ou quatre dents cardinales rapprochées. Ligament épais, souvent arqué, bombé et extérieur. Deux impressions musculaires, réunies par une ligule étroite, excavée plus ou moins profondément en arrière, outre une troisième très-petite en avant de l'antérieure, pour le muscle rétracteur du pied.

Le genre Vénus ainsi défini comprend les cythérées de M. de Lamarck, qui diffèrent en effet si peu des autres espèces, que Poli a compris toutes celles dont il a parlé dans son genre Callistoderme. Cependant, comme les espèces de vénus actuellement dans les collections sont extrêmement nombreuses, nous avons essayé de les partager en plusieurs petits groupes, dont quelques-uns constituent déjà des genres pour divers conchyliologistes. Malheureusement, ne possédant qu'un petit nombre de ces espèces, il ne nous a pas été possible d'analyser leurs caractères d'une manière assez certaine pour assurer leur place dans les divisions que nous avons établies. Nous croyons cependant en avoir un peu facilité l'étude.

Quoi qu'il en soit, les vénus sont des animaux de toutes les parties du monde. Elles vivent constamment sur les bords de la mer, enfoncées dans le sable, mais à une petite profondeur, de manière qu'elles en sortent aisément et peuvent très-bien marcher à l'aide de leur pied. On dit même qu'elles peuvent sauter et comme voltiger, en frappant de coups répétés avec leurs valves l'intérieur de l'eau; c'est même cette faculté qui a porté Poli à nommer toute la classe des bivalves *subsilientia*.

On connoit du reste peu les mœurs des vénus, qui ne doivent d'ailleurs pas différer beaucoup de celles des autres conchacés.

Dans différens ports de mer on mange avec délices, au lieu d'huîtres et préférablement à elles, une espèce de vénus, la vénus treillissée, connue sous le nom vulgaire de *clonisse*. Son goût est réellement plus fort que celui des huîtres, et il faut par conséquent y être habitué. On mange aussi la vénus verruqueuse.

Comme à l'article Cythérée nous n'avons cité que l'espèce qui sert de type au genre, nous croyons devoir ici réparer cette omission, afin de compléter cette partie intéressante de la conchyliologie.

✻ *La dent médiane profondément divisée en deux, l'anté-rieure plus avancée sous la lunule.*

A. Espèces épaisses, subtrigones, avec les bords du corselet carénés, sans lunule bien distincte; la dent cardinale antérieure à canal strié ou à bord dentelé. (G. Cythérée, de Lamk.)

La Vénus des jeux : *C. lusoria*, Chemn., *Conch.*. 6, p. 337, t. 32, fig. 340; Enc. méth., pl. 270, fig. 1, *a*, *b*. Assez grande coquille, ovale-cordiforme, lisse, de couleur blanche, avec des zones châtaines interrompues. Dent cardinale antérieure canaliculée et striée.

Des mers qui baignent le Japon et la Chine, où elle est employée à certains jeux, d'où lui est venu sa dénomination.

La V. pétéchiale : *C. petechialis*, de Lamk., An. sans vert. tom. 5, p. 561, n.º 2; Enc. méth., pl. 268, fig. 5, *b*, et fig. 6. Assez grande coquille, ovale-cordiforme, renflée, anguleuse sur le côté postérieur, lisse, d'un blanc glauque, avec des taches fauves, ponctiformes.

Cette coquille, fort rare dans les collections, vient de la mer des grandes Indes.

La V. impudique : *V. impudica*, Chemn., *Conch.*, tab. 33, fig. 347, 348, 350; Enc. méth., pl. 269, fig. 1, *a*, *b*. Coquille cordiforme, épaisse, obtuse au côté postérieur, lisse, d'un blanc fauve, subradiée, avec du bleuâtre livide au corselet.

De l'océan Indien.

La V. marron : *C. castanea*, Chemn., *Conch.*, 6, tab. 33, fig. 361; Enc. méth.. pl. 269, fig. 2, *a*, *b*. Coquille très-rap-prochée de la précédente, cordiforme, obtuse sur les angles du côté postérieur. lisse, épaisse, d'un brun châtain; le corselet d'un bleu noirâtre.

De l'océan Indien.

La V. zonaire: *V. zonaria*, de Lamk., n.º 5 : d'Argens. *Conch.*, tab. 21, fig. I. Coquille trigone, lisse, blanchâtre.

zonée de lignes rousses, angulo-flexueuses; l'écusson aplati, avec des litures fauves.

De l'océan Indien.

La Vénus courtisane; *V. meretrix*, Lamk., *loc. cit.*, n.° 6. Coquille trigone, anguleuse au côté postérieur, lisse, de couleur blanche, maculée de violâtre sur les crochets; corselet d'un bleuâtre olivacé.

De l'océan Indien?

La V. graphique; *V. graphica*, de Lamk.; Enc. méthod., pl. 266, fig. 5, *a*, *b*. Coquille trigone, arrondie, lisse; le corselet ovale, un peu élevé au milieu; la lunule ovale; couleur grise, teinte de deux rayons bruns imparfaits ou sans rayons.

De l'océan Indien.

La V. morphine; *V. morphina*, Chemn., *Conch.*, 6, t. 34, fig. 358; Enc. méth., pl. 266, fig. 3, *a*, *b*? Coquille trigone, arrondie, lisse; à lunule ovale; de couleur grise, avec ou sans rayons bruns imparfaits.

De l'océan des grandes Indes et de la Nouvelle-Hollande.

Ces six dernières espèces pourroient bien n'être que des variétés d'une seule.

La V. pourprée; *V. purpurata*, de Lamk., *loc. cit.*, n.° 9. Assez grande coquille, renflée, cordiforme, arrondie, sillonnée dans sa longueur; à crochets grands et bombés, avec la dent cardinale antérieure dentelée et granuleuse; couleur pourprée, fasciée de blanchâtre.

Des mers de l'Amérique méridionale?

La V. chaste : *V. casta*, Linn., Gmel., pag. 3278, n.° 42; Chemn., *Conch.*, 6, tab. 53, fig. 346. Coquille cordiforme, arrondie, renflée, épaisse, presque lisse, à lunule ovale, grande et convexe, à peine circonscrite; couleur blanche.

De l'océan Indien; rare dans les collections.

La V. corbicule; *V. corbicula*, Linn., Gmel., pag. 3278, n.° 39; Chemn., *Conch.*, 6. t. 51, fig. 506. Coquille trigone, glabre, à crochets étroits, la lunule grande et subcordiforme; la dent cardinale antérieure sillonnée obliquement; couleur blanche ou fauve, souvent subradiée de brun.

Cette coquille, qui vient des océans Atlantique et Américain, est le type du genre *Trigona* de Mégerle.

La Vénus tripline : *V. tripla*, Linn., Gmel., p. 3276, n.º 29 ; Chemn., *Conch.*, 6, t. 51, fig. 330 — 332 ; Encyc. méthod., pl. 269, fig. 4, *a*, *b*. Assez petite coquille, très-rapprochée de la précédente, également trigone, lisse, avec les crochets renflés, étroits, et la lunule ovale et grande, mais toute blanche ou fauve.

B. Espèces minces, triangulaires, bombées, à sommets très-proéminens, à bords tranchans, non crénelés, sans lunule distincte. (Les *V. mactroides*, Genre Trigonia ; Schum.)

La V. tumescente : *V. læta*, Linn., Gmel., p. 3273, n.º 19 : Chemn., *Conch.*, 6, t. 34, fig. 353 et 354 ; Encycl. méthod., pl. 266, fig. 4, *a*, *b*. Coquille très-glabre, cordiforme, renflée, avec une lunule subovale et anguleuse, de couleur blanchâtre, souvent semi-radiée de roussâtre.

De l'océan Indien, suivant M. de Lamarck, et de la Méditerranée, suivant Gmelin, ce qui est douteux.

La V. mactroïde ; *V. mactroides*, de Lamk., *loc. cit.*, n.º 27. Coquille trigone, subéquilatérale, déprimée, avec le corselet planulé et la lunule lancéolée : couleur d'un fauve pâle, avec les crochets blanchâtres en dehors, très-blanche en dedans.

La V. trigonelle ; *V. trigonella*, de Lamk., *loc. cit.*, n.º 28. Petite coquille trigone, lisse, agréablement variée de blanc, de fauve et de pourpre, avec des lignes rousses angulo-flexueuses, tachée en dedans.

De l'océan des Antilles.

La V. sulcatine : *V. sulcatina*, id., *ibid.*, n.º 29 ; Chemn., *Conch.*, 6, t. 55, fig. 371 et 572 ; Enc. méthod., pl. 269, fig. 3, *a*, *b*. Coquille trigone, arrondie, striée et sillonnée dans sa longueur, de couleur rousse, brunâtre, radiée de blanc.

De l'océan Indien.

La V. point d'Hongrie : *V. castrensis*, Linn., Gmel., pag. 3273, n.º 20 ; Chemn., Conch., 6, t. 55, fig. 567, 568, 570 ; Enc. méth., pl. 275, fig. 1, *a*, *b*. Coquille arrondie, cordiforme, ventrue, avec la lunule cordiforme, de couleur blanche, variée de lignes anguleuses, longitudinales, fauves.

De l'océan Indien.

La Vénus parée : *V. ornata*, Lamk., *ibid.*, n.° 52; Chemn., *Conch.*, 6, t. 55, fig. 369 et 370; Encycl. méthod., pl. 275, fig. 5, *a*, *b*. Coquille trigone, arrondie, non ventrue, d'un blanc bleuâtre, ornée de lignes anguleuses, longitudinales, serrées, ferrugineuses.

Coquille rare de l'océan des grandes Indes.

La V. peinte : *V. picta*, de Lamk., *ibid.*, n.° 33; Chemn., *Conch.*, 6, t. 55, fig. 373, 376, 381; Enc. méth., pl. 275, fig. 2, *a*, *b*, et fig. 3, *a*, *b*. Coquille à peu près de même forme que les deux précédentes, mais plus petite, de couleur blanche, peinte de taches et de lignes brunes ou rousses d'une manière très-diversiforme en dehors, jaunâtre en dedans.

C. Espèces épaisses, solides, ovales-alongées, à peu près lisses, de couleur radiée ou liturée, avec une excavation palléale postérieure assez profonde. (Les *Meretrices*.)

La V. fauve : *V. chione*, Linn., Gmel., p. 3272, n.° 22; Chemn., *Conch.*, 6, t. 32, fig. 345; Enc. méthod., pl. 266, fig. 1, *a*, *b*. Coquille ovale, cordiforme, lisse ou avec des sillons longitudinaux obsolètes, de couleur fauve, quelquefois avec des rayons peu marqués; la lunule sublancéolée.

Des mers d'Europe et de l'océan Atlantique.

La V. nitidule : *V. nitidula*, Lamk., *loc. cit.*, n.° 21. Coquille ovale, elliptique, lisse, d'un fauve rougeâtre, avec deux bandes longitudinales maculées de roux.

De la Méditerranée.

La V. géante : *V. gigantea*, Linn., Gmel., p. 3282, n.° 89; Chemn., *Conch.*, 10, p. 354, t. 171, fig. 1661; Enc. méth., pl. 280, fig. 3, *a*, *b*. Très-grande coquille, la plus grande du genre, ovale, assez plate, à lunule imprimée, ovale, de couleur sublivide, avec des rayons nombreux, interrompus, bruns ou bleuâtres.

Coquille rare, de l'océan Indien, à l'île de Ceilan.

La Vénus cedo-nulli : *V. erycina*, Linn., Gmel., pag. 5271, n.° 13 ; Chemn., *Conch.*, 6, t. 52, fig. 337 ; Enc. méthod., pl. 264, fig. 2, *a*, *b*. Coquille ovale, marquée de sillons longitudinaux très-obtus ; la lunule ovale, variée de blanc et de fauve orangé, avec des rayons décomposés, bruns.

Cette belle coquille, très-recherchée dans les collections, à cause de la richesse et de la variété de sa coloration, vient de l'océan Indien.

La V. lilacine : *V. lilacina*, de Lamk., n.° 15 ; Chemn., *Conch.*, 6, t. 52, fig. 338 et 539 ; Enc. méthod., pl. 264, fig. 3, *a*, *b*. Coquille ovale, couleur de bois un peu livide, obscurément radiée, teinte de violet vers les bords et en dedans.

De l'océan des grandes Indes et des Moluques.

La V. sans pareille : *V. impar*, de Lamk., *loc. cit.*, n.° 16 ; Chemn., *Conch.*, 11, pag. 226, t. 202, fig. 1975. Coquille voisine de la *V. erycina*, obliquement cordiforme, sillonnée longitudinalement en avant, de couleur blanchâtre, avec des rayons d'un fauve violacé en dehors, blanche en dedans, avec une tache de violet brun sur le côté postérieur.

Des mers de la Nouvelle-Hollande.

La V. érycinelle ; *V. erycinella*, de Lamk., n.° 17. Coquille ovale, avec des sillons longitudinaux, épais et plats, la lunule subcordiforme ; couleur blanche, variée de lignes violettes, ondées et anguleuses.

Des mers Australes.

La V. pectorale : *V. pectoralis*, id., *ibid.*, n.° 18. Petite coquille ovale, déprimée, sillonnée dans sa longueur, d'une couleur lie-de-vin pâle, avec quelques rayons obscurs ; le corselet, les crochets et les bords de la lunule très-blancs, tachetés.

Patrie inconnue.

La V. tachetée : *V. maculata*, Linn., Gmel., pag. 5272, n.° 17 ; Chemn., *Conch.*, 6, t. 53, fig. 345 ; Enc. méthod., pl. 265, fig. 4, *a*, *b*. Coquille ovale, cordiforme, lisse, blanchâtre, ornée de taches rousses, carrées, formant quelquefois par leur réunion deux rayons imparfaits.

Une variété (Enc., pl. 265, fig. 4, *c*, *d*) a des taches en lignes flexuo-anguleuses.

Des mers d'Amérique.

La Vénus nitidule ; *V. nitidula*, de Lamk., *loc. cit.*, n.° 21. Coquille ovale, elliptique, lisse, d'un fauve rougeâtre, avec deux bandes longitudinales formées de taches rousses, les natèces blanches.

De la Méditerranée.

La V. tigrine : *V. tigrina*, id., *ibid.*, n.° 34 ; Chemn., *Conch.*, 6. t. 35, fig. 374 et 375 ? Coquille ovale, lisse au milieu, sillonnée aux extrémités, à lunule cordiforme et petite : couleur blanche, ornée de taches d'un brun noirâtre, triangulaires, éparses et inégales.

Des mers de l'Inde.

La V. vénitienne ; *V. venitiana*, id., *ibid.*, n.° 35. Petite coquille obliquement cordiforme, striée dans sa longueur, de couleur blanche, avec quelques rayons jaunes, roussâtres, en partie composés de taches brisées et anguleuses.

De l'Adriatique, près Venise.

La V. atlantique : *V. guineensis*, Linn., Gmel., p. 3270, n.° 10 ; Chemn., *Conch.*, 6, t. 30, fig. 311 ; Encycl. méth., pl. 265, fig. 1, *a*, *b*. Coquille obliquement cordiforme, avec des stries longitudinales concentriques, lamelleuses : couleur rougeâtre ou purpurescente, radiée de blanc ou de rouge, ou quelquefois sans rayons ; la lunule et le corselet d'un pourpre foncé.

Des côtes occidentales de l'Afrique.

La V. épineuse : *V. dione*, Linn., Gmel., p. 3266, n.° 1 ; Chemn., *Conch.*, 6, t. 27, fig. 271 — 273 ; Encycl. méthod., pl. 275, fig. 1, *a*, *b*. Coquille obliquement cordiforme, avec des sillons longitudinaux concentriques, lamelleux, élevés, et des épines aux bords du corselet et de la lunule : couleur d'un pourpre rosé.

Cette coquille, qui vient des mers de l'Amérique, est recherchée dans les collections, quand ses épines sont longues et bien conservées. C'est sur elle que l'imagination de Linné a trouvé une ressemblance telle avec les différentes parties extérieures de la génération de la femme, qu'il en a tiré sa terminologie des conques.

La V. piqûre-de-mouche : *V. muscaria*, de Lamk., *ibid.*, n.° 59 ; Chemn., *Conch.*, 11, t. 202, fig. 1921 et 1922. Coquille ovale, convexe, déprimée, avec des sillons longitudi-

naux concentriques et une lunule oblongue, presque lancéolée : couleur blanchâtre, ponctuée de roux en dehors,
toute blanche en dedans.

Patrie inconnue.

La Vénus pulicaire; *V. pulicaria, id., ibid.*, n.° 60. Coquille
ovale, un peu convexe, avec des sillons rugueux, longitudinaux, concentriques, et une lunule oblongue : couleur blanchâtre, parsemée de tâches brunes en dehors, blanche en
dedans, avec une ou deux taches d'un roux brun sous les
crochets.

Patrie inconnue.

D. Espèces lenticulaires, radiées ou subpectinées, sans
dent latérale postérieure ; lunule et ligament très-
enfoncés ; ligule palléale peu marquée et non rentrée postérieurement. (Les *V. lucinoides;* G. Orbi-
culus, Mégerle.)

La V. tigerrine : *V. tigerrina*, Linn., Gmel., p. 3283, n.°
69 ; Chemn., *Conch.*, 7, p. 6, t. 57, fig. 590 et 591 ; Encycl.
méthod., pl. 277, fig. 4, *a, b.* Coquille assez grande, lentiforme, un peu convexe, treillissée par des stries dans les deux
sens ; à lunule petite, trigone et fort enfoncée : couleur blanche, avec le bord supérieur interne de couleur pourprée.

Cette coquille, qui vient des océans Indien et Américain,
varie un peu pour la profondeur des stries.

La V. bord rose : *V. punctata*, Linn., Gmel., p. 3284, n.°
74 ; Chemn., *Conch.*, 7, p. 15, t. 57, fig. 597 et 598 ; Enc.
méthod., pl. 277, fig. 3, *a, b, c.* Coquille lenticulaire, un
peu convexe, sillonnée verticalement ; les sillons aplatis :
couleur blanchâtre, avec le limbe interne de son bord rose.

Cette espèce, fort voisine de la précédente, vient aussi de
l'océan des grandes Indes.

La V. interrompue : *V. interrupta*, de Lamk., *ibid.*, n.° 52 ;
Encycl. méthod., pl. 279, fig. 1, *a, b.* Coquille suborbiculaire, convexe, sillonnée concentriquement et striée verticalement à ses deux extrémités seulement : couleur blanche
en dehors, d'un jaune verdâtre en dedans.

De l'océan Indien ?

La Vénus plate : *V. scripta*, Linn., Gmel., p. 3286, n.° 79 ;
Chemn., *Conch.*, 7, t. 40, fig. 420 — 426 ; Encycl. méthod.,
pl. 274, fig. 1. Coquille lentiforme, aplatie, striée longitudinalement, anguleuse à son bord supérieur et postérieur, à
natèces comprimées ; le ligament visible à l'extérieur : couleur
blanche, diversement peinte de lignes foncées.

De l'océan Indien.

La V. ondatine ; *V. undatina*, de Lamk., *ibid.*, n.° 56. Coquille voisine de la précédente, lentiforme, subconvexe, sillonnée longitudinalement, à natèces déprimées ; le ligament
caché : couleur blanche, peinte de lignes ferrugineuses,
ondées.

De l'océan des grandes Indes.

E. Espèces lenticulaires à stries concentriques ; la ligule palléale fortement enfoncée en arrière ; le ligament presque caché. (G. Artemis , Poli.)

La V. lucinale ; *V. lucinad*, id., *ibid.*, n.° 45. Coquille
lenticulaire, subéquilatérale, anguleuse en arrière, avec des
stries concentriques élevées, et la lunule circonscrite par une
ligne enfoncée : couleur d'un blanc violet, avec les natèces
rousses et quelquefois des linéoles verticales.

Des mers d'Amérique, à l'île Saint-Thomas.

La V. lactée ; *V. lactea*, id., *ibid.*, n.° 47. Très-petite coquille, arrondie, elliptique, pellucide, blanche, avec les
natèces purpurescentes.

Patrie inconnue.

La V. lustrée : *V. tincta*, de Lamk., *ibid.*, n.° 49 ; Maton et
Rakett, Soc. linn., 8, tab. 3, fig. 2. Coquille suborbiculaire,
oblique, inéquilatérale, avec des stries concentriques très-
fines et très-serrées, ce qui la rend luisante : couleur blanche,
immaculée.

Des côtes d'Angleterre. Diffère-t-elle de la suivante ?

La V. exolète : *V. exoleta*, Linn., Gmel., p. 3284, n.° 75 ;
Chemn., *Conch.*, 7, t. 58, fig. 402 — 404 ; Encycl. méthod.,
pl. 279, fig. 5, et pl. 280, fig. 1, *a, b*. Coquille orbiculaire,
subéquilatérale, marquée de stries concentriques, obsolètes,

à lunule cordiforme, enfoncée et sublamelleuse : couleur blanche, peinte de lignes et de rayons roux.

De toutes les mers d'Europe.

La Vénus lunaire : *V. lunaris*, Lamk., *ibid.*, n.º 46; *V. lupinus*, Poli, *Conch.*, 2, tab. 21, fig. 8. Petite coquille suborbiculaire, oblique, avec des stries longitudinales concentriques; lunule cordiforme : couleur blanche, avec les natèces teintes de pourpre.

De la Méditerranée. Diffère-t-elle de la *V. exoleta?*

La V. concentrique : *V. concentrica*, Linn., Gmel., p. 3286, n.º 82 ; Chemn., *Conch.*, 7, t. 37, fig. 392; Encycl. méthod., pl. 279, fig. 2, *a*, *b*. Coquille assez épaisse, orbiculaire, convexe, déprimée, subéquilatérale, avec des stries concentriques serrées; lunule petite, enfoncée : couleur toute blanche.

Des océans Américain et Atlantique.

Une variété, dont la lunule est cordiforme, oblongue, vient de la Nouvelle-Hollande.

La V. dentifère : *V. prostrata*, Linn., Gmel., p. 3283, n.º 70; *V. excavata*, Linn., Gmel., p. 3269, n.º 83. Coquille orbiculaire, convexe, déprimée, avec des stries concentriques plus épaisses, plus élevées vers les extrémités, et terminées par des dents au bord du corselet; lunule enfoncée, cordiforme : couleur toute blanche ou fauve.

De l'océan Indien.

F. Espèces épaisses, solides, plus ou moins comprimées, ovales, côtelées, pectinées et denticulées sur les bords; impression palléale large et non sinueuse en arrière. (Les *Veneripcetes.*)

La V. épaisse; *V. crassa*, Encycl. méthod., pl. 271, fig. 6, *a*, *b*. Coquille ovale, subtrigone, très-épaisse, assez comprimée, traversée par des sillons concentriques bien marqués, avec quelques sillons verticaux, granuleux en arrière seulement : couleur blanchâtre, avec des litures d'un rouge violacé en dehors, sur le corselet et le bord ; la lunule entièrement violette.

J'avois fait une division particulière de cette espèce, dont

j'ignore la patrie ; mais elle a trop de rapports avec les espèces de cette section pour en être séparée.

La Vénus mixte : *V. mixta*, Lamk., *ibid.*, n.° 61 ; Encycl.
méthod., pl. 271, fig. 2, *a*, *b*. Coquille ovale, cunéiforme,
marquée de sillons longitudinaux au milieu, verticaux et
obliquement recourbés aux extrémités ; lunule lancéolée :
couleur d'un blanc bleuâtre, taché de fauve.

Patrie inconnue.

La V. pectinée : *V. pectinata*, Linn., Gmel, p. 3283, n.° 78 ;
Chemn., *Conch.*, 7, t. 39, fig. 418 et 419? Encycl. méthod.,
pl. 271, fig. 1, *a*, *b;* vulgairement l'Amande. Coquille ovale,
avec des sillons granuleux ; ceux du milieu verticaux ; les latéraux obliques, courbés et bifides; lunule ovale : couleur
blanche, variée de fauve.

De l'océan Indien.

La V. gibbie : *V. gibbia*, de Lamk., *ibid.*, n.° 64 ; Chemn.,
Conch., 7, tab. 39, fig. 415 et 416 ; Encycl. méth., pl. 271,
fig. 4, *a*, *b*. Coquille subcordiforme, très-gibbeuse avec l'âge,
avec des sillons verticaux, épais, crénelés, obliques au côté
postérieur : couleur blanche, rarement maculée ; une tache
violacée à la lunule et au corselet.

De l'océan Indien ?

La V. ranelle : *V. ranella*, id., *ibid.*, n.° 65 ; Encycl. méth.,
pl. 271, fig. 5, *a*, *b*? Coquille ovale, arrondie, comprimée,
avec des sillons verticaux assez épais et crénelés ; la lunule et
le corselet étroits et colorés ; la première est violâtre, le second maculé de rouge-brun ; le reste blanc.

De l'océan Indien ?

La V. divergente : *V. divaricata*, Linn., Gmel., p. 3277,
n.° 55 ; Chemn., *Conch.*, 6, t. 30, fig. 316 ; Encycl. méthod.,
pl. 275, fig. 5, *a*, *b*. Coquille cordiforme, arrondie, avec
des stries verticales serrées, bifides et divergentes au bord
inférieur, croisées par d'autres longitudinales : couleur blanche, variée de taches anguleuses brunes ou fauves; le corselet
et la lunule liturés.

De l'océan des Indes orientales.

La V. testudinale : *V. testudinalis*, de Lamk., *ibid.*, n.° 67 ;
Encycl. méthod., pl. 274, fig. 2, *a*, *b*. Coquille cordiforme,
arrondie, comprimée, avec des stries verticales bifides et di-

vergentes inférieurement, traversées par les longitudinales : couleur d'un brun roussâtre, avec des rayons obscurs sur le corselet.

A s'en rapporter à la figure citée de cette coquille, qui vient des grandes Indes : elle se rapprocheroit davantage de la division *C* que de celle-ci ; mais d'après la description il n'en est pas ainsi.

La Vénus en coin ; *V. cuneata*, de Lamk., *ibid.*, n.° 68. Coquille arrondie, cunéiforme, assez convexe, marquée de sillons longitudinaux et de verticaux divergens vers les natèces : couleur blanchâtre ; la lunule et le corselet d'un brun pourpré.

Des mers de la Nouvelle-Hollande, au port du roi George.

La V. placunelle : *V. placunella*, id., *ibid.*, n.° 69 ; Chemn., *Conch.*, 11, p. 229, t. 202, fig. 1980 ; Encycl. méth., pl. 271, fig. 3, *a*, *b*. Petite coquille mince, transparente, orbiculaire, elliptique, assez comprimée, avec des sillons verticaux bifides et divergens inférieurement, traversés par des stries longitudinales : couleur blanche.

Patrie inconnue.

La V. rugifère : *V. rugifera*, id., *ibid.*, n.° 70 ; Chemn., *Conch.*, 7, p. 25, t. 39, fig. 410 et 411. Coquille arrondie, trigone, assez aplatie, avec des sillons longitudinaux pliciformes, linéolés : couleur blanchâtre en dehors ; la lunule et le corselet ferrugineux, d'un rouge fauve en dedans.

De la mer d'Égypte ?

La V. plicatine ; *V. plicatina*, id., *ibid.*, n.° 71. Coquille trigone, arrondie, plano-convexe, avec des sillons longitudinaux pliciformes : couleur blanche, ornée de linéoles flexuo-anguleuses, fauves ; le corselet lituré.

Des mers de la Nouvelle-Hollande.

La V. cardille ; *V. cardilla*, id., *ibid.*, n.° 76. Coquille cordiforme, inéquilatérale, convexe, avec des sillons verticaux rayonnans, traversés par des stries longitudinales très-fines ; lunule ovale : couleur blanche, liturée de ferrugineux.

Du Brésil ?

G. Espèces épaisses, solides, triquètres, cunéiformes, sillonnées longitudinalement ; les impressions musculaires réunies par une ligule étroite, un peu sinueuse en arrière ; deux grosses dents obliques à la charnière. (G. Triquetra, de Blainv. ; Anomalocarda, Schum.)

La Vénus crénulaire : *V. flexuosa*, Linn., Gmel., p. 5270, n.° 12 ; Encycl. méthod., pl. 266, fig. 6, *a*, *b*, et fig. 7, *a*, *b*. Coquille trigone, cordiforme, atténuée et prolongée à son extrémité postérieure, avec des sillons pliciformes, longitudinaux, très-marqués et crénelés par des stries verticales : couleur roussâtre, avec des litures violacées sur la lunule et le corselet ; une tache violette intérieure en arrière.

Cette coquille, qui offre beaucoup de variétés, vient de l'océan Indien.

La V. grosse-dent ; *V. macrodon*, de Lamk., *ibid.*, n.° 73. Coquille trigone, cordiforme, avec des sillons pliciformes, entiers, et obsolètes sur les bords : couleur uniforme.

Des mers australes ? Très-voisine de la précédente, si même elle en est distincte.

La V. écailleuse : *V. squamosa*, Linn., Gmel., pag. 3275, n.° 27 ; Chemn., *Conch.*, 6, t. 31, fig. 355. Coquille trigone, cordiforme, cancellée par des sillons dans les deux sens ; lunule arrondie : couleur d'un blanc roussâtre.

Des mers de l'Inde.

La V. dentaire ; *V. dentaria*, de Lamk., *ibid.*, n.° 78. Coquille triangulaire, alongée, d'un fauve pâle, radiée de blanc ; le côté postérieur maculé en dedans.

Des côtes du Brésil, près Rio-Janeiro.

La V. verdatre ; *V. viridescens*. Coquille trigone, cordiforme, peu prolongée en arrière ou subéquilatérale ; le bord du corselet subarrondi ou peu anguleux, avec des sillons longitudinaux peu marqués : couleur blanche sous un épiderme verdâtre en dessus ; la région dentaire et l'extrémité postérieure bleues en dedans.

De Rio-Janeiro.

** *La dent médiane bifide ou trois dents cardinales seulement.*

A. **Espèces de forme alongée, subrhomboïdale. à bords non denticulés ; les trois dents fort rapprochées. (Genre** Tapes**, Schumacher.)**

1. *Des stries verticales.*

La Vénus croisée : *Venus decussata*, Linn., Gmel.. p. 3294, n.° 135 ; Chemn., *Conch.*, 7, t. 43, fig. 455 et 456. Coquille ovale, à bord supérieur droit, anguleux en arrière, marquée de fortes stries verticales. croisées par des stries d'accroissement assez prononcées : couleur variée de p tites taches ou de rayons bruns ou noirâtres, sur un fond blanchâtre.

De toutes les mers d'Europe. Elle varie étonnamment de couleur; on la mange en Provence et sur la côte de l'Océan.

La V. lunot : *V. senegalensis*. Linn., Gmel., p. 3282, n.° 67 ; d'après Adanson, Sénég., p. 227. pl. 17, fig. 11. Coquille petite. ovoïde. obtuse aux deux extrémités, très-finement treillissée : de couleur de chair ou blanche, agréablement marbrée de brun.

Très-commune dans les sables de Bonne, sur la côte occidentale d'Afrique.

La V. fines stries ; *V. pullustra*, Mat. et Rak.. Soc. linn., 3, p. 88, t. 2, fig. 7. Coquille ovale-oblongue. très-finement treillissée par des stries dans les deux sens, mais surtout longitudinalement : couleur variable, mais le plus souvent blanche.

Des côtes de France et d'Angleterre.

La V. glandine ; *V. glandina*, de Lamk.. Anim. sans vert., tom. 5, p. 583. n.° 48. Coquille oblongue et striée, finement treillissée par des stries dans les deux sens : variée de blanc et de roux en dehors, et submaculée en arrière et vers les sommets en dedans.

Des mers de la Nouvelle-Hollande.

La V. tronquée ; *V. truncata*, id., ibid., n.° 49. Coquille ovale, comme tronquée à son extrémité postérieure. qui est plus large, subtreillissée ; les sillons verticaux plus marqués :

couleur d'un blanc fauve, varié de brun bleuâtre en dehors, jaune ou dorée en dedans.

Patrie inconnue.

La Vénus rugelle : *V. corrugata*, L., Gm., p. 3280, n.° 52; Chemn., *Conch.*, 7, pag. 50, t. 42, fig. 444. Coquille ovale, treillissée par des stries verticales fines, que traversent des stries d'accroissement onduleuses, inégales : couleur · blanchâtre en dehors, blanche ou jaune en dedans, avec les extrémités violettes.

M. de Lamarck fait deux variétés de cette espèce, d'après la coloration de l'intérieur. La première vient de la Nouvelle-Hollande, la seconde de la Méditerranée.

La V. ponctifère; *V. punctata*, Chemn., *Conch.*, 7, t. 41, fig. 436 et 437. Coquille ovale-oblongue, subanguleuse et obtuse en arrière, treillissée par des stries verticales très-fines et des stries longitudinales serrées : couleur d'un jaune paille.

De l'océan Indien.

La V. galactite; *V. galactites*, de Lamk., n.° 52. Coquille ovale-oblongue, carditiforme, subanguleuse en arrière, subtreillissée, les sillons verticaux plus saillans : couleur blanche.

Des mers de la Nouvelle-Hollande, au port du roi George.

La V. délicate; *V. exilis*, id., ibid., n.° 53. Petite coquille oblongue, elliptique, très-courte en arrière, un peu convexe, mince, pellucide, finement treillissée par des stries verticales peu marquées et des stries longitudinales très-fines : couleur blanche.

Patrie inconnue.

La V. carnéole; *V. carneola*, id. ibid., n.° 65. Coquille ovale, treillissée par des stries verticales plus fines que les longitudinales : couleur de chair non maculée, violette aux natèces.

Patrie inconnue.

La V. bedeau : *V. bicolor*, id., ibid., n.° 68; Poli, *Test.*, 2, t. 21, fig. 3? Coquille ovale, striée finement dans les deux sens, blanche ou brune de chaque côté du ligament.

De la Méditerranée.

La V. flammiculée; *V. flammiculata*, id., ibid., n.° 77. Coquille ovale, convexe, striée finement dans les deux sens avec des sillons longitudinaux : couleur d'un fauve pâle, avec des flammules blanches en forme de rayons en dehors, blanche en dedans et tachée de bleu sous la lunule et le corselet.

De la Nouvelle-Hollande.

La Vénus souillée : *V. inquinata*, id., ibid., n.° 88; *V. triangularis*, Maton et Rakett, Soc. linn., 8, p. 83? Coquille arrondie, subcordiforme, bombée, avec des stries verticales très-peu prononcées et des stries d'accroissement concentriques : couleur d'un blanc jaunâtre en dehors.

Des bords de la Manche, à Cherbourg.

La V. de Beudant; *V. Beudantii*, Payraud., Mollusq. de la Corse, pl. 1, fig. 52. Petite coquille elliptique, très-inéquilatérale, avec le côté antérieur très-court; finement striée dans les deux sens : couleur violacée, avec deux rayons blancs.

Des environs d'Ajaccio, de Bonifacio, en Corse.

2. *Des sillons longitudinaux.*

La Vénus de Malabar : *Venus malabarica*, Chemn., *Conch.*, 6, t. 51, fig. 324 et 325; *V. gallus*, Gmel., n.° 57. Coquille ovale-oblongue, luisante, traversée par des sillons élevés, nombreux : couleur d'un blanc cendré un peu fauve, avec quatre rayons obscurs, bruns ou bleuâtres, et des lignes anguleuses litériformes peu apparentes.

De l'océan Indien.

La V. aile-de-papillon : *V. rotundata*, Linn., Gmel., p. 3294, n.° 134; Chemn., *Conch.*, 7, t. 42, fig. 441. Coquille ovale-alongée, à sillons aplatis, bien réguliers : de couleur fauve, avec quatre rayons bruns ou de taches brunes.

De l'océan Indien.

La V. lichenée : *V. adspersa*, de Lamk., n.° 37; Chemn., *Conch.*, 7, t. 42, fig. 438 et 439; Enc. méth., pl. 282, fig. 1, *a*, *b*, et 281, fig. 4, *a*, *b*. Coquille oblongue, ovale, comprimée, subanguleuse en arrière, obtuse, à sillons longitudinaux aplatis : couleur fauve orangée, avec quatre rayons plus foncés, interrompus.

De l'océan Indien. Diffère-t-elle réellement de la précédente?

La V. écrite : *V. litterata*, Linn., Gmel., p. 3293, n.° 132; Chemn., *Conch.*, 7, p. 37, t. 41, fig. 432 et 433; Enc. méth..

pl. 280, fig. 4 , *a* , *b* , et pl. 481 , fig. 1. Coquille ovale, assez comprimée, subanguleuse en arrière, finement sillonnée dans sa longueur : couleur blanche , ornée de petits traits bruns anguleux , imitant un peu l'écriture.

La disposition des taches de cette espèce , qui vient de l'Inde , varie beaucoup : quelquefois même il n'y a aucune trace de lituration , comme dans la *V. nocturna* , Chemn. , *Conch.* , 7 , t. 41 . fig. 435.

La Vénus sillonnaire ; *V. sulcaria* , Lamk. , n.° 41. Coquille ovale - oblongue , avec des sillons longitudinaux beaucoup plus étroits en avant , larges et aplatis en arrière : peinte de litures d'un brun roux , subréticulées.

Cette espèce , qui vient très - probablement , comme la V. tissue , de l'océan des grandes Indes , n'en est sans doute qu'une variété ; car , dans toutes les espèces à sillons longitudinaux , ils sont toujours beaucoup plus larges en arrière qu'en avant.

La V. tissue : *V. textile* , Linn. , Gmel. , pag. 3280 , n.° 51 ; Chemn. , *Conch.* , 7 , tab. 42 , fig. 442. Coquille ovale-oblongue , très - glabre , d'un fauve pâle , avec des litures anguloso-flexueuses , bleuâtres , subeffacées.

Des côtes de Malabar.

La V. entrelacée : *V. textulata* , de Lamk. ; Chemn. , *Conch.* , 7 , t. 42 , fig. 4₁3. Coquille ovale , à stries longitudinales extrêmement fines ; lunule ovale : couleur blanchâtre , peinte de linéoles d'un fauve rougeâtre , variées et subréticulées.

De l'océan Indien.

La V. géographique : *V. geographica* , Linn. , Gmel. , p. 3293 , n.° 133 ; Chemn. , *Conch.* , 7 , t. 42 , fig. 440 ; Enc. méth. , pl. 285 , fig. 2 , *a* , *b*. Coquille ovale - oblongue , très - inéquilatérale , sillonnée dans sa longueur : de couleur blanche , avec des lignes d'un brun roux , subréticulées.

De la Méditerranée.

La V. rariflamme : *V. rariflamma* , de Lamk. , n.° 45 ; Enc. méth. , pl. 285 . fig. 5 , *a* , *b*. Coquille ovale - oblongue , sillonnée longitudinalement , blanche , ornée de flammes fauves , distantes et courtes.

Des côtes d'Afrique.

La V. dorée : *V. aurea* , Linn. , Gmel. , p. 3288 , n.° 98 ; Chemn. , *Conch.* , 7 , t. 43 , fig. 458 ; Enc. méth. , pl. 283 ;

fig. 5, *a, b*. Coquille ovale, subcordiforme, très-finement sillonnée dans sa longueur ; lunule ovale : couleur d'un blanc jaunâtre en dehors, d'un jaune plus ou moins vif en dedans.

Des côtes de l'océan en France et en Angleterre.

La Vénus dorsale ; *V. dorsata*, Lamk., n.º 51. Coquille ovale, renflée, avec le côté postérieur élevé et obtusément anguleux ; sillons longitudinaux nombreux, sublamelleux en arrière : couleur blanchâtre ou roussâtre, avec quelques liturations en dehors, blanche en dedans, avec une teinte couleur de chair dans le disque.

Des mers de la Nouvelle-Hollande.

La V. gros-sillons ; *V. crassisulca*, id., ibid., n.º 33. Coquille ovale-oblongue, subanguleuse en arrière, avec des sillons transverses subscalariformes : couleur blanchâtre, sans taches.

Des mers de la Nouvelle-Hollande.

La V. renflée ; *V. turgida*, id., ibid., n.º 59. Coquille ovale, renflée, sillonnée dans sa longueur, avec l'anus ovale : couleur fauve, obscurément liturée par des lignes anguleuses, subradiées.

De l'océan des grandes Indes.

La V. rétifère ; *V. retifera*, id., ibid., n.º 50. Coquille ovale-oblongue, sillonnée dans sa longueur, à lunule oblongue : couleur blanche, avec des linéoles subanguleuses fauves, réunies en rayons rétiformes.

Des mers d'Europe.

La V. anomale ; *V. anomala*, id., ibid., n.º 51. Coquille ovale-oblongue, subanguleuse, très-inéquilatérale, striée dans sa longueur ; les stries postérieures sublamelleuses ; dents cardinales droites : couleur pâle, un peu rougeâtre vers les crochets.

Des mers de la Nouvelle-Hollande, à la baie des Chiens-marins.

La V. scalarine ; *V. scalarina*, id., ibid. Coquille subcordiforme, déprimée, à anus lancéolé, et marquée par des sillons longitudinaux transverses : couleur blanchâtre, avec de petites taches fauves comme articulées ; natèces violettes.

Des mers Australes.

La V. aphrodine ; *V. aphrodina*, id., ibid., n.º 80. Coquille obliquement cordiforme, à anus oblong, cordiforme, très-finement striée dans sa longueur, luisante et à couleur fauve grisâtre en dehors, blanche en dedans, souvent avec une tache bleuâtre en arrière.

Des mers de la Nouvelle-Hollande.

La Vénus de Péron; *V. Peronii*, Lam., *ibid.*, n.° 81. Coquille ovale, cordiforme, traversée par des sillons aplatis : couleur blanchâtre en dehors, avec deux taches intérieures, l'une orangée et l'autre d'un pourpre noirâtre.

Des mers de la Nouvelle-Hollande.

La V. aphrodinoïde; *V. aphrodinoides*, *id.*, *ibid.*, n.° 82. Coquille subcordiforme, obliquement conique, garnie de sillons longitudinaux : de couleur blanchâtre, avec une tache violacée intérieure.

Des mers de la Nouvelle-Hollande, comme la V. aphrodine, dont elle paroît se rapprocher beaucoup; mais ses sommets sont plus saillans et ses sillons transverses plus éminens.

La V. latérisulque; *V. laterisulca*, *id.*, *ibid.*, n.° 60. Coquille subcordiforme, à sillons longitudinaux substriés et un peu effacés au milieu; lunule ovale-oblongue : couleur rougeâtre, maculée de blanchâtre, avec des taches rousses sur le corselet.

Patrie inconnue.

La V. virginale : *V. virginea*, Linn., Gmel., p. 3294, n.° 136? Penn., *Zool. brit.*, 4, tab. 55, fig. *dextra*, et Maton et Rakett, Soc. linn., 8, p. 88, t. 2, fig. 8. Coquille subovale, un peu anguleuse en arrière, avec le corselet renflé et un peu courbé; les stries longitudinales plus grandes vers l'extrémité postérieure : couleur d'un fauve pâle.

Des mers d'Europe.

La V. flambée : *V. flammea*, Linn., Gmel., p. 3278, n.° 38; Schrœt., *Einl. in Conch.*, 3, p. 200, t. 8, fig. 12. Coquille subcordiforme, sillonnée dans sa longueur, lisse vers les natéces, avec la lunule oblongue : couleur blanche, peinte de linéoles angulaires roussâtres en dehors, blanches à l'intérieur, avec une légère teinte aurore sous les crochets.

De la mer Rouge.

La V. marbrée; *V. marmorata*, Lam., *ibid.*, n.° 58. Coquille ovale; corselet fort grand; lunule ovale-oblongue; sillons longitudinaux : couleur blanche, variée de fauve et de roussâtre, avec le sommet d'un brun violacé.

Des mers de l'Europe australe.

La Vénus pétaline : *V. petalina*, Lam., *ibid.*; Poli, Test., 2, tab. 21, fig. 14 et 15? Coquille ovale, striée finement dans sa longueur : de couleur de chair, avec un ou deux rayons; les natèces violettes.

De la mer Méditerranée, dans le golfe de Tarente.

La V. fleurie : *V. florida*, *id.*, *ibid.*; Poli, Test., 2, tab. 21, fig. 1 et 2. Petite coquille ovale, luisante, peu renflée, striée dans sa longueur; lunule oblongue; écusson court : couleur très-variable, peinte de blanc, de roux et de jaunâtre en dehors, jaunâtre en dedans, avec une tache violette sous le ligament.

De la Méditerranée, dans le golfe de Tarente et sur les rivages de la Corse. M. de Lamarck dit qu'elle est voisine de la V. géographique.

La V. phaséoline; *V. phaseolina*, *id.*, *ibid.*, n.° 64. Coquille ovale, mince, striée dans sa longueur, à lunule ovale : couleur grise ou d'un fauve pâle, marquetée de taches blanches ou rayonnées.

Patrie inconnue.

La V. triste : *V. tristis*, *id.*, *ibid.* Coquille subcordiforme, sillonnée en longueur d'un fauve roussâtre ou rayonnée en dehors, avec une tache aurore et du bleu à son bord inférieur en dedans.

Des mers de la Nouvelle-Hollande.

La V. sinueuse; *V. sinuosa*, *id.*, *ibid.*, n.° 72. Coquille subcordiforme, sillonnée dans sa longueur, sinueuse à son bord; lunule ovale presque en cœur : couleur d'un fauve pâle, avec deux rayons obscurs subarticulés.

Des mers de la Nouvelle-Hollande.

La V. rimulaire; *V. rimularis*, *id.*, *ibid.*, n.° 74. Coquille subcordiforme, renflée, sillonnée dans sa longueur, bâillante à l'écusson, courbée et un peu convexe au corselet : couleur blanche ou roussâtre, obscurément radiée en dehors, blanche en dedans, avec une teinte bleue sous les nymphes.

Des mers de la Nouvelle-Hollande.

La V. vulvine; *V. vulvina*, *id.*, *ibid.*, n.° 75. Coquille subcordiforme, sillonnée dans sa longueur, à corselet convexe: couleur d'un fauve pâle, subrayonnée ; la lunule et l'écusson livides en dehors; toute blanche en dedans.

Patrie inconnue.

La Vénus vermiculeuse ; *V. vermiculosa*, id, id., n.° 76. Coquille subcordiforme, renflée, striée dans sa longueur, fauve et subréticulée de littures brunes ou rousses en dehors, blanche en dedans, avec une teinte bleue sous les nymphes.

Des mers de la Nouvelle-Hollande.

La V. élégantine ; *V. elegantina*, id., ibid., n.° 83. Coquille ovale, cordiforme, sillonnée élégamment dans sa longueur: couleur générale d'un fauve pâle, subrayonnée; la lunule violette ; l'écusson linéé ; l'intérieur avec une tache aurore et quelques taches violettes à la charnière.

Des mers de la Nouvelle-Hollande.

La V. onduleuse; *V. undulosa*, id., ibid., n.° 85. Coquille trigone, sublisse, avec des stries longitudinales très-fines : couleur variée par des lignes longitudinales rousses, en zigzag, très-fines et très-serrées.

Des mers de la Nouvelle-Hollande.

La V. naine; *V. pumila*, id., ibid. Petite coquille ovale, arrondie, mince, striée dans sa longueur, à corselet étroit et court, à lunule lancéolée : couleur d'un blanc grisâtre. maculée et radiée de brun.

De la mer Méditerranée, à Cette.

La V. pégon : *V. dura*, Linn., Gmel., pag. 3292, n.° 126; d'après Adanson, Sénég., p. 228, pl. 27. Coquille médiocrement épaisse, fort dure, lisse, luisante, ovale, subtriangulaire, assez aplatie, régulièrement sillonnée dans sa longueur: couleur rougeâtre et parsemée de quelques taches brunes, formant trois ou quatre rayons incomplets en dehors, violets en dedans.

De la côte du Sénégal. Diffère-t-elle de la *V. adspersa?*

La V. sunet : *V. circinata; Donax scripta*, Linn., Gmel., p. 5264, n.° 9. Petite coquille ovale, comprimée, lisse, assez épaisse, subéquilatérale, marquée de sillons longitudinaux nombreux et à bords denticulés inférieurement: couleur blanchâtre, avec des bandelettes rougeâtres en zigzag, à l'extérieur. violette en dedans.

Gmelin fait de cette coquille une espèce de donace, mais, à ce qu'il nous semble, tout-à-fait à tort. Adanson dit positivement qu'elle a trois dents cardinales à chaque valve. La denticulation du bord externe est cependant assez extraordinaire dans une vénus à stries concentriques.

La Vénus tosar : *V. tosar; Tellina senegalensis*, Linn., Gm., p. 3244, n.° 89 ; d'après Adanson, Sénég., p. 231, pl. 17, fig. 14. Petite coquille suborbiculaire, dure, polie, cannelée ou striée dans sa longueur, à sommet très-marqué, ordinairement de couleur blanche ou gris de lin, sans mélange, mais quelquefois rougeâtre, avec dix ou douze rayons blancs.

Des îles de la Magdeleine, sur la côte occidentale d'Afrique. N'est-ce pas une cythérée ?

La V. japonoise : *V. japonica*, Linn., Gmel., pag. 3279, n.° 48. Chemn., *Conch.*, 6, t. 34, fig. 364. Coquille ovale, oblongue, inéquilatérale, marquée de stries longitudinales très-serrées aux extrémités ; lunule ovale - oblongue : couleur lactescente ou jaunâtre, ornée de caractères pourpres, triangulaires et anguleux.

Patrie inconnue.

La V. striée : *V. striata, id., ibid.*, n.° 49 ; Chemn., *Conch.*, 6, t. 34, fig. 365 et 366. Coquille ventrue, anguleuse à sa partie postérieure, marquée de stries transverses épaisses, lisses, subarquées ; lunule ovale : couleur d'un blanc cendré, jaunâtre en dedans sous les sommets.

Des îles de Nicobar.

B. Espèces subrhomboïdales et profondément treillissées.

La Vénus corbeille : *V. corbis*, Lamk., n.° 4 ; Enc. méth., pl. 276, fig. 4, *a*, *b*, *c*; vulgairement la Corbeille de l'Inde. Coquille ovale, arrondie, renflée, treillissée profondément par des stries verticales croisant des sillons longitudinaux granuleux, formant des lames tout-à-fait couchées ; bords à peine ou point crénelés : couleur blanche, avec une teinte aurore ou safranée, très-marquée à la charnière.

Cette coquille, fort rare dans les collections, vient des mers de l'Inde.

La V. pygmée ; *V. pygmæa, id., ibid.*, n.° 3. Très-petite coquille, ovale, un peu déprimée, subtreillissée ; les lamelles concentriques, ondulo-crispées ; écusson lamelleux : couleur blanche, maculée de brun ou de roux , avec les natèces roses.

De la mer des Antilles, à Saint-Thomas.

La Vénus crénulée ; *V. crenulata*, Chemn., *Conch.*, 6, p. 370, t. 56, fig. 385. Coquille trigone, cordiforme, avec des stries longitudinales assez proéminentes, crénelées, traversées par des stries verticales un peu effacées ; lunule large et en cœur : couleur blanche, radiée de taches fauves.

Des mers de l'Inde.

La V. cancellée : *V. cancellata*, Lamk., n.° 12 ; Chemn., *Conch.*, 6, t. 28, fig. 287 — 290 ; Encycl. méth., pl. 268, fig. 1, *a, b*. Coquille cordiforme, traversée par des sillons verticaux, croisant des cannelures longitudinales élevées, éloignées ; lunule en cœur : couleur blanche, maculée irrégulièrement de fauve ou de brun.

Des mers d'Amérique.

La V. subrostrée : *V. subrostrata, id., ibid.*, n.° 13 ; Encycl. méth., pl. 267, fig. 7, *a, b?* Coquille cordiforme, cancellée par des stries verticales et longitudinales ; lunule en cœur : couleur blanchâtre, subradiée par des taches brunes.

Des mêmes mers que la précédente , dont elle n'est très-probablement qu'une variété. M. de Lamarck l'en distingue surtout par la fréquence et la régularité des stries transverses.

La V. verruqueuse : *V. verrucosa*, Linn., Gm., p. 3269, n.° 6 ; Chemn., *Conch.*, 6, t. 29, fig. 299 et 300 ; Faune fr., cah. 6, pl. 12, fig. 1. Coquille médiocre, épaisse, assez renflée, cordiforme, arrondie, très-inéquilatérale, cerclée de côtes longitudinales concentriques, submembraneuses, crénelées, un peu tuberculeuses, surtout en arrière ; des stries verticales très-sensibles sur les natèces, effacées dans le disque : couleur blanche, maculée de roux.

De toutes les mers d'Europe, où elle est commune, et de celles de la Nouvelle-Hollande, d'après M. de Lamarck. Il est à remarquer cependant que les individus de ce dernier pays sont , les uns plus petits, plus verruqueux, et que les verrues sont disposées par séries verticales obliques ; tandis que d'autres, également plus petits, sont plus aplatis et moins verru-

queux , ce qui sert à M. de Lamarck pour en faire deux
variétés.

La Vénus lactée ; *V. lactea*, Donovan , *British shells* , t. 149.
Coquille subcordiforme , un peu comprimée , subtronquée
en avant, avec des stries concentriques, épaisses, élevées ,
obtuses.

Des côtes d'Angleterre et extrêmement voisine de la précédente.

La V. subcordiforme; *V. subcordata*, Montagu , *Test. brit.* ,
p. 121 , t. 3 , fig. 1. Coquille subcordiforme , avec des stries
costiformes, verticales, croisant des sillons transverses , élevés
et éloignés : couleur blanche.

Cette espèce, qui n'a que trois lignes de diamètre et qui
n'a été trouvée qu'une seule fois dans le sable , aux environs
de Falmouth, diffère-t-elle réellement de la *V. cancellata* ?
C'est ce qui paroît fort douteux.

La V. granulée : *V. granulata*, Linn., Gmel., pag. 3277 ,
n.° 35 ; Chemn., *Conch.*, 6 , t. 30 , fig. 315. Coquille du diamètre d'un pouce , arrondie , épaisse, un peu renflée , treillissée par des stries dans les deux sens, et denticulée sur son
bord ; lunule cordiforme et assez profonde : couleur blanche,
ornée de taches et de litures noirâtres.

De l'océan américain, suivant Gmelin , et des mers d'Angleterre , près Falmouth , suivant Montagu.

La V. squamifère : *V. marica*, Linn., Gmel., pag. 3268 ,
n.° 3 ; Chemn. , *Conch.* , 6 , t. 27 , fig. 281—286. Coquille subcordiforme, treillissée par des cannelures dans les deux sens,
denticulée sur les bords et lamelleuse vers le corselet : couleur blanche , peinte et surradiée de taches et de veines d'un
rouge brun.

De l'océan Américain, comme la précédente, dont elle diffère assez peu , à ce qu'il semble.

La V. de Leman ; *V. Lemani*, Payraudeau , Mollusques de
Corse , p. 53 , pl. 1 , fig. 30 et 31. Petite coquille subovale,
arrondie , lentiliforme . élégamment cancellée par des côtes
longitudinales élevées , lamelleuses. peu nombreuses, et par
des stries verticales nombreuses, serrées et fines : couleur blanchâtre en dehors et d'un blanc de neige en dedans.

De la Méditerranée , sur les rivages de la Corse.

La Vénus bombée : *V. puerpera*, Linn., Gm., p. 3276, n.° 28 ; Chemn., *Conch.*, 6, t. 36, fig. 388 et 589 ; Encycl. méth., pl. 278, fig. 1, *a*, *b*. Coquille assez grosse, épaisse, pesante, très-bombée, subglobuleuse, réticulée par des stries longitudinales membraneuses, assez distantes, et des stries verticales plus serrées ; lunule cordiforme : couleur blanchâtre ou tachée de rouille.

De l'océan Indien.

Une variété, figurée dans l'Encyclopédie méthodique, pl. 278, fig. 2, *a*, *b*, a ses lamelles transverses plus élevées, un peu crêpues, et la lunule plus alongée.

La V. crêpue : *V. reticulata*, Linn., Gmel., p. 3275, n.° 26 ; Chemn., *Conch.*, 6, t. 36, fig. 382—384. Coquille cordiforme, arrondie, renflée, un peu moins grande que la précédente, réticulée par des stries verticales distinctes et des stries transverses membraneuses, un peu crêpues et subgranuleuses : couleur blanche, maculée de roux.

Des mers de l'Inde, comme la précédente, dont elle n'est sans doute qu'une variété.

Il s'en trouve une autre dans la Nouvelle-Hollande, dont les lamelles concentriques sont plus élevées et teintes de violet et rouge en dedans.

La V. de Rusteruci ; *V. Rusterucii*, Payraud., Mollusq. de Corse, p. 52, pl. 1, fig. 26, 27 et 28. Assez petite coquille, subarrondie, comprimée, dentelée très-finement sur les bords, et pourvue de côtes transverses lamelleuses, élevées, éloignées : couleur d'un blanc jaunâtre.

C. Espèces à lames concentriques et à bord denticulé.

La V. ridée : *V. rugosa*, Linn., Gmel., p. 3276, n.° 31 ; Chemn., *Conch.*, 6, t. 29, fig. 305 ; Encycl. méth., pl. 293, fig. 4, *a*, *b*. Coquille cordiforme, renflée, pourvue de stries longitudinales lamelleuses, nombreuses ; lunule grande et cordiforme : couleur blanche, maculée de roux.

Cette coquille, qui vient des mers de l'Inde, présente quelquefois des rudimens de stries verticales.

La V. chambrière : *V. casina*, Linn., Gmel., page 3269,

n.° 7 ; Chemn., *Conch.*, 6, t. 29, fig. 301 et 302 ; Faun. fr., cah. 6, pl. 12. Coquille cordiforme, arrondie, avec des sillons transverses, inégaux, élevés, lamelliformes ; lunule subcordiforme : couleur rousse, plus ou moins foncée en dehors, blanche en dedans.

De toutes les mers d'Europe.

La **Vénus discine** ; *V. discina*, Lamk., *loc. cit.*, n.° 6. Petite coquille ovale, arrondie, aplatie, à sillons lamelleux, concentriques, égaux, régulièrement espacés ; lunule en cœur oblong : couleur blanchâtre, un peu maculée de fauve.

Des côtes de la Manche.

La **V. crébriuscule** : *V. crebriuscula*, id., ibid., n.° 10 ; Enc. méthod., pl. 276, fig. 1, *a*, *b*, et 275, fig. 6, *a*, *b*. Coquille ovale, arrondie, avec des sillons transverses nombreux, obtus, plus saillans et sublamelleux en arrière ; lunule en cœur oblong ; corselet enfoncé, étroit, bordé de tubercules inégaux : couleur blanchâtre, maculée de roux.

De l'océan Indien.

La seconde figure citée appartient à une variété plus petite et dont les sillons sont plus épais et sublamelleux aux extrémités.

La **V. levantine** : *V. plicata*, Linn., Gmel., p. 3276, n.° 30 ; Chemn., *Conch.*, 6, t. 28, fig. 295, 2 ; Encycl. méth., pl. 275, fig. 3, *a*, *b*. Coquille subcordiforme, un peu anguleuse en arrière, pourvue de stries concentriques, élevées, distantes et sublamelleuses ; lunule cordiforme ; corselet enfoncé : couleur d'un blanc rosé, surtout dans les jeunes individus.

Coquille fort rare et recherchée de l'océan Indien.

La **V. spinifère** ; *V. spinifera*, Mont., *Test. brit.*, pag. 577, *Suppl.*, tab. 17, fig. 1. Coquille très-petite, d'un demi-pouce de diamètre, subtriangulaire, traversée par un grand nombre de stries concentriques, élevées, égales, se terminant vers le corselet en épines courtes et obtuses : couleur d'un blanc jaunâtre.

Cette coquille, qui a été trouvée par Montagu dans le sable de la côte du comté de Devon, appartient-elle bien à ce genre ? Cet auteur dit qu'il n'y a qu'une seule dent cardinale sur une valve, avec deux lamelles latérales, et deux dans l'autre.

La Vénus lactée; *V. lactea*, Donovan, *Brit. shells*, t. 149. Coquille d'un pouce et demi de diamètre, subcordiforme, subcomprimée, un peu tronquée en arrière, à stries concentriques, épaisses, élevées et obtuses: couleur d'un blanc de lait.

Cette coquille, qui vient des côtes d'Angleterre, paroît être bien voisine de la V. verruqueuse.

La V. paphie : *V. paphia*, Linn., Gmel., p. 3268, n.° 2 ; Chemn., *Conch.*, 6, t. 27, fig. 274 — 276. Coquille subcordiforme, de plus de deux pouces de long, avec des rugosités concentriques ou côtes longitudinales, épaisses, atténuées vers la lunule, dentelée sur les bords : couleur blanche, peinte de taches, lignes ou nébulosités, brunâtres.

De l'archipel Américain.

La V. fasciée : *V. fasciata*, Donovan, *British shells*, tab. 170; *Pectunculus fasciatus*, Dacosta, *Brit. Conch.*, pag. 188, t. 13, fig. 3; Chemn., *Conch.*, 6, t. 27, fig. 277; *V. paphia*, Montagu, *Test. brit.*, pag. 110. Coquille d'un pouce de diamètre, quelquefois plus petite, subcordiforme, épaisse, crénelée sur ses bords, et traversée par dix à douze côtes longitudinales larges et déprimées; lunule enfoncée, cordiforme : couleur blanche, subradiée de fauve en dehors, pourprée en dedans.

Cette coquille, qui se trouve, à ce qu'il paroît, assez souvent sur les côtes occidentales de l'Angleterre, a été regardée par plusieurs conchyliologistes de ce pays comme une simple variété de la *V. paphia*.

La V. d'Écosse; *V. scotica*, Maton et Rakett, *Test. brit. Soc. linn.*, tom. 8, pag. 81, tab. 2, fig. 3. Petite coquille subcordiforme, un peu comprimée, non dentelée sur les bords, traversée par quinze à seize sillons longitudinaux réguliers, non membraneux : couleur blanchâtre.

Des côtes d'Angleterre, dans le comté de Caithness.

La V. sillonnée: *V. sulcata*, Montagu, *Test. brit.*, p. 131; Maton et Rakett, *loc. cit.*, tab. 2, fig. 2. Coquille petite, de la grandeur de l'ongle du pouce, subtriangulaire, presque plate, lisse, avec des rugosités concentriques effacées, et les bords denticulés: couleur blanche sous un épiderme brunâtre.

Des mers du nord de l'Écosse.

C'est une coquille, à ce qu'il paroît, bien voisine de la
V. fasciata.

La VÉNUS TRIANGULAIRE; *V. triangularis*, Montagu, *Test. brit.*,
p. 577, Suppl. , t. 17, fig. 5. Coquille extrêmement petite ,
du diamètre d'un huitième de pouce, subtriangulaire, équilatérale, avec les sommets très-saillans et des sillons concentriques peu marqués; charnière épaisse, composée de trois
dents sur une valve, et de deux, avec une lame latérale , sur
l'autre : couleur d'un blanc jaunàtre. (DE B.)

VÉNUS. (*Foss.*) Ce n'est que dans les couches plus nouvelles que la craie que jusqu'à ce jour on a rencontré les
espéces bien déterminées de ce genre à l'état fossile. Voici
celles que nous connoissons :

VÉNUS OBLIQUE : *Venus obliqua* , Lamk.; Vélins du Musée ,
n.° 29, fig. 8 ; Ann. du Mus. , tom. 7, p. 62, et tom. 9, pl. 52,
fig. 7 ; Desh. , Descript. des coq. foss. des env. de Paris,
tom. 1 , pl. 23 , fig. 16 et 17 ; *Venus incrassata*, Sow. , *Min.
Conch.*, pl. 155, fig. 1. Coquille en cœur oblong , arrondie à
son bord supérieur , un peu oblique, et qui n'offre à l'extérieur que des stries fines, formées par ses accroissemens. Ses
crochets sont protubérans , recourbés, obliques. Longueur,
seize lignes ; largeur, quinze lignes. On trouve cette espéce à
Pontchartrain et dans le parc de Versailles, dans une couche
qui présente des fossiles différens de ceux du calcaire grossier.
Sowerby annonce qu'on la trouve aussi dans le Hampshire.

VÉNUS NATÉE : *Venus texta* , Lamk. , *loc. cit.* , n.° 51 , fig. 5 ;
Ann. du Mus. , tom. 7, p. 130, et tom. 12 , pl. 40, fig. 7 ;
Desh. , *loc. cit.* , pl. 22 , fig. 16, 17 et 18. Coquille ovale ,
transverse, couverte de deux sortes de stries longitudinales ,
très-fines et obliques, les unes dirigées de droite à gauche ,
et les autres dans un sens opposé , dont le croisement forme
un réseau fin qui la rend très-remarquable. Les crochets sont
peu protubérans, la lunule est ovale , et les bords ne sont
pas dentés. Longueur, neuf lignes ; largeur, un pouce. Fossile de Grignon , département de Seine-et-Oise , et de Mouchy-
le-Chatel , département de l'Oise. M. de Lamarck avoit donné
le nom de *venus scobinellata* à des coquilles qu'on trouve
avec la *venus texta ;* mais nous croyons qu'elles ne sont que
des variétés de cette dernière espéce.

57.   19

Vénus luisante; *Venus nitida*, Def., Vél. du Mus., n.° 27 *bis*, fig. 8. Coquille oblongue, un peu renflée, lisse extérieurement et à sommets recourbés. Longueur, huit lignes; largeur, sept lignes. Fossile de Grignon et de Mouchy-le-Chatel. M. de Lamarck avoit jugé que cette coquille étoit une vénus oblique, mais elle en diffère par sa forme oblongue, et par son extérieur, qui est très-luisant dans les petits individus. Au surplus, comme elle se trouve dans des couches différentes, celle-ci pourroit être une variété de la vénus oblique.

Vénus aplatie; *Venus complanata*, Def. Coquille orbiculaire, aplatie, épaisse et calleuse intérieurement. Longueur, un pouce; largeur, treize à quatorze lignes. Fossile de Hauteville, département de la Manche, dans le calcaire grossier. Cette espèce est couverte d'un réseau comme la vénus natée; mais elle diffère beaucoup de celle-ci par sa forme orbiculaire, par son aplatissement et par son épaisseur, d'ailleurs on trouve à Hauteville dans la même couche des individus de la vénus natée.

Vénus dysera: *Venus dysera*, Brocchi, *Conch. foss. subapp.*, p. 541 et 669, pl. 16, fig. 7; de Bast., Mém géol. sur les env. de Bordeaux. Coquille subtriangulaire, portant quatre à neuf lames concentriques élevées et réfléchies, à bord intérieur légèrement crénelé. Longueur et largeur, onze lignes. Fossile du Piémont, du Plaisantin, de Dax, de Saucats, de la Touraine et des environs d'Angers. D'après M. Brocchi, elle vit dans l'Adriatique, les océans Indien et Américain. M. de Basterot dit que l'analogie de la coquille représentée par M. Brocchi ne paroît pas complète avec la vivante. On trouve à la Nouvelle-Hollande une espèce subfossile qui a de très-grands rapports avec la *venus dysera* que l'on rencontre dans le Plaisantin, et qui est plus grande que celle qu'on trouve dans la Touraine.

Vénus casinoïde : *Venus casinoides*, Lamk., Anim. sans vert., tom. 5, p. 607; Knorr, vol. 3, t. 5 *e*, fig. 4; de Bast., *loc. cit.*, pl. 6, fig. 11. Coquille en cœur, oblique, comprimée, anguleuse à son bord postérieur, couverte de lames transverses, sublamelleuses, moins rapprochées les unes des autres vers le sommet. Longueur et largeur, près de deux pouces. Fossile du Piémont et du Plaisantin. Elle a des rapports avec la *venus casina* et surtout avec la vénus levantine, à cause de ses lames nombreuses. Celle dont M. de Basterot a donné la figure et qu'on trouve à Léognan, à Saucats et aux environs de Vienne, n'a que huit lignes de largeur et de longueur.

Vénus paphie ; *Venus paphia*, Lamk., Animaux sans vert., tom. 5, p. 608, n.° 2. Coquille en cœur, un peu triangulaire, oblique, portant huit à dix bourrelets concentriques fort épais. Longueur et largeur, plus d'un pouce. Fossile rapporté par M. Michaux, de Wilminston dans la Caroline du Nord. Elle a beaucoup de rapports avec une espèce que l'on trouve à l'état frais.

Vénus vieille ; *Venus vetula*, de Bast., *loc. cit.*, pag. 89, pl. 6, fig. 7. Coquille transverse, couverte de sillons concentriques, à bord non denté intérieurement. Longueur, quinze lignes; largeur, près de deux pouces. Fossile de Léognan et de Saucats.

Vénus presque ronde; *Venus subrotunda*, Def. Coquille suborbiculaire, bombée, couverte de stries concentriques, coupées par d'autres qui sont longitudinales. Le têt est épais. Longueur et largeur, seize lignes. Fossile des environs d'Angers et de la Touraine.

Les coquilles de cette espèce sont presque toujours frustes et usées, et dans ce cas les bords en sont finement striés dans leur épaisseur.

Vénus rayonnée : *Venus radiata*, Brocc., p. 563, pl. 14, fig. 3 ; de Bast., *loc. cit.*, p. 89, n.° 4. Coquille ovale, gibbeuse, couverte de sillons longitudinaux, qui sont coupés par d'autres, transverses ; le bord est denté intérieurement. Longueur et largeur, six lignes. Fossile du val d'Andone, de Saucats, de Léognan et de Dax. M. Brocchi dit, d'après Renieri, qu'on trouve cette espèce dans la mer Adriatique.

Vénus aratine ; *Venus aratina*, Lamk., Anim. sans vert., tom. 5, p. 608, n.° 5. Coquille en cœur, trigonoïde, couverte de stries concentriques, à bord crénelé intérieurement. Cette petite espèce paroit avoir des rapports avec la *venus vetula*. Fossile de la Touraine.

Venus senilis : Brocchi, *loc. cit.*, tab. 13, fig. 13 ; *Venus casina*, Renieri. Coquille en cœur, couverte de sillons transverses, lamelleux, obtus, à lunule en cœur et profonde, et à bord crénelé intérieurement. Longueur, un pouce ; largeur, quatorze lignes. Fossile de la montagne de Sanèse, de la vallée d'Andone et du Plaisantin. Cette espèce paroît être analogue à la *venus hiantina*, qui vit dans la mer Adriatique.

Vénus aphrodite ; Brocc., *loc. cit.*, tab. 14, fig 2. Coquille en cœur, oblique, portant quatre à cinq côtes transverses, très-éloignées les unes des autres, à bord postérieur rugueux. Longueur, treize lignes ; largeur, dix-sept lignes. Fossile du Plaisantin. Cette espèce paroît avoir des rapports avec la *venus dysera*.

Venus eremita ; Brocc., *loc. cit.*, tab. 14, fig. 4. Coquille transverse, couverte de sillons obtus, à bord non denté, portant trois dents cardinales divergentes, dont celle du milieu et l'antérieure sont bifides. Largeur, sept lignes ; longueur, un pouce. Fossile du Plaisantin. M. Brocchi dit que cette coquille a été trouvée dans le tube d'une fistulaire épineuse.

Cet auteur annonce que dans le Plaisantin on rencontre à l'état fossile la *venus rotunda*, Linn., qui vit dans l'océan Indien et la *venus verrucosa*, qui vit dans la Méditerranée.

Vénus croisée ; *Venus decussata*, Desh., Description des coq. foss. des env. de Paris, vol. 1, p. 142, pl. 23, fig. 8 et 9. Coquille ovale-transverse, inéquilatérale, à côté antérieur court, beaucoup plus étroit que le postérieur et presque anguleux ; toute la face externe étant couverte de stries rayonnantes qui sont coupées par des stries transversales très-fines, plus enfoncées sur le côté postérieur. Longueur, onze lignes ; largeur, seize lignes, Fossile d'Orsay, département de Seine-et-Oise. Cette espèce a la plus grande analogie avec une variété qui vit dans les mers du Chili.

Vénus mince ; *Venus tenuis*, Desh., *loc. cit.*, même pl., fig. 18 et 19. Coquille ovale, transverse, subéquilatérale, mince, fragile, transparente et deprimée. Longueur, cinq lignes ; largeur, neuf lignes. Fossile de Vaugirard.

Vénus turgidule ; *Venus turgidula*, Desh., *loc. cit.*, pl. 13, fig. 14 et 15. Coquille ovale-oblique, mince, fragile, inéquilatérale, enflée, couverte de stries transverses. fines et irrégulières. Longueur, dix lignes : largeur, un pouce. Fossile de Maulette, près de Houdan, dans le calcaire grossier.

VÉNUS SOLIDE ; *Venus solida*, Desh., *loc. cit.*, pl. 25, fig. 3 et 4. Coquille ovale-transverse, très-oblique et très-inéquilatérale, lisse, épaisse. Longueur, quatre lignes ; largeur, six lignes. Fossile d'Acy et d'Aumont, département de l'Oise.

VÉNUS ENFANTINE : *Venus puella*, Lamk., Ann. du Musée, tom. 7, p. 130, n.° 6 ; Desh., *loc. cit.*, pl. 25, fig. 5 et 6. Coquille ovale-ventrue, mince, fragile, couverte de fines stries transverses, à lunule ovale, sublancéolée, à crochets très-courts, obliques et recourbés. Longueur, quatre lignes ; largeur, six lignes. Fossile de Grignon et de Liancourt, département de l'Oise.

VÉNUS LUCINOÏDE : *Venus lucinoides*, Desh., *loc. cit.*, pl. 23, fig. 12 et 13. Coquille orbiculaire, enflée, lisse ou presque lisse, portant deux côtes rayonnantes du sommet à la base. Ces côtes sont obtuses, arrondies ; on en voit une troisième moins prononcée au bord postérieur. Elle a l'apparence d'une lucine. Longueur et largeur, dix lignes. Fossile de La Chapelle, près de Senlis.

Cette coquille est très-rare.

Venus? Proserpina ; Al. Brongniart, Terrain du Vicentin, p. 81, pl. 5, fig. 7. Coquille en cœur, subéquilatérale, à sommet peu élevé, couverte de stries concentriques très-fines. Longueur, seize lignes ; largeur, dix-neuf lignes. Fossile de Ronca. M. Brongniart, n'ayant pu voir la charnière de cette coquille, ainsi que de celle qui suit, n'est pas certain si elles dépendent du genre Vénus.

Venus? maura ; Brong., *loc. cit.*, même planche, fig. 11. Coquille en cœur, inéquilatérale, à sommets recourbés et couverte de fines stries concentriques. Longueur, huit lignes ; largeur, neuf lignes. Fossile de Ronca.

Venus angulata ; Sow., *Min. Conch.*, pl. 65. Coquille suborbiculaire, couverte de fines stries concentriques, et à bord non denté. Longueur, plus de deux pouces et demi ; largeur, trois pouces. Fossile de Blacdown, dans la craie chloritée. Quelques coquilles de cette espèce sont converties en silex.

Venus æqualis ; Sow., *loc. cit.*, pl. 21. Cette espèce est encore plus grande que celle qui précède et a beaucoup de rapports avec elle. Longueur et largeur, plus de trois pouces. Fossile de Voodbrige en Angleterre.

Venus lineolata ; Sow., *loc. cit.*, pl. 20, figure supérieure. Cette espèce est plus grande que la *venus texta* ci-dessus décrite ; mais il paroît qu'elle a beaucoup de rapports avec elle. Fossile du Devonshire en Angleterre.

Vénus ? de Lister, *Venus Listeri.* Coquille subtransverse, couverte de stries transverses éloignées les unes des autres, et qui laissent entre elles des intervalles lisses ; à sommets recourbés et pointus. Longueur, seize lignes ; largeur, dix-neuf lignes. Fossile des couches anciennes près de Valognes et de Chimay? dans une couche à oolithes brunes.

M. Sowerby a donné, sous les noms d'*unio Listeri* et d'*unio hybrida*, la description et la figure de coquilles qui paroissent appartenir à cette espèce (*loc. cit.*, pl. 54). Comme ces coquilles se trouvent empâtées dans une gangue fort dure, nous n'avons pu voir au juste les caractères de leur charnière ; mais ce que nous avons pu en apercevoir nous fait penser qu'elles dépendent du genre Vénus.

Vénus de Faujas ; *Venus Faujasii*, Def. Coquille subtransverse, à têt fort épais, couverte de lames transverses, éloignées les unes des autres depuis le sommet jusqu'aux deux tiers de la longueur, et le surplus jusqu'au bord, couvert de stries fines et serrées. L'intervalle entre les lames est couvert de petites stries longitudinales. La lunule est profonde ; la charnière est composée de trois dents, dont celle du milieu et la postérieure sont bifides. Les sommets sont recourbés ; le bord n'est pas denté. Longueur, deux pouces dix lignes; largeur, plus de trois pouces.

M. Faujas, qui nous a donné cette coquille, a annoncé qu'elle avoit été trouvée en Italie; mais sans autre désignation de localité. (D. F.)

VÉNUS. (*Chim.*) Nom que les alchimistes donnoient au cuivre, à cause, disoient-ils, de la grande tendance qu'il a à se combiner avec les autres corps. (Ch.)

VEPFERIA. (*Bot.*) Sous ce nom Heister avoit fait un genre de l'*œthusa cynapium* de Linnæus. (J.)

VEPRIS. (*Bot.*) Même genre que l'*Iaea.* Voyez Iciquier. (Poir.)

VER. (*Bot.*) Voyez VERNE. (J.)

VER ANGULEUX. (*Amorphoz.*) Ce nom a été donné à un animal microscopique du genre Cône. (DESM.)

VER APHIDIVORE ou MANGEUR DE PUCERONS. (*Ent.*) On a appelé ainsi les larves de divers insectes, celles des coccinelles, de diverses espèces d'hémérobe, de quelques syrphes, tels que ceux du groseiller, du prunellier, etc. (C. D.)

VER ASSASSIN. (*Entom.*) C'est la larve du grand hydrophile, que Swammerdam a si bien fait connoître pour ses mœurs et pour sa structure, dans la Bible de la nature. (C. D.)

VER BLANC. (*Entom.*) C'est la larve du hanneton. (C. D.)

VER DU BLÉ. (*Entom.*) On nomme ainsi le mans ou la larve du hanneton commun. (C. D.)

VER BOUVIER. (*Entom.*) C'est la larve de l'oëstre du bœuf. (C. D.)

VER CASET. (*Entom.*) Les pêcheurs nomment ainsi la larve de diverses espèces de friganes, dont ils se servent pour amorcer leurs hameçons. (C. D.)

VER DU CHAPELET. (*Entom.*) Nom vulgaire de la chenille qui produit la teigne des grains. (C. D.)

VER DU CHARDON. (*Entom.*) Ce sont les larves de petits diptères du genre COSMIE, qui se développent dans les têtes des fleurs du chardon, de l'artichaut, etc. (C. D.)

VER DU CHARDON HÉMORRHOÏDAL. (*Entom.*) Les fleurs de la serratule des champs sont souvent piquées par des cynips ou diplolèpes, dont les larves produisent là une sorte d'excroissance ou de galle. (C. D.)

VER COQUIN. (*Entomol.*) Les vignerons donnent dans quelques cantons, ce nom aux chenilles de la pyrale de la vigne, que M. Bosc a décrite dans les Mémoires de la Société d'agriculture, II, IV, 6. L'insecte qu'elle produit a les ailes supérieures d'un vert foncé, avec trois bandes obliques noirâtres, dont la dernière est à l'extrémité. (C. D.)

VER DE CRIN. (*Chétop.*) C'est un des noms vulgaires des dragonneaux. (DESM.)

VER CUCURBITAIN. (*Entoz.*) Dénomination sous laquelle un assez grand nombre de médecins anciens et même du dernier siècle, ont parlé des articulations détachées du ténia de l'homme, parce que par la contraction elles prennent un peu la forme de graines de courge, et, en général, de celle des plantes de la famille des cucurbitacées. (De B.)

VER CYLINDRIQUE. (*Entoz.*) Nom quelquefois donné aux ascarides, particulièrement à l'ascaride lombrical. (Desm.)

VER DES DIGUES. (*Malacoz.*) C'est le nom sous lequel Massuet et quelques autres auteurs ont parlé du taret, parce que cet animal se loge dans les pilotis qui forment les digues sur les bords de la mer. (De B.)

VER ÉCUMEUX. (*Entom.*) C'est la larve d'une espèce de cercope, insecte hémiptère voisin des cicadelles, qui produit sur les plantes où elle se fixe, une sorte de mousse ou d'écume provenue de la séve, qu'on nomme *crachat de coucou.* (C. D.)

VER DES ENFANS. (*Entoz.*) On entend plus volontiers par ce nom l'oxyure vermiculaire, auquel les enfans sont encore bien plus sujets qu'aux autres espèces de vers intestinaux. (De B.)

VER ENNEMI DES PUCERONS. (*Entom.*) Ce sont les larves des syrphes. des coccinelles, des hémérobes, etc. (C. D.)

VER DE L'ÉPHÉMERE. (*Entom.*) Voyez l'article Éphémère. (Desm.)

VER DE FIL. (*Chétop.*) Dénomination vulgaire du dragonneau. (Desm.)

VER DU FONDEMENT DES CHEVAUX. (*Entom.*) Larve de l'oëstre hémorrhoïdal. (C. D.)

VER A FOURREAU CONIQUE. (*Chétop.*) Le ver qui a été décrit sous ce nom dans le Journal de physique, de Juillet 1779, est l'*amphitrite auricoma,* Linn., *pectinaria auricoma,* Lamk. (Desm.)

VER DU FROMAGE. (*Entom.*) Larve de la mouche du même nom, décrite par Swammerdam, et qui saute en se contournant en cercle.

C'est la *musca putris* de Linné. (C. D.)

VER DES GALLES. (*Entom.*) Ce nom a été donné à la larve du diplolèpe de la galle du chêne. (Desm.)

VER DU GOSIER DES CERFS. (*Entom.*) Larve d'une espèce d'oëstre. (C. D.)

VER DE GUINÉE. (*Entoz.*) C'est le *filaire de Médine.* Voyez FILAIRE. (DE B.)

VER DU HANNETON. (*Entom.*) C'est la larve du hanneton, ainsi que celles des bousiers, des scarabées, dont les formes sont à peu près les mêmes. (C. D.)

VER DU HAVRE. (*Chétopod.*) L'abbé Dicquemare a parlé sous ce nom de l'arénicole des pêcheurs. (DE B.)

VER HEXAPODE. (*Entom.*) Ce nom a été donné aux ricins ou poux des oiseaux. (DESM.)

VER HOTTENTOT. (*Entom.*) Réaumur a ainsi nommé quelques larves qui se couvrent de corps étrangers, en particulier celles des criocères du lys et de l'asperge, qui cachent leur corps sous leurs excrémens ; celles des cassides, qui les portent sur une fourche pour s'en faire un toit protecteur. (C. D.)

VER DES INTESTINS DU CHEVAL. (*Entom.*) C'est la larve de l'oëstre hémorrhoïdal des chevaux. (C. D.)

VER ISOLÉ. (*Entoz.*) Voyez les articles VER SOLITAIRE et TÉNIA. (DESM.)

VER DU LARD ou DE LA GRAISSE. (*Entom.*) Réaumur l'a décrit sous le nom de *fausse teigne des cuirs.* C'est la chenille du *botys pinguinalis.* (C. D.)

VER DES LATRINES. (*Entom.*) Voyez SCATOPSE. (C. D.)

VER LION. (*Entom.*) C'est la larve d'un diptère du genre Rhagion. (C. D.)

VER LUISANT ou MOUCHE LUISANTE. (*Entom.*) C'est le nom de la femelle du lampyre, qui est privée d'ailes. (C. D.)

VER DE MAI. (*Entom.*) Nom vulgaire du méloë proscarabée. (C. D.)

VER MANS ou MAI. (*Entom.*) C'est la larve du hanneton. (C. D.)

VER MÉDUSE. (*Actinoz.*) Dénomination employée par l'abbé Dicquemare pour désigner une espèce d'holothurie, et qui par conséquent indique assez bien ses rapports, cet animal étant un ver avec la disposition rayonnée des méduses. (DE B.)

VER DE MER INTESTINIFORME. (*Chétopod.*) Animal fort singulier, découvert par l'abbé Dicquemare sur les bords de la mer au Hâvre, et qu'il a décrit trop incomplétement pour savoir au juste ce que c'est. Nous croyons cependant qu'il ne doit pas s'éloigner beaucoup de celui dont M. Reniéri a fait son genre Tricœlie. Voyez ce mot. (De B.)

VER MERDIVORE. (*Entom.*) Nom donné quelquefois aux larves de diptéres qui vivent dans les excrémens. (Desm.)

VER MINEUR. (*Entom.*) Le nom de *ver mineur* ou de *ver mineur de feuilles*, a été donné aux chenilles de quelques espéces de teignes, parce qu'elles vivent dans l'intérieur des feuilles, en en mangeant le parenchyme et y creusant des sortes de galeries plus ou moins tortueuses, mais plus particulièrement aux larves de quelques diptéres du genre Téphrite. (Desm.)

VER DE LA MOUCHE ASILE. (*Entom.*) On a traduit ici le nom que Swammerdam a donné à la larve du stratiome caméléon. (C. D.)

VER DE LA MOUCHE STERCORAIRE. (*Entom.*) Larve de la mouche stercoraire, dont M. Latreille a fait le type du genre qu'il a nommé Scatophage. (Desm.)

VER DES NASEAUX DES CHIENS. (*Entoz.*) C'est l'animal parasite qui a reçu de Chabert le nom de *ténia lancéolé;* de M. Rudolphi, celui de *polystome denticulé*, de M. de Lamarck, celui de *linguatule de chien*, et de M. Cuvier, celui de *Prionoderme.* (Voyez Linguatule.)

Ce ver vit dans les sinus frontaux du chien, et Chabert dit l'avoir aussi trouvé dans ceux du cheval; mais ce fait est peu probable. (Desm.)

VER DU NEZ DES MOUTONS. Voyez Oestre, t. XXXV. (C. D.)

VER DES NOISETTES. (*Entom.*) C'est la larve du charanson des noisettes, *curculio nucum.* (Desm.)

VER DES OLIVES. (*Entom.*) C'est la larve d'un petit diptère du genre Téphrite. (C. D.)

VER DE L'ORTIE. (*Entom.*) C'est la chenille de la phalène à queue jaune, *botys urticata.* (C. D.)

VER PALMISTE. (*Entom.*) C'est la larve de la calandre du palmier. On trouve aussi dans les fruits du cocotier des larves qui produisent de grosses bruches. (C. D.)

VER DE LA PEAU DU BŒUF, DU RENNE, DU CERF.

(*Entom.*) Ces noms ont été donnés aux larves de diverses espèces d'oëstres , qui vivent en effet sous la peau de ces animaux. (Desm.)

VER DES PÊCHEURS. (*Chétopod.*) C'est le plus ordinairement l'arénicole des pêcheurs ; mais on conçoit très-bien que
dans une localité où ce ver ne se trouve pas, cette dénomination peut être appliquée au thalassème et même à quelque
siponcle. (De B.)

VER PLAT. (*Entoz.*) On trouve quelquefois ce nom employé par les médecins françois pour désigner, soit le ténia ,
soit le bothriocéphale de l'homme. (De B.)

VER POLYPE. (*Actinoz.*) Ainsi employée au singulier, cette
dénomination s'applique plus particulièrement à l'hydre verte.
(De B.)

VER DE PORC. (*Entom.*) Nom vulgaire des larves des syrphes tenace et apiforme qui vivent dans les latrines. (Desm.)

VER A QUEUE DE RAT. (*Entom.*) La larve du syrphe
tenace , dont le corps est terminé par une longue queue , a
reçu ce nom. (Desm.)

VER RONGEUR DES VAISSEAUX. (*Malacoz.*) Quoiqu'il
y ait réellement plusieurs animaux auxquels ce nom pourroit être appliqué, on l'emploie communément pour désigner le taret ordinaire , *teredo navalis*, Linn. (De B.)

VER DU ROSIER. (*Entom.*) On nomme ainsi les fausses
chenilles qui rongent la moelle et les jeunes pousses du rosier
et qui produisent des mouches à scie ou tenthrèdes. (C. D.)

VER ROUGE. (*Entom.*) Nom qui a été donné à la larve
du clairon apivore qui vit dans les ruches d'abeilles. (Desm.)

VER DU SAULE. (*Entom.*) C'est la chenille du cossus, qui
vit dans le bois des saules , des ormes , etc. (C. D.)

VER DES SINUS FRONTAUX. (*Entom.*) C'est la larve de
l'oëstre du nez des moutons et celle du nez des cerfs et des
biches. (C. D.)

VER A SOIE. (*Entom.*) Chenille du bombyce du mûrier.
(C. D.)

VER SOLITAIRE. (*Entoz.*) Dénomination sous laquelle la
plupart des anciens médecins et même un assez grand nombre
de modernes désignent le ténia de l'homme , parce qu'ils
supposent que cet animal se trouve constamment seul dans

le canal intestinal : erreur qui a été parfaitement reconnue depuis assez long-temps. (De B.)

VER SPERMATIQUE. (*Amorphoz.*) Ce nom a été donné, ainsi que celui d'*animalcules spermatiques*, à de petits corps doués de mouvemens, qu'on observe dans le sperme des animaux et qu'on a considérés comme des animaux eux-mêmes. (Desm.)

VER SUBLINGUAL. (*Entoz.*) On désigne sous ce nom une partie de l'organisation du chien, qui se trouve dans la ligne médiane sous la langue, et dont la forme rappelle un peu celle d'un ver. Cette particularité, connue déjà des anciens, a été signalée avec quelques détails, parce qu'on a assuré à plusieurs reprises, que l'ablation de cet organe empêchoit le développement de la rage : c'est une idée qui est même admise par plusieurs personnes qui s'occupent de l'éducation des chiens pour la chasse, mais qui ne nous semble nullement appuyée sur des faits. (De B.)

VER TARIÈRE. (*Malac.*) L'animal des tarets a été ainsi appelé. (Desm.)

VER DE TERRE. (*Chétopod.*) Nom vulgaire du Lombric terrestre. Voyez ce mot. (De B.)

VER TESTACÉ. (*Conchyl.*) Quelques anciens naturalistes ont désigné sous ce nom les mollusques à coquilles ou testacés. (Desm.)

VER DES TRUFFES. (*Entom.*) Ce nom peut appartenir aux larves de plusieurs diptères qui vivent dans l'intérieur des truffes, et notamment à celles de tipules et de diverses espèces de mouches. (Desm.)

VER TUBICOLE. (*Malacoz.* et *Entomoz.*) Ce nom a été appliqué à des animaux très-différens, tels que des serpules, des amphitrites et des térébelles, qui ont cela de commun, de vivre dans des sortes de tuyaux dont ils construisent les parois. (Desm.)

VER DES TUMEURS DES BÊTES A CORNES. (*Entom.*) Ce nom se rapporte à la larve de l'œstre du bœuf. (Desm.)

VER TURC. (*Entom.*) C'est une des dénominations qu'a reçue la larve ou le ver du hanneton. (Desm.)

VER A TUYAU. (*Malacoz.*) C'est le taret naval. (Desm.)

VER D'URINE. (*Entom.*) Une larve du diptère qui se développe dans l'urine de l'homme a été ainsi nommée par Goëdart. (Desm.)

VER DES VAISSEAUX. (*Malacoz.*) C'est le taret naval, *T. navalis*, Linn. (De B.)

VER DU VINAIGRE. (*Entom.*) Ce nom a été donné à une larve de mouche qui vit dans le vinaigre. Probablement il a été aussi appliqué au vibrion, qui se trouve quelquefois en énorme quantité dans cette liqueur. (Desm.)

VER DU VOUÈDE ou DU PASTEL. (*Entom.*) Ce nom désigne une larve de diptère qui vit dans la pâte du pastel en fermentation, dont l'insecte parfait a le corps très-alongé. (Desm.)

VER ZOOPHYTE. (*Actinoz.*) Voyez à l'article Zoophytes. (Desm.)

VERAIRE pour VARAIRE. (*Bot.*) Nom françois du *veratrum*. (Lem.)

VERALU. (*Bot.*) Voyez Weralu. (J.)

VÉRAMIER. (*Bot.*) Le *Podolepis*, genre de plantes composées, est décrit dans le Dictionnaire encyclopédique sous ce nom, dont l'origine n'est pas indiquée. Voyez Podolepis. (J.)

VÉRATRE; *Veratrum*, Linn. (*Bot.*) Genre de plantes monocotylédones, de la famille de *colchicacées*, Juss., et de la *polygamie monoécie*, Linn., qui offre pour caractères : Des fleurs polygames; point de calice; une corolle à six découpures égales, très-profondes; six étamines à filamens appliqués par leur base contre les ovaires, portant à leur sommet des anthères à deux lobes; trois ovaires (avortés dans les fleurs mâles) supères, ovales-oblongs, rétrécis à leur sommet en trois styles courts et terminés par des stigmates simples, aigus; trois capsules (dans les fleurs hermaphrodites) ovales-oblongues, uniloculaires, univalves, s'ouvrant longitudinalement par leur côté intérieur et contenant des graines nombreuses, ovales-oblongues, comprimées, presque imbriquées et attachées par un court pédicelle le long de la suture intérieure.

Les vératres sont des plantes herbacées, à feuilles entières, alternes, engaînantes à leur base, et à fleurs disposées en panicule terminale. Les botanistes en connoissent maintenant

sept espéces, dont deux sont propres à l'ancien continent,
et les autres étrangères.

Vératre blanc, vulgairement Varaire, Vrairo, Hellébore
blanc; *Veratrum album*, Linn., *Spec.*, 1479; Bull., Herb.,
t. 155. Sa racine est une sorte de tubercule oblong, vivace,
un peu plus gros que le pouce, revêtu extérieurement d'un
grand nombre de fibres grisâtres; elle donne naissance à une
tige cylindrique, légèrement pubescente, haute de deux à
trois pieds, garnie dans la moitié inférieure de feuilles ovales-
lancéolées, grandes, plissées longitudinalement, sessiles et
engaînantes à leur base. Ses fleurs sont d'un blanc verdâtre,
portées sur des pédoncules pubescens, munies de bractées qui
leur sont presque égales, et disposées au sommet de la tige
en une longue grappe rameuse et paniculée; leurs pétales sont
redressés, obtus et dentés en scie. Cette plante fleurit en Juin
et Juillet; elle croît dans les lieux montagneux du midi de
l'Europe. On la trouve en France dans les Alpes, les Pyrénées,
les Cévennes et les montagnes d'Auvergne.

Vératre noir : *Veratrum nigrum*, Linn., *Spec.*, 1479; Jacq.,
Fl. Aust., tab. 336. Cette espèce diffère de la précédente par
la couleur de ses fleurs, qui est pourpre-noirâtre, parce que
leurs pédoncules sont cotonneux, accompagnés de bractées
plus longues, et parce que les pétales sont très-ouverts, à peine
dentelés. Cette espèce croît dans les montagnes de la Hongrie,
de la Sibérie, et en France dans celles d'Auvergne, de Bour-
gogne et d'Alsace : elle fleurit en Juin.

Les anciens employoient assez fréquemment les racines de
ces plantes, et surtout de la première, sous le nom d'hellébore blanc; mais les modernes en ont abandonné l'usage,
à cause de la violence avec laquelle elles agissent. Ces racines,
séchées et réduites en poudre, provoquent le vomissement
et la purgation à la dose de quatre à six grains, et à des doses
plus considérables, elles pourroient occasioner des accidens
graves et même causer un véritable empoisonnement. La poudre
d'hellébore blanc, introduite dans le nez, agit comme sternu-
tatoire. Les maladies dans lesquelles on faisoit autrefois usage
de l'hellébore blanc, étoient la manie, l'hypocondrie, l'épilep-
sie et l'apoplexie. Les feuilles et les graines des vératres sont
aussi dangereuses que les racines. La plupart des bestiaux n'y

touchent pas, et lorsqu'il arrive à des chevaux poussés par
la faim de les brouter, elles leur lâchent le ventre, si c'est
au printemps et quand elles ne font que commencer à se développer ; mais en été ou après la floraison, elles leur causent de violentes tranchées, et elles peuvent même leur donner
la mort. Les graines tuent les volailles qui en mangent. Les
chimistes modernes ont donné le nom de *vératrine* au principe
actif de l'hellébore blanc ; principe qui se retrouve dans
le colchique et plusieurs autres plantes de la même famille.
La vératrine produit des effets purgatifs très-prononcés à un
quart de grain ; à plus haute dose elle cause des accidens
graves et agit enfin comme poison. (L. D.)

VÉRATRINE. (*Chim.*) Base salifiable, organique, dont le
nom est dérivé de *Veratrum*, nom du genre de plantes où elle
a été découverte.

Composition.

	Dumas et Pelletier
Oxigène	19,60
Azote	5,04
Carbone	66,75
Hydrogène	8,54

99,93

Propriétés.

Elle est incolore, pulvérulente.

Elle se fond à 50^d. Ainsi liquéfiée, elle ressemble à la cire.
En refroidissant, elle se prend en une masse translucide de
couleur d'ambre.

Elle est inodore. Mise en une très-petite quantité sur les
membranes nasales, elle cause des éternumens violens.

Sa saveur est extrêmement âcre, mais sans amertume.

Elle est essentiellement vomitive. Elle irrite les membranes
muqueuses : cette irritation se propage dans les intestins, et
à la dose de quelques grains, elle a tué des animaux.

Comme la morphine et la strychnine, elle est très-peu soluble dans l'eau froide. L'eau bouillante n'en dissout que $\frac{1}{1000}$
de son poids, et cependant elle acquiert une âcreté sensible.

Elle est extrêmement soluble dans l'alcool.

L'éther hydratique la dissout facilement, mais en proportion moins forte que ne le fait l'alcool.

Distillée, elle se fond, se boursoufle, se décompose, produit de l'eau, beaucoup d'huile et un charbon volumineux, qui ne laisse qu'un atome de cendre alcaline.

Le chlore et l'iode, mis en contact avec la vératrine et l'eau, donnent des chlorates et des hydrochlorates, des iodates et des hydriodates.

La vératrine s'unit aux acides foibles et les neutralise. Elle est dissoute par tous les acides végétaux. Elle est insoluble dans les alcalis.

L'acide nitrique concentré la décompose promptement. Elle se change en une substance jaune, amère et détonante, analogue à l'amer de Welter; mais elle ne produit pas de couleur rouge, ainsi que cela arrive quand on opère avec la morphine et la brucine.

Sels de vératrine.

La vératrine ramène au bleu le papier de tournesol rougi par un acide.

Elle forme des sels incristallisables, dont les solutions évaporées laissent un résidu qui a l'apparence de la gomme. Le sursulfate est le seul sel de vératrine qui paroisse cristalliser.

On ne peut en obtenir de sels qui soient sans action sur le tournesol bleu, qu'en employant un excès de vératrine, dont une partie est simplement mélangée.

MM. Pelletier et Caventou disent que le sulfate acide de vératrine est formé de

Acide 6,227 6,6441
Vératrine. . . 93,723 100,0000

Et l'hydrochlorate, de

Acide. 4,1394 4,3181
Vératrine . . 95,8606 . . . . . 100,0000.

État, extraction et histoire.

MM. Pelletier et Caventou ont découvert la vératrine, en 1819, dans la semence de la cévadille (*veratrum sabadilla*), dans la racine de l'hellébore blanc (*veratrum album*), dans la racine du colchique (*colchicum autumnale*).

Analyse de la cévadille.

Cette semence est formée de

Matière grasse . . { Oléine, Stéarine, Acide cévadique ;

Cire ;
Gallate acide de vératrine ;
Matière colorante jaune ;
Gomme ;
Ligneux ;

Cendres composées de { Sous-carbonate de potasse, — de chaux, Phosphate de chaux, Chlorure de potassium, Silice.

a) En traitant la cévadille par l'éther hydratique, on dissout la matière grasse et un peu de matière jaune et de vératrine. Celle-ci, saponifiée par la potasse, donne un savon formé d'acides oléique et margarique, et une eau-mère contenant de la glycérine et de l'acide cévadillique. Si on décompose le savon et l'eau-mère par l'acide tartrique, les acides gras sont séparés ; et au moyen de la distillation du liquide aqueux, l'acide cévadillique passe à la distillation.

Acide cévadillique. On l'obtient à l'état solide en saturant par l'eau de baryte le produit de la distillation (*a*), en décomposant le cévadillate de baryte sec par l'acide phosphorique un peu étendu d'eau, et en distillant le tout à une douce chaleur. L'acide est sous la forme d'aiguilles incolores.

Cet acide est incolore. Il est soluble dans l'eau.

Il a une odeur analogue à celle de l'acide butirique.

Il se fond à 20^d.

Il est soluble dans l'alcool et l'éther.

b) La cévadille, traitée par l'éther, doit l'être par l'alcool : celui-ci dissout la gallate acide de vératrine, de la cire, de la matière grasse et de la matière colorante jaune. La cire

se dépose par le refroidissement ; l'alcool, refroidi et filtré,
est évaporé en extrait. Cet extrait est repris par l'eau froide ;
un peu de matière grasse, semblable à celle que l'éther a
dissoute, est séparée. La dissolution aqueuse, évaporée, laisse
déposer de la matière colorante jaune orangé : on filtre et
on précipite par l'acétate de plomb la matière colorante restée
en dissolution et l'acide gallique.

c) La liqueur filtrée est soumise à un courant d'acide hy-
drosulfurique. Elle est filtrée, ensuite concentrée et mêlée
à la magnésie, pour décomposer l'acétate de vératrine. Le
précipité obtenu par la magnésie, traité par l'alcool, lui cède
la vératrine. On obtient cette base à l'état de pureté en la
précipitant de l'alcool par l'eau, la faisant redissoudre dans
l'alcool et la précipitant de nouveau, et cela jusqu'à ce
qu'elle soit incolore.

Analyse de la racine d'hellébore blanc.

Elle est formée de

Matière grasse . . { Oléine,
Stéarine,
Acide volatil ;

Gallate acide de vératrine ;
Matière jaune ;
Amidon ;
Ligneux ;
Gomme ;

Cendres formées de { Sous-carbonate de chaux,
Phosphate de chaux,
Sous-carbonate de potasse,
Silice,
Sulfate de chaux.

Analyse de la racine de colchique.

Elle est formée de

Matière grasse . . { Oléine,
Stéarine,
Acide volatil ;

Gallate acide de vératrine ;
Matière jaune ;
Gomme amidon ;

Inuline en abondance;

Ligneux.

Après avoir traité la racine par l'éther, l'alcool et l'eau froide, MM. Pelletier et Caventou l'ont fait bouillir avec de l'eau. Le lavage bouillant, filtré, a déposé en refroidissant de l'inuline retenant un peu d'amidon.

Ainsi que Thomson l'a observé, si l'on verse de l'infusion de noix de galle dans de l'eau qui a bouilli sur de l'amidon, on obtient un précipité qui disparoît à 50^d, si l'amidon est pur; mais si l'amidon est mêlé d'inuline, le précipité, ainsi que l'ont vu MM. Pelletier et Caventou, ne disparoît qu'à une température voisine de 100^d. (Ch.)

Appendice au mot Vératrine.

DELPHINE. (*Chim.*) Base salifiable, organique, trouvée dans le staphisaigre (*delphinium staphysagria*).

Propriétés.

Elle est pulvérulente, incolore.

Elle n'a pas d'odeur. Sa saveur est très-amère et ensuite âcre.

Elle se fond à une température peu élevée, et ressemble alors à la cire : refroidie, elle se fige comme une résine.

L'eau froide n'en dissout qu'une petite quantité; cependant elle en dissout assez pour avoir de l'amertume.

Elle est très-soluble dans l'alcool. La solution ramène au bleu le tournesol rouge, et verdit fortement le sirop de violette.

La delphine, décomposée par l'acide nitrique concentré, ne devient pas rouge : elle se change en une matière jaune amère.

Chauffée avec le contact de l'air, elle se fond, se boursoufle, noircit, répand une fumée blanche d'une odeur particulière, qui s'enflamme. Elle laisse un charbon très-léger, qui brûle sans laisser de résidu.

Sels de delphine.

La delphine forme avec les acides sulfurique, nitrique, hydrochlorique, oxalique, acétique, etc., des sels neutres, très-solubles, dont la saveur est extrêmement amère et âcre.

Les alcalis précipitent la delphine de ses dissolutions salines en une gelée semblable à l'alumine.

Sulfate de delphine.

Il ne cristallise pas. Il ressemble à une gomme.

Il est soluble dans l'alcool et dans l'eau. Sa solution est amère et très-âcre.

Nitrate de delphine.

Ce nitrate, préparé avec un acide foible, est incolore. Par la concentration il prend une couleur jaune.

Acétate de delphine.

Il ne cristallise pas. Sa solution, évaporée, laisse un résidu très-amer et âcre.

Oxalate de delphine.

On peut l'obtenir en feuillets incolores.

Préparation, histoire et état.

MM. Lassaigne et Fenueille ont découvert la delphine dans les semences de staphisaigre, en 1819 : celles-ci sont composées de,

1.° Principe amer, brun, précipitable par l'acétate de plomb ;

2.° Huile volatile ;

3.° Huile grasse ;

4.° Albumine ;

5.° Matière animalisée ;

6.° Muqueux ;

7.° Mucoso-sucré ;

8.° Malate acide de delphine ;

9.° Principe amer, jaune, non précipitable par l'acétate de plomb [1] ;

10.° Sels minéraux.

---

1 Il nous semble que les auteurs de cette analyse n'ont pas fait assez d'expériences pour constater l'existence de deux principes amers, surtout lorsqu'on considère que la delphine a une saveur très-amère. .

Voici un des procédés que les auteurs ont suivis pour obtenir la delphine.

On fait une décoction de semences mondées et réduites en pâte fine. On les place dans un linge ; on exprime le marc. On filtre la liqueur : on y ajoute ensuite de la magnésie ; on fait bouillir pendant quelques minutes : on filtre, on lave le résidu, puis on le traite par l'alcool très-rectifié et bouillant. L'alcool, filtré et évaporé spontanément, dépose la delphine. (Ch.)

VERATRUM. (*Bot.*) Nom donné par les anciens Latins à leur hellébore blanc. Il dérive du verbe *vertere*, changer, et annonçoit la propriété qu'avoit cette plante de rétablir l'esprit des aliénés. Ce nom a été aussi corrompu en celui de *veretrum*. Les botanistes du moyen âge ont nommé *veratrum* des espèces d'*helleborus* et nos varaires ou veratres auxquelles Adanson a fixé le nom ancien. (Lem.)

VERBASCULUM. (*Bot.*) Fuchs, Dodoëns et C. Bauhin nommoient ainsi la primevère, *primula veris*. (J.)

VERBASCUM. (*Bot.*) Voyez Molène. (L. D.)

VERBENA. (*Bot.*) Voyez Verveine. (L. D.)

VERBENACA. (*Bot.*) C'est sous ce nom que le *peristereon* des Grecs et de Dioscoride, le *verbena* des Latins, est désigné par plusieurs commentateurs. Cordus l'a employé aussi, suivant C. Bauhin, pour la plante qui est maintenant le *bidens tripartita*. (J.)

VERBÉNACÉES. (*Bot.*) Cette famille de plantes portoit primitivement le nom de gattiliers, *vitices* ou *viticeæ*, qui n'a pas été conservé, pour éviter une désignation qui auroit pu être appliquée aussi aux vignes, *vites*. On a préféré le nom de verbénacées, tiré de la verveine, *verbena*, qui ne peut appartenir à aucune autre réunion. Celle-ci fait partie de la classe des hypocorollées ou dicotylédones monopétales, à corolle insérée sous l'ovaire. Son caractère général est formé de la réunion des suivans.

Un calice d'une seule pièce, tubulé, souvent persistant. Une corolle hypogyne, monopétale, également tubulée, à limbe divisé en plusieurs lobes, ordinairement inégaux. Étamines insérées au tube de la corolle, au nombre de quatre, didynames, rarement réduites à deux (portées à cinq ou six dans le *theka*). Ovaire simple, non adhérent au calice, contenant ordinairement quatre ovules dans une, deux ou quatre loges, au bas desquelles ils sont attachés; un style unique, terminé par un stigmate simple ou lobé ou irrégulièrement réfléchi d'un côté. Graines ordinairement au nombre de quatre (dont parfois quelques - unes avortent), réunies dans une seule loge ou dans deux nucules dispermes ou dans une noix quadriloculaire à loges monospermes; ces graines, ainsi séparées ou réunies, sont recouvertes d'un péricarpe charnu ou drupacé ou plus rarement capsulaire, et alors quelquefois réduit à un simple tissu réticulaire, si mince et tellement collé contre elles qu'on les prendroit pour des graines nues. Sous leur tégument propre elles sont remplies par un embryon non périspermé, droit et dressé, c'est-à-dire à radicule descendante et dirigée vers leur ombilic.

Les plantes de cette famille sont des herbes ou plus ordinairement des arbrisseaux, rarement des arbres. Les feuilles sont généralement opposées, simples ou rarement (dans le *vitex*) ternées ou digitées. Les fleurs terminales ou axillaires sont disposées tantôt en corymbes à ramifications opposées, tantôt en épis plus ou moins alongés ou très-courts, sur l'axe desquels elles sont alternes; rarement elles sont solitaires, axillaires.

Il a paru que l'inflorescence pouvoit ici fournir un moyen simple et naturel d'établir dans cette famille deux sections.

Ainsi, dans une première, caractérisée par des fleurs disposées en corymbes à ramifications opposées, on place les genres *Ovieda* et *Siphonanthus*, son congénère; *Clerodendrum*, différent du suivant par l'avortement de trois graines; *Volkameria*, auquel se rapporte le *Bellevalia* de Scopoli; *Platunium* de Jussieu, dont le *Holmskioldia* de Retz et le *Hastingia* de Smith sont synonymes; *Ægiphila*, auquel est réuni le *Manabea* d'Aublet; *Vitex*, qui comprend le *Limia* de Vandelli ou *Nephrandra* de Gmelin, et le *Wilckea* de Scopoli (non le *Wilckia* du même); *Wallrothia* de Roth; *Chrysomallum* de M. du Petit-Thouars; *Callicarpa* et son congénère le *Porphyra* de Loureiro; *Pithyrodia* de M. Brown; *Premna*; *Petitia* de Jacquin; *Hosta* du même ou *Hosteana* de Persoon; *Cornutia*; *Gmelina*; *Theka* de Rhéede ou *Tectona* de Linnæus fils.

Dans une seconde section, dont les fleurs sont disposées en épis longs ou courts et alternes sur l'axe commun, ou rarement solitaires, axillaires, se trouvent les genres *Petræa*; *Citharexylum*; *Casselia* de MM. Nées et Martius; *Priva* d'Adanson, auquel sont réunis le *Blairia* de Houstoun, le *Castelia* de Cavanilles, le *Phryma* de Forskal et le *Tortula* de Roxburg; *Duranta*; *Tamonea* d'Aublet, nommé *Ghinia* par Schreber, dont le *Kæmpfera* de Houstoun et le *Carachera* de Forskal font partie; *Taligalea* d'Aublet, dont le nom a été changé sans raison, par Linnæus fils, en celui d'*Amasonia*; *Chloanthes* de M. Brown; *Spielmannia* de Medicus; *Lantana*, auparavant *Myrobatindum* de Vaillant; *Lippia*; *Buchia* de M. Kunth; *Zapania* de Scopoli (*Blairia* de Gærtner), et *Aloysia* d'Ortéga, que M. Kunth regarde tous deux comme congénères du *Lippia*; *Stachytarpheta* de Vahl, mieux nommé *Cymburus* par M. Salisbury; *Verbena* de Linnæus, dont plusieurs espèces ont été détachées pour former quelques genres précédens; *Perama* d'Aublet, dont le nom, jugé barbare par Schreber, a été changé par lui en celui de *Mattuschkea*.

Notre monographie des verbénacées, insérée dans le septième volume des Annales du Muséum, réunit toutes les observations consignées dans le présent ouvrage, et on y retrouve surtout deux caractères importans, omis dans le *Genera plantarum*, l'absence du périsperme et la direction inférieure de la radicule, observés l'un et l'autre par Gærtner dans une douzaine des genres précédens. Cependant il admet dans le *Callicarpa* un périsperme, très-mince à la vérité, que nous croyons n'être qu'un léger renflement du tégument intérieur de la graine.

Nous avions placé anciennement avec doute à la suite de cette famille le *Selago* et l'*Hebenstreitia*, dans lesquels Gærtner a vu un embryon périspermé, à radicule montante. Ce double caractère a motivé leur séparation indiquée par M. Choisy, qui, sur cette base, a établi la nouvelle famille des sélaginées, en joignant quelques nouveaux genres aux deux précédens. Elle est très-voisine des myoporinées, qui présentent les mêmes caractères, et il se pourroit que, dans la suite, on fût disposé à les réunir, en comparant leurs caractères généraux énoncés dans ce Dictionnaire.

Ces deux familles ont de l'affinité avec les verbénacées, et devront plutôt les précéder que les suivre, pour ne point interrompre le passage naturel de ces dernières par l'intermède du *Verbena* aux labiées, conformes pour le port, le nombre des graines, la direction inférieure de la radicule et l'absence généralement constante d'un vrai périsperme. (J.)

VERBESINA. (*Bot.*) Ce nom, sous lequel Gesner désignoit le *Bidens tripartita*, a été employé par Linnæus pour un autre genre de la même famille, auquel il avoit été donné par Lobel. C'est l'*Eupatoriophalacron* de Vaillant et d'Adanson. (J.)

VERBÉSINE, *Verbesina*. (*Bot.*) Genre de plantes dicotylédones, de la famille des *composées*, de l'ordre des *radiées*, de la *syngénésie polygamie superflue* de Linnæus, offrant pour caractère essentiel : Des fleurs radiées ; un calice à plusieurs folioles disposées sur deux rangs ; les demi-fleurons de la circonférence peu nombreux ; cinq étamines syngénèses ; les semences surmontées de deux ou trois dents ; le réceptacle garni de paillettes.

Verbésine ailée : *Verbesina alata*, Linn. ; Lamk., *Ill. gen.*, tab. 686, fig. 4 ; Herm., *Parad.*, tab. 125 ; Pluk., *Almag.*, tab. 84, fig. 3. Cette plante, remarquable par son port, a des tiges droites, comprimées, rudes, un peu velues, hautes d'environ deux pieds, garnies dans toute leur longueur d'une aile courante, produite par le prolongement de la base des feuilles ; celles-ci sont ovales, alternes, vertes, rudes à leurs deux faces ; les supérieures ondulées, un peu denticulées, obtuses, longues de quatre ou cinq pouces. Les fleurs sont terminales, portées sur de longs pédoncules solitaires ou divisés. Le calice est pubescent, un peu blanchâtre, composé de folioles linéaires, lancéolées, disposées sur deux rangs ; la corolle petite, d'un jaune orangé ; les semences sont ovales, de couleur brune, entourées d'un petit rebord membraneux, surmontées de deux dents subulées, inégales ; les paillettes du réceptacle oblongues, concaves, un peu pubescentes en dehors. Cette plante croît à Surinam.

Verbésine de la Chine : *Verbesina chinensis*, Linn., *Spec.* ; Willd., *Spec.*, 4, pag. 2222. Ses tiges sont droites, simples, presque ligneuses, cylindriques, un peu tomenteuses ; les ra-

meaux axillaires ; les feuilles alternes, pétiolées, ovales-
oblongues, un peu tomenteuses , obtuses au sommet, dentées en scie. Les fleurs sont solitaires, terminales, soutenues
par des pédoncules simples, uniflores; le calice est hémisphérique, tomenteux ; la corolle jaune; les fleurons du disque
nombreux; les demi-fleurons de la circonférence lancéolés,
entiers ; les semences surmontées d'un rebord et de quatre
dents sétacées.

VERBÉSINE EFFILÉE : *Verbesina virgata*, Cavan., *Ic. rar.*, 3,
tab. 275. Cette plante est rapprochée du *verbesina virginiana* :
elle en diffère par ses fleurs beaucoup plus grandes, par
ses tiges non ailées, par ses feuilles plus longues, plus étroites.
Ses tiges sont droites, élancées, très-simples, hautes d'environ quatre pieds ; les feuilles éparses, à peine pétiolées,
oblongues, lancéolées, rétrécies à leur base, aiguës, dentées,
un peu courantes. Les fleurs sont grandes, de couleur jaune,
disposées en corymbe à l'extrémité des tiges; les pédoncules
uniflores, longs de deux pouces, inégaux. Le calice est hémisphérique, composé d'écailles aiguës, élargies à leur base,
placées sur un double rang; les demi-fleurons ovales, oblongs,
un peu tridentés; les fleurons à cinq dents; les paillettes jau-
nàtres, en carène; les semences noires, couronnées d'une
membrane blanchâtre, scarieuse, et de deux dents sétacées.
Cette plante croit à la Nouvelle-Espagne.

VERBÉSINE DE VIRGINIE : *Verbesina virginica*, Linn., *Spec.*;
Mich., *Fl. bor. amer.*, 2, p. 134. Ses tiges sont droites, légèrement ailées, glabres, striées, un peu comprimées, hautes de
deux ou trois pieds, garnies de feuilles alternes, médiocrement pétiolées, larges, lancéolées, rudes, entières ou un peu
dentées en scie. Les fleurs sont disposées en corymbes presque
fastigiés, très-rameux ; les calices pubescens ; les demi-fleurons de couleur blanche, au nombre de trois ou quatre; le
réceptacle est garni de paillettes; les semences sont comprimées, bordées au sommet d'une légère membrane, surmontées de deux dents subulées, quelquefois un peu recourbées.
Cette plante croit à la Virginie et à la Caroline.

VERBÉSINE COMESTIBLE : *Verbesina boswallia*, Linn. fil., *Suppl.*,
579. Plante herbacée, dont les tiges sont étalées sur la terre,
longues d'un demi-pied, médiocrement rameuses, garnies de

feuilles alternes, à trois divisions partagées en lobes nombreux, linéaires, filiformes, approchant de l'auroune, nus à leurs deux faces. Les fleurs sont presque solitaires, médiocrement pédonculées; le calice est oblong, cylindrique, à cinq ou six folioles elliptiques, obtuses, scarieuses à leurs bords; cinq à six fleurons sont dans le centre des fleurs; ils ont quatre dents; un seul demi-fleuron femelle est à la circonférence, séparé par une paillette lancéolée, luisante; les semences sont oblongues, comprimées, terminées par deux dents. Cette plante croît dans les Indes orientales : elle a l'odeur et la saveur du fenouil; elle est bonne à manger.

VERBÉSINE GÉANTE : *Verbesina gigantea*, Jacq., *Icon. rar.*, 1, t. 175 ; *Bidens frutescens*, etc., Plum., *Ic.*, pag. 41, tab. 51. Ses tiges sont glabres, droites, ligneuses, hautes de huit ou dix pieds; les rameaux anguleux, de couleur purpurine, garnis de feuilles alternes, presque sessiles, ovales, lancéolées, presque embrassantes, tomenteuses en dessous; les inférieures pétiolées, longues d'un pied et plus, courantes sur le pétiole, pinnatifides; les découpures ovales, lancéolées, pubescentes, incisées. Les fleurs sont nombreuses, disposées en corymbe terminal, très-rameux, hérissé de poils. Le calice est oblong, et à écailles linéaires, hispides, aiguës, un peu en carène. La corolle renferme dans son disque seize à dix-huit fleurons hermaphrodites, à cinq dents aiguës; elle offre à la circonférence quatre demi-fleurons ovales, blanchâtres, à trois dents. Les semences sont oblongues, comprimées, environnées d'une bordure membraneuse, noirâtres, un peu rudes, relevées en carène, un peu ciliées, de la longueur des semences. Cette plante croît à la Jamaïque, aux lieux montueux, parmi les broussailles. Elle répand une odeur douce, assez agréable. (POIR.)

VERBI. (*Bot.*) Voyez CALOTHAMNUS. (POIR.)

VERBOUISSET. (*Bot.*) Nom languedocien du fragon, *ruscus aculeatus*, cité par Gouan. (J.)

VERCOEPŒLONGI. (*Bot.*) Un des noms malabares du *sapindus trifoliatus*, cité par Rhéede. (J.)

VERD-BLANC. (*Ichthyol.*) Voyez VERT-BLANC. (DESM.)

VERD-BRUNET. (*Ornith.*) Voyez à l'article VERT-BRUNET. (DESM.)

VERD-DORÉ. (*Entomol.* et *Ichthyol.*) Voyez Vert-doré. (Desm.)

VERD-MONTANT. (*Ornith.*) Voyez Vert-montant. (Desm.)

VERD-PERLÉ. (*Ornith.*) Voyez Vert-perlé. (Desm.)

VERD-PLEIN. (*Ornith.*) Voyez Vert-plein. (Desm.)

VERD DE VESSIE. (*Chim.*) Voyez l'article Vert de Vessie. (Desm.)

VERDADEIRO. (*Mamm.*) Nom portugais d'une espèce de tatou, le *tatou été* du Brésil, suivant Marcgrave. (Desm.)

VERDALE. (*Bot.*) Nom languedocien, cité par Gouan, d'une variété à fruit alongé de l'olivier cultivé. (J.)

VERDANGE. (*Ornith.*) Nom que l'on donne au Périgord à l'alouette cochevis et au bruant. (Desm.)

VERDATRE ou VERTE D'ÉTÉ. (*Erpétol.*) Noms spécifiques d'une Couleuvre, décrite dans ce Dictionnaire, tome XI, pag. 204. (H. C.)

VERDATRE. (*Ichthyol.*) Nom spécifique d'un Holocentre, décrit dans ce Dictionnaire, tome XXI, p. 289.

C'est aussi celui d'un Baliste. Voyez ce mot. (H. C.)

VERDAU. (*Entom.*) On nomme ainsi aux environs de Paris la chenille d'une espèce d'alucite, que M. Bosc a décrite et figurée dans les Annales de l'agriculture françoise, 59.ᵉ volume. (C. D.)

VERDE. (*Ornith.*) C'est une des dénominations du martin-pêcheur. (Desm.)

VERDELET. (*Entom.*) Geoffroy nomme ainsi une phalène, qu'il a décrite sous le n.° 33 : c'est une géomètre, dont la chenille se nourrit des feuilles du chêne. (C. D.)

VERDELET. (*Ornith.*) Dénomination provençale du bruant. (Desm.)

VERDELHEB. (*Bot.*) Voyez Vardelheb. (J.)

VERDELIER, ESION. OISIS. (*Bot.*) Noms vulgaires du saule osier, *salix vitellina*, dans l'Anjou, cités par M. Desvaux. (J.)

VERDEMARCUM. (*Bot.*) Dans la Toscane, suivant Césalpin, on nommoit ainsi une variété du *thalictrum flavum* de Linnæus, à feuilles glauques. (J.)

VERDERE, VERDUN, VERDEREUSE. (*Ornith.*) Belon rapporte ces trois noms au verdier. (Desm.)

VERDERIN. (*Ornith.*) Nom donné au *loxia dominicana*. (Ch. D. et L.)

VERDEROUX. (*Ornith.*) Oiseau placé dans le genre Tangara. (Desm.)

VERDET. (*Entom.*) Dans son Histoire des insectes, Geoffroy a nommé ainsi la trichie noble. (C. D.)

VERDET. (*Ichthyol.*) Nom spécifique d'un Lépisostée. Voyez ce mot. (H. C.)

VERDET. (*Chim.*) C'est le Vert-de-gris. Voyez ce mot. (Ch.)

VERDET CRISTALLISÉ. (*Chim.*) C'est l'acétate de cuivre en cristaux. (Ch.)

VERDEYRE. (*Ornith.*) Nom savoyard du verdier. (Desm.)

VERDIÉ, VERDE et ARNIÉ. (*Ornith.*) Ces trois noms sont indiqués dans le Dictionnaire languedocien comme désignant le martin-pêcheur. (Desm.)

VERDIER. (*Ornith.*) Nom françois du *Loxia chloris*. (Ch. D. et L.)

VERDIER. (*Ornith.*) La dénomination de *verdier* a été appliquée à plusieurs oiseaux. Ainsi le *verdier terrier*, le *verdier buissonnier* ou *verdier des oiseleurs* est le bruant ordinaire; le *verdier du Cap* ou *verdier des Indes* est le fringille vert-brunet; le *verdier des haies* ou *verdier sonnette* est le bruant zizi; le *verdier de Java* est le toupet bleu; le *verdier de la Louisiane* est le fringille pape; le *verdier de pré* est le bruant proyer; le *verdier de Saint-Domingue* est le fringille verderin; le *verdier à tête rouge* est le tangara rouverdin.

Le nom de *verdier paillet* est donné au bruant, quand le jaune de son plumage tire sur la couleur de paille. (Desm.)

VERDIER. (*Ichthyol.*) Nom spécifique d'un poisson nommé *scomber chloris* par Bloch, et qui doit être rapporté au genre Caranx. Voyez ce dernier mot. (H. C.)

VERDIER. (*Erpétol.*) Un des noms vulgaires de la *raine verte*. Voyez Raine. (H. C.)

VERDIÈRE DES PRÉS. (*Ornith.*) L'une des dénominations vulgaires du bruant-proyer. (Ch. D. et L.)

VERDIN. (*Ornith.*) Ce nom a été appliqué au verdier, au bruant ordinaire et à une espèce de philédon. (Desm.)

VERDINÈRE. (*Ornith.*) Voyez Fringilla bicolor. (Ch. D. et L.)

VERDIOLE. (*Ornith.*) Nom d'une espèce de gobe-mouche que Gmelin avoit placée dans son genre Todier sous le nom de *todus paradisœus*. (Desm.)

VERDIRE. (*Ornith.*) C'est l'une des dénominations appliquées au verdier. (Desm.)

VERDOIE. (*Ornith.*) Nom vulgaire du bruant. (Desm.)

VERDOLAYA. (*Bot.*) Dans l'Amérique méridionale, près des rives de l'Orénoque, on donne ce nom à deux pourpiers, *portulaca marginata* et *portulaca teretifolia* de M. Kunth. (J.)

VERDON. (*Ornith.*) **Nom de la fauvette d'hiver dans Albin.** (Desm.)

VERDON, VERDONE. (*Ornith.*) Le verdier est ainsi nommé dans quelques provinces. (Desm.)

VERDONE. (*Bot.*) On donne, en Toscane, ce nom à un champignon du genre *Agaricus*, bon à manger : c'est l'*agaricus virens*, Scopoli, et peut-être une simple variété de l'*agaricus palometus*, Thor., décrit dans ce Dictionnaire à l'article Fonge, sous le n.° 34. (Lem.)

VERDONE. (*Ichthyol.*) Nom italien du Tourd. (H. C.)

VERDORÉ. (*Ornith.*) Nom du verdier. (Ch. D. et L.)

VERDOULET. (*Ornith.*) C'est un des noms que le verdier porte en Provence. (Desm.)

VERDOUN. (*Ichth.*) Nom nicéen du carcharias glauque, et des labres perroquet et mêlé de M. Risso. Voyez Carcharias et Labre. (H. C.)

VERDÖYE. (*Ornith.*) Aux environs de Niort, le bruant ordinaire. (Desm.)

VERDULE. (*Bot.*) Nom françois proposé par Bridel pour désigner le Weissia, genre de mousse. Voyez ce mot. (Lem.)

VERDULE. (*Ornith.*) C'est un des noms de pays du bruant. (Desm.)

VERDUN, VERDOU, VERDOUN et VERDAOULOU. (*Ornith.*) Noms du bruant-verdier en Languedoc, selon le Dictionnaire languedocien de l'abbé de Sauvages. (Desm.)

VERDURE D'HIVER. (*Bot.*) C'est la pyrole. (L. D.)

VERDURON. (*Ornith.*) Nom provençal du serin d'Italie, espèce de fringille. (Desm.)

VERDUUM-XEGLIE. (*Bot.*) C. Bauhin cite sous ce nom,

d'après Auguillara, une plante parasite d'Esclavonie, à fleurs en têtes, qu'il compare à son *epithymum* (*cuscuta*), mais avec beaucoup de doute. (J.)

VEREA. (*Bot.*) M. Andrews et Willdenow nomment ainsi le *crassuvia* de Commerson, et M. de Lamarck le *calanchoe* de M. De Candolle. (J.)

VEREI. (*Bot.*) C'est sous ce nom qu'est décrit dans le Dictionnaire encyclopédique le Calothamnus de M. de Labillardière. Voyez ce mot, tom. VI , Suppl. (J.)

VERENGENA. (*Bot.*) Nom vulgaire ancien de la mélongène à Toulouse, cité par C. Bauhin et Espagne. (J.)

VÉRÉTILLE, *Veretillum.* (*Zoophyt.*) Division peu importante, proposée d'abord par M. Cuvier et adoptée depuis par M. de Lamarck et la plupart des zoologistes, dans le genre Pennatule de Pallas et de Linné, pour un petit nombre d'espèces qui diffèrent des véritables pennatules, parce que les polypes ne sont pas portés sur des espèces d'ailerons qui accompagnent le rachis de la partie commune, et qu'ils sont épars irrégulièrement sur le rachis lui-même. Du reste, ce sont absolument les mêmes caractères et la même organisation, comme je m'en suis assuré tout dernièrement dans un voyage fait sur les bords de la Méditerranée, où ces animaux sont extrêmement communs.

On ne connoît encore que deux espèces de vérétilles, en regardant comme telles celles dont le corps est libre, cylindrique, obtus aux deux extrémités, et couvert dans l'étendue seule du rachis de polypes épars.

Ce sont :

La V. PHALLOÏDE : *V. phalloides; Pennatula phalloides*, Linn., Gmel., page 3866, n.° 10, d'après Pallas, *Elenchus zoophyt.*, p. 375, et *Misc. zool.*, p. 179, t. 13, fig. 5 — 9. Corps alongé, cylindrique, obtus aux deux extrémités; renflement bulboïde court, contenant un osselet grêle, quadrangulaire, prolongé dans une assez grande partie de sa longueur.

De l'océan Indien, vers l'ile d'Amboine.

La V. CYNOMOIRE : *V. cynomorium*, Pallas; *P. digitiformis*, Ellis, *Acta anglica*, vol. 53, p. 434, t. 21, fig. 3 — 5, et Pallas, *Misc. zool.*, t. 13, fig. 1 — 4. Corps cylindrique, épais, assez peu alongé, portant des polypes de couleur souci dans

une grande partie de sa longueur, et un osselet très-grêle
et presque membraneux.

Des mers d'Europe, et surtout de la Méditerranée, où je
l'ai observée vivante pendant plusieurs jours, et où j'ai pu
m'assurer aussi que tout ce qu'on a dit de ces animaux est
ou erronné ou bien incomplet. (De B.)

VERGADELLE. (*Ichthyol.*) Un des noms de la Merluche
et du Canthère. Voyez ces mots. (H. C.)

VERGE; *Penis*, *Virga*. (*Anat. comp.*) On appelle ainsi l'organe de l'accouplement chez les animaux mâles: c'est lui qui
est destiné à porter dans les parties génitales des femelles le
fluide prolifique, sécrété par les testicules, c'est-à-dire, le
sperme. (Voyez Sperme et Testicule.)

Il existe une verge dans l'homme, les autres mammifères,
les oiseaux, la plupart des reptiles, quelques poissons, plusieurs mollusques et annélides, crustacés et arachnides, insectes et radiaires.

Un petit nombre de reptiles, la plupart des poissons, une
foule de mollusques, d'annélides et de radiaires, sont, au
contraire, privés de ce genre d'organe.

La verge de l'Homme est cylindroïde, alongée, érectile, située à la partie inférieure, antérieure et moyenne de l'abdomen, au-dessous et au-devant de la symphyse des pubis.

Dans l'état ordinaire, elle est molle et pendante au-devant
du scrotum. Son volume varie alors beaucoup, non-seulement suivant les divers individus, mais encore chez la même
personne, par une foule de causes différentes.

Pendant l'érection, elle s'alonge, prend une forme triangulaire et se redresse plus ou moins, en s'écartant du scrotum.

Le raphé périnéal se continue à sa face inférieure.

Elle est terminée à son extrémité par le gland, que recouvre le prépuce, et que perce l'orifice de l'urèthre. (Voyez
Voies urinaires.)

Le corps caverneux, siége principal de l'érection, occupe
son intérieur. Il est formé d'un tissu spongieux, fibroso-vas-
culaire, éminemment dilatable par suite de l'afflux du sang
dans les innombrables ramifications vasculaires qui se dé-
ploient dans sa composition.

L'urèthre, canal qui traverse la verge dans toute sa longueur et qui transmet au dehors le sperme et l'urine, est lubrifié dans divers points de son étendue par le fluide que produisent la prostate, les glandes de Cowper, les glandes de Littre et quelques cryptes muqueuses, connues sous le nom de lacunes.

La base du gland est garnie d'une couronne de follicules glandulaires, qui fournissent une humeur sébacée, épaisse, d'une odeur forte, spéciale.

Un ligament et des muscles nommés bulbo- et ischio-caverneux, maintiennent la verge dans sa position.

Chez les singes et les chéiroptères, la verge est pendante comme chez l'homme.

Dans la plupart des autres mammifères elle est attachée plus ou moins le long du ventre par un fourreau membraneux.

Celle de l'éléphant, d'un poids considérable, est soutenue par un ligament spécial, et se recourbe en S dans son fourreau.

L'extrémité libre de celle des dromadaires et des chameaux est tournée en arrière vers l'anus.

Les ruminans et les solipèdes ont des muscles rétracteurs pour la faire rentrer dans son fourreau hors l'état d'érection.

La plupart des marsupiaux ont le scrotum et les testicules situés en devant, et la verge dirigée en arrière.

Plusieurs autres mammifères, les chauve-souris, les ours, les chiens, les lions, les loups, les chats, les phoques, les lapins, les lièvres, les castors, les baleines, ont un os placé dans l'épaisseur même de leur verge.

Le gland présente aussi, de même que le prépuce, de grandes différences, suivant les espèces de mammifères où on l'examine. Nous en parlerons, en décrivant l'urèthre, à notre article Voies urinaires.

Dans les oiseaux, très-souvent la verge n'est qu'un tubercule caverneux et vasculaire, situé à l'orifice du cloaque, en arrière plutôt qu'en avant de l'anus.

Ce tubercule est communément imperforé.

La verge, plus longue que dans les autres oiseaux chez l'autruche et le casoar, y est simplement canaliculée par un sillon longitudinal.

Les tortues, parmi les reptiles, n'ont qu'une seule verge.

Les ophidiens et beaucoup de sauriens en offrent deux, le plus habituellement hérissées d'épines.

Cet organe manque chez les batraciens.

Parmi les poissons, les blennies paroissent être les seuls qui possèdent un rudiment de verge.

Les seiches, parmi les mollusques, sont dépourvues de verge.

Dans les gastéropodes cet organe existe et dépasse quelquefois le corps entier en longueur. Voyez ANIMAL, AUTRUCHE, CHÉLONIENS, INSECTES, MALACOSTRACÉS, MOLLUSQUES, OISEAUX, OPHIDIENS, SAURIENS, ZOOLOGIE. (H. C.)

VERGE A BERGER, VERGE A PASTEUR. (*Bot.*) Noms vulgaires du *dipsacus pilosus*. (L. D.)

VERGE DE CHRIST. (*Bot.*) C'est le *naïas fluviatilis*, Linn. (LEM.)

VERGE DE JACOB. (*Bot.*) Les jardiniers donnent ce nom à l'asphodèle jaune. (L. D.)

VERGE MARINE ou MEMBRE MARIN. (*Actinoz.*) Noms vulgaires qui s'appliquent aux holothuries. (DESM.)

VERGE DE MER AILÉE. (*Actinoz.*) Ce nom a été donné aux pennatules. (DESM.)

VERGE D'OR. (*Bot.*) Voyez SOLIDAGO, et notamment le *solidago virga aurea*, tome XLIX, page 446. (LEM.)

VERGE SANGUINE. (*Bot.*) C'est le cornouiller commun, *cornus sanguinea*. (LEM.)

VERGEROLLE ou VERGERETTE. (*Bot.*) Voyez ÉRIGÈRE, tom. XV, pag. 181. (LEM.)

VERGNE. (*Bot.*) Voyez VERNE. (J.)

VERGO. (*Ichthyol.*) Un des noms vulgaires du corbeau de mer, *sciæna umbra*. Voyez SCIÈNE. (H. C.)

VERGUETTE. (*Ornith.*) Nom patois de la draine dans le Bugey, suivant Sonnini. (CH. D. et L.)

VERGULDE. (*Ichthyol.*) Un des noms hollandois de la DAURADE. Voyez ce mot. (H. C.)

VERJUS. (*Bot.*) Dans le Dictionnaire économique on cite sous ce nom et sous ceux de *grey*, *bicanne*, *engregeoir*, l'espèce ou variété de vigne dite bordelais ou bourdelais, *vitis uva perampla, acinis ovatis albidis*, de Tournefort, dont les

grappes sont grosses, longues et larges par le haut, les grains
ou fruits oblongs, pointus, d'un vert pâle ; leur peau dure ;
leur goût d'abord âcre et ensuite doux. Ils ne sont pas bons
crus, mais on les cueille avant leur maturité, et leur suc,
exprimé, passe pour un bon assaisonnement acide. Duhamel
croit que le verjus, conservé en grains dans du sel, seroit
utilement ajouté aux approvisionnemens des voyages sur mer.
Le même raisin est cité comme variété dans le Dictionnaire
encyclopédique, d'après le Dictionnaire d'agriculture, mais
ans nom botanique particulier. (J.)

VERKEHRTER ELBUTT. (*Ichthyol.*) Voyez STRUFF-BUTT.
(H. C.)

VERLANGIA. (*Bot.*) Sous ce nom Necker détache du
genre *Rhamnus* des espèces auxquelles il attribue des fleurs
mâles mêlées avec des hermaphrodites ; un disque urcéolé,
qu'il nomme calice intérieur ; dix filets d'étamines, dont cinq
sont stériles, et un brou contenant un osselet biloculaire. Ce
dernier caractère appartiendroit plutôt au *Ziziphus.* Le premier se retrouve dans le *Rhamnus colubrinus.* Le second n'est
mentionné dans aucun de ces deux genres, et il est difficile
de déterminer quelles sont les plantes que Necker a voulu
rapporter à son genre, qui n'a pu être admis. (J.)

VERLINOIS. (*Ornith.*) Nom patois de la Picardie pour
désigner le verdier. (CH. D. et L.)

VERMEILLE. (*Min.*) Ce nom s'applique dans le commerce
de la joaillerie aux pierres gemmes qui sont d'un rouge tirant sur l'orangé ou écarlate, et par conséquent aux différentes
espèces de pierres dures et transparentes qui présentent cette
couleur. Ainsi on a la vermeille occidentale, qui est un gre-
nat pyrope ; la vermeille orientale, qui est un corindon té-
lésie, et la vermeille hyacinthe, qui est un zircon. (B.)

VERMEOU. (*Entom.*) Nom du kermès, *coccus ilicis*, en
Languedoc. (DESM.)

VERMET, *Vermetus.* (*Malacoz.*) Genre singulier de malacozoaires céphalophores, dont la coquille, en forme de tube
plus ou moins contourné en tire-bouchon à son sommet, a
été long-temps, et est même encore souvent confondue, pour
certaines espèces du moins, par les zoologistes modernes
avec les serpules, dont elle s'éloigne sous tous les rapports,

comme je l'ai montré à l'article de ce dernier genre. Adanson avoit cependant parfaitement distingué depuis long-temps le genre Vermet, plus, il est vrai, en considérant l'animal que la coquille. En envisageant l'un et l'autre, voici la caractéristique que l'on peut en donner : Corps vermiforme, conique, subspiral, enveloppé dans un manteau, bordé par un collier ou bourrelet circulaire à l'endroit d'où sort la partie viscérale; pied cylindrique, avec deux longs filets tentaculaires à sa racine antérieure et un opercule à son extrémité; tête peu distincte; deux petits tentacules triangulaires, aplatis, portant les yeux au côté externe de la base; une petite trompe exsertile et garnie à son extrémité de plusieurs rangs de crochets; orifice de l'organe respiratoire en forme de trou et percé au côté droit du collier. Coquille en général mince, conique, tubuleuse, enroulée en spirale d'une manière plus ou moins serrée, à tours presque complétement désunis, libre ou adhérente; ouverture perpendiculaire à l'axe, circulaire, à péristome complet et tranchant; quelques cloisons non perforées vers le sommet; opercule circulaire corné, composé d'élémens grossiers et concentriques.

Je n'ai point encore observé d'une manière suffisante l'animal de ce genre; mais j'ai pu m'assurer par l'examen rapide de celui d'une grosse espèce, que possède M. Gray à Londres, que la description donnée par Adanson, est exacte; quant à l'opercule et la coquille, je les ai comparés suffisamment, à ce que je crois, pour distinguer nettement celle-ci de toute espèce de tube de chétopodes. Les principales différences portent sur le sommet, qui est constamment entier ou non perforé dans les vermets, au contraire de ce qui a lieu dans les tubes de serpules, et sur les cloisons imperforées, plus ou moins nombreuses, qui existent dans le commencement de la spire de ceux-là, tandis qu'il n'y en a jamais dans les serpules.

On en peut déjà conclure que la serpule polythalame est une coquille de vermet.

Il est plus difficile de distinguer ce genre de celui que M. Risso vient d'établir sous le nom de *Lementina*, et que M. Savi a nommé *Serpulorbis*, dans un Mémoire inséré dans le Journal ligurien, publié à Gênes en 1827. En effet, l'ani-

mal ne paroît différer de celui des vermets que par l'absence
de l'opercule, au point que j'ai d'abord pensé que c'étoit par
accident qu'il manquoit; mais je suis presque certain qu'il
n'en est pas ainsi; car sur plusieurs individus que j'ai examinés à la Méditerranée, je n'ai pu en reconnoître la trace.
Il m'a semblé que le tube de cet animal n'est rien autre
chose que le *serpula arenaria* de M. de Lamarck, ou du moins
une espèce bien voisine.

Les vermets sont peut-être parmi les gastéropodes les seuls
qui vivent fixés et sans changer de place, se bornant à rentrer
dans leur tube et à en sortir la partie antérieure de leur
corps. On ne connoît, au reste, rien de leurs mœurs et de
leurs habitudes.

En considérant comme des vermets un certain nombre d'espèces que M. de Lamarck a rangées parmi ses serpules, il
est évident qu'il s'en trouve dans toutes les mers des pays
chauds, en Europe, en Afrique, en Asie et en Amérique.
La distinction de ces espèces est assez difficile : cependant
j'en connois déjà au moins une douzaine dans les collections.

Le Vermet lumbrical; *V. lumbricalis*, Adanson, Sénég.,
page 160, pl. 11, fig. 1. Coquille mince, très-finement ridée
en travers, plus ou moins tortillée en tire-bouchon, surtout
au sommet : de couleur jaune roussâtre.

Des mers du Sénégal, où il vit aggloméré souvent en masse
d'une grande étendue, dans les creux de roches où la mer
est tranquille.

Le V. lispe; *V. vermicella*, de Lamk., Adanson, Sénég.,
page 164, pl. 11, fig. 2. Coquille tubuleuse, très-grêle, spirée
seulement au sommet, non cannelée à sa surface, mais légèrement ridée en travers : de couleur jaunâtre.

Cette espèce, qui se trouve aussi dans les mers du Sénégal,
où elle forme des masses fort compactes d'environ un à deux
pieds de diamètre et de cinq à six pouces d'épaisseur, ne
peut être le *S. glomerata* de Linné; car Adanson dit positivement qu'elle est seulement ridée en travers.

Le V. dofan : *V. goreensis*, Adanson, Sénég., page 164,
pl. 11, fig. 2 ; *Serpula goreensis*, Linn., Gmel. Coquille assez
grosse, contournée assez irrégulièrement, striée à sa surface

par des cannelures longitudinales, fort serrées et croisées par
d'autres transverses : de couleur jaunâtre au dehors et cornée
en dedans; opercule extrêmement petit.

Des côtes du Sénégal, où elle s'attache sur les coquilles.

Cette espèce diffère-t-elle du *Serpula decussata* de Linné et
de M. de Lamarck? cela n'est pas certain.

Le Vermet datin : *V. afer*, Adans., Sénég., p. 165, pl. 11 :
Serp. afra, Gmel. Coquille solitaire, enroulée souvent d'une
manière assez régulière, en forme de cor, aplatie en dessus
et en dessous, ordinairement lisse, mais quelquefois relevée
de cinq à six filets longitudinaux : de couleur cendrée, jaunâtre ou d'un brun obscur.

C'est encore un véritable vermet, qui vit appliqué sur les
rochers ou les coquilles de l'île de Gorée.

Le V. masier ; *V. sipho*, Adans., *loc. cit.*, p. 165. Coquille
fort épaisse, de huit à neuf lignes de diamètre, formant trois
à quatre spires irrégulières, aplatie en dessous, marquée de
vingt cannelures longitudinales extrêmement fines : de couleur gris fauve ou rosée en dehors, de corne en dedans.

Des environs du cap Vert, où elle vit solitairement, ainsi
que de l'océan des Grandes-Indes, à Timor.

Le V. de Rumph ; *V. Rumphii*, Rumph, *Mus.*, tab. 41, fig. 5.
Coquille tubulaire, irrégulièrement contournée, si ce n'est à
sa base, qui s'avance presque en droite ligne, élégamment
treillissée dans toute son étendue, sans carène : de couleur
roussâtre.

De la mer des Indes.

Je distingue cette espèce d'après un individu de ma collection, dont j'ignore la patrie, et qui certainement ne peut
être réuni au *Serpula protensa* de M. de Lamarck.

Il faut encore rapporter à ce genre le *S. arenaria* de Linné
et de M. de Lamarck, ainsi que le *S. dentifera* du dernier,
et qui n'en diffère peut-être pas.

Quant aux espèces de vermets de Daudin, il est fort douteux qu'elles appartiennent à ce genre.

La plupart des espèces de tubes fossiles décrits sous le
nom de *serpules*, sont de véritables vermets ou bien des Le-
mentines. Voyez Serpule. (De B.)

VERMET. (*Foss.*) On trouve à Thorigné près d'Angers,

dans les couches du calcaire coquillier, des coquilles ou tuyaux qui paroissent ne pouvoir se rapporter qu'au genre Vermet. Elles sont turriculées au sommet; les cinq ou six premiers tours, qui sont lisses, portent au milieu deux carènes comme certaines turritelles, et paroissent avoir été libres; les autres tours, au nombre de deux ou trois, ne conservent qu'une carène et sont irréguliers; ils portent des marques qui indiquent qu'ils auroient adhéré sur des polypiers, et sont couverts de fines stries qui suivent les tours. Longueur, sept à huit lignes. Nous avons donné à cette espèce le nom de vermet ? d'Adanson, *vermetus ? Adansoni.* Il y a pourtant cette différence entre ces coquilles et celle du vermet lombrical décrit par M. de Lamarck, et qui vit dans les mers du Sénégal, que ce dernier auroit été fixé sur des corps marins par l'extrémité atténuée de sa spire, ce qui est le contraire dans l'espèce que nous venons de décrire.

On trouve dans la couche à oolithes inférieures à Vaucelles près de Cayeux, des coquilles, qui sont un peu plus grosses que celles de l'espèce ci-dessus; mais qui paroissent avoir avec elles de très-grands rapports. (D. F.)

VERMICHIARIE. (*Malacoz.*) Nom italien du frai de l'aplysie dépilante, selon Imperato. (Desm.)

VERMICULAIRE. (*Bot.*) Nom vulgaire de la trique blanche, *sedum album*, qui étoit le *vermicularis* de Lobel, Daléchamps et autres anciens. (J.)

VERMICULAIRE, *Vermicularia*. (*Malacoz.*) C'est le nom sous lequel M. de Lamarck adopta, dans la première édition de ses Animaux sans vertèbres, le genre Vermet, établi par Adanson, nom qui a été conservé par quelques auteurs. Voyez VERMET. (DE B.)

VERMICULAIRE BRULANTE. (*Bot.*) Nom vulgaire de l'orpin brûlant. (L. D.)

VERMICULARIA. (*Bot.*) Genre de la famille des champignons établi par Tode, adopté par Persoon et quelques autres botanistes. Il est constitué par un péridium ou conceptacle (capsule. Tode) globuleux, sessile, qui s'ouvre en se déchirant en plusieurs parties, contenant des corpuscules ou filamens vermiformes, libres et séminifères. Tode en décrit trois espèces qui ne paroissent point avoir été observées depuis

lui. Ce sont de très-petites plantes qui croissent sur les bois
morts.

1. Le *Vermicularia pseudo-sphæria*, Tode, *Fung. Meckl.*, 1,
p. 31, pl. 6, fig. 46; Pers., *Syn.*, 110. Il est globuleux, agrégé,
à capsules granuleuses, noires, contenant des filamens vermiformes, séminifères, libres, nus, d'abord blancs. ensuite
couleur d'or ou d'orange. On le trouve sur le liber des rameaux de chênes pourris, aux environs de Mecklembourg.

2. Le *Vermicularia pubescens*, Tode, *loc. cit.*, fig. 47. Il est
globuleux, épars ; péridium ou capsule un peu comprimée,
pubescente, bicolore; filamens intérieurs libres, nus, de couleur cendré blanc. Les péridiums ont la grosseur de la graine
de chou et une couleur doré foncé qui se rapproche de celle
de l'arsenic sulfuré rouge. On trouve cette espèce en Juillet,
dans le temps de pluie, sur les rameaux morts et les sarmens
desséchés.

3. Le *Vermicularia hispida*, Tode, *loc. cit.*, fig. 48. Périthéciums ou capsules hispides, noires, couronnées d'abord d'une
valve velue, fugace ; filamens séminifères libres, enfoncés,
blanchâtres. Quoique les périthéciums soient épars, ils forment des espèces de coussinets sur le bois pourri du sureau.
Commun pendant le mois d'Avril.

Ce genre, que Persoon place près du *Tubercularia*, dans la
famille des champignons, paroît, d'après ce même botaniste,
avoir plus de rapports avec le *Sphæria*. Fries (*Syst. orb. veg.*,
1. p. 111) le place dans le même groupe, qui comprend ce
dernier genre, et annonce que les *sphæria cornuta* de Tode,
capillata de Fries, *dematium* de Persoon, *vermicularia*, Nées,
y doivent être rapportés. (LEM.)

VERMICULARIA. (*Bot.*) Les verveines dont deux des
quatre étamines sont stériles, et dont les fleurs, en épi terminal, sont sessiles, à moitié enchâssées dans les fossettes de
l'axe charnu formant l'épi, ont été séparées du genre primitif
par divers auteurs, qui en ont fait un genre. Il étoit nommé
Sherardia par Adanson, *Abama* par Necker, *Vermicularia* par
Mœnch. C'est le *Stachytarpheta* de Vahl, le *Cymburus* de M.
Salisbury. Plusieurs ont adopté celui de Vahl, auquel devroit
être préféré le *Cymburus*, dont la prononciation est moins
rude. Voyez STACHYTARPHETA. (J.)

VERMICULATA. (*Bot.*) Le *scleranthus polycarpus* de Linnæus étoit ainsi nommé par Columna. (J.)

VERMICULATUS-FRUTEX. (*Bot.*) Daléchamps a fait connoître, un des premiers, et sous ce nom, le *Reaumuria vermiculata*, Linn., désigné aussi sous le nom de *vermicularia arborescens* par quelques auteurs. (Lem.)

VERMICULITE. (*Min.*) Cette pierre n'est autre chose qu'une variété de talc en petites masses lamellaires verdâtres ou jaunâtres, qui, exposées au feu d'une bougie, font sortir un assez grand nombre de petits prismes déliés, cylindroïdes, qui s'alongent en se contournant comme des vers. En examinant ces singulières productions, on remarque que ces petits cylindres vermiculaires ne sont autre chose que les feuillets hexaèdres qui composoient ces prismes courts et denses, qui ont été très-écartés les uns des autres par l'action de la chaleur.

Cette variété, assez remarquable. a été observée et dénommée par M. T. Webb : elle vient des environs de Worcester, dans le Massachusets, États-Unis d'Amérique. (B.)

VERMICULITE. (*Foss.*) C'est le nom que l'on donne aux vermiculaires fossiles. (Desm.)

VERMIFORMES. (*Mamm.*) Le nom de carnassiers vermiformes a été quelquefois appliqué aux martes, aux putois et aux belettes, à cause de la forme alongée de leur corps. (Desm.)

VERMIFUGA. (*Bot.*) Nom donné par les auteurs de la Flore du Pérou à un de leurs genres dans la famille des composées, connu antérieurement sous celui de *Flaveria*. (J.)

VERMILANGUES, *Vermilingua*. (*Mamm.*) Famille de mammifères, fondée par Illiger pour placer les édentés à langue extensible, tels que les fourmiliers, les pangolins et les oryctéropes. (Desm.)

VERMILARA. (*Bot.*) Imperato, dans son Histoire naturelle, p. 646, a fait connoître, un des premiers, sous ce nom, le *fucus tomentosus* de Hudson. Stackhouse, Turner, etc., dont Olivi a fait son genre *Lamarckia* ; Lamouroux, le type de son *Spongodium* ; Agardh, une espèce de *Codium* ; Cabrera, une des espèces de son *Agardhia*. Rafinesque-Schmaltz, dans son Analyse de la nature, imprimée à Palerme en 1815, donne un genre *Vermilara* qui paroît être le même que le *Vermilara* d'Imperato. Voyez Codium, Lamarkea et Spongodium. (Lem.)

VERMILIE, *Vermilia*. (*Chétopod.*) Subdivision générique, établie par M. de Lamarck (Système des animaux sans vertèbres, tom. 5, pag. 568), dans le genre Serpule, pour les espèces qui ont le tentacule operculaire recouvert par une pièce testacée plus ou moins hérissée, mais en général assez simple, et dont le tube, ordinairement appliqué dans toute sa longueur, est pourvu à son ouverture de trois avances : la médiane supérieure beaucoup plus que les autres. C'est du reste la même organisation, les mêmes mœurs que chez les véritables serpules ; aussi M. Savigny n'a-t-il pas adopté ce genre dans son Système général des Annélides. Daudin avoit rangé les vermilies avec les vermets d'Adanson, sans doute en croyant que la pièce testacée de celles-là étoit analogue à l'opercule de ceux-ci, ce qui n'est nullement.

M. de Lamarck définit huit espèces de vermilies, provenant de toutes les mers.

La Vermilie a bec ; *V. rostrata*, de Lamk., Anim. sans vert., tome 5, page 568, n.° 1. Tube assez gros, arrondi, lisse, de couleur rouge, avec une dent aiguë, en forme de bec au-dessus de l'ouverture.

Des mers de la Nouvelle-Hollande, dans l'épaisseur d'une porite.

La V. triquètre : *V. triquetra ; Serp. triquetra*, Linn., Gm., p. 3740 ; Born, Mus., p. 456, tab. 18, fig. 14. Tube rampant, flexueux, irrégulier, triquètre, avec une carène dorsale bien marquée et débordant un peu l'ouverture ; pièce operculaire ordinairement bi- ou tricorne.

Des mers de l'Europe, sur tous les corps submergés.

M. de Lamarck regarde comme une simple variété de cette espèce un tube de même forme, avec une ligne rouge de chaque côté de la carène, et qui a été trouvé sur un peigne des mers australes.

La V. bicarénée ; *V. bicarinata*, de Lamk., *loc. cit.*, n.° 3. Tube flexueux, rampant, subtriquètre, avec deux carènes dorsales, se terminant à l'ouverture par un lobe bicorne : couleur rouge.

Sur les fucus de la Nouvelle-Hollande.

La Vermilie chenille ; *V. eruca*, de Lamk., *ibid.*, **n.º** 4. Tube rampant, subulé, arrondi, très-rugueux transversalement : de couleur blanchâtre, avec deux lignes dorsales rousses.

Des mers Australes.

La V. subcrénelée ; *V. subcrenata, id., ibid.* Tube rampant, flexueux, avec trois carènes crénelées et dentées, et un opercule brusquement conique : couleur blanchâtre.

De l'océan Indien.

La V. plicifère ; *V. plicifera, id., ibid.* Tube rampant, flexueux, cylindrique, avec une carène dorsale très-petite, et des plis très-nombreux, arqués et très-fins sur les côtés : couleur d'un blanc rougeâtre.

De la Méditerranée.

La V. scabre ; *V. scabra, id., ib.* Tube rampant, arrondi, grêle, flexueux, avec cinq petites carènes peu marquées, denticulées en dessus.

De la Manche, sur un peigne.

La V. rubannée ; *V. tœniata, id., ibid.* Tube rampant, contourné, subtriquètre : de couleur blanche, avec deux bandes dorsales d'un rouge violacé.

Sur une monodonte des mers de la terre de Van-Diémen.

Pour les espèces qui se rapprochent de ce genre, voyez Galéolaire, Serpule, Spiroglyphe, Spirorbe, et surtout le Système général de la classe des chétopodes à l'article Vers. (De B.)

VERMILIE. (*Foss.*) A l'article *serpule*, nous avons dit (tom. XLVIII, p. 564, de ce Dictionnnaire), que, les caractères qui distinguent ces dernières des vermilies, ne se tirant que de l'ouverture et de l'opercule calcaire de celles-ci, qu'on n'a peut-être jamais rencontrées à l'état fossile, nous ne présentions qu'avec doute beaucoup d'espèces de serpules. Il en sera de même ici pour celles que nous présentons comme des vermilies.

Vermilie? tordue ; *Vermilia? obtorta*, Def. On trouve cette espèce dans des couches antérieures à la craie, à Weymouth en Angleterre et aux Vaches-noires près de Honfleur. Quelques-uns de ses tuyaux sont presque de la grosseur du petit doigt. Le dos porte les traces d'une pointe qui devoit être saillante à l'ouverture. Ils sont couverts de fortes rides transverses. On trouve à Bärschwyl, canton de Soleure, des tuyaux qui s'attachent sur des polypiers, et qui paroissent ne différer de cette espèce que parce qu'ils sont moins gros et que les rides dont ils sont couverts sont plus régulières.

Vermilie? ponctuée, *Vermilia? punctata*, Def. Cette espèce ne diffère de la précédente que parce que ses tuyaux, qui n'ont qu'une ligne et demie de diamètre, sont couverts de petits points enfoncés. Fossile des Vaches-noires.

Vermilie? murène; *Vermilia? muræna*, Def. Les tuyaux de cette espèce ont quatre à cinq lignes de diamètre. Ils sont lisses et portent sur le dos une carène assez élevée ; on les trouve souvent roulés circulairement les uns sur les autres. Fossile de la couche à polypiers de Lebisey près de Caen.

Dans l'Histoire naturelle des principales productions de l'Europe méridionale, M. Risso annonce (tom. 4, pag. 407) que dans les environs de Nice on trouve la vermilie plicifère à l'état subfossile. (D. F.)

VERMILION. (*Entom.*) Traduction du mot *vermileo*, nom d'un diptère du genre Rhagion. (C. D.)

VERMILIOU. (*Entom.*) On dit qu'on nomme ainsi en Languedoc le kermès. (C. D.)

VERMILLON D'ESPAGNE. (*Bot.*) C'est la fleur du carthame qu'on prépare en Espagne, et qu'on apporte pour servir à teindre en rouge. (Lem.)

VERMILLON DE PROVENCE. (*Entom.*) On a désigné par ce nom le kermès du chêne vert ou graine d'écarlate. (Desm.)

VERMILLON. (*Chim.*) Sulfure de mercure rouge réduit en poudre fine. (Ch.)

VERMILLON NATIF. (*Min.*) C'est le mercure sulfuré ou cinabre pulvérulent. Voyez Mercure. (B.)

VERMIRHYNQUE, *Cerorhynca*. (*Ornith.*) M. Charles Bonaparte a proposé sous ce nom un nouveau genre d'oiseaux qui ne se compose que d'une espèce inédite, qu'il avoit primitivement décrite sous le nom de *Phaleris cerorhynca*.

Ce nouveau genre doit donc prendre place à côté des stariques, dans l'ordre des palmipèdes. Il a pour caractères : D'avoir le bec plus court que la tête, très-comprimé sur les côtés dans toute sa longueur, moins haut que long, très-lisse, à base nue, recouverte d'une membrane calleuse, que surmonte un appendice long, obtus, de nature cornée et s'élevant verticalement; mandibules recourbées et légèrement échancrées à leur extrémité. L'inférieure est anguleuse en dessous et aiguë, et sillonnée par deux rainures latérales, linéaires et très-profondes; les bords sont aigus, mais ceux de la mandibule supérieure sont dilatés, et ceux de l'inférieure sont recourbés. Narines situées au-dessous de la membrane calleuse de la base du bec, latérales, longues, linéaires, ouvertes, très-apparentes, à demi occluses par une membrane; langue courte, grêle, déprimée et bifide à la pointe? Tête globuleuse; orbites emplumés; yeux petits; cou court, gros; corps massif; pieds situés très en arrière; tarses médiocrement comprimés, d'un tiers plus courts que le doigt du milieu, très-rugueux en arrière; les doigts longs, grêles, lisses; celui du milieu le plus long, l'interne le plus court et de la longueur du tarse. Membrane interdigitale médiocrement large, entière. Ongles comprimés, recourbés, aigus; celui du milieu le plus large, dilaté et aigu à son bord interne; ailes courtes, petites, un peu aiguës, à rémiges émoussées, la première un peu plus longue et les suivantes très-courtes. Queue courte, très-arrondie, ayant quatorze rectrices.

M. Charles Bonaparte a publié les caractères de ce genre dans le tome 2, p. 427, des Annales du Lycée d'histoire naturelle de New-York. Il pense que l'espèce qui le compose a les mêmes habitudes que les stariques du genre *Phaleris*, et que le plumage éprouve les mêmes changemens.

C'est entre ce dernier genre et les *Mormon* qu'il doit être placé.

Le vermirhynque habite les mers situées entre l'Amérique et l'Asie, et jusqu'à présent on ne l'a obtenu que de la côte N. O. d'Amérique.

La seule espèce connue est le VERMIRHYNQUE OCCIDENTAL (*Cerorhynca occidentalis*, Ch. Bon., Ann. du Lyc. de New-York, t. 2, pag. 428; *Phaleris cerorhynca*, ibid.. *Zool. Journ.*, t. 5, p. 53), qui est noirâtre en dessus, blanc en dessous, à bec jaunâtre, ayant des plumes blanches autour des yeux et de la commissure du bec. (LESSON.)

VERMISSEAU D'EAU. (*Chétop.*) C'est probablement une espèce de naïs. (De B.)

VERMISSEAUX DE MER. (*Chétopod.*) Dénomination employée par les anciens auteurs pour indiquer tous les corps testacés, flexueux, rampans, à la manière des vers qui constituent actuellement les genres Serpule et Spirorbe. (De B.)

VERMIVORE. (*Ornith.*) M. Swainson a adopté le genre *Vermivora* pour y placer quelques oiseaux du genre *Sylvia*, ayant pour type le *sylvia vermivora* de Wilson (t. 3, pl. 24, fig. 4), et dont le caractère seroit : Bec grêle, conique, aigu, entier; ailes très-longues, atténuées, à première et deuxième rémiges égales; queue rectiligne; pieds grêles. M. Swainson y ajoute un oiseau de Mexico, figuré dans Wilson, t. 2, pl. 15, fig. 4, sous le nom de *vermivora solitaria*. (Ch. D. et L.)

VERMONETTA de Commerson. (*Bot.*) Il a été réuni au *Blackwellia* par Jussieu. (Lem.)

VERNE. (*Bot.*) Nom vulgaire de l'aune ordinaire, *alnus*, dans plusieurs départemens de la France. C'est le *vergne* de l'Anjou, suivant M. Desvaux; le *ver* des Languedociens, selon Gouan. (J.)

VERNICIA. (*Bot.*) Ce genre de Loureiro a été rapporté par Correa au *Dryandra* de Thunberg, *Elæococca* de Commerson, genre de la famille des euphorbiacées. (J.)

VERNILAGO. (*Bot.*) La plante citée sous ce nom par Théophraste, est, selon Mentzel, le *chamæleon niger* de Daléchamps et Bauhin; *carthamus corymbosus* de Linnæus : *brotera corymbosa* de Willdenow; *cardopatium corymbosum* de Persoon. (J.)

VERNIS. (*Bot.*) On donne ce nom au suc extrait de quelques arbres, employé pour enduire des vases ou coffrets ou autres meubles, et leur donner un poli brillant. Les arbres qui en fournissent existent en divers lieux, et leur vernis est plus ou moins estimé. Suivant Loureiro, le vernis de la Chine, que l'on croyoit provenir d'un *rhus*, est tiré de son genre *Augia*. Le vernis du Japon est tiré du *rhus vernix* de Linnæus, *urus-non-ki* des Japonois, cité par Kæmpfer et Thunberg, qui le déclarent supérieur à celui de la Chine. Le *caju-langit* des Malais, *arbor cæli* de Rumph, avoit été regardé, au Jardin du Roi, comme étant le végétal qui donnoit ce vernis; mais dès qu'on le vit fleurir et fructifier, M. Desfontaines reconnut que c'étoit un genre différent, qu'il nomma *Aylantus*, maintenant très-multiplié dans divers jardins. Le vernis du Canada est tiré du *rhus radicans*. Voyez VERNIX. (J.)

VERNIS. (*Chim.*) Un vernis est une matière que l'on applique à la surface d'un corps pour la rendre polie et brillante.

Il y a des vernis minéraux et des vernis organiques.

Les premiers sont composés d'une matière vitrifiable, qu'on applique sur les poteries et sur les métaux.

Les seconds sont en général formés de substances solides, fines, dissoutes dans un liquide volatil, tel que l'eau, l'alcool, l'huile de térébenthine ; il y en a aussi qui sont principalement formés de substances qui passent de l'état liquide à l'état solide par l'action de l'oxigène atmosphérique.

Les *vernis à l'eau* sont la gomme arabique, la gomme adragante, le blanc d'œuf, dissous dans l'eau.

Les *vernis à l'esprit de vin* sont formés d'alcool et de résines. (Voyez RÉSINES.)

Les *vernis à l'essence* ne diffèrent des précédens que par le dissolvant, qui est l'huile de térébenthine. (Voyez RÉSINES.)

Les *vernis gras* sont formés ou de succin ou de copal, dissous dans de l'huile de lin siccative et dans de l'huile de térébenthine. Voyez RÉSINES. (CH.)

VERNISEKIA. (*Bot.*) Scopoli avoit substitué ce nom a celui du genre *Houmiria* ou *Humiria* d'Aublet, que M. De Candolle reporte aux méliacées. (J.)

VERNIX. (*Bot.*) Adanson désigne sous ce nom générique le *toxicodendrum* de Tournefort, *rhus toxicodendrum* de Linnæus. Cette espèce de *rhus* et plusieurs autres, telles que le *rhus vernix*, le *rhus radicans*, etc., contiennent un suc regardé comme approchant de la nature du vrai vernis de la Chine, que l'on croyoit extrait d'une espèce de ce genre ; mais, s'il faut en croire Loureiro, le vrai vernis est produit par un petit arbre très-différent, qu'il nomme *augia*, plus voisin de la famille des guttifères par son caractère que de celle des térébintacées. (J.)

VERNONIA. (*Bot.*) Genre de plantes dicotylédones, à fleurs complètes, de la famille des *composées*, de l'ordre des *flosculeuses*, appartenant à la *syngénésie polygamie égale* de Linnæus, caractérisé par un calice ovale, imbriqué; des fleurs toutes flosculeuses, hermaphrodites; les semences surmontées d'une aigrette pileuse, capillaire; le réceptacle nu, alvéolé.

Ce genre a été consacré à la mémoire de Guillaume Vernon, qui fit le voyage de Maryland par amour pour la botanique, et y découvrit beaucoup de plantes nouvelles. La plupart des espèces qui le composent avoient été d'abord placées parmi les *serratula*, dont elles ont le port, mais dont elles diffèrent par leur réceptacle nu, alvéolé et non garni de paillettes, par les aigrettes des semences pileuses et non plumeuses. On y avoit d'abord réuni les espèces qui composent aujourd'hui le genre *Liatris*, qui en diffère par le réceptacle un peu velu et des aigrettes plumeuses.

Vernonia de New-York : *Vernonia Noveboracensis*, Willd.; Dillen., *Hort. Elth.*, tab. 263, fig. 342 ; *Serratula Noveboracensis*, Linn. Belle espèce, dont les tiges sont hautes de deux ou trois pieds, glabres, purpurines, cannelées, un peu anguleuses, rameuses à leur partie supérieure. Les feuilles sont alternes, presque sessiles, rudes, lancéolées, un peu velues sur les principales nervures, dentées, longues de quatre ou cinq pouces; le pétiole court. Les fleurs sont disposées, à l'extrémité des rameaux, en corymbes un peu lâches, paniculés, formant par leur ensemble une panicule étalée; les pédoncules glabres, striés, roides, assez longs, munis de petites bractées subulées; le calice hémisphérique, composé d'écailles glabres, serrées, imbriquées, d'un brun noirâtre, ovales, terminées par une longue pointe filiforme; la corolle purpurine, composée de fleurons tous hermaphrodites; les semences surmontées d'une aigrette pileuse, grisâtre, à peine de la longueur des fleurons. Cette plante croît dans la Caroline et la Virginie.

Vernonia a haute tige : *Vernonia præalta*, Willd.; *Serratula præalta*, Linn.; Dillen., *Elth.*, tab. 264, fig. 343; Bocc., *Mus.*, 2, tab. 32. Cette plante a des tiges hautes de trois à quatre pieds et plus, fermes, épaisses, rameuses, cannelées, légèrement hispides. Les feuilles sont sessiles, alternes, lancéolées, nombreuses, oblongues, rudes, pubescentes et un peu blanchâtres en dessous, longues de trois ou quatre pouces;

les feuilles des rameaux plus petites et plus étroites. Les fleurs
sont disposées en une ample panicule, composée de corymbes
partiels ; les pédoncules courts, pubescens ; les calices glabres,
de couleur purpurine ; les écailles ovales, aiguës, fortement
imbriquées ; les corolles purpurines ; les fleurons tubulés, à
cinq découpures aiguës ; les écailles petites, ovales, surmontées
d'une aigrette pileuse d'un pourpre foncé ; les réceptacles
ponctués, alvéolés ; les alvéoles munis d'un petit rebord membraneux, très-court ; les écailles intérieures du calice obtuses,
un peu concaves, semblables à des paillettes. Cette plante
croît dans l'Amérique septentrionale, la Caroline, la Virginie, etc.

Vernonia glauque : *Vernonia glauca*, Willd. ; *Serratula
glauca*, Linn. : Dill., *Eltham.*, tab. 262, fig. 341. Fort grande
espèce, dont les tiges s'élèvent à la hauteur de six ou sept
pieds ; elles sont glabres, cylindriques, striées, de couleur
purpurine, garnies de feuilles alternes, ovales, oblongues,
dentées en scie, acuminées au sommet, de couleur glauque,
glabres à leurs deux faces, longues d'environ trois pouces
sur un et demi de large ; les dentelures aiguës, presque épineuses au sommet. Les fleurs sont terminales, disposées en
un corymbe lâche, un peu fastigiées ; les calices arrondis,
légèrement globuleux, composés d'écailles imbriquées, ovales,
aiguës ; les semences aigrettées ; les réceptacles nus. Cette
plante croît dans la Virginie, la Caroline et plusieurs autres
contrées de l'Amérique septentrionale.

Vernonia a tige nue : *Vernonia oligophylla*, Mich., *Flor.
bor. amer.*, 2, page 94. D'une racine épaisse, noueuse, s'élèvent plusieurs tiges simples, droites, hautes d'environ deux
pieds, presque nues, glabres, cylindriques, striées ; les feuilles
radicales sont fort grandes, vertes, ovales, oblongues, rétrécies en pétiole à leur partie inférieure, arrondies et obtuses au sommet, longues de cinq à six pouces, larges de trois,
dentées en scie. Les fleurs sont terminales, disposées en un
corymbe lâche, paniculé ; les rameaux peu nombreux, terminés par une fleur sessile, une autre pédicellée, accompagnées d'une petite bractée courte, aiguë. Le calice est glabre,
à demi hémisphérique ; les écailles courtes, très-serrées, la
plupart terminées par une petite pointe sétacée ; la corolle

purpurine ; l'aigrette courte , pileuse et roussâtre. Cette plante
croît à la Caroline.

VERNONIA A FEUILLES ÉTROITES : *Vernonia angustifolia* , Mich.,
loc. cit., 2 , page 94 ; *Chrysocoma angustifolia* , Walth., *Carol.*,
196. Cette plante a des tiges droites, hautes d'un pied et
plus, grêles, cylindriques, pubescentes, presque simples, un
peu striées, garnies de feuilles nombreuses, éparses, alternes,
sessiles, oblongues, glabres, linéaires, fort étroites, aiguës,
presque entières, longues de deux ou trois pouces et plus.
Les fleurs sont terminales, disposées en une sorte d'ombelle
à rayons inégaux, peu nombreux, ordinairement uniflores.
Ces fleurs, petites, purpurines, ont leur calice ovale ; les
écailles courtes, petites. un peu ovales, terminées par une
pointe épineuse, un peu réfléchie ; la corolle une fois plus
longue que le calice ; l'aigrette un peu purpurine. Cette plante
croît dans la Caroline.

VERNONIA ÉTALÉE ; *Vernonia divaricata*, Swartz, *Fl. Ind. occid.*,
3 , page 1319. Arbrisseau très-rapproché par ses fleurs et ses
semences du *conyza arborescens* ; il en diffère par ses feuilles
lancéolées, presque glabres, longues de deux ou trois pouces,
parsemées en dessous, dans leur jeunesse, de petits globules
jaunâtres. Les rameaux sont glabres, flexueux, étalés, quelquefois un peu pubescens. Les fleurs sont terminales, formant
par leur ensemble une panicule très-ample ; les ramifications
filiformes, dichotomes, très-étalées, un peu recourbées. Ces
fleurs sont nombreuses, sessiles, unilatérales, munies chacune
d'une foliole sessile, elliptique ; le calice est ovale, arrondi ;
les écailles extérieures fort petites ; les intérieures linéaires,
membraneuses, d'un brun pâle, quelquefois un peu pubescentes ; la corolle d'un pourpre bleuâtre ; les semences en cône
renversé, surmontées d'une double aigrette d'un blanc luisant ;
l'extérieure composée de paillettes courtes et ciliées, l'intérieure de poils rudes. Cette plante croît à la Jamaïque, sur
les montagnes, parmi les broussailles.

VERNONIA A TIGE ROIDE : *Vernonia rigida*, Swartz, *loc. cit.*;
Conyza rigida, *Prodr.*, id., 113. Ses tiges sont rameuses, un
peu cylindriques, légèrement tomenteuses, divisées en rameaux simples, étalés, très-roides, garnies de feuilles alternes,
pétiolées, ovales, presque rondes, entières, rudes et nerveuses.

Les rameaux supérieurs sont flexueux, chargés de fleurs médiocrement pédonculées, distantes, unilatérales, réunies deux à deux ; chaque pédoncule muni à sa base d'une petite feuille arrondie. Le calice un peu conique ; les écailles imbriquées ; les extérieures plus petites, relevées en carène ; les intérieures plus longues, roides, droites et brunes ; la corolle purpurine, composée d'environ douze fleurons ; leur tube capillaire ; les semences hispides, couronnées par une double aigrette blanche, semblable à celle de l'espèce précédente. Cette plante croît dans les contrées septentrionales de la Jamaïque, sur les montagnes calcaires et pierreuses. (POIR.)

VERNONIÉES, *Vernonieæ*. (*Bot.*) C'est la dernière des vingt tribus naturelles dont se compose l'ordre des Synanthérées suivant notre méthode de classification. Nous avons déjà présenté (tom. XX, pag. 384) la description complète des caractères de cette tribu, et (tom. XXXVI, pag. 19 et 20) une liste alphabétique de quarante-deux genres qui lui appartiennent. Mais nous n'avons point encore exposé le tableau méthodique de tous ces genres ou sous-genres. C'est l'objet du présent article.

XXe Tribu. Les VERNONIÉES (*Vernonieæ*).

Vernonieæ. H. Cassini (1812 et seq.) — *Echinopsidearum, Vernoniacearum, Asterearum et Helianthearum genera*. Kunth (1820).

(Voyez les caractères de la tribu des Vernoniées, tom. XX, pag. 384.)

Première Section.

VERNONIÉES-LIABÉES (*Vernonieæ-Liabeæ*).

Caractère : Calathides couronnées, radiées.

1.† MUNNOZIA. = *Munnozia*. Ruiz et Pav. (1794).

2.* LIABUM. = *Solidaginis sp.* P. Browne (1756) — *Amelli ? sp.* Lin. (1763) — Swartz (1791) — *Liabum*. Adans. (1763) — H. Cass. (1825) Dict. v. 26. p. 203 — *Starkea*. Willd. (1803) — Pers. — *Andromachia*. Bonpl. (1809?) — H. Cass. Bull. nov. 1817. p. 185 — *Andromachiæ sp.* Kunth (1820) — *Amelli et Diplostephii sp.* Spreng. (1826).

3.† OLIGACTIS. = *Andromachiæ sectio tertia*. Kunth (1820)

— *Oligactis* H. Cass. (1825) Dict. v. 36. p. 16 — *Diplostephii
sp.* Spreng. (1826).

4. † Cacosmia. = *Cacosmia.* Kunth (1820).

Seconde Section.

Vernoniées-Pluchéinées (*Vernonieæ - Plucheineæ*).

Caractère : Calathides couronnées, discoïdes.

5. * Epaltes. = *Ethuliæ sp.* Lin. — *Ethulia.* Gærtn. — *Epaltes.*
H. Cass. Bull. sept. 1818. p. 159. Dict. v. 15. p. 6. = Huc
referenda Ethulia divaricata Linnæi.

6. * Pluchea. = *Conyzæ sp.* Lin. —Michaux — *An? Placus.*
Lour. (1790. malé) — *Pluchea.* H. Cass. Bull. févr. 1817. p. 31.
Dict. v. 42. p. 1 — *An? Gynemæ sp.* Rafin. (1817 et 1820. malé)
— *Stylimnus.* Rafin. (1819. malé) — *Gymnostylis.* Rafin. (malé).

7. * Chlænobolus. = *Conyzæ sp.* Lam. — Mich. — Willd. —
Chlænobolus. H. Cass. (1827) Dict. v. 49. p. 337.

8. * Monenteles. = *Monenteles.* Labill. (1825) — H. Cass.
(1828) Dict. v. 53. p. 236.

9. † Phalacromesus. = *Conyza riparia.* Kunth — *Phalacromesus.* H. Cass. (1828) Dict. v. 53. p. 235.

10. * Monarrhenus. = *Conyzæ sp.* Lam. — *Monarrhenus.*
H. Cass. Bull. févr. 1817. p. 31. Dict. v. 32. p. 453.

11. * Tessaria. = *Tessaria.* Ruiz et Pav. (1794) — H. Cass.
Dict. v. 53. p. 233 — *Gynheteria.* Willd. (1807).

Troisième Section.

Vernoniées-Tarchonanthées (*Vernonieæ-Tarchonantheæ*).

Caractère : Calathides unisexuelles, dioïques, pluriflores.

12. * Tarchonanthus. = *Conyzæ sp.* Tourn. — *Tarchonanthi
sp.* Vaill. (1719) — *Tarchonanthus.* Lin. (1737) — Gærtn. (1791)
— H. Cass. Bull. août 1816. p. 127. Journ. de phys. mars
1817. p. 229. juill. 1818. p. 29. Op. phyt. (1826) v. 2. p. 258.
Dict. v. 52 (1828). p. 245.

13. * Oligocarpha. = *Baccharidis sp.* Lin. — *Oligocarpha.*
H. Cass. Bull. sept. 1817. p. 151. Journ. de phys. juill. 1818.
p. 26. Dict. v. 36. p. 21 — *Brachylæna.* R. Brown (1817).

14. † ? Piptocarpha. = *Piptocarpha.* R. Brown (1817) — H.
Cass. Dict. v. 41. p. 109. = Genus incertæ sedis.

15. * Arrhenachne. = *Arrhenachne.* H. Cass. (1828) Dict. v. 52. p. 253.

16. * Pingræa. = *Pingræa.* H. Cass. (1826) Dict. v. 41. p. 57.

Quatrième Section.

Vernoniées - Prototypes (*Vernonieæ-Archetypæ*).

Caractère : Calathides bisexuelles, incouronnées, pluriflores.

I. Éthuliées. Fruit anguleux, non strié.

(A) Aigrette nulle ou stéphanoïde.

17. * Ethulia. = *Balsamitæ sp.* Vaill. (1719) — *Ethulia.* Lin. fil. (1762) — Juss. — H. Cass. Dict. v. 15. p. 487 — *Ethuliæ sp.* Lin. (1763) — *Pirarda.* Adans. (1763) — *Kahiria.* Forsk. (1775) — *Leighia.* Scop. (1777) — *An ? Sparganophori sp.* Gærtn. p. 390. = Hìc sola Ethulia conyzoides admittenda.

18. * Sparganophorus. = *Sparganophoros.* Vaill. (1719) — Gærtn. (1791) — H. Cass. (1827) Dict. v. 50. p. 71 — *Struchium.* P. Browne (1756) — Juss. — *Ethuliæ sp.* Lin. (1763) — Swartz — *Athenæa* (non *Sparganophoros*) Adans. (1763. malé) — *Sparganophori sp.* Pers.

19. † ? Xanthocephalum. = *Xanthocephalum.* Willd. (1807). = Genus incertæ sedis.

(B) Aigrette composée de squamellules.

20. * Stokesia. = *Carthami sp.* Hill. (1769) — *Stokesia.* Lhérit. (1788) — H. Cass. (1827) Dict. v. 51. p. 64 — *Cartesia.* H. Cass. (malé) Bull. déc. 1816. p. 198.

21. * Isonema. = *Conyza chinensis.* Lin. — Lam. — *Isonema.* H. Cass. Bull. sept. 1817. p. 152. Dict. v. 24. p. 25. = In specimine sicco à me observato, corollæ flavescentes ; sed probabiliter in vivo purpureæ.

22. * Piptocoma. = *Piptocoma.* H. Cass. Bull. janv. 1817. p. 10. Bull. avr. 1818. p. 58. Dict. v. 41. p. 111.

23. * Oliganthes. = *Oliganthes.* H. Cass. Bull. janv. 1817. p. 10. Bull. avr. 1818. p. 58. Dict. v. 36. p. 18 — *Pollalesta.* Kunth (1820) — *Vernoniæ sp.* Spreng. (1826).

II. Vernoniées-Prototypes vraies. Fruit cylindracé, strié.

(A) Aigrette double.

24. † Lychnophora. = *Lychnophora.* Martius (1821).

25. * Distephanus. = *Conyza populifolia*. Lam. — *Distephanus*. H. Cass. Bull. sept. 1817. p. 151. Dict. v. 13. p. 361.

26. * Heterocoma. = *Serratulæ sp.* Decand. in Pers. (1807) — *Heterocomæ sp.* Decand. (1810) — *Heterocoma*. H. Cass. (1821) Dict. v. 21. p. 114. = Hic admitto solam Heterocomam bifrontem, cujus non congener Heterocoma albida Candollii.

27. * Lepidaploa. = *Conyzæ sp.* Lin. — Lam. — *Vernoniæ sp.* Pers. — Kunth — *Lepidaploa*. H. Cass. Bull. avr. 1817. p. 66 (malè). Dict. v. 26 (1823). p. 16 (benè). = Periclinii squamæ interiores versùs apicem angustatæ, subulatæ, minimè coloratæ; cætera Vernoniæ. Huc referendæ Vern. arborescens, scorpioides, et aliæ consimiles.

28. * Vernonia. = *Serratulæ sp.* Lin. — *Vernoniæ sp.* Willd. — Kunth — *Vernonia*. H. Cass. Bull. avr. 1817. p. 66 (malè). Dict. v. 26 (1823). p. 19 (benè). = Periclinii squamæ interiores apice latæ, rotundatæ, coloratæ. Hic sistendæ Vern. noveboracensis, præalta, et aliæ consimiles.

29. * Ascaricida. = *Rhaponticoidis sp.* Vaill. (1718) — *Conyzæ sp.* Vaill. (1719) — Lin. (1763) — *Baccharoides*. Lin. (1747) — Mœnch (1794) — *Vernoniæ sp.* Willd. (1803) — *Ascaricida*. H. Cass. Dict. v. 3. suppl. (1816) p. 38. Bull. févr. 1817. p. 51. Bull. avr. 1817. p. 66. Dict. v. 26 (1823). p. 19 (benè). = Huc referenda Vern. anthelmintica Willd., quæ à Vernoniis veris recedit squamis periclinii appendice auctis foliaceà, subspathulatà, et squamellulis pappi interioris (sub lente vitreà) complanatis, nec filiformibus.

(B) Aigrette point double.

30. * Achyrocoma. = *Achyrocoma*. H. Cass. (1823) Dict. v. 26. p. 21. = Pappus squamellulis numerosis, multiplici serie, valdè inæqualibus, submembranaceis, linearibus, uninerviis, serrulatis.

31. * Centrapalus. = *Centrapalus*. H. Cass. Bull. janv. 1817. p. 10. Dict. v. 7 (1817). p. 582. = Habitus Ascaricidæ; sed diversus pappo vix duplici, squamellulis omnibus filiformibus, et periclinii squamis apice in aristulam subspinescentem desinentibus. An meliùs inter Vernoniam et Ascaricidam collocandus ?

32. * Gymnanthemum. = *Baccharidis sp.* Pers. — *Gymnanthemum.* H. Cass. Bull. janv. et avr. 1817. p. 10 et 66. Dict. v. 20 (1821). p. 108. = Vernonia triflosculosa Kunthii est Gymnanthemum congestum Cass. Eupatorium parviflorum Swartzii etiam forté Gymnanthemi species.

33. † ? Critonia. = *Dalea.* P. Browne (1756) — (non *Dalea.* Lin. 1757) — *Critonia.* P. Browne (1756) — H. Cass. (1823. dubié) Dict. v. 26. p. 233 — (non *Critonia.* Gærtn. 1791) — *Eupatorium Dalea.* Lin. — Swartz — (non Kunth) — *Wikstromia.* Spreng. (1826). = Genus incertæ sedis.

34. * Hololepis. = *Cnici sp.* Vellozo in Rœm. (1796) — *Serratulæ sp.* Decand. in Pers. (1807) — *Hololepis.* Decand. (1810) — H. Cass. (1821) Dict. v. 21. p. 307 — *Hayneæ sp.* Spreng. (1826). = Clinanthium fimbrilliferum, non squamelliferum.

35. * Ampherephis. = *Ampherephidis sp.* Kunth (1820) — *Ampherephis.* H. Cass. Dict. (hìc). = Genus medium inter Hololepidem et Centratherum : distinctum ab Hololepide clinanthio nudo, non fimbrillifero, à Centrathero squamis periclinii muticis, non spinoso-aristatis.

36. * Centratherum. = *Centratherum.* H. Cass. Bull. févr. 1817. p. 31. Dict. v. 7 (1817). p. 383 — *Ampherephidis sp.* Kunth (1820). = Hùc reducenda Ampherephis aristata Kunthii, squamis periclinii spinoso-aristatis.

37. * Pacourinopsis. = *Pacourinopsis.* H. Cass. Bull. sept. 1817. p. 151. Dict. v. 37. p. 212 — *Pacourina.* Kunth (1820) — (non Aubl.) — *Acilepidis sp.* Spreng. (1826). = Genus à Pacourinà distinctum clinanthio nudo.

38. † Pacourina. = *Pacourina.* Aubl. (1775) — Juss. — Decand. — H. Cass. Dict. v. 37. p. 211 — (non Kunth) — *Meisteria.* Scop. (1777) — *Haynea.* Willd. (1803). = Clinanthium, ex Aubletio, evidentissimé squamelliferum.

III. Éléphantopées. Fruit aplati et strié.

39. † Dialesta. = *Dialesta.* Kunth (1820). = An meliùs inter Piptocomam et Oliganthem collocanda ? An prope Odontolomam ?

40. * Distreptus. = *Elephantopi sp.* Gærtn. — *Distreptus.* H. Cass. Bull. avr. 1817. p. 66. Dict. v. 13. p. 366.

41. * Elephantopus. = *Elephantopus.* Vaill. (1719) — Lin.

(1737) — H. **Cass.** (1819) Dict. v. 14. p. 341 — *Anaschovadi.*
Adans. — *Elephantopi sp.* Gærtn.

Cinquième Section.

Vernoniées-Rolandrées (*Vernonieæ-Rolandreæ*).

Caractère : Calathides uniflores.

(A) Aigrette composée de squamellules.

42. † Trichospira. = *Trichospira.* Kunth (1820). = Affinis
Elephantopo et Distrepto, structurâ simillimâ fructûs et
pappi.

43. † Spiracantha. = *Spiracantha.* Kunth (1820).

44. * Shawia. = *Shawia.* Forst. (1776) — Scopol. — Juss.
— Schreb. — H. Cass. (1825) Dict. v. 34. p. 40. = Stylus,
stamina, corolla, mihi ignota : indè Vernoniea paululùm
dubia.

(B) Aigrette stéphanoïde ou nulle.

45. † Odontoloma. = *Odontoloma.* Kunth (1820). = Shawiæ
(non Turpiniæ Bonpl.) valdè aflinis, pappi structurâ tamen
prorsùs distinctâ.

46. * Noccæa. = *Nocca.* Cav. (1794) — *Lagasca.* Cav. —
Henckel (1806) — *Noccæa.* Willd. (1803) — Jacq. (1805) —
H. Cass. (1822) Dict. v. 25. p. 102 — *Nocca et Lagasca.* Pers.
(1807) — **Desvaux** (1808) — **Poir.** (1813) — *Lagascea.* Willd.
(1807 et 1809) — Kunth (1820). = Nocca rigida Cavanillesii
et Lagasca mollis ejusdem auctoris sunt plantæ congeneres :
igitur nomen genericum (Nocca seu meliùs Noccæa) anteriùs
editum, recentiori (Lagasca seu Lagascea) præponendum.

47. † ? Tetranthus. = *Tetranthus.* Swartz (1788). = Genus
incertæ sedis.

48. † ? Cæsulia. = *Cæsulia.* Roxb. (1795) — R. Brown —
Cæsuliæ sp. Willd. — *Meyeræ sp.* Don — Spreng. = Genus
incertæ sedis, à Meyerà Schreb. (Enydra Lour. et Cass.)
longè diversum.

49. * Rolandra. = *Echinopi sp.* Plum. — Tourn. — Lin. —
Lam. — *Rolandra.* Rottboll (1775) — Swartz (1806) — H. Cass.
(1827) Dict. v. 46. p. 170. = Cum Echinopo nullam affini-
tatem habet.

50. * Corymbium. = *Corymbium.* Gronov. in Lin. Gen. pl.

cor. (1737) — Lin. — Burm. — Lin. fil. — Juss. (1789. benè) — Gærtn. (1791. malè) — Decand. (1810. malè) — H. Cass. (1818) Dict. v. 10. p. 580 — *Contarena*. Adans. (1763). = Pappus stephanoides, à Jussieo rectè huic generi adscriptus, perperam denegatus à Gærtnero et Candollio.

51. * GUNDELSHEIMERA. = *Gundelia*. Tourn. (1703) — Lin. (1737) — Gærtn. (1791) — H. Cass. (1821) Dict. v. 20. p. 93 — *Hacub*. Vaill. (1718) — *Gundelsheimera*. H. Cass. Dict. (hic). = Capitulum ex numerosis capitellulis distinctis compositum ; unumquodque capitellulum ex paucis calathidibus unifloris connatis conflatum, omnibus pericliniis capitelluli in unum corpus coalitis.

Nous aurions désiré présenter ici une analyse du tableau des Vernoniées, analogue à celles que nous avons insérées à la suite de nos autres tableaux de tribus ; mais le temps et l'espace nous manquent : il faut donc réserver cette analyse pour le troisième volume de nos *Opuscules phytologiques*, que nous espérons publier bientôt après l'achèvement de ce Dictionnaire.

Cependant nous allons nous permettre une discussion sur les deux genres *Centratherum* et *Ampherephis*.

Le genre *Centratherum*, que nous avons d'abord proposé dans le Bulletin des sciences de Février 1817, fut ensuite plus amplement décrit par nous dans le septième volume de ce Dictionnaire, qui a été livré au public en Mai 1817. Le genre *Ampherephis* de M. Kunth n'a été publié qu'en 1820, c'est-à-dire, trois ans après notre *Centratherum*. Si donc le *Centratherum* et l'*Ampherephis* ne forment qu'un seul et même genre, il est bien certain que le nom de *Centratherum* doit régulièrement prévaloir sur celui d'*Ampherephis*. Mais il nous semble que le *Centratherum* et l'*Ampherephis* peuvent subsister l'un et l'autre, comme étant deux genres, ou au moins deux sous-genres, suffisamment distincts.

Notre genre *Centratherum* fut établi sur une seule espèce, qui s'étoit fait remarquer à nos yeux principalement par une longue arête spinescente, bien distincte, surmontant le sommet de chacune des squames du péricline, et qui n'est point formée par le prolongement d'une nervure. L'existence de cette arête spiniforme fut considérée par nous comme l'un des caractères essentiels ou différentiels du genre, auquel nous donnâmes en conséquence le nom de *Centratherum*, composé de deux mots grecs, qui signifient *arête piquante*.

Le genre *Ampherephis* de M. Kunth fut établi plus tard sur deux autres espèces, dont l'une a le péricline armé d'arêtes piquantes, très-manifestes, analogues à celles de notre *Centratherum*, quoique moins longues, et dont l'autre a le péricline absolument privé d'arêtes. Ce botaniste a voulu réunir ces deux espèces en un même genre, auquel par conséquent il attribue le péricline formé de squames tantôt mutiques, tantôt armées d'arêtes piquantes.

En admettant cette réunion générique des deux plantes, on doit s'étonner que M. Kunth ait présenté comme nouveau, et sous un autre nom, un genre déjà proposé, nommé, décrit exactement, et publié par nous, long-temps auparavant, dans deux recueils différens bien connus de ce botaniste. Faut-il croire que le motif de ce changement de nom est fondé sur ce que le nom de *Centratherum* ne convient pas aux espèces mutiques, que M. Kunth associe aux espèces aristées? Ce seroit un bien mauvais prétexte; car la plupart des noms génériques significatifs ne conviennent exactement qu'aux espèces primitives des genres; et pourtant on ne s'avise pas de changer ces noms, dès qu'ils cessent de convenir aux espèces nouvelles; mais on se borne à modifier, s'il le faut, les caractères génériques. Dira-t-on que le nom de *Centratherum* (arête piquante) ressemble trop à celui de *Centranthera* (anthère éperonnée), précédemment donné par M. Brown à un autre genre? Mais alors il faut aussi proscrire ce nom de *Centranthera*, comme trop semblable à celui de *Centranthus* (fleur éperonnée), qui est plus ancien; et il faut en même temps changer une foule d'autres noms génériques admis sans difficulté par les botanistes, quoique entachés du même vice de ressemblance. Quoi qu'il en soit, puisque M. Kunth vouloit absolument changer tous nos noms génériques, il devoit au moins citer notre *Centratherum* comme synonyme de son *Ampherephis*, et reconnoître notre priorité.

Aujourd'hui nous proposons de conserver le nom générique de *Centratherum* aux espèces aristées, et celui d'*Am-*

pherephis aux espèces mutiques. Ainsi notre genre *Centra-therum*, comparativement caractérisé par les squames du péricline munies d'une arête piquante bien manifeste, comprendra, 1.° notre *Centratherum punctatum*, qui seroit peut-être mieux nommé *Centratherum longispinum*; 2.° l'*Ampherephis aristata* de M. Kunth, que nous nommons *Centratherum brevispinum*. Le genre *Ampherephis* de M. Kunth, caractérisé comparativement par les squames du péricline absolument privées d'arête, comprendra, 1.° l'*Ampherephis mutica* de M. Kunth, qui seroit mieux nommée *Ampherephis pilosa*; 2.° une espèce nouvelle, dont voici la description.

Ampherephis pulchella, H. Cass. Tige très-dure, paroissant ligneuse, cylindrique, striée, un peu pubescente, rameuse. Feuilles alternes, longues d'environ quinze lignes, larges d'environ six lignes, lancéolées, très-étrécies vers la base en une sorte de pétiole, aiguës au sommet, à partie inférieure entière, à partie supérieure ordinairement découpée sur chaque côté en deux ou trois grandes dents; les deux faces presque glabres, et parsemées de très-petits points saillans, jaunâtres, paroissant résineux. Calathides multiflores, larges d'environ cinq lignes, solitaires et sessiles au sommet des rameaux, qui portent des feuilles jusque près de leur extrémité. Involucre irrégulier, variable, composé de plusieurs bractées foliiformes, inégales, dissemblables, subunisériées. Péricline subcampanulé, formé de squames inégales, plurisériées, régulièrement imbriquées, appliquées, coriaces, glabres; les extérieures très-courtes, surmontées d'un appendice inappliqué, oblong, foliacé; les intermédiaires graduellement plus longues, presque ovales, ayant un appendice peu distinct, arqué en dehors, scarieux, un peu coloré, chargé de glandes extérieurement, terminé en pointe subulée, très-aiguë, étalée; les squames intérieures oblongues, submembraneuses, pourvues d'un appendice étalé, presque arrondi, scarieux, coloré, rougeâtre, garni de glandes sur la face externe, un peu frangé ou denticulé sur les bords. Ovaires oblongs, glabres, striés, portant une aigrette composée de squamellules caduques, filiformes-laminées, subulées, très-barbellulées. Corolles purpurines, à tube glabre, à limbe parsemé de glandes.

Nous avons fait cette description sur deux échantillons secs, en très-mauvais état, donnés à M. Mérat, en 1825, par MM. d'Urville et Lesson : ces échantillons proviennent d'individus cultivés dans le jardin du port Jackson, où ils ont été transplantés, dit-on, de la Nouvelle-Zélande.

Quoi qu'il en soit, cette espèce est très-distincte de l'*Ampherephis mutica* de M. Kunth, par ses feuilles beaucoup plus grandes, bien moins dentées, presque glabres et parsemées de petits points ; par ses calathides sessiles, non pédonculées, les rameaux qui les portent ayant des feuilles jusque près du sommet ; enfin, par son péricline agréablement coloré.

Les échantillons que nous avons observés n'étoient qu'en état de préfleuraison, mais assez avancée. Nous avons trouvé sur le clinanthe quelques squamelles plus ou moins analogues aux squames intérieures du péricline, et dont la présence n'étoit probablement qu'accidentelle. On peut, d'après cela, conjecturer avec quelque vraisemblance, que les squamelles très-manifestes, observées par Aublet sur le clinanthe de son *Pacourina*, ne s'y trouvoient aussi qu'accidentellement. Ne pourroit-on pas étendre cette supposition, en l'appliquant à notre *Oligocarpha*, et même à l'*Heterocoma* de M. De Candolle ? Si ces conjectures étoient confirmées par l'observation, et si le *Piptocarpha*, admis avec doute parmi les Vernoniées, devoit être reporté ailleurs, il en résulteroit peut-être que, dans toute cette tribu, le clinanthe en état naturel ne porte jamais de vraies squamelles.

Le genre *Ampherephis* diffère autant du *Centratherum* que de l'*Hololepis* ; car la présence ou l'absence des fimbrilles sur le clinanthe n'est pas un caractère de plus grande valeur que la présence ou l'absence des arêtes sur le péricline. Si donc on juge que l'*Ampherephis* et le *Centratherum* sont congénères, il faut, pour être conséquent, les réunir l'un et l'autre à l'*Hololepis*. Mais dans ce système, on ne sait où s'arrêter ; et en réunissant ainsi de proche en proche les genres analogues, on finiroit bientôt par ne plus voir qu'un seul genre dans toute la tribu des Vernoniées. (H. Cass.)

VÉROLE. (*Conchyl.*) M. Bosc dit , dans le Dictionnaire d'histoire naturelle, qu'on désigne sous ce nom le *Cyprœa nucleus*, la Porcelaine grenue de M. de Lamarck. (De B.)

VÉRON , *Leuciscus phoxinus.* (*Ichthyol.*) Nom d'une espèce d'Able. Voyez ce mot dans le Supplément du tom. I.er de ce Dictionnaire. (H. C.)

VERONI. (*Bot.*) Voyez Boronia. (Poir.)

VERONICA. (*Bot.*) Voyez Véronique. (L. D.)

VERONICASTRUM. (*Bot.*) Heister distinguoit les véroniques à corolle tubulée sous ce nom générique, adopté ensuite par Mœnch. Il nommoit aussi *veronicella* les espèces à feuilles alternes et à fleurs axillaires, solitaires. (J.)

VERONICELLA. (*Bot.*) Voyez Veronicastrum. (J.)

VÉRONICELLE, *Veronicella.* (*Malacoz.*) Genre de malacozoaires nus, de la famille des limacinés, établi par moi pour un animal conservé dans la collection du Muséum britannique, sans désignation de son origine, et qui a été envoyé depuis du Brésil par M. Taunay à M. de Férussac, qui a cru devoir aussi en former un genre distinct, sous la dénomination de Vaginule (voyez ce mot), parce que dans la description de ma véronicelle, j'avois parlé d'un rudiment de coquille qui, à ce que je suis fort porté à croire, n'existe pas. Aussi dans le système général qui fait partie de l'article Mollusques, j'ai réuni les genres Véronicelle et Vaginule à celui que M. Buchanan a formé sous la dénomination d'Onchidie, ayant distrait de ce genre les mollusques nus marins, que M. Cuvier y avoit réunis, suivant moi, à tort, et dont j'ai fait le genre Péronie. (Voyez ces différens mots, l'article Mollusques et l'ouvrage interrompu de M. de Férussac sur les Mollusques terrestres et fluviatiles, où j'ai donné une description détaillée de l'organisation de la véronicelle, qui prouve ses grands rapports avec l'onchidie du *typha* de M. Buchanan.) Au reste, je vais rapporter les caractéres de ce genre tels que je les avois d'abord proposés; car il se pourroit que, l'onchidie de M. Buchanan ayant été incomplétement décrite, ces deux mollusques ne dussent réellement pas appartenir au même genre : Corps alongé, limaciforme, plan et pourvu en dessous d'un pied propre à ramper, plus étroit que le manteau, qui le déborde de toutes parts, un peu gibbeux en dessus et contenant vers le tiers postérieur un rudiment de coquille, sans trace de disque ou de bouclier; tête peu ou point distincte, cachée sous l'avance du manteau; quatre tentacules rétractiles;

ouverture de l'anus au quart postérieur du côté droit ; orifice de l'organe mâle à la base du tentacule droit ; cavité respiratrice s'ouvrant à l'extérieur par un orifice arrondi, situé à droite, à l'extrémité du rebord inférieur du manteau.

Sloane a indiqué et figuré, dans son Histoire de la Jamaïque, une espèce de limaciné qui a beaucoup de ressemblance avec la véronicelle lisse.

J'ai déjà dit, que j'ai reçu de l'Amérique méridionale, et surtout du Brésil, un mollusque qui lui ressemble aussi beaucoup, et dont M. de Férussac a fait son genre VAGINULE. (Voyez ce mot.)

Enfin, j'ai observé une autre espèce de véronicelle, envoyée à la collection du Muséum, des eaux douces de Pondichéry, par M. Leschenault, et qu'il est même bien difficile de ne pas rapporter à ce genre, dont elle a tous les caractères. (De B.)

VÉRONIQUE ; *Veronica*, Linn. (*Bot.*) Genre de plantes dicotylédones monopétales, de la famille des *rhinanthées*, Juss., et de la *diandrie monogynie* du système sexuel, dont les principaux caractères sont les suivans : Calice à quatre ou plus rarement à cinq divisions ; corolle monopétale, tubulée à sa base, ayant son limbe très-souvent étalé en roue et partagé en quatre lobes, dont l'inférieur plus étroit ; deux étamines à filamens attachés au tube de la corolle et terminés par des anthères arrondies ou oblongues ; un ovaire supère, surmonté d'un style filiforme, à stigmate simple ; une capsule ovale ou en forme de cœur renversé, comprimée, à deux loges, contenant plusieurs graines arrondies.

Les véroniques sont des plantes le plus souvent herbacées, rarement suffrutescentes, dont les feuilles sont ordinairement opposées, et les fleurs disposées en grappe ou en épi ; quelquefois les feuilles sont alternes ; les fleurs axillaires et solitaires. On en connoît aujourd'hui une centaine d'espèces, dont la plus grande partie croit naturellement en Europe ; en France seulement on en trouve trente-cinq.

* *Fleurs formant des grappes placées dans les aisselles des feuilles supérieures. Feuilles toutes opposées.*

VÉRONIQUE BÉCABUNGA, vulgairement VÉRONIQUE CRESSONNÉE,

Bécabunga ; *Veronica beccabunga*, Linn., *Sp.*, 16 ; *Fl. Dan.*, t. 511. Sa racine est vivace ; elle produit une tige très-glabre comme toute la plante, couchée à sa base, ensuite redressée et haute de huit à quinze pouces ; ses feuilles sont ovales, obtuses, dentées en scie. Les fleurs, bleues ou bleuâtres, forment des grappes un peu plus longues ou deux fois plus longues que les entre-nœuds. Cette plante est commune dans les eaux des ruisseaux et des fontaines en France et dans le reste de l'Europe : elle fleurit en Mai, Juin, et pendant une partie de l'été.

La véronique bécabunga a une saveur un peu amère, âcre et piquante ; comme légèrement excitante, tonique et diurétique, elle a été employée dans les maladies cutanées, le scorbut, les engorgemens des viscères du bas-ventre. Avec le suc exprimé de la plante fraîche on préparoit autrefois un sirop, qui est maintenant tombé en désuétude. Dans quelques pays on la mange comme plante potagère, cuite ou crue, et en salade.

Véronique mouronnée ; *Veronica anagallis*, Linn., *Spec.*, 16 ; *Fl. Dan.*, t. 903. Sa racine, qui est vivace, produit une tige cylindrique, couchée à sa base, ensuite redressée, haute d'un à deux pieds, glabre comme toute la plante, garnie de feuilles sessiles, lancéolées, dentées en scie. Ses fleurs, d'un bleu clair ou d'un rouge tendre, avec des veines plus foncées, sont disposées en grappes plusieurs fois plus longues que les entre-nœuds. Cette espèce varie à feuilles plus larges ou plus étroites, simplement opposées, ou opposées trois par trois. Elle fleurit en été et se trouve en France et en Europe, dans les ruisseaux et les fossés des prés. Ses propriétés sont à peu près les mêmes que celles de la précédente.

Véronique de montagne ; *Veronica montana*, Linn., *Spec.*, 17 ; Jacq., *Fl. Aust.*, t. 109. Ses tiges sont pubescentes, couchées à la base, redressées dans la partie supérieure, longues de huit pouces à un pied, et garnies de feuilles pétiolées, ovales, presque en cœur à leur base, bordées de grandes dents. Ses fleurs, d'un bleu pâle, avec des veines purpurines, sont disposées en grappes lâches, de la longueur des entre-nœuds ou à peine plus longues. Cette espèce croît en France et autres pays de l'Europe, dans les bois et les lieux ombragés des montagnes : elle fleurit en Juin et Juillet.

Véronique germandrée ; *Veronica teucrium*, Linn., Spec. , 16. Sa tige est pubescente, redressée, haute de huit à quinze pouces, garnie de feuilles sessiles, ovales-lancéolées, bordées de dents inégales. Ses fleurs, d'un beau bleu d'azur, forment de longues grappes médiocrement serrées ; elles ont leur calice à cinq divisions. Cette espèce croît dans les Alpes, les Pyrénées et dans plusieurs autres montagnes de l'Europe : elle fleurit en Juin et Juillet.

Véronique petit chêne, vulgairement Véronique des bois ou des haies : *Veronica chamædrys*, Linn., Spec. , 17 ; *Fl. Dan.*, t. 448. Ses tiges sont pubescentes, couchées à leur base, ensuite redressées, longues en tout de six pouces à un pied, garnies de feuilles sessiles, ovales ou en cœur, bordées de dents grandes et larges. Ses fleurs, d'un bleu tendre ou quelquefois couleur de chair ou blanches, forment de longues grappes. Cette plante est commune dans les prairies, les bois et les haies : elle fleurit en Mai et Juin.

Véronique a feuilles d'ortie ; *Veronica urticæfolia*, Jacq., *Fl. Aust.*, t. 59. Sa tige est droite, roide, haute de huit à quinze pouces ou un peu plus, garnie de feuilles sessiles, ovales-lancéolées, presque en cœur à leur base, fortement dentées en scie, aiguës. Ses fleurs sont petites, d'un bleu clair ou presque couleur de chair, et disposées en grappes médiocrement garnies. Cette espèce croît dans les bois des montagnes en Savoie, en Dauphiné, en Provence, en Auvergne, dans les Pyrénées ; on la trouve aussi en Autriche et dans plusieurs autres contrées de l'Europe : elle fleurit en Juin et Juillet.

Véronique officinale, vulgairement Véronique male, Thé de l'Europe : *Veronica officinalis*, Linn., Sp., 14 ; *Fl. Dan.*, t. 248. Ses tiges sont couchées à leur base, redressées dans leur partie supérieure, longues en tout de quatre à six pouces, garnies de feuilles ovales, dentées, rétrécies à leur base en un court pétiole, chargées, comme le reste de la plante, de quelques poils courts. Ses fleurs sont d'un bleu tendre, quelquefois blanches et veinées de pourpre, portées sur de courts pédicelles et disposées en grappes assez serrées. Cette espèce est commune en France et en Europe, dans les bois, sur les collines et dans les prés : elle fleurit pendant une grande partie de l'été.

La véronique officinale est un peu amère et aromatique ; elle est légèrement excitante, et elle a été employée en médecine comme béchique, sudorifique, apéritive, céphalique et vulnéraire. C'est de ses feuilles qu'on fait usage en infusion théiforme. On en préparoit autrefois une eau distillée et un sirop, qui ne sont plus en usage.

Véronique en croix ; *Veronica decussata*, Lam., *Illust.*, 1, pag. 45, n.° 182. Sa tige est ligneuse ; elle forme un petit arbrisseau haut d'un pied à dix-huit pouces, divisé en rameaux nombreux, redressés, garnis de feuilles ovales, glabres, très-entières, nombreuses, très-rapprochées, presque sessiles, opposées en croix. Ses fleurs sont bleues, disposées à l'extrémité de la tige en des rameaux en épis axillaires peu garnis et plus courts que les feuilles ; elles sont munies de bractées ovales, ciliées, et leur corolle est presque infundibuliforme. Cette espèce croît naturellement au détroit de Magellan et aux îles Malouines. On la cultive au Jardin du Roi à Paris.

Véronique perfoliée ; *Veronica perfoliata*, Brown, *Prodr.*, 1, p. 434. Sa racine est vivace ; elle produit une tige grêle, cylindrique, parfaitement glabre, ainsi que toute la plante, haute d'un pied ou un peu plus, légèrement rameuse, garnie, dans toute sa longueur, de feuilles ovales, acuminées, très-entières, d'un vert glauque, opposées et connées à leur base. Ses fleurs sont d'un bleu tendre, portées sur de courts pédicelles, et réunies, au nombre de cinquante ou plus, en une grappe grêle, longue de six à huit pouces, portée sur un pédoncule placé dans l'aisselle d'une feuille, vers la partie moyenne de la tige ou des rameaux. Cette espèce est originaire de la Nouvelle-Hollande ; on la cultive en Europe depuis 1815. On la plante en pot et on la rentre dans l'orangerie pendant l'hiver. Elle fleurit en Juillet, Août et Septembre.

** *Fleurs disposées en épi, en grappe ou en corymbe au sommet de la tige. Feuilles opposées.*

Véronique de Sibérie ; *Veronica sibirica*, Linn., *Sp.*, 12. Ses tiges sont droites, cylindriques, striées, hérissées de poils, hautes de trois à quatre pieds, garnies de feuilles lancéolées, inégalement dentées, sessiles et verticillées cinq à neuf ensemble. Ses fleurs sont bleues, à tube alongé, réunies à l'extrémité des tiges en un épi serré, cylindrique et imbriqué; les étamines et le pistil sont une fois plus longs que la corolle. Cette espèce croit en Sibérie.

Véronique de Virginie; *Veronica virginica*, Linn., *Syst. veget.*, pag. 58. Ses tiges sont droites, rameuses, velues, presque cotonneuses dans leur partie supérieure, garnies de feuilles ovales-lancéolées, brièvement pétiolées, dentées en scie, verticillées par cinq, quatre ou seulement trois ensemble, selon qu'elles sont placées plus bas ou plus haut. Ses fleurs sont blanches ou un peu rougeâtres, disposées, à l'extrémité des tiges et des rameaux, en épis droits, simples, serrés et longs de quatre pouces ou environ. Cette plante est originaire de la Virginie. On la cultive depuis assez long-temps dans les jardins.

Véronique ailée; *Veronica pinnata*, Linn., *Sp.*, 57. Ses tiges sont couchées à leur base, ensuite redressées, hautes de huit à dix pouces, légèrement pubescentes et très-simples. Ses feuilles radicales sont ailées, à folioles linéaires, très-étroites, presque filiformes; celles de la tige sont pinnatifides ou presque simples, étroites, alongées, à découpures filiformes dans celles qui sont pinnatifides, et munies seulement de quelques dents écartées dans celles qui sont simples. Les fleurs sont d'un beau bleu, disposées au sommet des tiges sur plusieurs épis droits, inégaux, feuillés à leur partie inférieure. Cette espèce croit naturellement en Sibérie.

Véronique a feuilles de gentiane; *Veronica gentianoides*, Vahl, *Symb.*, 1. Sa racine est vivace, pivotante; elle produit une ou plusieurs tiges simples, hautes de huit à dix pouces, légèrement pubescentes, surtout dans leur partie supérieure, accompagnées à leur base d'une touffe de feuilles ovales, pétiolées, bordées d'une membrane blanchâtre et légèrement crénelée. Les feuilles qui garnissent les tiges sont oblongues-lancéolées, presque obtuses, sessiles et assez distantes. Les fleurs sont d'un bleu clair, disposées, à l'extrémité des tiges, en une très-longue grappe simple; leur calice est à quatre divisions profondes, dont deux sont plus courtes. Cette plante croit naturellement sur le Caucase et dans le Levant. On la cultive au Jardin du Roi à Paris.

5-.   23

Véronique de Pona; *Veronica Ponæ*, Gouan, *Ill.*, 1, tab. 1, fig. 1. Sa racine est vivace, rampante; elle produit une tige redressée, roide, ordinairement très-simple, légèrement velue, comme toute la plante, haute de huit pouces à un pied, garnie de feuilles sessiles, ovales et ovales-lancéolées, bordées de larges dents plus ou moins aiguës. Ses fleurs sont bleues, portées sur des pédoncules plus longs que les bractées et disposées en grappe terminale. Cette espèce croît dans les lieux frais et ombragés des Pyrénées et des montagnes alpines de l'Italie.

Véronique a épi : *Veronica spicata*, Linn., *Sp.*, 14; Vaill., *Bot. par.*, p. 200, tab. 55, fig. 4. Sa racine est horizontale, fibreuse, vivace; elle produit une ou plusieurs tiges ordinairement très-simples, pubescentes, ainsi que les feuilles, et hautes d'un pied ou environ. Les feuilles radicales sont ovales-oblongues, pétiolées; les supérieures sessiles, plus alongées; les unes et les autres dentées en leurs bords. Ses fleurs sont bleues, disposées en épi serré, terminal, de la longueur de la moitié de la tige; quelquefois cet épi se bifurque, d'autres fois la partie supérieure de la tige se ramifie et donne naissance à plusieurs épis. Cette espèce croît en France et autres contrées de l'Europe, dans les bois montueux, sur les collines et dans les lieux secs; elle fleurit en Juillet et Août.

Véronique souligneuse; *Veronica fruticulosa*, Linn., *Spec.*, 15. Le collet de sa racine forme une souche un peu ligneuse, d'où partent plusieurs tiges étalées à leur base, ensuite redressées, hautes de quatre à six pouces, garnies de feuilles glabres, un peu charnues, ovales-arrondies dans la partie inférieure des tiges, plus alongées en approchant de leur sommet, presque lancéolées, légèrement dentées en scie dans tout leur contour. Ses fleurs sont roses, rayées de pourpre, assez nombreuses, portées sur des pédoncules dont les inférieurs égalent à peu près la longueur des feuilles florales, et disposées en grappe terminale. Cette espèce croît dans les pâturages et entre les rochers un peu couverts des Alpes, des Pyrénées et des autres montages alpines de l'Europe.

Véronique nummulaire : *Veronica nummularia*, Gouan, *Ill.*, 1, tab. 1, fig. 2. Ses tiges sont étalées, souligneuses, longues de deux à trois pouces au plus, garnies de feuilles ovales-arron-

dies. Ses fleurs sont d'un bleu clair, en petit nombre et disposées en corymbe; les divisions de leur calice sont ciliées.
Cette véronique croît dans les lieux élevés des Pyrénées, parmi
les débris des rochers.

*** *Fleurs solitaires, disposées dans les aisselles des*
feuilles supérieures, qui sont alternes.

VÉRONIQUE DES CHAMPS : *Veronica arvensis*, Linn., *Sp.*, 18;
Fl. Dan., t. 515. Sa racine, qui est annuelle, produit une
tige redressée, simple ou souvent rameuse, et alors étalée dès
sa base, à rameaux redressés, hauts de quatre à six pouces
et plus, garnis de feuilles ovales, en cœur à leur base, crénelées, obtuses, un peu velues, ainsi que toute la plante;
les inférieures pétiolées, les supérieures sessiles, les dernières
lancéolées et entières. Les fleurs sont d'un bleu clair, brièvement pédonculées ou presque sessiles, n'occupant ordinairement que la partie supérieure des tiges, mais disposées dans
une variété, presque dès la base de la plante, de manière à
former une sorte d'épi. Cette plante est commune dans les
champs cultivés; elle fleurit en Avril et Mai.

VÉRONIQUE PRINTANIÈRE; *Veronica verna*, Linn., *Spec.*, 19.
Sa tige est simple ou rameuse dès la base, redressée, haute
de deux à trois pouces, garnie de feuilles pubescentes, comme
toute la plante; les inférieures à cinq ou trois lobes, les supérieures très-entières, lancéolées-linéaires. Ses fleurs sont
d'un bleu clair, brièvement pédonculées, axillaires dans presque toute la longueur de la plante. Les capsules sont en cœur.
Cette plante croît dans les champs et les lieux sablonneux;
elle fleurit en Mars, Avril et Mai.

VÉRONIQUE TRIPHYLLE : *Veronica triphyllos*, Linn., *Sp.*, 19;
Fl. Dan., tab. 627. Sa tige est étalée et rameuse dès sa base,
haute de quatre à six pouces, divisée en rameaux redressés,
garnis de feuilles légèrement velues, comme toute la plante,
écartées les unes des autres; les inférieures opposées et à cinq
lobes, les supérieures alternes, à trois lobes. Les fleurs sont
bleues, portées sur des pédoncules plus longs que les feuilles
florales. Cette véronique est assez commune dans les champs
cultivés et les moissons; elle fleurit en Mars, Avril et Mai.

VÉRONIQUE AGRESTE: *Veronica agrestis*, Linn., *Sp.*, 18. Sa tige est rameuse dès la base, étalée et couchée, longue de trois à quatre pouces et plus, garnie de feuilles pubescentes comme toute la plante, ovales, un peu en cœur à leur base, bordées de dents obtuses, grandes et écartées. Ses fleurs sont d'un bleu clair, avec des veines plus foncées, portées sur des pédoncules de la longueur des feuilles florales; elles ont les divisions de leur calice presque obtuses, ne surpassant pas les calices, qui sont renflés. Cette plante est commune dans les champs et les lieux cultivés; ses fleurs paroissent depuis le commencement du printemps jusqu'à l'automne.

VÉRONIQUE A FEUILLES DE LIERRE : *Veronica hederæfolia*, Linn., *Sp.*, 19; *Fl. Dan.*, t. 428.

VÉRONIQUE CYMBALAIRE; *Veronica cymbalaria*, Bertol., *Pl. gen.*, p. 3.

Ces deux véroniques ont absolument le même port; mais, malgré leur grande ressemblance, elles offrent des caractères invariables au moyen desquels on peut les distinguer assez facilement. Toutes les deux ont des tiges rameuses dès la base, étalées, couchées, longues de six à huit pouces, velues comme tout le reste de ces plantes. Leurs feuilles sont pétiolées, réniformes, égales aux pédoncules dans la première espèce, et à cinq ou trois lobes, dont le moyen plus grand; plus courtes au contraire que les pédoncules dans la seconde, et à cinq ou sept lobes à peu près égaux. Les divisions du calice sont en cœur à leur base et un peu aiguës au sommet dans la première, ovales et obtuses dans la seconde. Dans toutes les deux chaque loge des capsules, qui sont renflées, ne contient que deux graines, quelquefois qu'une seule par l'avortement de la seconde. Les fleurs sont d'un bleu clair ou blanchâtres. Ces deux plantes sont annuelles, ainsi que toutes celles de cette section : la première est commune dans les jardins et les lieux cultivés de toute la France et de l'Europe entière; la seconde croît dans les parties méridionales de la France, en Allemagne, en Italie, dans la Thrace et en Orient. (L. D.)

VÉRONIQUE FEMELLE. (*Bot.*) Nom vulgaire de la linaire bâtarde. Voyez VELVOTTE. (L. D.)

VÉRONIQUE DES JARDINS. (*Bot.*) Les jardiniers donnent ce nom à la lychnide fleur de coucou. (L. D.)

VÉRONITE. (*Min.*) Delamétherie a donné ce nom au minéral nommé vulgairement terre de Vérone, et qui se rapporte à la variété de chlorite nommée baldogée par De Saussure. Voyez CHLORITE. (B.)

VEROU-PATRA. (*Ornith.*) Selon Flaccourt, à Madagascar, ce nom est donné à l'autruche. (DESM.)

VERPA. (*Bot.*) Genre de la famille des champignons, voisin des *helvella* et des morilles, dont même ses espèces ont fait partie. Il en diffère par son chapeau presque membraneux ou charnu-membraneux, distinct de son stipe, de forme conoïde, un peu en massue ou en mitre; par l'hyménium, ou la membrane séminulifère, persistant, lisse ou un peu rugueux, mais point aréolé comme dans les morilles.

Ces champignons sont terrestres; ils ont le port des morilles. Leur chapeau est entier, creux, d'abord appliqué contre le stipe, mais s'en écartant ensuite.

Ce genre a été établi par Swartz et adopté par Persoon, Fries, Sprengel, qui en décrivent quatre à cinq espèces; elles sont toutes d'Europe.

§. 1.ᵉʳ *Chapeau libre seulement par son bord replié.*

1. Le VERPA NOIR-BLANC : *Verpa atro-alba*, Fries, *Syst. myc.*, 2, p. 23; Curt Sprengel, *Syst.*, 4, part. 2, pag. 491; *Verpa candida*, Swartz, *in Nov. act. suec.*, 1815, pl. 9. Chapeau conique, obtus, très-lisse, noir, à bord enroulé, distinct du stipe; celui-ci roide, ventru, cendré ou blanc. Ce champignon a deux ou trois pouces de hauteur; son chapeau n'a que six lignes de long; il est blanchâtre en dessous et porté sur un stipe de la grosseur du petit doigt. Cette espèce croît en Suède, dans la mousse, près Stockholm, et en automne.

§. 2. *Chapeau entièrement distinct du stipe.*

2. Le VERPA DIGITALIFORME; *Verpa digitaliformis*, Persoon, *Mycol. europ.*, 1, pag. 202, pl. 7, fig. 1—3; Fries, *loc. cit.*; Sprengel, *loc. cit.* Chapeau libre, campanulé, en forme de dé, un peu rugueux, de couleur de terre d'ombre; stipe blanchâtre, avec de nombreuses écailles brunes, transversales. Ce champignon a été découvert par M. Chaillet, au printemps, dans les bois, près Neuchâtel en Suisse. Il croît en touffes ou groupes de plusieurs pieds. Son chapeau, qui

n'a que quatre à cinq lignes de longueur, est porté sur un stipe d'un à deux pouces, épais d'une ligne, creux et ondulé en travers.

3. Le VERPA AGARICOÏDES : *Verpa agaricoides*, Pers., *loc. cit.*, pl. 7, fig. 4 et 5; *Morchella agaricoides*, Decand., *Syn. pl. gall.*, 2, p. 213; *Verpa morchellula*, Fries, *loc. cit.*, p. 24. Il est presque solitaire. Chapeau campanulé, un peu plissé, brun-rougeâtre; stipe très-lisse, d'un jaune très-pâle ou blanc-roux. Ce petit champignon se trouve, au printemps, dans le bois de Boulogne, près Paris. Son chapeau a un demi-pouce de hauteur et de largeur; il est porté sur un stipe de trois pouces de longueur.

4. Le VERPA CONIQUE : *Verpa conica*, Swartz. *Vet. Acad.*, 1815, p. 131; Pers., *Mycol. eur.*, 1, p. 204; Fries, *loc. cit.*, p. 24; *Leotia conica*, Pers., *Synops.*, 613; *Phallus conicus*, Fl. Dan., pl. 634; *Helvella Relhani*, Sowerb., *Fung.*, pl. 11. Chapeau campanulé, presque lisse, brun en dessus, jaunâtre en dessous, sinueux sur le bord; stipe jaune, creux. Ce champignon n'a qu'un ou deux pouces de hauteur; il croît sur la terre, en Danemarck, en Angleterre et en Allemagne.

Il y a encore le *verpa patula*, Fries, espèce qui s'éloigne du genre. C'est l'*helvella coniformis*, Pers.; le *monka*, Adans., et la morille en bonnet de Paulet. (LEM.)

VERPIL ou VOUPILLE. (*Mamm.*) Nom du renard dans quelques cantons. (DESM.)

VERQUETTE. (*Ornith.*) Nom de la grive draine dans le Bugey. (DESM.)

VERRAT. (*Mamm.*) C'est le nom qu'on donne au porc mâle, non châtré. (DESM.)

VERRAT. (*Ichthyol.*) On appelle ainsi le maquereau sur plusieurs de nos côtes méridionales. (Voyez SCOMBRE.)

Verrat est aussi le nom spécifique d'un Lutjan de Lacépède, et du capros-sanglier. (H. C.)

VERRAT DE MER. (*Ichth.*) Nom vulgaire du *lutjanus verres*. Voyez LUTJAN. (H. C.)

VERRE. (*Chim.*) Il est essentiellement formé d'acide silicique et de potasse ou de soude ; mais le verre contient en outre quelques centièmes de silicate de chaux et des quantités variables de silicates de manganèse et de fer.

On ignore encore s'il seroit possible de faire un excellent
verre avec un silicate de potasse ou de soude à proportion
définie. (Ch.)

VERRE ANIMAL ou VERRE PHOSPHORIQUE. (*Chim.*)
Anciennement on a donné ce nom à de l'acide phosphorique
contenant plus ou moins de phosphate de chaux et de silice,
qui avoit été vitrifié par l'action de la chaleur. (Ch.)

VERRE D'ANTIMOINE. (*Chim.*) C'est une dissolution de
sulfure d'antimoine dans du protoxide d'antimoine, contenant en outre de la silice et de l'oxide de fer. On le prépare
en calcinant dans un têt du sulfure d'antimoine ; tenant ensuite la matière grillée en fusion dans des creusets de terre ;
puis la coulant en plaques minces sur une table de marbre
ou de fonte. (Ch.)

VERRE ARDENT. (*Chim.*) On s'est souvent servi d'un verre
ardent pour soumettre les corps de nature inorganique à l'action de la chaleur. On en a fait usage encore pour opérer
la combustion du diamant, etc., placé dans des cloches de
gaz oxigène.

Lorsqu'on se sert du verre ardent, on doit toujours distinguer les effets produits sur les corps, selon que ceux-ci sont
exposés à l'air libre, ou bien qu'ils sont placés dans le vide ou
dans des gaz qui n'ont pas d'action chimique sur ces corps.
On doit tenir compte encore du courant du gaz qui s'établit
sur la matière qu'on expose à l'action de la chaleur. (Ch.)

VERRE A BOIRE. (*Bot.*) Espèce de champignon du genre
Agaricus, auquel Paulet a donné ce nom (Trait. des champ.,
2, p. 157) à cause de sa forme en entonnoir ou plutôt de
verre à boire, avec les bords languettés. Il est d'un roux
foncé ou fauve sale et obscur, avec les feuillets rembrunis ;
le stipe est plein, d'un à deux pouces de hauteur. Ce champignon s'élève à quatre ou cinq pouces et même beaucoup
plus. (Lem.)

VERRE DE BORAX. (*Chim.*) C'est du borax fondu : si la
fusion a été opérée dans des creusets de terre, le verre de
borax contient de la silice et de l'alumine, qui le rendent
moins susceptible de s'effleurir à l'air, qu'il ne l'est à l'état de
pureté. (Ch.)

VERRE DE MOSCOVIE. (*Min.*) C'est le mica laminaire en

grands feuillets, qui vient de Sibérie et qu'on emploie comme verre à vitre sur les vaisseaux et dans d'autres circonstances. Voyez MICA. (B.)

VERRE DE PLOMB. (*Chim.*) Résultat de la fusion de la silice avec le protoxide de plomb. C'est un silicate.

Le verre de plomb se fait ordinairement en fondant de 2 à 3 parties de minium et une partie de sable blanc.

Le cristal (composition vitreuse) contient, outre le silicate de potasse, du silicate de plomb. (Cʜ.)

VERRE VOLCANIQUE. (*Min.*) C'est l'Obsidienne. Voyez ce mot. (B.)

VERRES. (*Mamm.*) Nom latin du verrat. (Desm.)

VERRES MÉTALLIQUES. (*Chim.*) Les anciens donnoient ce nom en général aux oxides métalliques susceptibles de se fondre et d'avoir, après leur refroidissement, quelques-unes des propriétés du verre. Les substances terreuses des creusets dans lesquels on opéroit, en s'unissant avec plusieurs de ces oxides, contribuoient à leur donner encore plus d'analogie avec le verre. (Cʜ.)

VERRINE, JANNETROLE, QUEUE DE RAT, QUEUE DE RENARD. (*Bot.*) Noms vulgaires dans l'Anjou de la prêle des champs, *equisetum arvense*, cités par M. Desvaux. Ailleurs elle est nommée plus communément queue de cheval. (J.)

VERROT. (*Mamm.*) Ce nom vulgaire est donné à la courtilière ou taupe-grillon dans quelques départemens. (Desm.)

VERRUCAIRE. (*Bot.*) Un des noms vulgaires de l'héliotrope d'Europe, employé pour guérir les verrues. Voyez Héliotrope. (Lem.)

VERRUCARIA. (*Bot.*) Gesner nommoit ainsi le *cichorium verrucarium* de Matthiole et Clusius, *lapsana zacintha* de Linnæus. Acharius a donné le même nom à un de ses genres dans la famille des lichens. (J.)

VERRUCARIA. (*Bot.*) Stackhouse a proposé sous ce nom un genre dans la famille des algues. Il le caractérise ainsi : Fronde cylindrique, glutineuse, délicate, à rameaux longs, irréguliers; fruits tuberculeux, assez grands, souvent agglomerés. Stackhouse cite trois espèces : *verrucaria verrucosa*, *elongata* et *confervoides*, qui rentrent comme variété dans le *Gigartina confervoides*, Lamx. (voyez Gigartina, vol. 18. page

534), le *Sphæroc. confervoides* d'Agardh, et le *Fucus confervoides*, L. Ce genre n'est pas dans le cas d'être adopté. (Lem.)

VERRUCARIA. (*Bot.*) Genre de la famille des lichens, établi par Persoon, adopté ensuite par les botanistes, mais qui a éprouvé beaucoup de modifications. Agardh le caractérise ainsi, dans son *Synopsis methodica lichenum*.

Réceptacle universel (thallus) crustacé, plan, étendu, adhérent, uniforme; réceptacle partiel (tubercule, verrue, apothécium, sporocarpe) hémisphérique ou globuleux, enfoncé dans le bas du thallus, ayant un double périthécium ou enveloppe; l'un externe, un peu cartilagineux, épais, noir, percé au sommet d'un pore ou d'une petite ouverture; l'intérieur très-mince, membraneux; spores réunies en un noyau presque globuleux, celluleux et vésiculeux.

Dans le *Pyrenula* du même auteur, les réceptacles n'offrent qu'un seul périthécium, au lieu de deux. Ce caractère, d'abord négligé par Acharius, puisqu'il avoit confondu le *Pyrenula* avec le *Verrucaria*, lui a paru ensuite assez important pour en faire un caractère générique. Meyer et Curt Sprengel ont jugé différemment, et le *Verrucaria* présente chez eux la réunion des deux genres d'Acharius. Les caractères de leur genre *Verrucaria* sont ceux-ci :

Sporocarpe presque globuleux ou hémisphérique; sporange propre, noir, comme charbonneux, contenu dans la base du thallus, muni d'une ouverture ou petite bouche; spores réunies en un noyau gélatineux et hyalin.

Le Pyrenula, Ach., étant déjà décrit à cet article dans ce Dictionnaire, il n'en sera point question ici : on fera remarquer seulement que l'on en trouve vingt-neuf espèces mentionnées dans les *verrucaria* de Curt Sprengel, qui en fait la première division de son genre *Verrucaria*, où sont les espèces à verrues (ou réceptacles) recouvertes ou voilées par le thallus ou la croûte.

Cet auteur est d'une grande sévérité sur l'adoption des espèces dans ce genre. L'on peut voir dans son *Systema*, combien il a fait de suppressions et par suite des réunions de la plupart des espèces décrites par Acharius, MM. De Candolle et Fée, mais souvent à tort, selon nous, et sans critique motivée.

Les véritables *verrucaria* sont des plantes crustacées, blanches, grisâtres ou brunes, qui forment sur les pierres, les murailles et les écorces des arbres, des croûtes plus ou moins étendues, plus ou moins irrégulières, se couvrant de tubercules, verrues ou réceptacles, noirs, qui les rendent inégales, et dont l'intérieur contient un noyau séminulifère, tantôt noir, tantôt blanc, ou gris.

Parmi les cinquante espèces qui composent ce genre, nous ferons remarquer les suivantes :

§. 1.ᵉʳ *Espèces crustacées, raboteuses ou grenues, qui croissent sur les pierres.*

1. Le Verrucaria des murailles : *Verrucaria muralis*, Ach., *Synops.*, 96; Curt Sprengel, *Syst.*, 4, part. 1, p. 245; *Verr. calcifeda*, Dec., Fl. fr., 2, pag. 517. Croûte très-blanche; verrues enfoncées, presque globuleuses ou en forme de mamelon; dont l'ouverture finit par se dilater et devenir d'un blanc givreux; leur intérieur est noir. Cette espèce se fait remarquer par ses croûtes larges, blanches, comme ponctuées de noir, et par ses verrues. Elle se rencontre sur les rochers et les pierres calcaires, et sur les murs nouvellement blanchis à la chaux.

2. Le Verrucaria bleu : *Verrucaria cærulea*, Dec., Fl. fr., 2, pag. 518; *Verr. plumbea*, Achar., *Synops.*, p. 94. Croûte d'un bleu verdâtre ou d'un gris de plomb, mince, marquée en dessus de fendillures extrêmement fines et raboteuses; réceptacles enfoncés, noirs, presque globuleux, devenant ensuite plus déprimés, en forme de scutelle, avec l'intérieur blanc. On trouve cette espèce sur les rochers calcaires, dans les Pyrénées, en Suisse, en Allemagne.

3. Le Verrucaria a large bouche : *Verr. macrostoma*, Dec., Fl. fr., 2, p. 519 (voyez pl. 8, fig. 6, cahier 15 de l'atlas de ce Dictionnaire); *Verr. pyrenophora*, Achar., *Synops.*, p. 94. Croûte très-épaisse, d'un gris d'ardoise ou de plomb, bordée par une ligne noire, à surface marquée de fendillures très-fines; réceptacles en cône tronqué, enfoncés à moitié dans la croûte, grands, avec un col saillant, ayant à l'extrémité un pore large, arrondi; dans l'intérieur est un noyau lenticulaire et hyalin. Cette plante forme des croûtes assez

larges sur les murs, les rochers, en France et en Suisse. C'est une des plus grandes espèces du genre.

4. Le Verrucaria de Dufour ; *Verr. Dufourii*, Dec., Fl. fr., 2, pag. 318. Croûte d'un gris blanchâtre, un peu compacte, un peu fendillée ; verrues saillantes, portant chacune un réceptacle noir, convexe, ouvert au sommet par un pore. Cette espèce forme des plaques irrégulières sur les pierres des murailles, à Meudon, près Paris. Curt Sprengel les rapporte au *verrucaria epipolœa*, Achar., de même que le *verrucaria ruderum*, Decand.

§. 2. *Espèces qui croissent sur les écorces et dont la croûte est un peu membraneuse et lisse.*

5. Le Verrucaria ponctué : *Verrucaria punctiformis*, Pers. ; Ust., *Annal. bot.*, t. 2, pag. 19 ; Achar., *Synops. lich.*, p. 87. Croûte très-mince, lisse, blanche ou d'un blanc roussâtre, quelquefois entourée d'une ligne noire ; réceptacles épars, noirs, saillans, convexes ou presque globuleux, à peine ouverts à leur sommet, contenant un noyau globuleux et blanc. Cette espèce forme sur les écorces lisses des arbres et de leurs branches de petites taches d'une forme irrégulière, comme ponctuées de noir par la présence des réceptacles. Elle se trouve dans toutes les contrées d'Europe et également en Amérique.

Le *verrucaria atomaria*, Dec., qui se distingue par sa couleur d'un blanc glauque (gris de plomb, Ach.), et le nombre et la petitesse de ses réceptacles noirs, est une variété du verrucaria ponctué.

Curt Sprengel donne pour variétés de la même espèce, les *verrucaria hyloica* et *microcarpa*, Dec., Fl. fr., 2, p. 315 ; les *V. cerasi*, Schrad. ; *epidermidis*, Ach. ; *rhyponta*, Ach. ; *V. stigmatella*, var. *b* et *c*, Ach. ; mais ces divers rapprochemens ne paroissent pas devoir être admis.

6. Le Verrucaria olive : *Verr. olivacea*, Pers. ; Ust., *Ann.*, tom. 7, page 28, pl. 3, fig. 6, *B*, *a*, *b* ; Schrad., *Spicil. flor. germ.*, pl. 2, fig. 1 ; *Verr. analepta*, Ach., *Syn.*, p. 88. Croûte membraneuse, luisante et d'une couleur presque vert-olive ; réceptacle hémisphérique ou en forme de mamelon, presque sessile, épars, contenant un noyau comprimé, un peu mem-

braneux, blanc. Ce *verrucaria* vit sur les écorces du hêtre en Europe. Acharius en indique une variété qu'on trouve en Amérique sur l'écorce de l'*eschynomene grandiflora*, Scop., et M. Fée, sur les écorces des *cinchona floribunda*, Scop., et *caribæa*, Jacq. Curt Sprengel réunit à cette espèce les *V. carpæea*, Ach., et *nitida*, Dec., qui nous semblent très-distinctes.

7. Le Verrucaria des quinquina; *Verr. cinchonæ*, Ach., *Syn.*, page 90. Croûte étalée, très-mince, d'un blanc glauque; réceptacles ou verrues conoïdes, un peu rugueux, terminés par une ostiole creuse; noyau blanchâtre, mais d'un brun noir lorsqu'il est humecté. Cette espèce ne paroît point rare sur les écorces exotiques et particuliérement sur divers quinquina.

Le Verrucaria de Gaudichaud : *Verr. Gaudichaldii*, Fée, *Ess. crypt. exot.*, page 87, pl. 22, fig. 4; *Verr. tropica*, Ach., *Syn.*, page 91; Curt Sprengel, *Syst.*, 4, part. 1, page 247. Croûte formée de tubercules nombreux, cartilagineux, glabres, d'un jaune pâle à l'extérieur, blanche et homogène à l'intérieur; les réceptacles très-nombreux, entassés, sessiles, presque globuleux, noirs, urcéolés au sommet, contenant un noyau brunâtre ou blanchâtre. Cette espèce, signalée par Acharius, se trouve en Amérique, sous les tropiques, et aux îles Marianes, où M. Gaudichaud en fit la découverte en 1822. On la rencontre sur les écorces de la cascarille, de diverses espèces de quinquina, du *bonplandia trifoliata*, Humb. et Bonpl., du *xanthoxylum caribæum*, Linn., et du mancenillier ou *hippomane mancenilla*, Linn.

C. Sprengel réunit à cette espèce le *verrucaria pyrenaica*, Ach.

8. Le Verrucaria sériale; *Verr. serialis*, Fée, *Ess. crypt.*, page 91. Croûte jaunâtre, épaisse, cartilagineuse, membraneuse, étalée, plissée ou ridée longitudinalement; réceptacles ponctiformes, bruns, placés en séries sur les plis ou rides, ayant à leur sommet un pore très-difficile à observer. Cette espèce se rencontre sur les écorces de la cascarille. Nous la citons ici comme exemple de la division du genre *Verrucaria* de M. Fée, qui comprend quatre espèces, remarquables par leurs réceptacles ou apothéciums, qui sont agrégés en tas, en groupes alongés ou disposés en série.

Nous pourrions citer un grand nombre d'autres espèces de ce genre : celles ci-mentionnées suffisent pour donner une idée de ce genre. On trouvera dans l'ouvrage de M. Fée, sur les cryptogames des écorces exotiques, la description d'une vingtaine d'espèces de ce genre intéressant en ce qu'elles se rencontrent surtout sur les écorces officinales. La Flore françoise, par M. De Candolle, en présente aussi un certain nombre, qui méritent d'être distinguées ; on peut dire même que cet auteur est le premier qui ait fait connoître le plus d'espèces de ce genre.

Wiggers et Hoffmann sont les botanistes qui ont d'abord fait usage du nom de *verrucaria* pour désigner un genre de lichen ; mais dans ce genre ils avoient rangé des espèces de lichen qui depuis se sont trouvées appartenir aux *Lecidea*, *Lecanora*, *Pyrenotea*, *Thelotrema*, *Urceolaria*, *Variolaria*, *Arthonia*, *Opegrapha*, *Graphis*, etc., de sorte que ce genre n'est nullement le *Verrucaria* de Persoon et d'Acharius, adopté par les botanistes et décrit dans cet article. On peut encore consulter le *Nomenclator botanicus* de Steudel, et y voir combien de lichens étrangers au genre *Verrucaria* y ont été placés.

Ce nom de *verrucaria* est donné par Stackhouse à un genre de la famille des algues. Voyez ci-dessus, pag. 36o. (Lem.)

VERRUE. (*Ichthyol.*) Nom vulgaire de l'*asprède verruqueux*. Voyez Asprède. (H. C.)

VERRUQUEUX. (*Bot.*) Relevé de petites éminences arrondies et fermes ; exemples : tige de l'*evonymus verrucosa* ; feuilles de l'*aloe verrucosa* ; fruit de l'*euphorbia verrucosa*, etc. (Mass.)

VERRUQUEUX. (*Ichthyol.*) Gmelin a décrit, sous le nom de *balistes verrucosus*, un poisson qui paroit le même que le *balistes aculeatus* de Linnæus. (Voyez Baliste et Sounock.)

Verruqueux est aussi le nom d'un asprède. (H. C.)

VERS. (*Entom.*) Les larves d'insectes ont très-souvent reçu ce nom. (Desm.)

VERS. (*Entomoz.*) Quoique dans notre système de nomenclature nous n'adoptions pas cette dénomination pour désigner les classes d'entomozoaires ou d'animaux articulés, qui comprennent les néréides, les serpules, les amphitrites de Linné, ainsi que ses vers intestinaux, nous nous sommes cependant réservé d'exposer dans cet article les généralités de ces classes, parce que nous avons traité maintenant de tous les genres qui leur appartiennent, et que nous approchons de la terminaison du Dictionnaire. Nous allons donc faire ici ce que nous avons fait pour les malacozoaires à l'article MOLLUSQUES, c'est-à-dire exposer toutes les généralités qui peuvent concerner les chétopodes ou les annélides de M. de Lamarck, ainsi que les vers proprement dits du même zoologiste.

Le nom de vers, σκωληξ, εὐλαι, ἕλμινς, *vermes* des Latins, étoit employé par les anciens naturalistes pour désigner des animaux auxquels il convient jusqu'à un certain point, en ayant égard à la forme alongée de leur corps beaucoup plus qu'à leur mollesse; mais, comme on le voit, les Grecs avoient trois mots qui avoient chacun leur signification particulière.

D'après ce que dit Aristote de ses *scolex*, mot dont la racine est sans doute *scolios*, on voit que ce nom avoit l'acception la plus générale, 'c'est-à-dire, qu'il s'appliquoit à tous les animaux qui présentent la forme de ver, ou mieux, peut-être, dont les mouvemens sont tortueux, comme l'indique la racine *scolios*, qui veut dire tortu, *scoliazo*, être tortu, d'où sans doute est aussi venu le nom de scolopendre, quelque changement qu'ils dussent éprouver par la suite. Il me semble cependant qu'il s'appliquoit surtout au premier degré de développement des insectes, à l'état sous lequel ils paroissent lorsqu'ils viennent de sortir de l'œuf. C'est ainsi que nous disons quelquefois, même pour les animaux les plus élevés, qu'ils naissent sous forme de ver, ou que tout animal a commencé par être ver. Aristote n'étendoit cette application qu'aux insectes.

Il n'en est pas de même d'Élien. En effet, dans deux endroits de son ouvrage sur la nature des animaux, liv. 2, chap. 22, et liv. 6, chap. 50, il est évident que c'est des lombrics qu'il a voulu parler, et dans le troisième, liv. 9, chap. 59, il est probable qu'il s'agit d'une chenille de papillon de chou; quant au quatrième, liv. 5, chap. 3, ce nom désigne, d'après Ctésias, quelque animal fabuleux, quoiqu'il dise qu'il est du genre de ceux qui se nourrissent et s'engendrent du bois.

Athénée emploie aussi le mot de *scolezia* pour désigner de petits vers qui vivent dans la vulve de la mule.

Le terme d'*eulai* paroit aussi avoir été employé pour désigner une forme sous laquelle passent, durant un temps plus ou moins long, quelques insectes, puisqu'on le trouve appliqué aux animaux qui habitent dans les chairs pourries, ainsi que dans les plaies et les ulcères : il avoit donc fort peu d'extension. Élien s'en sert également pour désigner probablement une larve, lorsqu'il dit que dans l'Inde les paysans arrachent les tortues de terre de leur carapace, avec leur hoyau, de la même manière que les vers des plantes vermineuses. (Liv. 16, chap. 14.)

Enfin le mot d'*elmins*, que l'on trouve fréquemment employé par Hippocrate dans plusieurs de ses ouvrages, et entre autres dans son Traité général des maladies, étoit appliqué par lui aux animaux que nous connoissons aujourd'hui sous la dénomination de vers intestinaux, dont il ne connoissoit qu'un petit nombre d'espèces. Aristote l'a employé de la même manière, ainsi qu'Élien, toutes les fois où il a parlé des substances qui servent aux chiens pour se débarrasser des vers auxquels ils sont sujets. (Liv. 5, chap. 46 ; liv. 8, chap. 9. et liv. 9, chap. 14.)

Les auteurs latins, et entre autres Pline, paroissent avoir affecté le nom de *lumbricus* aux vers intestianux et rendu ces trois dénominations par une seule, celle de *vermes*, d'où il est arrivé que les modernes ont été conduits à la même confusion par le mot de *vers*, dérivé évidemment du mot latin. Tous les autres animaux qu'ils comprenoient sous le nom d'*exsanguia*, voulant dire par là qu'ils n'avoient pas de sang rouge, étant partagés sous les trois titres d'*Insecta*, de *Mollusca* et de *Zoophyta*, le nom de *vers* n'avoit pas encore une extension aussi considérable qu'il obtint chez les naturalistes du dernier siècle, où il finit par comprendre tous les animaux, à l'exception des vertébrés, des insectes et des crustacés.

Il est probable que cette extension fut due à ce que dans la définition des vers on joignit à la considération de la forme alongée du corps, celle de sa mollesse, et alors on conçoit comment celle-ci a pu rester dans la définition.

C'est, à ce qu'il me semble, à Linné qu'est due cette malheureuse innovation; car, avant lui, nous voyons qu'Isidore de Séville, quoiqu'il ait employé le nom de *vermes* pour une sorte de classe, n'y renfermoit réellement que de véritables vers. Cependant on trouve dans la définition de la limace le mot de *vermes* employé comme nom principal. (Voyez ci-après Vers a sang rouge et Vers intestinaux.)

Vers a sang rouge.

Les anciens observateurs ne connoissoient, à ce qu'il paroît, que d'une manière très-imparfaite les animaux qui constituent aujourd'hui notre classe des chétopodes; aussi Aristote se borne à dire, probablement de néréides et sous la dénomination de scolopendres marines, qu'elles sont semblables à celles de terre, un peu plus petites cependant, de couleur plus rouge, avec un plus grand nombre de pieds et plus foibles; qu'elles naissent, à la manière des serpens, dans les lieux pleins de rochers et non dans les profondeurs de la mer. Aristote a aussi parlé des sangsues et de quelques vers intestinaux. Il ajoute dans un autre endroit, qu'elles mordent, non par la bouche, mais par le contact seulement, de même que les acalèphes ou orties de mer; qu'elles portent une odeur désagréable, et enfin, ce qui est moins croyable, que, quand elles sont prises à l'hameçon, elles rejettent ou vomissent tous leurs intestins, jusqu'à ce qu'elles l'aient expulsé, puis les font rentrer et se portent comme auparavant.

Pline n'a rien ajouté à ce qu'a dit Aristote de cette classe d'animaux.

Élien, Oppien, Dioscoride, Galien, n'ont fait également que copier et qu'exagérer les paroles d'Aristote. Ces deux derniers ont seulement ajouté les remèdes qu'ils croyoient convenables d'appliquer dans le cas d'accidens survenus à la suite du contact des scolopendres marines, ainsi que ceux dans la composition desquels on les faisoit entrer.

Isidore de Séville est le premier auteur dans lequel on trouve un chapitre particulier, le cinquième, sous le titre de Vers, *Vermes;* mais il n'y parle que des lombrics, des ascarides, des sangsues et des vers des chairs.

Albert-le-Grand, dans son livre sur les animaux de la division des *exsanguia*, parle de la sangsue et du ver dans un ordre alphabétique.

Wotton n'étendit point le nombre des animaux de cette classe, et ne parla que des néréides, sous le nom de *scolopendres marines*, dans son livre des insectes ; des sangsues, parmi les poissons, et des vers de terre, sous le nom de *intestini terræ*, ainsi que des vers intestinaux, sous la dénomination générique de *lumbrici* (*elmins* en grec), parmi les insectes.

Belon, dans son Histoire des animaux aquatiques, fit connoître, pour la première fois, sous le nom de *lumbricus marinus*, par opposition avec le ver de terre, qu'il nomme *lumbricus terrestris*, l'animal que nous appelons aujourd'hui arénicole.

Rondelet fut beaucoup plus loin ; en effet, non-seulement il décrivit et donna les figures de plusieurs néréides, toujours sous le nom de *scolopendres de mer;* mais il remarqua, pour la première fois, un chétopode à tube, probablement du genre Serpule. Il décrivit aussi et figura la sangsue ordinaire et celle de mer; il fit en outre connoître deux espèces de siponcles.

Gesner recueillit tout ce qui avoit été dit avant lui par les anciens et les modernes sur les chétopodes et sur les vers en général; mais il n'ajouta rien de nouveau, et n'en parle que dans des articles tout-à-fait séparés, moins peut-être cependant à l'article *vers* qu'à celui de *scolopendres*.

Aldrovande, et Jonston, son abréviateur, n'ayant pas suivi l'ordre alphabétique, comme Gesner, furent nécessairement forcés de réunir tous ces animaux dans une sorte de classe ou de groupe sous le nom commun de *vermes* (liv. 6); mais il est assez remarquable qu'ils n'y comprenoient aucun de nos chétopodes, et seulement les vers qui vivent dans le corps de l'homme et dans celui des animaux, ceux qui vivent dans les plantes, dans la terre, comme le ver de terre, qu'ils nomment *lumbricus terrestris*, et enfin les limaces, probablement d'après la définition d'Isidore, qui a caractérisé la limace : *Vermis limi dictus eo quod in limo nascitur, undè et sordidus semper et immundus habetur;* étymologie déjà donnée par Varron (liv. 4, *De anim. tract.*).

57.   24

Les chétopodes se trouvent mentionnés dans le livre suivant, ou le septième, qui parle des insectes aquatiques : dans le chapitre 6 , les néréides sont comprises encore sous le nom de *scolopendres de mer*; dans le chapitre 7, sont placés les vers qui vivent dans des toiles; dans le chapitre 10, est le gordius, qu'il nomme *seta vel vitalis aquaticus*, avec Albert-le-Grand, et qui a été appelé *gordius*, parce qu'il a l'habitude de se pelotoner et de se mêler comme le nœud de Gordius. L'ololygon de Théon paroît être le même animal. C'est, dit-il, un animal palustre, simple, grêle, oblong, indistinct, semblable à l'intestin de terre (lombric), mais il est plus grêle. Dans les chapitres 11 et 12, sont les sangsues terrestre et marine; dans le chapitre 13, les lombrics marins, c'est-à-dire les siponcles de Rondelet et l'arénicole de Belon; dans le chapitre 16, l'hippocampe , espèce de poisson; dans le chapitre 18, les étoiles de mer, qui passoient alors pour des insectes, d'après la définition rigoureuse du mot.

D'après cela, pendant presque toute la durée du temps qui a précédé la renaissance des sciences naturelles jusqu'à Ray, et surtout jusqu'à Linné, on comprit sous le nom de *vers* les vers intestinaux, les vers de terre; tandis que les chétopodes, qui restèrent également dans ce qu'on nommoit alors les *insectes*, dénomination qui a été remplacée dans ces derniers temps par celles d'*animaux articulés*, d'*entomozoaires*, étoient compris dans une autre subdivision. C'est ce que l'on voit très-bien dans la méthode des insectes de Ray , qui est fort rigoureuse. Il divise les insectes en insectes sans métamorphoses et en insectes à métamorphoses. La première section est ensuite partagée en apodes et en phoropodes. La division des apodes comprend les vers qui vivent dans la terre , comme les lombrics, ceux qui habitent le corps des animaux, ou vers intestinaux, et ceux qui vivent dans l'eau, comme les sangsues d'eau douce et de mer, et les plus petits aplatis. Il fait l'observation que dans les espèces terrestres la plupart des auteurs rangent les limaces, tant nues que conchylifères. Le groupe des insectes phoropodes est ensuite divisé, d'après le nombre de pieds, en hexapodes, octopodes, tétradécapodes et polypodes. C'est dans cette dernière section que se trouvent, sous la dénomination de terrestres, les iules et les scolopendres proprement dites , et dans la divisions des aquatiques, les scolopendres marines.

Cependant, jusqu'à la première édition du *Systema naturæ* de Linné, il se trouva que quelques chétopodes furent découverts, observés et nommés.

C'est en 1735, dans la première édition du *Systema naturæ*, que Linné étendit la dénomination de *vers* a tout ce qui n'étoit pas mammifères, oiseaux, reptiles, poissons, c'est-à-dire animaux vertébrés ou insectes, en en retranchant même les insectes-vers de Ray, et par conséquent aux mollusques nus ou conchylifères et aux zoophytes. Sa classe des vers fut alors divisée en quatre ordres : 1.° *Reptilia*, pour les vers intestinaux, comprenant cependant les sangsues et les lombrics; 2.° *Zoophyta*, pour les chétopodes, les mollusques nus, les méduses et les échinodermes; 3.° *Testacea*, pour les mollusques conchylifères, comprenant cependant les ascidies sous le nom de *microscomus*; 4.°, et enfin, les *Lithophyta*, pour les madrépores et les sertulaires.

Dès ce premier essai on vit paroître les genres *Amphytrita*, *Nereis* et *Aphrodita*, qui appartiennent à nos chétopodes.

Dans des éditions subséquentes, le nom d'*intestina* fut substitué à celui de *reptilia*, pour le premier ordre. La dénomination de *zoophyta* fut remplacée par celle de *mollusca*, pour le second, et remplaça au contraire dans la désignation du quatrième le nom de *lythophita*, qui fut supprimé.

Dans la onzième édition, la classe des vers est partagée en cinq ordres : *Intestina*, *Mollusca*, *Testacea*, *Lithophyta* et *Zoophyta*, et les genres qui constituent la classe des vers à sang rouge d'aujourd'hui, furent morcelés, les uns, *Lumbricus* et *Hirudo*, dans le premier ordre; les autres, *Terebella*, *Aphrodita*, *Nereis*, dans le second, et enfin quelques-uns, *Serpula* et *Sabella*, dans le quatrième, à cause du tube dans lequel ils vivent.

Dans l'intervalle de cette édition du *Systema naturæ* à la dernière, qu'il donna en 1766, et qui fut, à peu de chose près, suivie par Gmelin dans la treizième, des travaux importans sur les animaux de la classe des vers de Linné, et surtout de celle que nous nommons *chétopodes*, furent publiés :

Le travail de Pallas, en 1766, sur les aphrodites, sur les néréides et les serpules (*Spicileg. zoolog.*, 8, 9 et 10), fut la véritable origine de tout ce qu'on a proposé de convenable sur cette dernière classe d'animaux. Il fit en effet l'observation capitale, qu'il avoit également faite pour les mollusques proprement dits, que la présence ou l'absence d'une enveloppe calcaire ou non, ne suffisoit pas pour placer dans deux ordres différens des animaux du reste de la même organisation : ainsi par là il rapprocha les aphrodites et les néréides de l'ordre des mollusques de Linné, avec les serpules et les amphitrites de celui de ses testacés, et dit qu'ils doivent former un ordre distinct, qui fait le passage aux zoophytes, et auquel, ajoute-t-il, on pourra réunir les lombrics, les sangsues, les ascarides, les gordius, et bien plus les ténias. Tout ce qu'on a fait depuis n'est qu'une simple exécution de cette observation de Pallas. On trouvera même cette observation dans ses généralités sur le genre Aphrodite, qu'en général la structure externe et interne des aphrodites les rend voisines des insectes, et que ce n'est pas sans raison qu'on les appeloit vulgairement *erucæ* ou *millepedæ marinæ*; en sorte qu'ainsi, ajoute-t-il, les insectes, par les aphrodites, les néréides et les serpules, jusqu'aux tubulaires, forment une série continue qui semble toucher aux zoophytes. Dans son Mémoire sur les néréides, qu'il partage en deux sections, suivant qu'elles sont libres ou qu'elles sont contenues dans un tube, on trouve toutes les considérations qui ont servi à établir ou à confirmer les genres que la plupart des naturalistes modernes ont cru devoir établir. Je n'ai pas besoin d'ajouter, pour les personnes qui connoissent la manière de travailler de Pallas, que ses descriptions des espèces peuvent encore aujourd'hui être considérées comme excellentes sous les rapports extérieur et intérieur. On y trouve en effet une description complète du *pectinaria belgica*, sous le nom de *nereis cylindrica*; du *sabella conchylega*, sous celui de *nereis conchylega*, et enfin d'une espèce d'amphitrite, sous le nom de *serpula gigantea*, outre des observations d'une justesse remarquable, et dont la classification naturelle des animaux a considérablement profité.

Nous devrons cependant faire remarquer que, parmi tous

les chétopodes décrits par Pallas, et même, dans son genre Néréide, il n'est réellement question d'aucune espèce véritable de ce genre. C'est à deux naturalistes danois, Othon-Fréderic Muller et Othon Fabricius, que sont dues un nombre considérable d'observations sur les espèces de néréides de nos mers, en même temps que sur beaucoup d'autres animaux de la classe des vers de Linnæus. Aussi le premier proposa-t-il quelques changemens dans leur distribution, en y introduisant un ordre tout entier, en même temps qu'un assez grand nombre de genres. Pour lui la classe des vers est cependant partagée en cinq ordres seulement, à cause de la réunion des deux derniers de Linné; savoir : 1.° *Infusoria*, pour un groupe nombreux d'animaux qu'il croyoit se produire dans les infusions végétales ou animales, et sur lesquels ses travaux sont encore tout ce que nous avons à leur sujet; 2.° *Helminthica*, ou vers, dans lesquels il range, dans deux divisions distinctes, les vers intestinaux et la sangsue dans l'une, et tous les chétopodes, les lombrics y compris, dans l'autre; 3.° *Mollusca*, comme Linné, en en retranchant les chétopodes, cependant, et en y laissant les planaires, les fascioles et les méduses, avec les mollusques nus proprement dits; 4.° *Testacea*; 5.° sous le nom de *Cellularia*, les *lithophyta* et *zoophyta* de Linné.

Outre des observations fort curieuses sur la reproduction des naïs et des néréides, et la distinction d'un grand nombre d'espèces nouvelles, la science lui doit l'établissement des genres Naïs, Amphitrite, et la circonscription perfectionnée de ceux établis avant lui. Ses ouvrages, classiques dans cette partie de la zoologie, se continuèrent depuis 1773 jusqu'en 1789, et furent employés dans les modifications que Linné lui-même, Brunnich, Scopoli, Gmelin, Bruguière, firent subir au *Systema naturæ*.

1772. Brunnich se contenta presque de substituer le nom de *Fimbriata* à celui de *Mollusca*.

1777. Scopoli adopta l'ordre des Infusoires et réunit les mollusques et les zoophytes sous la dénomination d'*Helminthica*, et brouilla tous les genres d'une manière extrêmement singulière, en les partageant ainsi : 1.° *Corticata*, contenant les genres *Tubularia, Pennatula, Spongia, Gorgonia*; 2.° *Nuda*, partagée en quatre sections, *Brachiata*, pour les genres *Me-*

dusa, *Sepia*, *Tethys*, *Aplysia*, *Clio*, *Lernœa*. — *Cirrhata*, pour les genres *Aphrodita*, *Actinia*, *Holothuria*, *Myxine*, *Terebella*, *Lumbricus*, *Nereis*, *Hœruca*. — *Mutica*, pour les genres *Tænia*, *Ascaris*, *Gordius*, *Hirudo*, *Fasciola*, *Globaria*, *Ascidia*, *Sipunculus*. — *Tentaculata*, pour les genres *Doris* et *Limax*.

On voit cependant que dans cette méthode les chétopodes et les vers intestinaux sont à peu près dans la même division.

1796. Quoique le célèbre naturaliste Blumenbach ait suivi presque exclusivement Linné dans sa distribution méthodique des vers, je dois faire l'observation qu'il a introduit dans la caractéristique de la classe, de n'avoir jamais les organes du mouvement articulés, par opposition à ce qu'il avoit dit des insectes, de les avoir articulés : « caractère, ajoute-t-il en « note, qui, tiré des organes du mouvement, me paroit plus « précis que celui par lequel on a jusqu'à présent cherché à « distinguer les insectes des vers. »

Gmelin, dans l'édition qu'il a donnée du *Systema naturæ*, augmenta nécessairement beaucoup le nombre des genres, en recueillant tous ceux qui avoient été établis depuis la dernière édition donnée par Linné ; mais il ne fit pas de grands changemens à la distribution méthodique des vers, si ce n'est qu'il ajouta la dernière classe proposée par Muller sous le nom d'*infusoria*. Les chétopodes, et à plus forte raison les vers à sang rouge, ou les annélides, furent toujours éparpillés dans les trois ordres des vers intestinaux, des vers mollusques et des testacés. Les observations de Pallas, non plus que celles de Muller et de Blumenbach, ne furent pas comprises par Gmelin. Il est plus étonnant que celles du premier ne l'aient pas été par Linné.

1789. A peu près à la même époque où Gmelin publioit en Allemagne son édition du *Systema naturæ*, parut en France la partie des vers de l'Encyclopédie ou du moins le commencement de cette partie par Bruguière, avec un tableau de la distribution méthodique de ces animaux. On y trouvera une amélioration fort peu sensible. En effet, quoique Bruguière ait senti la nécessité d'établir un nouvel ordre dans la classe des vers, celui des vers échinodermes, pour les oursins et les astéries, tous les autres, et par conséquent les chétopodes, furent distribués absolument comme dans Linné,

Bruguière crut cependant devoir établir un genre particulier, sous le nom d'amphynome, pour les néréides à branchies évidentes de Pallas.

Cependant, à mesure que l'étude des animaux des classes inférieures faisoit des progrès, le nom de vers, donné à sa dernière classe par Linné, étoit réservé pour les animaux que les anciens désignoient par ce nom, et l'on négligeoit souvent de l'employer pour les autres ordres, en sorte qu'ils étoient nommés par leur simple nom d'ordre, mollusques, testacés, zoophytes et infusoires. C'est ainsi que dans le tableau des animaux, par M. G. Cuvier, publié en 1798, le livre septième traite des insectes et des vers; et sous le nom de *vers*, qu'il partage en deux sections, suivant qu'ils sont pourvus de soies ou d'épines pour s'aider dans leurs mouvemens, ou qu'ils en sont dépourvus, M. Cuvier les distribue comme ils le sont aujourd'hui, en chétopodes et en apodes. Parmi les premiers sont réunies les espèces qui vivent dans un tube, ainsi que les lombrics, et parmi les seconds, sont les sangsues et les vers intestinaux. Ainsi l'observation de Pallas sur ce groupe d'animaux, fut sentie et exécutée par M. Cuvier, comme elle le fut aussi en même temps pour les mollusques.

Par là M. Cuvier, en abandonnant la manière de voir de Linné, revint à celle des naturalistes anciens, tels qu'Aldrovande, Mouffet et Ray, en comprenant dans une même division les insectes et les vers; mais il fit plus, en suivant, comme il le dit lui-même, les idées de Pallas, et en réunissant parmi ses vers les serpules, les sabelles, et en général tous les chétopodes à tuyau.

Deux ans après, M. Cuvier, dans les tableaux qui font suite au premier volume de ses Leçons d'anatomie comparée, introduisit une légère modification dans la classification des vers qu'il porta plus haut, comme nous allons le dire tout à l'heure, et cette modification consiste en ce que M. Cuvier ne comprit plus sous ce nom d'une manière définitive, que les chétopodes et les apodes qui vivent extérieurement, les autres, ou les vers intestinaux, étant relégués dans une sorte d'*incertæ sedis*, jusqu'à nouvel ordre. Quant aux premiers, ils sont divisés, suivant qu'ils ont des organes extérieurs pour la respiration ou qu'ils n'en ont pas, et les derniers, suivant qu'ils sont pourvus de soies sur les parties latérales du corps ou qu'ils en sont dépourvus. Dans la première division sont tous les chétopodes, autres que les lombrics; dans la seconde, ces animaux, les naïs et les thalassèmes, et enfin, dans la troisième, les sangsues, les planaires et même les douvès ou fascioles, qui sont cependant des animaux intestinaux.

Malgré cette tendance de l'École françoise à adopter la manière de voir de Pallas, quelques naturalistes françois n'abandonnèrent point la classification de Linné, tel fut M. Bosc par exemple, qui, dans son Histoire naturelle des vers, faisant suite à l'édition des Œuvres de Buffon de Déterville, admit encore complétement la distribution de Bruguière.

En 1802, dans un Mémoire particulier, lu à l'Institut, M. Cuvier, en faisant connoître ses observations sur l'organisation des chétopodes, proposa de les désigner comme classe par la dénomination de *vers à sang rouge*, en y comprenant alors les sangsues et les lombrics, et sans remarquer que l'espèce de nos mers, la plus grosse et la plus commune, n'a réellement pas le fluide nourricier coloré en rouge.

C'est peu de temps après et dans la même année que M. de Lamarck, déterminé probablement par les considérations mises en avant par M. Cuvier, fit aussi une classe particulière des vers, qu'il divisa, plus aisément sans doute, mais moins heureusement peut-être, suivant le séjour de ces vers à l'extérieur, comme tous les chétopodes et les sangsues, ou à l'intérieur des autres animaux, comme les entozoaires : du reste il admit à peu près les mêmes genres, ou n'en créa que peu de nouveaux.

M. Duméril, dans sa Zoologie analytique, se borna presque à donner des noms aux divisions adoptées par M. Cuvier. Ainsi, il nomma *branchiodèles* ou *à branchies évidentes*, les vers de la première division, que l'on regardoit comme constamment pourvus de branchies, et *endobranches* ou *à branchies intérieures*, la seconde, supposant ainsi que les animaux qu'elle renferme, ont des branchies intérieures. Quant aux vers intestinaux, on verra à leur article qu'il trancha la difficulté et en fit nettement des zoophytes, en suivant Linné, qui l'avoit fait pour le ténia.

1809. Peu d'années après, M. de Lamarck, dans la distribution générale des animaux qui fait partie de sa philosophie zoologique, et trois ans plus tard (1812), dans l'extrait de son cours, proposa pour la classe des chétopodes, qu'il éloigna considérablement de celle des vers proprement dits, la dénomination nouvelle d'*annélides*. Il divisa cette classe, comme M. Duméril, en deux ordres, d'après la même considération des branchies, les cryptobranches et les gymnobranches. Dans ce dernier ouvrage surtout il établit quelques genres nouveaux : Pectinaire, pour des amphitrites de Linné; Galéolaire, pour des serpules, et il en retira le genre Lernée, dont il fit, avec quelques autres petits genres, une classe provisoire sous le nom d'*épizoaires*.

1815. Malgré les nouvelles idées sur la distribution méthodique des vers de Linné, établies par Pallas et employées par les zoologistes françois que nous venons de citer, le reste de l'Europe avoit refusé généralement de les admettre jusqu'à la nouvelle classification des animaux, donnée par M. Oken dans différens mémoires, mais surtout dans son ouvrage intitulé Principes d'histoire naturelle. M. Oken y revient aussi à la division d'Aldrovande, c'est-à-dire, que sa quatrième classe, qu'il désigne sous le titre général de *Pneumozoaires*, comprend tous les animaux articulés, à la fin desquels il place comme formant le premier ordre, avec le nom commun de *vers*, les vers intestinaux, et les chétopodes sous celui de vers libres. Quoiqu'il ne les partage pas comme les zoologistes françois, il range avec eux à peu près les mêmes genres, à l'exception néanmoins des tubipores, qu'aucun auteur n'avoit pensé à placer dans ce groupe d'animaux, et du vibrion du vinaigre, dont il fit un genre particulier sous le nom d'*anguillula*, rapproché avec bien de la raison, suivant nous, des *gordius*. Quant aux genres, il en établit et surtout en indiqua un certain nombre de nouveaux, en démembrant les anciens. Il établit les genres *Anguillula* avec le *Vibrio aceti*; *Setaria*, avec le *Vibrio lima*; *Borlasia*, avec l'animal décrit par Borlase pour la première fois, puis par Dicquemare, et dont on a fait depuis le genre *Linaria* (Sowerby) et *Nemertes* (Cuvier).

Dans la famille des lombrics il proposa de faire deux genres avec les **L.** *tubicola* **et** *armiger*, Linn.; ce qui a été fait par M. de Lamarck.

Dans celle des planaires et des sangsues il indique aussi les genres Helluo, Ihl, Phylliné, Göl, que MM. de Blainville et de Lamarck établissoient en même temps sous des noms différens.

La famille des néréides contient aussi les genres Eumolpe et Thia, qui sont proposés pour la première fois, l'un pour les aphrodites à écailles découvertes, et l'autre pour l'*Amphi-nome carunculata* de Bruguière.

Dans celle des chétopodes à tuyaux non calcaires, on trouve aussi deux genres nouveaux, l'un sous le nom de *Pherusa*, pour l'*Amphitrite plumosa* de Muller, et l'autre sous celui de *Chrysodon*, pour le *Nereis belgica* de Pallas, que M. de Lamarck nomme *Pectinaire*.

Enfin, dans ses deux dernières familles, qui contiennent les espèces dont les tubes sont calcaires, spirés dans la première et plus ou moins droits dans la seconde, on trouve les genres *Clymene*, *Filigrana*, pour des espèces de serpules de Linné; *Spirographis*, *Ocreale*, *Spirillum* et *Arytene*.

M. Oken a aussi proposé un assez grand nombre de changemens de dénomination pour les genres déjà admis.

C'est à cette époque que M. de Blainville fit connoître, d'abord dans une lecture à M. Latreille, le 19 Juin 1815, et ensuite à la Société philomatique, le 24 du même mois, son Essai d'une nouvelle distribution méthodique des animaux articulés, entièrement basée sur des caractères extérieurs, et qu'ainsi il fut conduit à former une classe particulière des animaux articulés, dont un nombre plus ou moins considérable des anneaux du corps est pourvu d'appendices locomoteurs composés de soies, d'où la dénomination de *sétipodes*, qu'il lui donna d'abord et qu'il a changée depuis en celle de *chétopodes*, plus convenable, parce qu'elle n'est pas hybride. Cette seule indication montre qu'il s'étoit déjà occupé de cette classe d'animaux, comme on le verra tout à l'heure, et en effet le docteur Leach lui avoit jusqu'alors fourni généreusement des matériaux, que plus tard il n'a sans doute pas moins bien placés, en aidant le grand travail de M. Savigny. M. de Blainville, même d'après le principe de sa classification générale, tiroit les caractères de distribution de la forme générale du corps, et de la nature des appendices et de leur combinaison.

Cependant MM. Cuvier et de Lamarck réunissoient, chacun dans une seconde édition de leur ouvrage, les résultats des faits nouveaux, recueillis par eux ou par les autres.

M. Cuvier, dans celui qu'il a intitulé : le Règne animal distribué d'après son organisation, publié en 1817, abandonnant lui-même sa dénomination de vers à sang rouge, adopta le nom d'*annélides* de M. de Lamarck, et proposa de partager ces animaux en trois ordres, encore d'après la considération de l'appareil respiratoire : les *tubicoles*, qui, ayant des branchies diversiformes, attachées à la tête ou à la partie antérieure du corps, vivent le plus ordinairement dans des tuyaux ; les *dorsibranches*, qui, ayant aussi des branchies nues sur le dos, vivent ordinairement libres, et enfin les *abranches*, qui n'ont aucune branchie apparente.

Dans le premier ordre il place avec certitude, comme tous les zoologistes, les genres *Serpula*, Linn.; *Sabella*, Linn.; *Terebella*, Linn.; *Amphitrite* de Linné et Gmelin, mieux définis et mieux élaborés, et par analogie, dit-il, avec les tubes de certaines térébelles, les genres Arrosoir (*Penicillus*, de Lamk.), *Dentalium*, Linn., et *Siliquaria* de Lamk., qui très-certainement pour les dentales et très-probablement pour les arrosoirs et les siliquaires, ne sont pas des entomozoaires, comme au reste Pallas, dont on tire toujours tant d'avantages à lire les moindres écrits, l'avoit dit dans ses généralités sur le *serpula gigantea*, page 140 de ses *Miscellanea*.

Le second ordre, celui des dorsibranches, contient dans une première division, appuyée sur un caractère erronné, l'existence de mâchoires (car beaucoup d'espèces en sont complétement dépourvues), les néréides, divisées en deux genres ; les N. proprement dites ou les eunices, d'après la considération du nombre pair ou impair des tentacules de la tête et d'après celle de l'existence d'une trompe, et les spios, auxquels il rapporte, sans doute avec raison, les polydores de M. Bosc : la seconde division ou celle des dorsibranches sans mâchoires, contient les aphrodites, qui, quoi qu'on en dise, n'ont pas de véritables branchies, les amphinomes et les arénicoles.

Enfin le troisième ordre, celui des abranches, divisé, comme dans les tableaux du premier volume des Leçons d'anatomie comparée, en deux familles, suivant que les annélides qu'il renferme sont pourvus ou dépourvus de soies, renferme dans la première, les lombrics, les thalassèmes, et dans la seconde, les naïades, les sangsues et les dragonneaux.

Avant que d'analyser la disposition définitive que M. de Lamarck a donnée à sa classe des annélides dans la nouvelle édition de son Système des animaux sans vertèbres, nous devons parler préalablement de deux travaux, qui ont pour but spécial cette classe d'animaux, et dont l'un surtout devoit avoir, et a eu en effet une grande influence sur la détermination de M. de Lamarck. Je veux parler du grand travail de M. Savigny sur les annélides, présenté en plusieurs parties à l'Académie des sciences, à dater du 19 Juin 1817, pour la première et la seconde, et qui a été publié en 1820 dans le grand ouvrage sur l'Égypte, pour la troisième; et du Mémoire sur les sétipodes de M. de Blainville, lu à la Société philomatique, le 24 du même mois de Juin, et dont un extrait a été publié dans le Bulletin par la Société philomatique de Mai et Juin 1818.

Nous allons commencer par donner l'analyse de celui-ci, comme moins important et comme ayant exercé moins d'influence sur la marche ultérieure de cette partie de la zoologie.

Nous avons déjà dit plus haut comment M. de Blainville, ayant pris comme caractère traduisant extérieurement l'ensemble de l'organisation dans les entomozoaires ou animaux articulés le nombre et la disposition des segmens de leur corps, ainsi que les appendices de différente nature, qui s'ajoutent aux anneaux dont ce corps est composé, a dû nécessairement partager les annélides de MM. de Lamarck et Cuvier en deux classes, qu'il a nommées, la première *Sétipodes* ou *Chétopodes*, et la seconde, *Apodes*. Nous ne parlerons ici que de la première; il sera question de la seconde à l'article général VERS INTESTINAUX, qui constituent la très-grande partie de cette classe.

Pour arriver à considérer les appendices des chétopodes d'une manière détaillée, M. de Blainville établit en principe

que l'appendice d'un anneau, constituant le corps d'un animal de cette classe, comme dans tous les entomozoaires, ne
peut être composé que de trois parties, destinées à autant
de fonctions distinctes, et qui se développent dans des proportions différentes, suivant les mœurs et les habitudes des
chétopodes : ce sont les tentacules ou filamens tentaculaires,
pour la sensibilité; les filamens multifides vasculaires pour
la respiration, et les mamelons sétifères pour la locomotion.
Ces trois parties peuvent exister à la fois sur le même anneau,
rarement, cependant, au même degré de développement;
il peut n'en exister que deux, mais jamais il ne peut y en
avoir moins d'une, et celle qui reste la dernière, est celle
qui appartient à l'appareil de la locomotion, c'est-à-dire, le
faisceau de soies, quelquefois réduit à n'être plus composé
que d'une seule, comme dans les naïdes et les lombrics.
C'est de la constance de cet organe que M. de Blainville a
tiré la dénomination de la classe, qui se trouve assez heureusement emporter avec elle son caractère distinctif. Remarquant ensuite que la combinaison de ces trois parties de
l'appendice est d'une fixité remarquable, non-seulement
pour chaque anneau, mais pour l'ensemble de ceux qui
constituent le corps des chétopodes, il se sert de la considération de la ressemblance ou de la dissemblance tranchée
des anneaux sous ce rapport, pour établir sa première division des chétopodes en ordres; savoir :

1.º Les *Hétéromériens*, ou les espèces dont le corps est composé d'anneaux très-dissemblables, sous le rapport des appendices, d'où résulte une division du corps en tête ou
mieux en céphalo-thorax et en abdomen, comme cela se
voit dans la plupart des chétopodes à tuyaux, que M. de
Blainville place les premiers dans la classe, comme rappelant
un peu la forme du corps de certains hexapodes.

2.º Les *Subhétéromériens*, ou les espèces dont les anneaux
et les appendices sont encore dissemblables, de manière à
permettre la division du corps en deux ou trois parties assez
tranchées, comme dans les arénicoles, qui vivent encore dans
un tube, mais qui peuvent en sortir; seul genre qui constitue cet ordre dans le Mémoire de M. de Blainville, mais
qui doit être suivi de celui que M. Savigny a nommé *Clymène*.

3.° Les Homomériens (*C. homomeria*), comprenant les espèces dont les anneaux du corps, ordinairement fort alongé, et leurs appendices, sont semblables, et qui sont toujours libres et jamais contenus dans un tube.

Cet ordre, beaucoup plus étendu que les deux autres ensemble, est divisé, dans la méthode de M. de Blainville, en trois familles : 1.° celle des Aphrodités, contenant les genres Aphrodite pour l'*A. aculeata*, L., *Lepidonotus*, Leach, et pour les autres aphrodites de Linné, et le genre Amphinome de Bruguière ; 2.° celle des Néréidées, comprenant comme divisions génériques et sous des dénominations composées rappelant le nom de la famille, six genres nouveaux : *Branchionereis*, pour des espèces qui ont des branchies évidentes ; *Meganereis*, pour les espèces les plus grandes de la famille, qui, outre des branchies, ont des mâchoires puissantes, complexes, calcaires, latérales, avec une sorte de lèvre inférieure, pour deux espèces nouvelles, N. *gigas* et N. *Leachii* ; *Lepidonereis*, pour les espèces qui n'ont pas de branchies proprement dites, mais des espèces d'écailles à la racine dorsale des appendices, une sorte de trompe rétractile, avec une paire de crochets cornés à l'entrée, comme les N. *stellifera*, *lamelligera*, *maculata* ; *Acéronereis*, pour une seule espèce, dont les appendices sont comme formés d'une double écaille, et qui a pour tête une trompe exserte, garnie d'une double couronne de petits crochets et d'une paire de gros à l'intérieur, mais sans tentacules, sans points pseudo-oculaires ; *Cirrhonereis*, pour les espèces sans mâchoires, mais avec des points pseudo-oculaires, dont les anneaux, peu nombreux, sont pourvus d'appendices à cirrhes fort longs et tout-à-fait semblables aux tentacules du premier anneau, comme les N. *prolifera*, *cirrhigera* et *mucronata* ; *Podonereis*, pour les espèces dont les anneaux, peu nombreux, sont pourvus d'appendices supportés par de très-longs pédoncules ; le premier ayant de longs tentacules et des points noirs, comme les N. *punctulata* et *corniculata* ; 3.° enfin, la famille qui termine cet ordre est celle des Lombricoïdes, comprenant le genre *Lumbricus*, L., divisé en quatre coupes génériques : 1.° *Squamolumbricus*, pour les espèces dont les appendices sont composés d'une écaille pellucide recouvrant un fascicule flabelliforme de soies, et d'un cirrhe, comme les

L. squamosus et *armiger* , L. ; 2.° *Cirrholumbricus*, pour les espèces dont le corps est composé d'un très-grand nombre d'anneaux pourvus d'appendices dans lesquels entrent trois cirrhes fort longs de chaque côté, comme dans le *L. cirrhatus*, L. ; 5.° *Tubilumbricus*, pour les espèces dont les articulations, peu nombreuses, fort grandes, n'ont pour appendices qu'une soie simple et très-courte, et qui se construisent un fourreau, comme les *L. sabellaris* , *tubicola* et *lumbricalis* ; 4.° enfin , *Lumbricus*, pour les *L. terrestris*, *variegatus*, *vermicularis*, *ciliatus* , *lineatus* et *tubifex* , L.

Dans cette famille se trouve encore le genre *Naïs*, qui termine la classe.

M. de Blainville, dans ce travail sur les Chétopodes, avoit aussi traité de leur organisation générale et donné la description des espèces ; mais ce dernier point n'étoit pas son but essentiel ; cela a été au contraire principalement celui de M. Savigny , qui, étant chargé de cette partie de la zoologie dans le grand ouvrage sur l'Égypte , et pouvant faire exécuter avec tous les soins et toutes les dépenses convenables les dessins et les gravures dont il avoit besoin, a fait un travail spécifique, qui, quelque méthode de classification qu'on adopte, n'en restera pas moins comme une des choses les plus belles et les plus complètes qui aient été faites dans ces derniers temps en zoologie.

C'est le 19 Mai 1817 que M. Savigny présenta son premier mémoire au jugement de l'Académie des sciences sous le titre de Recherches pour servir à la classification des annélides, et le 14 Juillet suivant, il lui communiqua la première partie de son travail général sur la classe des annélides. Comme il avoit à sa disposition non-seulement les espèces de cette classe qu'il avoit recueillies et observées lui-même sur les côtes d'Égypte, dans la mer Rouge et dans la Méditerranée, mais encore toutes celles que le Muséum d'histoire naturelle au Jardin du Roi avoit accumulées depuis longues années de toutes les parties du monde dans les collections de zoologie et d'anatomie, et qu'une générosité bien entendue de la part des professeurs lui avoient confiées ; il devoit être conduit nécessairement à pénétrer dans les détails les plus minutieux des organes extérieurs et principalement des appendices , afin que par leur comparaison la distinction des espèces fût assurée. Pallas, Othon-Fréderic Muller et Othon Fabricius, avoient depuis long-temps étudié avec détails ces mêmes organes; le dernier surtout les avoit décrits d'une manière presque complète en les distinguant par les dénominations particulières, de soies, de cirrhes, de tentacules, d'aiguillons; Pallas avoit employé celles d'antennes, d'antennules, etc.; mais aucun auteur systématique ne s'étoit encore servi de ces matériaux excellens et qui sembloient oubliés dans l'ouvrage véritablement classique de l'auteur de la Faune de Norwége. M. Savigny, après avoir sans doute confirmé et ajouté encore à l'étendue de ces observations par l'étude de l'appareil de la mastication, par la division des appendices en ce qu'il a nommé des rames, a su en tirer des caractères qui lui ont servi à sa classification.

Ayant adopté la classe des annélides de M. de Lamarck telle qu'elle est établie dans le Système des animaux sans vertèbres, et par conséquent en y comprenant les sangsues, M. Savigny divisa toute la classe en quatre ordres, qu'il désigna par les noms des genres de Linné : les Néréidées, les Serpulées, les Lombricinées et les Hirudinées : cette dernière classe est aisément séparée des trois autres par la simple note de n'avoir pas de soies à aucun des anneaux qui composent le corps, tandis que les premières en ont constamment.

Le premier ordre, ou celui des Néréidées, caractérisé ainsi: Des pieds pourvus de soies rétractiles subulées, sans soies rétractiles à crochets; une tête distincte, munie d'yeux et d'antennes; une trompe protractile, presque toujours armée de mâchoires, est partagé en quatre familles, les *Aphrodites*, les *Néréidées*, les *Eunices* et les *Amphinomes*, qui correspondent aux genres établis par les zoologistes les plus récens.

Dans les Aphrodites, caractérisées parce que les branchies et les cirrhes supérieurs n'existent au corps proprement dit qu'aux anneaux pairs, après quoi ils deviennent continus, et que la trompe contient toujours quatre mâchoires, M. Savigny établit les genres *Palmyra*, pour une espèce nouvelle; *Halithœa*, pour l'*Aphrod. aculeata*, Linn.; *Polynoe*, pour les autres aphrodites, constituant le genre *Lepidonotus* du docteur Leach, *Eumolpe* de M. Oken.

Les Néréidées, caractérisées parce que les branchies, quand elles sont distinctes, ainsi que les cirrhes supérieurs, existent à tous les anneaux sans alternance, et que la bouche est sans mâchoires ou n'en a que deux, contiennent dans la première division les genres *Lycoris*, *Nephtys*, et dans la seconde les genres *Glycère*, *Hesione*, *Phyllodoce* et *Syllis*.

Les Eunices, qui ne diffèrent des néréidées que parce que les mâchoires sont toujours en plus grand nombre, celles du côté droit étant en moindre nombre que celles du côté gauche, et parce que la première paire de pieds est nulle, contiennent le genre *Leodice*, pour les plus grandes espèces de néréides; *Lysidice*, *Aglaure* et *Œnone*, pour des espèces nouvelles.

Les Amphinomes, qui ont pour caractères des branchies très-compliquées, toujours grandes et apparentes, et jamais de mâchoires, sont partagées en trois genres; savoir : *Chloë*, *Pléione*, pour des espèces anciennement connues, et *Euphrosine*, pour deux nouvelles; mais il faut convenir que ces genres sont établis sur des caractères si peu importans et si minutieux, qu'ils seront difficilement adoptés, d'autant plus que les espèces qu'ils renferment sont assez peu nombreuses.

L'ordre des Serpulées, aisément caractérisé parce que les pieds sont composés de soies rétractiles et de soies à crochets, et que la tête n'est pas munie d'yeux ni d'antennes, ni de trompe armée de mâchoires, est partagé en trois familles.

Les Amphitrites, dont les branchies peu nombreuses sont situées sur les segmens antérieurs et dont les pieds sont diversiformes, comprennent les genres *Pectinaria*, *Sabellaria*, *Terebella* et *Amphitrita*.

Les Maldanies, distinctes des deux familles de cet ordre par l'absence des branchies, ne contiennent que le seul genre Clymène, établi pour deux espèces nouvelles et une anciennement connue, le *sabella lumbricalis* d'Othon Fabricius, qui avoit très-bien dit qu'elle devoit former un genre nouveau.

Les Téléthuses, dont les branchies sont nombreuses et distantes des segmens antérieurs du corps, avec une seule sorte de pieds, comprennent le genre Arénicole seulement.

L'ordre des Lombricinées, qui se distingue aisément des deux précédens, parce qu'il n'y a plus pour appendices que des soies non rétractiles, comprend deux familles : 1.° celle des échiures, pour le genre *Thalassema* ; 2.º celle des lombricinées, qui renferme le genre Lombric, sous les noms d'Entérion, et d'Hypogœon, pour une espèce nouvelle de l'Amérique septentrionale, et transitoirement le genre Clitellio, pour les espèces de lombrics à deux seules rangées de soies.

Telle étoit la disposition systématique de la classe des annélides dans le premier travail de M. Savigny, celui qui sans doute a servi de base aux modifications que M. de Lamarck a apportées à son premier essai sur la distribution de cette classe dans la nouvelle édition de son Système des animaux sans vertèbres. La classe des annélides y est subdivisée en trois ordres, d'après l'absence ou la présence des pieds. Le premier contient, sous la dénomination d'ANNÉLIDES APODES, les *hirudinées* et les *échiurées*, et cependant les lombrics sont dans cette dernière famille, et les naïs sont parmi les vers. Le second, dont le nom d'ANNÉLIDES ANTENNÉES indique le principal caractère, qui marche avec l'absence de soies à crochets, l'existence fréquente de mâchoires, contient les aphrodites, les néréidées, les eunices et les amphinomes, avec les caractères et les genres établis par M. Savigny. Enfin, le troisième, celui des ANNÉLIDES SÉDENTAIRES, caractérisé par l'existence de pieds, de soies à crochets, par l'absence d'antennes et parce que les animaux qui le composent, vivent dans un tube dont elles ne sortent jamais entièrement, comprend quatre familles : les *Dorsalées*, entièrement de M. de Lamarck, pour le genre Arénicole et, ce qui est plus singulier, pour le genre Siliquaire, qui n'est connu que par sa coquille si rapprochée des vermets ; les *Maldanies* et les *Amphitritées*, comme dans le Système de M. Savigny, si ce n'est cependant que, trompé par de fausses indications, M. de Lamarck rapproche des clymènes les dentales ; et enfin, les *Serpulées*, famille également propre à M. de Lamarck et établie sur les caractères des branchies séparées ou recouvertes par un opercule, et de la solidité du tube, pour le genre *Serpula*, L., divisé en serpule, spirorbe, vermilie et galéolaire, ainsi que pour le magile, que l'on sait positivement être une coquille univalve.

Ainsi M. Savigny a introduit dans la classification des chétopodes non plus la présence ou l'absence des organes de la respiration, ni la présence ou l'absence d'un tube pour habitation, mais une considération plus importante et nouvelle, celle de la composition différente des soies des appendices. Étudiant avec plus de soin la composition de la bouche, celle des cirrhes supérieurs et latéraux de la tête, et des appendices, il a pu caractériser un plus grand nombre de genres d'une manière plus tranchée; il nous a cependant paru que M. Savigny, n'ayant pas défini rigoureusement ce qu'il regarde comme des branchies, ne donne pas toujours le même nom aux mêmes parties. Il en est de même pour les antennes : quelquefois, quoiqu'il n'en existe évidemment pas, il donne ce nom aux cirrhes des premières paires de pieds. Nous ferons également remarquer que la manière dont il a compté les dents de la bouche pourroit induire en erreur.

Il nous semble aussi qu'il a été conduit à l'établissement d'un trop grand nombre de genres; mais cela tient à une question plus générale, qu'il ne convient pas de traiter en ce moment.

Depuis la lecture de ses Mémoires sur les annélides, et depuis l'impression de l'ouvrage de M. de Lamarck, M. Savigny a publié, comme faisant partie du grand ouvrage sur l'Égypte, un système général des annélides, dans lequel les espèces nombreuses qu'il a pu se procurer sont décrites soigneusement et d'une manière comparative. La distribution est cependant toujours la même; mais le nombre des genres est considérablement augmenté. On devra y remarquer que M. Savigny, dans le but de s'assurer si le rapprochement fait par M. de Lamarck des dentales avec les clymènes devoit être admis, dit positivement, dans une note, que l'animal de celle-ci n'est certainement pas articulé, sans cependant autrement décider de ses rapports naturels.

D'après cette analyse de l'histoire des animaux que nous comprenons dans notre classe des chétopodes, on voit qu'à peine connus des anciens, qui n'avoient observé que des néréides sous le nom de scolopendre de mer, Linné, recueillant le peu qu'avoient fait Belon et Rondelet, les établit en quatre genres : *Serpula*, *Nereis*, *Sabella*, *Amphitrite*, dont il ne sentit pas les rapports, les plaçant loin des autres, dans quatre ordres différens de sa classe des vers. Pallas montra ces rapports et fit pour eux ce qu'il avoit fait pour les mollusques et les testacés. Gmelin ni Bruguière ne sentirent pas la valeur de ces remarques, et profitèrent d'une manière extrêmement incomplète des observations détaillées que Muller et Othon Fabricius donnèrent sur un grand nombre de ces animaux dans leurs ouvrages spéciaux. M. Cuvier est le premier qui exécuta ce que le génie de Pallas avoit établi, et qui réunit tous ces animaux sous un nom classique; en quoi il fut suivi par M. de Lamarck et par tous les zoologistes qui ont étendu l'application de la méthode naturelle à la zoologie. M. de Blainville, appliquant ses idées générales de classification méthodique des êtres à cette classe, qu'il restreint un peu, introduisit la considération de la similitude des anneaux du corps et de leurs appendices pour l'établissement des ordres et des familles, et même d'un assez grand nombre de genres, presque au même moment que M. Savigny, à la suite d'observations longues et détaillées, publioit un système général de ces animaux, adopté par MM. de Lamarck et Latreille, dans lequel il fit connoitre un grand nombre d'espèces nouvelles de toutes les mers, en adoptant toujours comme base de sa classification les mâchoires et les branchies, mais cependant avec la considération nouvelle de la nature des soies et de la division des appendices en rames.

Les auteurs récens, comme MM. Payraudeau et Risso, ont aussi suivi la méthode de M. Savigny.

Le petit nombre d'animaux qui composent la classe des chétopodes n'a pas permis de dissidences bien grandes entre les zoologistes pour leur distribution systématique; car, après tout, que l'on donne le nom de famille ou même d'ordre aux genres de Linné, il en résultera toujours à peu près la même distribution des espèces; mais il n'en est pas de même de la place que l'on doit assigner à cette classe dans la série animale.

Avant Linné c'étoit une question dont on s'occupoit fort peu, que de savoir où l'on devoit placer un groupe d'animaux; lui-même ici s'est trouvé n'avoir pas besoin de s'en inquiéter, quoique dans notre manière de voir son génie lui ait fait deviner celle qui est la plus convenable, puisque nos chétopodes étoient distribués dans trois ou quatre classes différentes. Mais il n'a pas dû en être de même, quand la méthode naturelle a été introduite en zoologie par les auteurs françois, comme elle l'avoit été en botanique. Par une singularité fort remarquable, M. Cuvier, déterminé sans doute par la couleur du sang de ces animaux, qui, sans être de la même nature, a cependant ce rapport avec le sang des ostéozoaires, qu'elle est également rouge, les place à la tête des animaux articulés, et par conséquent avant les crustacés, les arachnides et les insectes, en sorte que des animaux dans lesquels les organes des sens sont réduits à un toucher grossier, qui se meuvent à peine, sans membres complets, qui sont hermaphrodites, qui ne peuvent abandonner le séjour des eaux, furent placés avant les insectes, qui jouissent de tous les organes des sens, qui peuvent exécuter toutes les espèces de locomotion et même celle du vol, dont la nourriture est si variée, si choisie; qui emploient une foule de moyens plus ingénieux les uns que les autres pour se la procurer; dont les sexes sont constamment séparés, et chez lesquels on admire d'autant plus les moyens curieux qu'ils emploient pour assurer le développement de leur progéniture, qu'on les connoit davantage, et cela parce qu'ils ont un fluide nutritif coloré en rouge, ou mieux, parce qu'ils ont une circulation : on auroit mieux fait de dire une oscillation; car il n'y a pas de circulation proprement dite dans les chétopodes, ni dans aucun ver à sang rouge.

M. de Lamarck imita M. Cuvier sous ce rapport, et crut, pour des raisons qu'il expose avec franchise, devoir placer cette classe entre les cirrhipèdes et les crustacés, quoiqu'il s'aperçût très-bien qu'il rompoit les rapports qu'il admettoit entre ces deux classes d'animaux, par des êtres qui sont, dit-il, sortis des vers ou de nos entomozoaires apodes : aussi, par une singulière contradiction, les naïs, qui ont le système vasculaire des lombrics, le sang rouge, comme eux, et même des appendices sétacés, sont conservées parmi les vers.

M. Duméril, dans sa Zoologie analytique, n'a pas cru devoir suivre la manière de voir de MM. Cuvier et de Lamarck. Il admet pourtant, avec eux, que l'organisation des annélides est plus compliquée que celle des insectes, et que, suivant l'échelle naturelle des êtres, ils devroient suivre immédiatement les crustacés et conduire ainsi aux insectes; mais en raison de leur forme, du peu de développement de leurs organes de mouvement, et surtout en raison du mode de respiration des insectes, qui paroît tenir lieu du mouvement du sang, il lui semble que les vers doivent être placés entre les insectes et les zoophytes, c'est-à-dire entre la classe des myriapodes, par laquelle il finit ceux-là, et les helminthes, ou vers intestinaux, par laquelle il commence ceux-ci.

M. Oken en fait le dernier ordre de sa classe des *Lungen-thiere*, qui correspond aux entomozoaires, et les place avant les malacozoaires, ses *Darmthiere*.

Sous ce rapport, M. de Blainville, conséquent à ses principes généraux de classification, a dû mettre aussi les chétopodes presque à la fin du type des entomozoaires, entre les myriapodes et les apodes, ou vers intestinaux. Par là on passe, presque d'une manière insensible, aux subannélidaires, et par eux aux holothuries, qui commencent le type des actinozoaires. Il faut cependant placer entre ces deux types celui des malacozoaires, qui, depuis les ostéozoaires, forme aussi une ligne parallèle, marchant également aux zoophytes et y arrivant jusqu'à un certain point par les ascidies.

L'étude des animaux dont il est question dans cet article, n'a guère d'importance autre que celle qu'en peut tirer la philosophie naturelle; en effet, ils sont d'une très-foible utilité à l'espèce humaine. Les grosses néréides, les arénicoles, sont cependant fort recherchées sur nos côtes pour servir d'appât et prendre des poissons littoraux, et essentiellement des merlans et des maquereaux. C'est même un petit objet de commerce pour les habitans des côtes où le rivage est sablonneux et où ces animaux sont communs. Les lombrics, ou vers de terre, sont aussi employés à la pêche des poissons d'eau douce, et entre autres des anguilles et des poissons vaseux.

Je n'ai jamais entendu dire et je n'ai lu nulle part qu'aucun chétopode (entier du moins) servit à la nourriture de l'homme.

La grande quantité de matière colorante de couleur safran que fournit l'arénicole, avoit fait proposer de s'en servir pour la teinture; mais je n'ai point appris que cette proposition ait été suivie du moindre commencement d'exécution.

De l'organisation des chétopodes.

L'organisation de ces animaux a été étudiée dans ses parties extérieures, comme nous avons déjà eu l'occasion de le dire, par Pallas, ainsi que par Muller, et surtout par Othon Fabricius et M. Savigny, mais aussi un peu par Baster. Quant à leur organisation intérieure, le peu que nous en savons est dû essentiellement à Pallas. MM. Cuvier et Éverard Home ont aussi publié des recherches sur quelques genres, et entre autres sur l'Arénicole, l'une des plus grandes espèces de chétopodes qui habitent nos mers. Nous joindrons aux observations de Pallas, dans ce que nous allons en dire, ce que nous avons observé nous-même.

Le corps des chétopodes, en général alongé et vermiforme, est cependant quelquefois seulement ovale-alongé ; le diamètre longitudinal ne dépassant que de deux ou trois fois le transversal, comme dans les aphrodites. Le plus souvent déprimé, la face dorsale un peu plus convexe que la face ventrale, il est aussi quelquefois cylindrique, comme dans les lombrics et quelques autres genres. Mais le caractère constant du corps dans ce groupe d'animaux, c'est d'être partagé en un nombre considérable d'anneaux, de segmens ou d'articulations, par des sillons transverses plus ou moins marqués, et où la peau, plus molle, permet les mouvemens de locomotion. Le nombre de ces segmens ne paroît pas aussi fixe, il s'en faut de beaucoup, que dans les entomozoaires des classes précédentes ; et l'on trouve déjà sous ce rapport des différences notables entre les genres qui constituent la famille des serpulées ou des hétérocriciens et ce   qui appartiennent à celle des homocriciens ou aux lombricinés. C'est ce qui fait que, dans les uns, le nombre des anneaux devient un caractère important de distinction des espèces, ce qui n'a plus lieu pour les autres.

Les anneaux du corps des chétopodes, même à part des appendices, ne sont jamais rigoureusement semblables, du moins en diamètre : en effet, il est rare qu'à partir d'un point de la longueur totale, un peu variable, ils n'aillent pas en diminuant peu à peu, vers les deux extrémités.

D'après cela il est évident que la tête est constamment distincte; mais il est rare qu'elle ne soit composée que d'un seul anneau. Il est même souvent difficile de décider où elle commence et où elle finit, parce que jamais elle n'est séparée du reste par une suite d'articulations plus étroites et formant une sorte de cou. On est donc obligé, pour appliquer la dénomination de *tête*, de considérer les appendices.

Dans la plupart des espèces, comme dans les néréides, les amphinomes, et encore mieux dans les lombrics, non-seulement il n'y a pas de cou, mais il est à peu près impossible de trouver à séparer le tronc en thorax, en abdomen, et encore moins en queue; mais il n'en est pas tout-à-fait de même pour les serpules et les amphitrites: en effet, dans ces groupes un certain nombre des anneaux qui suivent la tête, sont véritablement différens de ceux qui forment le reste, et l'on peut y distinguer une sorte de région thoracique et par conséquent une région abdominale; quant à la région caudale, il n'y en a pas plus dans les chétopodes que dans aucun entomozoaire.

Les anneaux ou segmens du corps des chétopodes sont constamment pourvus d'une paire d'appendices, soit dans leur état de plus grande complication, soit au contraire presque réduits à leur plus simple expression ou à ce qu'ils ont d'absolument essentiel. Nous avons déjà fait remarquer, en exposant la méthode de M. de Blainville, que les appendices d'un anneau de chétopodes ne peuvent jamais, dans leur plus grand état de complication, être composés de plus de trois parties : l'une propre à la locomotion, l'autre à la sensibilité, et enfin la troisième à la respiration; et que, réduits à leur plus grande simplicité, il reste au moins la première. Entrons maintenant dans quelques détails. D'abord, quant à la position sur les anneaux, les appendices en occupent en général les extrémités du plus grand diamètre transverse; mais il arrive qu'ils se portent plus en dessous, et surtout plus en dessus, suivant les circonstances particulières de leurs usages. En thèse générale, ils tendent d'autant plus à devenir dorsaux ou supérieurs, qu'ils appartiennent davantage à des anneaux antérieurs, au point de devenir ce que nous allons nommer des tentacules, quand ils appartiennent aux anneaux céphaliques : c'est exactement le contraire en arrière, les appendices tendant toujours à devenir plus inférieurs à mesure que les anneaux se rapprochent davantage du segment dans lequel est percé l'anus.

L'étendue des parties latérales qu'occupe l'appendice, doit varier et varie en effet suivant sa complication. En effet, dans les naïs il n'occupe presque qu'un point; tandis que dans les amphinomes et certaines néréides il occupe beaucoup plus du quart de la circonférence.

Dans le cas où l'étendue de l'implantation de l'appendice est considérable, il arrive souvent qu'il est partagé en deux parties, l'une supérieure et l'autre inférieure à la ligne latérale, et que M. Savigny a désignées par le nom de *rames*, que nous adopterons, parce qu'en effet il paroit qu'elles servent à l'animal pour nager. Alors il semble que chaque rame soit composée des mêmes parties, mais disposées en sens inverse, la séparation s'étant faite dans le faisceau des soies. Quoi qu'il en soit, l'appendice des chétopodes peut être composé d'une branchie, de cirrhes, de mamelons et de soies, que nous allons successivement définir.

La branchie (car nous n'avons besoin que de considérer un seul côté, l'animal étant pair) est toujours située à la racine supérieure de l'appendice simple ou bipartite. Cette branchie, que nous verrons offrir pour caractère, commun à tout organe de respiration, d'être très-vasculaire, avec une enveloppe dermoïde très-mince, varie assez dans sa forme, pouvant être simplement bifide ou trifide, comme dans les néréides, ou bien être ramifiée en arbuscules, comme dans les amphinomes, ou enfin multifide et longuement pinnée, comme dans les serpulées.

Leur position permet de les distinguer en plusieurs espèces. Dans l'état normal elles occupent constamment la racine supérieure d'un nombre variable d'appendices, et elles sont dorsales, comme dans les amphinomes et les grandes espèces de néréides : il peut y en avoir alors à tous les anneaux sans interruption. D'autres fois elles sont antérieures, et bornées à quelques anneaux.

Les cirrhes, que nous verrons prendre le nom de *tentacules* ou de *cirrhes tentaculaires* sur les anneaux céphaliques ou post-céphaliques, sont des espèces de filamens non vasculaires, de longueur et même de forme extrêmement variables, qui se peuvent trouver ou bien à la partie supérieure de l'appendice, immédiatement au-dessous de la branchie, quand elle existe, et qui semble même quelquefois en tenir lieu (c'est ce qu'on nomme le *cirrhe supérieur*), ou bien à la partie inférieure ou ventrale de l'appendice (c'est ce qu'on nomme le *cirrhe inférieur* ou *ventral*). Sa forme, ses dimensions proportionnelles, varient beaucoup; mais en général il est plus petit que le supérieur.

Quelquefois on trouve à la racine des faisceaux de soies, en arrière ou en avant, des prolongemens dermoïdes de la nature des cirrhes, mais qui, plus courts et plus larges, ne méritent plus ce nom, et n'en sont pas moins souvent fort utiles à signaler. On pourra les désigner par le nom de *lobules mamelonnés*, *cirrheux* ou *squameux*, suivant leur forme.

Les mamelons sont des prolongemens plus ou moins considérables des côtés du segment à l'extrémité desquels se trouvent implantées les soies. Quelquefois ils sont presque nuls, et alors les articulations du corps sont fort peu sensibles; d'autres fois, au contraire, ils sont excessivement longs, et alors le corps paroît profondément incisé dans toute sa longueur. Ce sont eux qui portent les lobules dont il vient d'être parlé.

Les soies (*setæ*) sont des parties, dont nous étudierons la structure plus loin, roides, dures, cassantes, qui sont implantées plus ou moins profondément dans la peau des chétopodes, en général en nombre souvent considérable : il n'y en a plus qu'une seule dans quelques naïs; elles forment des faisceaux simples ou divisés, placés à l'extrémité des mamelons et entre les deux cirrhes de l'appendice.

On distingue, avec Othon Fabricius et M. Savigny, trois espèces de soies :

1.° Les soies simples, qui sont grêles, pointues et droites à leur extrémité; ce sont les plus communes et celles qui se fasciculent le mieux.

2.° Les soies en crochets, qui sont encore assez grêles, mais qui sont courtes et recourbées, et terminées par un crochet à l'extrémité.

3.° Les aiguillons ou épines (*aculei*), qui sont droits, comme les soies simples, mais qui sont toujours plus gros et beaucoup plus roides. On en trouve de semblables dans les aphrodites aiguillonnées.

Voilà tout ce qui peut entrer dans la composition de l'appendice le plus complexe d'un chétopode.

Quand il n'est pas partagé en deux parties, une supérieure et l'autre inférieure à la ligne latérale, l'appendice est uniramé ou composé d'une seule rame; dans le cas contraire, il est biramé ou en forme de deux rames.

Nous avons déjà fait remarquer que même dans le chétopode dont les anneaux sont le plus semblables, il y a cependant presque toujours quelques différences; mais il est des genres dans lesquels elles sont bien plus grandes. En général, à partir du segment le plus complet, qui est ordinairement vers le tiers antérieur du corps, et en se portant vers la tête, les branchies et les soies diminuent peu à peu de longueur et de force, en devenant, comme il a été dit plus haut, de plus en plus dorsales, tandis qu'au contraire les cirrhes acquièrent un plus grand développement. C'est ce qu'on voit d'une manière manifeste pour les cirrhes des anneaux céphaliques, et même pour ceux qui entourent l'anus dans les néréides. Ceux-ci conservent le nom de cirrhes; mais il n'en est pas de même de ceux qui accompagnent les anneaux composant la tête. Muller et Othon Fabricius les ont appelés des tentacules; M. Savigny les désigne par le nom d'antennes, dénomination qui nous semble tout-à-fait impropre. Nous préférerons le nom de tentacules, quoiqu'il n'y ait rien dans ces organes qui puisse les faire comparer aux tentacules des mollusques céphalés, ni aux antennes des hexapodes, qui sont les uns et les autres des organes d'olfaction. Quoi qu'il en soit, les tentacules de la tête des chétopodes sont pour l'ordinaire parfaitement en nombre pair; mais il arrive quelquefois qu'il y en a un impair et alors médian. Ce n'est cependant que dans les aphrodites et quelques néréides que cette singulière disposition a lieu. Dans nos descriptions nous regarderons comme céphaliques, ou comme appartenant à la tête, non-seulement les cirrhes qui se trouvent sur le premier anneau; mais en outre ceux qui naissent de quelques-uns des suivans et qui se distinguent en général fort bien des cirrhes des appendices par une bien plus grande longueur.

On remarque quelquefois que ces organes paroissent divisés en segmens par des plis transverses; ce qui les a fait désigner par quelques auteurs sous le nom d'articulés; mais il me semble que cet effet, qui est réel, n'a lieu souvent que par l'action de la liqueur conservatrice, et ne se remarque pas à l'état frais. Certaines espéces offrent cependant cette disposition constamment.

On trouve encore dans un assez grand nombre de chétopodes que les deux ou trois premiers anneaux sont pourvus de points ou mieux de taches bien distinctes, dans une disposition constante et que l'on a décorées du nom d'yeux, quoiqu'ils n'aient absolument rien de la structure de ces organes, comme nous allons le voir tout à l'heure, et qu'en effet ils ne servent en rien à la vision. Quoi qu'il en soit, il est bon de remarquer ici que ces points noirs sont à peu près constans dans leur nombre et dans leur disposition, en sorte qu'on peut en tirer de fort bons caractères zoologiques.

Il ne nous reste plus maintenant à noter à l'extérieur des chétopodes que leur couleur et les tubes ou tuyaux qu'un assez grand nombre d'espèces se forment.

Un caractère qui m'a paru propre à cette classe d'animaux et qui suffiroit presque à lui seul pour les faire reconnoître, c'est qu'outre leur couleur propre et fixe, l'épiderme ou peut-être mieux la peau proprement dite paroît teinte des couleurs irisées avec des magnifiques reflets d'or ou de pourpre.

Quant au tube extérieur qu'habitent souvent les chétopodes, quoiqu'il soit souvent assez régulier et solide, il ne peut cependant en aucune manière être comparé à la coquille des malacozoaires, pas même à celles qui s'en rapprochent le plus, comme les dentales, les siliquaires, qu'on en a cependant long-temps rapprochées. Ces tubes des chétopodes sont toujours de simples excrétions de leur corps, qui n'y tiennent nullement, et dont l'animal peut même sortir sans mourir incessamment. On commence à en voir quelque chose dans la mucosité avec laquelle certaines espèces tapissent le trou creusé dans la vase ou dans le sable qu'ils habitent,

comme les arénicoles et certains lombrics ; c'est l'analogue de
la pellicule muqueuse du tube des amphitrites et des sabelles.
Mais ici, autour de cette mucosité, est attaché en dehors
une couche plus ou moins épaisse, composée de vase seulement ou de grains de sable très-fins, ou enfin de débris plus
ou moins gros de coquilles et de gros grains de sable. Ces
tuyaux sont constamment ouverts aux deux extrémités ; il
en est de même de ceux qui, plus réguliers, sont complète-
ment calcaires. C'est même un caractère que j'ai indiqué depuis long-temps pour les distinguer des coquilles tubuleuses,
dont le sommet est au contraire constamment imperforé. Ces
derniers tubes paroissent cependant s'accroître à la manière
de ces coquilles par lames ou couches extrêmement minces,
se plaçant en dedans et se débordant les unes les autres. Il
en résulte des stries d'accroissement plus ou moins apparentes en dehors, mais jamais on ne remarque à leur surface
des stries longitudinales, ni rien qui indique le travail dé-
licat des bords d'un manteau, comme dans les malacozoaires.
Ce caractère seul suffiroit, à notre avis, pour distinguer une
coquille tubuleuse ; ajoutons à cela que la perforation constante du sommet d'un tube de chétopode ne permet jamais
que l'animal, en grossissant et en s'avançant dans son tube,
puisse y former des cloisons, ce qui a au contraire constamment lieu dans les coquilles tubuleuses. Enfin, un dernier
caractère qui distingue les tubes des chétopodes, c'est que
toujours ils sont adhérens et fixés à plat dans une plus ou
moins grande partie de leur étendue, sur des corps étrangers, ce qui n'a presque jamais lieu pour les coquilles tubū-
leuses.

Les deux dernières parties extérieures que nous ayons à
examiner dans les chétopodes, et qui vont nous conduire
tout naturellement à étudier leur organisation profonde,
sont les orifices du canal intestinal, qui existent constamment et qui sont à peu près toujours terminaux, mais cependant quelquefois un peu obliques sous chaque extrémité,
surtout la bouche.

Cette bouche est quelquefois immédiatement à l'origine
du corps, ou à l'extrémité antérieure de la tête, comme
dans les lombrics et un assez grand nombre de néréides ; mais

aussi, dans un assez grand nombre de cas, elle est à l'extrémité d'un long prolongement antérieur du corps, alors sans
articulations distinctes, sans autres appendices que des espèces
de mâchoires en nombre variable, et qui est éminemment
rétractile; c'est ce que l'on désigne sous le nom de trompe.
Nous verrons que la bouche, quand elle est simple, est souvent accompagnée de barbillons ou de cirrhules très-nombreuses, comme dans les serpules.

Quant à l'anus, toujours fort grand et transverse, il n'offre
jamais rien de bien caractéristique, si ce n'est dans les cirrhes qui peuvent l'accompagner, mais qui appartiennent aux
appendices.

L'organisation intérieure des chétopodes a été beaucoup
moins étudiée que la forme des parties extérieures; il est
vrai que cela était d'une tout autre difficulté.

L'enveloppe, qui constitue le cylindre extérieur dont le
corps des chétopodes est composé, est entièrement molle,
ou n'est jamais soutenue ni à l'extérieur, ni même à l'intérieur, par quelque partie solide de nature calcaire ou cornée; on remarque seulement qu'elle est sillonnée transversalement par des stries plus ou moins profondes, où se passe
la plus grande partie du raccourcissement de l'animal, mais
on ne peut pas dire que l'enveloppe y soit moins dure que
sur les anneaux eux-mêmes. Cette enveloppe est composée,
comme à l'ordinaire, d'une peau et d'une couche musculaire
contractile.

La peau, constamment fort mince, ne m'a pas paru susceptible d'être décomposée en ses parties ordinaires; elle
semble même n'être formée que par une sorte d'épiderme
muqueux et transparent, décomposant la lumière sans doute
par une disposition physique de ses parties, ou peut-être
même par ses plis si fins qu'ils forment des fissures : au-dessous se trouve quelquefois un véritable pigmentum, sur lequel
porte la coloration fixe de l'animal, en général très-variée.
On pense bien qu'il a été impossible de rien découvrir de
nerveux dans cette peau, quoique sa sensibilité soit fort
grande, comme nous le verrons plus loin.

Nous ne connoissons aucun organe de sensation spéciale
dans les chétopodes, à moins que de considérer jusqu'à un

certain point comme tel les cirrhes des appendices, quand il
en existe, et surtout les tentacules et les cirrhes tentaculaires.
Leur structure ne nous a pas paru différer de celle du reste
de l'enveloppe générale, seulement ils sont remplis par une
matière qui, par l'action de l'alcool, se coagule quelquefois
incomplétement et se divise en fragmens plus ou moins réguliers, correspondant aux plis de l'enveloppe, c'est ce qui leur
donne souvent l'apparence d'êtres articulés. Ils sont cependant
quelquefois réellement composés d'articulations globuleuses
régulières, de manière à être complétement moniliformes,
comme cela se voit très-bien dans les espèces de néréides qui
constituent le genre Syllis de M. Savigny.

Quant aux points ou taches noires que nous avons dit
exister à la partie supérieure des anneaux céphaliques, et
que l'on regarde assez généralement comme des yeux, ils sont
évidemment formés chacun par un petit globule aplati,
de couleur noire et logé dans une excavation particulière
de la bande musculaire dorsale sous-posée entre elle et la
peau, qui semble plus mince et plus transparente en cet endroit qu'ailleurs.

L'appareil locomoteur est essentiellement formé de la couche musculaire sous-dermoïde et des appendices, surtout des
soies, qui entrent dans leur composition.

La couche musculaire sous-dermoïde, seulement plus épaisse
en dessous et sur les côtés qu'en dessus, existe dans toute
l'étendue du corps, et forme la plus grande partie de sa gaîne
extérieure. Elle est essentiellement composée de fibres longitudinales, partagées en faisceaux supérieurs, latéraux et
inférieurs, séparés chacun en deux par les lignes dorsale,
ventrale et latérale. Ces fibres ne sont cependant pas étendues sans interruption d'un bout de l'animal à l'autre; mais
elles se terminent successivement, au moins en partie, vis-
à-vis d'un nombre variable d'anneaux antérieurs à celui dont
elles sont sorties ; mais il n'y a pas plus d'adhérence à la peau
dans un endroit que dans l'autre. Ainsi, dans les néréides
ordinaires, les deux bandes musculaires dorsales, séparées
seulement par le vaisseau dorsal, se continuent sans interruption d'une extrémité à l'autre du corps, en ne s'attachant
cependant pas successivement au rétrécissement de chaque

anneau, ou à chaque sillon transverse; parvenues en avant, elles se rétrécissent et se terminent à chaque tentacule brachidé de la tête.

Les appendices, dans leurs parties actives ou contractiles, sont réellement composés comme le reste de la peau, avec la différence que la couche musculaire y est nécessairement beaucoup moins épaisse : mais je n'ai pas vu que ces parties eussent des muscles spéciaux.

Les parties passives de l'appendice, ou les soies, de quelque espèce qu'elles soient, sont toujours rigides et cassantes. Je ne sache pas que les chimistes aient rien dit sur leur nature, qui me paroît être un composé de matière calcaire et de matière cornée. Chaque soie est creuse dans toute son étendue, du moins si nous devons juger de toutes par les acicules, qui le sont certainement, comme on peut s'en assurer sur celles de l'aphrodite aiguillonnée ; ordinairement pointues et plus dures au sommet, elles sont au contraire tronquées et molles à leur base. Nous avons vu que, suivant leurs usages, elles sont toutes droites, aciculées ou recourbées en crochets à l'extrémité, et dans ce cas elles sont toujours beaucoup plus courtes ; quelquefois même elles sont denticulées, comme dans les serpules.

Ces parties, ordinairement rétractiles et intractiles, si ce n'est dans les derniers genres, sont en effet susceptibles d'être presque retirées en totalité par des trous proportionnels, percés dans la peau. Elles ne nous ont cependant pas paru, ni en particulier, ni en faisceaux, pourvues de muscles qui produiroient le mouvement; mais leur extrémité, après avoir traversé la peau, pousse pour ainsi dire en dedans le faisceau musculaire longitudinal et latéral, ce qui produit des espèces de hautbans, comme au mât d'un vaisseau. Par la contraction des fibres, la soie est poussée en dehors plus ou moins fortement, et sans cela elle rentre à son état de repos, c'est-à-dire, celle-ci à peine un peu sortie : c'est une disposition que nous n'avons encore remarquée que dans cette classe. Il y a en outre de petits muscles basilaires qui sont des dérivés de la couche contractile latérale, et qui, suivant qu'ils viennent d'avant ou d'arrière à la base du faisceau de soies, doivent les porter en avant, en arrière, en dessus ou en dessous,

Les autres parties des appendices des chétopodes, mobiles dans tous les sens, extensibles et rétractiles à un degré extrêmement remarquable, n'ont besoin pour produire ces mouvemens que de la couche musculaire sous-dermienne qui entre dans leur composition.

Il en est à peu près de même des dents ou mâchoires. Nous ne leur avons pas vu de muscles propres, et leurs mouvemens sont dus à ceux de la partie de l'enveloppe dermo-musculaire dans laquelle elles sont implantées.

Les soies proprement dites, de longueur et de grosseur très-variables, au point qu'elles sont quelquefois assez fines, assez molles, pour se feutrer, sont souvent disposées en faisceaux; mais elles le sont aussi quelquefois en éventail et sur un seul rang.

Les acicules sont réparties d'une manière assez fixe dans les faisceaux de soies, le plus souvent au nombre d'un ou de deux seulement; mais aussi quelquefois en plus grand nombre, comme dans l'aphrodite hérissée.

Quant aux crochets, ils sont toujours sur un seul rang, très-serrés les uns contre les autres, le crochet dirigé en dehors et en avant; la rangée qu'ils forment ainsi est portée sur un mamelon linéaire, peu saillant et compris entre deux lèvres de la peau, produisant, quand ils sont rentrés, une sorte de stigmate, analogue en apparence[1] à ces organes des hexapodes, mais bien plus réellement semblables aux mamelons ou fausses pattes des chenilles, comme l'a fait observer M. Latreille.

L'appareil digestif des chétopodes est en général fort simple, parce qu'il se compose souvent d'un simple canal cylindrique, presque sans renflemens et étendu de la bouche à l'anus. Mais dans quelques espèces il offre un peu plus de complication.

La bouche est quelquefois, comme dans les Lombrics et genres voisins, ce qu'elle paroît réellement, un orifice bi-

---

[1] C'est, comme le dit fort justement M. Savigny, faute d'y avoir regardé d'assez près, que nous avions pris, dans notre Mémoire sur les chétopodes, cette disposition des séries de soies à crochets des chétopodes tubicoles pour des stigmates.

valve ou non à l'extrémité antérieure du corps; mais, dans un assez grand nombre de cas, elle n'est plus à l'extrémité du corps apparent, mais bien à celle de deux ou plusieurs de ses anneaux un peu modifiés, et qui peuvent rentrer ou sortir de la partie de l'œsophage qui correspond à un nombre variable d'anneaux qui suivent. On a donné à cette partie extensible de l'œsophage de certains chétopodes le nom de trompe, peut-être à tort; car il n'y a aucun muscle particulier qui puisse servir à la rentrer ou à la sortir. Elle est réellement formée comme le reste de la double enveloppe qui constitue le corps, avec la différence qu'il n'y a jamais d'appendices proprement dits, mais seulement des amas de tubercules cornés, dont nous ne connoissons pas l'usage, et qui sont d'une fixité remarquable. Quelquefois on remarque en outre, à l'orifice du premier de ces anneaux proboscidiformes, des tubercules papillaires ou même de courts barbillons, qui aident sans doute à la préhension buccale. On y observe aussi assez souvent dans les néréides une paire de dents ou de crochets cornés, recourbés en faux, denticulés ou non sur le bord concave. Ces crochets, que l'on a quelquefois désignés sous le nom de mâchoires, sont en général au nombre de deux, formant une paire latérale. Mais, dans une espèce de néréides nous avons trouvé qu'il y en avoit quatre, occupant chacun un angle de l'extrémité de l'anneau proboscidal.

Ces crochets sont creux dans une grande partie de leur base, et cette cavité donne insertion à des fibres musculaires, qui sans doute servent à leurs mouvemens.

Dans un assez grand nombre de chétopodes la partie antérieure de l'intestin est pourvue d'une véritable masse buccale, beaucoup plus compliquée et susceptible d'être portée en avant ou en arrière par des faisceaux de muscles, qui, de la couche musculaire sous-dermique, se portent soit de la marge antérieure de l'orifice buccal à la moitié antérieure de la masse, soit des anneaux qui le suivent immédiatement en arrière, à sa moitié postérieure. On trouve qu'en outre elle est en très-grande partie composée par de nombreuses fibres transverses, qui doivent agir fortement dans la mastication.

Cette mastication est exécutée par des parties calcaires ou

cornées, qui recouvrent des plis longitudinaux, se correspondant assez rigoureusement par paires, et s'étendent souvent fort loin dans l'entrée du canal intestinal. Le nombre et la forme de ces singulières espèces de dents varient assez. Il n'en existe jamais d'impaire véritable, c'est-à-dire qui se trouveroit dans la ligne médiane dorsale ou ventrale ; mais presque toujours les deux dents qui constituent la paire inférieure, sont contiguës dans la ligne médiane, ce qui forme une sorte de lèvre inférieure, élargie en palette incisive. Les paires latérales sont en nombre variable, et le plus souvent formées d'une sorte de manche qui s'introduit dans la couche musculaire, et d'une partie libre, recourbée, denticulée ou non. C'est cette dernière partie qui, étant susceptible d'être quelquefois augmentée à l'un de ses angles d'un tubercule corné, a été cause que M. Savigny a défini, dans un groupe ou deux des néréides, quelques-uns des genres qu'il a établis parmi les espèces multidentées, d'après le nombre pair ou impair de ces organes qu'il nomme des mâchoires. Je les ai réellement toujours trouvés complétement pairs, avec la différence que je viens d'expliquer, et qui ne porte pas même constamment sur le même côté, comme l'a pensé M. Savigny ; mais dans tout un genre, celui des Aphrodites, les deux dents qui constituent la paire supérieure et la paire inférieure, sont contiguës, se touchent dans la ligne moyenne, d'où il résulte qu'elles agissent, comme les mâchoires des ostéozoaires, de haut en bas, deux contre deux.

A la suite de cette première partie du canal intestinal vient l'œsophage, qui, dans les espèces où il n'y a pas de masse buccale, est la continuation directe de la cavité buccale ; mais qui, dans les autres, prend son origine à sa partie supérieure, de manière que celle-ci est dans un plan bien inférieur.

Accompagné dans son trajet de glandes salivaires souvent assez longues, du moins dans les espèces où il y a mastication, ou plus courtes, comme dans les pectinaires, où cette fonction n'existe pas, l'œsophage se dilate plus ou moins, et constitue l'estomac.

Cette partie de l'intestin est quelquefois renflée, solidifiée par des fibres musculaires assez épaisses et constituant une

sorte de gésier, comme on le voit dans le lombric terrestre ;
mais le plus souvent elle est membraneuse et se continue dans
toute la portion thoracique du tronc, en éprouvant des dilatations plus ou moins marquées ou en étant pourvue d'espèces
de cœcum vis-à-vis de chaque intervalle des articulations. Ces
dilatations sont souvent déterminées en grande partie par la
plénitude de l'estomac, et alors ses parois sont fort minces.
Dans le cas contraire elles ont une très-grande épaisseur, tant
à cause de celle de la couche musculaire, que de celle de la
membrane muqueuse, qui forme des plis longitudinaux considérables. Cette disposition appartient essentiellement aux
néréides.

Dans les amphitrites et les pectinaires, l'estomac est long,
assez épais, mais sans trace de cœcum.

Il en est de même dans les térébelles.

Nous ne croyons pas qu'on ait encore observé de foie distinct
dans les chétopodes, et nous n'avons jamais nous - même
trouvé aucun organe qui pût en tenir lieu, autre que des gra-
nulations dans l'épaisseur de l'intestin, comme dans les néréides, ou qui terminent souvent les cœcum et qui quelquefois même font saillie sous la peau ; telles sont, suivant nous,
les petites crêtes dentelées que l'on voit en arrière de la racine des appendices de l'aphrodite épineuse, et que l'on a
regardées comme des branchies. En effet, dans la famille des
aphrodites, et surtout dans la principale espèce, *A. aculeata*,
l'estomac, entièrement membraneux, est garni dans toute sa
longueur de longs cœcum pédiculés ou rétrécis à l'endroit de
leur communication avec la cavité intestinale et qui se portent transversalement en se dilatant jusque dans les interstices
des anneaux. Nous n'avons rien trouvé de semblable dans
aucun autre genre.

Le reste du canal intestinal, le plus souvent sans circonvolutions, sans différence notable dans le diamètre, se porte directement à l'anus, qui est constamment terminal, ordinairement fort grand et transverse : mais dans les pectinaires il n'en
est pas de même, l'intestin faisant deux coudes de la longueur
du corps avant de se terminer à l'anus, et ces circonvolutions
étant réunies par une sorte de mésentère très-mince.

L'appareil de la respiration n'est pas toujours spécialisé

dans les chétopodes; en effet, dans les derniers genres il est impossible de trouver les modifications de la peau propres à constituer des poumons ou des branchies.

Lorsque cet appareil est spécialisé, il forme toujours de véritables branchies extérieures, dont la forme et la position sont assez différentes.

Dans les serpules et les amphitrites ces organes, situés sur le dos de l'anneau labial, sont formés par de longs cirrhes garnis de deux rangs de denticules fort courts et portés sur une sorte de pédicule comme lamelleux. On trouve qu'elles sont presque entièrement composées d'un très-gros vaisseau, qui, vu au microscope, semble une sorte de trachée analogue à ce qu'on voit dans les insectes ; ses parois étant en effet soutenues par des fibres transverses.

Dans les sabellaires, les pectinaires et les térébelles, les branchies, ramifiées comme de petits arbrisseaux, occupent les parties latérales des anneaux céphaliques, et il semble réellement que ce soient les vaisseaux eux-mêmes, ramifiés et recouverts par une peau extrêmement amincie, au point que, dans l'état vivant, elles sont d'un rouge de sang extrêmement vif.

Dans les arénicoles elles sont encore arbusculaires, mais elles occupent la partie supérieure de la racine des appendices thoraciques.

Dans les amphinomes et dans les néréides multidentées elles sont également dorsales et sur un nombre plus ou moins considérable des anneaux du corps, mais elles ne sont plus que pectinées et minces; celles des derniers anneaux du corps finissent même par être unilobées ou cirrheuses.

Enfin, nous n'en admettons pas dans les aphrodites, dans plusieurs genres de néréides, et encore moins dans les néréiscolés, ni dans les lombrics, les naïs et les thalassèmes.

L'appareil circulatoire des chétopodes n'offre plus que la partie vasculaire, sans cœur ou véritable organe d'impulsion. Cette partie vasculaire se compose sans doute encore de deux ordres de vaisseaux, mais beaucoup moins distincts, sous aucun rapport, que dans les animaux supérieurs.

On peut cependant considérer comme appartenant au système veineux, un seul gros vaisseau un peu flexueux, sans renflemens ou dilatations, et qui occupe la ligne médio-ventrale au-dessus du système nerveux. Il est le résultat sans doute des rameaux qui lui viennent transversalement de chaque côté de chaque anneau, dans toute la longueur du corps, si ce n'est en avant, où il reçoit trois grosses branches, une médiane, qui se place au-dessous de la masse buccale, et qui est réellement la continuation du tronc, et deux latérales, une de chaque côté, beaucoup plus fortes et qui ramènent le sang, par des branches irrégulières, de la masse buccale elle-même, de ses muscles et de la peau des premiers anneaux : c'est ce que nous avons très-bien vu dans la néréide géante.

Dans les espèces qui ont les branchies attachées aux premiers anneaux du corps, comme les serpules, les amphitrites et, en général, tous les sabulicoles, les vaisseaux qui résultent des différentes ramifications qui les composent, compliquent la partie antérieure du tronc veineux ou de ses deux branches en V. Dans les espèces où les branchies sont dorsales et sur un grand nombre d'anneaux, les veines qui en reviennent, appartiennent aux rameaux transverses correspondans.

C'est aussi de l'extrémité antérieure de la bifurcation de la veine médio-ventrale que naissent les branches principales de communication avec le système artériel. Ces branches, placées sur les côtés de l'œsophage, remontent vers le dos et aboutissent au vaisseau dorsal.

Le système artériel est formé par un gros vaisseau médio-dorsal ou mieux intestinal, évidemment renflé d'anneau en anneau, du moins dans son action sur le sang qu'il contient, et fournissant à droite et à gauche des vaisseaux transverses, qui, parvenus à la racine de chaque appendice, se divisent en deux rameaux ; l'un qui se porte en avant et l'autre en arrière. Chacun de ces rameaux se partage lui-même en deux branches ; l'une qui retourne en dedans pour les lobes hépatiques et les ovaires ; l'autre qui va à la partie branchiale de l'appendice : c'est du moins ce que nous avons très-bien vu sur des néréides vivantes.

Pour les espèces dont les branchies sont aux anneaux céphaliques et beaucoup plus complexes, il est aisé de voir que les branches latérales du vaisseau dorsal doivent être bien plus grosses, et qu'elles se continuent dans le cirrhe branchial et dans ses ramifications.

Dans les lombrics nous avons également très-bien vu le gros vaisseau dorsal avec ses pulsations et ses troncs latéraux transverses à chaque anneau, mais sans les ramifications branchiales. Nous avons seulement remarqué en avant deux vaisseaux, occupant vers la fin la ligne médiane; l'un droit et plus petit; l'autre flexueux et d'un calibre plus considérable, n'ayant ni l'un ni l'autre de pulsations.

L'appareil générateur des chétopodes n'a pas encore été étudié d'une manière assez complète dans tous les genres principaux, pour qu'il soit possible d'en tirer rien de bien général.

Il paroît extrêmement probable que les deux parties de l'appareil sont distinctes, mais qu'elles sont portées par le même individu, de manière, cependant, à ce que l'hermaphrodisme ne soit pas suffisant : cela ne nous semble pourtant absolument certain que pour les lombrics.

Dans les térébelles, l'ovaire paroît constituer un corps blanc, déprimé, bifurqué en arrière, occupant la face supérieure du plan musculaire abdominal, depuis la tête jusque vers la neuvième articulation. Sa communication avec l'extérieur se fait par un orifice médian, situé au bord antérieur du disque ventral.

Dans les pectinaires l'organe femelle est constitué par une paire de corpuscules ovales, situés tout-à-fait à la partie antérieure du corps, de chaque côté de l'origine de l'œsophage, et qui, d'après l'observation de Pallas, à peine de la grosseur d'un double grain de millet dans la plus grande partie de l'année, se gonflent au premier printemps, et forment des masses considérables, remplissant toute la partie antérieure du corps et composées d'une grande quantité de grains blancs.

La partie femelle des néréides consiste en une série plus ou moins considérable de masses globuleuses, d'un blanc jaunâtre, grenues, placées entre chaque renflement stomachal, sans adhérence ni communication avec lui, et, au contraire, se terminant par une adhérence à la peau, immédiatement à la racine supérieure de l'appendice correspondant. Nous ne pouvons cependant pas dire avoir jamais vu en cet endroit d'orifice qui feroit communiquer ces organes avec l'extérieur.

Dans les térébelles les vesicules spermatiques sont au nombre de quatre paires, dont les deux antérieures sont plus petites; elles sont implantées dans les interstices qui séparent les pédoncules des appendices, depuis le quatrième jusqu'au sixième, et leurs orifices extérieurs, en forme de rimules transverses, s'aperçoivent, quoique difficilement, dans les sillons qui séparent ces pédoncules.

Dans les pectinaires ces vésicules sont placées de même; mais elles ne sont plus qu'au nombre de deux paires, situées en avant et adhérentes aux pédoncules des seconde et troisième paire de pieds, en arrière des branchies. La liqueur qu'elles contiennent est, suivant Pallas, d'une couleur jaune de bile.

La partie mâle dans les néréides est peut-être formée par une série de corpuscules globuleux, réniformes, rangés par paires de chaque côté du cordon nerveux, mais seulement pour les vingt-trois premiers anneaux, diminuant peu à peu de volume, à mesure que de la partie moyenne ils approchent davantage des extrémités. Nous ne pouvons cependant pas dire avoir vu naître de ces organes de canaux qui établiroient une communication entre eux, et encore moins de communication avec l'extérieur. Nous devons seulement noter que des individus de la même espèce nous les ont offerts, pendant que d'autres n'en avoient aucune trace.

Le système nerveux, dans tous les chétopodes, consiste, comme chez tous les entomozoaires, en une série de ganglions, situés dans la ligne médio-ventrale en aussi grand nombre que le corps est composé d'anneaux, souvent à nu dans la cavité viscérale, mais souvent aussi au-dessous d'une partie de la couche musculaire sous-dermienne. Chacun de ces ganglions est réuni au suivant par un double cordon bien distinct, ce qui constitue un filet non interrompu d'une extrémité à l'autre de l'animal, et renflé d'espace en espace. C'est de ces renflemens que partent ensuite, en s'irradiant, les filets qui vont se distribuer surtout aux fibres de la couche musculaire, soit sous-dermienne, soit sous-muqueuse. Le premier, un peu plus gros que les autres, ne nous a paru fournir que deux gros rameaux, qui se portent de chaque côté de la tête, et qui, parvenus à la racine des cirrhes tentaculaires, se divisent en filets pour chacun d'eux; c'est du moins ce que nous avons très-bien vu dans les néréides de nos côtes.

Dans les amphitrites et les pectinaires, on suit très-bien tout le long du cirrhe branchial un filet nerveux, qui accompagne le système vasculaire.

Une des singularités qu'offrent les chétopodes, c'est que leur fluide récrémentitiel est presque constamment rouge, les aphrodites exceptées : à quoi cela tient-il? c'est ce que nous ignorons. Nous n'admettons pas dans ces animaux d'autre circulation que l'oscillation; aussi les mouvemens de systole et de diastole du vaisseau dorsal, ne sont-ils plus réguliers.

Leur propriété phosphorescente est tout-à-fait remarquable, du moins dans les petites espèces; aussi Linné, depuis long-temps, en avoit-il désigné une sous le nom de *nereis noctiluca*. M. Viviani en a également noté une parmi les animaux auxquels il attribue la phosphorescence des eaux de la mer de Gênes.

Les chétopodes ont été en général observés trop peu à l'état vivant, et surtout pendant un temps suffisant, pour que nous ayons quelque chose d'un peu certain sur leur physiologie, de même que sur leur histoire naturelle.

Nous savons seulement par les expériences de Muller que les néréides et les naïs sont susceptibles de reproduire les parties de leur corps qui ont été coupées.

Les chétopodes sont presque tous aquatiques : les vers de terre exceptés, et encore ceux-ci peuvent-ils, jusqu'à un certain point, être regardés comme tels, tant ils ont besoin d'humidité et tant ils craignent la sécheresse. Une très-grande partie de ces animaux vit dans les eaux de la mer : il est même à remarquer qu'il est peu d'êtres marins qui meurent aussi vite quand on les met dans de l'eau douce; il semble que ce soit pour eux une liqueur corrosive.

La plupart des naïs habitent les eaux douces. Il se pourroit cependant que l'on trouvât de véritables néréides dans celles des grands lacs de l'Amérique septentrionale.

On rencontre de ces animaux dans toutes les parties du monde, et sauf les amphinomes, qui n'ont été encore remarquées que dans les mers des pays chauds, et surtout dans la mer des Indes, tous les autres genres ont des espèces dans les différentes mers. Il est cependant encore à observer que les plus grandes de ces espèces nous viennent des mers des Indes. A la suite des vaisseaux nombreux qui font des voyages dans toutes les parties du monde, il est possible de concevoir que certaines d'entre elles ont pu être transportées d'un pays dans un autre.

C'est en général sur les rivages de la mer, au milieu des thalassiophytes, dans les anfractuosités des madrépores, des rochers, dans le sable, dans la vase surtout, que se trouvent les chétopodes, et si l'on en rencontre quelques espèces plus communément en pleine mer, comme celle que M. Savigny a nommée *Pleione vagans*, espèce d'amphinome, il paroît que cela tient à ce qu'elle a été entraînée avec les plantes marines par les courans marins, comme beaucoup d'autres animaux qui y vivent également.

Un grand nombre d'espèces sont libres et vagantes; mais il en est d'autres qui vivent dans un tube, sans cependant y être fixées.

La position de ce tube est rarement horizontale, et dans ceux où elle est verticale, l'animal se tourmente jusqu'à ce qu'il l'ait reprise, si par hasard une cause quelconque l'en avoit tiré, comme l'a expérimenté Pallas pour les pectinaires de nos côtes.

Nous ignorons si tous les chétopodes sont dans le cas de nos lombrics, de nos naïs, et sans doute de ceux de nos côtes, c'est-à-dire, si leur activité vitale est suspendue pendant la saison où la température vient à diminuer d'une manière notable sur les rivages, et si à cette époque ils s'enfoncent sous la vase dans l'intérieur de la terre, ou bien s'ils se contentent de s'avancer davantage en mer. Il nous semble que cela n'a pas lieu pour les arénicoles et pour les néréides de nos côtes, car les pêcheurs en font toujours un usage considérable pour la pêche du merlan, de la sole, etc., pendant l'hiver.

La locomotion des animaux de cette classe est constamment assez lente, et peut être jusqu'à un certain point comparée à celle des limaces, quoiqu'ils aient un grand nombre de pieds, et cela dans les espèces les plus favorisées sous ce rapport, comme les néréides; car dans les aphrodites elle est infiniment plus lente, et elle est nulle, du moins pour le transport général du corps, dans les serpules, les amphitrites et les sabulaires; en effet ils ne peuvent que s'élever ou s'enfoncer dans le tube qu'ils habitent, au moyen des faisceaux de soies en crochets, à la manière des ramoneurs. Non - seulement les néréides rampent en serpentant à la surface des corps solides qui se trouvent au bord des eaux; mais elles nagent souvent fort bien, soit par les ondulations successives de leur corps, à la manière des anguilles et des serpens, soit même en agitant leurs appendices comme de véritables rames.

Les chétopodes paroissent être pour la plupart carnassiers, et se nourrissent des animaux plus petits qu'eux qui viennent à passer à portée des espèces qui vivent fixées dans un tube, ou qu'ils vont chercher lorsqu'ils peuvent se mouvoir, comme les aphrodites, les amphinomes, les néréides, etc. Les espèces qui ont la bouche armée de dents cornées ou calcaires, tranchantes ou contondantes, doivent employer à leur nourriture des animaux vivans et souvent d'une assez grande taille. On sait, par exemple, que les tarets sont souvent la proie des néréides sur nos côtes, ou du moins on l'a admis, parce que l'on trouve souvent des néréides dans des trous de tarets. Les grandes néréides multidentées doivent surtout attaquer d'assez grands animaux, et probablement des poissons.

On connoît des chétopodes qui, au contraire, ne paroissent se nourrir que de molécules organiques, ou du moins des parcelles de corps organisés contenus dans le sol qu'ils habitent: tels sont les arénicoles et les lombrics, dont le canal intestinal se trouve constamment rempli de sable ou de terre. Il est vrai que leur bouche n'est qu'un simple orifice sans appareil buccal.

Les moyens que les animaux de cette classe emploient pour se procurer leur nourriture, ne sont sûrement pas bien recherchés: en effet, pour ceux qui sont dans des tubes, il leur suffit d'agiter en tous sens les barbillons qui ornent leur tête pour attirer vers leur bouche un courant d'eau qui doit apporter un certain nombre de petits animaux, ou bien même de les aller chercher et de les attirer vers la bouche par une sorte de préhension exécutée à l'aide de leurs cirrhes branchiaux, ou des barbillons, quand ils en sont pourvus. Certaines de ces espèces tubicoles peuvent ainsi se tenir à l'affût à l'entrée de leur tube, et d'autant plus aisément qu'il est souvent composé de grains de sable, de particules de coquilles en tout semblables à ceux qui constituent le sol qui les environnent.

Les espèces libres et vagantes peuvent aller à la recherche des objets qui leur conviennent, mais probablement sans tendre aucune embûche.

Les lombrics, les thalassèmes et les arénicoles n'ont qu'à creuser leurs habitations pour trouver dans le détritus des matières qu'ils avalent la substance qui doit les nourrir.

Nous savons bien peu de chose sur le mode de reproduction de la très grande partie des chétopodes; il est en effet très-difficile qu'ils puissent se présenter à nos observations directes dans le sein des eaux et souvent dans le sol lui-même qu'ils habitent, et il ne l'est pas moins d'instituer des expériences pour en apprendre quelque chose.

Toutes les espèces ont-elles besoin du rapprochement de deux individus, d'une sorte d'accouplement, comme les lombrics? C'est ce que nous ignorons.

Il est seulement certain que c'est vers le commencement du printemps, dans nos mers du moins, qu'on trouve le corps de ces animaux rempli d'œufs ou d'une matière laiteuse, comme spermatique. Dans l'Amérique méridionale nous savons de Dœrfel, cité par Pallas, que les amphitrites, à Curaçao, sont en pleine vigueur aux mois de Septembre et d'Octobre, qu'elles déposent à cette époque leurs œufs et que les petits en sortent au mois de Novembre.

Le nombre des petits est immense; mais sont-ils déposés à l'état d'œuf, ou à celui d'animal vivant? dans des localités particulières? C'est ce que nous ignorons entièrement et ce que très-probablement nous ignorerons long-temps.

Les espèces qui vivent dans des tubes ne naissent sans doute pas avec, comme cela a toujours lieu au contraire pour les malacozoaires conchylifères, parce que chez ceux-ci la coquille fait réellement partie de leur peau, ce qui n'a pas lieu pour les chétopodes tubicoles, leur tube étant pour eux ce qu'est celui des tarets pour l'animal. Il est donc probable que le très-jeune chétopode n'a pas de tube, mais qu'il s'en forme un immédiatement après qu'il a été rejeté du sein de sa mère.

Nous avons encore moins de renseignemens sur la durée de la vie des chétopodes. Nous ne savons même rien à ce sujet pour les lombrics, que nous trouvons en si grande abondance dans nos jardins, et ce qu'il pourroit très - bien nous être utile de connoître.

Les chétopodes ne sont pas d'une grande utilité à l'espèce humaine. Il paroit cependant que les plus fortes espèces peuvent servir à sa nourriture. Pallas rapporte que quelques habitans des côtes de la Belgique mangent la masse buccale des aphrodites aiguillonnées; mais c'est nécessairement une assez pauvre ressource.

Les grandes néréides, les arénicoles, les clymènes, les siponcles et même les lombrics. sont employés avec beaucoup d'avantage pour servir d'appâts dans la pêche à l'hameçou ou à la truble : un assez grand nombre de poissons ne sont pris que de cette manière, et l'on a remarqué que la pêche est plus heureuse quand on peut se servir de ces vers à l'état vivant.

Les chétopodes, malgré le petit nombre de cas où ils peuvent nous être utiles, nous sont cependant encore plus avantageux que nuisibles ; car les lombrics eux - mêmes, en divisant la terre, facilitent le développement des racines des plantes de nos jardins.

Après avoir exposé le système général des chétopodes tel que nous l'avons établi, nous donnerons un catalogue des ouvrages et des auteurs principaux qui se sont plus ou moins spécialement occupés de cette petite classe d'animaux. Comme il seroit assez difficile de les ranger d'une manière un peu systématique, suivant qu'ils ont traité de leur anatomie, de leur physiologie, de leur histoire naturelle et de leur distribution méthodique, et que d'ailleurs ils sont peu nombreux, nous préférons les ranger par ordre alphabétique.

Système des Chétopodes.

Dans l'histoire que nous avons donnée plus haut des différens systèmes qui ont été proposés et exécutés pour la distribution méthodique de cette classe d'animaux, nous avons vu qu'ils reposoient, 1.° sur la considération des organes de la respiration, 2.° sur celle des organes de locomotion, 5.° sur celle de l'appareil masticateur, 4.° sur celle de l'existence d'un tube de nature variée, 5.° enfin, sur la forme générale du corps, la similitude ou la dissemblance des anneaux qui le composent, en même temps que sur la considération de la nature des appendices et sur leur disposition. Après y avoir de nouveau réfléchi, c'est encore le système établi sur ces deux dernières considérations que nous adopterons ; d'abord parce qu'il nous semble complétement en harmonie avec la marche de la dégradation dans les entomozoaires en général, le corps devenant de plus en plus vermiforme, et de moins en moins appendiculé, à mesure qu'on se rapproche davantage de la fin de ce type ; et ensuite parce qu'il est en même temps beaucoup plus facile d'application, ce qui doit être une considération infiniment plus importante qu'on ne croit généralement.

Avant de donner un tableau général de notre système, et d'en dérouler ensuite les différentes parties jusqu'à un degré qui nous permette de lier tous les articles de ce Dictionnaire qui concernent cette classe d'animaux, et de suppléer à l'absence d'un assez grand nombre de mots qui n'ont pu en faire partie, parce qu'ils ont été créés depuis la publication des lettres auxquelles ils appartiennent, nous allons commencer par une terminologie dans laquelle, à une définition rigoureuse des termes, nous joindrons des figures explicatives, comme nous l'avons déjà fait pour le type des malacozoaires.

Le corps des chétopodes, en général fort alongé, peut l'être cependant plus ou moins, depuis l'ovale alongé jusqu'à la forme linéaire, termes qui n'ont guère besoin de définition.

Il en est de même de la forme de sa coupe, qui ne varie guère que dans l'intervalle de la forme circulaire, jusqu'à celle d'un ovale assez peu déprimé. On trouve aussi cependant quelquefois qu'elle est un peu tétragonale.

Nous donnerons presque indifféremment les noms d'*articulations*, de *segmens* ou d'*anneaux*, aux divisions que la diversité dans l'épaisseur de la peau des chétopodes produit constamment, d'une manière plus ou moins évidente, à la surface de leur corps, soit en dessus, soit en dessous, et suivant que le nombre en sera peu considérable, grand ou très-grand, proportionnellement à la longueur, nous emploirons les termes d'*olygoméré*, *polyméré* et *myriaméré*, composés du substantif μέρος, *pars*, partie, et des adjectifs ὀλίγον, *paucus*, peu, πολύς, *numerosus*, nombreux, et μυριά, *mille*, mille, pour très-nombreux.

En considérant ensuite que ces segmens ou anneaux sont à peu près égaux ou évidemment inégaux, ou mieux différens de forme et de grandeur dans diverses parties de la longueur du corps, nous emploirons les termes :

Hétérocriciens, *Heterocricia*[1], pour désigner les espèces chez lesquelles les anneaux sont très-différens les uns des autres, et constituent par leur assemblage des parties distinctes de tête, de cou, de thorax, d'abdomen et de queue.

Paromocriciens, *Paromocricia*, pour les espèces chez lesquelles la distinction de ces parties existe encore, mais est moins évidente.

Homocriciens, *Homocricia*, pour toutes les espèces dont toutes les articulations du corps, du moins celles qui suivent la tête, sont à peu près semblables, avec la légère différence de décroissement en longueur et en grosseur, à partir du tiers antérieur du corps vers chaque extrémité, et surtout vers la postérieure.

Considérant maintenant les aggroupemens de segmens, nous les distinguerons en segmens céphaliques, cervicaux, thoraciques, abdominaux et anaux.

Les anneaux céphaliques ne peuvent pas être au-delà de cinq, que, en allant d'avant en arrière, nous nommerons *labial*, *oral*, *frontal*, *sincipital* et *occipital* ou *nuchal*.

Le segment labial, qui constitue la lèvre supérieure, est

---

1 Notez que nous employons toujours les substantifs adjectivaux dénominateurs des classes, ordres et familles au pluriel neutre; parce qu'ils doivent toujours être en rapport avec les dénominations de types, et avec celle de *zoa* ou d'*animalia*, en sorte que l'on a toujours une série de mots concordans, ainsi *zoa*, *entoma*, *chetopoda*, *heterocricia*.

toujours incomplet, ou mieux, n'est jamais percé par la rentrée de la peau pour former le canal intestinal, à moins qu'il n'y ait une trompe.

Le segment oral est constamment le second, même quand il y a une trompe; c'est lui dans lequel est ordinairement percée la bouche, et par conséquent les appendices masticateurs, quand il y en a, lui appartiennent, ainsi que les barbillons.

Le segment frontal le suit immédiatement, quand il y a une trompe; c'est à sa jonction avec lui que cette trompe rentre à l'intérieur : il dépasse ordinairement les deux autres, commence le corps considéré en général, et est pourvu souvent d'appendices, qui sont, comme nous le verrons plus loin, les tentacules.

Le segment sincipital, qui vient après, est en général le plus élevé, le plus bombé; c'est lui qui constamment porte les points pseudo-oculaires, quand il y en a, et en outre des appendices, mais en général latéraux.

Enfin, l'anneau occipital ou nuchal, qui vient après, est souvent fort court et peu marqué : il porte aussi quelquefois des appendices modifiés, mais le plus souvent il n'en a pas.

La réunion de ces segmens constitue une tête complète ; mais elle peut être réduite à ne se composer que du premier, l'anneau labial; la marche de la dégradation nous a paru constante d'arrière en avant, c'est-à-dire que le nuchal, le sincipital, le frontal, rentrent successivement dans la composition du tronc proprement dit, et qu'il ne reste plus que l'oral et le labial ; encore trouve-t-on des espèces où le premier a même disparu, et alors la bouche est percée dans le premier.

D'après cela il est aisé de voir ce que nous entendrons par tête complète, tête incomplète.

Les segmens cervicaux, en général peu distincts, le sont cependant quelquefois, même par plus d'étroitesse que les autres; mais le plus souvent c'est par l'absence d'appendices ou par la présence d'appendices incomplets.

Nous nommerons anneaux ou segmens thoraciques, ceux qui en général sont dans la partie la plus renflée, et qui portent les appendices les plus complets : il est à remarquer qu'ils sont rarement au-delà de vingt-deux, et que leur nombre est assez fixe. C'est ce que l'on voit fort bien dans les serpules, les sabellaires, les arénicoles, et même dans plusieurs genres de néréides.

Les segmens abdominaux sont ceux qui suivent les précédens : leur nombre est extrêmement variable, et il paroît que c'est sur eux que porte la grande variation que l'on remarque dans le nombre des anneaux du corps de certaines néréides. Ils se distinguent quelquefois d'une manière tranchée par un diamètre moins considérable, comme dans les arénicoles, et plus souvent encore par une simplification dans leurs appendices.

Il existe quelquefois, à l'extrémité de l'abdomen, un petit nombre d'anneaux d'un diamètre beaucoup moins grand, et la plupart du temps presque dépourvus d'appendices; ce sont eux que je nommerai anneaux ou segmens *præcaudaux*, comme dans les pectinaires de M. de Lamarck.

Enfin il arrive quelquefois que la terminaison du canal intestinal, ou l'anus, est couverte ou même dépassée par un segment ordinairement de forme conique : c'est le segment que j'appellerai *anal*.

La considération des appendices et de leurs parties constituantes donne lieu à un plus grand nombre de termes, qui ont besoin d'explication.

Le nom d'*appendices* appartient à l'ensemble des parties qui s'ajoutent sur les côtés du tronc d'un animal quel qu'il soit, et par conséquent d'un chétopode, que cet appendice se trouve composé de toutes les parties dont il est susceptible, ou qu'il n'en ait qu'une seule quelconque ; aussi bien dans les amphinomes et les néréides proprement dites, où les appendices du milieu du corps sont le plus complets possible, que dans les naïs, où ils ne sont plus formés que d'une soie ; aussi bien sur l'anneau qui n'a qu'un cirrhe pour appendice, que sur celui qui en a deux, des pinceaux de soies, des branchies, etc.

La position de l'appendice lui donne les noms de *dorsal*, de *latéral* et de *ventral*, suivant qu'il est plus rapproché de la ligne dorsale, qu'il est dans la ligne latérale ou qu'il est plus voisin de la ligne médio-ventrale.

Tout l'appendice un peu complexe d'un chétopode est,

comme nous avons eu soin de le faire observer, à cheval sur la ligne latérale , et par conséquent divisé en deux parties , une supérieure et l'autre inférieure ; mais il arrive assez souvent que cette séparation est considérable : alors nous dirons , avec M. Savigny, que l'appendice est biramé ou composé de deux rames, l'une supérieure ou dorsale et l'autre inférieure ou ventrale. Dans le cas contraire, l'appendice est uniramé ou à une seule rame.

L'appendice, avons-nous vu, ne peut être composé que de deux choses, de parties molles ou charnues et de parties dures, qu'il est important de bien définir.

Les parties molles sont les branchies, les mamelons et les cirrhes en général.

Nous réservons le nom de *branchies* à la languette, simple ou ramifiée, cirrheuse ou foliacée, qui naît du dos du cirrhe supérieur de l'appendice. M. Savigny l'a souvent donné aux mamelons plus ou moins cirrheux des gaînes des faisceaux de soies ; et quoique ces parties puissent, tout aussi bien que les autres, être regardées comme respiratoires, cependant, comme cela n'est pas probable, et pour donner quelque chose de fixe à nos notes caractéristiques, nous ne les regarderons pas comme des branchies.

D'après la forme que ces languettes branchiales affectent , il est aisé de voir ce qu'on devra entendre par branchie simple, cirrheuse ou foliacée, complexe, ramifiée, pinnée ou arborescente ; ces épithètes n'ayant pas besoin de défi-nition.

Mais elles n'ont pas toujours la même. position.

Nous les nommerons *labiales* ou *céphaliques*, quand elles seront attachées sur la lèvre supérieure ou à la tête, comme dans les serpules.

Latéro - céphaliques, quand elles seront insérées de chaque côté de la tête ou de quelques-uns de ces anneaux.

Cervicales, lorsque ce sera sur les anneaux cervicaux.

Dorsales thoraciques ou *abdominales*, lorsque attachées à la face dorsale , ce sera ou sur les anneaux thoraciques ou sur les abdominaux seulement, ce dont nous ne connoissons pas d'exemples, et enfin, *dorsales*, quand ce sera dans toute l'étendue du dos.

On pourroit aussi distinguer les branchies en continues et en intermittentes, selon qu'elles formeront une série continue sur chaque anneau, ou qu'elles paroissent et disparoissent suivant une certaine intermittence. M. Savigny a admis qu'il en étoit ainsi dans les aphrodites. Nous venons de faire observer que le même zoologiste désigne souvent sous le nom de *branchies*, les mamelons cirrhiformes ou squamiformes des gaines, surtout dans les néréides.

Les cirrhes sont les parties molles de l'appendice, qui, indépendamment des mamelons, et ordinairement sous la forme réelle de languettes plus ou moins alongées, occupent le bord supérieur et le bord inférieur de l'appendice.

Leur longueur, leur proportion entre eux, et même leur forme simple, subarticulée ou véritablement monilaire, sont des choses à considérer.

Ce sont ces cirrhes qui, restés seuls dans la composition d'un appendice, constituent les tentacules, les cirrhes tentaculaires et les styles.

Les tentacules, que M. Savigny a nommés *antennes*, dénomination qu'on pourroit également adopter, mais ce qui ne nous paroît avoir aucun avantage, sont les cirrhes qui, passés tout-à-fait dans la ligne dorsale, s'attachent sur quelques-uns des anneaux céphaliques, et se dirigent pour la plupart en avant.

Leur insertion sur tel ou tel anneau est à considérer; d'où on les nomme tentacules *labiaux*, *frontaux*, *sincipitaux* et *nuchaux*.

Leur nombre, et surtout leur parité et leur imparité, ne sont pas moins importans à noter; et c'est de cette dernière considération que sont tirés les noms de *zygocérées*, d'*azygocérées*, c'est-à-dire de pari- et d'impari-tentaculées, que nous emploirons pour désigner deux groupes de néréides.

Enfin leur forme, quelquefois très-singulière, nous a fait employer le terme de *brachides*, ou en forme de bras, que nous donnerons à la paire externe des tentacules des véritables néréides.

Nous devons encore faire remarquer que M. Savigny, admettant à ce qu'il paroit rigoureusement que les néréides sont toujours pourvues de tentacules, regarde quelquefois comme tels la première paire de véritables pieds. Nous sommes loin de l'imiter en cela.

Nous nommons, avec M. Savigny, *cirrhes tentaculaires*, les cirrhes qui, également restés seuls dans la composition des appendices, appartiennent aux côtés des anneaux céphaliques. Ils sont donc nécessairement pairs ; et il est à remarquer, en outre, que, représentant les cirrhes supérieur et inférieur des autres appendices, ils sont groupés de chaque côté deux à deux, en conservant la même disproportion ; le supérieur et postérieur étant toujours plus ou moins long que l'inférieur et antérieur.

Nous désignerons par la dénomination de *gaîne*, le tubercule plus ou moins saillant, dans l'intérieur duquel sont portés les pinceaux de soies; et par celles de *mamelon* ou de *ligule*, suivant leur forme, les cirrhes, ordinairement fort courts, qui se trouvent à la marge de cette gaîne. M. Savigny les a quelquefois nommés branchies, comme dans les néréides proprement dites, ses lycoris.

Les styles sont les cirrhes qui, en général plus longs que les autres et quelquefois d'une autre forme et dans une direction d'avant en arrière, terminent le corps, en le dépassant plus ou moins. Ils forment les appendices de l'avant-dernier anneau et non du dernier.

Les parties dures de l'appendice sont les soies, qui forment des faisceaux très-différens de forme et de nombre, ce qui n'a pas besoin de définition et de termes particuliers. Il n'en est pas de même des soies prises à part.

Nous réserverons ce nom de *soies* (*setæ*) à celles qui, ordinairement longues et fusiformes, sont molles, flexibles et terminées par un filet plus ou moins long.

Nous appellerons *épines* (*aculei*) ou *soies épineuses*, celles qui, en général plus longues que les autres, sont aussi beaucoup plus grosses et plus résistantes. Il n'y en a souvent qu'une dans chaque faisceau.

Enfin, nous nommerons *crochets* ou *soies à crochets*, celles qui, beaucoup plus courtes que les autres, sont terminées à leur extrémité libre par un crochet plus ou moins recourbé et dentelé.

Outre ces parties, il en est encore quelques autres qui.

quoiqu'en général plus intérieures, ne méritent pas moins d'être prises en considération : ce sont les yeux ou points pseudo-oculaires, les tubercules cornés et les dents.

Les yeux ou ces taches noires qui occupent la face supérieure de l'anneau sincipital, peuvent être nuls : *géminés* ou *bigéminés*, c'est-à-dire, au nombre de deux ou de quatre.

Les points ou tubercules cornés sont constamment sur les deux anneaux proboscidiformes des véritables néréides; ils forment des amas transverses, semi-lunaires ou de toute autre forme, qui nous a semblé constante : c'est le caractère le plus aisé que nous ayons trouvé pour distinguer les néréides.

Les dents, situées à l'entrée de la bouche ou dans son intérieur, peuvent être partagées en deux sortes : les dents maxilliformes et les dents pliciformes.

Les premières, au nombre de deux ou de quatre, sont constamment à l'orifice de la bouche, opposées et ressemblant plus ou moins à des crochets denticulés ou non à leur bord interne.

Les dents pliciformes sont plus internes, longitudinales, par paires, tranchantes ou molaires, et différant par leur position inférieure, latérale ou supérieure dans la masse buccale.

Les inférieures, souvent élargies en palettes, se réunissent dans la ligne moyenne de manière à n'en former qu'une, et une sorte de lèvre inférieure.

Ces termes techniques définis, appliquons-les à la distribution systématique des chétopodes, suivant notre méthode.

Nous considérons d'abord la dissemblance évidente, subévidente, ou bien la ressemblance à peu près complète des anneaux du corps, c'est-à-dire, qu'il peut être regardé comme formé de trois parties principales : la tête, le thorax et l'abdomen; ce qui forme les trois premières divisions ou ordres que nous établissons dans la classe sous les noms de *Hétérocriciens*, *Paromocriciens* et *Homocriciens*.

Les caractères de seconde importance nous paroissent devoir se tirer de l'existence simultanée de soies à crochets et de soies ordinaires, au moins dans une des parties du corps, ou de l'existence partout de celles-ci seulement.

L'absence, la position et même la forme d'organes spéciaux

de respiration, sont à considérer en troisième ordre; mais nous ne nous servirons de ce troisième caractère que dans l'établissement des genres. On peut cependant en obtenir une division plus élevée, en considérant que dans toutes les espèces qui habitent un tube, les branchies sont toujours labiales ou latéro-céphaliques, tandis que dans les espèces libres elles sont toujours dorsales sur les anneaux du corps plus ou moins nombreux.

La forme de ces organes peut ensuite être prise en considération, mais seulement pour l'établissement ou la confirmation des genres dans chacune des familles.

Celles-ci portent plus particulièrement sur la considération des tentacules et des cirrhes tentaculaires, et en général, sur la forme de la tête et des anneaux qui la constituent.

L'établissement des genres est appuyé sur des considérations d'organes différens dans chaque ordre et dans chaque famille; mais c'est en général sur la disposition particulière des cirrhes de la tête, sur l'armature de la bouche, sur la composition des appendices locomoteurs et de ceux qui terminent le corps.

Quant à la distinction des espèces, elle est toujours d'autant plus difficile que les genres sont plus multipliés.

M. Savigny, qui en a caractérisé le plus, a eu principalement égard au nombre des anneaux du corps et à la proportion des parties molles des appendices. Malheureusement le nombre des articulations dans la partie abdominale du corps des chétopodes paroît susceptible d'une grande variation, et nous ignorons encore dans quelles limites elle a lieu; quant à la seconde considération, il est également certain que ces parties, éminemment contractiles dans tous leurs points, sont sujettes à offrir des différences très-notables, suivant qu'on les examine à l'état de repos ou d'action, et surtout à l'état de mort dans une liqueur conservatrice. Au reste, dans chaque famille et dans chaque genre nous aurons soin de noter ce que nous savons de plus certain à ce sujet.

Maintenant, avant de donner la succession des divisions de chétopodes jusqu'aux espèces exclusivement, nous allons en offrir une table synoptique propre à en faciliter l'usage,

SYSTÈME GÉNÉRAL
D'HELMINTHOLOGIE. [1]

Type, *ENTOMOZOAIRES*.

Animaux pairs, symétriques, dont le corps et ses appendices, quand il y en a, sont recouverts par une peau plus molle et plus flexible par intervalles : ce qui produit des articulations.

Système nerveux de la locomotion formé par une série médiane de ganglions, réunis par des filets intermédiaires, situés au-dessous du canal intestinal.

Canal digestif complet ou constamment pourvu de ses

---

[1] En commençant l'exposition de ce Système, nous devons déclarer que, dans l'adoption des noms de genres et d'espèces, nous considérons uniquement l'antériorité, sans discuter la valeur de ces noms, qui nous paroît fort peu importante. Ainsi nous prendrons le nom de genre de l'auteur qui l'aura le premier établi, et le nom de l'espèce de celui qui l'aura décrite le premier. Si tous les zoologistes vouloient s'astreindre à cette règle, on ne verroit pas s'effacer de la science les noms les plus recommandables.

Dans les dénominations de divisions supérieures, comme elles appartiennent au système, ce n'est plus la même chose ; nous prendrons telles qui conviendront davantage au nôtre, ou nous les créerons.

Dans la création des dénominations d'ordre, de familles, et souvent même de genres, nous avons souvent employé la réunion de deux mots, dont un indique le genre primitif linnéen, et l'autre quelque particularité. Nous savons cependant fort bien, comme le fait justement observer M. Savigny, dans une note de son Système des annélides, que Linné, dans sa Philosophie botanique, condamne ces sortes de noms ; mais quelque respect que nous ayons pour les préceptes du grand maître de la nomenclature des corps naturels, nous croyons qu'on peut ici s'éloigner de sa règle, dans le but, vers lequel il ne devoit pas viser de son temps, de simplifier et d'harmoniser la nomenclature, en la faisant conspirer vers une disposition sériale des animaux, suivant l'ordre de composition décroissante. Mais ce n'est pas ici le lieu de discuter ce grand point de doctrine.

deux orifices. La bouche et l'anus situés dans la ligne médiane, et toujours terminaux ou subterminaux.

Appareil de la respiration toujours complexe et extérieur.

Appareil circulatoire rarement complet.

Génération ovipare, dioïque ou monoïque, jamais complétement hermaphrodite.

Observ. Ce type d'animaux, le plus nombreux sans contredit de ceux qui se partagent la série animale, est aussi aisé à caractériser à l'extérieur qu'à l'intérieur. En effet, si les corps et les appendices qui s'y ajoutent dans un grand nombre de cas, paroissent constamment divisés ou fracturés en un nombre plus ou moins fixe d'articulations, par la disposition particulière de l'enveloppe dermoïde, alternativement plus dure, plus résistante et plus molle, nécessaire pour l'exécution des mouvemens, le système nerveux de la locomotion est aussi constamment situé au-dessous du canal intestinal dans la ligne médio-ventrale, et formé par une série de ganglions plus ou moins distincts et réunis entre eux par un double filet longitudinal : ce qui produit une sorte de cordon noueux.

Le canal intestinal est toujours complet, c'est-à-dire, étendu d'une extrémité à l'autre du corps de l'animal et pourvu de ses deux orifices, la bouche en avant et l'anus en arrière ; l'un et l'autre en général terminaux.

L'appareil de la respiration est constamment une dépendance évidente des appendices d'un nombre variable d'anneaux du corps, et que quelquefois même il constitue à lui seul : il est donc constamment pair et symétrique, et n'existe plus quand les appendices ont totalement disparu.

Il offre cette grande et principale différence, c'est que dans les deux premières classes de ce type cet appareil ne reste pas extérieur, mais s'enfonce dans l'intérieur du corps, un peu à la manière dont cet appareil se comporte dans les classes du type des ostéozoaires, qui respirent l'air en nature, tandis que dans toutes les autres il reste complétement extérieur, et forme ce qu'on nomme des branchies.

L'appareil circulatoire, modifié nécessairement par la disposition de celui de la respiration, n'est jamais complet, ou ne l'est que très-rarement ; il est composé d'un système rentrant ou veineux, divisé ou simple, mais toujours abdominal

TYPE
DES
ENTOMOZOAIRES.
CLASSE
DES
CHÉTOPODES.....
p. 425.

Ord. I. HÉTÉROCRICIENS..... p. 427.

- **Fam. I. SERPULIDES .....** p. 428.
  - *Serpule*, p. 428. — *Cymospire*, p. 430.
  - *Spirorbe*, p. 429. — *Galéolaire*, p. 431.
  - *Vermilie*, p. 430. — *Spiramelle*, p. 432.
- **Fam. II. SABULAIRES .....** p. 433.
  - *Amphitrite*, p. 433. — *Fabricie*, p. 439.
  - *Spirographe*, p. 434. — *Phéruse*, p. 440.
  - *Sabellaire*, p. 435. — *Spio*, p. 440.
  - *Pectinaire*, p. 436. — *Polydore*, p. 442.
  - *Térébelle*, p. 437. — *Capitelle*, p. 443.

Ord. II. PAROMOCRICIENS ..... p. 444.

- **Fam. I. MALDANIES,** p. 444 ..... *Clymène*, p. 445.
- **Fam. II. TÉLÉTHUSES,** p. 446 ..... *Arénicole*, p. 446.

Ord. III. HOMOCRICIENS..... p. 448.

- **Fam. I. AMPHINOMÉS .....** p. 449.
  - *Amphinome*, p. 450. — *Euphrosine*, p. 452.
  - *Chloé*, p. 452. — *Aristénie*, p. 453.
- **Fam. II. APHRODITÉS .....** p. 454.
  - *Aphrodite*, p. 455. — *Phyllodoce*, p. 461.
  - *Hermione*, p. 457. — *Palmyre*, p. 462.
  - *Eumolpe*, p. 457.
- **Fam. III. NÉRÉIDÉS .....** p. 464.
  - **Zygocères .....** p. 465.
    - *Néréiphylle*, p. 465 ..... *Phyllodoce*, p. 466. / *Eulalie*, p. 466. / *Étéone*, p. 466. / *Lépidie*, p. 467.
    - *Néréimyre*, p. 468 ..... *Myriane*, p. 468. / *Castalie*, p. 468.
    - *Néréide*, p. 469 ..... *Néréilèpe*, p. 469. / *Lycoris*, p. 470. / *Lycastis*, p. 470.
  - **Azygocères .....** p. 472.
    - *Néréisylle*, p. 472 ..... *Syllis*, p. 473. / *Amytis*, p. 473. / *Polynice*, p. 473.
    - *Néréidice*, p. 474 ..... *Lysidice*, p. 475.
    - *Néréidonte*, p. 475 ..... *Léodice*, p. 476. / *Marphyse*, p. 477. / *Néréitube*, p. 477.
  - **Microcères .....** p. 479.
    - *Ophélie*, p. 479. / *Aonie*, p. 479. / *Aglaure*, p. 480.
  - **Acères,** p. 481.
    - *Hésione*, p. 481. — *Nephtys*, p. 483.
    - *Aricie*, p. 482. — *Glycère*, p. 484.
- **Fam. IV. NÉRÉISCOLÉS .....** p. 485.
  - *Lombrinère*, p. 486. — *Œnone*, p. 491.
  - *Cirrhinère*, p. 488. — *Scolétome*, p. 492.
  - *Cirrhatule*, p. 489. — *Scolélèpe*, p. 492.
  - *Nainère*, p. 490. — *Scolople*, p. 493.
- **Fam. V. LOMBRICINÉS .....** p. 493.
  - *Siphostome*, p. 494.
  - *Lombric*, p. 494 ..... *Hypogæon*, p. 495. / *Enterion*, p. 495. / *Clitellio*, p. 495.
  - *Tubifex*, p. 497.
  - *Naïs*, p. 497 ..... *Naïs*, p. 497. / *Stylaire*, p. 498. / *Proto*, p. 498.
- **Fam. VI. ÉCHIURIDES .....** p. 499.
  - *Thalassème*, p. 499.
  - *Sternapsis*, p. 500.

et d'un système sortant ou artériel, formé d'un seul vaisseau médio-dorsal, quelquefois modifié dans une partie de son étendue en un véritable cœur aortique.

L'appareil générateur ne descend jamais aussi bas que dans le type des malacozoaires, c'est-à-dire qu'il n'y a jamais d'hermaphrodisme complet ou suffisant, ou qu'il n'est jamais composé de la partie femelle seulement. Dans tous les animaux de ce type, ou bien les sexes sont parfaitement distincts et portés sur des individus différens, ou bien ils sont encore distincts et réunis sur un seul individu, en sorte que tous sont semblables ; mais c'est ce que l'on ne voit que dans les deux dernières classes d'entomozoaires.

La plupart de ces différences se groupant d'une manière assez en harmonie avec la dégradation animale, qui dans ce type, comme dans tous les autres, est indiquée par l'alongement vermiforme du corps, la similitude des parties ou des anneaux qui le composent, la diminution progressive des appendices sensoriaux, locomoteurs et respirateurs, l'habitation nécessaire, par conséquent constante dans l'eau, et même à l'abri de la lumière, nous avons pu arriver à une disposition méthodique, qui, évidemment naturelle, n'en repose pas moins sur des caractères extérieurs, et est par conséquent d'une facile application ; elle est établie en effet entièrement sur la considération du nombre des anneaux du corps, de leur réunion en groupes plus ou moins distincts, formant une tête, un thorax, un abdomen et un post-abdomen, ainsi que sur l'existence, la composition et la disposition des appendices sur tout ou partie des anneaux du corps.

Il ne nous appartient pas de la développer ici, n'étant chargé que de traiter des deux dernières classes que nous y établissons ; mais pour en faire sentir la liaison avec le reste du type, qu'il nous soit permis d'en donner ici une table synoptique ; après quoi nous passerons à l'exposition du système général d'helminthologie, comprenant les deux classes des *Chétopodes* et des *Apodes*.

CLASSE DES CHÉTOPODES.

Corps en général fort alongé, vermiforme, cylindrique ou un peu déprimé ; le dos sensiblement plus convexe que le ventre; composé d'un grand nombre d'articulations ou de segmens généralement assez peu dissemblables, rarement groupés de manière à former des régions distinctes, et pourvus constamment d'appendices plus ou moins complexes, mais au moins de quelques soies roides et latérales.

Observ. Nous aimons mieux borner à cette note la caractéristique de cette classe d'entomozoaires, que de la surcharger de choses qui n'appartiennent pas à tous les animaux qu'elle contient, comme par exemple le caractère d'avoir le sang rouge. En effet, cette observation, que le fluide récrémentitiel des lombrics, des naïs, des néréides, des arénicoles, des serpules, est rouge, comme celui des ostéozoaires, a été faite depuis long-temps; mais c'est à tort que M. Cuvier l'a étendue à toute la classe qu'il a formée sous le nom de *vers à sang rouge*, aucune des espèces qui entrent dans le genre des Aphrodites de Linné ne l'ayant de cette couleur, et d'ailleurs, quand même cela seroit, ce caractère auroit réellement trop peu d'importance pour devenir la note exclusivement caractéristique d'une classe, au point d'en tirer la dénomination; aussi M. Cuvier lui-même l'a-t-il abandonnée dans son dernier ouvrage pour celle d'annélides, beaucoup meilleure, employée par M. de Lamarck; mais que dans notre Système de nomenclature nous ne croyons cependant pas devoir adopter.

La caractéristique que nous venons de donner de la classe des chétopodes devoit contenir, et contient en effet, les élémens de sa subdivision en ordres et en familles. Aussi la dissemblance plus marquée des anneaux du corps, leur groupement un peu plus marqué en tête, thorax et abdomen, ainsi que la composition et la position des appendices, vont nous en fournir les élémens.

L'ordre dans lequel nous allons les ranger, est encore celui de la dégradation. Le corps, dans les premières espèces, se laissant aisément partager en régions distinctes, et devenant de plus en plus vermiforme dans les dernières; les appendices, plus nettement séparés, suivant leurs usages spéciaux de branchies, de tentacules ou de pieds, se localisant, se simplifiant de plus en plus, à mesure qu'on descend dans la classe.

Ordre I.ᵉʳ HÉTÉROCRICIENS, *Heterocricia.*

Corps en général médiocrement alongé, déprimé, composé d'un assez grand nombre d'articulations dissimilaires, formant une tête, un thorax et un abdomen distincts.

Bouche inerme.

Appendices très-dissemblables.

    Branchies peu nombreuses, de forme variable, épilabiales ou latéro-céphaliques.

    Pieds composés de deux espèces de soies, des soies en pinceau et des soies en crochets, disposées en séries verticales.

Tube solide ou membraneux, et revêtu de corps étrangers.

Observations. Ce groupe de chétopodes, caractérisé nettement par la triple considération de la forme du corps et de ses anneaux, de la forme et de la position des branchies, qui sont toujours grandes, évidentes et placées à la partie antérieure du corps, et encore mieux par la disposition et la forme des soies des pieds, peut encore l'être par l'observation que tous vivent enfoncés dans un tube de nature différente, mais ayant pour caractère commun d'être constamment largement ouvert aux deux extrémités et de n'offrir aucune trace d'adhérence avec l'animal qui l'a produit.

On peut aussi noter, comme caractères accessoires et de moindre importance, quoique constans, que la bouche n'est jamais armée de parties solides; qu'il n'y a jamais d'yeux ou de points pseudo-oculaires, et que l'anus n'est jamais non plus accompagné de styles, les cirrhes des pieds étant en général fort petits.

Ces animaux sont tous marins, et vivent constamment contenus dans des tubes plus ou moins fixés, le plus souvent verticalement, sur des corps étrangers, ou bien enfoncés dans le sol, mais jamais libres.

La considération de la forme et de la position des branchies, celle du nombre des segmens qui entrent dans la composition du thorax, et enfin la nature même du tube, servent à partager cet ordre en deux familles assez nettement tranchées, sans compter celles qui pourront être formées avec des animaux incomplétement connus, mais que cependant nous n'avons pas dû passer sous silence.

Fam. I.re SERPULIDES, *Serpulida.*

(Genre *Serpula*, Linn.)

Corps peu alongé, déprimé.

Tête peu distincte, formée par un seul anneau plus grand que les autres.

Thorax de sept articles, avec une sorte de bouclier sternal en dessous.

Abdomen polyméré.

Appendices très-dissemblables.

Une paire de tentacules supérieurs marginaux, dont un seul se développe ordinairement et se dilate à son extrémité en un disque radié, operculiforme.

Branchies flabelliformes, épilabiales, composées d'un nombre variable de cirrhes, garnis sur une de leur face de deux rangées de barbes courtes.

Pieds dissemblables, biramés.

Ceux du thorax composés d'un faisceau assez long de soies subulées en dessus et d'une rangée de soies à crochets en dessous.

Ceux de l'abdomen formés d'un faisceau de soies très-courtes en dessous et d'un rang de soies à crochets en dessus.

Tube calcaire, solide, résistant, conique, non spiré, adhérent, ouvert à son extrémité postérieure, à ouverture et coupe arrondies.

SERPULE, *Serpula.*

Branchies flabelliformes; l'un des tentacules élargi en opercule radié; la première paire d'appendices thoraciques très-écartée des autres et à l'angle antérieur et supérieur de l'écusson sternal.

A. *Espèces dont les branchies ont un grand nombre de digitations, et dont le tube n'est point spiré ou l'est peu.*

La SERPULE CONTOURNÉE : *Serpula contortuplicata*, Linn., Gmel., p. 3741, n.° 10; Ellis, *Corall.*, p. 117, pl. 38; fig. 2.

La Serpule vermiculaire : *S. vermicularis* , Linn.; Muller ;
Zoolog. Dan., part. 3, pag. 9, tab. 86, fig. 7 et 8.

B. *Espèces à branchies également flabelliformes, à trois digitations
seulement ; la première paire de pieds comme dans la division A ;
le tube adhérent et contourné en spire presque régulière et discoïde.*
(G. Spirorbis, de Lamarck.)

La Serpule spirorbe : *S. spirorbis*, Linn., Gmel., pag. 5740,
n.° 5 ; d'après Muller, *Zoolog. Dan.* , part. 3 , pl. 86 , fig. 1
—6 ; *S. nautiloides*, de Lamarck.

La S. étendue : *S. porrecta*, Muller, *Prodrom.*, 1860 ; Othon
Fabr., *loc. cit.*, p. 378 , n.° 373.

La S. granulée : *S. granulata*, Linn.; Othon Fabr., *loc. cit.*,
p. 380 , n.° 375.

La S. cancellée ; *S. cancellata*, Othon Fabr., *l. c.*, p. 383 ,
n.° 379.

Observations. Les espéces de ce genre sont encore assez mal
distinguées, parce qu'on n'a cherché à les établir que sur la
considération du tube , sans même avoir déterminé préalablement ce que c'est que le tube d'une véritable serpule :
aussi, dans le Catalogue de M. de Lamarck même , y a-t-il
un certain nombre de coquilles de vermets confondues avec
les serpules.

C'est M. Savigny qui, le premier, a donné de bons caractères pour distinguer les espéces de ce genre, mais seulement
pour l'animal. Celui auquel il attache le plus d'importance ,
avec juste raison, est le nombre des cirrhes branchiaux.

Il n'admet pas le genre Spirorbe de M. de Lamarck, établi
sur ce que le tube est complétement enroulé, comme la coquille d'un planorbe ; en effet, l'animal ne présente aucune
différence sensible , et l'on trouve des passages pour le tube
depuis ceux qui sont presque complétement droits, jusqu'à
ceux qui sont entièrement enroulés.

Si l'on pouvoit avoir une entière confiance aux observations
de M. Risso, le nombre des espèces de serpules de nos mers
seroit assez augmenté, puisqu'il en nomme trois ou quatre
qu'il croit nouvelles : mais il est réellement difficile d'assurer
qu'elles sont distinctes. Comment, en effet, ajouter foi à un
auteur qui, après avoir défini l'animal de ce genre d'une ma-

nière assez convenable, d'après M. de Lamarck ou M. Savigny, décrit cependant celui de sa *S. nodosa* comme pourvu à la fois de quarante-deux longs tentacules ciliés en plumes, et en outre de six branchies en peigne de chaque côté, au-dessous de la bouche ?

On connoît des serpules dans toutes les mers.

Il est certain qu'il en existe de fossiles.

VERMILIE; *Vermilia*, de Lamarck.

Corps, *tête*, *thorax*, *bouche* et *anus*, comme dans les serpules.

Branchies flabelliformes, composées de cirrhes garnis d'un seul rang de barbes.

Deux *tentacules*, dont un seul se développe en une masse proboscidiforme, recouverte à sa partie supérieure par une pièce calcaire, conoïde et simple.

Tube calcaire, solide, épais, triquètre, adhérent par toute l'étendue d'une des faces aplaties à la surface des corps marins.

Espèces. La V. TRIQUÈTRE : *V. triquetra*; *Serp. triquetra*, Linn., Gmel., p. 3740, n.° 6; Dental., *Act. Hafn.*, X, 17, tab. 6, fig. 1 — 5.

La V. PLICIFÈRE ; *V. plicifera*, de Lamk., Anim. sans vert., tom. 5, p. 37, n.° 6.

La V. SCABRE ; *V. scabra*, id., ibid., n.° 7.

Observ. Ce genre, qui ne diffère du précédent que par la structure de son tentacule operculaire et par la pièce calcaire qui le recouvre, n'est pas admis par M. Savigny. Il nous semble que la pièce calcaire, regardée comme recouvrant le tentacule operculiforme, est un simple dépôt du mucus dans l'espèce si commune sur nos huîtres. Il nous est arrivé de le trouver bien bicorne, mais sans aucun dépôt crétacé.

Outre les trois espèces vivant dans nos mers, que nous avons citées, M. de Lamarck en définit encore cinq espèces des mers australes.

CYMOSPIRE, *Cymospira*.

Corps, *tête*, *thorax*, *bouche* et *anus*, comme dans les serpules.

Tentacules, deux, dont un seul se développe en une masse

proboscidiforme , recouverte à son extrémité par un opercule compliqué.

Branchies très-grosses , formées par un grand nombre de
cirrhes unipectinés, portés sur une base contournée en
vis à plusieurs spires.

Tube calcaire , spiro-subtriquètre, aplati en dessous, caréné
sur le dos, avec une pointe saillante au-dessous de l'orifice
parfaitement circulaire.

Espèces. La CYMOSPIRE GÉANTE : *C. gigantea ; Serpula gigantea ,*
Linn., Gmel., p. 3747 , n.° 37 ; d'après Pallas, *Miscell. zool.,*
p. 139, pl. 9 , fig. 2 — 10.

La C. BICORNE : *C. bicornis* , Linn., Gmel. , p. 3114 , n.° 10 ;
d'après Abildg., *Schrift. der Berlin. Naturf.*, tom. 9 , p. 138,
pl. 3 , fig. 4.

La C. ÉTOILÉE : *C. stellata ; Serp. stellata* , Linn., Gmel. , p.
3114 , n.° 11 ; d'après Abildg., *loc. cit.*, pl. 3 , fig. 5.

Observ. Cette division générique est intermédiaire aux vermilies et aux galéolaires de M. de Lamarck. M. Savigny n'en
fait qu'une tribu de serpules. Peut-être doit-elle être confondue avec les galéolaires.

Les trois espèces qui composent ce genre sont des mers de
l'Amérique méridionale.

GALÉOLAIRE; *Galeolaria*, de Lamk.

Animal inconnu, mais très-probablement ne différant que
fort peu de celui des cymospires ou des vermilies.

Tentacule proboscidiforme, recouvert à l'extrémité par une
pièce operculaire galéiforme , armée en dessus de différentes pièces testacées, en nombre impair ; celle du milieu linéaire et tronquée.

Tube cylindracé , droit, ondé, vertical, fixé par le sommet
subanguleux, avec une languette spatulée au-dessus de l'ouverture orbiculaire.

Espèce. La G. EN TOUFFE ; *G. cespitosa*, de Lamk., *loc. cit.*,
t. 5 , p. 372 , n.° 1.

Observ. Ce genre , qui ne contient que deux espèces de
la Nouvelle-Hollande, n'étant peut-être que des variétés
d'une seule, ne diffère très-probablement pas du genre pré-

cédent ; il n'est cependant pas certain que ses branchies soient spirées.

Spiramelle, *Spiramella.*

Corps alongé, déprimé.

    Thorax à écusson sternal non rétréci en arrière et fort grand.

Appendices.

    Tentacules, deux, égaux, courts et pointus.

    Branchies à pédoncule lamelleux, contourné en spirale et portant des cirrhes à un seul rang de barbes.

    Pieds thoraciques, au nombre de sept paires, dont l'antérieure est dans l'alignement des autres.

    Point de soies à crochets aux deux premiers segmens de l'abdomen.

Tube?

    Espèce. La S. bispirale : *S. bispiralis* ; *Urtica marina singularis*, Séba, *Thes. rar. nat.*, tom. 1, p. 45, tab. 29, fig. 1 et 2.

    Observ. M. Savigny ne fait encore qu'une division de cette grande espèce de serpules, qui vient de la mer des Indes. Il nous semble cependant que la disposition des tentacules, semblable et non plus operculiforme, celle des branchies, des pieds thoraciques et des deux premiers de l'abdomen, en doivent faire un genre distinct, qui fait tellement le passage aux sabulaires que l'on devroit peut-être le placer dans cette famille.[1]

---

1 Protule ; *Protula*, Risso.

Corps alongé, aplati, tronqué en avant, atténué en arrière, polyméré.

    Bouche subterminale arrondie, avec un assez large rebord, et entourée d'un rang de longs tentacules nombreux disposés en disque.

Appendices.

    Point de tentacules operculiforme.

    Sept grandes branchies en forme de houppe de chaque côté, et entourées d'une large membrane.

    Pieds composés d'un rang de longues soies subulées aux anneaux branchifères et à ceux de la moitié postérieure du corps, nuls aux autres.

Tube calcaire, presque droit, solitaire, fixé par sa base, à ouverture ronde.

Fam. II. Sabulaires, *Sabularia.*

Corps en général plus alongé que dans la famille précédente.

Tête peu distincte, composée de trois anneaux (épilabial, oral et facial).

Thorax distinct, formé de douze segmens au moins, avec une bande musculaire sous-ventrale.

Abdomen très-déprimé, composé d'un grand nombre d'articulations décroissant rapidement.

Bouche pourvue de barbillons tentaculaires nombreux et préhensiles.

Appendices.

Tentacules nuls ou rudimentaires.

Branchies fort distinctes, grandes, portées sur la tête ou sur les premiers anneaux.

Pieds dissemblables et conformés comme dans la famille précédente.

Tube factice, peu solide, composé de corps étrangers plus ou moins fixés, agglutinés à la surface extérieure d'une couche de mucosité interne, et quelquefois entièrement muqueux.

Observ. Cette famille est réellement peu distincte de la précédente, si ce n'est peut-être par la composition du tube; car dans les premiers genres les branchies sont absolument comme dans les serpulides; aussi des deux familles M. Savigny n'en forme-t-il qu'une seule. Ce sont, au reste, des animaux dont les mœurs et les habitudes sont les mêmes.

Amphitrite, *Amphitrite.*

Corps en général assez alongé, déprimé et atténué en arrière.

Tête peu distincte.

Thorax sans écusson sternal.

Abdomen fort long, aplati et composé d'un très-grand nombre de segmens.

Espèce. La Protule de Rudolphi; *P. Rudolphi*, Risso.

Observ. C'est véritablement pour ne rien oublier que nous parlons de ce genre, dont il est bien difficile de comprendre les caractères; car il semble que ce soit une Térébelle dans un tube de Serpule. Cela se peut, sans doute; mais nous ne saurions encore l'admettre.

Bouche verticale, entourée d'un grand nombre de barbillons. *Appendices.*

Tentacules, au nombre de deux, fort courts, égaux, coniques et obtus.

Branchies très-grandes, formées par un grand nombre de cirrhes pourvus à leur côté interne de deux rangs de barbes, et portées sur un pédoncule lamelleux.

Tube vertical membraneux ou gélatineux, enduit d'une simple couche de limon à sa face externe.

A. *Espèces dont les cirrhes branchiaux n'ont qu'un seul rang de barbes. (A. simplices, Sav.)*

L'Amphitrite pinceau : *A. penicillus*, Sav., *loc. cit.*, p. 78; Rond., Poissons, part. 2, p. 76.

L'A. éventail : *A. flabellata*, id., *ibid.*, p. 79; *Tubul. penicillus*, Othon Fabric., *Faun. Groenl.*, n.° 449.

L'A. queue-de-paon : *A. pavonina; A. penicillus*, de Lamk.; *Tubularia penicillus*, Mull., *Zool. Dan.*, part. 3, p. 13, tab. 8, fig. 1 et 2.

B. *Espèces dont les cirrhes branchiaux ont deux rangs de barbes et dont la lame pédonculaire se roule en cornet. (G. Astarte, Sav.)*

L'A. indienne; *A. indica*, Sav., *ibid.*, p. 77.

L'A. magnifique : *A. magnifica*, de Lamk.; *Tubul. magnifica*, Shaw, *Linn. soc.*, tom. 5, p. 228, tab. 9.

C. *Espèces dont les branchies sont inégales, pectinées d'un seul côté et contournées en spirale, l'une enveloppant l'autre. (G. Spirographis, Viviani.)*

L'A. de Spallanzani : *A. Spallanzanii*, Viviani, *Phosph. mar.*, p. 4, tab. 4, 5; *Sabella unispira*, Cuv. et Savigny.

L'A. porte-vent : *A. ventilabrum*, Linn., Gmel., p. 5111. n.° 3; Ellis, *Corallin.*, p. 107, pl. 35.

L'A. volutifère : *A. volutæformis*, de Lamarck.; Montagu, *Linn. soc.*, tom. 7, p. 84, tab 7, fig. 10.

Observ. Ce genre est aisé à caractériser, parce qu'avec des branchies et des tentacules, comme dans les derniers serpulés, il a cependant un tube de vase constamment vertical. Il contient des espèces de toutes les mers. Il y en a au moins deux ou trois sur nos côtes, et s'il étoit certain que les *A. josephinia* et *ramosa* de M. Risso fussent nouvelles, il y en auroit cinq; mais il me paroit probable que la première est l'A. de Spallanzani : quant à la seconde, elle est assez singulière, s'il est vrai que les individus se placent les uns sur les autres, de manière à se ramifier.

MM. Cuvier et Savigny ont donné à ce genre le nom de SABELLE.

SABELLAIRE, *Sabellaria*, de Lamarck.

Corps subcylindrique, un peu renflé au milieu, atténué et terminé en arrière par une sorte de queue tubuleuse, élargi et comme tronqué obliquement en avant.

Bouche longitudinale inférieure, pourvue en dessous de deux lèvres avec barbillons, et en dessus de deux faisceaux de soies courtes, plates, en crochets, disposées sur trois rangs et formant par leur réunion une sorte d'opercule.

Appendices.

Tentacules entièrement nuls ou remplacés par deux ou trois cirrhes inférieurs fort courts du premier pied.

Pieds subsimilaires, formés d'un cirrhe supérieur branchial et de soies subulées au faisceau ventral, spatulées et un peu en crochets au dorsal, du moins à la poitrine.

Tube enfoncé verticalement, composé de grains de sable agglutinés et formant souvent avec d'autres tubes semblables des masses alvéolaires plus ou moins considérables.

Espèces. La S. ALVÉOLÉE : *S. alveolata*, Linn., Gmel., p. 3749, n.° 3; Ellis, *Corallin.*, p. 104, pl. 36, fig. *A*, *B*, *C*.

La S. CHRYSOCÉPHALE; *S. chrysocephala*, Pall., *Nov. Act. Petrop.*, 2, p. 335, tab. 5, fig. 20, sous le nom de *Nereis chrysocephala*, et comme voisine de la *N. tophogena* ou de la précédente.

Observ. Ce genre, qui ne comprend encore que deux espèces, dont une est assez commune sur nos côtes, peut être véritablement conservé. Il ne faut cependant pas croire que la première forme toujours par la réunion de ses tubes des masses plus ou moins considérables; car nous avons trouvé souvent des individus solitaires dans les divisions radiciformes des fucus de nos côtes, et M. Savigny s'est assuré que l'*amphi-trite ostrearia*, dont M. Cuvier avoit fait une espèce particu-lière, n'est que la *S. alveolata* ordinaire.

M. Cuvier conserve à ce genre le nom d'Amphitrite.

M. Savigny lui donne celui de *Hermella*.

PECTINAIRE ; *Pectinaria*, de Lamarck.

Corps assez court, conique, en forme de gaîne.

Tête grosse, tronquée, formée de quatre anneaux.

Thorax composé de dix-sept segmens.

Abdomen très-court, spatuliforme, à articulations peu dis-tinctes.

Bouche inférieure, transverse, bilabiée; la lèvre supérieure frangée dans sa circonférence et garnie inférieurement de barbillons nombreux, inégaux, canaliculés en dessous et préhensiles.

Appendices.

Tentacules nuls, comme remplacés par une paire de pei-gnes dorés, saillans en avant.

Cirrhes tentaculaires au nombre de deux paires sur les deux premiers anneaux céphaliques.

Branchies cervico-latérales, bisériées, dentées, au nombre de quatre, formant deux paires.

Pieds dissemblables.

Les thoraciques (les trois premières paires exceptées) à deux rames, la supérieure formée de soies subulées, l'in-férieure de soies à crochets; ceux du dix-septième anneau composés de trois longs crochets dirigés en avant.

Les abdominaux nuls.

Tube libre, conique, largement ouvert aux deux extrémités, et composé de grains de sable très-fins, régulièrement ag-glutinés.

A. *Espèces dont le premier segment oral n'est pas distinct du se-cond. (P. cistenæ.)*

La P. DORÉE : *P. auricoma ; Amphitrite auricoma*, Linn., Gmel., pag. 3111, n.° 4; Pallas, *Miscellan. zool.*, pag. 117, tab. 9, fig. 3 — 5.

B. *Espèces dont le premier segment est séparé du second par un profond étranglement.* (*P. simplices*, Sav.)

La Pectinaire égyptienne; *P. ægyptiaca*, Savigny, Égypte, Annélid., pl. 1, fig. 4.

La P. du Cap: *P. capensis*, *Amphitrite capensis*, Brug.; d'après Pallas, *ibid.*, tab. 9, fig. 1 — 2.

Observ. Ce genre , quoique assez rapproché du précédent par la manière dont la bouche est armée, a été séparé par un grand nombre de zoologistes des amphitrites de Linné, et sous des noms différens. M. de Lamarck nous paroît le premier qui en ait senti la nécessité, puisqu'on le trouve indiqué dans l'extrait de son cours imprimé en 1812.

En 1814, M. Oken l'a nommé *chrysodon.*

En 1816, M. Leach lui a donné le nom de *cistena.*

Enfin, en 1820, M. Savigny l'a aussi établi sous la dénomination d'*amphictène.*

Nous avons donc dû conserver le nom donné par M. de Lamarck.

D'après la patrie des trois espèces qui constituent ce genre, on voit qu'il en existe dans toutes les mers, du moins de l'ancien continent ; car celle nommée égyptienne par M. Savigny, vient de la mer Rouge, ramification de la mer des Indes.

M. Risso en nomme deux espèces nouvelles des côtes de Nice, *P. castanea et nigrescens;* mais sont-ce de véritables pectinaires? que dire des paillettes qui sont de longs tentacules? et d'ailleurs leur tube est papyracé.

MM. Quoy et Gaimard, dans un Mémoire manuscrit parvenu à l'Académie des sciences, en 1827, désignent une espèce sous le nom de P. australe, *P. australis.*

TÉRÉBELLE; *Terebella*, Linn.

Corps alongé, subcylindrique, renflé dans son tiers antérieur, atténué en arrière.

Tête peu distincte, formée de trois segmens (labial, oral et frontal).

Thorax composé de douze anneaux, pourvu en dessous d'une sorte d'écusson sternal, se prolongeant jusqu'au vingtième anneau.

Abdomen cylindrique, myriaméré.

Bouche subterminale, bilabiée ; la lèvre supérieure avancée et pourvue en dessus d'un grand nombre de barbillons inégaux, filiformes, fendus en dessous et préhenseurs.

Appendices.

Tentacules nuls.

Branchies en forme d'arbuscules, au nombre de deux, de quatre ou de six, disposées par paires sur le premier, le second et le troisième segment thoracique.

Pieds dissemblables : les thoraciques à deux rames, dont la dorsale est pourvue de soies subulées, et la ventrale d'un double rang de soies à crochets.

Les abdominaux munis de soies à crochets seulement.

Tube cylindrique, ouvert aux deux extrémités, membraneux, revêtu de grains de sable et de fragmens de coquilles.

A.. *Espèces qui ont trois paires de branchies arborescentes. (T. sim-plices,* Sav.)

La TÉRÉBELLE COQUILLIÈRE : *T. conchylega,* Linn., Gmel., p. 3113, n.° 3 ; *Nereis conchylega,* Pall., *Miscell. zool.,* p. 131, tab. 8, fig. 17 — 22.

La T. MÉDUSE : *T. medusa,* Sav., Égypte, Annél., pl. 1, fig. 3.

La T. CIRRHEUSE : *T. cirrhata,* Linn., Gmel., p. 3112, n.° 1 ; d'après Mull., *Würm.,* p. 188, tab. 15, fig. 1 et 2 ; cop. dans l'Enc. méthod., pl. 58, fig. 16 et 17.

B. *Espèces ayant deux paires de branchies sans appendices au pre-mier et au second segment thoracique. (T. Physaliæ,* Sav.)

La T. SCYLLA ; *T. scylla,* Sav., *loc. cit.,* p. 86, n.° 4.

La T. CHEVELUE : *T. cincinnata,* Othon Fab., *loc. cit.,* n.° 270.

C. *Espèces n'ayant qu'une seule paire de branchies. (T. Idaliæ,* Savigny.)

La T. PAPILLEUSE : *T. cristata,* Linn., Gmel., p. 3111, n.° 5 ; d'après Mull., *Zool. Dan.,* part. 2, p. 40, tab. 70.

La T. VENTRUE ; *T. ventricosa,* Bosc, Vers, tom. 5, pl. 6, fig. 4 et 5.

Observ. Ce genre, admis par tous les zoologistes sous la même dénomination que Linné, mais beaucoup mieux cir-

conscrit aujourd'hui, contient un assez grand nombre d'espèces de différentes mers, et surtout de celles de l'Europe.

Aux espèces indiquées ci-dessus, il faut ajouter les *T. va-
riabilis*, *lutea* et *rubra* de M. Risso, mais toujours avec beaucoup de doute qu'elles soient parfaitement distinctes ; en effet
cet auteur ne nous dit pas même quel est le nombre de leurs
branchies. Elles sont toutes trois des côtes de Nice.

Pallas a donné d'excellens détails sur l'organisation de la
T. coquillière.

La distinction des espèces porte essentiellement sur les barbillons surlabiaux, ainsi que sur le nombre des branchies et
sur celui des segmens thoraciques.

Ces animaux vivent dans des tubes grossiers verticalement
placés ou rampant à la surface des corps sous-marins.

FABRICIE, *Fabricia.*

Corps très-mou, cylindrique, un peu renflé au milieu et atténué aux deux extrémités, composé d'un très-petit nombre
d'anneaux ; douze, sans compter la tête ni la queue.

Tête assez distincte, convexe de chaque côté.

Appendices.

Tentacules nuls.

Branchies situées à la partie antérieure de la tête, et composées, de chaque côté, de trois longs cirrhes pinnés,
partant d'une base commune et se disposant hors du tube
en une fleur radiée.

Pieds subdorsaux et formés de soies brillantes, rétractiles
entre des papilles fort petites.

Tube cylindrique, vertical, composé de particules argileuses
et de fragmens de conferves marines.

Espèces. La F. STELLAIRE : *F. stellaris ; Tubularia stellaris,*
Othon Fab., *loc. cit.*, p. 440, n.° 450, fig. 12, *A B ; Tubularia
stellaris,* Linn., Gmel., p. 3835, n.° 21 ; d'après Muller, *Hist.
verm.*, tom. 2. p. 18.

Observ. Si l'on doit ajouter foi entière à ce que dit Othon
Fabricius sur le petit nombre d'articulations de cette espèce
de chétopodes, elle seroit bien distincte de tout ce que nous
connoissons dans cette classe. Aussi nous soupçonnons que

l'observateur, malgré son exactitude habituelle, a négligé de compter les articles de ce qu'il nomme la queue, ou bien que cette queue étoit tronquée, et que les douze segmens antérieurs sont les analogues des anneaux thoraciques des autres sabulaires. Quoi qu'il en soit, elle doit cependant former une petite coupe générique, que nous rapprocherons des spios, au moins provisoirement.

M. Savigny pense que ce genre doit être placé parmi les sabelles simples ; n'a-t-il pas quelque chose des serpules ?

C'est un très-petit animal des mers du Groënland.

PHÉRUSE ; *Pherusa*, Oken.

Corps alongé, cylindrique, composé d'anneaux similaires.

 Tête non distincte.

 Bouche antérieure, terminale et fort petite.

Appendices.

 Tentacules au nombre de deux, simples, articulés et insérés au bord inférieur de la bouche ; un fascicule de corps roides, représentant des tentacules, et qu'on ne voit que par la pression.

 Pieds courts, composés de deux rames distinctes de soies courtes, subulées à tous les anneaux, si ce n'est aux trois qui suivent la tête, qui ont chacune une paire de faisceaux de longues soies se portant en avant et dépassant la tête.

Tube d'argile.

Espèces. La P. DE MULLER ; *P. Mulleri*, Muller, *Zool. Dan.*, tom. 3, tab. 90, fig. 1 et 2.

Observ. M. Savigny, page 91 de son ouvrage, a bien reconnu que cet animal devoit beaucoup s'éloigner des pectinaires et ces autres genres de cette famille : parmi toutes les questions qu'il se fait, il en est une qui conduit à l'opinion que nous avons sur cet animal, c'est qu'il doit être rapproché des spios. Il se demande en effet si les deux longs tentacules de la bouche ne seroient pas des branchies non ramifiées.

SPIO ; *Spio*, Gmelin.

Corps déprimé, subcanaliculé en dessous et formé d'un assez grand nombre d'anneaux.

Tête plus large en arrière, rétrécie en avant en un front arrondi, portant deux yeux noirs oblongs et transversaux.

Bouche sans dents ni trompe.

Appendices.

Deux branchies tentaculaires, capillacées, un peu comprimées, de la longueur du corps et insérées avant les yeux.

Pieds uniramés, formés d'un cirrhe supérieur recourbé vers le dos et au-dessous d'une papille armée d'un petit faisceau de soies également dirigées vers le dos.

Une paire de petits appendices ovales et submembraneux au pénultième anneau.

Tube de boue et de sable.

Espèces. Le Spio séticorne : *S. seticornis*, Linn., Gmel.; d'après Oth. Fabr., *loc. cit.*, p. 306, n.° 388.

Le S. filicorne : *S. filicornis*, Linn., Gmel.; d'après Mull., *Prodrom.*, 264, et Oth. Fabr., p. 307, n.° 289.

Observ. Nous ne connoissons les deux animaux qui constituent ce genre que d'après la description d'Oth. Fabricius, sans figures.

Nous trouvons dans les *Opuscul. subseciva* de Baster, tom. 2, liv. 3, p. 134, pl. 12, fig. 2, la description abrégée et la figure d'une espèce de chétopode tubicole, ayant deux longs tentacules, que nous rapporterions volontiers au *S. seticornis* d'Othon Fabricius. Cependant cet auteur dit positivement que le tube n'a qu'une demi-ligne de diamètre et deux ou trois de long, ce qui est bien loin de trois pouces, qu'Othon Fabricius donne à son spio.

Nous rapporterions plus volontiers à l'animal de Baster une très-petite espèce, que M. le docteur Suriray du Hâvre nous a montrée vivante entre les écailles des coquilles d'huitres, et qu'il rapporte au genre Polydore de Bosc. Ses tentacules prétendus sont du plus beau rouge, ce qui nous a porté à croire que ce sont de véritables branchies, analogues à celles des genres de la famille des serpulides ou des sabulaires.

Nous devons aussi noter que nous avons trouvé dans des notes manuscrites du même observateur la figure grossie et la description incomplète d'un petit animal qui paroît au moins fort voisin des spios. M. Suriray l'avoit trouvé sur des fucus, à marée très-basse, devant Saint-Adresse près du Hâvre.

Le corps est, dit-il, composé d'anneaux, qui ne paroissent pas nombreux, du moins d'après la figure. Ils sont pourvus latéralement de quelques soies et de pieds, comme dans certaines néréides et amphitrites. La tête, beaucoup plus étroite et en forme de trompe, porte en dessus deux paires d'yeux difficiles à voir : cette tête est comprise entre deux avances considérables du premier segment ; l'extrémité de chacune de ces bifurcations est pourvue d'un tentacule antenniforme, monstrueux, articulé, dans l'intérieur desquels est un vaisseau tortueux et rougeâtre, et à l'extérieur un mouvement ciliaire, probablement déterminé par des cils qui en bordent les côtés. Dans le milieu du corps sont des organes en forme d'intestins, prolongés jusqu'à l'extrémité, et qui ont un mouvement vermiculaire.

M. Suriray, en parlant de ce petit animal, dont la longueur ne dépasse guère deux à trois lignes, ne dit pas qu'il l'ait trouvé dans un tube.

Ne faut-il pas encore rapprocher de ce genre, au moins provisoirement, le *tubularia longicornis*, Linn., Gmel., page 3834, n.° 16, d'après Muller, *Zool. Dan. prodr.*, page 3070 ?

POLYDORE ; Polydora, Bosc.

Corps assez peu alongé, déprimé, olygoméré, terminé en arrière par quelques anneaux, beaucoup plus étroits que les autres, et dont le dernier forme une sorte de ventouse préhensile.

Tête pourvue de deux lèvres membraneuses horizontales, entre lesquelles est la bouche, et de deux paires de points pseudo-oculaires.

Appendices.

Deux tentacules branchiaux ? céphaliques, plus longs que le corps.

Pieds composés d'un pinceau de cinq à six soies roides et d'un mamelon rétractile assez court, portant à son côté postérieur une série de mamelons plus petits.

Tube de matière muqueuse, couverte de vase.

Esp. Le Polydore cornu : *P. cornuta*, Bosc, Vers, tom. 1,
p. 150, pl. 5, fig. 7 et 8.

Observ. Nous ne connoissons la très-petite espèce de chétopode
qui a servi à l'établissement de ce genre. et qui a été trouvée
sur les côtes de l'Amérique septentrionale, que d'après la
figure et la description tres-insuffisantes qu'en a données M.
Bosc dans l'ouvrage cité.

M. Cuvier a supposé, avec raison peut-être, que ce polydore doit être rapporté aux spios de Gmelin ; mais cela n'est
pas absolument certain. Peut-être aussi le petit animal du docteur Suriray, décrit dans le genre précédent, est-il le véritable Polydore.

Capitelle, *Capitella.*

Corps conique, alongé, à coupe circulaire, un peu plus
   aplati cependant en dessous qu'en dessus, composé d'un
   nombre médiocre d'anneaux (quarante-deux à quatre-vingt-
   deux), séparés par des sillons profonds.

Tête peu distincte, formant un rostre court et acuminé.

Thorax de sept segmens plus épais que les autres, et formant, par leur réunion, une sorte de tête.

Abdomen conique, alongé, finissant en un fil ténu et obtus.

Appendices.

Pieds dissemblables, biramés, formés par deux rangées de
   petites papilles sétigères, à peine perceptibles sur les anneaux thoraciques, au contraire des soies plus longues
   et plus saillantes que pour tous les autres.

Tube de sable.

Esp. Le C. de Fabricius : *C. Fabricii; Lumbricus capitatus.*
Oth. Fabr., *loc. cit.*, page 279. n.° 262.

Observ. Nous ne connoissons de cet animal que la description
donnée par l'auteur cité, sans figure. D'après cette description assez complète, il nous semble, ainsi que M. Savigny l'a
fait remarquer, que ce genre doit appartenir à cet ordre.
En effet. il y a une dissemblance réelle entre les segmens
antérieurs et les postérieurs, soit qu'on les considère eux-
mêmes ou leurs appendices. Il est même à remarquer que,

comme dans les autres genres de véritables sabulaires, il n'entre aucun cirrhe dans la composition de ceux-ci.

Cependant, en considérant que Fabricius ne décrit aucune trace de branchies dans son *lumbricus capitatus*, il se pourroit, en admettant que l'échantillon décrit n'étoit pas altéré, que ce genre dût passer dans la famille suivante, où le genre Clyméne n'a pas non plus de branchies.

Ordre II. PAROMOCRICIENS, *Paromocricia.*

Corps en général alongé, vermiforme, cylindrique, atténué aux deux extrémités, pouvant encore être divisé en régions thoracique et abdominale, par la différence des anneaux et celle de leurs appendices.

Bouche non armée.

Appendices.

Tentacules anomaux.

Branchies dorsales, sériales ou nulles.

Pieds dissemblables, formés de deux espéces de soies, des soies subulées et des crochets, sans cirrhes.

Tube incomplet.

Observ. Quoique cet ordre puisse assez aisément rentrer dans le précédent par les caractéres principaux, tirés de la forme du corps et des appendices, cependant l'absence d'appendices aux premiers anneaux, toujours atténués, l'existence des branchies sur les segmens thoraciques, et la considération que sans être libres, à la manière de tous les homocriciens, ils sont cependant moins fixes dans leurs tubes que les hétérocriciens, nous ont porté à en constituer un ordre intermédiaire, ce qui est confirmé par des différences dans l'organisation plus profonde.

Nous y réunirons deux genres, qui différent par l'existence des branchies nombreuses et bien développées dans l'un et nulles dans l'autre ; considération qui a porté M. Savigny à en faire deux familles. Nous ne les adopterons cependant pas, parce que pour nous les branchies sont d'une importance beaucoup moins grande dans ces animaux que chez les autres helminthologistes. Nous nous bornerons à les indiquer dans notre table synoptique.

CLYMÈNE; *Clymene*, Sav.

Corps alongé, grêle, cylindrique, obtus et comme tronqué aux extrémités, composé d'un petit nombre d'anneaux assez dissemblables; le thorax fort long; l'abdomen très-court.

Tête assez distincte, formée en apparence d'un seul segment renflé et tronqué obliquement.

Bouche subterminale, inférieure, transverse, à lèvres circulaires.

Anus également terminal, saillant au milieu d'une sorte d'entonnoir, à bords plissés et denticulés.

Appendices.

Tentacules rudimentaires remplacés par une demi-couronne de quatre à cinq paires de cirrhes papillaires.

Pieds dissemblables.

Quelques paires antérieures formées d'un seul faisceau de soies subulées.

Ceux du thorax composés de deux rames; la supérieure de soies subulées; l'inférieure d'un rang vertical de soies à crochets.

Ceux de l'abdomen composés de la rame ventrale seulement.

Tube artificiel, incomplet, appliqué et formé de petites coquilles et de grains de sable.

Esp. La C. AMPHISTOME : *C. amphistoma*, Sav., *loc. cit.*, page 93; Égypte, Annél., pl. 1, fig. 1; copiée dans l'atlas du Dict. des scienc. nat.

La C. URANTHE; *C. uranthus*, *id.*, *ibid.*

La C. LUMBRICALE : *C. lumbricalis*; *Sabella lumbricalis*, Linn., Gmel., p. 3752, n.° 24; d'après Oth. Fabr., *Faun. Groenl.*, page 374, n.° 369.

Observ. Nous n'avons vu aucune des trois espèces de chétopodes que M. Savigny place dans ce genre, en sorte que ce n'est que d'après la figure et la description de cet auteur que nous en donnons la caractéristique, en nous aidant de ce que nous connoissons de l'arénicole, avec lequel il est évident que les clymènes ont beaucoup de rapports. Nous voyons donc une vé-

ritable tête, composée des anneaux suslabial, oral, sincipital
et même nuchal, dans ce que M. Savigny a décrit comme le
premier segment. La couronne de dentelures de l'anneau sincipital est composée de quatre ou cinq paires de tentacules rudimentaires, analogues à la caroncule trifide de l'arénicole.
On pourroit regarder comme des anneaux cervicaux les trois
qui suivent la tête. Les vingt qui viennent après et qui sont
pourvus de deux rames de crochets, forment évidemment
des segmens thoraciques. caractérisés par leur très-grande
longueur. Enfin, les trois ou quatre dernières articulations,
qui n'ont plus que la série de soies à crochets, constituent
l'abdomen ; elles sont en effet multiplissées, comme celles de
cette partie dans l'arénicole. Quant au segment anal, il est
presque caractéristique de ce genre.

Ainsi, quoique ce genre diffère notablement des arénicoles, principalement par l'absence totale de branchies, il
est cependant évident qu'il appartient à la même famille.
M. Savigny le regarde comme le type d'une famille particulière, à laquelle il donne le nom de *maldanies*.

Les deux premières espèces, l'une de la mer Rouge ; l'autre
des côtes de France, sur l'Océan, doivent sans doute être
réunies dans le même genre ; mais il nous semble que cela
n'est pas aussi certain pour la troisième. En effet, s'il faut
s'en rapporter à Othon Fabricius, si exact dans ses descriptions, les pieds ne seroient composés que de deux soies à
toutes les articulations, la première et la dernière exceptées.
Il ne parle nullement de la rangée de soies à crochets, qu'il
a, il est vrai, également oublié de noter dans sa description
de l'arénicole. Quoi qu'il en soit, il faut remarquer que cet
excellent observateur, en décrivant cet animal comme une
espèce du genre Sabelle, dit positivement que c'est parce
qu'il n'en trouve pas de plus convenable, et qu'il ne veut
pas en former un nouveau.

ARÉNICOLE ; *Arenicola*, de Lamk.

Corps alongé, fusiforme ou renflé au milieu, et atténué aux
extrémités, et surtout en avant.

Tête peu distincte, formée par un anneau sincipital, assez
grand, dans lequel rentrent les autres en forme de trompe.

Thorax fort long, composé de dix-neuf segmens très-grands, subdivisés eux-mêmes régulièrement en anncaux, dont l'antérieur est le plus grand.

Abdomen plus étroit, composé d'articulations annelées et peu distinctes.

Bouche tout-à-fait terminale, percée dans l'anneau buccal très-alongé et entourée de papilles subradiaires.

Anus également terminal, dépassé par un demi-anneau caudal.

Appendices.

Tentacules anomaux, formés par une petite caroncule trifide, avec une paire de mamelons à sa base, rétractile dans une petite cavité au sommet de l'anneau sincipital.

Branchies ramifiées sur les treize derniers anneaux thoraciques.

Pieds dissemblables.

Un faisceau de soies subulées au premier segment du thorax.

Un faisceau de soies subulées et une longue rangée de soies à crochets aux vingt autres. Les plis de l'abdomen complétement apodes.

Tube membraneux ou muqueux fort mince dans le sable.

Esp. L'ARÉNICOLE DES PÊCHEURS : *A. piscatorum*, de Lamk.; *Lumbricus arenicola*, Linn., Gmel., page 5084, n.° 2 ; *Nereis lumbricoides*, Pallas.

L'A. NOIRE : *A. carbonaria*, Leach, Encycl. méth. suppl., tab. 26, fig. 4.

L'A. CLAVIFORME : *A. clavata*, Ranzani, *Mem.*, *decas* 1, page 8, pl. 1, fig. 1.

Observ. Ce genre, fort aisé à distinguer de tous ceux qui composent la classe des chétopodes, par la disposition particulière de ses branchies, ne contient encore qu'une espèce, de toutes les mers d'Europe; car des deux dernières, l'une ne diffère de l'A. des pêcheurs que par la couleur, et l'autre que par quelques points peu importans de forme, si variable dans les animaux conservés dans l'esprit de vin.

Nos pêcheurs du Hàvre, et surtout les gens qui font métier de chercher les arénicoles, en admettent cependant aussi deux espèces, l'une, qui est l'espèce ordinaire et qui se prend au Hâvre même, et l'autre, qu'ils nomment ver franc, qui est plus jaune, que l'on prend vis-à-vis Sainte-Adresse, à une petite demi-lieue de cette ville, et qui est beaucoup plus estimée. Nous n'avons pu encore trouver l'occasion de nous assurer si cette distinction repose sur quelque chose de réel.

Ordre III. HOMOCRICIENS, *Homocricia.*

Corps généralement fort alongé, de plus en plus vermiforme, cylindrique, composé d'un grand nombre d'articulations presque complétement similaires, ou ne pouvant plus être aisément et nettement distinguées en thoraciques et en abdominales. Les céphaliques pouvant encore l'être quelquefois.

Appendices variables dans le degré de complication; mais n'ayant jamais de soies à crochets.

Tube nul, sauf une ou deux exceptions, ou transitoire.

Observ. Cet ordre, beaucoup plus important que les deux précédens, puisqu'il contient à lui seul plus des deux tiers des espèces actuellement connues de chétopodes, s'en distingue au premier aspect assez aisément par la considération facile de la similitude presque complète, au moins des articulations du corps proprement dit, de manière qu'il est très-difficile de dire où finit la région thoracique et où commence la région abdominale. Nous verrons cependant que l'on peut encore quelquefois entrevoir cette distinction. Quant aux anneaux céphaliques, il est des genres entiers où ils peuvent être facilement distingués, et où il y a une véritable tête. Mais un caractère plus tranché, et malheureusement plus difficile à constater, c'est que les appendices n'ont jamais dans leur composition de ces crochets ou soies très-courtes qui forment sur le dos ou sous le ventre ces espèces de boutonnières ou de stigmates, qui existent constamment dans les genres bien connus des deux ordres précédens : ce qui se trouve en rapport avec l'absence de tube ou d'habitation fixe.

Les chétopodes homocriciens sont en effet constamment libres ou vagans dans l'intérieur des eaux ou à la surface du sol qu'ils habitent; et s'ils se font quelquefois une sorte de fourreau muqueux, il n'est jamais persistant et n'est que momentané, probablement pendant la période d'inactivité; à peu près comme les hélices se font, pendant l'hiver, une sorte d'opercule temporaire à l'entrée de leur coquille.

Les différences nombreuses de dégradation dans la forme du corps, de plus en plus lombricoïde, et dans la complication des appendices des animaux de cet ordre, nous permettent d'y établir six petites familles, pour la plupart assez distinctes pour qu'il soit facile de les caractériser.

Fam. I.ʳᵉ Amphinomés, *Amphinomea.*
(Genre *Amphinoma*, Brug.)

Corps généralement alongé, déprimé, presque également atténué aux deux extrémités, composé d'anneaux nombreux, très-courts, très-séparés, sans presque aucune distinction de tête, et à plus forte raison de thorax et d'abdomen.

Tête fort petite, très-peu distincte, et formée des deux premiers anneaux au plus.

Bouche subterminale, en fente longitudinale, non armée.

Anus subterminal et subdorsal.

Appendices.

Système tentaculaire peu développé et impair, composé :
  1.º De cinq tentacules, dont un médian et dentelé ;
  2.º D'une crête également médiane, antéro-dorsale, plus ou moins libre et prolongée en arrière.

Branchies complètes, arborescentes, à tous les anneaux.

Pieds divisés en deux rames bien distinctes et composées l'une et l'autre d'un faisceau de soies subulées, sans acicules, et d'un long cirrhe, si ce n'est aux deux anneaux antérieurs, où le faisceau de soies n'est pas partagé.

Une paire de styles courts à l'avant-dernier anneau.

Observ. Les chétopodes qui entrent dans cette famille, sont tous étrangers à l'Europe, et viennent essentiellement des mers de l'Inde et de l'Amérique méridionale; par conséquent on ignore complétement leurs mœurs et leurs habitudes.

Pallas, qui nous les a fait connoître d'une manière presque complète, c'est-à-dire avec tous les détails extérieurs et intérieurs nécessaires, en faisoit des espèces de néréides, ce qui a été imité par Linné et Gmelin.

C'est Bruguière qui a séparé ces animaux avec juste raison, et qui en a formé un genre distinct, adopté, sans nouvelle division, par tous les zoologistes.

M. Savigny, en observant avec plus de soin, a cru y trouver des caractères propres à subdiviser les amphinomes de Bruguière en deux genres. Il a en outre établi deux genres nouveaux avec deux ou trois espèces nouvelles.

Nous avons pu disséquer l'*amphinoma flava* de Bruguière et observer l'*amph. vagans* de M. Savigny, ainsi que l'*amph. tetraedra* de Bruguière, et nous nous sommes assuré que si Pallas a eu tort de regarder la masse buccale comme l'estomac, M. Savigny ne l'a pas eu moins de prendre cette partie pour une trompe ; aussi n'avons-nous pas fait entrer la considération de cet organe dans la caractéristique.

AMPHINOME : *Amphinoma*, **Brug.**

Corps ovale ou linéaire, épais, comme tétraèdre, composé d'un grand nombre d'anneaux très-distincts.

Tête petite, avec deux paires d'yeux.

Bouche inférieure, assez reculée.

Appendices.

Tentacules au nombre de cinq, bien distincts.

Crête quelquefois peu marquée.

Branchies en arbuscules.

Pieds formés de deux rames bien séparées.

La supérieure composée de deux faisceaux flabelliformes de soies grêles et subulées, et d'un cirrhe assez long à son bord inférieur.

L'inférieure formée d'un faisceau de soies plus courtes et plus roides.

Styles nuls.

Espèces. L'AMPHINOME TÉTRAÈDRE : *Amph. tetraedra*, Brug., d'après Pallas ; *Aphrodita rostrata*, *Miscellan. zool.*, pag. 106, tab. 8, fig. 14 — 18 ; *Terebella rostrata*, Linn., Gmel., p. 3113, n.° 6.

L'Amphinome errante: *Amph. vagans; Pleione vagans*, Sav., loc. cit., p. 60, n.° 2 ; *Terebella vagans*, Leach.

L'Amph. caronculée : *Amph. carunculata*, Brug.; *Terebella carunculata*, Linn., Gmel., pag. 3113, n.° 5 ; d'après Pallas, *Aphrodita carunculata, loc. cit.*, tab. 8, fig. 12 et 13.

L'Amph. éolienne : *Amph. œolides ; Pleione œolides*, Sav., loc. cit., pag. 62, n.° 4.

L'Amph. alcyonienne : *Amph. alcyonia ; Pleione alcyonia*, id., ibid., n.° 5 ; Égypt., Annélid., pl. 2, fig. 3.

L'Amph. aplatie : *Amph. complanata*, Brug.; *Terebella complanata*, Linn., Gmel., p. 3113, n.° 4 ; d'après Pallas, *Aphrodita complanata*, ibid., tab. 8, fig. 19 — 26.

Observ. Nous n'avons pu observer dans ce genre que l'*amph. vagans* en bon état de conservation, ainsi que l'*amph. tetraedra* desséchée. Ce que nous pouvons dire, c'est que, si toutes les espèces ressembloient à la première, ce seroit véritablement un genre bien distinct, qui feroit un peu le passage vers les sabulaires : en effet, la rame de soies inférieure a beaucoup de ressemblance avec ce qui existe dans les térébelles, étant tout-à-fait sous l'abdomen, les soies étant très-courtes et presque autant en crochets que dans les arénicoles. Mais il nous semble que l'*amph. vagans* n'a réellement pas de crête prædorsale, et peut-être alors devra-t-elle former un type particulier, d'autant plus qu'il n'y a pas de cirrhe aux rames inférieures.

Aucun naturaliste n'a encore observé ces animaux à l'état vivant, ou n'a publié de détails à leur sujet.

Pallas nous a donné d'excellentes descriptions de trois espèces.

M. Savigny donne à cette division des amphinomes le nom de *pleione*. Nous avons préféré lui conserver la dénomination imposée par Bruguière, par la raison que nous avons donnée plus haut.

Une seule est des mers d'Angleterre, suivant le docteur Leach ; mais nous croyons qu'il y a ici quelque erreur, et qu'elle y a été sans doute transportée avec les fucus sur lesquels elle étoit. En effet, les individus que nous possédons ont été recueillis par MM. Quoy et Gaymard, en haute mer, également sur des fucus, avec une nouvelle espèce d'anatife.

Chloé ; *Chloeia*, Savigny.

Corps ovale-oblong, déprimé.

Tête bifide à son extrémité antérieure, portant deux yeux seulement.

Anus supérieur et longitudinal.

Appendices.

Tentacules au nombre de cinq, dont le médian est un peu plus long.

Une longue *crête* prædorsale, médiane, denticulée et libre dans sa moitié postérieure.

Branchies bien visibles, pinnatifides et insérées fort proche de la ligne médio-dorsale.

Pieds presque partout similaires et composés de deux rames, l'une et l'autre latérales et formées d'un pinceau flabelliforme de soies déliées, et d'un cirrhe assez grêle et long.

Styles fort gros, subcylindriques et très-rapprochés à leur base au segment anal.

Espèce. La Chloé jaune : *C. flava; C. capillata*, Savigny ; *Amph. capillata*, Brug. ; *Tereb. flava*, Linn., Gmel., p. 3114, n.° 7 ; *Aphrodita flava*, Pall., *Misc. zool.*, pag. 97, tab. 8, fig. 7 — 11.

Observ. Nous avons observé un individu de l'animal sur lequel ce genre est établi. Il diffère réellement par un assez grand nombre de caractères des véritables amphinomes.

Pallas nous en a donné une excellente description.

La seule espèce est de l'Amérique méridionale.

Euphrosine ; *Euphrosine*, Sav.

Corps ovale, large, déprimé, composé de segmens assez peu nombreux.

Tête très-étroite et très-rejetée en arrière.

Deux yeux.

Appendices.

Un seul *tentacule* médian.

Une *crête* caronculaire considérable.

Branchies complexes, formées par sept arbuscules en série

transversalement étendue de la base des rames dorsales à celle des rames ventrales.

Pieds formés de deux rames peu saillantes, composées de soies très-aiguës, et pourvus de deux cirrhes à peu près égaux, outre un petit cirrhe surnuméraire à la racine supérieure des rames dorsales.

Styles petits, courts et globuleux.

Espèces. L'Euphrosine laurifère : *Euph. laurifera*, Savigny, Syst. des annélid., pag. 63, n.° 1 ; Égypte, pl. 2, fig. 1 ; cop. dans l'atlas de ce Dictionnaire.

L'Euphr. myrtifère : *Euphr. myrtifera*, id., ibid.; Égypte, pl. 2, fig. 2.

Observ. Nous ne connoissons ce genre que par la description et la figure des deux espèces qui le composent, données par M. Savigny. Sauf la complexité et la position des branchies, il est évidemment fort peu différent du précédent.

Les deux espèces d'Euphrosine sont l'une et l'autre de la mer Rouge, où elles sont communes parmi les fucus.

ARISTÉNIE ; Aristenia, Sav.

Corps fort alongé, s'atténuant graduellement d'une extrémité à l'autre et composé d'un grand nombre d'articulations.

Tête et yeux inconnus.

Appendices.

Tentacules inconnus.

Branchies pectinées et supradorsales.

Pieds biramés.

Les *soies* roides, et d'autant plus longues qu'elles sont plus postérieures.

Les *cirrhes* au nombre de sept à chaque pied.

Espèce. L'Aristénie tachée : *Ar. conspurcata*, Sav., *loc. cit.*, p. 64. en note ; Égypt., Annélid., pl. 2, fig. 4 ; copiée dans l'atlas de ce Dictionnaire.

Observ. Ce genre est indiqué par M. Savigny dans les planches du grand ouvrage d'Egypte, ainsi que dans une note de son Système général des annélides. Il repose sur un animal incomplet, figuré dans l'ouvrage cité, et c'est à l'aide de cette figure que nous l'avons caractérisé : malheureusement c'est l'extrémité antérieure qui manque.

Fam. II. Aphrodités, *Aphroditea.*

(Genre *Aphrodita*, Linn.)

Corps ovale ou linéaire, mais toujours obtus en avant comme en arrière, composé de segmens assez peu nombreux et profondément incisés.

Tête assez distincte.

Une ou deux paires d'yeux.

Bouche inerme ou armée de deux paires de dents cornées, aiguës, tranchantes, agissant de haut en bas l'une contre l'autre, et renfermées dans une masse buccale un peu exsertile.

Appendices.

Tentacules au nombre de trois ou de cinq.

Cirrhes tentaculaires, brachidés et doubles de chaque côté.

Pieds complexes, similaires, à une seule rame.

Deux faisceaux de soies subulées.

Deux acicules.

Un cirrhe conique, alongé, alternant régulièrement avec une sorte de squame élytroïde à leur racine supérieure ; un cirrhe très-petit à l'inférieure.

Styles nuls ou au nombre de deux.

Observ. Ce genre linnéen ou cette petite famille est aisée à distinguer de toutes les autres par l'armature de la bouche, qui est constante dans un grand nombre d'espèces, et surtout parce que la partie molle dorsale de l'appendice n'est pas à tous les anneaux de la même forme tentaculaire ; mais qu'après quelques variations aux premiers anneaux, ces cirrhes ligulés alternent, dans un certain nombre d'anneaux, avec des cirrhes en forme d'écailles ou de vésicules, qui sont souvent assez grandes pour s'imbriquer, non-seulement d'avant en arrière, mais encore latéralement, les deux rangées entre elles. Après quoi tous les anneaux ont un cirrhe supérieur de même forme tentaculaire, souvent cependant après quelques variations.

M. Savigny a nommé ces cirrhes squameux des *élytres*, et il assure qu'après avoir alterné avec les cirrhes normaux pendant un nombre fixe d'articulations, ceux-ci finissent par exister seuls dans tout le reste du corps. Il est bien vrai qu'en général au vingt-troisième anneau cesse l'alternance régulière binaire ; mais dans un grand nombre d'espèces elle se reproduit de trois en trois, jusqu'à la fin du corps.

Les animaux de ce groupe sont communs dans toutes nos mers, où ils ont pu être observés. Ils vivent collés contre les corps submergés, un peu à la manière des oscabrions : aussi leurs mouvemens sont-ils très-peu vifs.

Pallas a donné une excellente anatomie de la plus grosse espèce, l'*aphrodita aculeata* de Linné.

Les divisions génériques qui ont été proposées parmi les aphrodites par MM. Oken, Leach, et surtout par M. Savigny, portent sur l'existence des cirrhes squameux et sur la disposition du système antennaire. A ce sujet nous devons faire observer qu'il arrive souvent que quelques-uns de ces tentacules manquent, probablement par accident ou parce qu'ils sont rentrés, ou qu'après avoir repoussé, ils sont de longueur et de grosseur très-différentes. Aussi c'est peut-être à tort que M. Savigny a établi un sous-genre pour une espèce qui n'a que quatre tentacules ; d'autant plus qu'il parle d'un petit tubercule médian. Mais c'est surtout la disposition des anneaux, pourvus ou non de cirrhes ou de squames, qui peut fournir les meilleurs caractères, car il y a une grande fixité dans leur combinaison.

Aphrodite ; Aphrodita, Linn.

Corps ovale, assez court, pourvu de squames cachées par une couche de soies feutrées en dessus, et pourvu inférieurement d'une sorte de pied articulé, composé d'un assez petit nombre d'articulations.

Tête fort petite.

Une paire d'yeux.

Bouche sans mâchoires.

Appendices.

Tentacules au nombre de trois seulement ; l'impair étant fort court à l'extrémité d'une crête un peu dentelée.

Appendices tentaculaires en forme de bras, hérissés.

Branchies nulles ou remplacées par les cirrhes et les squames.

Pieds très-complexes, divisés profondément en deux rames, composés un peu différemment dans un ordre déterminé.

La première paire brachidée portant deux cirrhes et un pinceau de soies.

Les vingt-deux suivantes, alternativement pourvues d'un cirrhe squameux et d'un cirrhe tentaculiforme, outre deux faisceaux d'acicules et un faisceau de soies longues se feutrant pour la rame supérieure, et un seul faisceau de soies simples pour l'inférieure.

Un cirrhe inférieur à tous les pieds.

Styles nuls.

Espèces. L'Aphrodite hérissée : *Aph. aculeata*, Linn., Gmel., p. 3107, n.º 1; Pallas, *Miscell. zool.*, p. 77, tab. 7, fig. 1 — 13; *Halithea aculeata*, Sav., *loc. cit.*, p. 19, n.º 1.

L'Aphr. soyeuse ; *Aphr. sericea*, Savigny, *ibid.*, n.º 2.

Observ. MM. Oken, Leach, Savigny, ont successivement divisé le genre Aphrodite de Linné en deux, en ne laissant sous cette dénomination, du moins les deux premiers, que l'aphrodite hérissée, qui s'éloigne en effet des autres d'une manière fort sensible par la disposition des tentacules, celle des appendices, la manière dont les soies se feutrent et produisent une sorte d'enveloppe artificielle ou de voûte, sous laquelle les cirrhes squamiformes sont cachés.

M. Savigny donne à ce genre le nom d'*Halithea*, et il y place une troisième espèce dans une division particulière, mais qu'il nous semble assez difficile de comprendre sous la même caractéristique ; aussi l'en avons-nous retirée.

Un assez grand nombre de personnes ont observé l'A. hérissée, qui est commune dans toutes nos mers.

Pallas en a donné une excellente description extérieure et intérieure, à laquelle on n'a rien ajouté depuis.

On n'a encore point indiqué d'aphrodites de cette division ailleurs que dans nos mers, à moins que l'A. soyeuse de M. Savigny ne soit des mers étrangères.

M. Risso caractérise une espèce qu'il nomme *halithœa aurata ;* mais sa description n'étant pas comparative, il est difficile d'assurer qu'elle soit nouvelle.

Hermione, *Hermione.*

Corps ovale, assez court, squameux, hérissé, pourvu en dessous d'une sorte de pied articulé et composé d'un petit nombre de segmens.

Tête assez grosse, formée de deux parties, une inférieure et une supérieure.

Deux paires d'*yeux* comme pédonculés.

Bouche non armée.

Appendices.

Tentacules : une paire de fort gros tentacules, insérés de chaque côté d'une crête labiale médiane, à la racine supérieure de laquelle est un tentacule liguliforme, médian.

Cirrhes tentaculaires brachidés, au nombre de deux.

Branchies nulles.

Pieds biramés et composés de cirrhes et de soies. Les cirrhes supérieurs alternativement tentaculiformes et squamiformes pour les vingt-deux premiers anneaux.

Les inférieurs semblables et fort courts.

Soies épineuses, nombreuses et formant à la rame supérieure des rangées flabellaires plus nombreuses aux segmens squamifères.

Point de soies feutrées.

Point de *stylès.*

Espèce. L'H. hispide; *H. hystrix,* Sav., *loc. cit.,* p. 20, n.° 3.

Observ. Nous avons observé un individu en bon état de conservation de cette espèce d'aphrodite, qui nous a été donné par M. Paretto de Gênes; c'est d'après cela qu'il nous a semblé qu'elle devoit être séparée du genre qui comprend l'A. épineuse. M. Savigny n'en fait cependant qu'une tribu de son genre *Halithea.*

Elle se trouve dans la Méditerranée.

Eumolpe; *Eumolpe,* Oken.

Corps très-variable de forme, pouvant être ovale, assez court ou très-long et linéaire, atténué, mais également obtus aux extrémités, composé d'un nombre très-variable d'articulations.

Tête assez grosse et distincte.

Deux paires d'*yeux*.

Bouche inférieure et constamment armée de deux paires de dents, réunies en mâchoires agissant horizontalement.

Appendices.

Tentacules au nombre de cinq, quatre en deux paires et un impair médian, celui-ci continuant une sorte de crête inférieure præbuccale.

Cirrhes tentaculaires subbrachidés, au nombre de deux de chaque côté, rapprochés et insérés à l'extrémité d'un article basilaire fort long.

Branchies nulles.

Pieds complexes, uniramés ou à deux rames fort rapprochées.

Cirrhes supérieurs alternativement tentaculiformes, squamiformes ou vésiculiformes, dans un nombre d'anneaux variable, mais fixe dans chaque espèce.

Cirrhes inférieurs fort petits et semblables.

Soies subulées en deux faisceaux, chacun pourvu d'un acicule.

Deux styles terminaux.

A. *Espèces courtes, évidemment et largement squameuses, à douze paires d'écailles seulement, ainsi disposées* 1, 3, 6, 8, 10, 14, 16, 18, 20, 22.

L'Eumolpe écailleuse : *E. squamata; Aphrod. squamata,* Linn., Gmel., pag. 3108, n.° 8; d'après Pallas, *Miscell. zool.,* pag. 91, tab. 7, fig. 14; *Polynoe sq.,* Sav.

L'E. ponctuée; *E. punctata,* Mull., *Von den Würm.,* p. 170, tab. 13.

L'E. vésiculeuse : *E. impatiens,* Sav., *loc. cit.,* p. 24, n.° 5; Égypte, Annélid., pl. 5, fig. 2.

L'E. proboscidée; *E. clava,* Montagu, *Trans. linn.,* tom. 9, p. 114, tab. 8. fig. 3.

B. *Espèces également courtes , largement squameuses , à treize paires de cirrhes squamiformes, disposées ainsi :* 1, 3, 4, 6, 8, 10, 12, 14, 16, 18, 20. 22, 27 ; *deux paires de tentacules seulement.* (E. IPHIONÆ , Sav.)

L'EUMOLPE ÉPINEUSE ; *E. muricata*, Sav. , *loc. cit.*, pag. 21, n.° 1.

C. *Espèces un peu plus alongées, formées de trente à quarante anneaux , et à quinze paires de cirrhes squamiformes au moins.*

L'E. TRÈS-SOYEUSE; *E. setosissima*, Sav., *loc. cit.*, p. 25 , n.° 7.
L'E. CIRRHEUSE; *E. cirrhata*, Oth. Fabr., *l. c.*, n.° 290.
L'E. SCABRE ; *E. scabra* . id., *ibid.*, n.° 292.
L'E. HOUPPEUSE; *E. floccosa*, Sav., *loc. cit.*, p. 23 , n.° 3.
L'E. IMBRIQUÉE : *E. imbricata*, Linn., Gmel., p. 3108, n.° 4; *Polynoe foliosa*, Sav., *loc. cit.*, n.° 4.

D. *Espèces beaucoup plus alongées, formées de quarante - cinq à quatre-vingts anneaux , et à quinze paires au moins de cirrhes squamiformes.*

L'E. SCOLOPENDRINE : *E. scolopendrina*, Sav., *loc. cit.*, p. 25, n.° 6; atlas de ce Dictionn.
L'E. LONGUE ; *E. longa*, Oth. Fabr., *loc. cit.*, n.° 293.
L'E. PETITE; *E. minuta*, Oth. Fabr., *loc. cit.*
L'E. TRÈS-LONGUE, *E. longissima*.
Nouvelle espèce des côtes de Gênes.

E. *Espèces douteuses.*

L'E. CIRRHIFÈRE; *E. cirrhata*, Pall., *Spicil. zool.*

Observ. Nous avons examiné un certain nombre d'espèces de ce genre , et surtout les E. *squamata*, *punctata*, *scolopendrina* et *longissima*, et nous nous sommes assuré que la combinaison des cirrhes tentaculiformes et squamiformes est constante. Il paroît qu'il y a cependant quelques variations dans le nombre des anneaux du corps ; mais seulement dans ceux qui sont au-delà des squames et surtout dans les terminaux.

La distinction des espèces peut donc très-bien être appuyée sur cette combinaison, et ensuite sur la proportion des tentacules.

M. Savigny, qui s'est servi de ces caractères avec beaucoup

d'avantage, nomme squames fixes les douze premières paires, et accessoires les autres. Il nous a cependant paru qu'elles sont aussi fixes les unes que les autres ; mais seulement que les douze premières, après la troisième et la quatrième qui se touchent, alternent d'anneau en anneau, tandis qu'au-delà c'est de trois en trois.

La disposition que nous avons donnée aux espèces, est celle de l'accroissement de la longueur du corps et des cirrhes squamiformes. M. Savigny a préféré la division d'après le nombre des tentacules ; mais nous doutons réellement que l'*E. muricata* n'ait pas de tentacule impair ; nous croyons que c'est par mutilation ou parce qu'il étoit rentré, ce qui est fréquent dans ces animaux, et cela d'autant plus, que M. Savigny décrit un tubercule médian à la jointure de la tête et du corps.

Il est réellement douteux, comme le fait justement observer M. Savigny, que les *E. longa* et *minuta* d'Othon Fabricius appartiennent à ce genre.

Nous ne voyons pas que l'*A. scutellata* de M. Risso soit distincte d'une manière certaine de l'*E. squamata*.

L'*E. impatiens*, *Polynoe impatiens*, Sav., dont nous avons donné une figure copiée de l'ouvrage d'Égypte, est bien singulière, du moins d'après cette figure ; car, suivant la description, elle s'éloigneroit peu de l'*E. imbricata* de nos mers ; aussi pensons-nous que la figure est inexacte.

La plus grande partie des espèces citées appartient aux mers d'Europe.

M. Savigny n'en cite qu'une étrangère des côtes de la mer Rouge.

M. le docteur Leach a proposé de distinguer ce genre sous le nom de Lépidonote.

M. Savigny l'a adopté sous celui de Polynoë.

M. Oken avoit établi dès 1814 ce genre sous la dénomination que nous avons adoptée par la raison de l'antériorité.[1]

---

[1] Qu'est-ce que le genre EUMOLPHE, *Eumolphe*, de M. Risso ? auquel il donne pour caractères : Corps ovale, aplati ; tête arrondie en pointe ; antennes incomplètes, inégales ; les extérieures bifides ; quatre yeux ; mâchoires cornées ; des écailles sur les côtés du dos ? En vérité, il est

PHYLLODOCE ; *Phyllodoce*, Ranzani.

Corps ovale , peu alongé , atténué et obtus aux extrémités , à coupe trapézoïdale.

Tête peu ou point distincte.

Bouche à l'extrémité d'une masse buccale exsertile , très-grosse et armée de puissantes dents réunies en mâchoires et pourvues d'un barbillon cirrheux à l'angle de chacune.

Appendices.

Tentacules, une paire , sétacés.

Une paire d'*yeux* pédonculés.

Cirres tentaculaires, deux paires, brachidés.

Pieds complexes, à rames assez distantes.

Deux faisceaux assez rapprochés de soies : l'un supérieur, plus court. l'inférieur plus long et oblique.

Un cirrhe supérieur alternativement élytroïde et tentaculiforme, de deux en deux anneaux dans toute l'étendue du corps depuis les troisième et quatrième , qui sont tous deux squamiformes.

Espèce. La P. MAXILLÉE : *P. maxillosa*, Ranzani, *Mem.*, dec. 1, tab. 1, fig. 1 — 9 ; *Eumolpe maxima*, Oken, *Isis; Polyodontes*, Renieri.

Observ. Nous ne connoissons de ce genre que la figure et la description qui ont été données par M. Ranzani dans le mémoire cité. Il paroît que malheureusement l'animal qu'il avoit en sa possession n'étoit pas complet à sa partie postérieure et manquoit d'un certain nombre d'anneaux. Il provenoit sans doute de la mer Adriatique ; car M. Renieri en possédoit un autre individu , venant certainement de cette mer et qui fait partie aujourd'hui du Cabinet impérial de Vienne. Cet auteur paroît en avoir fait un genre sous le nom de *Polyodontes*. M. Oken, en publiant dans son journal, intitulé *Isis*, la traduction du mémoire de M. Ranzani , y a ajouté des observations, desquelles il résulte que pour lui cet animal doit entrer dans son genre Eumolpe, et il propose de lui donner

---

impossible de le dire : l'auteur ne donne ni le nombre des segmens, ni celui des squames.

Il ne contient qu'une espèce, qu'il nomme *E. fragilis*.

le nom d'*E. maxima*. M. Eisenhardt, qui a eu l'occasion de voir ce chétopode dans la collection de Vienne, a envoyé à M. Oken une note confirmative ou rectificatrice de ce qu'a dit M. Ranzani. Voici l'extrait de cette note, qu'il a bien voulu me communiquer, ainsi que plusieurs autres, sur quelques animaux dont M. Renieri a fait des genres et qui sont aussi dans la collection de Vienne. « Le corps de l'individu qui « existe dans cette collection, mais auquel il manque la queue, « a cinq pouces et demi de long, il est déprimé ou aplati et « d'une même largeur, d'un demi-pouce partout. Il ressem- « ble tout-à-fait à l'*aphrodite clava* de Renieri[1]. Il est com- « posé de soixante à soixante-dix anneaux. Le ventre est tra- « versé par un sillon longitudinal où les articulations sont « très-marquées, comme dans les aphrodites ; en général les « appendices ou pieds sont encore comme dans celles-ci. Les « cirrhes squamiformes sont en forme de petites branchies « attachées au milieu du dos des pieds, ce qui peut être dû « à l'état un peu altéré de l'animal. » En sorte que M. Eisen- hardt termine sa lettre en disant que c'est une véritable aphro- dite du genre Eumolpe de M. Oken, et à laquelle convient très-bien le nom d'*E. maxima* jusqu'à ce qu'on ait trouvé une espèce plus grande.

Malheureusement M. Eisenhardt ne nous a donné aucun éclaircissement sur la position singulière des yeux à l'extré- mité de courts tentacules, non plus que sur le système ten- taculaire en général. Malgré cela, il nous semble que le phyl- lodoce de M. Ranzani présente un trop grand nombre de dif- férences avec les autres eumolpes, pour pouvoir être conservé dans ce genre. Ce ne peut être ni une aphrodite proprement dite, ni une hermione, en sorte que le genre Phyllodoce peut être adopté.

Il est seulement fâcheux que ce nom, employé par le zoo- logiste italien, ait été aussi proposé par M. Savigny pour un autre genre. Toutefois, d'après notre règle, il devra être con- servé, et celui du zoologiste françois changé.

PALMYRE; Palmyra, Sav.

Corps oblong, déprimé, olygoméré.

---

[1] J'ignore ce que c'est.

Tête déprimée.

Une seule paire d'yeux.

Bouche pourvue d'une masse buccale exsertile, sans barbillons ni papilles à son orifice, et armée de dents cartilagineuses.

Appendices.

Tentacules au nombre de cinq, le médian un peu plus long
que la paire mitoyenne, qui est très-petite; les externes
grands.

Cirrhes tentaculaires brachidés, formés de deux cirrhes, avec
quelques soies.

Des branchies peu visibles, alternant de deux en deux anneaux jusqu'au 25.e

Pieds assez complexes, formés de deux rames.

Cirrhes dorsaux tentaculiformes et semblables à tous les segmens, comme les cirrhes ventraux.

Soies des rames dorsales divisées en deux paquets, dont les
supérieures sont grandes et disposées en rames voûtées;
les inférieures très-courtes.

Celles des rames ventrales peu nombreuses et en un seul
paquet.

Styles nuls.

Espèce. La Palmyre aurifère ; *P. aurifera*, Sav., *loc. cit.*,
p. 17, n.° 1.

De l'Isle-de-France.

Observ. Nous ne connoissons l'animal qui constitue ce genre
que d'après la description assez détaillée qu'en a donnée M.
Savigny. Il paroît qu'il a un certain nombre de rapports avec
celui qui constitue le genre Hermione. Il est cependant bien
plus court, puisqu'il n'est composé que de trente segmens et
qu'en jugeant par le nombre des petites crêtes dites branchiales qui, dans les aphroditées à cirrhes squamiformes,
sont en même nombre que les cirrhes tentaculiformes, et
qui cessent à la vingt-huitième paire de pieds, il y auroit quatorze paires de cirrhes élytroïdes, s'il devoit y en avoir.

D'après cela nous serions bien tentés de réunir ce genre
avec celui des Hermiones.

Fam. III. Néréidés, *Nereidea.*

(Genre *Nereis*, Linn.)

Corps généralement fort alongé, subdéprimé, atténué beaucoup plus en arrière qu'en avant, et composé d'un grand nombre d'articulations.

Tête en général distincte et composée de trois anneaux, un labial, oral ou frontal et un sincipital.

Une ou deux paires d'*yeux.*

Bouche subantérieure, bidentée, multidentée ou nullidentée.

Anus terminal et transverse.

Appendices.

Tentacules en nombre variable et quelquefois nuls.

Cirrhes tentaculaires de même.

Pieds complexes et formés de deux parties plus ou moins rapprochées, dans lesquelles entrent quelquefois des cirrhes branchiaux, mais constamment un cirrhe supérieur et un cirrhe inférieur, ainsi que deux paquets de soies subulées avec un acicule.

Une paire de styles au dernier segment.

Observ. Cette famille, comme on peut le voir par sa caractéristique, ne laisse pas que d'être assez difficile à distinguer nettement des deux premières de cet ordre, autrement que par des caractères négatifs; ainsi jamais dans ces animaux on ne trouve de branchies ramifiées arborescentes, comme dans les amphinomes, et les anneaux sont toujours également pourvus d'un cirrhe supérieur semblable, ce qui n'a jamais lieu dans les aphrodités. Ajoutez à cela que, quand la bouche est armée, elle ne l'est jamais comme dans ces derniers, et que son armature est particulière.

Cette famille contenant un bien plus grand nombre d'espèces qu'aucune des précédentes, on a dû essayer de la partager en groupes propres à en faciliter la connoissance. Nous avions d'abord adopté la considération de la bouche, comme la plupart des zoologistes, c'est-à-dire que nous partagions les néréides en quatre sections : les N. multidentées, les N. quadridentées, les N. bidentées et les N. nullidentées; mais il nous a paru qu'outre la difficulté de cette méthode, elle nuisoit réellement à l'établissement de la série; en sorte que nous avons préféré établir la nôtre sur la considération du système tentaculaire et sur la composition décroissante des appendices.

La plupart des néréides connues habitent nos mers. On en a cependant déjà signalé quelques-unes des mers de l'Inde et d'Amérique.

Leurs mœurs et leurs habitudes ont été fort peu étudiées jusqu'ici.

Leur organisation même, n'ayant pas été le sujet des recherches de Pallas, est assez peu connue.

Nous sommes loin d'avoir pu étudier nous-même un assez grand nombre de néréides pour pouvoir confirmer les genres établis par M. Savigny. Nous en avons cependant assez vu pour apercevoir qu'ils ont été un peu trop multipliés, en sorte que nous les réduirons à peu près à ceux que nous avions proposés dans notre Mémoire sur la classe des chétopodes. Toutefois on pourra retrouver les genres de M. Savigny dans la distribution des espèces, et comme nous nous sommes fait une loi de n'en jamais changer les noms, il sera facile de suivre rigoureusement son système, si on le juge convenable.

Section Ire Les N. zygocères, *N. zygocera.*

Système tentaculaire pair ou sans tentacule impair.

Observ. Cette division ne renferme tout au plus que trois genres distincts; les deux premiers nullidentés, le dernier bidenté.

Nous avons placé cette section avant celle des Azygocères, parce que les premiers genres ont leurs appendices pourvus d'espèces de squames, un peu comme dans les aphrodités; mais on pourroit très-bien renverser cet ordre sans aucun inconvénient.

Néréiphylle, *Nereiphylla.*

Corps linéaire, peu déprimé, à anneaux très-nombreux.

Tête comme formée de deux parties; une seule paire d'yeux sur la seconde.

Bouche à l'extrémité d'un ou deux anneaux proboscidiformes, et entourée, à son orifice, d'un rang de papilles sans dents.

Appendices.

Tentacules, au nombre de quatre, en deux paires, à peu près égaux et coniques.

Cirrhes tentaculaires, au nombre de huit, en quatre paires, groupées deux à deux à chaque côté de deux anneaux.

Pieds uniramés, composés d'un seul rang de soies déliées et d'un seul acicule entre deux cirrhes foliacés, le supérieur beaucoup plus grand que l'inférieur.

A. *Espèces dont la trompe est d'un seul anneau ; les deux cirrhes foliacés ; quatre paires de cirrhes tentaculaires.* (G. PHYLLODOCA, Savigny.)

La NÉRÉIPHYLLE LAMINEUSE : N. *laminosa*, Savigny, *loc. cit.*, pag. 43 ; Pall., *Nov. Comment. Petr.*, tom. 2, p. 333, tab. 5, fig. 5 — 7.

La N. LAMELLIFÈRE : N. *lamellifera* ; N. *lamellifera indica*, Pall., *ibid.*, fig. 14 et 15.

La N. DE PARETTO ; N. *Paretti*, de Blainv., fig. dans l'atlas de ce Dictionn.

B. *Espèces dont la trompe est de deux anneaux et garnie de barbillons sur tous les deux.* (G. EULALIA, Sav.)

La N. VERTE : N. *viridis*, Linn., Gm., p. 3117, n.° 8 ; d'après Muller, *Von den Würm.*, p. 162, tab. 2, et Othon Fabr., *Faun. Groenl.*, pag. 297, n.° 279, fig. 6, *A B* ; cop. dans l'Enc. méth., pl. 57, fig. 7 — 10.

C. *Espèces dont les pieds sont biramés, avec les deux cirrhes également lamelleux ; mais qui n'ont que deux paires de cirrhes tentaculaires réunis à la base.* (G. ETEONE, Sav.)

La N. JAUNE ; N. *flava*, Oth. Fabr., *Faun. Groenl.*, p. 299, n.° 282.

La N. LONGUE ; N. *longa*, id., *ibid.*, p. 300, n.° 283.

La N. ÉPAISSE : N. *crassa*, Linn., Gmel., p. 3118, n.° 17 ; d'après Muller, *Von den Würmern*, pag. 166, tab. 12, fig. 1 — 3.

D. *Espèces dont les pieds sont biramés, à deux faisceaux de soies ?
Le cirrhe supérieur seulement lamelleux ; trois paires de cirrhes
tentaculaires.* (G. LEPIDIA, Sav.)

La Néréiphylle stellifère : *N. stellifera,* Linn., Gmel., p.
3118, n.° 18 ; d'après Muller, *Zool. Dan.,* part. 2, tab. 62,
fig. 1 — 3 ; copiée dans l'Encya méthod. ?

E. *Espèces douteuses.*

La N. lamelleuse ; *N. lamellosa,* Risso, tom. 4, p. 419.

Observ. Je n'ai pu étudier convenablement ce genre, c'est-
à-dire *de visu,* que sur une seule espèce de ma collection, qui
m'a été donnée par M. Paretto, de Gênes, et que je lui ai dé-
diée. C'est bien évidemment un type particulier fort aisé à
caractériser par le système cirrheux en général, c'est-à-dire
par la combinaison des tentacules, des cirrhes tentaculaires
et la forme des cirrhes supérieurs et quelquefois même inférieurs des pieds.

D'après l'observation faite plus haut, que les cirrhes tentaculaires se groupent toujours deux à deux, pour chaque
côté de chaque anneau, il est possible de concevoir une combinaison telle qu'au lieu de quatre paires de ces cirrhes, ce
qui sous-entend deux segmens seulement, et non quatre,
comme le suppose M. Savigny, il n'y en ait que moitié en
deux paires, et par conséquent pour un seul anneau ; mais
il ne nous paroît pas probable qu'il puisse y avoir six cirrhes
tentaculaires ou trois paires, comme dans la N. *stellifera ;* car
cela demanderait un anneau et demi : nous croyons donc
qu'il y a une véritable erreur d'observation, et que ce n'est
pas une combinaison possible. Cependant, comme tout le
monde ne voudra peut-être pas admettre cela, nous avons
compris dans ce genre les espèces dont M. Savigny a fait son
genre *Lepidia,* en y rapportant même la N. *lamellifera indica*
de Pallas, dont la figure ne représente en effet que trois
cirrhes tentaculaires de chaque côté.

Toutes les néréides connues de ce genre sont fort grêles,
fort alongées et vivent dans nos mers d'Europe. Nous en
avons trouvé assez fréquemment une jolie espèce entre les lamelles des coquilles d'huîtres à Paris. Il est certain que les
cirrhes foliacés servent à la natation.

Néréimyre, *Nereimyra.*

Corps étroit, linéaire, composé d'un très-grand nombre d'anneaux.

Tête bipartite.

Bouche pourvue d'une trompe longue de deux anneaux, dont le premier est garni de courts barbillons.

Appendices.

Deux paires de tentacules coniques, courts et égaux.
Quatre paires de cirrhes tentaculaires.

Pieds composés d'un ou deux faisceaux de soies, avec un cirrhe supérieur et un cirrhe inférieur inégaux; l'un et l'autre tentaculiformes.

Styles évidens.

A. *Pieds à un seul faisceau de soies partagé en deux par un acicule.* (G. Myriana , Sav.)

La N. très-longue; *N. longissima,* Sav., *loc. cit.,* p. 41, n.° 1.

Des côtes de l'Océan.

B. *Pieds à deux rames ou à deux faisceaux de soies bien distincts: tous les cirrhes fort longs.* (G. Castalia , Sav.)

La N. rose; *N. rosea,* Oth. Fabr., *Faun. Groenl.,* pag. 3o1, n.° 284.

Des mers du Nord.

Observ. Nous n'avons vu aucune des deux espèces qui constituent ce genre, ni en nature ni même figurée. D'après la description de M. Savigny et celle d'Othon Fabricius, il est évident qu'il ne diffère du précédent que par la forme des cirrhes supérieurs des pieds, qui, au lieu d'être comprimés et dilatés en feuilles, ont la forme ordinaire des tentacules. En faisant même l'observation qu'Othon Fabricius dit que sa *N. rosea* est du reste en tout semblable à sa *N. viridis,* il nous est venu à la pensée que la forme des cirrhes supérieurs pourroit être accidentelle, ou peut-être tenir au développement des œufs.

Nous terminerons par l'observation qu'il se pourroit que les deux divisions sous-génériques n'en fissent qu'une, parce

qu'il seroit possible que la division qu'Othon Fabricius établit
dans les pieds de sa *N. rosea*, fût déterminée par l'acicule.

NÉRÉIDE; *Nereis*, Linn.

Corps en général alongé, subdéprimé, atténué en arrière,
comme tronqué en avant et polyméré.

Tête assez grosse, distincte, composée de deux parties.

Une antérieure de deux anneaux, rétractile l'un dans
l'autre et formant une sorte de trompe ou de masse buccale exsertile, armée à l'orifice oral d'une paire de crochets et garnie en dessus de petits tubercules groupés
différemment.

Une postérieure de trois segmens, portant quatre yeux.

Appendices.

Tentacules. Deux paires, courtes et très-inégales en grosseur; l'interne très-petite, conique; l'externe beaucoup
plus large, de deux articles et comme brachidée.

Cirrhes tentaculaires. Quatre paires, groupées deux à deux
de chaque côté de deux anneaux.

Pieds composés de deux rames; un faisceau de soies à la
supérieure et deux à l'inférieure, avec un acicule.

Cirrhes subulés, inégaux, le supérieur plus long, plus
gros que l'inférieur, et portant à sa racine supérieure
une languette branchiale simple. Languettes vaginales
mamelonnées, subsquameuses, au nombre de trois.

Cirrhes caudaux ou styles fort longs.

A. *Espèces dont le cirrhe supérieur et le cirrhe inférieur sont pourvus d'un lobe squamiforme.* (G. NÉRÉILÉPA.)

La NÉRÉIDE LOBULÉE; *N. lobulata*. Sav., *Syst.*, p. 30, n.° 1.

La N. PODOPHYLLE; *N. podophylla*, Sav., *loc. cit.*, p. 30.
n.° 2.

De l'Océan.

La N. FOLLICULÉE; *N. folliculata*, id., ibid., n.° 3.

La N. FARDÉE; *N. fucata*, id., ibid., n.° 4.

De l'Océan. [1]

---

1 Il faut sans doute rapporter à cette division l'espèce de néréide
dont M. Risso a fait son genre *Eunomia*, d'après le caractère tiré des

B. *Espèces dont les cirrhes ne sont point pourvus de squames.* (G. Lycoris, Sav.)

La Néréide égyptienne : *N. ægyptia*, id., ib., n.° 5 ; Égyp.,
Annél., pl. 4, fig. 1.

De la mer Rouge.

La N. nébuleuse ; *N. nubila*, id., ibid., n.° 6.

La N. rougeâtre ; *N. rubida*, id., ibid., n. 8.

La N. fauve ; *N. fulva*, id., ibid., n.° 7.

La N. pulsatoire ; *N. pulsatoria*, id., ibid., n.° 9.

La N. nacrée ; *N. margaritacea*, id., ibid., n.° 10.

De l'Océan.

La N. messagère ; *N. nuntia*, id., ibid., n.° 11.

De la mer Rouge.

La N. pélagienne : *N. pelagica*, Linn., Gmel., p. 3116, n.°
6 ; d'après Muller, *Von den Würm.*, p. 140, t. 7, fig. 1 — 3 ;
N. verrucosa, Muller, Prodr., 2628, et Oth. Fabr., p. 292,
n.° 275 ; *N. ferruginea*, *Act. Hafn.*, 10, p. 169, tab. *e*, fig. 10.

Des mers du Nord.

La N. radiée ; *N. radiata*, Viviani, *Phosph. maris*, tab. 3,
fig. 5 et 6.

La N. aphroditoïde : *N. aphroditoides*, Linn., Gmel., page
3117, n.° 16 ; d'après Oth. Fabric., p. 296, n.° 278 ; *N. pusilla*,
Mull., Prod., n.° 2671.

C. *Espèces dont les pieds sont uniramés ; les cirrhes tentaculaires
et les supérieurs du corps moniliformes, c'est-à-dire comme composés de grains arrondis.* (G. Lycastis, Sav.)

La N. armillaire : *N. armillaris*, Linn., Gmel., pag. 3115,
n.° 4 ; d'après Muller, *Von den Würm.*, p. 150, tab. 9, fig.
1 — 5, et Oth. Fabricius, *Faun. Groenl.*, p. 294, n.° 276.

Des mers du Nord.

La N. incisée : *N. incisa*, Linn., Gmel., p. 3117, n.° 15 ;
d'après Oth. Fabricius, p. 295, n.° 277.

Des mers du Nord.

---

vésicules lentiliformes, ventrues ou aplaties, qui sont sur les côtés du
dos ; mais c'est ce qu'on ne peut assurer, tant la description est tronquée.
L'auteur ne disant rien ni de la bouche ni du système tentaculaire.

Il y range cependant deux espèces, qu'il nomme *E. tympanum*, E.
tambour, et *E. viridissima*, E. très-verte, tom. 4, p. 420, n.°ˢ 54 — 56.

D. *Espèces à un tentacule impair et médian? pieds fort longs et à deux rames.*

La Néréide versicolore : N. *versicolor*, Linn., Gmel., pag. 3115, n.° 2 ; d'après Muller, *Von den Würm.*, p. 104, tab. 6, fig. 1 — 6.

Des mers du Nord.

E. *Espèces douteuses.*

La N. de Nice; N. *nicæensis*, Risso, 4, p. 416.
La N. à longs cirrhes ; N. *cirrhosa*, id., *ibid.*
La N. tachetée; N. *guttata*, id., *ibid.*

Observ. Nous avons observé plusieurs espèces de ce genre, vivantes ou mortes nouvellement et conservées dans l'esprit de vin, provenant, soit de la Manche, soit de la Méditerranée. Muller et Othon Fabricius en ont distingué, surtout celui-ci, un assez grand nombre. M. Savigny l'a encore au moins doublé; mais est-il certain qu'il n'ait pas fait de double emploi? Nous croyons plutôt le contraire, car les quatre dernières espèces que nous avons citées sont de nos mers d'Europe, comme la N. *margaritacea*, par exemple, qui nous paroît n'être que la N. *pelagica.*

Nous devons avouer même que la distinction des espèces dans ce genre n'est pas sans de très-grandes difficultés. En effet, le nombre des segmens, et par conséquent la longueur totale qui en dépend, sont sujets à de grandes variations, selon l'âge, et surtout parce que ces animaux, souvent mutilés à leur partie postérieure, jouissent, comme nous avons eu soin de le faire observer plus haut, de la faculté de repousser sans doute jusqu'à leur état normal; aussi Othon Fabricius dit-il à l'occasion de la N. *pelagica*, qu'il nomme *verrucosa*, la plus commune de toutes dans les mers septentrionales, qu'il en a vu de 56, 65, 76, 78 et 86 segmens, sans rapport avec la longueur totale.

Nous ne croyons pas que la proportion des cirrhes tentaculaires ou des autres cirrhes et des mamelons des gaînes offre rien de bien constant, non plus que la couleur; en sorte que véritablement il est plus aisé de donner des descriptions de ces animaux que des phrases distinctives. Le caractère qui nous a paru le plus tranché, et auquel cependant aucun

auteur ne nous paroît pas avoir pensé, se tire de la considération des amas de petits tubercules placés sur les anneaux
proboscidiformes. Malheureusement la trompe des individus
qui se trouvent soumis à nos observations n'est pas toujours
sortie, et il est assez difficile d'y suppléer.

Les néréides vivent en grande abondance sur toutes nos
côtes, soit dans la vase, soit dans les anfractuosités des rochers.

Elles se meuvent en serpentant et cependant assez vîte sur
un fond solide, les pieds tout-à-fait rejetés en arrière et collés
contre le corps, tous les cirrhes, et surtout ceux de la tête,
s'agitant dans tous les sens comme de véritables tentacules;
mais leurs mouvemens sont encore plus rapides dans l'eau,
où elles nagent facilement en agitant leurs appendices comme
de véritables rames.

Aucun auteur, à ma connoissance, n'a donné de détails
anatomiques sur les animaux de ce genre.

Nous admettons avec difficulté qu'il y ait réellement un tentacule impair dans la N. versicolore qui constitue la dernière
division : nous craignons bien qu'il n'y ait là une erreur d'observation. En effet, Muller, dans ses figures, représente un
seul tentacule ou trois ; ne se peut-il pas que ce soit la pointe
d'un segment qui constitue le troisième tentacule, d'autant
plus qu'il nous semble que sa description ne dit rien de cette
particularité ?

Section II. Les N. AZYGOCÈRES, *N. azygocera*.

(G. EUNICE, Cuv.)

Le système tentaculaire impair.

Observ. Comme dans la précédente, on trouve dans cette
section un genre nullidenté, et deux ou trois qui sont au
contraire multidentés.

NÉRÉISYLLE, *Nereisyllis.*

Corps linéaire subcylindrique, myriaméré.

Tête arrondie, portant deux paires d'yeux.

Bouche à l'extrémité de deux anneaux proboscidiformes,
　　sans dents.

Appendices.

Tentacules au nombre de cinq ; deux antérieurs suslabiaux, très-gros, coniques, obtus et rapprochés à la base ; trois frontaux presque égaux, obtus et cylindriques.

Cirrhes tentaculaires, une ou plusieurs paires ; en général assez longs.

Pieds uniramés et composés :
De deux cirrhes, dont le supérieur toujours beaucoup
D'un seul faisceau de soies simples et d'un seul acicule ;
De deux cirrhes, dont le supérieur toujours beaucoup
    plus long que l'inférieur ;
De deux longs cirrhes ou styles caudaux.

A. *Espèces qui ont deux gros tentacules labiaux bifurquant le front, et deux paires de cirrhes tentaculaires seulement ; tous les cirrhes moniliformes.* (G. SYLLIS, Sav.)

NÉRÉISYLLE MONILAIRE : *Syllis monilaris*, Sav., *loc. cit.*, p. 44, n.° 1 ; Annélid. d'Égypt., pl. 4, fig. 3.
De la mer Rouge.
N. ORNÉE ; *S. ornata*, de Blainv.
Nouvelle espèce, très-petite, des côtes de la Manche.

B. *Espèces à système tentaculaire de la tête à peu près semblable ; les cirrhes moniliformes ; une paire de barbillons palpiformes à l'orifice de la trompe.* (G. AMYTIS, Sav.)

NÉRÉISYLLE PRISMATIQUE : *Nereisyllis prismatica*, Linn., Gmel., p. 3119, n.° 23 ; d'après Othon Fabricius, *loc. cit.*, p. 302, n.° 285.

C. *Espèces à tentacules et cirrhes tentaculaires au nombre de sept seulement, comme dans la division précédente, avec une paire de barbillons à la bouche ; les cirrhes des segmens, depuis le septième jusqu'au trentième, réunis à la papille de la gaîne par une membrane très-mince, soutenue sans doute par un ou deux acicules.* (G. POLYNICE, Sav.)

NÉRÉISYLLE A DEUX FRONTS : *Nereisyllis bifrons*, Linn., Gmel., pag. 3119, n.° 24 ; d'après Othon Fabricius, *Faun. Groenl.*, p. 303, n.° 286.

D. *Tentacules au nombre de trois seulement, fort longs ; quatre paires de cirrhes tentaculaires aussi très-grands, deux sur chaque anneau.*

NÉRÉISYLLE PROLIFÈRE : *Nereisyllis prolifera*, Linn., Gmel.,

p. 3120, n.° 29; d'après Muller, *Zool. Dan.*, 2, tab. 52, fig. 5 — 9; cop. dans l'Encycl. méth., pl. 56, fig. 12 — 15.

Observ. Nous avons pu nous faire une idée exacte de ces espèces assez singulières de néréides sur plusieurs individus de syllis de M. Savigny, que nous avons trouvés vivans sur des huîtres comestibles, à Paris. Le nom de *bifrons* leur convient très-bien, à cause de la manière dont les gros tentacules labiaux ou frontaux semblent continuer la tête. Ce sont sans doute les analogues des tentacules brachidés des véritables néréides. Fabricius les désigne fort bien dans ses N. *prismatica* et *bifrons*. M. Savigny les a regardés comme de simples bifurcations du front. Les tentacules normaux sont au nombre de trois, et il y a une paire de cirrhes tentaculaires de chaque côté de l'anneau buccal dans les espèces de la division A. Dans celles des divisions B et C, que nous ne connoissons, il est vrai, que par la description d'Othon Fabricius, il paroît qu'il y a en outre des barbillons palpiformes à la bouche.

Ne faut-il pas encore rapporter à ce genre les N. *cirrhifera* et *mucronata*, Viviani (*Phosph. marin.*, tab. 3, fig. 1, 2, 3 et 4), qui, ayant été observées extrêmement petites, l'ont pu être incomplétement ?

Néréidice, Nereidice.

Corps linéaire, cylindrique, polyméré.

　　Tête formée de trois anneaux, dont l'antérieur, globuleux, est presque complétement caché par le suivant.

　　Deux yeux peu visibles.

　　Bouche pourvue d'une masse buccale sub-exsertile et armée de dents longitudinales nombreuses.

Appendices.

　　Tentacules au nombre de trois, courts, coniques, ou mieux un peu foliacés.

　　Cirrhes tentaculaires nuls.

　　Branchies nulles.

　　Pieds uniramés, semblables et composés de

　　　　1.° Deux faisceaux inégaux, l'un de soies simples, et l'autre de soies avec une barbe;

　　　　2.° Deux cirrhes, dont le supérieur est obtus et un peu plus alongé que l'inférieur.

Espèces dont les dents sont au nombre de sept, trois à droite et quatre à gauche. (G. LYSIDICE, Sav.)

NÉRÉIDICE VALENTINE; *Nereidice valentina*, Savigny, *Syst.*, pag. 33.

De la Méditerranée.

N. OLYMPIENNE; *N. olympia*, id., ibid., n.º 2.

De l'Océan.

N. GALATHINE; *N. galathina*, id., ibid., n.º 3.

De l'Océan.

Observ. Nous connoissons ce genre d'après une espèce de nos mers que nous avons trouvée sur une coquille d'huître comestible. Il paroît différer des méganéréides, que nous nommerons maintenant *néréidontes*, non-seulement par le nombre des tentacules, mais encore par l'absence de cirrhes branchiaux, caractères assez importans; en sorte qu'il devra peut-être passer dans la division des néréides microcérées.

Nous avions d'abord réuni dans ce même genre la seule espèce qui constitue celui que M. Savigny a nommé *Aglaure*, parce que nous croyons qu'il n'y avoit de différence que dans le nombre des plis dentifères de la cavité buccale; mais la disposition tentaculaire, du moins en s'en rapportant à la figure de l'aglaure éclatante donnée par M. Savigny, est trop différente pour que ce rapprochement puisse avoir lieu. Nous transporterons même ce dernier genre dans la division des néréides microcérées.

Ces néréides ont sans doute les mêmes mœurs et les mêmes habitudes que les néréidontes.

NÉRÉIDONTE , *Nereidonta*.

Corps très-long, un peu déprimé, myriaméré.

    Tête distincte, formée par trois anneaux seulement, un labial, un oral et un nuchal. Le second beaucoup plus grand que les autres.

    Deux yeux.

    Bouche en forme de fente transverse, donnant issue à une masse buccale semi-exsertile, contenant quatre dents longitudinales calcaires, dont les inférieures réunies en une sorte de mâchoire inférieure.

Appendices.

Tentacules grands, filiformes, quelquefois comme articulés, au nombre de cinq, un médian et deux paires latérales, insérés à la racine du segment labial.

Pieds uniramés et composés :

D'un faisceau de soies simples, quelquefois partagées en deux parties, contenant chacune un aiguillon ;

De deux cirrhes, dont le dorsal, assez long, porte à sa racine supérieure ;

Un cirrhe branchial, d'abord simple et ensuite pectiné ou flabelliforme d'un seul côté.

A. *Espèces pourvues d'une paire de tentacules sur l'anneau nuchal; le cirrhe supérienr des pieds beaucoup plus long que la rame.* (G. Leodice, Sav.)

Néréidonte géante : *Nereidonta gigantea; Eunicea gigantea*, G. Cuvier, Règne animal, tom. 2, p. 525.
De la mer des Indes.

N. aphroditoïde ; *N. aphroditois*, Pall., *Nov. act. Petr.*, t. 2. p. 209, tab. 5, fig. 1—7.
De la mer des Indes.

N. antennée : *N. antennata*, Savigny, *loc. cit.*, p. 50, n.° 2; Égypte, Annélid., pl. 5, fig. 1.
De la mer Rouge.

N. françoise ; *N. gallica*, id., ibid., n.° 3.

N. norwégienne : *N. norwegica*, Linn., Gmel., p. 3116, n.° 11; *N. pennata*, Muller, *Zool. Dan.*, 1, p. 99, tab. 29, fig. 1 — 3.
Des mers du Nord.

N. pinnée : *N. pinnata*, Linn., Gmel., pag. 3126, n.° 12; d'après Muller, *Zool. Dan.*, 1, p. 102, tab. 29, fig. 4—7.
Des mers du Nord.

N. espagnole ; *N. hispanica*, Savigny, *loc. cit.*, p. 52, n.° 6.
N. de Paretto ; *N. Paretti*, de Blainv.
Nouvelle espèce, des côtes de Gênes, remarquable par la brièveté et le grand nombre de ses anneaux, ainsi que par la petitesse de ses appendices.

B. *Espèces sans tentacules nuchaux ; les cirrhes supérieurs des pieds fort courts.* (G. Marphyse, Sav.)

Néréidonte sanguine : *N. sanguinea*, Montagu , *Trans. linn.*, tom. 11 , p. 26, tab. 3 , fig. 1 ; *Leodice opalina*, Savigny.
De l'Océan.

C. *Espèces sans cirrhes tentaculaires nuchaux ; branchies fort simples.* (G. Néréitube.)

Néréidonte tubicole : *N. tubicola*, Linn., Gmel., p. 3116, n.° 10 ; d'après Muller, *Zool. Dan.*, part. 1 , p. 60, tab. 18 , fig. 1 — 6.

Observ. Nous avons pu étudier plusieurs espèces de néréides de cette division générique ; savoir : les N. géante, antennée, pinnée , de Paretto , et sanguine , et par conséquent il nous a été possible de nous en faire une idée suffisante. Nous croyons donc que c'est une bonne division. Comme ce sont les plus grandes espèces de néréides, nous les avons réunies, dans notre premier travail, sous la dénomination générique de *méganérède* ; aujourd'hui nous préférons celle de *néréidonte*, parce qu'il y a en effet des espèces encore assez petites.

M. Cuvier a établi également ce genre sous le nom d'*Eunice*.

M. Savigny, en prenant ce nom de genre pour indiquer une famille qui comprend toutes les néréides multidentées, a donné celui de *Leodice* à nos néréidontes.

Nous avons séparé la N. *aphroditois* de Pallas de la N. *gigantea*, parce qu'en effet le nombre des pieds antérieurs sans branchies est tout différent. Nous aurions même peut-être dû constituer avec cette espèce une division générique particulière, qui auroit pris place parmi les néréides zygocérées, puisqu'en effet les figures de Pallas et même sa description indiquent six tentacules. Nous savons bien que M. Savigny, en admettant la réunion de sa léodice géante avec la N. *aphroditois*, fait l'observation que c'est sans doute à tort que le dessinateur de Pallas a dessiné six tentacules frontaux à son animal, ce qui a conduit cet auteur à mettre dans sa description *quinis aut senis tentaculis*. Il est cependant à remarquer que ce nombre de six tentacules est répété dans quatre figures ; deux, l'animal vu en dessus, et deux vu en dessous, et cela avec une netteté qui ne laisse aucun doute , puisqu'ils sont parfaitement disposés par paires. Or, il est difficile, surtout sous les yeux de Pallas, qui, dans ses ouvrages, a averti plusieurs fois des fautes de ses dessinateurs, que les figures dont il est ici question, soient sorties de l'imagination du peintre. Comment alors exprimer la phrase dubitative de Pallas autrement qu'en supposant qu'il avoit à la fois sous les yeux une néréide avec cinq tentacules, et une autre, celle de son peintre, avec six, et par conséquent deux espèces. En effet, la description que ce zoologiste si exact fait des dents et des branchies, ne convient nullement à la néréide géante, à ce qu'il nous semble du moins. En sorte qu'en faisant l'observation que l'existence d'un système dentaire compliqué dans les néréides n'est pas nécessairement concomitante avec le système impair de tentacules, puisque nous voyons que les Œnones de M. Savigny et nos lombrinères en sont privés, on peut très-bien admettre qu'il existe aussi un groupe de néréides multidentées avec un système pair de tentacules.

Sur les espèces de la seconde section on peut dire qu'elles méritoient, peut-être tout aussi bien que beaucoup d'autres néréides, de former un genre distinct. En effet, outre l'absence des tentacules nuchaux, qui donne à leur tête une forme assez particulière, les pieds sont réellement conformés d'une manière différente.

Quant à l'espèce qui constitue la troisième, ce n'est peut-être pas l'existence du tube qui la caractérise le plus; car on conçoit qu'il soit pour ainsi dire accidentel, c'est-à-dire qu'un individu de néréide en ait formé une fois, dans une circonstance, un plus fort, plus résistant, qu'habituellement n'en font les autres néréides, puisqu'elles en font toutes, comme le fait justement observer M. Savigny. Mais la forme des tentacules et celle des pieds sont réellement assez particulières.

En général la distinction des espèces de néréidontes nous a paru devoir porter sur la différence de complication des pieds. Elle nous a semblé très-fixe, ce qui n'est certainement pas pour le nombre des articulations, ni pour la proportion des cirrhes.

Ces néréidontes ont absolument les mêmes mœurs que les autres néréides : seulement il est probable qu'elles attaquent pour leur nourriture des animaux proportionnés à leur grandeur et à la solide armature de leur bouche.

On en connoît de toutes les mers; les plus grosses venant de l'Inde.

Sect. III. Microcères, *Microcera.*

Ophélie; *Ophelia*, Sav.

Corps cylindrique, composé d'anneaux assez peu nombreux.

Tête petite ou peu distincte, divisée en avant en deux cornes tentaculifères.

Bouche pourvue d'une trompe très-courte, garnie de papilles ou de barbillons à son orifice, et édentulée.

Appendices.

Tentacules très-courts, formant deux paires, insérés à l'extrémité de la bifurcation antérieure de la tête.

Cirrhes tentaculaires nuls.

Pieds très-petits, à deux rames; la supérieure formée d'un seul faisceau de soies, l'inférieure de deux.

Cirrhes supérieurs peu saillans ou nuls; les inférieurs très-longs, surtout aux articulations moyennes..

Espèce. Ophélie bicorne; *Ophelia bicornis,* Sav., *loc. cit.,* pag. 38.

Observ. Nous ne connoissons rien autre chose de cette espèce de néréide, qui vient de nos côtes, que la description de M. Savigny.

La disposition des tentacules, si ce sont de véritables tentacules, est assez particulière.

Aonie; *Aonia*, Sav.

Corps linéaire, épais, robuste, atténué aux deux extrémités et subpolyméré.

Tête petite et biangulaire en avant, sans traces d'yeux.

Bouche pourvue d'une trompe globuleuse, avec un cercle de barbillons et un grand nombre de papilles à son orifice.

Appendices.

Tentacules, un seul, court et mou, à chaque angle de la tête.

Pieds biramés ; celui du premier anneau beaucoup plus court que les autres.

Ceux-ci formés à chaque rame par un mamelon triangulaire et une squame ronde, à la face antérieure de laquelle est appliqué un faisceau de soies toujours exsertes.

Un cirrhe inférieur fort court; point de supérieur.

Des cirrhes caudaux ou styles fort longs.

Espèce. Aonie aveugle : *Aonia cæca; N. cæca,* Linn., Gmel., p. 3119, n.° 25; d'après Oth. Fabr., *Faun. Gr.,* p. 304, n.° 287.

Observ. Nous ne connoissons encore de cette espèce de néréides que la description d'Oth. Fabricius, qui est assez complète pour qu'on puisse à peu près assurer qu'elle doit former un groupe particulier. Nous l'avions cependant d'abord réunie à la précédente sous le nom commun de *néréicie,* parce que nous supposons qu'il y avoit peu de différences entre l'ophélie et l'aonie; mais comme nous n'avons vu ni l'une ni l'autre, nous aimons mieux admettre, au moins provisoirement, l'opinion de M. Savigny; nous n'avons cependant pas admis sa manière de voir pour les mamelons squamiformes de l'aonie, qu'il définit comme des branchies.

Aglaure, *Aglaura.*

Corps linéaire, cylindrique, polyméré.

Tête globuleuse, inclinée et complétement cachée sous le segment suivant.

Bouche pourvue d'une trompe dépassant le front, et des dents longitudinales au nombre de neuf, quatre à droite et cinq à gauche, outre les deux en palette.

Appendices.

Yeux peu distincts.

Tentacules au nombre de trois, les latéraux très-courts et coniques.

Pieds semblables, formés de deux faisceaux inégaux, composés l'un de soies simples, l'autre de soies avec une barbe, entre deux cirrhes, dont le supérieur est obtus et un peu plus alongé que l'inférieur.

Branchies nulles.

Esp. L'Aglaure éclatante : *A. fulgida*, Sav., *loc. cit.*, p. 55 ; Égypte, pl. 5, fig. 2.

Observ. Nous n'avons pas vu l'espèce de néréide qui a servi à l'établissement de ce genre. D'après la figure donnée par M. Savigny, les tentacules seroient bien singulièrement placés, puisqu'ils sont à la partie inférieure du second anneau céphalique, qui est bilobé, entre lui et le premier ou suslabial, qui est globuleux et tout-à-fait recourbé en dessous. Sans cela ce genre mériteroit à peine d'être distingué des néréidices.

Il ne contient encore qu'une espèce de la mer Rouge.

Sect. IV. Acères, *Acera*.

Corps de plus en plus cylindrique, à appendices courts, sans aucuns tentacules.

Observ. Il faut se rappeler, pour bien comprendre ce que nous entendons par des néréides acérées, que dans notre manière de voir, les tentacules sont les cirrhes des anneaux céphaliques, restés seuls de tout l'appendice, implantés à leur face dorsale, et dirigés en avant. D'après cela on ne sera pas étonné de voir que nous plaçons dans cette section des genres que M. Savigny dit pourvus de ce qu'il nomme des antennes. Il est évident, d'après le nephtys et la glycère, que nous avons pu étudier, que M. Savigny a appelé ainsi la première paire de pieds ; aussi dit-il qu'elles sont latérales et bifides : ce seroient donc pour nous des cirrhes tentaculaires, si elles étoient beaucoup plus longues que les cirrhes des autres pieds, et s'il n'y avoit pas en outre quelques soies qui en font de véritables pieds.

Hésione ; *Hesione*, Sav.

Corps oblong, peu déprimé, composé d'articulations peu nombreuses, assez peu distinctes et annelées.

Tête subcordiforme, formée par le seul anneau labial, et portant deux paires d'yeux bien distincts.

Bouche pourvue d'une trompe cylindrique, fort grande, de deux anneaux ; le premier court, sans plis, ni barbillons, ni mâchoires à l'orifice.

57.   31

Appendices.

Tentacules nuls.

Cirrhes tentaculaires fort longs, au nombre de huit paires, quatre de chaque côté, paroissant sortir d'un seul anneau.

Pieds uniramés, composés d'un seul faisceau de soies et de deux cirrhes filiformes, rétractiles; le supérieur beaucoup plus long que l'inférieur.

Styles assez longs.

Esp. HÉSIONE SPLENDIDE : *H. splendida*, Sav., *loc. cit.*, pag. 40, n.° 1 ; Égypte, Annélid.

H. PARÉE; *H. festiva*, id., ibid., n.° 2.

H. PANTHÉRINE; *H. pantherina*, Risso, 4, page 418.

Observ. Nous ne connoissons ce genre que par la description de M. Savigny, surtout par la figure sans détails qu'il a donnée de l'H. *splendida*, dans le grand ouvrage d'Égypte : c'est véritablement un genre assez remarquable. Comme M. Savigny parle, à ce qu'il nous semble, dans sa description de deux paires de tentacules céphaliques supérieurs, extrêmement petits, il se pourroit que ce genre dût être placé plus haut, ce qui seroit réellement plus convenable ; mais comme la figure n'en indique aucune trace, et que M. Prêtre, qui l'a dessinée, assure qu'elle est fort exacte, nous nous sommes décidé à laisser ce genre dans cette section, dont il rompt évidemment les rapports. M. Risso parle, dans sa nouvelle espèce, de quatre antennes (tentacules) longues et à peu près égales.

ARICIE; *Aricia*, Sav.

Corps linéaire, polyméré.

Tête avec des yeux peu distincts.

Bouche pourvue d'une trompe très-courte, avec des plis longitudinaux, sans papilles, ni barbillons, ni dents.

Appendices.

Pieds dissemblables.

Les deux premiers fort courts, formés d'espèces de cirrhes tentaculaires.

Les vingt-trois suivans à deux rames distinctes, beaucoup plus rapprochés dans le reste du corps.

Cirrhes supérieurs écartés, alongés ; les inférieurs non saillans.

Trois faisceaux de soies longues et fines, à la rame supérieure ; un rang extérieur de soies fines et un triple rang de soies plus grosses et courbées à l'inférieur.

Esp. ARICIE SERTULÉE ; *A. sertulata*, Sav., *loc. cit.*, pag. 36. De l'Océan.

Observ. C'est encore un genre établi sur une néréide que nous ne connoissons pas, quoiqu'elle soit de nos mers. Nous avons supposé que les deux paires d'antennes courtes et latérales, admises par M. Savigny, ne sont que les pieds du premier anneau, et nous croyons aussi que les yeux sont véritablement nuls.

NEPHTYS; Nephtys, Cuv.

Corps fort alongé, subtétraèdre, myriaméré.

Tête peu distincte, formée par un seul anneau obtus, égal en longueur aux deux suivans.

Bouche à l'extrémité de deux anneaux proboscidiens, dont l'antérieur, très-court, est garni de barbillons, et le postérieur de plusieurs rangées longitudinales de papilles cirrheuses.

Une paire de petites dents cornées, non denticulées.

Appendices.

Pieds similaires, à deux rames.

La supérieure, plus grande, formée

1.° D'un pinceau de soies, implantées en fer à cheval, contenant un acicule dans un mamelon aplati ;

2.° D'un mamelon marginal, postérieur, comprimé, élargi ;

3.° D'un gros cirrhe recourbé, assez alongé, situé à la base de celui-ci.

L'inférieure, plus petite, mais entièrement composée de même, sauf le cirrhe, probablement rudimentaire.

Esp. N. DE HOMBERG : *N. Hombergii*, Cuv., Règne anim., tome 4, page 175, et Sav., *loc. cit.*, page 37.

Observ. Après y avoir bien réfléchi, nous rapportons à ce genre, proposé (*loc. cit.*) en note additionelle par M. Cuvier pour une espèce de néréide trouvée au Hàvre, celle que nous avons reçue du docteur Leach sous le nom de *N. clava*, dont nous avions formé le genre Néréiclave, et qui a été décrite dans le Dictionnaire sous le nom de *N. clava.* M. Savigny, dans la caractéristique en général peut-être un peu trop systématique de ses genres, a bien donné à sa nephtys des yeux peu distincts et deux paires de tentacules très-courts, écartés et bipartites ; mais nous supposons que sous ce nom il a réellement eu en vue les deux premières paires de pieds, qui, comme dans tous les chétopodes, sont plus dorsaux et plus courts, et qui, ici, sont bien formés de deux rames.

Si notre conjecture étoit erronnée, alors il faudroit distinguer ces deux genres.

GLYCÈRE ; *Glycera,* Sav.

Corps linéaire, déprimé, myriaméré.

Tête peu distincte, formée par un anneau deux fois plus long que les suivans et précédé par une sorte de corne conique, composée d'un grand nombre d'articulations.

Bouche à l'extrémité d'une longue trompe claviforme, nue et armée de quatre crochets ou dents opposés en croix.

Appendices similaires, sauf qu'ils sont beaucoup plus petits en avant, formés d'une seule rame, offrant un cirrhe supérieur, mamelonné, assez gros ; un faisceau de soies simples entre un cirrhe marginal en arrière et deux en avant, et enfin d'un cirrhe inférieur mamelonné, plus court que le supérieur.

Esp. G. DOUTEUSE ; *G. dubia,* de Blainv., Dictionn.

G. BLANCHE : *G. alba ; N. alba,* Linn., Gmel., page 3119. n.° 20 ; d'après Muller, *Zool. Dan.,* t. 2, tab. 62, fig. 6 et 7.

G. UNICORNE ; *G. unicornis,* G. Cuvier et Savigny, *loc. cit.,* page 37.

Observ. Nous avons établi la caractéristique de ce genre d'après une espèce de néréide de notre collection, que nous devons à M. le docteur Leach. Nous sommes presque convaincu que c'est le même animal que celui que MM. Cuvier et Savigny ont nommé *G. unicorne ;* mais nous n'osons cependant l'assurer positivement, tant ce que nous avons vu diffère de ce que M. Savigny décrit. En effet, il parle de quatre tentacules, excessivement petits, biarticulés à l'extrémité des an-

néaux formant la corne ; de branchies, dont nous n'avons pu
apercevoir de traces : il ne parle au contraire pas des quatre
crochets de la bouche. Très-probablement notre G. douteuse
et la G. unicorne ne diffèrent pas non plus de la N. *alba* de
Muller ; cependant l'individu que nous avons observé étoit
beaucoup plus grand et composé d'un bien plus grand nombre
d'anneaux : il en avoit, quoique incomplet, au moins cent
quarante, sur une longueur de deux pouces deux lignes,
tandis que la glycère unicorne de M. Savigny, qui avoit deux
pouces de long et étoit complet, n'en offroit que cent vingt
sur une longueur de deux pouces, et que la N. *alba* de Muller
n'en avoit que soixante dix - sept.

Nous avions nommé ce genre dans nos manuscrits et d'après
notre Système de nomenclature, néréicère, *nereicera*.

M. Risso décrit une espèce de ce genre sous le nom de
G. polygone, *G. polygona*. Il est possible que ce soit une véritable glycère ; mais il est difficile de comprendre ce que
c'est que les deux ou quatre ouvertures dont la trompe est
percée au sommet, à moins que ce ne soient les quatre crochets.

Fam. IV. Néréiscolés, *Nereiscolecia*.

Corps fort alongé, cylindrique, vermiforme, pourvu d'appendices composés de mamelons cirrheux ou même de
cirrhes véritables et de soies.

Observ. Nous avons cru devoir établir cette petite famille
pour un certain nombre d'espèces de chétopodes, dont le corps
devient évidemment plus lombriciforme, et dont, en effet,
les appendices, considérablement simplifiés, indiquent aussi
un passage vers les lombricinés ; ce que nous nous sommes
proposé de rendre par le nom de néréiscolés, *nereiscolecia*,
composé des deux mots *nereis* et *scolex*, qui veut dire ver.

Dans cette famille la tête devient de moins en moins distincte, ou n'est plus composée que de l'anneau labial. Il n'y a
pas d'yeux ; il n'y a plus de tentacules ni même de cirrhes
tentaculaires, et fort rarement de véritables cirrhes ; il ne
reste que les languettes des gaines, accompagnant le faisceau
de soies.

On trouve cependant que quelques espèces ont encore la bouche fortement armée de dents.

D'après la simplification des appendices dans les néréiscolés, il est évident que ces animaux ne doivent plus que ramper ou que nager, en serpentant avec quelque difficulté, au contraire des néréides.

Les genres que nous avons cru devoir y établir sont pour la plupart provisoires, puisque nous n'avons pu observer qu'un assez petit nombre de néréiscolés. Cependant, en nous en rapportant aux figures et aux descriptions des auteurs, il est aisé de voir que ces coupes génériques pourront être conservées.

LOMBRINÈRE, Lumbrineris.

Corps cylindrique, lombriciforme, extrêmement alongé et composé d'un très-grand nombre d'anneaux presque complétement semblables.

Téte non distincte, ou réduite à ses deux premiers segmens : le labial, conique, olivaïre, incomplet; l'oral, complet et sans aucune trace d'appendices.

Orifice oral grand, transverse, avec une masse buccale considérable, subproboscidale, armée à l'intérieur de deux paires de dents longitudinales, cornéo-calcaires; l'une supérieure, à couronne plate et molariforme; l'inférieure tranchante et onguliforme.

Anus terminal.

Appendices parfaitement similaires, ne différant que de grandeur, composés d'un faisceau de soies simples, disposées en éventail et sortant d'une gaine pédonculée, pourvue de deux mamelons subsquameux, le postérieur au moins double de l'antérieur.

Esp. L. BRILLANT : *L. splendida; Nereis lumbricalis,* de Blainv., Dict. des sc. nat., tom. XXXIV, pag. 455, fig. dans l'atlas.

L. SCOLOPENDRE, *L. scolopendrina,* id., ibid.

L. DE PALLAS : *L. Pallasii; N. ebranchiata,* Linn., Gmel., pag. 5120, n.° 26; d'après Pallas, *Nov. act. Petrop.,* tom. 2, page 521, tab. 5, fig. 8 — 10.

Observ. Nous établissons cette coupe générique parmi les néréiscolés, pour deux grandes et belles espèces de chétopodes que nous possédons dans notre collection, dont nous ignorons la patrie, et qui, malheureusement, sont incomplètes.

La première est un peu tronquée à son extrémité postérieure ; mais l'autre est parfaite. Nous nous sommes assuré par un examen plus approfondi que nous l'avons décrite à l'envers dans ce Dictionnaire, ce que nous nommions l'anus étant certainement la bouche. D'après cela il est évident que cet animal a beaucoup de rapports avec la N. *ebranchiata* de Pallas. En effet, celle-ci a ses appendices locomoteurs, les seuls qui existent, pédonculés, cylindriques, courts et bifides : caractères qui existent aussi dans notre L. brillant. Enfin, le nombre des segmens (deux cent soixante-neuf, Pallas) s'éloigne peu de ce qu'il est dans le L. brillant (deux cent trente-cinq ; l'extrémité postérieure manquant), en sorte que ces deux chétopodes sont au moins du même genre. Nous ferons cependant l'observation que Pallas, qui décrit très-bien la forme de la tête de sa N. *ebranchiata*, ne parle nullement des dents de la masse buccale. Peut-être n'a-t-il pas pu pousser son examen assez loin.

Il dit aussi qu'il en existe une espèce voisine dans les mers d'Allemagne.

Quant à la seconde espèce que nous rangons dans ce genre, nous ne la connoissons que sur un échantillon tronqué dans sa partie antérieure, au contraire du précédent. Le segment anal est par conséquent complet. Il offre la singularité d'être plus grand que les trois ou quatre derniers réunis, et d'être pourvu de deux paires d'appendices charnus, espèces de cirrhes mamelonnés, aplatis ; l'inférieure plus longue que la supérieure. Le reste du tronçon a quatre pouces de long et est composé de cent quatre-vingts segmens. Nous ne pouvons même soupçonner ce qu'il peut en manquer ; mais ce qu'il y a de certain, c'est que les appendices sont complétement conformes comme dans la première espèce.

La disposition de son anus rappelle la *nais quadricuspidata* d'Othon Fabricius ; mais tout le reste est presque différent.

Dans le système de classification établi principalement sur l'armature de la bouche, ce genre devroit être placé parmi les néréides multidentées, dont il s'éloigne sous tous les autres rapports.

Cirrhinère, *Cirrhineris.*

Corps médiocrement alongé, prismatique, convexe en dessus, aplati en dessous et sur les côtés, atténué et cependant obtus aux extrémités, composé d'un très-grand nombre d'anneaux très-serrés.

Tête bien distincte, formée d'un seul grand anneau oral, complet, précédé par un segment labial incomplet.

Bouche subantérieure et inférieure.

Appendices similaires, composés de deux rames bien distinctes et distantes.

La supérieure formée d'un pinceau de soies très-courtes et d'un très-long cirrhe filiforme, inséré à sa racine supérieure.

L'inférieure d'un seul pinceau de soies très-courtes, sans cirrhe.

A. *Espèces dont les cirrhes n'existent pas aux premiers segmens du corps et dont le segment anal ressemble tout-à-fait aux autres.* (G. Proboscidea, Lesueur.)

Le C. filigère : *C. filigera*, Les., Mss.; *N. filigera*, atlas de ce Dict., Chétopod.

B. *Espèces dont tous les segmens sont pourvus de cirrhes, et dont le dernier est beaucoup plus grand que les autres, et oliviforme.*

Le C. de Bellevue : *C. Bellavistæ*, de Blainv.

Observ. Nous établissons ce genre sur une singulière espèce de néréide lombriciforme que nous avons observée vivante sur les côtes de l'Océan à la Rochelle. Ses cirrhes étoient dans un mouvement continuel de torsion et d'agitation, absolument comme si chacun d'eux avoit formé un ver distinct. Ils étoient ridés et comme subarticulés. Vus au microscope, ils nous ont paru traversés dans toute leur longueur par une sorte de canal rempli d'un fluide rouge; ce qui peut les faire regarder comme des espèces de branchies. Le corps étoit également traversé, dans toute sa longueur, par un canal de même sorte, mais plus grand. L'extrémité antérieure changeoit beaucoup de forme; la postérieure beaucoup moins. Il n'y avoit certainement sur la première aucune trace d'yeux ni de tentacules.

Nous rapprochons presque avec certitude du C. de Bellevue le chétopode dont M. Lesueur nous a envoyé depuis long-temps de l'Amérique une figure ou mieux un croquis au crayon, sans autre note que le nom de *Proboscidea*, nouveau genre, dont il connoissoit trois espèces dans le même pays. Nous en avons déjà parlé dans notre article NÉRÉIDE, mais nous avons eu tort d'admettre que cet animal devoit avoir une trompe. Cela peut être; mais M. Lesueur n'en dit rien, et nous avons été conduit à cette idée par le nom que M. Lesueur lui a donné, mais que nous interprétons aujourd'hui sans doute plus convenablement, en admettant qu'il l'a tiré de la ressemblance de l'extrémité orale avec la terminaison de la trompe de l'éléphant.

Parmi tous les animaux que nous connoissons dans cette classe, il n'en est aucun qui présente la même combinaison de caractères. En effet le *L. cirrhatus* d'Othon Fabricius, qui offre aussi de longs cirrhes à chaque anneau, en a deux touffes très-remarquables à la tête, et d'ailleurs ses appendices sont bisétés seulement.

CIRRHATULE; Cirrhatulus, de Lamk.

Corps alongé, subcylindrique, aplati en dessous, obtus aux extrémités, composé d'articulations assez nombreuses et fort courtes.

Tête de trois segmens, l'antérieur plus étroit et plus long que les deux autres réunis.

Segment anal fort gros.

Bouche petite sous le premier anneau, avec un opercule arrondi.

Anus à l'extrémité du segment anal.

Appendices. •

Branchies sur les deux anneaux céphaliques postérieurs seulement, et composées d'un grand nombre de cirrhes filiformes, très-longs, fasciculés et dirigés en avant.

Pieds biramés, composés; la rame dorsale d'un très-long cirrhe supérieur et d'une soie courte non rétractile; l'inférieure d'une seule soie.

Esp. Le Cirrhatule boréal : *C. borealis*, Lamk.; *Lumbricus cirrhatus*, Linn., Gmel., p. 3086, n.° 15; d'après Oth. Fabr.; *Faun. Groenl.*, p. 281, n.° 266, fig. *A, B, C;* cop. Enc. méth., pl. 34, fig. 10, 11 et 12, et atlas du Dict. des sc. nat.

Le C. brunatre; *C. fuscescens*, G. Johnston, *Edimb. philos. Journ. Thompson*, vol. 13, p. 218.

Le C. jaunatre, *id.*, *ibid.*

Observ. M. de Lamarck a établi ce genre d'après la bonne description et la figure passable faites par Oth. Fabricius sur des individus (et il a soin d'en avertir) nombreux et en parfait état de conservation. Notre caractéristique repose sur les mêmes bases. Nous devons cependant faire remarquer, que dans les deux espèces définies par M. Johnston, et que, d'après lui, j'insérai dans ce genre, les filamens branchiaux sont attachés non plus aux deux segmens postérieurs de la tête, mais aux troisième et quatrième, les deux antérieurs n'ayant aucun appendice. Il ajoute qu'il y a deux rangs de pieds papilleux, avec un petit nombre de soies courtes, au moins en partie rétractiles, en sorte qu'il se pourroit que ce ne fussent pas de véritables cirrhatules, ou du moins qu'ils méritassent d'être compris dans une section particulière.

Othon Fabricius dit de la sienne qu'elle vit dans le sable marin sous et entre les pierres.

Pour les personnes qui ont établi leur classification des chétopodes sur les organes de la respiration, ce genre devroit passer parmi les sabulaires.

NAÏNÈRE, *Naineris.*

Corps alongé, un peu convexe en dessus, subcanaliculé en dessous, atténué aux extrémités, mais surtout à la postérieure, polyméré.

Bouche à la partie supérieure? d'un anneau labial, atténué.

Anus béant, subtétragone, pourvu de deux paires de cirrhes courts, les inférieurs plus que les supérieurs.

Pieds nuls aux quatre premiers segmens, presque abdominaux aux autres, et composés d'un mamelon charnu, divisé en deux parties : l'externe, plus petite, armée d'une soie ; l'interne, plus grosse, de trois, d'un cirrhe mou, fléchi en arrière et assez rapproché de la ligne médiane.

Espèce. NAÏNÈRE QUADRICUSPIDE : *N. quadricuspida; Nais quadricuspida*, Linn., Gmel., p. 3122, n.° 10; d'après Oth. Fabr.,
loc. cit., p. 315, n.° 295.

Observ. Nous ne connoissons l'animal dont nous avons fait
ce genre, que d'après la description assez complète d'Othon
Fabricius. Nous supposons cependant qu'il a décrit l'animal
sens dessus dessous; car il seroit bien étonnant que les cirrhes
fussent inférieurs. La position de la bouche semble aussi indiquer ce renversement.

ŒNONE; Œnone, Sav.

Corps linéaire, cylindrique, polyméré.

    Tête bilobée, cachée sous le segment suivant.

    Yeux peu distincts, au nombre de deux.

    Bouche pourvue d'une masse buccale subexsertile et armée
        de dents au nombre de quatre paires outre une acces-
        soire à gauche.

Appendices.

    Pieds similaires, uniramés et composés :

        1.° De deux faisceaux inégaux de soies simples ou ter-
        minées par une barbe;

        2.° De deux cirrhes presque égaux, oblongs et obtus.

Espèce. L'Œ. BRILLANTE : *Œ. lucida*, Sav., *loc. cit.*, p. 56;
Égypte, Zool., Annélid., pl. 5, fig. 3. (Mer Rouge.)

Observ. Nous n'avons pas vu l'animal sur lequel M. Savigny a
établi ce genre, qu'il place dans sa famille des eunices, à cause
de la complication de son appareil dentaire, tout en conve-
nant que les tentacules sont comme nuls, ce qui veut dire très-
probablement qu'il n'y en a pas; que les yeux sont peu ap-
parens, et qu'il n'y a pas de branchies : c'est ce qui nous a porté
à penser que ce genre ne différoit pas beaucoup de notre lombrinère. Nous avons été confirmés dans cette opinion en voyant
que M. Savigny rapporte à son genre Œnone la *N. abranchiata*
de Pallas, qui bien certainement diffère très-peu de notre lombrinère brillante.

M. Risso parle d'un chétopode qu'il rapporte à ce genre,

sous le nom d'*Œnone lithophaga*; mais la manière dont il a caractérisé le genre et l'espèce, ne nous permet pas de pouvoir même soupçonner ce que cela peut être.

Scolétome, *Scoletoma*.

Corps cylindrique, atténué aux deux extrémités, composé d'un très-grand nombre d'anneaux distincts, fragiles.

Tête composée d'un seul anneau labial, liguliforme, convexe en dessus, concave en dessous.

Bouche un peu rugueuse et pourvue d'une paire de petits barbillons charnus, palpiformes.

Appendices similaires, si ce n'est aux deux premières articulations, qui en sont dépourvues, et composés d'un seul faisceau de soies, avec une papille charnue, bifide au-dessous.

Espèce. Le S. FRAGILE : *S. fragilis* ; *Lumb. fragilis*, Linn., Gmel., p. 3086, n.° 23; d'après Mull., *Zool. Dan.*, 1, p. 73, tab. 22, fig. 1 — 3; cop. Enc. méth., pl. 57, fig. 15, et atl. de ce Dict.

Observ. Nous ne croyons pas avoir vu le chétopode sur lequel ce genre est établi. Il se pourroit cependant que ce fût une de nos deux espèces de lombrinère. Le nombre des anneaux est néanmoins bien moins considérable dans celles-ci que dans le *S. fragilis*, et d'ailleurs nous n'avons pas remarqué qu'aucune des deux méritât le nom de fragile.

Scolélèpe, *Scolelepis*.

Corps alongé, cylindrique, atténué aux extrémités, mais surtout à la postérieure, très-fine et presque subulée.

Tête réduite à un seul anneau labial, subtriangulaire.

Bouche inférieure.

Appendices.

Pieds en général assez complexes et formés d'un faisceau flabelliforme de soies, avec un cirrhe filamenteux à sa racine supérieure, et un cirrhe squamoïde, large et pellucide en dessous.

Espèce. Le S. ÉCAILLEUX : *S. squamosa* ; *Lumbr. squamosus*, *Zool. Dan.*, tom. 4, p. 155.

Observ. Il est évident, comme l'a fait justement observer

M. Savigny, que l'animal sur lequel ce genre est établi, et dont malheureusement nous ne connoissons que la description et la figure de Muller, l'une et l'autre incomplètes, ne peut appartenir au genre des Lombrics, ni à la même famille. Il vit cependant dans le sable à leur manière.

SCOLOPLE, *Scoloplos.*

Corps alongé, cylindrique, atténué aux extrémités, et composé d'un grand nombre d'articulations.

Bouche et *anus* terminaux à l'extrémité de segmens non modifiés.

Appendices dissemblables.

Ceux des dix-sept premiers formés probablement de deux soies épineuses de chaque côté, les autres composés :

1.° D'une sorte de renflement costiforme, proéminent et terminé inférieurement par une verrue bifide;

2.° D'une soie simple et courte;

3.° D'une lamelle lancéolée et arquée.

Espèce. Le S. ARMÉ : *S. armiger; Lumbr. armiger,* Linn., Gmel., p. 3086, n.° 14; d'après Mull., *Zool. Dan.;* 1, p. 73, n.° 29, tab. 22, fig. 4 et 5.

Observ. C'est encore un genre établi sur un animal des mers du Nord et que nous ne connoissons que par ce qu'en a dit Muller.

Fam. V. LOMBRICINÉS, *Lumbricina.*

Corps alongé, tout-à-fait vermiforme, cylindrique, atténué aux deux extrémités, composé d'un grand nombre d'articulations.

Tête non distincte.

Bouche et *anus* entièrement terminaux.

Appendices similaires, formés seulement de soies ou de crochets.

Observ. Cette petite famille est aisément caractérisée par l'observation que les appendices ne sont plus composés que de soies simples et jamais de cirrhes, de quelque espèce que ce soit.

La distinction des genres porte sur le nombre de ces soies.

SIPHOSTOME; *Siphostoma*, Otto.

Corps alongé, cylindrique, obtus aux deux extrémités, s'atténuant un peu en arrière et composé d'un assez petit nombre de segmens peu marqués.

Tête non distincte ou formée par un simple segment labial.

Bouche subterminale, inférieure, longitudinale, au milieu de deux masses latérales de barbelles très-fines, recouvertes en dehors par deux amas de soies sur un seul rang et dirigées en avant.

Anus entièrement terminal.

Un grand orifice accompagné d'une paire de barbillons palpiformes dans la ligne ventrale, un peu en arrière de la bouche.

Appendices ou pieds biramés, chaque rame composée d'une seule soie.

Espèce. Le S. DIPLOCHAISE : *S. diplochaites*, Otto, *Dissert.*, tab. 2 ; cop. dans l'atlas du Dict.

Observ. Ce genre ne nous est pas connu en nature, mais seulement d'après la description et la figure complètes que M. le docteur Otto en a publiées. Nous avons cru cependant devoir changer quelque chose à la caractéristique qu'il en a donnée, ne pouvant concevoir comme un animal pair auroit deux bouches, l'une sur l'autre et conduisant dans le même canal intestinal. Ce seroit donc une disposition semblable, jusqu'à un certain point, à ce qui existe dans les ostéozoaires aériens. Nous avons préféré regarder l'un des orifices antérieurs comme la terminaison de l'appareil de la génération, et nous supposons que ce doit être plutôt le postérieur, par analogie avec ce qui existe dans les sangsues. On pourroit cependant également admettre que cet orifice est réellement la bouche, et que l'antérieur n'est qu'une sorte de ventouse, non percée dans son fond. M. Otto dit néanmoins le contraire.

Quoi qu'il en soit, cet animal est toujours fort remarquable. Il a été observé sur les côtes de Naples.

LOMBRIC; *Lumbricus*, Linn.

Corps en général alongé, cylindrique, composé d'un assez

grand nombre d'anneaux assez peu distincts, plus atténué en avant qu'en arrière, où il est un peu déprimé et spatulé.

Bouche subterminale entre les deux anneaux labiaux, dont l'antérieur, assez avancé, est plus ou moins canaliculé en dessous.

Anus terminal et en fente verticale.

Appendices formés par des soies en nombre un peu variable, mais toujours partagées en deux rames très-distinctes.

A. *Espèces dont les soies sont longues et au nombre de neuf pour chaque anneau : une médio-dorsale, deux paires latérales et deux ventrales.* (HYPOGÆON, Sav.)

Le LOMBRIC HÉRISSÉ : L. *hirtus;* H. *hirtina,* Sav., *loc. cit.,* p. 104. (Amérique septentrionale.)

B. *Espèces dont les soies, courtes, en crochets, sont au nombre de huit, ou de quatre paires seulement.* (ENTERION, Sav.)

Le L. TERRESTRE; L. *terrestris,* Linn., Gmel., p. 3083, n.° 1.

C. *Espèces dont les soies, courtes, sont au nombre de six, ou de trois paires à chaque anneau.*

Le L. VARIÉ : L. *variegatus,* Linn., Gmel., p. 3084, n.° 4; Bonnet, Vers d'eau douce, tab. 1, fig. 1 — 5.

D. *Espèces dont les soies, courtes, sont au nombre de quatre, ou deux paires à chaque anneau.*

Le L. CILIÉ : L. *ciliatus,* Linn., Gmel., pag. 3085, n.° 7; d'après Mull., *Hist. verm.,* t. 1, p. 30.

E. *Espèces dont les soies, courtes, ne sont qu'au nombre de deux à chaque anneau, une de chaque côté.* (G. CLITELLIO, Sav.)

Le L. DES SABLES : L. *arenarius,* Oth. Fabr., *Faun. Groenl.,* page 280, n.° 264.

Le L. MENU ; L. *minutus,* id., *ibid.,* n.° 265, fig. 4.

Le L. VERMICULAIRE ; L. *vermicularis,* id., *ibid.,* n.° 259.

F. *Espèces dont le nombre des soies n'est pas connu.*

Le L. LINÉÉ : L. *lineatus,* Linn., Gmel., page 3085, n.° 6; d'après Muller, *Von den Würm.,* p. 110, tab. 13, fig. 4 et 5.

Le Lombric des rives; L. *rivalis*, Oth. Fabr., *loc. cit.*, pag. 278, n.° 260.

Observ. Nous n'avons pas fait entrer dans la caractéristique de ce genre le renflement en forme de bât ou demi-ceinture supérieure, qui se remarque dans les lombrics vers le tiers antérieur du corps, parce que cette particularité n'existe que dans les individus adultes et à l'époque des amours. La position et le nombre des anneaux qui le constituent, n'en doivent pas moins fournir de bons caractères spécifiques.

De toutes ces espéces de lombrics nous n'avons encore eu l'occasion d'observer que le lombric terrestre. Nous avons lu quelque part que M. Savigny étoit parvenu à distinguer plus de vingt espéces seulement dans les environs de Paris. Nous sommes bien loin d'avoir été aussi heureux. Ce que nous pouvons assurer, parce que nous nous en sommes occupé plusieurs fois, c'est que le L. terrestre offre une quantité presque incroyable de variétés, sous le rapport du nombre des articulations du corps, au-delà du bât ou de la demi-ceinture, et sous celui de la longueur et de la grosseur, ce qui tient sans doute, comme pour les néréides, à la faculté qu'ont les individus de repousser la partie qui leur a été enlevée. Nous nous bornerons à noter qu'Othon Fabricius dit, qu'en Norwége il a observé des lombrics qui avoient un pied de long sur une grosseur d'une plume de cygne, en sorte qu'il voyoit fort bien à l'œil nu les sillons qui séparent les anneaux, ainsi que les soies. Il a compté cent quarante-trois articulations, trente-un avant la ceinture, six pour celle-ci, cent-six pour le reste du corps. Mais ce qu'il est important d'ajouter, c'est qu'outre la verrue de couleur pâle, avec une fente verticale, qu'on remarque dans le quinzième anneau, il en a observé deux plus petites aux vingt-cinquième et vingt-sixième, au-devant desquelles, dans le vingt-quatrième, pendoit un petit appendice mou, dirigé en avant, semblable à la membrane de l'albumine de l'œuf, et dont on pouvoit faire sortir par la pression une humeur cristalline : c'est probablement le même orifice qu'a observé Montègre, et que nous n'avons encore pu réussir à voir nous-même, tandis que nous avons très-bien vu trois paires d'espéces de ventouses sous les anneaux du bât, et dont cet auteur ne parle pas.

Nous ne croyons pas que les différences dans le nombre des soies, des pieds, puissent suffire pour admettre les genres *Hypogœon* et *Clitellio*, établis par M. Savigny, ou bien il auroit fallu en former autant que de sections où ces différences sont tranchées.

A plus forte raison n'ayons-nous pas cru devoir admettre le changement de nom du genre Lombric en celui d'*Enterion*, proposé également par M. Savigny.

TUBIFEX; Tubifex, de Lamk.

Corps assez alongé, cylindrique, filiforme, obtus aux deux extrémités, composé d'un assez petit nombre d'anneaux, sans renflement annulaire.

Bouche et anus exactement terminaux.

Appendices formés de deux soies simples et courtes, non rétractiles, de chaque côté.

Tube incomplet, vaseux.

Esp. Le TUBIFEX DES RUISSEAUX : *T. rivulorum* ; *Lumb. tubifex*, Linn., Gmel., p. 3084, n.° 5, d'après Muller, *Hist. verm.*, 1, 2, page 27, n.° 160; *Zool. Dan.*, 3, page 4, tab. 84, fig. 1—3, cop. de l'Enc. méth., pl. 34, fig. 4.

De l'Europe.

Le T. MARIN : *T. marinus*, Lamk., *L. tubicola*, Linn., Gmel., page 3085, n.° 8, d'après Muller, *Zool. Dan.*, 3, page 37, tab. 75, cop. de l'Enc. méth., pl. 55, fig. 1 et 2.

Des mers de Norwége.

Le T. SABELLAIRE : *T. sabellaris*, Linn., Gmel., p. 3086, n.° 16, d'après Muller, *Zool. Dan.*, 3, page 37, tab. 104, fig. 5.

Des mers de Norwége.

Observ. Ce genre, que Gmelin avoit indiqué dans une note au *Lumb. sabellaris*, paroit ne différer réellement des lombrics que par l'absence de ceinture, caractère bien peu important.

La dernière espèce s'éloigne réellement assez des autres par le petit nombre de ses articulations et par leur grande longueur.

NAïS; Nais, Linn.

Corps assez long, linéaire, composé d'un nombre médiocre d'articulations, en général assez peu distinctes.

Bouche et anus terminaux.

Appendices composés de soies courtes ou longues, rarement au-dessus d'une de chaque côté.

A. *Cinq à six soies à chaque pied.*

La Naïs vermiculaire : *N. vermicularis*, Linn., Gmel., page 3120, n.° 1, d'après Muller, *Von den Würm.*, tab. 4, fig. 1 et 2.

B. *Quatre soies à chaque pied.*

La N. barbue; *N. barbata*, Linn., Gmel., pag. 3122, n.° 6.

C. *Trois soies à chaque pied.*

La N. serpentine ; *N. serpentina*, Linn., Gmel., page 3121, n.° 2.

D. *Une soie à chaque pied.*

La N. élingue : *N. elinguis*, Linn., Gmel., p. 3121, n.° 4, d'après Muller, *Von den Würm.*, p. 74, tab. 2, fig. 1 — 4.

La N. littorale : *N. littoralis*, Linn., Gmel., p. 3122, n.° 8, d'après Muller, *Zool. Dan.*, 2, tab. 80, fig. 1 — 8.

E. *Une soie à chaque pied; une trompe à la bouche.* (G. Stylaria, Lamarck.)

La N. proboscidale : *N. proboscidea*, Linn., Gmel., p. 3121, n.° 5, d'après Muller, *Von den Würm.*, p. 14, t. 1, fig. 1 — 4, cop. de l'Enc. méth., pl. 53, fig. 6, 7, 8.

La N. marine; *N. marina*, Oth. Fabr., *loc. cit.*, page 345, n.° 295.

F. *Une soie à chaque pied; l'extrémité postérieure laciniée.*
(G. Proto, Oken.)

La N. digitée : *N. digitata*, Linn., Gmel., p. 3121, n.° 5, d'après Muller, *Von den Würm.*, page 90, tab. 5, fig. 1 — 4.

Observ. Nous avons observé deux ou trois espèces de ce genre ; mais encore d'une manière assez incomplète. En général, toutes celles qui le constituent sont encore assez mal distinguées, et elles auront besoin d'être étudiées de nouveau.

Nous ne serions pas étonnés quand le caractère de la digitation de l'extrémité postérieure du corps dans la naïs, qui constitue le genre Proto, ne fut qu'accidentelle et due à la réintégration d'une partie détruite.

Le genre Chœtogaster de M. Baer nous paroît aussi n'être qu'une naïs tronquée. Voyez *Nov. act. Cur.*, tom. 13, part. 2.

Fam. VI. Les Échiurides, *Echiuridea.*

Corps assez court, cylindrique, subsacciforme, composé d'un assez petit nombre d'articulations peu sensibles.

Bouche et anus terminaux.

Appendices formés par des soies rétractiles, disposés par paires sur quelques anneaux seulement.

Observ. D'après ce que nous savons de l'organisation de ces animaux, il est certain que c'est dans la classe des chétopodes que doivent être rangés les deux seuls genres qui constituent cette famille, quoique tous les anneaux qui composent le corps ne soient pas pourvus d'appendices ; mais le canal intestinal et son mode de terminaison sont, à peu de chose près, comme dans les lombrics.

Thalassème ; *Thalassema*, Gærtner.

Corps assez peu alongé, cylindrique, obtus et un peu renflé en arrière, atténué en avant et terminé par un segment labial, développé en une sorte de trompe foliacée et concave en dessous.

Bouche à la racine postérieure de la lèvre.

Appendices formés de soies rétractiles, réunies et formant une paire de crochets sous l'extrémité antérieure du corps, réparties en demi-cercles aux deux ou trois derniers segmens, de manière à former des cercles plus ou moins complets autour de l'anus.

Esp. La Thalassème échiure : *T. echiurus*; *Lumbricus echiurus*, Linn., Gmel., p. 3085, n.° 9, d'après Pallas, *Miscellan. zool.*, page 146, tab. 11, fig. 1 — 6, et *Spicil. zool.*, 10, page 3, tab. 1, fig. 3 — 5.

Observ. Ce genre, établi sur un animal fort commun dans le sable sur les côtes de l'océan et de la Manche, ne contient encore qu'une espèce ; car il est plus que probable que le *lumbricus thalassema* de Pallas ou le *thalassema Neptuni* de Gærtner n'est qu'un individu du T. échiure, dont les soies étoient rentrées, ou chez lequel elles étoient peut-être tombées, ou enfin, que cet individu étoit jeune; car M. Savigny a fait l'observation que les jeunes n'ont pas de soies postérieures.

Il est à remarquer que Gmelin, pour son *L. thalassema*, cite d'abord la figure de Pallas, *Miscell. zool.*, page 147, tab. 11, fig. 9, qui appartient à un véritable siponcle. Quant à la seconde citation du même Gmelin, elle est juste.

Nous devons également faire observer que c'est tout-à-fait à tort que M. Ranzani, dans son Mémoire sur une nouvelle espèce de thalassème, a dit que ce genre, tel qu'il est actuellement adopté par M. Cuvier, est tout différent de celui que Gærtner avoit proposé sous ce nom. En effet, l'animal dont Gærtner avoit envoyé la description et la figure à Pallas sous le nom de *T. Neptuni*, est indubitablement du même genre et presque certainement, comme il a été dit plus haut, de la même espèce que celui que Pallas avoit nommé *lumbricus echiurus*, type du genre *Thalassema* des zoologistes modernes. M. de Lamarck lui a donné, on ne sait trop pourquoi, le nom de *T. rupium*, quoiqu'il vive dans le sable; mais peu importe, c'est toujours le *L. echiurus*, dont il a parlé. Quant au *thalassema edulis* de M. Bosc, c'est un vrai siponcle, *lumbricus edulis* de Pallas.

STERNASPE; *Sternaspis*, Otto.

Corps assez peu alongé, obtus et arrondi en arrière, terminé en avant par une partie brusquement plus étroite et proboscidiforme, composé d'un assez petit nombre d'anneaux peu ou point distincts en dessous.

Bouche et anus terminaux.

Appendices dissemblables.

Une paire de tubercules semi-lunaires poreux, à la racine dorsale de la partie proboscidale.

Une paire de squames, formant par leur réunion une sorte de bouclier, garni de pinceaux de soies sur les bords antérieur et latéraux, situé sous la partie antérieure.

Trois paires de séries semi-lunaires de soies roides sur les côtés des trois derniers anneaux.

Une paire de mamelons perforés vers le tiers postérieur pour la terminaison de l'appareil génital.

Esp. Le Sternaspe thalassémoïde : *S. thalassemoides*, Otto, *Mem.*, pl. 1, fig. 1 — 5 ; *Echinorhynchus scutatus*, Renieri, *Catalog., Schreberus Bremseri*, id., *Catalog. Vienn.; Thalassema scutatum*, Ranzani, *Mem.*

Observ. L'animal qui constitue ce genre, et que nous n'avons pas vu, a en effet beaucoup de rapports avec le thalassème, comme l'avoit très-bien senti M. Ranzani, quoiqu'il se soit évidemment trompé en prenant la bouche pour l'anus, et *vice versa.*

Il se trouve dans la mer Adriatique, et déjà depuis long-temps il avoit été figuré par Bianchi. (*Janus Plancus*), dans son *Append.*, 2, chap. 20, pag. 110, tab. 5, lett. *D* et *E*, sous le nom de *mentula cucurbitacea marina*, mais encore à l'envers.

M. Otto, en redressant cette erreur, en a donné une bonne description extérieure et intérieure avec d'excellentes figures coloriées que nous avons fait copier dans l'atlas.

VERS INTESTINAUX.

Par la même raison qu'à l'article *Vers à sang rouge*, nous avons traité d'une manière générale des entomozoaires chétopodes, nous allons ici exposer les généralités qui concernent la classe des apodes du même type des entomozoaires, parce que les animaux que l'on désigne depuis long-temps sous le nom de *vers intestinaux, vers intérieurs, entozoaires*, en constituent la plus grande partie. En effet, dans notre système de classification, le séjour ou l'habitation d'un animal ne peut en aucune manière fournir un caractère important de disposition systématique, mais seulement l'ensemble de son organisation traduit par des considérations tirées de quelque organe plus ou moins extérieur. Cependant il ne sera pas déplacé d'envisager plus spécialement ici les vers intestinaux, après quoi nous en exposerons le système général, comme nous l'avons fait pour les chétopodes.

L'étude des vers entièrement apodes, qui n'ont aucune trace d'appendices servant à la locomotion, n'a été un peu suivie que depuis le milieu du dernier siècle, et plus spécialement celle des espèces qui vivent constamment dans l'intérieur d'autres animaux , par suite d'un prix proposé par l'Académie royale des sciences de Copenhague.

Les anciens, comme nous l'avons montré en parlant des vers en général , avoient à peine observé des vers ronds et des vers plats, et presque uniquement sous le rapport médical, par conséquent ceux de l'espèce humaine; et encore se sont-ils bornés à les nommer sans en donner aucune description extérieure.

Nous avons vu que le peu d'auteurs qui se sont occupés de l'histoire de la distinction des animaux avant la renaissance des lettres. n'ont pas avancé beaucoup nos connoissances à ce sujet, puisque Isidore de Séville, Albert-le-Grand, Belon et Rondelet, n'ont rien ajouté à ce que les anciens nous avoient laissé.

Aussi Gesner et Aldrovande , qui réunirent avec tant de patience et souvent de sagacité, tout ce qui avoit été dit par leurs prédécesseurs , l'un sous la forme alphabétique. l'autre sous une forme systématique, ne recueillirent non plus rien de nouveau sur les vers, ni spécialement sur les vers intestinaux.

Ce n'est qu'à la fin du dix-septième siècle que nous voyons naître l'helminthologie, et c'est en Italie que cette naissance eut lieu, comme presque toutes les autres parties des connoissances humaines. C'est en effet à ce pays qu'appartiennent Redi, Malpighi et Vallisnieri.

Redi, le premier, fut nécessairement conduit à augmenter beaucoup le nombre des vers intestinaux et à les étudier d'une manière un peu satisfaisante, dans son ouvrage célèbre sur les Animaux vivant dans les animaux vivans. Malheureusement les figures données par cet auteur, souvent trop grossières, et ses descriptions , rarement complètes, n'ont pas permis de tirer tout le parti convenable de ses recherches, d'autant plus que le siége principal de l'étude des entomozoaires ayant passé dans le Nord, on n'a pu établir de comparaison. Mais d'après ce qu'en dit la personne qui s'est le plus occupée de cette partie de la zoologie, M. Rudolphi, il paroît que beaucoup de vers observés par Redi devront former des genres particuliers. Cependant l'auteur italien n'a sans doute examiné que les espèces que leur grosseur permettoit d'observer à la vue simple. Qu'auroit-ce été, s'il avoit employé à ses recherches le microscope composé ou même simple, comme le fit peu de temps après Leuwenhoeck, qui du reste paroît n'avoir aperçu que par hasard une fasciole des ténias, la ligule et un échinorhynque.

Malphigi, d'après le peu qui est consacré aux vers intestinaux dans ses ouvrages posthumes, paroît n'avoir connu que la fasciole hépatique et une partie des ténias; mais ses figures sont extrêmement fautives et mauvaises.

Cependant l'impulsion donnée par Redi dans l'étude de ce qu'on nomme la *génération spontanée des insectes*, dut porter de bonne heure les médecins à chercher comment on pouvoit concevoir la génération des vers intestinaux dans le corps de l'homme. C'est en effet ce qui fait le principal sujet du Traité de Nicolas Andry. qui eut assez de succès pour avoir trois éditions. Il ne le méritoit cependant guère, surtout si l'on considère la partie purement zoologique. Cet auteur eut néanmoins, le premier, l'idée de distinguer les deux espèces de ténia de l'homme, le *T. lata* et le *T. solium* : il vit aussi, le premier, les quatre suçoirs de la tête de celui-ci, qu'il prit malheureusement pour des yeux. Il aperçut les œufs de ce même ver; mais il crut que c'étoient les germes des vers cucurbitains, qu'on ignoroit alors être des articles détachés du *T. solium*, opinion que réfuta peu de temps après Lémery, dans une lettre sur la génération des vers, imprimée à la suite de sa Dissertation sur la nourriture des os.

Vallisnieri prit aussi part à la discussion sur la génération des vers dans le corps humain. Il démontra qu'ils ne viennent pas d'œufs d'insectes, mais qu'ils forment un genre particulier d'animaux ne pouvant vivre que dans les autres animaux, et produisant des œufs que les mères transmettent à leurs enfans. Il réfuta un grand nombre d'erreurs admises avant lui; mais il en introduisit plusieurs nouvelles : ainsi il admit que les ténias sont composés d'animaux enchaînés. Il crut trouver dans l'ascaride lombricoïde un cœur, des vaisseaux, des trachées; il connut assez bien les organes de la génération dans la femelle : du reste, pensant que ces animaux sont hermaphrodites, il figura l'appareil mâle d'après Redi, et crut, comme celui-ci, que c'étoit une espèce distincte.

Il reconnut très-bien que le ver du rein, ou le strongle géant, diffère des autres vers lombricoïdes.

Peu de temps après, Daniel le Clerc, voulant aussi prendre part à la discussion, compila dans les auteurs de toutes les nations, médecins ou naturalistes, qui l'avoient précédé, toutes les figures qu'il put trouver de vers ténioïdes et lombricoïdes de l'homme et des animaux, et tout ce qu'ils en avoient dit de plus ou moins avéré; mais il y ajouta peu de chose de ses propres observations, si ce n'est peut-être dans la Pratique médicale, dont nous ne devons pas parler ici.

Le célèbre anatomiste Ruysch publia aussi quelques observations sur la question traitée par Andry, et il adopta sa manière de voir; mais il fit mieux, en observant plusieurs espèces de vers, dont une seule peut-être, le strongle du cheval, n'avoit pas encore été reconnue.

Dans l'intervalle qui sépare la terminaison de cette discussion, qui contribua nécessairement un peu à l'avancement de l'histoire des vers intestinaux, jusqu'au moment où Linné commença à les disposer dans son *Systema naturæ*, nous trouvons peu de nouvelles acquisitions, du moins qui soient de quelque importance.

C'est dans cet ouvrage qu'ils furent, pour la première fois, réunis dans un ordre distinct, le premier de la classe des vers, sous le nom de *Reptilia*; et ce qu'il y a de remarquable, c'est que les genres, qui ne sont qu'au nombre de six, *Gordius*, *Ascaris*, *Lumbricus*, *Tænia*, *Fasciola* et *Hirudo*, sont fort bien groupés, et mieux dans les six premières éditions, jusqu'en 1748, que dans les suivantes; et ce qui doit être soigneusement observé, c'est que Linné n'avoit d'abord eu aucun égard au séjour.

Cette dénomination de *reptiles*, donnée aux vers par Linné, aura sans doute déterminé Klein, plusieurs années après, à parler de ces animaux avec les serpens, dans son Essai d'erpétologie, qui du reste ne contient rien de neuf, et même dans lequel se trouvent encore des erreurs déjà réfutées.

Cependant plusieurs observateurs commencèrent, à cette époque, en Angleterre et surtout en Allemagne, à augmenter le nombre des vers connus. C'est ainsi que Frank Nicholl, dans le premier pays, publia, dans les Transactions philosophiques, une histoire des vers dans le corps animal, dans laquelle il parle de la ligule, du distome du foie et d'ascarides des bronches dans les veaux. Mais Frisch, dans plusieurs Dissertations des Mélanges de Berlin, augmenta encore davantage le nombre des vers connus, puisqu'il paroît avoir observé nonseulement des ténias dans les poissons, dans les oiseaux, mais encore des filaires, des ligules, le cysticerque cellulaire et même le ver connu aujourd'hui sous le nom de *tricuspidaire* : malheureusement il eut encore des idées tout-à-fait fausses sur la génération de ces animaux, pensant, par exemple, que les ténias proviennent de fragmens d'ascaride étendus après la mort, et que ceux-ci ne sont, pour ainsi dire, que des larves de ténias. C'est à lui toutefois que nous devons les premières expériences pour essayer de faire vivre des entozoaires dans l'eau.

Peu de temps après, la question des animaux vivant dans les animaux vivans fut traitée par un des maîtres de la science, dans sa Dissertation inaugurale, soutenue à Leyde en 1760. C'étoit l'un des premiers pas que Pallas faisoit dans la zoologie; mais il faisoit déjà prévoir les avantages qu'elle retireroit de ses travaux ultérieurs. En effet, dans cet ouvrage, étudiant la matière à fond, il commence par critiquer la manière dont Linné a formé sa classe des vers, qu'il regarde comme tout-à-fait artificielle et distinguée presque seulement par des caractères négatifs; scrutant ensuite chacun des genres de cette classe, il en traite avec tous les détails et toute la profondeur convenables. Il parle successivement des genres *Furia*, établi d'après l'assertion de Linné; *Gordius*, ne contenant que le dragonneau; *Ascaris*, pour l'oxyure des naturalistes modernes; *Lumbricus intestinalis*, pour l'ascaride lombricoïde; *Fasciola*, pour la douve du foie et la fasciole du poumon des grenouilles; *Tænia*, pour six espèces, parmi lesquelles il compte les hydatides, et enfin *Hœrucula*, pour une espèce qui entre maintenant dans le genre *Echinorhynchus*.

Sa dissertation est enfin terminée par un chapitre très-savant sur l'origine des vers, et spécialement des ténias et des ascarides, dans les intestins; mais dans lequel, après avoir analysé d'une manière claire les différentes opinions qui ont été émises à ce sujet, il ne prend parti ni pour l'une ni pour l'autre.

Nous passons sous silence les dissertations plus ou moins insignifiantes qui furent publiées jusqu'à l'époque où commencèrent à écrire les observateurs allemands.

Le premier qui se présente est Othon - Fréderic Muller , auquel la science des animaux aquatiques , et même des plus petits, doit presque encore tous les faits qui la constituent aujourd'hui. Son premier ouvrage parut en 1773. Il ne contient cependant qu'assez peu de chose sur les vers proprement dits , et surtout sur les vers intestinaux. Il y réunit les fascioles (*distoma*) aux planaires.

C'est à cette époque aussi à peu près que parut la première édition du Manuel d'histoire naturelle de M. Blumenbach, le doyen actuel des zoologistes , et dans lequel ce savant illustre suivit à peu près les idées de Pallas.

Bloch , qui depuis est devenu célèbre en ichthyologie , est un des helminthologistes auquel la science doit le plus de progrès. Il établit d'abord une division en vers larges et en vers ronds. Dans la première il place les anciens genres *Tœnia* et *Fasciola* , avec le nouveau, qu'il nomme *Ligula ;* dans la seconde il place les hydatides sous le nom de *Vermis vesicularis* , et les genres anciens *Echinorhynchus* , *Ascaris intestinalis* et *Gordius* , avec les nouveaux, qu'il nomme *Trichiuris* , *Caryophyllus* , *Cucullanus* et *Chaos* , et qui ont été adoptés depuis, si ce n'est ce dernier.

Mais Goëtze, dans son Histoire naturelle des vers vivant dans le corps des autres animaux, avança encore beaucoup plus l'helminthologie que Bloch. Nul autre n'a décrit et défini un plus grand nombre d'espèces nouvelles et n'a donné plus d'observations. Cependant c'est à lui que l'on doit l'invention de l'instrument de pression pour mieux observer la tête ou les différentes parties du corps au microscope, et ce moyen, en effet, l'a souvent induit en erreur, de manière que ses figures, en général exactes et fort bonnes, sont aussi quelquefois fautives, parce qu'elles représentent l'animal déformé. Ces figures ont cependant été copiées à peu près partout , et surtout dans l'Encyclopédie méthodique.

La disposition systématique qu'il adopta, ne consista pres-

que qu'à ajouter les genres *Trichocephalus* , *Strongylus* et
Pseudo-echinorhyncus, qui n'a pas été adopté.

Un autre ouvrage qui parut aussi à la même époque, parce
qu'il concourut également pour le prix de Copenhague, est
celui de Werner, qui depuis a été un peu augmenté et perfectionné par Fischer, dans son Commentaire. Mais il paroît
que Werner s'occupa plus de l'organisation des entozoaires
que de leur distribution méthodique ; aussi M. Rudolphi avoue
que c'est celui avec lequel il s'est le plus souvent rencontré
sur le premier point, et qui ait mieux connu la structure de
ces animaux.

Othon-Fréderic Muller, que nous avons déjà cité, essaya,
le premier, à cette époque, de faire un tableau de concor-
dance des espèces de vers intestinaux avec les animaux dans
lesquels ils vivent, tandis que Retzius faisoit un cours spécial
sur les vers intestinaux, et surtout sur les espèces de l'homme.
On en a publié les leçons, qui paroissent contenir d'assez
bonnes observations, du moins d'après M. Rudolphi.

Enfin, pour clorre d'une manière satisfaisante cette époque
véritablement remarquable pour l'entozoologie, et qui fut
déterminée par la proposition de l'académie de Copenhague,
parut l'ouvrage de Franz von Paula Schrank, dans lequel
l'auteur réunit, le premier, dans un système un peu complet,
toutes les espèces décrites avant lui, en y joignant ses propres
observations. Dans les quatorze genres qu'il admet, et dont
il n'a cependant créé que deux, *Festucaria* et *Alaria*, il décrit cent cinquante-sept espèces, en prenant principalement
pour guide Muller.

Gmelin, dans son édition du *Systema naturæ* de Linné,
n'eut donc presque qu'à copier ce que Schrank venoit de
faire ; et cependant, comme il étoit encore moins au courant
peut-être de cette partie de l'histoire naturelle que de toute
autre, et qu'il vouloit tâcher d'employer tout ce qui avoit
été fait avant lui, il commit un grand nombre d'erreurs de
synonymie, que Zeder et Rudolphi paroissent avoir eu beaucoup de peine à débrouiller.

La compilation que Bruguière entreprenoit à cette époque
en France, sous le titre d'*Helminthologie* dans l'Encyclopédie
méthodique, étoit, il faut l'avouer, une chose assez facile,

après les travaux de Pallas, de Muller, de Bloch, de Goëtze et de Schrank, mais ne devoit avoir aucune utilité immédiate aux progrès de la science; car elle ne contient aucune observation ni figure nouvelle, ni même rien de convenable dans la disposition systématique. Bruguière eut cependant l'idée d'établir le genre *Proboscidea*, qui, quoique contenant quelques espèces hétérogènes, a cependant été adopté sous le nom de Fissule ou de Proboscide.

Nous ne citerons le mémoire de Modeer, qui parut quelque temps après la publication des deux derniers ouvrages dont nous venons de parler, que pour faire observer que cet auteur, dans la disposition de son ordre des *helminthica*, n'eut aucun égard au séjour des animaux, et qu'on y trouve, outre les genres d'entozoaires admis, les Siponcles et les Sangsues.

M. G. Cuvier, dans son Tableau élémentaire de l'histoire naturelle des animaux, fit absolument de même, et réunit d'une manière convenable, nos entomozoaires apodes dans la seconde section de ses vers, en ayant égard à l'absence totale d'épines ou de soies. Les genres sont ceux qui avoient été établis successivement avant lui par les auteurs allemands, et ne contiennent du reste rien de nouveau.

M. de Lamarck n'a donné non plus aucune observation nouvelle dans le sujet qui nous occupe; mais comme sa classe des vers avoit été divisée nettement en deux ordres, en prenant pour première considération le séjour, les vers intestinaux se trouvent seuls constituer le second. Il établit en outre parmi eux trois sections, d'après la considération rigoureuse de la forme du corps, aplati dans la première, vésiculeux dans la seconde, et cylindracé dans la troisième; ce qui l'a conduit à des rapprochemens peu naturels. Du reste il n'établit que deux genres nouveaux, l'un qu'il nomme Fissule, le genre *Cystidicola* de Fischer, et l'autre, *Crino*, pour le strongle armé, mais qui n'ont été ni l'un ni l'autre admis, et la caractéristique de ses genres est extrêmement peu arrêtée.

C'est cependant à la même époque que paroissoit en Allemagne un ouvrage tout-à-fait classique sur les vers intestinaux, et dans lequel l'auteur réunit à la fois les observations publiées et inédites de Goëtze aux siennes propres, et proposa une disposition méthodique plus raisonnée; nous voulons

parler du premier essai sur l'histoire naturelle des vers intestinaux de Goëtze, publié par Zeder en 1800. Il y divise les
entozoaires en cinq classes, *teretes*, *uncinata*, *suctoria*, *tæniæ-
formis* et *vesicularia*, qu'il caractérise d'une manière assez complète. Il admet du reste à peu près les genres établis avant
lui, augmente le nombre des espèces, mais, malheureusement, il en change trop souvent les noms.

C'est aussi très-peu de temps après que M. Rudolphi commença à faire connoître la direction qu'il a suivie avec tant
de succès jusqu'aujourd'hui, dans un premier essai sur les
vers intestinaux, publié en 1801. Il y reprend leur histoire
en sous-œuvre, en traitant successivement de toutes les parties
qui la doivent constituer. Il établit plusieurs genres nouveaux, démembremens des anciens, appuyés sur des espèces
nouvellement découvertes.

Malgré ces nouveaux matériaux, dont la connoissance étoit
à peine arrivée en France, M. Bosc, qui auroit dû, d'après
le titre même de son ouvrage, traiter des vers avec plus de
facilité et d'étendue, prit presque pour ses seuls guides
Gmelin, Bruguière et M. de Lamarck, en sorte que, sauf un
petit nombre d'observations qui lui sont propres et qui sont
malheureusement souvent incomplètes, cet auteur ne servit
que peu à l'avancement réel de l'helminthologie. Il créa
cependant, sous le nom de *tentacularia*, avec l'*echinorhynchus
quadrirostris* de Goëtze, un nouveau genre, qui a dû être et
qui a été en effet adopté sous la dénomination de tétrarhynque.

M. Duméril, par la nature même de son ouvrage, Zoologie analytique, qui n'est qu'une série de tableaux, disposés
de manière à fournir les moyens presque mécaniques pour
arriver à la connoissance des genres, se borna à traduire en
tableaux les ouvrages de MM. Cuvier et de Lamarck. Il ne
les suivit cependant pas en cela, qu'il fit de ses helminthes,
qui correspondent assez bien à nos entomozoaires apodes, le
premier ordre de la classe des zoophytes.

C'est quatre ans après que parut encore en Allemagne
le grand travail de M. Rudolphi sur les vers intestinaux :
ouvrage dans lequel l'auteur se proposa d'en traiter sous tous
les rapports, et dans lequel, en effet, il fait connoître suc-

cessivement sous le nom de *Bibliothèque*, tous les ouvrages qui traitent de quelques-uns de ces animaux.

De l'organisation des vers.

Le nom de ver, que l'on emploie généralement pour désigner les animaux qui constituent la classe des entomozoaires apodes, indique assez que leur corps est presque toujours cylindrique, plus ou moins alongé, atténué aux deux extrémités et d'un diamètre infiniment plus petit que leur longueur. Il y a cependant un assez grand nombre d'espèces dont le corps est cylindrique, comme les sangsues, ou à peu près; d'autres où il est sacciforme, et même un certain nombre ressemblent à des vessies, comme les hydatides, ou à des lames très-déprimées, comme on le voit dans les fascioles, ou dans la plupart des planaires et dans les ligules. Du reste, quelque forme qu'il affecte, il est toujours parfaitement symétrique, comme dans tous les autres animaux binaires, et le plus souvent on peut distinguer la face dorsale de la face ventrale par un peu plus de convexité dans celle-là que dans celle-ci.

Il est fort rare, pour ne pas dire davantage, que l'on puisse apprécier dans le corps des vers une distinction de tête, de cou, de ventre et de queue; cependant il arrive quelquefois que l'extrémité antérieure est élargie et se distingue nettement du reste du corps, et alors l'animal est pourvu d'un renflement céphalique, comme on le voit dans les ténias, dans les bothriocéphales, dans les sangsues; mais le plus ordinairement le corps, atténué en avant, se renfle peu à peu pour s'atténuer de nouveau jusqu'à l'extrémité postérieure.

Dans le plus grand nombre des cas on reconnoît aisément que le corps des entomozoaires apodes est composé d'articulations; mais elles sont quelquefois assez peu ou même pas distinctes, par exemple dans les ligules, dans les distomes, les planaires; tandis que dans d'autres genres, comme celui des ténias et des bothriocéphales, les articulations sont tellement séparées qu'elles semblent former une sorte de chaîne, qui se brise avec la plus grande facilité.

Jamais ou presque jamais on n'aperçoit de chaque côté de ces articulations de véritables appendices, à quelque usage qu'ils soient employés. La branchiobdelle est peut-être le seul genre dans lequel on en trouve qui puissent réellement être considérés comme tels; aussi les vers sont-ils aisés à reconnoître par cette grande simplicité dans la forme extérieure.

L'organisation est aussi généralement assez peu compliquée, et souvent, à cause de leur petitesse et surtout de la transparence de tous leurs tissus, on peut s'en assurer à travers les tégumens. C'est particulièrement dans leur jeune âge et quand ils sont vivans que cette transparence, comme gélatineuse, est presque parfaite.

L'enveloppe extérieure ou la peau est presque toujours confondue avec la couche musculaire sousposée, servant à la locomotion.

Le derme n'est par conséquent pas distinct; il est toujours très-mou, d'une nature presque muqueuse, et l'on ne peut distinguer au-dessus de lui aucune autre des parties de la peau, telles qu'on les a analysées dans cette enveloppe des animaux plus élevés; ainsi on ne peut y reconnoître ni papille ni même d'épiderme. Le réseau vasculaire est seulement quelquefois assez développé, et l'on peut y remarquer un pigmentum assez prononcé, du moins dans les espèces qui vivent à l'extérieur, comme les sangsues; car pour toutes celles qui sont parasites dans les cavités intestinales ou dans le parenchyme des animaux, elles sont constamment blanches, à moins qu'elles ne soient remplies de quelque matière colorée qui se laisse apercevoir à cause de la transparence de leur enveloppe extérieure.

Un très-petit nombre d'espèces d'entomozoaires apodes offrent quelques indices d'organes spéciaux de sensation. Il n'y a même que les vers extérieurs, comme les sangsues et les planaires, chez lesquels on ait cru voir des yeux ou des organes de vision dans des points noirs, régulièrement disposés à la partie supérieure des premiers anneaux du corps. Leur position seule a pu faire supposer que ces points pouvoient être des yeux; car leur organisation le dénote encore moins que les mêmes parties dans les néréides.

Il n'est pas même possible de démontrer dans aucun ver proprement dit, extérieur ou intérieur, aucun organe d'odoration ni de gustation. En effet, aucune espèce n'a d'appendice céphalique ou de tentacules antérieurs, et l'on ne trouve ni à la marge de leur canal intestinal, ni même dans la face inférieure de la cavité buccale, de renflement lingual.

L'appareil de la locomotion ne consiste réellement que dans la couche musculaire qui double la peau et l'intestin lui-même. Il y a cependant quelques espèces, comme les sangsues, dans la peau desquelles on a décrit des anneaux solides, mais véritablement à tort. Dans aucun ver il n'y a de partie passive dans l'appareil locomoteur.

On ne peut pas même dire qu'il y ait de véritables muscles chez eux ; mais seulement la couche musculaire est partagée en huit bandes longitudinales par les lignes dorsale, ventrale et latérales, qui sont elles-mêmes composées de fibres qui s'interrompent en se fixant à chaque anneau. Dans les espèces vésiculeuses, ou dont le corps se termine par une vessie, les fibres musculaires s'irradient toutes autour de ses parois.

Puisqu'il n'y a pas d'appendices, il est évident qu'il ne peut y avoir de muscles propres à les mouvoir, on voit seulement quelquefois, comme dans les sangsues proprement dites, quelques faisceaux un peu distincts, qui vont aux replis dentaires.

L'appareil de la nutrition est aussi très-simple dans les vers.

D'abord, quant à celui de la digestion ou au canal intestinal, il est généralement étendu d'une extrémité à l'autre du corps, du moins quand il est complet. D'autres fois il est irrégulier ou ramifié, et enfin, dans un certain nombre d'espèces il est vasculaire, ou même quelquefois complétement nul ou imperceptible.

Dans le cas où il est complet, il s'étend presque directement d'une extrémité à l'autre, mais jamais sans être libre ou distinct, et par conséquent, sans membrane séreuse ou péritonéale. Il est véritablement compris dans le parenchyme celluleux qui constitue la masse du corps.

La bouche, toujours terminale, est presque constamment fort petite et circulaire.

Elle n'est jamais armée de dents proprement dites, soit calcaires, soit cornées ; mais quelquefois on trouve, comme dans les iatrobdelles, des renflemens ou saillies du tissu musculaire contractile, dont les bords sont hérissés de denticules extraordinairement fines.

D'après le défaut d'armature réelle de l'orifice antérieur du canal intestinal des vers, on conçoit qu'il n'existe jamais chez eux de masse buccale distincte.

Il n'y a pas davantage de glandes salivaires.

On peut dire qu'en général il n'y a dans l'étendue du canal intestinal aucune distinction d'œsophage, d'estomac proprement dit, d'intestin grêle et de rectum, comme, par exemple, dans tous les vers intestinaux ; mais chez certaines espèces, comme les ascaridiens et les sangsues, on trouve quelques-unes de ces distinctions, et l'estomac lui-même peut être divisé par des étranglemens en forme de cul-de-sac ou de petits cœcum : ce qui le distingue du reste de l'intestin.

Nous n'avons jamais rencontré d'organes que l'on pût regarder comme un foie et encore moins comme un pancréas. Si le premier existe, ce qui nous paroit peu probable, il est contenu dans les parois mêmes de l'intestin.

La terminaison du canal intestinal, ou l'anus, est toujours médiane et à peu de chose près terminale, comme on le voit dans tous les ascaridiens, dans les hirudinés, dans les porocéphales et les échinorhynques.

Dans le second genre d'appareil digestif, qu'on trouve dans la classe des entomozoaires apodes, il y a encore une bouche terminale, médiane, en forme de suçoir et sans armature ; mais le canal intestinal qui en naît, après s'être prolongé vers le milieu du corps, se perd immédiatement en ramifications vasculariformes, qui vont se rendre dans tout son parenchyme, et alors il n'y a aucune trace d'anus.

Enfin, dans le troisième genre, le système digestif ne commence pas par un seul orifice médian, ou par une véritable bouche ; il n'y a pas même de véritable canal intestinal, mais de deux ou plusieurs pores ou orifices latéraux antérieurs naissent des vaisseaux qui se réunissent à deux troncs latéraux ; ceux-ci se prolongent dans toute la longueur du corps, en s'anastomosant entre eux et en se ramifiant sans doute dans le parenchyme de l'animal ; c'est ce qui a lieu dans les ténias, les bothriocéphales, etc.

Enfin, dans les ligules, qui sont les plus simples des animaux dipleuriens, on ne peut plus reconnoître aucune trace d'intestin, de quelque sorte que ce soit, et par conséquent point de système circulatoire.

L'appareil respiratoire spécial n'existe dans aucun des animaux que nous rangeons dans la classe des entomozoaires apodes, et dans le sous-type des annélidaires. On a regardé comme des branchies, les appendices qui sont de chaque côté de la sangsue de la torpille; mais examinés sur le vivant, nous n'y avons rien reconnu de vasculaire.

L'organe de la respiration chez tous ces animaux est donc essentiellement borné à la peau, et encore n'y a-t-il de véritable respiration que dans quelques familles, où il y a circulation : celle où elle est plus facile à voir et à démontrer, est celle des hirudinés, chez lesquels le sang est aisé à reconnoître, à cause de sa couleur; mais il est certain qu'elle existe aussi dans les ascaridiens, quoique le fluide sanguin soit blanc. En effet, nous regardons depuis long-temps comme des vaisseaux, les deux filamens qu'on remarque, un de chaque côté du corps, sur la ligne latérale.

Il n'y a cependant jamais de cœur dans ces animaux, et à peine peut-on distinguer chez eux le système veineux du système artériel, tant ils sont semblables, et leurs anastomoses considérables et nombreuses.

Quant au sang ou au fluide récrémentitiel, il n'a pu être un peu étudié que dans les hirudinés, où il est abondant et aisé à voir, à cause de sa couleur; mais il n'a offert rien de particulier.

L'appareil de la décomposition ne consiste jamais que dans celui de la génération ; car il n'existe pas d'autres glandes dans aucun genre de ce groupe. Il offre du reste plusieurs genres bien distincts, puisqu'il est quelquefois composé de parties femelles et de parties mâles, séparées sur des individus différens; d'autres fois de parties mâles et de parties femelles portées sur le même individu ; d'autres fois de parties femelles seulement sur tous les individus; et enfin, quelquefois on ne trouve qu'à peine des indices de cet appareil.

On conçoit aisément que dans le premier genre, qui ne se trouve que dans les ascaridiens, il y a encore des différences importantes dans la construction des deux parties de l'appareil. Ce qu'il faut principalement remarquer, c'est que les parties importantes, l'ovaire et les testicules, se ressemblent presque complétement, sauf pour la terminaison ; mais que, dans les individus mâles, on trouve en outre quelques appendices fort singuliers, qui terminent le canal éjaculateur et qui semblent former une sorte d'organe excitateur, comme dans les ascarides, les strongles, etc.

Dans le second genre, quoique réunies sur le même individu, les deux parties de l'appareil sont aussi fort compliquées et peut-être plus que dans le premier genre. Il y a aussi une sorte d'appendice excitateur médian, et la terminaison des deux organes se fait toujours vers le tiers antérieur de la face abdominale et très-près l'un de l'autre.

Dans le troisième genre il n'y a plus que la partie essentielle de l'appareil femelle ; mais, ce qu'il y a de remarquable, c'est qu'elle est partagée en autant de portions ou d'ovaires, qu'il y a d'articulations composantes du corps, avec ou sans ouverture particulière, comme dans les ténias.

Enfin, dans les ligules, il semble que l'ovaire soit répandu dans tout le tissu de l'animal, et qu'il n'ait jamais d'orifice spécial.

L'existence du système nerveux a été long-temps niée dans les animaux qui nous occupent ; mais nous admettons depuis long-temps qu'il existe certainement dans toutes les premières familles ; qu'il est composé, comme dans tous les entomozoaires, d'un cordon médian occupant la ligne médiane inférieure ou abdominale, avec des renflemens ganglionaires plus ou moins marqués, d'où sortent les filets qui se portent aux parties. C'est ce que l'on voit manifestement dans les ascaridiens, que leur grosseur a permis de disséquer, quoique quelques auteurs aient admis deux filets nerveux, un de chaque côté, prenant, suivant nous, des vaisseaux pour des nerfs. Cette disposition du système nerveux est encore plus évidente dans tous les hirudinés qu'il a été possible de disséquer. On la voit aussi très-bien dans les échinorhynques.

On a cru aussi l'apercevoir, mais avec une disposition particulière, dans les porocéphalés ; mais personne n'a pu encore le reconnoître dans les ténias et genres voisins, et quelque soin que nous ayons pris à le chercher dans des es-

pèces fort grosses, il nous a été jusqu'ici impossible d'y parvenir.

L'organisation du produit de la génération dans les vers
extérieurs ou intérieurs n'a pu non plus être suffisamment étudiée. Nous avons vu les œufs de plusieurs espèces d'ascaridiens, d'hirudinés, de porocéphales, d'échinocéphales et
même de bothriocéphales; ils sont tous ovales, bien régulièrement formés: ils nous ont paru être bien réellement des œufs,
avec une enveloppe distincte, contenant des grains; mais
voilà tout ce que nous avons pu y voir, en employant même
le microscope. M. Rudolphi a été plus heureux.

La physiologie des vers n'offre rien qui leur soit réellement
bien particulier.

Leur sensibilité générale paroît être considérable. En effet,
au moindre contact d'un corps solide ou même d'un liquide
de nature et de chaleur différentes de celui dans lequel ils
sont plongés, ils se tourmentent, se tortillent dans tous les
sens; les ténias, les bothriocéphales presque autant que les
autres, mais seulement dans une partie moins étendue de
leur corps à la fois.

La sensibilité spéciale est au contraire parfaitement nulle,
et, même pour les hirudinés, il est impossible d'admettre
qu'ils aperçoivent les corps, soit par leur saveur, leur odeur,
et encore moins par les rayons lumineux qu'ils leur renvoient.

La contractilité des vers est évidemment très-prononcée,
et cela presque dans tous leurs tissus, en sorte qu'ils peuvent
changer considérablement de forme et de dimension, comme
on le voit surtout dans les hirudinés, les porocéphales, les
échinocéphales, et surtout dans les bothriocéphales, qui sont
dans une agitation continuelle. Il en résulte que leur locomotion est quelquefois assez active, comme par exemple dans
les sangsues.

Nous savons peu de chose sur leurs forces digestives. Il est
très-probable qu'elles sont peu considérables, du moins si
nous en jugeons par ce que nous voyons dans les sangsues,
dont la digestion est excessivement lente.

Leur faculté absorbante des corps, soit à l'état fluide,
soit à l'état gazeux, doit être au contraire très-développée,
ce que nous pouvons juger non-seulement par la nature même

de leur tissu éminemment celluleux, et surtout par celle de leur peau excessivement molle ; mais encore par l'observation que ces animaux meurent avec rapidité, quand ils sont sortis un moment de l'eau, où ils vivent tous, ou bien lorsque cette eau contient quelque substance délétère. D'ailleurs la facilité avec laquelle ils s'imprègnent, même à l'état vivant, des matières colorées dans lesquelles ils se trouvent, prouve aussi cette grande faculté d'absorption.

Quant à leur nutrition, nous n'en savons pas plus sur eux que sur tous les autres animaux.

Nous ne pouvons non plus pas dire grand'chose sur leur force de décomposition. Leur vie paroît être extrêmement peu tenace, surtout dans les climats chauds ; car dans nos climats, et surtout en hiver, nous avions observé des bothriocéphales et des ténias qui ont vécu pendant plusieurs heures après avoir été tirés du canal intestinal d'un animal mort depuis plusieurs jours. Les ascarides et les distomes peuvent être conservés en vie pendant plusieurs jours, à Paris par exemple ; tandis qu'à Naples M. Rudolphi fait l'observation que ce ver intestinal étoit mort immédiatement après que l'animal qui le contenoit avoit cessé de vivre. Il parle même d'une espèce d'ascaride, *A. spiculigera*, qui revint à la vie après avoir été extrait de l'intestin d'un oiseau qui étoit depuis douze jours dans de fort esprit de vin. Par contre il paroit qu'ils se reproduisent avec une grande facilité et dans une proportion considérable.

Nous n'avons cependant aucune preuve qu'ils puissent reproduire une partie qui leur auroit été enlevée.

Histoire naturelle des Vers.

On peut dire d'une manière générale que tous les animaux que nous comprenons ici sous cette dénomination de vers, vivent constamment dans un fluide, et jamais, ou très-rarement, à l'air libre. Nous ne connoissons encore d'exceptions à ce sujet que pour une ou deux sangsues et une ou deux planaires. Maintenant ce fluide peut être, ou bien vivant, ou du moins faisant partie d'un corps vivant. C'est alors qu'ils ont reçu le nom d'entozoaires ou de vers intestinaux, et en effet la plus grande partie des vers sont intestinaux ; les autres sont appelés vers extérieurs.

Pour les premiers, il n'est pas de tissus ou de parties du corps dans lesquelles on n'en ait trouvé quelques-uns : le plus souvent à la surface de quelque partie de l'enveloppe extérieure rentrée pour former soit le canal intestinal, soit le poumon ou les organes de la respiration et l'appareil génito-urinaire ; mais d'autres fois aussi dans le tissu même des parties, dans le parenchyme, comme dans le cerveau, les vaisseaux, le système musculaire, etc.

Il n'est presque pas non plus d'animal dans lequel on n'ait trouvé de vers intestinaux, du moins pour toutes les classes de vertébrés ; car, dans les invertébrés, ils sont beaucoup plus rares. Ils y ont cependant été encore si peu cherchés, qu'il est impossible d'assurer qu'il y en a aussi peu qu'on le croit.

On a remarqué que les cochons d'Inde n'ont pas encore offert de vers intestinaux, quoiqu'on y en ait cherché fréquemment.

Parmi les animaux vertébrés, les vers intestinaux sont généralement plus communs et plus nombreux dans les espèces aquatiques que dans les autres ; plus dans les femelles que dans les mâles ; plus dans les jeunes que dans les vieux ; et, enfin, plus dans les individus foibles que dans les sujets vigoureux.

Il a été long-temps admis d'une manière générale, que chaque ver intestinal affectoit un animal et même une partie d'animal déterminée ; mais cela ne peut plus être soutenu aujourd'hui d'une manière aussi positive. En effet, il est certain que l'ascaride lombricoïde se trouve dans l'espèce humaine, dans le cheval, le cochon, etc. ; il est également prouvé que le même ténia se trouve dans le chat, dans le chien. Nous nous sommes assuré que le bothriocéphale ponctué se rencontre dans le turbot, dans la barbue, et dans plusieurs autres espèces de pleuronectes.

Cependant il est certaines espèces qui sont évidemment spéciales à des espèces particulières de mammifères, tel est le ténia de l'homme et le bothriocéphale.

D'après cela il est évident que la répartition géographique des vers, et surtout celle des vers intestinaux, est en rapport avec celle des animaux qui les portent. Aussi en existe-t-il dans toutes les parties du monde et de tous les genres.

La locomotion de ces animaux est rarement un peu étendue, et même il y en a un certain nombre où elle n'a pas lieu, et qui sont fixés aux parties dans lesquelles ils vivent. Ce sont alors des parasites tout-à-fait fixes, comme le sont les échinorhynques et la plupart des tænioïdes; il n'y a que des mouvemens partiels ou d'ondulation dans les parties du corps qui ne sont pas adhérentes. Il n'en est pas de même de beaucoup d'autres espèces, comme les sangsues, les ascaridiens et même les porocéphales, chez lesquels il y a une véritable locomotion générale ou transport du corps en totalité dans les lieux qu'ils habitent.

Alors on remarque trois espèces de locomotion : l'une, qui est la plus ordinaire, est la locomotion, dans laquelle les mouvemens sont exécutés avec les deux extrémités du corps, comme dans les sangsues et dans une partie des porocéphales; la seconde par flexions latérales, à la manière des serpens, comme dans les ascaridiens; et enfin, celle de reptation ou de glissement limaciné, comme dans les planaires et dans une partie des porocéphales.

Les mouvemens des vers extérieurs sont déterminés, comme à l'ordinaire, par le besoin qu'a l'animal de chercher sa nourriture et les lieux qui doivent lui présenter les circonstances les plus favorables pour son existence. Mais il en est aussi qui semblent être en rapport avec la circulation à l'intérieur, et par conséquent la sanguification, comme ceux que l'on remarque dans les sangsues.

Dans les entozoaires non fixes il est probable que leurs mouvemens de transport sont aussi déterminés par des raisons de même sorte; en effet, il est certain que quelquefois les ascarides lombricoïdes, dont la position normale est l'intestin grêle vers son origine, remontent dans l'estomac ou descendent dans les gros intestins. On les a même vus pénétrer dans la cavité péritonéale, après avoir perforé ou profité d'une perforation première de l'intestin.

La nourriture des vers est en général animale et à l'état fluide, comme on pouvoit le supposer d'après l'organisation de leur orifice buccal. Il paroît cependant qu'il y a quelques exceptions.

Ainsi la sangsue de Dutrochet avale les lombrics terrestres

tout d'une piéce, et quelques sangsues se nourrissent des sucs des plantes.

Le mode de préhension de cette nourriture est bien simple, puisqu'elle est en général sucée par l'action successive des parois de l'intestin, faisant l'office de pompe aspirante, comme cela se voit manifestement dans les sangsues médicinales et comme cela est probablement aussi dans les ascaridiens; mais, en outre, dans ces derniers, déjà la nutrition doit se faire aussi par l'action de la peau, plongée dans la matière muqueuse ou chyleuse qui tapisse ou remplit le canal intestinal qu'ils habitent. Quant aux porocéphales, aux échinocéphales, et surtout aux bothriocéphales et aux ligules, il est de toute évidence qu'il n'y a plus d'autre manière de se nourrir, le canal intestinal n'existant plus ou étant réduit à être vasculaire. Toute la nourriture est prise par la succion des suçoirs de l'extrémité orale ou par ceux de chaque anneau, comme dans les ténias, les bothriocéphales, et enfin par les pores même de la peau, comme cela doit être nécessairement pour les ligules.

Les vers sont souvent rassemblés ou accumulés en très-grand nombre dans des circonstances favorables, comme on le voit même pour les vers intérieurs; mais cela est surtout manifeste pour les entozoaires, qui sont quelquefois assez nombreux pour remplir toute la cavité de l'intestin, comme nous avons eu occasion de l'observer pour l'ascaride lombricoïde, dans un tigre; pour le bothriocéphale ponctué, dans le turbot; pour le trichocéphale, dans l'espèce humaine; pour la douve, dans le mouton, et pour le cysticerque du tissu cellulaire, dans le cochon : mais il n'en résulte, comme on le pense bien, aucun avantage pour ces individus d'être ainsi réunis, et cette accumulation n'a eu lieu que par suite d'une grande multiplication, déterminée par des circonstances favorables.

Nous ne voyons pas même que cette accumulation d'un grand nombre d'individus soit déterminée par le besoin de la reproduction; ce qui d'ailleurs ne pourroit avoir lieu que dans les espèces où les sexes, séparés sur des individus différens ou portés par tous les individus, n'en ont pas moins besoin d'un véritable accouplement.

Dans celles où les sexes sont distincts, comme dans tous les ascaridiens, il est certain que les mâles sont toujours sensiblement moins communs que les femelles, et il nous a semblé qu'ils sont toujours en beaucoup moins grand nombre. Il y a même des espéces où il est fort rare d'en trouver, comme dans les ascarides proprement dits. Dans les strongles, on en trouve davantage.

La manière dont s'établit le rapport des deux individus dans l'accouplement, ne s'est jamais présentée à nous; mais M. Bremser a été assez heureux pour l'apercevoir dans les strongles. En effet, il existe dans la collection de Vienne plusieurs individus de strongle armé ou du cheval, qui sont accouplés de manière que la bourse du mâle embrasse la vulve de la femelle. Cet accouplement est représenté tab. 4, fig. 9, de ses *Icones entozoorum*.

Dans les espéces androgynes, comme les sangsues, les porocéphales, il y a aussi un véritable accouplement et introduction réciproque de l'organe excitateur; mais nous en ignorons la durée.

Le résultat de la génération aprés cet accouplement ou sans accouplement, comme dans toutes les espéces monogynes, est, ainsi qu'il a été dit plus haut, une quantité souvent innombrable d'œufs, comme dans les ténias, par exemple. Ces œufs n'ont aucune adhérence avec la mére; ils se sont formés dans les mailles du tissu cellulaire qui constituent l'ovaire, et ils sont rejetés par un orifice déterminé, dans le plus grand nombre des cas, ou par une simple rupture, comme dans les ténias.

Quoi qu'il en soit, ils tombent dans la substance où ils doivent se développer, sans que la mére leur donne une disposition particulière. Les sangsues paroissent faire une double exception, d'abord parce que leurs œufs sont réunis par petits paquets, à l'aide d'une enveloppe générale muqueuse, et ensuite parce qu'ils sont placés par la mère dans des circonstances déterminées; ce qui ne paroît jamais avoir lieu pour les entozoaires.

Quelques auteurs pensent même que ces derniers animaux n'ont pas besoin de germes ou d'œufs, mais qu'ils peuvent se reproduire de toutes pièces; en un mot, ils admettent chez eux une véritable génération spontanée : soit que la matière muqueuse qui tapisse l'intestin, s'organise spontanément, comme le pense M. Bremser; soit que les prolongemens vasculaires ou absorbans de cette même membrane se convertissent en animaux, comme le pense M. Oken; ce qui ne nous paroît pas plus probable l'un que l'autre, et ce qui nous sembleroit expliquer *obscurum per obscurius*.

Quoi qu'il en soit de ce double mode de reproduction dont seroient doués les entozoaires, il est certain que, dans des circonstances favorables, ils multiplient avec une effrayante abondance.

On ne sait rien ou presque rien, du reste, sur le mode de développement de leurs œufs : M. Rudolphi pense qu'il a lieu rapidement. Nous avons cependant remarqué sur le bothriocéphale, si commun dans le *pleuronectes maximus*, que les jeunes sujets ne ressemblent en aucune manière à leur mère. Ils n'offrent d'abord aucun indice d'articulation. Le renflement céphalique constitue presque à lui seul tout le corps de l'animal, qui se termine assez brusquement par un petit prolongement caudiforme. A un autre degré, le corps s'accroît; les articulations deviennent sensibles par de simples dentelures latérales : elles sont encore peu nombreuses et très-longues; peu à peu elles se coupent ou se rident, et d'autres articulations se prononcent : ce qui, en même temps que le corps pousse toujours, finit par donner à celui-ci une longueur très-variable, mais qui quelquefois va à plus de deux pieds. On voit alors quelques-unes de ces articulations, et plus souvent les postérieures, se remplir peu à peu d'œufs de grosseur un peu différente, mais de même forme ovale, et eux-mêmes donner après leur sortie de jeunes bothriocéphales.

Les vers intestinaux ne peuvent-ils se développer que dans tels animaux, et ce développement ne se continue-t-il pas quelquefois dans un autre animal?

L'expérience de Pallas d'œufs du ténia elliptique introduits dans la cavité abdominale d'un chien, répond à la première question.

Quant à la seconde, il paroît certain que la ligule, quand elle se trouve dans les poissons, ne s'y présente jamais adulte ou avec des ovaires développés, au contraire de ce qui a lieu

quand elle est prise dans un oiseau aquatique. En sorte que
M. Rudolphi suppose que , née dans les poissons, elle n'acquiert tout son développement qu'en passant dans les oiseaux ,
et que cela est dû à leur chaleur. Il cite encore à l'appui
de cette opinion un bothriocéphale qui, à l'état imparfait
(*B. solidus*), se trouve dans le gastérostée aiguillonné, et
à l'état adulte (*B. nodosus*), dans les oiseaux aquatiques seulement. Il explique encore par là le fait curieux que, dans
les contrées septentrionales de l'Allemagne, en Danemarck ,
où ce petit poisson est commun, les oiseaux aquatiques sont
infestés du *botr. nodosus*; tandis que dans l'Allemagne méridionale, où le gastérostée n'existe plus, les oiseaux aquatiques n'ont pas le bothriocéphale.

Nous ignorons , du reste , et sans doute nous ignorerons
long - temps le terme de l'accroissement des vers , surtout
des vers intestinaux , et par conséquent la durée de leur
vie sera pour nous un problème insoluble. Quelques auteurs
ont pensé que le ténia pouvoit vivre au moins âge d'homme,
parce qu'on a cru avoir observé des individus de notre espèce , qui, après avoir donné de bonne heure des signes de
l'existence du ténia dans leur canal intestinal , ont continué
d'en donner jusqu'à la fin de leur vie assez prolongée ; mais
est-il certain que c'étoit toujours le même individu de ténia ?
on a pu le croire à l'époque où l'on regardoit cet animal
comme étant toujours unique dans un intestin , d'où vient le
nom de *ver solitaire*, sous lequel il étoit plus vulgairement
connu. Mais aujourd'hui, que cette assertion est reconnue
comme erronnée, il est évident qu'on ne peut inférer de la
continuité des signes de la présence du ténia pendant quarante ans, qu'ils aient été dus à un seul individu, et non à
plusieurs qui se seroient succédé.

Le genre de rapports des vers avec les autres êtres de la
nature est constamment ou presque constamment nuisible ,
du moins pour les animaux avec lesquels ordinairement ils
peuvent en avoir. En effet , ils sont d'habitude leurs parasites ; car les hirudinés peuvent très-bien être regardés comme
tels.

Nous ne leur considérons donc aucun avantage que celui
que la thérapeutique a tiré de l'application des sangsues mé-

dicinales, et cela depuis fort long-temps, mais surtout dans ces derniers temps.

Les désavantages dont ils sont pour les animaux dans lesquels ils vivent, et surtout pour l'espèce humaine, sont beaucoup plus nombreux, et, quoiqu'on les ait peut-être beaucoup exagérés, ils n'en sont pas moins réels.

Ces désavantages sont nécessairement en rapport avec l'importance des parties dans lesquelles ils se développent. Ainsi ils occasionnent la mort, et même au bout de peu de temps, lorsqu'ils existent dans le tissu ou dans les replis du cerveau, comme on en a la preuve pour le cœnure des moutons, qui constitue la maladie que l'on désigne par le nom de *tournis*.

Le grand développement du cysticerque du tissu cellulaire dans le cochon, et qui détermine la ladrerie de ces animaux, peut aussi occasioner la mort, mais beaucoup moins rapidement que celui du cœnure du cerveau.

La très-grande abondance de la fasciole hépatique dans les nombreuses ramifications des vaisseaux hépatiques dans les moutons, est aussi la cause d'une maladie mortelle pour ces animaux.

On connoît encore combien peut être grave l'accumulation des ascaridiens ou même des bothriocéphales dans le canal intestinal, et surtout dans les parties où se trouve la disposition la plus favorable pour l'absorption, lorsqu'elle est portée au point d'empêcher presque le passage des matières alimentaires, comme nous en avons vu quelques exemples dans les animaux. Mais quand les vers sont en petit nombre, on ne peut craindre que quelques accidens nerveux, surtout chez les enfans, à cause de leur grande susceptibilité; mais, du reste, on peut très-bien vivre, et même sans s'en apercevoir, avec des ascarides et même avec le ténia dans l'intestin. On a des preuves certaines de cette assertion.

On peut même assurer qu'il y a des espèces de vers qui disparoissent seulement par le changement de tempérament déterminé par l'âge. Ainsi les ascarides lombricoïdes, et surtout les oxyures, qui sont si fréquens et si abondans dans le jeune âge, existent rarement dans l'âge mûr, et surtout dans un âge un peu avancé. C'est le contraire pour le ténia et le bothriocéphale, qui, rares dans l'enfance, se trouvent assez fréquemment, surtout dans certains pays, sur des individus adultes, et ne se remarquent que très-rarement dans l'âge avancé.

On a assez justement apprécié les circonstances qui facilitent la production ou le développement des vers intestinaux dans les animaux, en remarquant que ce sont en général les jeunes sujets, les individus du sexe féminin ou ceux d'un tempérament lymphatique ou muqueux, qui en sont le plus généralement affectés; et cela aussi bien pour les animaux que pour l'espèce humaine. C'est à Pallas que cette observation nous paroît due, du moins dans sa généralité; car les anciens médecins, et entre autres Sennert, l'avoient dit pour l'espèce humaine.

Ainsi l'on sait très-bien qu'un climat froid et humide, que le défaut de liberté et par conséquent l'habitation forcée dans les lieux peu visités par le soleil ou obscurs, froids et humides; que la nourriture, soit solide, soit liquide, peu tonique, muqueuse, déterminent presque constamment la production des vers dans quelque partie que ce soit de l'économie animale, et surtout dans les jeunes sujets. Ainsi, pour l'espèce humaine, on a remarqué que la nourriture lactée ou qui consiste en farineux non fermentés, comme les pommes de terre, les châtaignes, etc., lorsque surtout elle est accompagnée de boissons muqueuses, comme la bière foible, le cidre, ou l'eau de certaines localités, se trouve concorder avec le plus grand développement des vers.

On a fait à peu près la même observation pour les moutons, pour les cochons, qui, de tous nos animaux domestiques, sont le plus exposés aux vers intestinaux. Une mauvaise nourriture, surtout dans les terrains humides et mal exposés, une habitation peu sèche et surtout qui n'est jamais éclairée par le soleil, le défaut de liberté qui retient les animaux à l'étable, sont les causes concordantes avec les maladies vermineuses.

D'après cela il est aisé de concevoir quelles sont les précautions à prendre pour en empêcher le développement, ou pour l'arrêter, lorsqu'il a commencé.

C'est essentiellement aux moyens hygiéniques qu'il faut avoir recours avec le plus de confiance; et ils sont bien simples, puisqu'ils consistent à s'opposer aux causes concomitantes avec la présence des vers.

Quant au traitement proprement dit et qui agisse sur les vers eux-mêmes, en les tuant et en les expulsant, il est des cas où cela est très-aisé, et d'autres où il est inutile de le tenter, comme dans le tournis des moutons, dans la ladrerie des cochons, et même dans la pourriture de ces mêmes moutons, déterminée par la fasciole hépatique dans le foie. Mais dans le cas où les vers peuvent être touchés par la substance médicamenteuse, comme lorsqu'ils occupent le canal intestinal, on peut espérer de réussir par un assez grand nombre de moyens, qui ont été exposés avec tous les détails convenables dans les Traités de pathologie vermineuse, et surtout dans l'excellent ouvrage de M. le docteur Bremser. Les indications à remplir consistent à tuer ou du moins à engourdir ou paralyser l'animal, en sorte qu'il ne puisse résister, et ensuite à l'expulser mort ou vivant en un ou plusieurs morceaux.

On remplit la première indication avec l'opium , avec l'éther, avec l'huile empyreumatique de Chabert, avec l'huile animale de Dippel, avec l'infusion de fougère, avec celle d'écorce de racine de grenadier; et la seconde, avec des purgatifs doux, comme l'huile de ricin, le calomélas, ou drastiques, comme le jalap. On peut même remplir les deux indications à la fois avec ce dernier genre de purgatifs ; mais il est évident que le remède peut très-bien avoir des suites plus graves que le mal.

On doit ensuite avoir égard à l'espèce de ver, du moins, quand il est possible, au diagnostic de la reconnoître, et alors on conçoit qu'il puisse y avoir une spécialité dans le remède. En effet, les moyens qui conviennent pour agir sur l'ascaride lombricoïde dans l'intestin grêle, sur l'oxyure vermiculaire dans le rectum, sur le trichocéphale dans le cœcum, sur le ténia ou le bothriocéphale dans l'intestin grêle, doivent offrir quelques différences, qu'il ne nous appartient pas de détailler ici.

Des principes de classification des entomozoaires apodes.

Ces principes doivent toujours être les mêmes que ceux

qui appartiennent à la classification des animaux en général ; ainsi il est évident que la considération du séjour ne doit pas avoir plus de valeur ici que dans tout autre point de la série, puisqu'il n'est pas nécessairement en rapport avec une organisation particulière ; et, en effet, on connoît des animaux intestinaux qui sont de familles très-différentes et dont l'organisation est plus compliquée que celle d'animaux toujours et complétement extérieurs. On conçoit donc qu'un auteur puisse prendre pour sujet spécial de ses recherches les animaux parasites ; que ce parasitisme soit à l'extérieur ou à l'intérieur, et alors peu importe, pour ainsi dire, la distribution qu'il aura cru devoir adopter pour exposer leur histoire ; mais pour le zoologiste, qui entreprend de parler de tous les animaux et de les distribuer d'une manière méthodique et rationnelle, il ne doit plus avoir égard qu'à la marche de l'organisation croissante ou décroissante, et par conséquent aux caractères inhérens à l'animal lui-même, et qui, plus ou moins extérieurs, deviennent d'une application à la fois sûre et facile ; sans cela il lui seroit impossible de donner une définition rigoureuse des coupes de différens degrés qu'il veut établir.

Parmi les appareils dont l'organisation des vers est encore composée, la simplification est telle, que cette classe d'animaux offre une prise beaucoup moins grande qu'aucune autre du type des entomozoaires, pour établir les bases d'une distribution véritablement méthodique.

L'appareil de la reproduction est, à ce qu'il nous semble, celui qui présente les plus solides et les plus faciles à apercevoir, puisqu'on peut aisément voir si les deux sexes sont séparés sur des individus différens ; si, distincts, ils sont réunis sur le même individu, et, enfin, s'il n'y a que le sexe femelle. C'est le même genre de considérations que nous avons observé dans le type des malacozoaires. La terminaison à l'extérieur des différentes parties de cet appareil, traduira très-bien ses différentes combinaisons.

L'appareil de la digestion est évidemment moins important dans la classification des vers. Cependant sa considération peut encore offrir des résultats d'une grande valeur, puisque le canal intestinal peut être complet avec ses deux orifices, et par suite avec un appareil circulatoire distinct, ou bien, il peut être incomplet avec un seul orifice, et uni avec un système circulatoire, qui en est une extension, ou enfin, il est possible de trouver une disposition telle que c'est pour ainsi dire le système vasculaire, qui s'ouvre à l'extérieur par des pores ou suçoirs plus ou moins nombreux et sans qu'il y ait de véritable bouche. Dans ce cas il n'y aura plus d'organes distincts que l'appareil générateur, et l'animal semblera n'être qu'une masse de tissu cellulo-vasculaire.

Quant à l'enveloppe locomotile et sensible des vers, elle ne peut presque offrir aucun caractère ayant quelque valeur, puisque les organes des sens spéciaux manquent presque à la fois, et qu'il n'y a jamais ou presque jamais d'appendices. Il n'y a donc que la considération de la forme générale du corps qui puisse servir jusqu'à un certain point à traduire l'ensemble de l'organisation des vers, et par conséquent qui puisse être employée dans leur classification. En effet, on remarque que la forme lombricoïde appartient à toutes les espèces chez lesquelles le canal intestinal est complet et qui ont les sexes séparés sur des individus différens. La forme plus ou moins déprimée et plus ou moins courte, se retrouve principalement dans celles qui, avec les deux sexes réunis sur le même individu, ont encore le canal intestinal complet; mais quelquefois cependant avec cette forme il devient vasculaire. La forme déprimée, ridée ou articulée, terminée ou non en vésicule, appartient aux espèces qui n'ont plus qu'un seul sexe femelle, divisé même en autant de parties que le corps est composé d'articulations.

Ajoutons que cette considération de la forme générale concorde assez bien avec des formes spéciales dans l'extrémité antérieure ou orale du corps des vers, et avec la manière dont cette extrémité est percée pour le commencement du canal intestinal.

D'après ce que nous venons de dire, on voit comment les divisions primaires, secondaires et même tertiaires pourront être établies dans cette classe d'animaux. Mais pour la distinction des espèces il faut convenir qu'elle est beaucoup plus difficile, puisqu'elle ne peut guère s'appuyer, à défaut d'appendices et souvent de coloration, les entozoaires étant pres-

que tous d'un blanc particulier, que sur des proportions de
longueur et de diamètre, très-difficiles à exprimer par des caractères écrits, ou par des formes différentes dans les articulations dont le corps est composé, comme dans les ténias et genres
voisins, formes qui varient d'une manière remarquable dans
les individus de chaque espèce. On a donc été obligé de recourir à la spécialité de l'animal dans lequel les vers intestinaux
se trouvent, pour établir celle de ces vers. Avant le grand
travail de M. Rudolphi sur les Entozoaires, c'étoit là le principal moyen de distinction de ces animaux, et même le principe de leur dénomination. Aujourd'hui l'on a essayé de les
différencier d'une manière plus tranchée; mais nous sommes
bien loin de croire qu'on y ait réussi : il semble qu'on n'a pas
eu assez d'égards aux modifications de l'appareil de la génération, qui paroissent ici, comme dans toute autre partie de
la série animale, être nécessairement concordantes avec les
véritables espèces. Au reste, nous reviendrons sur la manière
dont elles peuvent être établies, dans les généralités qui pré-
céderont chaque grande division que nous établissons dans
la classe des entomozoaires apodes.

De la place que les entomozoaires apodes doivent occuper dans la série animale.

D'après les considérations générales auxquelles nous venons de nous élever en étudiant l'organisation et par suite
la classification de ces animaux, il est évident qu'ils ne doivent pas être conservés en masse et occuper une seule
place dans la série. En effet, s'il est certain que les ascaridiens, les hirudinés, les acanthocéphales, doivent être placés
à la fin des animaux articulés extérieurement ou des entomozoaires, dont ils ont toutes les parties essentielles avec
l'annihilation de tout appendice ; il n'en est peut-être pas
ainsi pour les porocéphalés, qui ont souvent un estomac vasculaire, et même pour les acanthocéphales ; mais cela est
fort douteux pour les bothriocéphales, qui n'ont plus de
canal intestinal proprement dit, et dont l'extrémité céphalique
lique même présente réellement une disposition rayonnée
dans la manière dont les suçoirs, mais surtout les crochets,
sont placés ; en sorte que Pallas et même Linné en ont fait

des zoophytes ; d'après cela, il nous semble que les animaux dont nous parlons ici, par convenance de commodité, sous la dénomination commune de vers, doivent être considérés comme formés de deux classes au moins : l'une qui, comprenant les ascaridiens, les hirudinés, les acanthocéphales et les porocéphales, devra rester dans les entomozoaires et en former la dernière classe, et l'autre, comprenant les bothriocéphales, devra, non pas être placé dans les zoophytes ou actinozoaires, dont ils romproient réellement l'uniformité et par conséquent la définition, mais former un sous-type intermédiaire à ces deux types d'animaux, que nous placerons cependant à la suite des entomozoaires, comme en paroissant plus rapprochés. Après en avoir exposé le système général avec tous les caractères des classes, des ordres, des familles, et des genres et sous-genres, et la simple citation de quelques espèces, nous offrirons le titre des ouvrages et les noms des auteurs principaux qui se sont plus spécialement occupés de l'anatomie, de la description et de la distribution systématique des vers. Dans l'énumération de ces ouvrages nous suivrons l'ordre des matières et d'antériorité ; mais nous passerons sous silence tous ceux qui ont eu pour but spécial le traitement des maladies vermineuses, et ceux qui n'ont fait que compiler ou répéter ce que les autres avoient écrit. Les personnes qui voudront avoir une bibliographie complète d'helminthologie, pourront recourir aux deux ouvrages de M. Rudolphi sur l'entozoologie en général, et à celui de M. Bremser, sur les vers intestinaux de l'homme.

CLASSE DES ENTOMOZOAIRES APODES OU VERS.

Corps de forme très-variable, mais toujours exactement binaire, très-finement articulé ou continu, sans appendices quelconques, pourvu d'un orifice buccal antérieur et le plus souvent d'un orifice anal postérieur.

Terminaison de l'appareil générateur unique pour chaque sexe, lorsqu'ils sont distincts, et constamment inférieur.

Observ. Les animaux compris dans cette classe sont assez distincts de tous les autres entomozoaires, parce que leur corps, très-rarement articulé d'une manière évidente, est

TYPE DES ENTOMOZOAIRES. CLASSE DES APODES. p. 530.

- **Ord. I. ONCHOCÉPHALÉS. p. 531.** — Linguatule, p. 532. | Prionoderme, p. 534.
- **Ord. II. OXYCÉPHALÉS. p. 535.**
  - Filaire, p. 536. | Cucullan, p. 542.
  - Gordien, p. 536. | Strongle, p. 543.
  - Vibrion, p. 537. | Sclérostome, p. 544.
  - Trichosome, p. 537. | Physaloptère, p. 545.
  - Trichocéphale, p. 538. | Spiroptère, p. 546.
  - Mastigode, p. 539. | Thélazie, p. 547.
  - Oxyure, p. 539. | Liorhynque, p. 547.
  - Ophiostome, p. 540. | Hamulaire, p. 549.
  - Ascaride, p. 540.
- **Ord. III. PROBOSCÉPHALÉS. p. 549.**
  - Fam. I. ACANTHOCÉPHALÉS, p. 550 — Échinorhynque, p. 550.
  - Fam. II. PROTÉOCÉPHALÉS, p. 552 — Caryophyllée, p. 552.
  - Fam. III. SIPONCULIDES. p. 553. — Lancette, p. 553. / Siponcle, p. 554. | Priapule, p. 554.
- **Ord. IV. MYZOCÉPHALÉS. p. 555.**
  - Fam. I. MONOCOTYLAIRES ou BDELLAIRES. p. 556.
    - Branchiobdelle, p. 556. | Erpobdelle, p. 563.
    - Pontobdelle, p. 557. | Glossobdelle, p. 564.
    - Ichthyobdelle, p. 557. | Malacobdelle, p. 566.
    - Géobdelle, p. 559. | Épibdelle, p. 567.
    - Pseudobdelle, p. 559. | Nitzschie, p. 567.
    - Hippobdelle, p. 560. | Axine, p. 568.
    - Iatrobdelle, p. 561. | Capsale, p. 568.
    - Paléobdelle, p. 562.
  - Fam. II. POLYCOTYLAIRES. p. 569.
    - Cyclocotyle, p. 570. | Hexathiridie, p. 571.
    - Hexacotyle, p. 570.

SOUS-TYPE DES PARENTOMOZOAIRES ou SUBANNÉLIDAIRES. p. 573.

- **Ord. I. APOROCÉPHALÉS. p. 573.**
  - Fam. I. TÉRÉTULAIRÉS. p. 573.
    - Tubulan, p. 573. | Bonellie, p. 576.
    - Ophiocéphale, p. 574. | Lobilabre, p. 576.
    - Cérébratule, p. 574. | Prostome, p. 577.
    - Borlasie, p. 575.
  - Fam. II. PLANARIÉS. p. 577.
    - Dérostome, p. 577. | Planocère, p. 578.
    - Planaire, p. 578. | Phœnicure, p. 579.
- **Ord. II. POROCÉPHALÉS. p. 580.**
  - Hypostome, p. 581. | Aspidogastre, p. 584.
  - Monostome, p. 582. | Fasciole, p. 585.
  - Amphistome, p. 582. | Échinostome, p. 587.
  - Holostome, p. 583.
- **Ord. III. BOTHROCÉPHALÉS. p. 588.**
  - Fam. I. POLYRHYNQUES. p. 589.
    - Dirhynques — Dibothriorhynque, p. 589.
    - Tétrarhynques — Gymnorhynque, p. 590. | Floriceps, p. 593.
      - Tentaculaire, p. 591. | Rhynchobothrye, p. 595.
      - Tétrarhynque, p. 591.
  - Fam. II. MONORHYNQUES. p. 596.
    - Téniosomes — Triænophore, p. 596. | Ténia, p. 598.
      - Onchobothrie, p. 597. | Fimbriaire, p. 599.
      - Halysis, p. 597.
    - Hydatisomes — Hydatigère, p. 600. | Cœnure, p. 603.
      - Cysticerque, p. 601. | Échinocoque, p. 603.
  - Fam. III. ANORHYNQUES. p. 606.
    - Massette, p. 606. | Bothridie, p. 609.
    - Alyselminthe, p. 606 | Bothriocéphale, p. 610.
    - Tétrabothrie, p. 608. | Ligule, p. 611.

toujours plus ou moins mou, et constamment dépourvu de toutes traces d'appendices, et surtout d'appendices locomoteurs. Le canal intestinal, généralement complet, commence toujours par un orifice antérieur médian, servant de bouche, et se termine le plus souvent par un autre orifice, également médian et terminal, servant d'anus. Il n'y a jamais de traces d'organe respiratoire spécial. Il y a un système oscillatoire sans cœur proprement dit. L'appareil reproducteur est toujours évident, et soit que ces deux parties soient distinctes sur des individus différens, ou soient réunies sur le même individu, elles existent toujours. et leur terminaison est unique dans la ligne médiane inférieure.

Il est aussi fort probable qu'il y a toujours un système nerveux distinct, situé, comme dans tous les entomozoaires, dans la ligne médio-ventrale.

Ces animaux vivent presque constamment d'une manière parasite aux dépens des autres animaux, et surtout des ostéozoaires dont ils sucent les fluides; mais tantôt c'est à la surface extérieure ou sub-extérieure qu'ils les attaquent, et tantôt c'est dans leur propre tissu.

Ordre Ier ONCHOCÉPHALÉS, *Onchocephala.*

Corps assez mou, subarticulé.

Canal intestinal complet.

Bouche armée de deux paires de crochets rétractiles, chacun dans une fossette.

Organes de la génération bisexuels, dioïques.

Observ. N'ayant pas encore observé nous-même d'une manière suffisante une espèce de cette famille fort peu nombreuse, nous ne pouvons assurer d'une manière positive que ces animaux ont réellement des sexes séparés. Il est même à remarquer que les personnes qui ont eu cet avantage, ne nous ont rien dit à ce sujet; mais nous le supposons d'après l'état complet du canal intestinal : d'ailleurs la forme du corps, la disposition et l'armature de la bouche, et même le mode de locomotion, qui, d'après M. Rudolphi, ne ressemble en rien ni à celui des fascioles ni à celui des ténias, indiquent réellement une coupe particulière, qui ne peut, à ce qu'il nous semble, rentrer dans aucune de celles qui sont établies parmi les vers intestinaux ou extérieurs. Elle ne renferme cependant peut-être encore qu'un seul genre, quoiqu'il ait été proposé sous des noms différens.

LINGUATULE, *Linguatula.*

Corps subarticulé ou plissé très-régulièrement, assez déprimé, plus large et plus épais en avant, s'atténuant dans les deux sens en arrière.

Bouche inférieure, subterminale, armée à droite et à gauche de deux paires de crochets rétractiles.

Anus terminal.

Orifices des organes de la génération inconnus.

Espèces. La L. DU CHIEN : *L. lanceolata*, Chab.; *Pentastoma tænioides*, Rudolphi, et *Tœnia lanceolata*, Chabert; Bremser, *Icon.*, tab. 10, fig. 14 — 16.

La L. DE LA CHÈVRE : *L. denticulata*, *Tœnia capræ*, Abildgard, *Zool. Dan.*, tom. 8, p. 52, tab. 110, fig. 4 et 5; Bremser, *ibid.*, fig. 17 et 18.

La L. DU LIÈVRE; *L. serrata*, *Pentast. serratum*, Frœlich, *Naturf.*, 24, p. 148, tab. 4, fig. 14 et 15.

La L. DU COCHON D'INDE : *L. caviæ*, Bosc; *Tetragulus caviæ*, Nouv. Bull. de la Soc. philom., 1811, n.° 44, p. 269, tab. 2, fig. 1; *Pentastoma emarginatum*, Rudolphi, *Syn.*, p. 124.

La L. DU CROTALE : *L. crotali*, de Humb.; *Porocephalum crotali*, de Humb., Observ. de zoolog. et d'anat. comp., fasc. 5 et 6, p. 298 — 304, tab. 26, 1809; Brems., *ib.*, fig. 19 — 24.

Observ. C'est à Frœlich qu'on doit réellement l'établissement de ce genre pour l'espèce du lièvre, et même sous le nom que nous lui conservons, parce qu'il a la priorité, et que, quoique toutes les espèces n'aient pas toujours absolument la forme d'une petite langue, cependant il peut induire beaucoup moins en erreur que celui de *polystoma*, que lui a d'abord substitué Zeder, et que celui de *pentastoma*, définitivement adopté par M. Rudolphi.

M. de Humboldt, en 1809, en découvrant l'espèce du crotale, en fit son genre Porocéphale.

Enfin, M. Bosc, en 1811, en découvrant la nouvelle espèce

du cochon d'Inde, en forma, beaucoup plus tard, un genre
sous la dénomination de *Tetragulus*.

Dans son Entozoologie, M. Rudolphi n'avoit pas adopté ce
genre, et n'en faisoit qu'une division de celui qu'il a nommé
Polystome avec Zeder; mais dans le *Synopsis* c'est un genre
tout-à-fait distinct. Ce qui est d'autant plus convenable que,
comme nous le montrerons plus loin à l'article des Hexathiridies (*Polystoma*, Rud.), les prétendues bouches ne sont pas
à la même extrémité du corps, et d'ailleurs ne paroissent
exister dans les linguatules que quand les crochets sont rentrés. tandis que dans les hexathiridies ou *polystoma*, Rud.,
ce sont de véritables ventouses.

Nous avons déjà dit dans les observations sur les caractères de
la famille, que nous n'avons pas encore examiné une linguatule
fraiche ou vivante d'une manière satisfaisante. M. Cuvier,
qui paroît en avoir disséqué une, assure que le canal intestinal est complet. Il y a donc une bouche et un anus, ce dont
paroît cependant douter un peu M. Rudolphi, quoiqu'il ajoute
que l'intestin est libre et flottant dans la cavité abdominale.
ce qui n'a lieu dans aucun autre entozoaire. M. Cuvier pense
aussi que le système nerveux y est plus développé, et par conséquent plus aisé à voir que dans les autres vers ; mais nous
croyons que ce qu'il regarde comme des nerfs, n'appartient
réellement pas au système nerveux.

Les espéces encore incomplétement caractérisées de ce
genre n'ont été rencontrées jusqu'ici que dans les mammifères et dans un reptile, plus communément à la surface des
voies aériennes. Une a cependant été trouvée à la surface péritonéale du foie.

M. Rudolphi fait l'observation que les L. de la chèvre, du
lièvre et du cochon d'Inde pourroient bien ne former qu'une
seule espèce, et au sujet de celle-ci, s'appuyant sur l'autorité bien puissante à ce sujet de Bremser, que jusqu'ici on
n'a encore trouvé de vers intestinal dans aucune partie du
cochon d'Inde, il se pourroit, dit-il, qu'il y ait eu erreur de
la part de Legallois, qui a trouvé les individus remis à M.
Bosc, et que, comme il expérimentoit sur les lapins et les
cochons d'Inde souvent à la fois. il ait pris le poumon de
l'un pour le poumon de l'autre.

Prionoderme, *Prionoderma.*

Corps alongé, déprimé, comme articulé par des plis transversaux réguliers, assez peu atténué en avant comme en arrière.

Tête distincte, rétractile.

Bouche antérieure, armée d'une paire de crochets recourbés en arrière.

Orifice de la génération femelle à peu de distance de l'extrémité postérieure.

Deux spicules longs et saillans à peu près à la même place dans le mâle.

Espèces. Le P. DU SILURE : *P. ascaroides*, Rud.; *Cucullanus ascaroides*, Goëtze, *Naturg.*, p. 134, tab. 8, fig. 11 — 14; *Goetzia armata*, Zed., *Nachtr.*, p. 100; *Cochlus armatus*, ejusd. *Naturg.*, p. 50.

Observ. Ce genre a été établi par M. Zeder sous les noms de *Goetzia* et de *Cochlus*, pour un ver intestinal découvert par Goëtze dans l'estomac d'un *silurus glanis*, et qui paroît n'avoir pas été revu depuis. Aussi M. Rudolphi, qui, en l'adoptant, a cru devoir le nommer *prionoderma*, le place-t-il dans les *Genera incertæ sedis* de son Entozoologie. Dans son *Synopsis*, à l'article 74 de ses *Mantissa dubia*, il revient sur ce sujet et dit s'être assuré, mais à travers les parois du bocal, et malgré l'état trouble de l'esprit de vin, que le *cucullanus ascaroides* de Goëtze, conservé maintenant dans le Muséum de Pavie, qui possède la collection de Goëtze, est certainement un ascaridien ou nématoïde, voisin du *liorhynchus dentatus* de l'anguille. Dans l'analyse de l'ouvrage de M. Oken, p. 606, il dit encore que c'est très-certainement un ascaridien.

Nous nous bornerons sur ce sujet à faire observer que, d'après la description de Goëtze, ces vers (car il en a trouvé neuf) avoient des mouvemens tout différens de ceux des ascarides, qu'ils agitoient leur tête d'une manière distincte et qu'ils pouvoient adhérer à la surface de l'eau, toutes choses qui n'existent dans aucun ascaridien; enfin, qu'ils avoient les plus grands rapports de forme avec les larves de mouche, si ce n'est qu'ils étoient plus grêles.

M. Cuvier a employé le nom de prionoderme pour indiquer le genre Linguatule.

Ordre II. OXYCÉPHALÉS , *Oxycephala.*
(*Nematoidea* , Rud.)

Corps médiocrement alongé, rigidule ou assez roide, rond,
atténué aux deux extrémités, avec des articulations très-
fines.

Canal intestinal bien complet.

Bouche terminale, orbiculaire, nue ou pourvue de quelques
tubercules radiairement disposés.

Anus plus ou moins terminal.

Appareil de la génération bisexuel ; les sexes séparés sur deux
individus différens.

Observ. Cet ordre de vers, extrêmement aisé à caractériser
par la forme du corps et l'atténuation des deux extrémités,
de manière à ressembler à des lombrics ou vers de terre,
pourroit très-bien prendre la dénomination commune d'ascaridiens, d'après la ressemblance des animaux qu'il renferme
avec ceux du genre principal ou les ascarides. Nous avons
préféré celle d'*oxycéphalés*, tirée de la forme de l'extrémité
antérieure.

Ce sont les vers dont l'organisation est évidemment la plus
avancée, puisqu'on peut y reconnoître des organes de circulation, peut-être même de respiration ; et que le canal intestinal est même accompagné de lobules hépatiques.

Le plus grand nombre des oxycéphalés vit dans les cavités
muqueuses des animaux vertébrés ; mais il y en a aussi qui
paroissent être constamment extérieurs.

Ce sont, sans aucun doute, les vers les plus complets et
qui par conséquent méritent d'être mis à la tête de la classe.

. Le mâle est ordinairement plus petit et plus grêle que la
femelle, qui paroît être ovipare ou vivipare.

La distinction des genres porte essentiellement sur l'organe
mâle et sur la disposition de la bouche.

Les espèces sont toujours fort difficiles à distinguer et surtout à caractériser.

* *Appendice mâle simple.*

Filaire, *Filaria*

Corps en général fort alongé ou filiforme, et également atténué en avant comme en arrière.

Orifice de la génération se prolongeant en un organe tubuleux simple.

A. *Espèces dont la bouche est simple.*

Le F. de Médine ; *F. medinensis*, Bremser,

Le F. du Sapajou : *F. gracilis*, Rudolphi ; Bremser, *Icon.*, tab. 1, fig. 1 — 5.

B. *Espèces dont la bouche est papilleuse.*

Le F. du cheval : *F. papillosa*, Rudolphi ; Bremser, *Icon.*, tab. 1, fig. 8 — 11.

Observ. Ce genre, établi par Muller, et qu'il est souvent fort difficile de distinguer des ascarides, surtout en y conservant les espèces dont la bouche est armée de trois tubercules, contient dans le *Synopsis* de M. Rudolphi dix-neuf espèces, dont il assure la distinction, et quarante-sept douteuses, mais en y comprenant celles qui ont la bouche armée et que nous en retirons. Une seule se trouve sur l'homme, une dans les mammifères, six dans les oiseaux, une dans les amphibies, quatre dans les poissons, quatre dans les larves d'insectes hexapodes ou dans des octopodes.

Mais nous sommes bien loin d'assurer que ces espèces puissent être suffisamment distinguées.

Gordien, *Gordius.*

Corps fort long, fort grêle, rond, presque cylindrique, à peine atténué aux deux extrémités, qui sont obtuses, et terminé par deux orifices ponctiformes.

Espèces. Le G. aquatique : *G. aquaticus*, Linn., Gmel., p. 3082, n.° 275 ; *Seta palustris*, Planc., *Conch. Append.*, ch. 22, tab. 5, fig. F ; *Chætia*, Hill., *Hist. anim.*, p. 14.

Observ. Ce genre doit-il être distingué du précédent ? c'est ce dont nous doutons fortement. En effet, il est très-probable que quelques-uns des filaires que l'on trouve dans le corps des larves de plusieurs insectes hexapodes, ne sont réellement que de véritables gordiens.

Muller, qui a établi ce genre dans son Histoire des vers, en définit cinq espèces, qui vivent dans la vase des amas d'eau douce et salée. Nous avons vu plusieurs fois l'espèce citée comme exemple, mais il nous a été impossible de déterminer au juste la position des organes de la génération.

VIBRION, *Vibrio*.

Corps extrêmement petit, assez épais et court proportionnellement, atténué vers les deux extrémités, mais plus en arrière qu'en avant.

Bouche terminale, ponctiforme ou bilabiée.

Anus situé un peu avant la terminaison du corps.

Organes de la génération se terminant après la moitié du corps dans la femelle, et un peu plus loin dans le mâle, par un prolongement tubuleux.

Espèces. Le V. SERPENTULE; *V. serpentulus*, Muller, *Infus.*, p. 62, tab. 8, fig. 15.

Le V. GORDIEN; *V. gordius*, Muller, *Infus.*, p. 60, tab. 8, fig. 13 et 14.

Le V. COULEUVRE; *V. coluber*, Muller; *Infus.*, *ibid.*, fig. 16 — 18.

Le V. ANGUILLULE : *V. anguillula*, Muller; a. *Aceti*; b. *Glutinis*, Muller, *Infus.*, tab. 9, fig. 1 — 4; c. *Fluviatilis*, *id.*, *ibid.*, fig. 5 — 8; d. *Marina*, *id.*, *ibid.*, fig. 9 — 11.

Observ. Quoique ce genre d'animaux soit d'une petitesse telle qu'on l'a rangé parmi les animaux microscopiques, il est évident, pour les personnes qui l'ont observé, qu'il est à peine distinct des gordiens ou des filaires; mais il est certain qu'il faut en retirer un grand nombre d'espèces que Muller y a confondues, et qui ne sont très-probablement pas des animaux, comme les *V. bipunctatus*, *paxillifer*, et d'autres qui sont sans doute des planaires jeunes. Les véritables vibrions sont ceux dont les mouvemens sont serpentiformes.

TRICHOSOME, *Trichosoma*.

Corps rigidule, arrondi, médiocrement alongé, très-grêle dans une partie de sa longueur, s'accroissant insensiblement en arrière.

Bouche terminale, ponctiforme.

Anus terminal.

Orifice de l'organe mâle prolongé par un appendice simple, contenu dans une gaîne basilaire, presque à l'extrémité postérieure.

Espèces. Le Trichosome des canards : *T. tumidum*, Zeder, *Naturg.*, p. 61, tab. 1, fig. 8 et 9; *T. lævicolle*, Rud.

Le T. du merle bleu : *T. inflexum*, Rud.; Bremser, *Icon.*, tab. 1, fig. 12 — 15.

Observ. Ce genre, établi par Zeder sous le nom de *capillaire*, rejeté d'abord par M. Rudolphi et ensuite définitivement admis, ne diffère réellement presque en rien des trichocéphales, si ce n'est que le corps augmente peu à peu de grosseur d'avant en arrière, tandis que dans ceux-ci il augmente brusquement. Est-ce bien là un caractère suffisant pour former un genre?

Les espèces de trichosome définies par M. Rudolphi sont au nombre de huit, dont deux seulement sont douteuses. Il avoue cependant que toutes pourroient très-bien passer dans cette section; ce sont les ascaridiens les plus ténus.

Trichocéphale, *Trichocephalus.*

Corps rigidule, élastique, arrondi, capillaire dans une très-grande partie de sa longueur, surtout en avant, et se renflant brusquement en arrière.

Bouche orbiculaire, ponctiforme.

Orifice de l'organe mâle prolongé par un appendice simple, avec une gaîne située à l'extrémité postérieure du corps.

Espèces. Le T. de l'homme ; *T. dispar*, Bremser, Vers de l'homme, pl. 1, fig. 1 et 2, édit. franç.

Le T. subdéprimé : *T. subdepressus*, Rud.; Bremser, *Icon.*, tab. 1, fig. 15 — 19.

Ce genre, établi par Wagler sous la dénomination de *Trichuris*, changée en celle de *Trichocephalus* par Goëtze, a été adopté par tous les zoologistes.

Observ. Les espèces de ce genre se trouvent communément dans les gros intestins des mammifères.

M. Rudolphi en compte huit espèces certaines et trois douteuses. Les différences spécifiques portent essentiellement sur la forme de l'appendice styliforme de la génération dans le mâle.

MASTIGODE; *Mastigodes*, Zeder.

Corps rigidule, élastique, rond, fusiforme et enroulé en arrière, capillaire et terminé en avant par une sorte de disque garni de crochets à sa circonférence, et au milieu duquel est la bouche, grande et orbiculaire.

Espèce. Le M. DU LÉZARD : *M. spirillum*, Pallas ; *T. spirillum* ; Bremser, *Icon.*, tab. 1, fig. 20 — 22.

Observ. Ce genre est établi sur un ver trouvé par Pallas dans l'estomac du *lacerta apodus*, L., *chamæsaurus apus* de Schneider, et malheureusement incomplétement connu.

Nous ne l'avons pas vu.

M. Rudolphi en fait une simple division de ses trichocéphales, ce que l'on peut imiter sans inconvénient.

OXYURE, *Oxyuris.*

Corps rigidule, élastique, rond, renflé au milieu, atténué aux deux extrémités et surtout en arrière, où il est terminé dans les femelles par une sorte de queue longue et aiguë.

Bouche orbiculaire, terminale et très-grande.

Appendice de la génération mâle simple et dans une gaîne.

Orifice de la génération femelle assez antérieur.

Espèces. L'O. DU CHEVAL ; *O. curvula*, Rud.

L'O. DE L'HOMME ; *O. vermicularis*, Bremser, Vers int. de l'homme, pl. 1, fig. 5, la femelle, et pl. 2, fig. 1, le mâle.

Observ. C'est encore un genre assez peu distinct des précédens, avec lesquels on pourroit le réunir sans aucun inconvénient. En effet, il n'en diffère bien évidemment que parce que le corps, plus épais en avant qu'en arrière, se termine de ce côté par un prolongement fort grêle et simulant une espèce de queue, et encore ce caractère paroît-il n'avoir lieu constamment que dans les femelles.

Les oxyures existent, comme les trichocéphales, dans les gros intestins des mammifères.

M. Rudolphi n'en définit que trois espèces certaines. Il

range même encore l'O. de l'homme parmi les ascarides, quoique M. Bremser assure positivement qu'il n'a pas les trois nodules de la bouche qui caractérisent ce dernier genre.

**** *Appendice mâle double.***

Ophiostome, *Ophiostoma.*

Corps rigidule, élastique, alongé, arrondi, atténué aux deux extrémités, avec une queue assez courte.

Bouche terminale, horizontalement entre deux lèvres un peu inégales.

Anus assez proche de l'extrémité de la queue.

Organes de la génération : femelle, vers la moitié du corps ; mâle vers la pointe de la queue, et accompagné de deux spicules styliformes, sans gaine ni ventouse.

Espèces. L'O. des chauve-souris ; *O. mucronatum*, Rud., *Entozool.*, tab. 3, fig. 13 et 14.

L'O. des loirs ; *O. cristatum*, Frœlich, *Naturg.*, 29, pag. 7, tab. 1, fig. 1 — 3.

L'O. de l'esturgeon ; *O. sphærocephalus*, Bremser, *Icon.*, tab. 5, fig. 15 — 18.

Observ. Ce genre, que nous n'ayons pas vu, a d'abord été établi sous le nom de *Rictularia*, par Frœlich, pour une espèce à laquelle il attribue deux dents ascendantes à la mâchoire inférieure, ce qui paroît fort douteux, du moins M. Rudolphi ne décrit rien de semblable dans son O. mucroné, qu'il a vu et observé dans la collection de Vienne.

Des trois espèces que M. Rudolphi attribue à ce genre, deux viennent de l'intestin grêle des mammifères, et l'autre de l'esturgeon.

M. Nau fait un genre distinct de l'O. sphérocéphale, sous le nom de Pleurorhynque.

Ascaride, *Ascaris.*

Corps rigidule, élastique et un peu alongé, rond, fusoïde ou renflé au milieu et atténué aux deux extrémités.

Bouche antérieure, terminale, pourvue de trois nodosités convergentes, deux supérieures et une inférieure.

Anus un peu avant l'extrémité postérieure et en forme de fente.

Orifice de l'organe femelle au tiers antérieur à peu près.

Organe mâle ayant à l'extérieur deux spicules sans gaîne.

A. *Espèces dont le corps est également atténué aux deux extrémités.*

a. La tête non ailée.

L'Ascaride lombricoïde; *A. lumbricoides,* Brems., Vers de l'homme, pl. 2, fig. 2 et 3, édit. franç.

b. La tête ailée.

L'A. des chats : *A. mystax,* Rud.; Bremser, *Icon.,* tab. 4, fig. 13.

B. *Espèces dont le corps est plus épais en avant.*

a. La tête ailée.

L'A. des oies; *A. dispar,* Rud., *Synops.,* n.° 34.

b. La tête non ailée.

L'A. du barbeau : *A. dentata,* Rud.; Bremser, *Icon.,* tab. 5, fig. 1 — 4.

C. *Espèces dont le corps est plus gros en arrière.*

a. La tête non ailée.

L'A. des cormorans; *A. spiculigera,* Brems., *Icon.,* tab 5, fig. 5 — 8.

b. La tête ailée.

L'A. du héron cendré : *A. serpentulus,* Rud.; Brems., *Ic.,* tab. 5, fig. 9 — 14.

Observ. Ce genre, facile à caractériser pour certaines espèces, ne l'est au contraire qu'avec peine pour plusieurs autres, surtout quand on ne connoit pas les deux sexes, ce qui arrive assez fréquemment. En effet, il y a plusieurs genres voisins dont les femelles ressemblent complétement à certains ascarides, puisqu'il y en a dont la bouche est également armée de trois nodules. Aussi M. Rudolphi lui-même est-il loin d'assurer que les quatre-vingt-six espèces qu'il a caractérisées dans ce genre, soient réellement distinctes et même soient de véritables ascarides.

Nous avons déjà observé un assez grand nombre de ces vers

morts ou vivans; mais beaucoup plus fréquemment des femelles que des mâles.

On trouve des ascarides dans toutes les classes d'ostéozoaires, et spécialement dans les poissons.

Leur séjour habituel est la surface du canal intestinal; mais on en a aussi remarqué dans beaucoup d'autres parties, comme dans les voies pulmonaires et même sous les membranes séreuses.

CUCULLAN; *Cucullanus*, Muller.

Corps rigidule, élastique, arrondi, alongé, obtus et comme tronqué en avant, atténué et terminé en arrière par une pointe courte et conique.

Bouche orbiculaire, avec une masse buccale subcornée, striée et simulant un capuchon.

Anus entièrement terminal.

Orifice des organes de la génération femelle un peu en arrière de la moitié du corps.

Organes de la génération mâles avec deux spicules plus ou moins longs, sans gaine à la base, mais sortant entre deux membranes.

Espèce. Le C. DE LA PERCHE : *C. elegans*, Zeder; Bremser, *Icon.*, tab. 2, fig. 10 — 14.

Observ. Nous avons eu l'occasion d'observer ce ver bien vivant dans l'intestin de la perche fluviatile, et nous nous sommes assuré au juste de ce que c'est que l'organe figuré et décrit par les auteurs comme un capuchon, et dont le nom du genre a même été tiré. Quelques auteurs parlent de crochets internes et externes, que d'autres pensent être des vaisseaux. Il nous a paru évident que ce n'est qu'une masse buccale, peut-être un peu cornée et denticulée à son rebord, ayant ses muscles rétracteurs, et soutenue dans sa circonférence par des stries cornées.

Du reste, il est certain, d'après la figure même de M. Bremser, que ce genre ne s'éloigne presque en rien des ascarides.

Toutes les espèces de cucullans, dix-sept, dont huit douteuses d'après M. Rudolphi, paroissent être fort petites, et, sauf une (encore est-elle douteuse), ont été trouvées dans le canal intestinal de différentes espèces de poissons.

Le cucullan élégant est vivipare : nous avons très-bien vu les petits, vivans, s'agiter, se mouvoir en très-grand nombre dans l'utérus, au milieu d'un petit nombre d'œufs, et sortir par la vulve. Nous avons pu remarquer qu'ils diffèrent assez fortement des individus adultes ; leur partie postérieure étant beaucoup plus filiforme, plus aiguë, et servant cependant au petit animal à s'attacher. On ne voit pas encore la masse buccale colorée en rouge orangé, si évidente dans l'adulte.

M. Bremser assure aussi qu'il y a deux spicules aux organes mâles de la génération. Nous n'en avons vu qu'un ; mais il n'étoit pas sorti.

*** *Spicule simple, dans une sorte de ventouse.*

Strongle, *Strongylus.*

Corps rigidule, élastique, arrondi, alongé, atténué aux deux extrémités, et cependant un peu tronqué en avant.

Bouche terminale, fort grande, simple ou garnie de tubercules plus ou moins nombreux et radiaires.

Anus subterminal.

Terminaison de l'organe générateur femelle vers le tiers antérieur de la face abdominale.

Organes de la génération mâles se terminant par un spicule simple, médian, compris entre les lobes latéraux, plus ou moins distincts, d'une sorte de ventouse terminale.

A. *Espèces dont la bouche est simple et non papilleuse.*

* La ventouse non bilobée.

Le S. du mouton : S. *filaria*, Rud. ; Bremser, *Icon.*, tab. 3, fig. 26 — 31.

** La ventouse bilobée.

Le S. des lapins : S. *retortæformis*, Zeder ; Rudolphi, *Syn.*, n.° 17 ; Bremser, *Icon.*, tab. 4, fig. 5 et 9.

B. *Espèces dont la bouche est armée de papilles.*

* Au nombre de six.

Le S. de l'homme : S. *gigas*, Rud. ; Brems., Vers de l'hom., pl. 3, fig. 5, édit. franç.

**** Au nombre de trois.**

Le Strongle de la brebis; *S. contortus*, Rud., *Syn.*, n.° 6.

Observ. Ce genre, établi par Muller, a été adopté par tous les zoologistes. Nous en avons étudié plusieurs espèces, soit mortes, soit vivantes, mais rarement les deux sexes, le sexe mâle étant extrêmement rare. Nous avons cependant trouvé vivans la femelle et le mâle du *S. retortæformis* de Rudolphi, et nous avons pu nous assurer de la manière singulière dont la queue du mâle est terminée par une sorte d'élargissement gélatino-membraneux, en avant duquel est l'anus ; le spicule étant à peu près au milieu.

Nous avons publié depuis long-temps la description du *S. gigas*, faite sur un individu femelle encore contenu dans le rein d'une marte. Nous avons noté les pores, qui se trouvent régulièrement disposés de chaque côté du corps, communiquant avec la bande parenchymo-vasculaire qui occupe la ligne latérale et que quelques auteurs ont regardée comme nerveuse, bien à tort ; car le système nerveux est à sa place habituelle, c'est-à-dire dans la ligne médio-ventrale.

M. Rudolphi définit ou dénomme trente-huit espèces de strongles, mais dont quinze sont douteuses.

Des espèces de la première section, il y en a trois dans les mammifères et deux dans les oiseaux.

De celles de la seconde, quatorze proviennent de mammifères, et surtout de ruminans, deux d'oiseaux et deux de reptiles.

Ainsi c'est un genre que l'on ne connoît pas encore dans les amphibies ni dans les poissons, c'est-à-dire dans les animaux aquatiques.

C'est à la surface du canal intestinal que le plus grand nombre a été trouvé ; une espèce remonte jusque dans le rein.

• Sclérostome; *Sclerostoma*, Rud.

Corps rigidule, élastique, subarticulé, court, arrondi, presque cylindrique, comme tronqué et bulleux en avant, conique et obtus en arrière, sans queue évidente.

Bouche tout-à-fait terminale, large, orbiculaire ou infundibuliforme, armée dans sa circonférence par six écailles radiaires, denticulées sur leur bord.

Anus subterminal.

Orifice terminal de l'organe femelle situé au-delà de la moitié du corps.

Organe mâle terminé par une spicule simple, sortant du milieu d'une ventouse assez petite, terminale, simple ou bilobée.

Espèces. Le Sclérostome du cheval : *S. equinum*, Muller; Brems., *Icon.*, tab. 3, fig. 10 — 15.

Le S. du cochon; *S. dentatum*, Rud., *Synops.*, n.° 2.

Observ. Cette division générique pourroit sans inconvénient ne pas être entièrement séparée des strongles; cependant il faut avouer que la forme du corps, et surtout la manière dont la bouche est armée, doit avoir une certaine influence sur le mode d'adhérence du ver.

Nous l'avons observé dans le cheval, où il se trouve fréquemment.

Physaloptère; *Physaloptera*, Rud.

Corps rigidule, élastique, rond, atténué presque également aux deux extrémités, et généralement assez court.

Bouche orbiculaire, simple ou papilleuse.

Anus subterminal.

Orifice terminal de l'organe femelle situé au tiers antérieur du corps.

Organes de la génération mâles avec un spicule simple, sortant d'un tubercule au milieu d'un renflement vésiculiforme de la queue.

A. *Espèces dont la tête n'est pas ailée.*

Le Physaloptère du hérisson : *Ph. clausa*, Rud.; Bremser, *Icon.*, tab. 3, fig. 1 — 7.

B. *Espèces dont la tête est ailée.*

Le Ph. des faucons : *Ph. alata*, Rud.; Bremser, *ibid.*, fig. 8 — 9.

Observ. Ce genre, établi par M. Rudolphi, dans son *Synopsis*, ne paroît réellement pas différer beaucoup de celui des strongles, la terminaison de la queue des mâles étant à peu près la même, autant du moins qu'on en peut juger d'après l'excellente figure de M. Bremser; car nous n'avons pu encore observer nous - même un véritable physaloptère.

M. Rudolphi n'en distingue encore que cinq espèces, dont une douteuse ; elles proviennent, comme les strongles, du canal intestinal d'animaux des trois premières classes d'ostéozoaires.

SPIROPTÈRE ; Spiroptera, Rud.

Corps rigidule, élastique, arrondi, foiblement atténué aux deux extrémités.

Bouche orbiculaire, simple ou papilleuse.

Anus fort grand, arrondi, un peu avant l'extrémité postérieure.

Orifice de l'organe femelle vers le tiers ou le quart antérieur du corps.

Organes de la génération mâles formés par un spicule simple, sortant entre les ailes latérales de la queue, enroulé verticalement d'une manière plus ou moins serrée.

Esp. Le SPIROPTÈRE DU HÉRON NOIR ; *Sp. alata*, Rud.

Le Sp. DU SANGLIER : *S. strongyliformis*, Rud. ; Brems., *Icon.*, tab. 11, fig. 15 — 18.

Observ. Dans son Entozoologie, M. Rudolphi plaçoit parmi les ascarides les espèces qui constituent ce genre, dès-lors proposé par Bremser dans le Catalogue des entozoaires de la collection de Vienne, sous le nom d'*acuaria*. Ce genre a enfin été admis par le premier sous le nom de spiroptère, tiré de la disposition de la queue et de sa dilatation.

Nous avons observé quelques espèces de spiroptères, et il nous semble que ce genre diffère à peine des physaloptères, et par conséquent des strongles. Aussi tous les caractères sont-ils absolument semblables.

Nous devons cependant faire observer que sur une espèce que nous avons rencontrée dans les cæcum d'une dinde, et qui ne paroît pas décrite par M. Rudolphi, nous avons bien certainement vu deux spicules un peu inégaux, placés l'un devant l'autre. La queue, il est vrai, étoit assez peu enroulée.

La plupart des spiroptères de M. Rudolphi, qui sont au

nombre de quarante dans son *Synopsis*, sont d'une petite taille ; ils habitent les parois mêmes de l'œsophage ou de l'estomac, quelquefois contenus dans de petits kystes, qu'on remarque à la surface séreuse de ces parties de l'intestin.

C'est surtout dans la classe des oiseaux qu'ils sont plus nombreux.

Nous ne connoissons de figure que de la seule espèce citée.

**** *Genres douteux.*

THÉLAZIE ; *Thelazia*, Bosc.

Corps élastique, rigidule, médiocrement alongé, fusiforme ou atténué à peu près également à ses deux extrémités.

Bouche terminale, orbiculaire, armée de trois tubercules triangulaires, fixés à un anneau circulaire.

Anus subterminal et en forme de grande fente transverse.

Quatre stigmates ovales, bifides, entourant la bouche et conduisant par autant de canaux distincts dans un grand canal aérien, appendiculé, se terminant à l'anus.

Esp. La THÉLAZIE DU CHEVAL ; *Th. Rhodesii*, Bosc, Journ. de phys., année 1819.

Observ. Ce genre, établi par M. Bosc, *loc. cit.*, ne nous est pas connu. Nous avons tiré sa caractéristique de la figure et de la description qu'il en a données, plutôt, à ce que nous supposons, d'après la note qui lui a été communiquée, que d'après le ver lui-même, trouvé sur la cornée d'un cheval par M. Rhodez, vétérinaire.

Nous doutons beaucoup, pour ne pas dire davantage, de l'existence des quatre stigmates des canaux aériens, qui se terminent à l'anus. Nous supposons que les ovaires, dont il n'est fait mention ni dans la description ni dans la figure, ont été pris pour des canaux aériens par un observateur peu au courant de ce genre de recherches.

Le ver ascaridien sur lequel ce genre est établi, ne seroit-il pas l'*A. papillosa*, assez commun dans la cavité thoracique du cheval ?

LIORHYNQUE, *Liorhynchus.*

Corps rigidule, élastique, arrondi, subarticulé ou régulièrement crénelé en avant, également et assez peu atténué aux deux extrémités.

Bouche terminale, pourvue d'une sorte de petite trompe courte et rétractile.

Anus et *vulve* inconnus.

Organes de la génération mâles, avec un spicule simple.

Espèces. Le LIORHYNQUE DU BLAIREAU ; *Liorh. truncatus*, Rudolphi, *Synops.*, n.º 1.

Le L. DU PHOQUE ; *L. gracilescens*, Rud., *Synops.*, n.º 2.

Le L. DE L'ANGUILLE : *L. denticulatus*, Rud.; Bremser, *Icon.*, tab. 5 , fig. 19 — 22.

Observ. Ce genre, admis par M. Rudolphi sous le nom de *liorhynque*, avoit été établi par Bruguière sous la dénomination latine de *proboscidea*, qui signifie la même chose et qui a été conservée par les zoologistes françois. Il faut cependant convenir que Bruguière réunissoit dans ce genre des espèces tout - à - fait hétérogènes.

M. Rudolphi, dans son Entozoologie, caractérisoit trois espèces, qu'il admet aussi dans son *Synopsis;* mais il n'avoue pas moins dans les *Mantissa*, qui en font partie, que c'est un genre fort douteux. En effet, il n'a vu la première espèce qu'une seule fois, et ni lui ni personne ne l'ont revue depuis. La seconde, qu'il avoit établie d'après la description d'Othon Fabricius et la figure qui en a été donnée dans la Zoologie danoise de Muller, est également trop peu connue pour qu'on puisse assurer que ce n'est pas un ophiostome. Enfin la troisième, qui a été découverte par Zeder dans l'estomac d'une anguille, et qui a été revue par Zeder et par M. Rudolphi lui - même, comme il nous l'apprend dans ses *Mantissa*, paroît d'après lui fort peu s'éloigner des spiroptères. En effet, la description qu'il donne de la queue du mâle est tout - à - fait semblable à ce qu'on voit dans ce dernier genre.

Malgré cette observation de M. Rudolphi, M. Bremser à donné dans ses *Icones*, *loc. cit.*, des figures qui paroissent fort bonnes et qui indiquent un ver subarticulé, dont l'appendice générateur simple n'est pas disposé comme le décrit M. Rudolphi. Lequel croire? Nous n'avons malheureusement pas encore eu l'occasion d'observer nous-même ce ver.

Peut-être faut-il rapprocher de ce genre le *cucullanus ascaroides* de Goëtze, dont M. Rudolphi a fait son *prionoderma ascaroides*, conservé dans la collection du premier, actuellement dans le Musée de Pavie.

HAMULAIRE; *Hamularia*, Treutler.

Corps rigidule, élastique, arrondi, subcylindrique, un peu plus atténué à une extrémité qu'à l'autre.

Bouche à l'extrémité la plus obtuse, et pourvue d'une paire de crochets ou de tentacules.

Le reste inconnu.

Esp. L'HAMULAIRE DE L'HOMME; *H. lymphatica*, Treutler. *Auctuar.*, page 10—13, tab. 2, fig. 57, cop. partout.

Observ. Ce genre, établi par Treutler, a été nommé *Linguatula* par Schrank, et *Tentacularia* par Zeder. M. Rudolphi l'avoit d'abord adopté dans son Entozoologie, en ajoutant toutefois que les deux prétendus crochets ou tentacules avoient les plus grands rapports avec les spicules de l'organe mâle dans les ascarides.

M. Bremser a émis des doutes encore plus forts sur l'observation de Treutler lui-même, qui dit, que ces vers étoient tellement implantés dans le tissu des glandes bronchiques, où il les a trouvés, qu'il n'a pu en extraire presque aucun sans avoir déchiré leur trompe. M. Bremser ajoute qu'il est fort probable que ces vers sont du même genre que ceux qu'on trouve souvent dans les bronches et les poumons des animaux du genre Marte, et qu'il n'a jamais pu en retirer entiers.

D'après cela, M. Rudolphi, dans son *Synopsis*, a entièrement supprimé ce genre; ce que nous n'imiterons cependant pas encore tout-à-fait, parce qu'il ne nous paroît pas certain que l'hamulaire de Treutler soit un véritable ascaride.

Ordre III. PROBOSCÉPHALÉS, *Proboscephala*.

Corps rond, sacciforme, obtus aux deux extrémités, mou et susceptible de se gonfler par absorption, de manière à devenir rigidule.

Canal intestinal complet ?

Une trompe considérable, armée de crochets ou de papilles entièrement rétractiles.

Appareil de la génération bisexuel. Les sexes séparés sur des individus différens.

Observ. Cet ordre est évidemment moins naturel que le précédent; mais son organisation est beaucoup moins complétement connue. Cependant il est certain que des espèces ont un canal intestinal parfaitement complet; ce qui n'a pas lieu dans d'autres. Il en est de même pour l'appareil de la génération, qui dans les échinorhynques est composé des deux sexes séparés sur des individus différens, tandis que dans les siponcles cela n'est pas aussi certain.

Un caractère qui lui est commun et que nous ne connoissons dans aucun autre ordre de cette classe, c'est d'avoir l'extrémité antérieure du corps prolongée en une longue trompe rétractile, et le corps lui-même plus ou moins sacciforme et susceptible de se gonfler d'une manière bien remarquable, quand on le plonge dans l'eau.

Les mouvemens des animaux de cet ordre sont aussi assez singuliers. Ceux de locomotion générale sont fort peu considérables; mais il n'en est pas de même des autres. Le corps éprouve des ondulations et des gonflemens alternatifs répétés et presque continuels.

On pourra partager cet ordre en deux petites familles fort distinctes sous tous les rapports d'organisation et de séjour.

Fam. I. Les Acanthocéphalés, *Acanthocephala.*

Trompe formant une sorte de tête, armée d'aiguillons recourbés ou de crochets cornés.

Échinorhynque, *Echinorhynchus.*

Corps mou, un peu coriace, subcylindrique, plus ou moins alongé, sacciforme, ridé transversalement, quelquefois d'une manière assez régulière pour paroître subarticulé, obtus aux deux extrémités. L'antérieure avec un orifice arrondi, terminal, d'où sort une trompe diversiforme, garnie d'aiguillons et percée d'un orifice buccal simple. La postérieure également percée d'un orifice médian et terminal.

Appareil de la génération composé des deux sexes séparés sur des individus différens.

L'organe femelle se terminant à l'extérieur par un orifice situé vers le tiers antérieur.

L'organe mâle prolongé en un petit appendice médian et postérieur.

A. *Espèces dont le col et le corps sont inermes.*

I. Le col court ou nul.

a. *Trompe subglobuleuse.*

L'ÉCHINORHYNQUE DU COCHON : *E. gigas*, Goëtze ; Bremser, *Icon.*, tab. 6, fig. 1 — 4.

b. *Trompe ovale.*

L'É. DES POISSONS : *E. globosus*, Rud. ; Bremser, *ibid.*, fig. 5, 6.

c. *Trompe oblongue et plus épaisse au milieu.*

L'É. DES COULEUVRES : *E. cinctus*, Rud. ; Bremser, *ibid.*, fig. 7, 8.

d. *Trompe en massue.*

L'É. DU MUGE : *E. agilis*, Rud. ; Bremser, *ibid.*, fig. 9, 10.

e. *Trompe conique.*

L'É. DES BATRACIENS : *E. hœruca*, Rud. ; Bremser, *ibid.*, fig. 11 — 14.

f. *Trompe cylindrique.*

L'É. DE LA FAUVETTE : *E. areolatus*, Rud. ; Bremser, *ibid.*, fig. 15.

II. Le col alongé.

L'É. DE LA BALEINE ; *E. balenæ*, Bremser, *Ic.*, tab. 7, fig. 1.

B. *Espèces dont le corps et le col sont armés.*

L'É. DU MERLE ; *E. pyriformis*, Bremser, *Icon.*, tab. 7, fig. 20, 21.

Observ. Ce genre, établi par Pallas sous le nom d'*Hœrucula*, et depuis admis par Muller sous une dénomination imaginée par Zoëga, a été adopté par tous les zoologistes.

Nous avons observé un assez grand nombre d'espéces d'échinorhynques, souvent même à l'état vivant, et donné des observations anatomiques sur ce genre en 1819, dans le Dictionnaire des sciences naturelles, d'où il résulte que le système nerveux est simple et à la même place que dans l'ascaride lombricoïde, c'est-à-dire, dans la ligne médiane abdominale, et non pas double, un cordon de chaque côté, comme quelques personnes le disent.

M. Westrumb a publié une excellente monographie anatomique et zoologique de ce genre.

La distinction des espèces est assez difficile, et porte essentiellement sur la forme de la trompe. Aussi est-ce à sa considération que M. Rudolphi a eu égard pour la distribution des quarante-neuf espèces qu'il définit; quarante-neuf autres sont douteuses.

Les échynorhynques vivent en général à la surface de l'intestin, libres et le plus souvent adhérens au moyen de leur trompe armée.

Des quarante-neuf définis, sept viennent de mammifères, dix-neuf d'oiseaux, quatre de reptiles, deux d'amphibiens, dix-sept de poissons.

Fam. II. Protéocéphalés, *Proteocephala.*

Tête molle, très-changeante et non armée.

Caryophyllée, *Caryophyllæus.*

Corps mou, continu, quelquefois cependant ridé en travers, assez régulièrement déprimé ou subcylindrique, plus ou moins élargi en avant et un peu atténué en arrière.

Un renflement céphalique, élargi, déprimé, protéiforme et souvent lobé, duquel sort inférieurement une sorte de trompe non armée.

Un orifice terminal postérieur.

Appareil de la génération bisexuel et porté sur des individus différens.

L'orifice de l'organe femelle situé un peu avant l'extrémité postérieure.

L'organe mâle pourvu d'un appendice simple, saillant, au même endroit.

Espèce. Le Caryophyllée des poissons : *C. mutabilis*, Rud., *Entoz.*, tab. 8, fig. 16—18; Bremser, *Icon.*, tab. 11, fig. 1—8.

Observ. Ce genre a été établi par Bloch, et adopté par tous les zoologistes.

Il ne contient encore qu'une seule espèce, qui est commune dans le canal intestinal des espèces nombreuses du genre Carpe. Nous l'avons trouvée en grande abondance surtout dans le barbeau (*C. barbatus*, Linn.).

D'après ce qu'en dit M. Rudolphi, il est évident que cet animal ne peut être placé ailleurs que dans les trois premiers ordres de la classe des vers, puisqu'il décrit une bouche, un canal intestinal complet, avec un anus, et que les sexes sont séparés sur des individus différens. D'après ce que nous avons vu, nous croyons que c'est dans l'ordre des proboscéphalés qu'il doit être mis, parce que parmi les formes extrêmement variables sous lesquelles nous l'avons observé, il s'est présenté quelquefois avec une sorte de trompe sortie; nous avons vu un assez grand orifice terminal postérieur, comme dans les échinorhynques, et ses mouvemens nous ont paru avoir beaucoup d'analogie avec ceux des espèces de ce genre. Jamais, au contraire, nous n'avons pu apercevoir de traces de fossettes qui en auroient fait un genre de bothriocéphales, comme l'admet M. Rudolphi. Nous n'avons cependant pas vu non plus les orifices des organes de la génération.

Fam. III. Siponculides, *Sipunculidea.*

Trompe fort longue, nue ou hérissée de tubercules mous et papilleux.

Lancette, *Lanceola.*

Corps assez mou, quelquefois ridé en travers, déprimé, tout-à-fait plat en dessous, de forme ovale, lancéolée, obtus en avant, aminci en arrière en lancette.

Une grande ouverture terminale antérieure, d'où sort une longue trompe claviforme, ridée et percée à son extrémité.

Anus à l'extrémité opposée.

Un orifice médian inférieur tout près de la bouche, pour l'appareil de la génération.

Espèce. La Lancetie de Paretto, *L. Paretti*, fig. dans l'atl. du Dict.

Observ. Nous avons établi ce genre pour un animal de la mer de Gênes, que nous devons à M. Paretto. Il n'est ni figuré ni décrit dans aucun auteur venu à notre connoissance, et nous n'avons pu trouver de genre dans lequel il pût être rangé convenablement. Ce ne peut être un siponcle, puisqu'il a l'anus terminal, et que d'ailleurs la forme du corps est toute différente ; ce ne peut être non plus un hirudiné, puisqu'il n'a pas de ventouse terminale ; mais c'est un être intermédiaire.

Siponcle ; *Sipunculus*, Linné.

Corps mou, plus ou moins alongé, quelquefois annelé et ridé en travers, obtus aux deux extrémités.

L'antérieure percée d'une ouverture médiane, d'où sort une longue trompe rétractile et garnie à sa surface externe d'un grand nombre de papilles ou de grains cornés.

Bouche à l'extrémité de la trompe, et souvent lobée.

Anus à la moitié environ de la face abdominale.

Organes de la génération terminés par deux orifices latéraux, situés vers le même point.

Esp. Le Siponcle nu : *S. nudus*, Linn., Gmel., pag. 3094, n.° 1 ; *Syrinx*, Bohadsch, Anim. mar., p. 93, t. 7, fig. 6 et 7.

Observ. Ce genre, établi par Linné et adopté par tous les zoologistes, n'a pas encore été suffisamment étudié. Aussi n'est-on pas d'accord sur la place qu'il doit occuper dans la série.

Il contient un assez grand nombre d'espèces même dans nos mers. Nous en avons fait figurer plusieurs dans les planches du Dictionnaire.

Ce sont des animaux qui vivent dans les trous de roches sous-marines, des grandes coquilles à huîtres et même dans le sable ; leurs mouvemens ne paroissent pas être bien étendus.

Priapule ; *Priapulus*, de Lamarck.

Corps mou, alongé, subcylindrique, très-extensible, annelé dans toute sa longueur, pourvu en arrière d'un prolongement caudal, filiforme, hérissé de papilles molles, charnues, et en avant d'une sorte de renflement céphalique, glandiforme, d'où sort une trompe très-courte, très-grêle, hérissée de petites pointes cornées, et de deux cercles de crochets noirs, formant comme un double cercle de dents.

Bouche à l'extrémité de la trompe.

Anus à la racine de la partie caudale.

Espèce. Le PRIAPULE A QUEUE : *P. caudatus*, Lamk.; *Holothuria priapus*, Oth. Fabr., *Faun. Gr.*, p. 355, n.° 347 ; Muller, *Zool. Dan.*, 3, p. 27, tab. 96.

Observ. Ce genre a été établi par M. de Lamarck.

D'après l'excellente description de l'animal qui le forme, donnée par Othon Fabricius, il est évident, comme le fait justement observer M. de Lamarck, que ce ne peut être une holothurie. D'après les observations du même naturaliste, faites et répétées sur l'animal vivant, il est également certain que l'appendice papillifère est postérieur et non antérieur, comme cela est dit dans la Zoologie danoise.

C'est du reste un animal qui a les mêmes habitudes que les siponcles, et qui vit dans le sable.

Ordre IV. MYZOCÉPHALÉS, *Myzocephala.*

Corps assez mou, de forme assez variable, mais en général alongé ou ovale ; souvent subarticulé, arrondi, subarrondi ou déprimé, atténué aux deux extrémités, mais surtout en avant : à tête labiale plus ou moins distincte, ou en forme de suçoir, et terminée en arrière par un ou plusieurs disques préhenseurs ou ventouses.

Canal intestinal complet.

Bouche antérieure dans le fond de la ventouse labiale.

Anus plus ou moins terminal et dorsal.

Appareil de la génération bisexuel : les deux sexes portés sur chaque individu, et ayant leurs orifices rapprochés et plus ou moins antérieurs.

Observ. Cet ordre, parfaitement naturel, correspond en effet assez exactement au genre *Hirudo* de Linné, et comprend en outre quelques genres qui, suivant nous, ont été décrits à l'envers. Il passe évidemment d'une part aux porocéphalés ou fascioles et aux aporocéphalés ou planaires, dont cependant on peut le distinguer aisément. Son principal caractère porte sur ce que la bouche est dans le renflement céphalique en forme de ventouse, et que l'extrémité postérieure du corps est pourvue de disque faisant le même office.

Le canal intestinal est certainement complet dans les hirudinés proprement dits ou monocotylaires. Cela n'est pas aussi certain pour les polycotylaires.

On peut faire la même observation pour l'appareil générateur, certainement composé des deux sexes réunis dans la première famille, ce qui n'est pas aussi certain pour la seconde.

La locomotion des animaux de cet ordre se fait toujours par un mouvement analogue à celui des chenilles arpenteuses; le corps, fixé au moyen du système ventousaire de l'extrémité postérieure, s'alongeant, se portant en avant, se fixant par l'antérieure, en rapprochant ensuite la postérieure, et ainsi de suite.

Ces animaux sont extérieurs; cependant presque tous sucent les humeurs des autres animaux : aussi se trouvent-ils fréquemment parasites.

Nous partageons cet ordre en deux familles, dont la dernière pourra être convertie en ordre distinct, quand elle sera mieux connue.

Fam. I. Monocotylaires, *Monocotyla.*

Une seule ventouse postérieure.

Branchiobdelle, *Branchiobdella.*

Corps alongé, déprimé, tout-à-fait plat en dessous, peu bombé en dessus, très-finement annelé dans la partie antérieure, formant une espèce de cou; les autres anneaux pourvus à droite et à gauche de lobes foliacés; ventouse antérieure parfaitement distincte, mais bien plus petite que la postérieure, horizontale.

Bouche édentée.

Espèces. La Branchiobdelle de Menzies; *B. Menziei,* Menz., Trans. linn. de Lond., tom. 1, p. 188, tab. 27, fig. 3.

La B. de la torpille; *B. torpedinis,* Rud., fig. dans l'atl. du Dict. des sciences. nat.

Observ. Ce genre, établi par M. Rudolphi, a été adopté par tous les zoologistes. M. Savigny a seulement proposé d'en changer le nom en celui de *Branchellio*.

Nous avons observé dernièrement l'espèce principale, celle qui vit sur la torpille, et nous sommes bien assuré qu'il n'y a rien de branchial dans les lobes foliacés dont les anneaux du corps sont pourvus. C'est bien une véritable sangsue.

PONTOBDELLE, *Pontobdella*.

Corps alongé, rond ou à peu près, également convexe en dessus comme en dessous.

Ventouse antérieure très-grande, pourvue de trois paires de très-petits tubercules à son bord.

Ventouse postérieure terminale et dans la direction du corps.

Points pseudo-oculaires nuls.

Dents également nulles.

Especes. La PONTOBDELLE ÉPINEUSE; *Pont. muricata*, Linn.; fig. dans l'atlas du Dict. des sc. nat.

La P. SPINULEUSE; *P. spinulosa*, Leach, *Miscell. zool.*, tom. 2, pag. 12, tab. 68, fig. 1 et 2.

La P. VERRUQUEUSE; *P. verrucata*, id., ib., tab. 64.

La P. ARÉOLÉE; *P. areolata*, id., ibid., tab. 63.

La P. LISSE: *P. lævis*, de Blainv., pl. des sangsues, n.° 3.

La P. A BANDELETTES; *P. vittata*, de Cham. et Eysenh., *Mem. cur. nat.*, tom. 2, part. 2, pl. 24, fig. 4.

La P. INDIENNE; *P. indica*, Linn.

Observ. Ce genre de sangsues a été proposé par M. Oken et établi par M. le docteur Leach sous le nom que nous avons adopté; que M. de Lamarck a modifié en celui de *Ponbdelle*, et que M. Savigny a changé en *Albione*, qui à son tour a été adopté par M. Moquin-Tandon dans sa Monographie des hirudinés.

Il ne contient que des espéces marines qui ne sortent jamais de l'eau, et qui ont du reste toutes les mœurs des autres sangsues.

ICHTHYOBDELLE, *Ichthyobdella*.

Corps assez alongé, presque cylindrique, peu régulièrement plissé et pourvu en dessous d'une bande médiane de très-petits crochets cornés.

Tête en ventouse bien distincte et presque aussi large que la postérieure, horizontale.

Deux paires de points pseudo-oculaires, virguliformes.

Point de tubercules dentifères.

Les orifices des organes de la génération aux dix-septième et vingtième anneaux.

Espèces. L'Ichthyobdelle géomètre : *Ichth. geometra*, Linn.; Roësel, *Ins.*, tom. 3, p. 199, tab. 25; cop. dans l'Encycl. méth., pl. 51, fig. 12—19.

L'Ichth. marginée : *Ichth. marginata*, Gmel., pag. 3098, n.° 12; *H. cephalota*, Carena, Mém. de l'Acad. des sc. de Turin, tom. 12.

L'Ichth. marquetée : *Ichth. tessellata*, Gmel., p. 3098, n.° 11, d'après Muller; *H. oscillatoria*, Saint-Amans, Ann. de la soc. linn. de Paris, t. 3, p. 193, pl. 8.

Observ. Nous avons, les premiers, proposé ce genre sous le nom de *Piscicola*, qui a été adopté par M. de Lamarck. M. Savigny a substitué la dénomination d'*Hæmocharis*, que M. Moquin-Tandon a rejetée, comme ayant été employée en botanique pour désigner une section du genre *Gordonia*. MM. Goldfuss et Schinz lui ont donné celle de *Phormio*.

Nous avons observé une espèce de ce genre, trouvée au printemps dans la Seine, appliquée sur un petit caillou, mais ordinairement fixée sur les poissons d'eau douce, et surtout sur les cyprins. Nous n'osons assurer qu'elle soit nouvelle, quoiqu'elle nous ait offert la particularité d'avoir le milieu du ventre garni d'une grande quantité de petits crochets cornés, dirigés en arrière, parce qu'il se pourroit que cette particularité ait échappé aux personnes qui se sont occupées plus spécialement de l'étude des sangsues.

Nous sommes loin d'assurer que les quatre espèces que nous citons dans ce genre, soient réellement distinctes, les caractères dont on s'est servi pour les caractériser, ne portant que sur la disposition des couleurs, qui est extrêmement variable.

Il est certain, contre l'assertion de M. Savigny, que dans

les individus que nous avons observés il n'y avoit que quatre
points pseudo - oculaires.

GÉOBDELLE, *Geobdella.*

Corps subcylindrique, un peu déprimé, formé d'un très-grand
   nombre d'articulations assez larges et plissées.

Tête peu distincte, en ventouse bilabiée.

Ventouse postérieure subterminale.

Orifice buccal très-grand, sans tubercules dentifères.

Anus transverse, également très-grand.

Espèce. La GÉOBDELLE DE DUTROCHET; *G. Trochetii*, Dict. des
sc. nat., pl. des sangsues.

Observ. C'est à M. Dutrochet que la science doit la découverte de l'espèce de sangsue dont il a formé son genre *Trochetia*, que M. de Lamarck a adopté, ainsi que nous, mais
dont nous avons cru devoir changer la dénomination, parce
que ce nom a déjà été employé en botanique; qu'il se trouvoit
ne pas concorder avec notre système de nomenclature, et
qu'en général en zoologie on a jusqu'ici répugné à décorer
de nom d'homme les genres qu'on y établit.

Nous avons étudié cet animal conservé dans l'esprit de vin.

Dans la caractéristique de ce genre nous n'avons pas fait
entrer le renflement ou anneau que M. Dutrochet avoit noté
comme indiquant le passage aux lombrics, parce qu'il a reconnu
lui - même qu'il n'existe un peu marqué qu'à l'époque des
amours, et qu'il est déterminé par la turgescence des organes
de la génération.

C'est à tort que M. Savigny a cru que cette sangsue pouvoit appartenir à son genre *Nephelis*, ce qu'a imité M. Moquin-
Tandon, et que M. Huzard fils l'a rapporté à l'*H. sanguisuga*
de Linné; c'est peut-être plutôt l'animal sur lequel M. Moquin-Tandon a établi son genre Aulastome.

PSEUDOBDELLE, *Pseudobdella.*

Corps alongé, subcylindrique ou peu déprimé, composé d'anneaux nombreux, égaux, assez longs et bien réguliers.

Tête peu distincte, à ventouse bilabiée, et portant cinq
   paires de points pseudo-oculaires, dont trois très-rap-

prochés sur le premier anneau, et deux latérales plus
　　isolées.

Bouche très-grande, pourvue à l'entrée de l'œsophage de
　　trois plis bifides, un supérieur et deux latéraux inférés.

Anus fort grand et semi-lunaire.

Orifices des organes de la génération : le premier entre le
　　24.ᵉ et le 25.ᵉ anneau, le second entre le 29.ᵉ et le 30.ᵉ

Espèces. La P. NOIRE : *P. nigra*; *Hœmopis nigra*, Savigny;
Hir. sanguisuga, Carena, Monogr., tab. 11, fig. 7; *Hir. vorax*,
Johnson; la S. DE CHEVAL, *H. vorax*, Huzard fils, Mém., pl. 2,
fig. 16 et 17? *Hœmopis nigra*.

Observ. La sangsue sur laquelle nous établissons cette division
générique est certainement celle qui est commune dans les
environs de Paris, et qui se trouve surtout abondamment
dans les étangs de Gentilly, comme l'indique M. Savigny.

C'est bien certainement aussi la sangsue de cheval, l'*H. vo-*
rax de M. Huzard fils, puisque nous avons eu entre les mains
les individus mêmes qui ont servi à ses observations. Mais,
d'après nous, il a eu tort, suivant ici l'exemple de M. Carena,
de la regarder comme le même animal que Linné a nommé
H. sanguisuga, que M. Savigny a appelé *H. sanguisorba*,
et qui entre dans le genre suivant. C'est donc également à
tort que M. Moquin-Tandon, dans sa Monographie', a suivi
les mêmes erremens, réunissant sous le nom d'*H. vorax*, l'*H.*
sanguisuga de Linné et de tous les auteurs du nord, l'*H. san-*
guisorba de MM. Savigny et de Lamarck; et, enfin, la Sangsue noire ou de cheval de M. Huzard, qui est l'*Hœmopis ni-*
gra de M. Savigny, et qui, bien mieux, est très-probablement
la sangsue dont M. Moquin-Tandon fait un genre distinct sous
le nom d'*Aulastoma*; car tous les caractères qu'il assigne à ce
genre sont ceux qu'on remarque sur notre pseudobdelle ou
sangsue de cheval de M. Huzard.

HIPPOBDELLE, *Hippobdella.*

Corps alongé, subcylindrique ou peu déprimé, composé d'an-
　　neaux nombreux, égaux et réguliers.

Tête peu distincte, à ventouse bilabiée, portant cinq paires
　　de points pseudo-oculaires, trois très-rapprochées sur

le premier anneau, et deux autres latérales plus isolées.

Bouche petite, pourvue de trois tubercules portant deux rangées de denticules peu nombreuses.

Anus médiocre.

Orifices des organes de la génération : le premier entre le 24.ᵉ et le 25.ᵉ anneau, le second entre le 29.ᵉ et le 30.ᵉ

Espèces. L'Hippobdelle sanguisuge : *H. sanguisuga ; Hæmopis sanguisorba*, Sav., de Lamk.

L'H. en deuil; *H. luctuosa*, Sav.

L'H. lacertine; *H. lacertina*, Sav.

Observ. Ce genre a été établi par M. Savigny sous le nom d'*Hæmopis*. Nous l'avons adopté en en retranchant cependant l'*H. nigra*, que M. Savigny n'a caractérisé, à ce qu'il paroît que par analogie, ou bien, s'il étoit vrai qu'il eût trouvé dans quelques individus non seulement des denticules, mais même un petit crochet mobile, il faudroit croire que la sangsue sans mamelons dentifères, si commune aux environs de Paris, et spécialement dans les étangs de Gentilly, lui auroit échappé, ce qui n'est pas probable.

Quoi qu'il en soit, c'est une division bien voisine des véritables sangsues.

Iatrobdelle, *Iatrobdella.*

Corps alongé, sensiblement déprimé, composé d'anneaux nombreux, assez distincts et égaux.

Tête peu distincte, à ventouse bilabiée, portant cinq paires d'yeux disposées comme dans le genre précédent.

Bouche fort petite, précédée par trois mamelons épais, solides, comprimés, armés sur leur tranchant de denticules nombreuses, très-pointues.

Anus extrêmement petit.

Orifices des organes de la génération comme dans les deux genres précédens.

Espèce. La Iatrobdelle médicinale : *I. medicinalis*, Linn.; S. officinale, Huzard, Mém. du Journ. de Pharm., Mars 1852, pl. 5, fig. 18 — 20.

Et comme variétés :

La I. officinale; *I. officinalis*, Sav.

57.

36

La Iatrobdelle de Provence; *I. provincialis*, Caréna.

La I. obscure; *I. obscura*, Moquin-Tandon, Monog., pl. 5, fig. 3.

La I. du Lac majeur; *H. verbana*, Caréna, *Monog.*, tab. 11, fig. 6.

La I. interrompue; *H. interrupta*, Moquin-Tandon, Mon., pl. 6, fig. 9.

La I. troctine; *I. troctina*, Raw. Johnson, *Tract. med. Leech.*, p. 21 et 22.

La I. médicinale marquetée; *I. M. tessellata*, Huzard, *l. c.*, fig. 18.

La I. médicinale noire; *I. M. nigra*, id.

La I. médicinale couleur de chair; *I. M. carnea*, de Blainv.

La I. granuleuse; *I. granulosa*, Sav.

Observ. Cette division des sangsues ne diffère réellement de la précédente que par son degré de développement plus grand des tubercules dentifères et des dents dont ils sont armés. Tout le reste est absolument semblable, même jusqu'au nombre des anneaux dont le corps est composé : elle a été établie par M. Savigny sous le nom de *sanguisuga*, ou de sangsue proprement dite ; mais il est indubitable que la précédente devra lui être réunie.

Nous avons vu et observé les sangsues officinale et médicinale, ainsi que leurs variétés verte, grise, marquetée, etc., et nous nous sommes assuré qu'elles ne diffèrent absolument que par la couleur, qui est extrêmement variable dans ce genre d'animaux, au point que très-rarement on trouve une ressemblance un peu complète sous ce rapport entre les individus d'un même marais, et à plus forte raison entre ceux de lieux plus ou moins éloignés. C'est ce qui nous portoit déjà à regarder aussi comme de simples variétés la sangsue du lac Majeur de M. Caréna, et qui nous détermine à en faire autant des sangsues obscure et interrompue de M. Moquin-Tandon. Dans la description détaillée qu'il nous en donne, on voit aisément que les différences ne portent que sur les couleurs.

PALÉOBDELLA, *Palæobdella*.

Corps assez alongé, déprimé, composé d'articulations assez marquées, égales et nombreuses.

Tête peu distincte, à ventouse bilabiée, portant en dessus quatre paires de points pseudo-oculaires peu distincts, trois formant une ligne semi-circulaire, l'autre plus écartée.

Bouche petite, pourvue de trois tubercules lenticulaires, inermes.

Anus petit.

Orifices des organes de la génération aux mêmes anneaux que dans les genres précédens.

Espèce. La Paléobdella du Nil : *P. nilotica*, Sav., Égypte, Annél., pl. 5, fig. 4 ; cop. dans l'atlas du Dictionn., pl. des sangsues.

Observ. Ce genre a été établi par M. Savigny dans son Système général des Annélides et adopté par M. Moquin-Tandon, qui en a changé le nom en celui de *Limnatis*, parce que celui de Bdella est déjà employé pour un genre d'Octopodes.

Nous n'avons pas vu l'animal sur lequel il est établi : mais d'après la description et la figure données par M. Savigny, il est évident que c'est un genre peu distinct de celui des véritables sangsues, puisqu'il n'en diffère que par une paire de points oculaires de moins, et parce que les mamelons lenticuliformes de la bouche ne sont pas armés de denticules. Mais ces différences, en supposant qu'elles puissent suffire à l'établissement d'un genre, ne pourroient-elles pas dépendre, sinon d'un défaut d'observation, du moins de quelque accident ?

Quoi qu'il en soit, ce genre ne contient encore que la seule espèce citée.

ERPOBDELLE, *Erpobdella.*

Corps alongé, déprimé, composé d'anneaux fort nombreux, égaux, peu marqués.

Tête non distincte, à ventouse presque nulle et portant quatre paires de points oculaires, les deux premières en arc semi-annulaire sur le premier anneau, les deux autres latérales et transverses.

Bouche très-grande, sans mamelons dentifères, mais seulement avec trois sinus.

Anus également assez grand et semi-lunaire.

Orifices des organes de la génération : le premier au 3o.ᵉ anneau, le second entre le 32.ᵉ et le 33.ᵉ

Espèce. L'ERPOBDELLE VULGAIRE : *E. vulgaris*, Linn. ; *H. octoculata*, Bergm., *Act. Stockh.*, 1757, tab. 6, fig. 5 — 8 ; *Nephelis tessellata*, Savigny.

Et comme variétés :

L'E. ROUSSE ; *E. rutila*, Sav.

L'E. TESTACÉE ; *E. testacea*, id.

L'E. CENDRÉE ; *E. cinerea*, id.

L'E. ATOMAIRE ; *E. atomaria*, Caréna, *Monog.*, tab. 12, fig. 16.

L'E. GÉANTE ; *E. gigas*, Moquin-Tandon, *Monogr.*, pl. 6, fig. 5.

L'E. MARQUETÉE : *E. tessellata*, Linn., Gmel. ; Muller, *Hist. Verm.*, 1, p. 2, pl. 45, n.° 173.

Observ. Ce genre nous paroît avoir été réellement établi par M. Oken sous le nom d'*Helluo*. Nous l'avions également formé sous la dénomination d'Erpobdelle, que M. de Lamarck a adoptée. M. Savigny a cru depuis devoir l'appeler *Nephelis*, ce qu'a imité M. Moquin-Tandon, mais en y rapportant à tort le genre *Trochetia* de M. Dutrochet.

Nous avons observé fréquemment la première espèce, et pu nous assurer que ce genre devoit être conservé, puisqu'il offre des caractères assez tranchés dans le nombre des points pseudo-oculaires, dans la position des orifices des organes de la génération, et dans l'absence totale de tubercules à la bouche.

Nous ne voyons aucun caractère suffisant pour distinguer les quatre espèces établies par M. Savigny, et il n'y en a pas beaucoup davantage pour l'*H. atomaria* de M. Caréna, non plus que pour la *N. gigas* de M. Moquin-Tandon.

GLOSSOBDELLE, Glossobdella.

Corps un peu dur, ovale, assez peu alongé, déprimé, très-plat en dessous, composé d'un grand nombre d'anneaux égaux, denticulant les bords.

Tête non distincte, sans ventouse, mais pourvue de points pseudo-oculaires bien visibles et en nombre variable.

Ventouse postérieure très-petite.

Orifice buccal marginal, en forme de grand pore, donnant issue à une trompe rétractile, armée d'un anneau corné en tarrière.

Anus médiocre.

Orifices des organes de la génération très-rapprochés entre eux ; le premier entre le 21.ᵉ et le 22.ᵉ anneau, le second entre le 24.ᵉ et le 25.ᵉ

Espèces. La GLOSSOBDELLE APLATIE : *G. complanata*, Linn., Gmel., page 3097, n.º 6 ; *Hirudo sexoculata*, Bergm., *Act. Stockh.*, 1757, p. 313, tab. 6, fig. 12 — 15 ; *H. crenata*, Kirby, *Trans. Linn. soc.*, t. 2, p. 316, t. 29 ; *Glossiphonia et Glossopora tuberculata*, Raw. Johnson, *Phil. Trans.*, 1817, p. 346, pl. 17, fig. 1 — 10.

La G. LINÉÉE : *G. lineata*, Linn., Gmel., *Verm.*, p. 3096, n.º 10 ; d'après Muller, *Verm.*, t. 2, p. 39, n.º 169.

La G. HYALINE : *G. hyalina*, Linn., Gmel., *Verm.*, p. 3097, n.º 7 ; *H. heteroclyta*, Linn., *Syst. nat.*, 12, p. 1080, n.º 7 ; Trembley, Hist. des Polyp., Mém., 3, p. 147, pl. 7, fig. 7.

La G. DE CARÉNA : *G. Carenæ*, Moquin-Tandon, Monog., pl. 4, fig. 4 ; *H. trioculata*, Caréna, Monog., tab. 12, fig. 22.

La G. DES MARAIS : *G. paludosa*, Caréna ; Moquin-Tandon, Monog., pl. 4, fig. 3.

La G. BIOCULÉE : *G. bioculata*, Linn., Gmel., *Verm.*, p. 3096, n.º 5 ; Bergm., *Act. Stockh.*, 1757, n.º 4, tab. 6, fig. 9 — 11 ; *H. stagnalis*, Linn., *Syst. nat.*, 12, p. 1079, n.º 5 ; *Glossiphonia porata*, Raw. Johnson, *Tract. med. Leech.*, p. 26 ; *Glossopora punctata*, id., *Phil. Trans.*, 1819, p. 346, pl. 17, fig. 11 — 13 ; *H. stagnorum*, Derh., Hist. nat. des sangs., p. 10 — 20 ; *H. pulligera*, Daud., Mém. et Notes, p. 19, pl. 1, fig. 1, 2 et 3.

La GLOSSOBDELLE SWAMPINE ; *G. Swampina*, Bosc, Vers, t. 1, p. 247, pl. 8, fig. 5.

La G. CLOPORTE ; *G. oniscus*, de Blainv., atlas du Dictionn. des sc. nat., pl. des sangsues.

Observ. Ce genre, confondu par M. Oken dans son genre *Helluo*, et par nous et M. de Lamarck parmi les Erpobdelles, a été pour la première fois distingué par M. Johnson, d'abord sous le nom de *Glossiphonia*, et ensuite sous celui de *Glosso-pora*. M. Savigny l'a depuis établi sous la dénomination de Clepsine. qui a été admise par M. Moquin-Tandon.

Nous avons étudié les deux espèces principales qui le composent : c'est un genre qui doit être admis.

Malacobdelle, *Malacobdella*.

Corps ovale, très-déprimé, continu ou sans articulations visibles.

Tête non distincte, avec une simple bifurcation antérieure, et sans aucun indice de points oculaires.

Disque d'adhérence beaucoup plus étroit que le corps:

Bouche antérieure.

Anus bien évident à la racine dorsale de la ventouse postérieure.

Orifices des organes de la génération vers le tiers antérieur du ventre.

Espèce. La M. des Myes : M. *grossa*, Linn., Gmel., *Verm.*, p. 3098, n.° 15; d'après Muller, *Zool. Dan.*, 1, p. 69, n.° 27, tab. 21, fig. 1 — 5; cop. dans l'Encycl. méthod., pl. 52, fig. 6 — 10.

Observ. Nous avons établi ce genre pour un animal rencontré une seule fois par nous dans le manteau d'une mye tronquée; mais malheureusement conservée depuis quelque temps dans l'esprit de vin. Quoique son corps ne soit pas annelé comme celui des sangsues, il est cependant impossible de le placer ailleurs que dans cette famille. Dans la figure donnée par Muller, la bifurcation de l'extrémité antérieure est horizontale, au contraire de ce que nous avons vu : car certainement l'extrémité antérieure est plutôt bilobée qu'échancrée. La bouche est au fond de cette échancrure. Le canal intestinal est bien véritablement conformé comme il est indiqué dans la figure de Muller, étant simple, subflexueux, et surtout plus large en avant qu'en arrière, où il finit en pointe. En dessous on voit, de chaque côté d'un organe médian en forme de canal, une masse de corps ovalaires extrêmement gros, et probablement des jeunes sujets plutôt que des œufs.

C'est évidemment un passage vers les planaires.

ÉPIBDELLE, *Epibdella.*

Corps ovale, déprimé, continu ou sans articulations distinctes, pourvu en avant d'une sorte de ventouse en forme de tête triangulaire, et postérieurement d'un large disque hémisphérique, ayant en dessous une paire de petits crochets postérieurs et deux pointes vers le milieu.

Espèce. L'É. DE L'HIPPOGLOSSE: *E. hippoglossi*, Linn., Gmel., *Verm.*, p. 3098, n.° 14; d'après Muller, *Zool. Dan.*, 2, tab. 54, fig. 2 — 4; cop. dans l'Enc. méthod., pl. 51, fig. 14.

Observ. Nous avons établi ce genre pour un animal que nous ne connoissons que d'après la description et la figure malheureusement incomplètes données par Muller, et qui diffèrent notablement de ce qu'Othon Fabricius dit du même animal, d'autant plus qu'il le décrit en sens inverse. Nous avions cependant supposé que cet animal étoit réellement de la famille des sangsues et qu'il se rapprochoit du capsale de M. Bosc. Mais il paroit que M. Johnson, dans sa dissertation sur les sangsues, pense que c'est un *Pediculus* de Linné. Or, comme il est certain que ce ne peut être un véritable pou, il est probable qu'il a voulu dire que c'étoit un calige, que l'on a quelquefois appelé pou des poissons. Cela se peut sans doute, surtout pour l'animal figuré par Baster, *Opusc. subseciva*, t. 2, tab. 8, fig. 11, *a A;* mais c'est ce dont nous ne sommes pas encore convaincu pour l'animal figuré par Muller, qui ne peut, ce nous semble, avoir quelque chose de ressemblant aux caliges; en sorte que nous laisserons encore cet animal parmi les entomozoaires apodes, auprès des genres Capsale, etc. En effet, M. Oken fait entrer ces deux animaux dans son genre Phylline.

NITZSCHIE, *Nitzschia.*

Corps ovale, oblong, très-déprimé, continu ou inarticulé, terminé en avant par une tête assez peu distincte, pourvue de chaque côté d'une fossette ou suçoir, et en arrière par un large disque en ventouse tout-à-fait à son extrémité.
Bouche inférieure et non terminale.
Anus?
Organes de la génération se terminant à l'extérieur tout près l'un de l'autre et immédiatement après la bouche.

Espèce. La Nitzschie élégante ; *N. elegans,* de Baër., *Nov. Act. Acad. Cur. nat.,* tom. 13, part. 2, tab. 22, fig. 1 — 4.

Observ. Ce genre vient d'être établi par M. de Baër dans l'ouvrage cité, pour un animal qui vit sur les branchies et les opercules de l'esturgeon, et que M. Oken rapporte à son genre Phylline.

Nous ne le connoissons que par la figure et la description excellentes que M. de Baër en a données, et qui prouvent que c'est un genre extrêmement voisin de celui que M. Bosc a établi depuis long-temps sous le nom de Capsale, pour un animal trouvé par La Martinière sur un diodon, que M. Oken a fait entrer aussi dans son genre Phylline, et dont M. Cuvier a fait celui qu'il a nommé Tristome.

AXINE, *Axine.*

Corps cylindrique, élargi en arrière par une espèce de membrane bordée par un double cordon de nodosités; deux tubercules à la bouche.

Espèce. L'A. DE L'AIGUILLE, *A. bellones,* Oken, Man. d'hist. nat., zoolog., 1.re part., p. 357, tab. 11.

Observ. C'est M. Oken qui a établi ce genre, qu'il a rangé parmi les lernées, tandis qu'il met sa phylline dans une famille particulière avec les sangsues marines, les siponcles et les thalassèmes.

Sa description et sa figure sont trop incomplètes pour qu'on puisse assurer que ce genre diffère réellement du précédent ; mais il est évident que la membrane bordée de nodosités ne peut être qu'un disque d'adhérence, et que les deux tubercules de la bouche sont les suçoirs antérieurs. •

Il ne contient qu'une seule espèce, d'un demi-pouce de long, qui a été trouvée dans les branchies de l'*esox bellone,* vulgairement l'aiguille.

CAPSALE, *Capsala.*

Corps un peu résistant, déprimé, court, ovale, subcirculaire, un peu échancré à ses deux extrémités.

Tête petite, logée dans l'échancrure antérieure, et pourvue, à droite et à gauche, d'une fossette ou suçoir inférieur.

Ventouse ou disque postérieur subterminal, inférieur, médiocre et radié.

Bouche inférieure, assez reculée et percée dans un mamelon.

Anus ?

Terminaison des organes de la génération ?

Esp. Le Capsale du xiphias : *C. coccinea*, G. Cuv.; Bremser, *Icon.*, tab. 10, fig. 12 et 13.

Le C. du diodon; *C. Martinieri*, Bosc.

Observ. Ce genre a été établi par M. Bosc pour un animal décrit et figuré par Lamartinière, naturaliste de l'expédition de Lapeyrouse, d'abord dans le Journal de physique et ensuite dans l'atlas même de ce voyage.

M. Oken, en établissant son genre Phylline, y fit entrer, sous le nom de *P. diodontis*, l'animal qui sert de type à ce genre mal défini, et comprenant des espèces véritablement hétérogènes.

Enfin M. Cuvier a reproduit le même genre dans son Règne animal, tome 4, page 42, sous le nom de *Tristoma*, adopté par M. Rudolphi, dénomination que nous ne croyons pas devoir conserver; d'abord, parce qu'elle n'a pas l'antériorité, et ensuite parce qu'elle pourroit induire en erreur, sinon, en faisant supposer que cet animal auroit trois bouches, mais du moins en le rapprochant des porocéphales ou fascioles, qui appartiennent à un ordre tout différent.

Nous n'avons pas encore observé nous-même une des espèces de ce genre, dont l'une paroît se trouver fixée sur les branchies de différens poissons de la Méditerranée, et l'autre sur la peau des diodons.

Fam. II. Polycotylaires, *Polycotyla.*

Plusieurs paires de petites ventouses ou de suçoirs bordant la partie postérieure du corps.

Observ. Cette petite famille est aisée à distinguer de la précédente, par la singularité qu'elle offre d'avoir quatre ou trois paires de petits suçoirs, bordant l'extrémité élargie du corps des animaux qui la composent. Plusieurs auteurs, et entre autres Delaroche, qui, le premier, a observé une espèce de cette famille, MM. Cuvier, Rudolphi et Otto, re-gardent l'extrémité pourvue de ventouses comme l'anté-rieure. et la plus étroite comme la postérieure ; mais nous avons observé l'animal dont Delaroche a fait son genre Polys-tome. ainsi que celui qui vit dans la vessie des grenouilles, et nous pensons exactement le contraire : c'étoit aussi la manière de voir de Bremser.

Cyclocotyle, *Cyclocotyla*.

Corps gélatineux, continu ou non articulé, composé de deux parties ; une antérieure, plus petite, cylindrique, obtuse ; l'autre postérieure, beaucoup plus grande, large, orbicu-laire, un peu convexe en dessus, concave en dessous, et pourvue dans son rebord postérieur de quatre paires de petites ventouses, armées à l'intérieur de crochets.

Bouche et anus inconnus.

Orifice de la génération à l'endroit de la jonction des deux parties du corps, sous forme d'une fissure proéminente.

Esp. Le Cyclocotyle de l'aiguille : *C. Bellones*, Otto, Des-cript. de quelques mollusq. et zooph., *Acta nov. cur. nat.*, tome 10, tab. 41, fig. 2, *a*, *b*, *c*.

Observ. Ce genre a été établi par M. Otto (*loc. cit.*) pour un animal parasite, extrêmement petit, qu'il a trouvé sur la peau du dos d'un *esox bellone* dans la Méditerranée.

Nous ne le connoissons que d'après la figure et la description qu'il en donne, et dans laquelle il ne parle ni de bouche ni d'anus ; aussi le décrit-il à l'envers, prenant pour autant de bouches les huit ventouses. Il le rapproche cependant avec juste raison du capsale de M. Bosc ou tristome de M. Cuvier, ainsi que du polystome de M. Delaroche. Il n'a pas pensé à l'axine de M. Oken, qui, cependant, a aussi été trouvée sur le même poisson.

Hexacotyle, *Hexacotyla*.

Corps ovale, déprimé, continu ou non articulé, composé de deux parties ; une antérieure, bien plus petite, subcylin-drique, ridée : l'autre postérieure, beaucoup plus grande, ovale, alongée, déprimée et bordée inférieurement par trois paires de ventouses, armées à l'intérieur de deux petits crochets opposés.

Tête petite, peu distincte, portant la bouche à son extrémité.

Anus dorsal à la jonction du cou et du corps.

Orifice des organes de la génération au même endroit en dessous.

Esp. L'HEXACOTYLE DU THON : *H. thynni ;* POLYSTOME DU THON, Delaroche, Bull. pour la Soc. philom., et atlas du Dict. des sc. nat, pl. des sangsues ; *Polystoma duplicatum*, Rud., *Synops.*, pag. 125.

L'H. DE LA TORTUE : *H. ocellatum ; Polystoma ocellatum*, Rud., *Synopsis*, page 125 et 456.

Observ. Ce genre a été établi par Delaroche (*loc. cit.*) pour un animal parasite qu'il a trouvé sur les branchies d'un thon.

Nous avons observé les individus mêmes qui ont servi à sa description, et nous nous sommes assuré qu'il avoit décrit et figuré l'animal à l'envers, ayant regardé comme des bouches les ventouses, et la bouche comme l'anus : c'est ce qui nous a déterminé à changer le nom qu'il avoit donné à ce genre ; nom qui, d'ailleurs, pourra être conservé pour le genre suivant, qui diffère évidemment de l'hexacotyle par plusieurs caractères importans. Les doubles orifices, décrits par Delaroche dans le fond de chaque ventouse, ne sont que les crochets. Quant aux deux tubercules coniques ou tentacules **extrêmement** courts qu'il signale entre les deux ventouses intermédiaires, nous n'avons pu les apercevoir : seroit-ce quelque chose d'analogue aux deux crochets qui existent réellement dans les hexathiridies ? Dans la seconde espèce, trouvée par M. Rudolphi attachée au palais d'une tortue orbiculaire à Arimini, ce zoologiste n'a pu non plus voir ces deux parties : ce qui nous fait supposer que c'est un hexacotyle et non un hexathiridie.

Il est évident que ce genre a beaucoup de rapports avec le Cyclocotyle de M. Otto.

HEXATHIRIDIE, *Hexathiridium.*

Corps mou, contractile, continu ou inarticulé, déprimé, ovalaire, atténué et arrondi en avant, élargi fortement et pourvu en arrière de trois paires de petites ventouses marginales, profondes, inermes, et dans le milieu d'une paire de très-petits crochets cornés.

Bouche en forme de pore dans le fond d'une ventouse orale, terminale.

Anus nul ou inconnu.

Les deux orifices de l'appareil de la génération très-rapprochés et assez antérieurs ; le postérieur plus grand.

Esp. L'HEXATHIRIDIE DES GRENOUILLES : *H. integerrimum; Planaria uncinulata*, Braun, Mém. des amat. de l'hist. nat. de Berlin, 10, pag. 58, tab. 3, fig. 1 — 3 ; *Linguatula integerrima*, Froëlich, *Naturf*; Rud., *Wiedm. Archiv.*, 1, p. 93, tab. 2, fig. 9, *a*, *f*; *Polystoma ranæ*, Zeder, *Nachtræg.*, p. 203, t. 4, fig. 1 — 3 ; *Polyst. integerrima*, Rud., Entozool.; G. Cuvier, de Lamk., etc.

L'H. DE LA GRAISSE ; *H. pinguicola*, Treutler, *Observ. pathol. anat.*, page 19 — 22 ; tab. 3, fig. 7 — 11.

L'H. DES VEINES ; *H. venarum*, id., *ib.*, p. 23, t. 4, fig. 1 — 3.

Observ. Ce genre a véritablement été établi par Treutler sous la dénomination que nous adoptons, d'abord à cause de l'antériorité et parce qu'elle ne peut pas autant induire en erreur que celle de polystome que lui a substituée Zeder, et d'ailleurs parce qu'elle évitera encore la confusion qui résulte de ce qu'on a long-temps réuni dans le même genre les hexathiridies, qui ont les suçoirs en arrière, et les pentastomes, qui les ont en avant.

Nous avons observé avec soin la première espèce, qui est le type de ce genre, et cela pendant plusieurs jours, à l'état vivant, et nous assurons, contre l'opinion de M. Rudolphi, qui ici abandonne son guide habituel, Bremser, que les ventouses sont en arrière et la bouche en avant, comme cela a lieu dans les fascioles ou distomes, avec lesquelles les hexathiridies ont véritablement beaucoup de rapports. L'animal, fixé par ses ventouses, porte çà et la dans toutes les directions l'extrémité atténuée ou antérieure, comme le font les sangsues; d'ailleurs il paroît certain que cette espèce a des points pseudo-oculaires, comme le montre M. de Baër, et ils sont sur cette même extrémité.

Les deux autres espèces sont plus douteuses, ou du moins il n'est pas certain qu'elles diffèrent de la première, qui est commune dans la vessie urinaire des espèces du genre *Bufo* de Linné.

Sous-classe des PARENTOMOZOAIRES ou SUB-ANNÉLIDAIRES.

Ordre I.er APOROCÉPHALÉS , *Aporocephala.*

Corps très-mou , visqueux, luisant, continu ou sans trace de rides ni d'articulations, très-polymorphe, mais en général plat. glissant en dessous, convexe en dessus.

Canal intestinal souvent complet, avec une bouche et un anus terminaux.

Appareil de la génération en général bisexuel. Les sexes portés sur le même individu.

Observ. Cet ordre est aisé à reconnoître par l'aspect luisant, visqueux, continu et glissant, que présente le corps de toutes les espèces qui le constituent, et parce que la tête n'est jamais distincte ou séparée du reste du corps. En ajoutant qu'il n'y a jamais de ventouses servant à la locomotion, et que celle-ci s'exécute constamment par un glissement de tout le plan locomoteur à·la surface des corps, un peu comme dans les gastéropodes, on aura des caractères suffisans pour le distinguer.

Nous n'osons donner rien d'aussi positif pour les appareils de la digestion et de la génération, car nous ne sommes pas certain qu'il y ait toujours un canal intestinal complet, et que les deux sexes existent constamment.

Ces animaux sont toujours extérieurs et presque constamment aquatiques.

Fam. I.re Les TÉRÉTULARIÉS , *Teretularia.*

Corps plus ou moins cylindrique , alongé ; canal intestinal complet.

TUBULAN , *Tubulanus.*

Corps mou , lisse , continu , alongé , rond , obtus aux deux extrémités et s'atténuant cependant un peu de l'antérieure à la postérieure.

Tête peu ou point distincte.

Bouche en forme de fente longitudinale au-dessous de l'extrémité antérieure.

Anus terminal.

Esp. Le Tubulan polymorphe ; *T. polymorphus*, Renieri.
Le *T.* élégant ; *T. elegans*, Renieri.

Observ. Ce genre a été établi par M. Renieri pour des animaux qu'il a observés dans la mer Adriatique et que nous n'avons pas observés. Nous ignorons où se fait la terminaison des organes de la génération.

Ophiocéphale, *Ophiocephalus.*

Corps long, cylindrique, vermiforme, mais très-polymorphe, continu.

Tête alongée, aplatie en une sorte de mufle, avec une fissure de chaque côté.

Une fente alongée pour la bouche ; plus en arrière et sur le front, deux ouvertures ovalaires.

Esp. L'O. vert ; *O. viridis*, Quoy, Gaimard.

Observ. Ce genre a été établi par MM. Quoy et Gaimard dans un mémoire envoyé à l'Académie des sciences, pour un animal d'un vert foncé en dessus et plus pâle en dessous, trouvé sur des fucus à une grande profondeur dans la rade de Sidney, au port Jackson, dans la Nouvelle-Hollande. Nous ne connoissons pas trop la caractéristique qu'ils en ont donnée ; mais nous supposerions volontiers que ce genre ne diffère pas beaucoup, ou des cérébratules de M. Renieri, ou du genre Borlasie de M. Oken ; Némerte de M. Cuvier.

Cérébratule, *Cerebratulus.*

Corps mou, continu ou inarticulé, long, déprimé, obtus aux deux extrémités, et décroissant un peu et insensiblement de l'antérieure à la postérieure.

Tête peu distincte, prolongée en une sorte de rostre pourvu de chaque côté d'une fossette longitudinale.

Bouche très-grande, inférieure et non terminale.

Anus entièrement terminal.

Orifices des organes de la génération ?

Esp. Le Cérébratule a deux raies ; *C. bilineatus*, Renieri.
Le *C.* marginé ; *C. marginatus*, id.

Observ. Ce genre a été établi par M. Renieri pour deux vers inarticulés qu'il a trouvés dans la mer Adriatique, et dont l'un, le C. marginé, a été aussi recueilli dans la mer de Gênes, par M. Paretto, qui a bien voulu nous le remettre. Nous nous sommes assuré que ce genre a les plus grands rapports avec les borlasies ou némertes, avec la seule différence de la forme du corps, qui est infiniment moins long et moins cylindrique que dans les derniers.

Borlasie, Borlasia.

Corps mou, continu, extrêmement long, subcylindrique, presque également obtus aux deux extrémités, mais s'atténuant réellement d'une manière insensible de l'antérieure à la postérieure. Extrémité antérieure assez renflée, s'avançant en une sorte de rostre, ayant de chaque côté une fossette longitudinale.

Bouche inférieure non terminale, très-grande, en fente longitudinale et formant quelquefois une espèce de ventouse.

Anus tout-à-fait terminal.

Orifice de l'appareil générateur dans un tubercule situé au bord de l'ouverture buccale.

Esp. Le B. d'Angleterre : *B. Angliæ*, Oken ; Borlase, *Cornw.*; *Nemertes Borlasii*, G. Cuv., Règne anim., t. 4, page 57.

Observ. Ce genre a été réellement établi par Sowerby, le père, dans ses Mélanges de zoologie d'Angleterre, sous le nom de *Linaria*, pour un animal que Borlase avoit, le premier, indiqué dans son Histoire naturelle de Cornouailles.

M. Oken, en 1815, l'a également établi sous le nom que nous avons dû adopter, parce que celui de *Linaria* est déjà employé en botanique.

Enfin M. Cuvier, qui ne connoissoit probablement ni l'un ni l'autre de ces ouvrages, lui a donné le nom de *némertes*, et l'a caractérisé d'une manière toute différente que ces auteurs et que nous, parce qu'il a pris l'anus pour la bouche, et *vice versâ*.

Nous avons observé nous-même ce ver singulier vivant sur les côtes de l'Océan, à La Rochelle. Il se trouve sous les pierres ; il rampe exactement à la manière des planaires, et s'entortille quand on le détache du sol d'une manière inextricable. Nous nous sommes bien positivement assuré que l'extrémité qui s'avance la première et bien avant l'autre, est la plus renflée, et, par conséquent, que la grande ouverture qu'on y remarque est la bouche.

Nous ne serions véritablement pas étonné que le cérébratule à deux raies de M. Renieri ne fût le même animal que le borlasie d'Angleterre ; en sorte qu'on devra peut-être réunir les genres Ophiocéphale, Cérébratule, Linaria, Borlasia et Nemertes.

BONELLIE, *Bonellia*.

Corps alongé, cylindrique, très-polymorphe, obtus aux deux extrémités, mais prolongé en arrière en un long appendice caudiforme, aplati, membraneux, se fermant d'abord en une sorte de gouttière inférieure, se bifurquant et s'étalant à sa terminaison en deux lobes foliacés.

Bouche subterminale et un peu inférieure.

Anus à l'extrémité du corps, à la racine de l'appendice caudal.

Organes de la génération se terminant par un petit tubercule mamelonné, situé un peu avant l'anus, accompagné d'une paire de petits crochets en arrière.

Espèces. La B. VERTE ; *B. viridis*, Rolando, Mém. de Turin, tom. 26, p. 539, fig. 1 — 7.

Observ. Ce genre a été établi par M. le docteur Rolando, de Turin, pour un animal qu'il a trouvé sur les côtes de Sardaigne, mais que nous avons rencontré une fois seulement dans la rade de Toulon. Quoique, d'après ce que nous apprend M. Rolando de son organisation, cet animal soit assez compliqué, il nous a semblé cependant. en le voyant vivant, qu'il avoit les plus grands rapports avec les borlasies. Notre caractéristique diffère un peu de celle donnée par le professeur de Turin ; elle a cependant été faite sur les individus qui sont conservés dans la collection de cette ville.

LOBILABRE, *Lobilabrum*.

Corps très-mou, très-polymorphe, assez alongé, déprimé, élargi et également obtus aux deux extrémités.

Bouche terminale fort grande, entre deux lèvres horizontales, l'une et l'autre bilobée, la supérieure beaucoup plus profondément que l'autre et souvent comme bitentaculée.

Anus également terminal.

Organes de la génération ?

Espèce. Le LOBILABRE DES HUÎTRES ; *L. ostrearium*, de Blainv.

Observ. Nous établissons cette petite division générique pour un ver de deux ou trois pouces de long, qui ne s'éloigne des borlasies que par la forme de l'extrémité antérieure et de la bouche, et chez lequel, du reste, le canal intestinal est de même fort grand et étendu, sans inflexion de la bouche à l'anu s.

Ce ver habite un tube fort singulier, incomplet, composé de grains de sable appliqué sà la surface des huîtres comestibles de la Manche, et probablement aussi sur d'autres corps. Sa couleur est d'un gris sale.

PROSTOME, *Prostome.*

Corps court, subcylindrique, pourvu en avant de trois paires de points pseudo-oculaires.

Bouche et *Anus* terminaux.

Canal intestinal tubuleux.

Esp. Le P. CLEPSINOÏDE ; *P. clepsinoides*, Dugès, mém. sur les Planaires, Ann. des sc. nat., 1828.

Observ. Ce genre, établi tout dernièrement par M. le professeur Dugès, dans un mémoire lu à l'Académie des sciences au mois d'Octobre, diffère essentiellement des planaires par l'état complet du canal intestinal. Outre l'espèce qui lui sert de type, M. Dugès croit pouvoir y rapporter les *Planaria angulata, ciliata, rubra* et *candida* de Muller.

Fam. II. Les PLANARIÉS, *Planariæ.*

Corps en général très-plat ou déprimé, le canal intestinal avec un seul orifice.

DÉROSTOME, *Derostoma.*

Corps ovale, déprimé, assez peu aplati.

Bouche non terminale, inférieure, très-dilatable, conduisant dans un intestin en forme de sac.

Orifices des deux parties de l'appareil générateur très-rapprochés et assez reculés.

Esp. Le Dérostome linéaire : *D. lineare*; *Planaria linearis*, Linn., Gmel, page 3092, n.° 32, d'apres Muller, *Zool. Dan.*, 3, p. 42, tab. 106, fig. 2.

Observ. Ce genre, établi par M. Dugès, dans le mémoire cité, outre l'espèce citée comme type, le *P. grossa* de Muller en contient six autres qu'il n'a pu rapporter à celles indiquées par les zoologistes, et qu'il insiste de regarder comme nouvelles.

Planaire, *Planaria*.

Corps mou, luisant, visqueux, continu, de forme extrêmement variable, mais toujours très-plat en dessous, ordinairement plus large en avant qu'en arrière.

Bouche inférieure, plus ou moins reculée sous l'abdomen, donnant dans un estomac ramifié.

Anus nul ?

Orifices des organes de la génération doubles ou plus ou moins rapprochés et au-delà du milieu de la longueur totale.

Espèce. La P. lactée : *P. lactea*, Linn., Gmel., page 3090, n.° 20; d'après Muller, *Zool. Dan.*, 3, p. 47, t. 109, fig. 1 et 2.

Observ. Ce genre a été établi par Muller, qui a fait également connoître la plus grande partie des espèces d'animaux qu'on y range; mais il faut convenir que ces espèces présentent souvent tant de différences entre elles, qu'on est bien embarrassé d'y trouver la caractéristique du genre.

Nous en avons déjà observé un certain nombre dans les eaux douces des environs de Paris et dans les eaux salées de la Manche. Mais nous n'avons encore pu parvenir à rien de bien satisfaisant sous le rapport de leur organisation, en sorte que nous ne pouvons donner une bonne distribution des espèces et assurer de plus si elles doivent rester dans le même genre. M. de Baër, dans un travail inséré dans le dernier volume des *Act. cur. nat.*, vient d'éclaircir beaucoup ce sujet, ce que faisoit aussi de son côté M. Dugès.

Planocère, *Planocera*.

Corps très-déprimé, ovale, assez peu alongé, un peu plus

large en arrière qu'en avant, portant avant le milieu du dos une paire d'appendices tentaculiformes.

Bouche inférieure, fort reculée et donnant issue à une sorte de trompe élargie en disque lobé à sa circonférence.

Orifices de l'appareil générateur fort reculé, celui de l'organe mâle donnant issue à un appendice cylindrique et court.

Espèce. Le Planocère de Gaimard, *P. Gaimardi*, de Blainv.

Observ. Nous établissons ce genre pour quelques espèces de planaires qui s'éloignent des autres par la présence de tubercules tentaculiformes presque au milieu du dos, et peut être aussi par le nombre des ouvertures abdominales; mais c'est ce qui n'est pas aussi certain, parce qu'il se pourroit que cette disposition fût la même dans beaucoup d'autres espèces. Nous n'osons véritablement encore assurer la dénomination de chacune de ces ouvertures: ce que nous savons, c'est que sur un individu d'une assez grande taille, rapporté par MM. Quoy et Gaimard de l'expédition de l'Uranie, il sortoit de l'orifice moyen une espèce de tube renflé et percé à son extrémité, sans doute la terminaison de l'appareil générateur, et que d'un des terminaux, que nous avons désigné sous le nom d'antérieur, étoit sortie une espèce d'expansion membraneuse, lobée et festonnée, ayant quelque ressemblance avec un organe branchial et sans doute labiale.

PHÆNICURE, Phœnicurus.

Corps très-mince, membraneux, ovale, un peu alongé, très-déprimé, un peu convexe en dessus, tout-à-fait plane en dessous, arrondi et plus épais en avant, aminci, atténué en une sorte de queue simple ou bilobée en arrière.

Bouche terminale, ovale, transverse, percée dans une sorte de membrane diaphragmatique.

Espèce. Le Ph. thétidicole : *Ph. thetidicola*, Rud.; *Vertummus thetidicola*, Otto, Moll. et Zooph.; *Nov. act. natur. cur.,* tom. 11, fig. *a, b, c, d, e, f.*

Observ. Ce genre a été établi par M. Rudolphi sous le nom que nous lui conservons, comme le plus ancien, et quoiqu'il soit tiré d'une particularité peu importante.

Il paroît qu'il a été également proposé par M. Renieri, avec la dénomination de *Hydatula*.

Enfin, dans ces dernières années M. Otto en a fait le sujet d'un article particulier (*loc. cit.*), et il a changé son nom en celui de *Vertumnus*.

Nous possédons deux individus bien conservés de cette singulière espèce d'animal parasite. Ils nous ont été remis par M. Paretto, qui, sans doute, les aura recueillis à Gênes. Nous avons pu leur comparer l'excellente description extérieure et intérieure que M. Otto en a donnée avec de très-bonnes figures. Toute la masse du corps est composée par un parenchyme celluleux, traversée dans sa longueur par un canal intestinal à parois non distinctes, qui commence plus large derrière le diaphragme buccal et se termine en se rétrécissant peu à peu avant d'être parvenu au bord postérieur du corps, et par conséquent avant la racine de la queue. A cette terminaison M. Otto n'a pu voir d'orifice. Nous avons cru en apercevoir quelques indices sur un de nos deux individus, à la face ventrale, à peu près au niveau de la terminaison de l'intestin ; mais il n'a pas été possible de l'insufler, en sorte qu'il est probable que cet intestin n'a qu'une ouverture. On ne trouve non plus rien qui indique un appareil générateur; en sorte que la place de ce genre est véritablement difficile à assigner.

La seule espèce qui le constitue, et qui vit parasite sur les téthyes, est quelquefois sans appendice caudiforme. Le plus souvent il est double et bien symétrique ; mais d'autres fois il est simple et médian.

Ordre II. POROCÉPHALÉS, *Porocephala*.

Corps assez mou, continu, sans traces d'articulations, ni de rides régulières transverses, pourvu d'un grand pore ou d'une ventouse en avant, et souvent d'une seconde ventouse abdominale avancée ; du reste diversiforme.

Canal intestinal incomplet.

Bouche en forme de pore dans le fond de la ventouse antérieure.

Anus nul.

Appareil générateur unisexuel ou du moins terminé par un seul orifice abdominal percé avant la ventouse, d'où sort un cirrhe perforé.

Observ. Cet ordre correspond en grande partie à celui que M. Rudolphi a nommé Trématodes.

L'organisation des animaux qui le constituent ne nous est pas encore assez connue pour que nous puissions assurer positivement les caractères tirés des appareils de la digestion et de la génération. Il est par exemple certain que dans un grand nombre d'espèces de distomes ou de fascioles, l'extrémité postérieure est percée par un orifice même assez grand ; mais ce n'est pas un véritable anus. Quant à l'appareil de la génération, il est réellement bien compliqué dans les fascioles, par exemple, et nous croyons qu'il est formé des deux sexes; mais nous ne voudrions pas assurer qu'ils aient un orifice extérieur particulier.

A l'extérieur, ces animaux ont réellement quelque chose des sangsues, puisqu'ils ont une ventouse antérieure, comme plusieurs de celles-ci, et que la ventouse postérieure n'est seulement qu'un peu plus avancée; aussi le mode de locomotion des fascioles a-t-il de l'analogie avec celui des sangsues, l'animal se fixant par son disque, pour se porter ensuite en avant par élongation.

HYPOSTOME, *Hypostoma.*

Corps déprimé, ovale-alongé, un peu plus atténué en arrière qu'en avant, ou bien subcylindrique.

Extrémité antérieure arrondie et ayant à sa partie inférieure un large enfoncement rhomboïdal, mais peu profond.

Espèce. L'H. DU GASTÉROSTÉE : *H. caryophyllinus*, Rudolphi; Bremser, *Icon.*, tab. 8, fig. 1 et 2.

Observ. Cette division générique, indiquée par M. Rudolphi dans son genre *Monostoma*, paroit devoir comprendre nonseulement les trois espèces qu'il y range, mais peut-être encore toutes celles qui habitent dans le corps des poissons, et qui sont plus ou moins déprimées.

Nous n'avons observé aucune espèce de ce genre; mais appartient-il bien certainement à cet ordre? ne seroit-il pas plus voisin des ligules ?

VER

Monostome, *Monostoma*.

Corps plus ou moins alongé, fusiforme, d'autres fois ovale et déprimé.

Un pore antérieur terminal, plus ou moins évident, sans ventouse abdominale, ni orifice terminal postérieur.

. A. *Espèces dont le corps est ovale et déprimé.*

Le M. de l'esturgeon : *M. foliaceum*, Rud.; Bremser, *Icon.*, tab. 8, fig. 3 — 7.

Le M. des crapauds : *M. ellipticum*, Rud.; Brems., *Icon.*, tab. 8, fig. 12 — 14.

B. *Espèces dont le corps est plus ou moins arrondi.* (G. Festucaria, Schrank.)

Le M. de la lamproie; *M. tenuicollis*, Rud., *Synops.*, tab. 2, fig. 1 — 4.

Le M. du vanneau : *M. lineare*, Rud.; Brems., *Ic.*, tab. 8, fig. 8 et 9.

Le M. de la taupe : *M. ocreatum*, Rud.; Brems., *ibid.*, fig. 10 et 11.

Observ. Ce genre a été établi par Schrank sous la dénomination de *Festucaria*, que Zeder a transformée en celle de *Monostoma*, adoptée par M. Rudolphi et la plupart des zoologistes.

Nous n'avons pas encore eu l'avantage d'observer aucune espèce de ce genre, en sorte que nous ne pouvons rien dire sur l'absence peu probable d'orifice de l'appareil générateur et peut-être même de celui de l'extrémité postérieure.

M. Rudolphi définit vingt-trois espèces de monostomes proprement dits, et sept espèces douteuses.

C'est essentiellement chez les oiseaux et les poissons qu'elles se trouvent le plus communément : dans le canal intestinal et quelquefois dans les cavités viscérales.

Amphistome, *Amphistoma*.

Corps mou, continu, subarrondi.

Un pore antérieur assez petit.

Un orifice postérieur.

Point de ventouse sous-abdominale.

A. *Espèces à tête distincte.*

L'Amphistome des hérons : *A. longicolle*, Rud.; Brems., *Ic.*, tab. 8, fig. 15 et 16.

L'A. de la grenouille : *A. urnigerum*, Rud.; Brems., *ib.*, fig. 24 — 27.

B. *Espèces à tête non distincte.*

L'A. des batraciens : *A. subclavatum*, Rud.; Brems., *ibid.*, fig. 30 et 31.

L'A. du castor : *A. subtriquetrum*, Rud.; Bremser, *ibid.*, fig. 32 et 33.

Observ. Ce genre a été établi par Abildgard sous la dénomination de *Strigea*, parce que l'animal qui lui servoit de type avoit été trouvé dans une chouette. M. Rudolphi, pensant que les dénominations des entozoaires ne doivent pas être tirées des animaux dans lesquels on les trouve, en adoptant ce genre, lui a donné le nom d'*amphistoma*.

Nous ne pouvons pas assurer avoir vu une espèce de ce genre, du moins une de celles décrites par M. Rudolphi. Cet auteur en définit treize espèces dans la première section, cinq dans la seconde et trois douteuses.

Toutes ont été observées à la surface intestinale.

Toutes les espèces qui ont la tête distincte, ont été trouvées dans les oiseaux; une seule exceptée, qui vient de l'intestin de la grenouille verte. Quant aux autres, elles proviennent de mammifères ou d'amphibiens. Ce sont de véritables fascioles, avec la ventouse fort reculée en arrière : c'est l'opinion de M. Bremser, de M. Bojanus; c'est aussi la nôtre.

HOLOSTOME, *Holostoma.*

Corps mou, inarticulé, de forme un peu variable, composée de deux parties; une antérieure, élargie, excavée et formant comme une grande ventouse; l'autre, postérieure, ordinairement subcylindrique.

Un orifice ou pore antérieur, marginal, en général assez petit. Un autre orifice, postérieur, terminal, plus grand.

Ouverture des organes de la génération dans le milieu de la grande ventouse thoracique.

Espèces. L'H. du renard : *H. alatum*, Nitzsch; *Distoma alatum*, Zed.; Abildg., *Dansk. selsk. skrift.*, 1, p. 63, t. 5, fig. 6, a, c.

L'Holostome de la cigogne : *H. excavatum ; Distoma excavatum*, Rud.

L'H. du faucon ; *H. serpens*, Nitzsch.

L'H. des oiseaux de proie ; *H. macrocephalum*, Brems., *Icon.*, tab. 8, fig. 17 — 23.

L'H. des sternes; *H. pileatum*, Brems., *ibid.*, fig. 28 et 29.

Observ. Ce genre, établi par M. Nitzsch, n'a pas été adopté par M. Rudolphi, qui en a réparti les espèces tantôt dans les amphistomes, tantôt dans les fascioles.

Nous avons observé l'espèce la plus commune, l'*H. macrocephalum*, dans l'intestin d'un hibou, et nous nous sommes assuré que ce genre présente une particularité assez remarquable dans la disposition du corps partagé en deux parties, dont l'une forme une sorte de grande ventouse à l'aide de laquelle l'animal se fixe : c'est cette première partie que M. Rudolphi nomme la tête. Malheureusement les individus que nous avons observés étoient morts ; en sorte qu'il nous est impossible de décider lequel des deux a raison, M. Rudolphi ou M. Nitzsch, dans la dénomination qu'ils assignent aux ouvertures, l'un appelant antérieure celle que l'autre regarde comme postérieure. Nous ferons seulement la remarque que M. Rudolphi argumente sur ce qu'il a vu, dans l'*amphistoma cornutum*, les œufs sortir par l'extrémité qu'il nomme à cause de cela postérieure et qui paroît toujours être la plus étroite. Ce n'est cependant pas ordinairement à une des extrémités que se trouve l'orifice de l'ovaire dans les porocéphalés, mais bien plus ou moins vers le milieu du corps, comme nous l'avons certainement vu dans l'A. du hibou.

Les espèces de ce genre paroissent se trouver dans les intestins des animaux vertébrés des deux premières classes d'ostéozoaires.

Aspidogastre, *Aspidogaster.*

Corps mou, inarticulé, ovale, alongé, atténué aux deux extrémités, pourvu en dessous d'une lame, avec des barres.

Un orifice tout-à-fait terminal à chaque extrémité : l'un, probablement le postérieur, dilaté en ventouse et beaucoup plus grand que l'autre, plus petit et rond.

Espèce. L'A. des lymnodermes ; *A. conchicola*, Baër, *Acta nova cur. nat.*, tom. 13, part. 2.

Observ. Ce genre a été établi dernièrement par M. de Baër (*loc. cit.*) pour un animal qu'il a trouvé parasite sur les anodontes ou les unios. Il lui assigne ces caractères : *Ore et ano oppositis ; lamina clathrata sub ventre.* Nous ignorons tout-à-fait ce que c'est que cette lame ; mais nous supposons que cet animal a quelques rapports avec les holostomes de M. Nitzsch.

FASCIOLE, *Fasciola.*

Corps mou , inarticulé , de forme extrêmement variable , pourvu de deux ventouses ; une antérieure , terminale : l'autre inférieure ou abdominale , plus ou moins reculée. Pore buccal au fond de la ventouse antérieure.

Un pore terminal.

Pore générateur unique , donnant issue à un cirrhe perforé et situé avant ou après la ventouse abdominale.

A. *Espèces dont le corps est très-aplati, subfoliacé.* (G. FASCIOLA.)

a. La ventouse ventrale plus grande que l'anale.

La F. HÉPATIQUE : *F. hepatica*, Abildgard ; Brems., Vers de l'homme.

b. La ventouse orale plus grande.

La F. DU CANARD ; *F. delicatulum*, Rudolphi.

c. Les ventouses égales.

La F. DU TRIGLE ; *F. solœiformis*, Rudolphi.

B. *Espèces dont le corps est plus ou moins déprimé, mais non foliacé, ovale ou alongé.*

a. La ventouse ventrale plus grande.

La F. DES MOUETTES : *F. lucipetum*, Rud.; Bremser, *Icon.*, tab. 9, fig. 1 et 2.

b. La ventouse orale plus grande.

La F. DES ICHTHYOLYMNES : *D. tereticollis*, Rud. ; Bremser , *ibid.*, fig. 5 et 6.

c. Les deux ventouses égales.

La F. DES MOTACILLES : *F. macrostoma*, Rud.; Brems., *ibid.*, fig. 11 et 12.

C. *Espèces dont le corps est déprimé, ailé et lobé de chaque côté en avant, et conique en arrière.*

La Fasciole du maimon : *F. maimonis*, de Blainv.; Bremser, Vers de l'homme, trad. fr., append., pl. 2, fig. 5.

D. *Espèces dont le corps est plus ou moins rond, ovale ou alongé.*

a. Ventouse ventrale plus grande.

La F. des surmulets : *F. furcata*, Bremser, Icon., tab. 9, fig. 13 et 14.

b. Ventouse orale plus grande.

La F. des scombres : *F. excisa*, Rud.; Brems., *ibid.*, fig. 19 et 20.

c. Ventouses égales.

La F. du barbeau : *F. punctum*, Zeder; Bremser, *ibid.*, fig. 21 et 22.

E. *Espèces dont le corps, arrondi, est renflé en massue à sa partie postérieure.* (G. Hirudinella.)

La F. de la pélamide : *F. clavata*, Rud.; Menzies, Soc. linn., tom. 17, p. 96.

Observ. Ce genre, établi par Linné pour la F. hépatique et la ligule, sous la dénomination de *Fasciola*, qui a été conservée par Muller, Schrank, Gmelin, quoiqu'ils y eussent introduit un assez grand nombre d'espèces qui n'ont pas la forme de bande, a été adopté par Goëtze sous le nom de *Planaria*, et par Retzius sous celui de *Distoma*, dénomination qui a prévalu, puisqu'elle est maintenant presque généralement reçue, si ce n'est par M. de Lamarck. Quoi qu'en dise M. Rudolphi, elle n'en est pas meilleure; car il y a dans ces animaux quatre ouvertures, si l'on veut considérer comme telle la ventouse abdominale, contre toute raison. On devroit peut-être plutôt les nommer *Dicotyles* ou mieux peut-être encore *Gastrocotyles*, car leur principal caractère est véritablement d'avoir une ventouse sous le ventre, comme il est aisé de s'en assurer.

Ce genre diffère à peine de celui des amphistomes de M. Rudolphi, et surtout des espèces qui en forment la dernière section.

Nous avons observé un assez grand nombre d'espèces de ce

genre, et souvent même à l'état vivant. C'est la manière dont nous les avons vues se mouvoir, en s'appliquant à l'aide de leur ventouse, un peu comme les sangsues, qui nous a fait employer ce mot dans la caractéristique, au lieu de celui de *pores*, qui pourroit induire en erreur.

Nous avons fait l'anatomie de la *fasciola clavata*, la plus grande espèce de ce genre, ce qui nous a mis à même de confirmer une partie de ce qu'en avoit dit Pallas, sous le nom de *fasciola ventricosa*, et ce qui est assez remarquable, c'est que M. Rudolphi n'a pas cité cet auteur.

Le nombre des espèces de fascioles définies par M. Rudolphi est si considérable, qu'il a essayé de les partager en sections, afin d'en faciliter la connoissance. La forme générale du corps peut réellement fournir d'assez bons caractères. La proportion des ventouses en donne de moins bons, parce que ces parties, surtout l'antérieure, sont fort sujettes à varier.

Les fascioles habitent ordinairement les surfaces muqueuses, et surtout les intestins, de toutes les classes d'ostéozoaires, mais dans des proportions extrêmement différentes ; en effet, sur les quatre-vingt-dix-neuf espèces que M. Rudolphi caractérise,

Cinq proviennent de mammifères, et l'une, la *F. alata*, appartient au genre Holostome ;

Trente d'oiseaux ;

Cinq de reptiles ;

Six d'amphibiens ;

Quarante-neuf, c'est-à-dire plus de la moitié, de poissons.

Il faut même remarquer que, dans les trente espèces provenant d'oiseaux, il y en a au moins la moitié venant d'oiseaux aquatiques, échassiers ou palmipèdes. Une seule espèce a été trouvée dans une tortue et dans plusieurs poissons.

Une autre est d'un entomozoaire, de l'écrevisse.

Nous n'avons pas fait entrer en ligne de compte les fascioles armées, que nous plaçons dans le genre suivant, et encore moins les quarante-trois espèces douteuses, dont un plus ou moins grand nombre est sans doute en double emploi.

ÉCHINOSTOME, *Echinostoma*.

Corps mou, inarticulé, de forme ordinairement cylindroïde, terminé en avant par un renflement céphalidien, hérissé de crochets.

Une fossule ou ventouse antérieure terminale.

Une ventouse inférieure où abdominale plus ou moins reculée.

Espèces. L'Échinostome des canards : *E. echinatum*, Rud.; Bremser, *Icon.*, tab. 10, fig. 4 et 5.

L'É. de la cigogne : *E. ferox*, Rud.; Brems., *Icon.*, tab. 10, fig. 6 — 11.

Observ. Cette division générique a sans doute beaucoup de ressemblance avec les véritables fascioles; cependant la disposition céphalidienne de l'extrémité antérieure du corps et les crochets dont elle est armée, indiquent un passage vers les échinorhynques, qu'il étoit bon de faire ressortir.

Nous n'avons pas encore observé d'espèce de ce genre.

M. Rudolphi en décrit vingt-une espèces,

Quatre de mammifères;

Dix d'oiseaux;

Sept de poissons.

Toutes ont été trouvées à la surface du canal intestinal.

L'une d'elles, que M. Rudolphi nomme *distoma nigro-flavum*, de l'estomac de l'*orthagoriscus mola*, est le type du genre douteux qu'il avoit établi provisoirement dans son Entozoologie, sous le nom de *schisturus*, d'après une description et une figure incomplète de Redi, dans laquelle le pore ventral est rapproché du pore antérieur, de manière à simuler une terminaison par deux tubes.

Ordre III. BOTHROCÉPHALÉS, *Bothrocephala.*

Corps très-mou, en général fort alongé, déprimé, ténioïde, composé d'articles enchaînés bout à bout, avec un renflement céphalique plus ou moins distinct, constamment pourvu de fossettes plus ou moins profondes.

Canal intestinal entièrement vasculaire, sans ouverture buccale ni anus.

Appareil de la génération unisexuel et répété pour chaque article composant, avec ou sans orifice distinct.

Observ. Cette famille, quoique l'organisation de tous les genres qui la constituent ne soit pas complétement connue, est cependant assez bien caractérisée par la séparation du renflement céphalidien du reste du corps, ainsi que par les fossettes diversiformes dont il est pourvu.

Il n'y a jamais de canal intestinal proprement dit, par conséquent point de bouche ni d'anus ; mais bien ce qu'on peut nommer un intestin vasculaire, communiquant à l'extérieur par des pores plus ou moins distincts, servant de bouches.

Quant à l'appareil de la génération, quoique M. Rudolphi pense que chaque article de ténia est androgyne, c'est-à-dire pourvu de parties femelles et de parties mâles, celles-ci ayant même une sorte d'organe excitateur, cela nous semble extrêmement peu probable, pour ne pas dire plus.

Les mouvemens de ces animaux sont peu considérables et ne consistent presque qu'en ondulations irrégulières dans diverses parties du corps, indépendantes les unes des autres.

Nous partagerons cet ordre en trois familles, d'après la considération des espèces d'appendices armés ou non, qui sont à la tête.

Fam. Ire POLYRHYNQUES, *Polyrhyncha*.

Renflement céphalique convexe, pourvu de deux ou de quatre appendices tentaculiformes, armés ou non.

* *Le corps court, sacciforme ; deux appendices céphaliques garnis de crochets.*

DIBOTHRIORHYNQUE, *Dibothriorhynchus*.

Corps assez court, sacciforme, comprimé, continu ou non articulé, terminé en arrière par un petit tubercule exsertile perforé, et en avant par un renflement céphalique considérable, cunéiforme, pourvu d'une fossette considérable sur les deux faces les plus larges, et d'une trompe arrondie, hérissée de crochets à l'extrémité de chacune.

Espèce. Le D. DU LÉPIDOPTÈRE : *D. lepidopteri*, de Blainv. ; Bremser, Vers de l'homme, Append., pl. 2, fig. 8.

Observ. J'ai établi ce genre dans l'Appendice à la traduction françoise de l'ouvrage de Bremser sur les Vers intestinaux de l'homme, pour un ver qui a été trouvé dans le canal intestinal du lépidoptére de Gouan, péché sur les côtes de la Bretagne.

Il est évident qu'il a des rapports de forme et même de structure intérieure avec les échinorhynques, et surtout à cause de la brièveté du corps et du tubercule qui le termine; mais il s'en éloigne, parce qu'il a un renflement céphalique distinct, et que ce renflement est pourvu non-seulement de deux espèces de trompes exsertiles, globuleuses, garnies de crochets, mais encore de deux fossettes profondes, latérales, à lèvres épaisses, chacune étant partagée en deux par une arête longitudinale peu élevée; caractères qui n'existent que dans l'ordre des bothrocéphalés : en sorte qu'on devroit peut-être en faire un ordre intermédiaire.

Les trois ou quatre individus que nous avons observés avoient près d'un pouce et demi de long; ils étoient adhérens par les crochets de leurs trompes à des faisceaux d'ascarides, tous enroulés en pain de bougie.

** *Le corps court ou très-long; quatre appendices tentaculi-formes.*

GYMNORHYNQUE, *Gymnorhynchus.*

Corps très-mou, continu ou sans traces d'articulations, composé de trois parties ; une moyenne, subglobuleuse, prolongée en arrière par une sorte de queue liguliforme, très-longue, et en avant par une partie en forme de col ridé. Renflement céphalique très-distinct, tétragone, pourvu de deux fossettes latérales, bipartites et de quatre espèces de tentacules nus, papilleux, naissant chacun du bord correspondant des fossettes.

Espèce. Le G. DU SPARE : *G. gigas; G. reptans,* Rud.; Brems., *Icon.,* tab. 11, fig. 11 — 13.

Observ. Ce genre, établi par M. Rudolphi dans son *Synopsis,* ne contient encore que l'espèce citée, dont M. G. Cuvier a parlé le premier (Règne animal, tom. 4, p. 48), sous le nom de *scolex gigas.* Elle a été trouvée dans le tissu musculaire du spare de Ray, où sa partie caudale serpente d'une manière très-irrégulière.

Nous ne l'avons pas vue ; mais il est certain que c'est le type d'un genre particulier, si les tentacules sont nus.

Tentaculaire, *Tentacularia.*

Corps mou, contractile, sacciforme, très-court.

Renflement céphalique peu distinct, proportionnellement fort long, pourvu de quatre fossettes considérables et de quatre tentacules rétractiles, nus et terminés par une papille.

Espèce. Le T. du coryphène : *T. coryphenæ*, Bosc, Vers, tom. 2, pl. 11, fig. 2 et 3; Soc. philom., 1797, n.° 2, p. 9, fig. 1.

Observ. Ce genre a été établi par M. Bosc (*loc. cit.*) pour un ver qu'il a trouvé à la surface du foie d'un coryphène dorade, contenu dans un kiste'ou vessie externe.

M. Tilésius, qui a retrouvé ce même ver dans la gorge, la cavité branchiale et les muscles du même poisson, a fourni à M. Rudolphi les moyens d'en donner une meilleure figure, et cet auteur l'a fait entrer dans le genre qu'il a nommé Tétrarhynque, en admettant que les tentacules devoient être hérissés de crochets, comme dans toutes les espèces de ce genre.

Il a admis la même opinion dans son *Synopsis*, toutefois en changeant le nom spécifique en celui de *T. macrobothrius.*

Enfin M. Leuckart, dans sa Monographie du genre Bothriocéphale, le nomme *Bothriocephalus claviger.*

Il paroît donc que c'est un genre à supprimer.

Tétrarhynque, *Tetrarhynchus.*

Corps assez peu alongé, sacciforme, inarticulé, terminé en arrière par une partie caudiforme, simple ou bifurquée, et ayant en avant un renflement céphalidien, pourvu de deux fossettes latérales, bifides, paroissant en former quelquefois quatre, et de quatre longs cirrhes tentaculiformes, rétractiles et armés de crochets.

Esp. Le T. des squaies : *T. megacephalus*, Rudolphi, *Syn.*, tab. 2, fig. 7 et 8; *an Bothr. claviger*, Leuck., *Monogr.*, p. 51, tab. 2, fig. 32.

Le T. gros; *T. grossus, id., ibid.,* fig. 9 et 10.

Le T. du spare : *T. discophorus*, Rud.; Bremser, *Icon.,*

tab. 11, fig. 14 et 15 ; *Bothr. labiatus*, Leuck., Monogr., p. 51. *tab.* 2, fig. 31.

Le T**étrarhynque des sèches**; *T. megabothrius*, Rud., *Syn.*, **tab.** 2, fig. 14.

Le T. **du saumon**; *T. appendiculatus*, Rud., Entoz., tab. 7, fig. 10, 11, 12.

Le T. **du coryphène** : *T. claviger; Bothr. claviger*, Leuck., *Monogr.*, page 51, tab. 2, fig. 32.

Observ. Ce genre a réellement été établi par M. Bosc, sous le nom d'Hépatoxylon, pour des animaux qui sont congénères de son Tentaculaire; aussi M. Rudolphi s'est borné uniquement à changer le nom donné par le naturaliste françois à une coupe générique reconnue par celui-ci.

M. Leuckart ne l'a pas adopté dans sa Monographie des Bothriocéphales. Il répond à la division qu'il fait des espèces non articulées, à tête armée de tentacules, parmi lesquelles il place, à ce qu'il nous semble à tort, le *floriceps saccatus* de M. Cuvier, qui appartient à un autre genre.

Nous avons observé fréquemment le tétrarhynque, nommé appendiculé, quoiqu'il ne le soit pas plus que les autres, dans plusieurs espèces de poissons de genres différens, libre, ou accroché au moyen de ses appendices proboscidiformes. Nous ne l'avons rencontré qu'une seule fois, renfermé dans une vésicule ovale, mais libre, et contenue dans l'œsophage. Il peut se présenter sous tant d'aspects différens, qu'il est fort possible qu'on ne le reconnoisse pas d'abord pour ce qu'il est réellement, surtout quand on le rencontre mort; car alors il est considérablement raccourci, élargi, renflé, surtout vers la tête; quand les tentacules ne sont pas sortis à l'état vivant, souvent ces organes sont également rentrés; d'autres fois il n'y en a qu'un ou deux à moitié ou tout-à-fait sortis. La partie caudiforme peut aussi être sortie ou rentrée : elle peut paroître simple, quand on la voit de profil; ou bifurquée et bilobée, quand on la regarde sur le plat. Il se pourroit même que tous les individus n'en fussent pas pourvus. Le renflement céphalique, pendant la vie, est continuellement en mouvement d'alongement par rétrécissement, ou d'élargissement par contraction. C'est par ces mouvemens mêmes que l'animal avance, quoique difficilement. Quelquefois il roule, quand le point

d'appui, qu'il prend avec le bord postérieur de ses fossettes
gonflées, n'est pas bien établi. Sur l'individu que nous avons
trouvé au milieu d'une vésicule globuleuse parfaitement libre
dans l'œsophage, les mouvemens du petit animal étoient visibles
à travers les parois de celle-là. Au moment où on l'en sortit,
son corps étoit comme crispé ; mais quelques minutes après
qu'il eut été mis dans l'eau, il développa ses tentacules les uns
après les autres, et il se mit à ramper en sortant et rentrant
alternativement la partie caudale dans la partie moyenne,
qui est toujours à peu près immobile.

M. Rudolphi définit dix espèces de tétrarhynques, et en indique deux douteuses : l'une, qui constitue le genre Hépatoxylon de M. Bosc, et l'autre, le *T. lingualis* de M. Cuvier,
est celle que nous avons observée et que nous regardons comme
le *T. appendiculatus*. Il est figuré mort dans le Règne animal,
pl. 15, fig. 6 et 7.

Toutes ces espèces ont été trouvées dans les poissons et
dans toutes les parties de ces animaux, libres ou dans des
kystes, mais en général dans les tissus.

Une seule s'est rencontrée dans une tortue de mer.

Floriceps, Floriceps.

Corps mou, un peu alongé, déprimé, partagé en trois parties.
Un renflement céphalidien pourvu de quatre longs tentacules rétractiles, garnis de crochets et de deux larges
fossettes auriculiformes.
Une sorte de thorax ou d'abdomen cylindrique, plus ou
moins alongé, et enfin un renflement cystoïde terminal,
dans lequel les deux autres peuvent rentrer.
Contenu, sans adhérence, dans un kyste vésiculaire.

A. Espèces à deux fossettes céphaliques.

Le F. ALONGÉ : *F. elongatus*, Rud., *F. saccatus*, Cuv., Règne
anim., tome 4, pl. 15, fig. 1 et 2; *Anthocephalus elongatus*,
Rud., *Synopsis*, tab. 3, fig. 12 — 17; *Bothr. patulus*, Leuck.,
Monogr., tab. 2, fig. 29, 30.
Le F. GRÊLE; *F. gracilis*, Rud., *Synops.*, p. 177, n.° 2.

B. Espèces à quatre fossettes.

Le F. DES SCOMBRES; *F. granulum*, Rud., *Syn.*, p. 178, n.° 3.

57.   38

Le Floriceps des spares : *F. macrocerus*, Rud.; Bremser, *Icon.*, tab. 17, fig. 1 — 3.

Le F. interrompu ; *F. interruptus*, Rud., *Synops.*, pag. 178, n.° 5.

Observ. Ce genre a été établi par M. Cuvier (*loc. cit.*) comme une division des Bothriocéphales, et il a été adopté par M. Rudolphi, qui s'est borné à en changer le nom en *anthocephalus*, on ne sait trop pourquoi.

M. Leuckart ne l'a pas adopté, et il l'a réuni avec les espèces qui constituent le genre précédent, sans avoir égard à la vessie qui termine le corps et qui a porté M. Rudolphi à placer ce genre dans son ordre des *cystica*.

Nous avons fréquemment trouvé dans plusieurs poissons communs à Paris, comme le turbot, le merlan, etc., un grand nombre de vers, qui appartiennent à la première division de ce genre, et que nous ne saurions même trop distinguer spécifiquement du F. alongé. Voici ce que nous avons noté sur ceux que nous avons trouvés dans un merlan.

La vessie extérieure dans laquelle l'animal est contenu, étoit entre les fibres musculaires de l'œsophage, et même tellement adhérente, qu'il a fallu employer le bistouri pour l'enlever. Nous avons obtenu alors une petite vessie irrégulière, d'un blanc jaunâtre, fibreuse, à fibres transverses.

En ouvrant ce kyste, qui n'avoit absolument aucune adhérence avec ce qu'il contenoit et sans qu'il en sortît aucun fluide, nous en avons retiré un petit corps vésiculeux oviforme, lisse, luisant, en grande partie translucide, si ce n'est à la partie la plus renflée, où l'on pouvoit apercevoir à travers ses parois une petite masse d'un blanc opaque. Dans cet état nous avons distingué, en la mettant dans l'eau, des mouvemens évidens de contraction dans toute la vessie, et surtout à sa partie antérieure, où l'on voyoit quelquefois rentrer et sortir un petit tube proboscidiforme. C'est à travers lui que peut sortir le corps et la tête de l'animal, qui sont ainsi enfoncés dans une sorte de cupule, formée par la duplicature de la vessie caudale. Aussi, en pressant sur celle-ci, on en fait sortir peu à peu, d'abord le corps et ensuite le renflement céphalique avec ses deux auricules, et par suite les quatre tentacules, hérissés de crochets; alors l'animal a sa forme réelle, qui a été mal rendue dans les figures qui en ont été données.

Ainsi ces animaux sont de véritables tétrarhynques, avec une vessie terminant le corps, comme nous allons voir des monorhynques, avec le corps terminé aussi par un renflement cystoïde, et qui vivent également aussi rentrés en euxmêmes et dans des kystes du tissu fibreux des animaux. Nous pensons donc que M. Leuckart a dit à tort qu'il n'y a pas de vessie tenant au corps de cet animal.

M. Rudolphi définit cinq espèces de floriceps ; mais il nous semble que leur distinction est assez difficile, du moins entre celles de chaque section : la dernière paroît douteuse.

Elles viennent toutes de poissons.

RHYNCHOBOTHRIE, *Rhynchobothrium.*

Corps fort alongé, ténioïde, composé d'un très-grand nombre d'articles enchaînés.

Renflement céphalique pourvu de deux fossettes opposées et de quatre tentacules alongés et hérissés de crochets.

Orifice des ovaires inférieur, unique pour chaque article.

Esp. Le R. DES RAIES : *R. corollatum*, Rud. ; Bremser, *Icon.*, tab. 14, fig. 3 et 4 ; *Bothr. planiceps*, Leuck., *Monogr.*, page 28, tab. 1, fig. 2.

Le R. DES SQUALES : *R. palaceum*, Rud. ; d'après Oth. Fabr., *Dansk. Selsk. Skrift.*, 3, 2, page 41, tab. 4, fig. 7 — 12.

Le R. DE LA SQUATINE ; *R. tubiceps*, Leuck., *Monog.*, p. 27, tab. 1, fig. 1.

Observ. Nous croyons devoir former un genre distinct des espèces de bothriocéphales, qui ont la tête armée de quatre tentacules, hérissés de crochets, et qui, quoique bien plus rapprochées des floriceps, parmi lesquels, en effet, M. Cuvier les place, s'en éloignent cependant d'une manière notable par l'extrême longueur de leur corps, qui d'ailleurs est en outre composé d'articulations comme dans les ténias, et n'est pas terminé par une vessie.

Il paroît que les ovaires ont leur ouverture unifaciale, comme dans les bothriocéphales proprement dits.

Il reste toutefois à s'assurer si les floriceps, tels que nous les avons définis, ne seroient pas des jeunes animaux non encore parvenus à tout leur développement, et alors ces deux genres devroient être réunis.

Les rhynchobothries sont aussi des animaux que l'on n'a encore, comme les floriceps, rencontrés que dans les poissons, et même les trois espèces habitent le canal intestinal de la même famille des poissons, les squales et les raies : sont-elles véritablement distinctes ? c'est ce dont il est permis de douter.

Fam. II. MONORHYNQUES, *Monorhyncha.*

Renflement céphalique pourvu d'une seule trompe médiane, plus ou moins évidente et presque toujours armée de crochets.

** Le corps très-long, articulé.*

TRIÆNOPHORE, *Triænophorus.*

Corps très-mou, alongé, ténioïde, presque continu ou composé d'articles enchaînés, fort peu distincts et sans pores latéraux.

Renflement céphalique souvent peu marqué, pourvu de deux fossettes latérales, fort peu profondes et armées de quatre aiguillons tricuspides.

Ovaires sans orifices distincts.

Esp. Le T. DES POISSONS : *T. nodulosus*, Rud.; Bremser, *Ic.*, tab. 12, fig. 4 — 16; *Both. tricuspis*, Leuck., tab. 2, fig. 34 — 36.

Observ. Ce genre, établi par M. Rudolphi, d'abord sous le nom de *Tricuspidaria*, qui a presque prévalu, ne contient encore que l'espèce citée, que nous n'avons pu encore étudier suffisamment pour assurer positivement sa place.

D'après ce qu'en dit M. Leuckart, ce seroit auprès des bothriocéphales proprement dits qu'il devra être placé : en effet, il décrit deux fossettes latérales, très-peu marquées, comme dans ce dernier genre.

C'est dans de petits kystes sous-péritonéaux qu'on trouve ce ver et presque constamment dans les poissons d'eau douce. M. Rudolphi l'a cependant rencontré une fois dans un syngnathe.

Onchobothrie, *Onchobothrium.*

Corps très-alongé, ténioïde, composé d'un très-grand nombre
d'articles enchaînés, d'abord transverses et de plus en plus
longitudinaux.

Renflement céphalique pourvu de quatre fossettes lobi-
formes, chacune armée au sommet de deux crochets antérieurs, bi- ou trifurqués à leur base.

Des pores irrégulièrement alternes sur les côtés des articles,
et donnant souvent issue à un cirrhule filiforme.

Esp. L'O. des selaques : *O. coronatum*, Rud.; Bremser,
Ic., tab. 14, fig. 1, 2.

L'O. a crochets ; *O. uncinatum*, Rud., *Synopsis*, page 483.

L'O. verticillé ; *O. verticillatum*, Rud., *ibid.*, page 484.

L'O. bifurqué ; *O. bifurcatum*, Leuckart, *Monogr.*, p. 30,
tab. 1, fig. 3.

Observ. Les espèces qui constituent cette division générique ne pouvoient, ce nous semble, rester avec les véritables
bothriocéphales, dont elles n'ont presque aucuns caractères,
ceux-ci n'ayant jamais que deux fossettes, sans aucun crochet. Ce seroient plutôt des ténias, dont ils se rapprocheroient
évidemment beaucoup, surtout s'il étoit certain , comme cela
paroît être, d'après les descriptions de M. Rudolphi , que les
anneaux eussent des pores irrégulièrement alternes, avec un
cirrhule qui en sort ; car ce caractère n'appartient qu'aux
véritables ténias, et jamais aux bothriocéphales, qui, au contraire, ont constamment l'orifice de l'ovaire unifacial.

Nous n'avons vu aucune des quatre espèces qui entrent dans
ce genre. Nous supposerions volontiers qu'elles n'en doivent
former qu'une seule, et que toutes n'ont réellement que deux
crochets bifurqués à la base pour l'extrémité antérieure de
chaque fossette : elles vivent toutes à la surface intestinale des
poissons cartilagineux de la famille des sélaques.

Halysis, *Halysis.*

Corps très-mou, très-alongé, comprimé ou ténioïde, composé d'un très-grand nombre d'articles enchaînés, d'abord
transverses et ensuite longitudinaux.

Renflement céphalique pourvu de quatre ventouses antérieures et au milieu d'un prolongement proboscidiforme

plus ou moins alongé, mais constamment sans crochet. Des pores irrégulièrement alternes sur les côtés des articles. Point d'orifices particuliers aux ovaires.

A. *Espèces sans cirrhes latéraux.*

L'Halysis de l'étourneau : *H. farciminalis*, Batsch.; Rud., *Synops.*, p. 160, n.° 62.

L'H. des motacilles : *H. platycephala*, Rud.; Bremser, *Ic.*, tab. 15, fig. 14 — 16.

B. *Espèces avec des cirrhes latéraux.*

L'H. de l'himantopode; *H. vaginata*, Rud., *Synops*, p. 153, n.° 36.

L'H. de l'outarde : *H. villosa*, Bloch; Bremser, *Icon.*, tab. 15, fig. 9 — 13.

Observ. Il semble que la forme du rostre, et surtout l'absence totale de crochets à sa base ou dans son étendue, doivent avoir assez d'influence sur les habitudes de ces espèces de ténias, pour mériter de les distinguer génériquement des autres espèces, auxquelles M. Rudolphi les réunit, en en formant une section particulière sous la dénomination de *T. non armati rostellati.*

Des quarante-cinq espèces que M. Rudolphi caractérise dans cette section, il est à remarquer que trente-huit proviennent du canal intestinal d'oiseaux ; six de mammifères et une de poissons.

Ténia, *Tænia.*

Corps mou, très-alongé, très-déprimé, ténioïde, composé d'articles extrêmement nombreux, bien distincts, enchaînés, d'abord subtransverses, puis longitudinaux, avec des pores ou orifices unilatéraux, irrégulièrement alternes.
Renflement céphalique bien distinct, tétragonal, pourvu à chaque angle d'une ventouse, et dans son milieu d'un tubercule mamelonné, garni à sa base d'un ou deux cercles de crochets, disposés bien radiairement.
Ovaires ramifiés, sans orifice évident.

A. *Espèces sans cirrhes ou lemnisques unilatéraux.*

Le T. de l'homme; *T. solium*, Brems., *Vers* de l'homme, pl. 6 et 7, édit. franç.

Le Ténia du chat : *T. crassicollis*, Rud. ; **Bremser**, *Icon.*, tab. 16, fig. 1 — 6 ; monstre à six suçoirs.

Le T. des mouettes : *T. porosa*, Rud. ; **Brems.**, *Icon.*, ibid., fig. 10 — 14.

>   B. *Espèces avec des cirrhes unilatéraux.*

Le T. du plongeon : *T. multistriatus*, Rud. ; **Brems.**, *Icon.*, tab. 16, fig. 7 — 9.

Le T. du Cormoran : *T. scolecina*, Rud. ; **Bremser**, *ibid.*, fig. 15 — 18.

Observ. Ce genre, tel que nous venons de le définir, contient encore vingt-sept espèces distinctes dans le *Synopsis* de M. Rudolphi, sans compter près de cinquante douteuses.

Si l'on admettoit que les crochets sont susceptibles de tomber avec l'âge, comme le prouve l'observation de M. Bremser pour le ténia de l'homme ; il est évident qu'il faudroit réunir les deux genres Halysis et Ténia, qui ne diffèrent que par cette particularité.

Nous avons étudié plusieurs espèces de ténias, et surtout celle de l'homme, dont nous avons vu plusieurs individus vivans et complets, du moins dans leur partie antérieure, et nous croyons nous être assuré d'une manière positive que les œufs n'ont pas d'orifice particulier et ne sortent pas par les pores latéraux, mais très-probablement, comme l'a dit M. Bremser, par le bord déchiré de l'anneau gonflé d'œufs, qui s'est détaché.

Les espèces nous paroissent assez difficiles à caractériser ; car la proportion et la forme des articles semblent sujettes à beaucoup de variations.

Elles habitent constamment et uniquement le canal intestinal grêle.

Des vingt-sept espèces de ténias définies aujourd'hui,

Dix sont de mammifères,

Quatorze d'oiseaux,

Deux de reptiles,

Aucun d'amphibiens,

Une seule de poissons.

FIMBRIAIRE, *Fimbriaria.*

Corps mou, fort alongé, très-déprimé, ténioïde, composé

d'un très-grand nombre d'articles peu distincts ou de plis transverses, partout à peu près égaux.

Tête non distincte et comme remplacée par une membrane large, plissée, pellucide et se joignant anguleusement au reste du corps.

Espèces. La FIMBRIAIRE MITRÉE ; *F. mitrata*, Frœlich, *Naturf.*, 29, p. 13, tab. 1., fig. 4 — 6.

La F. MARTEAU : *F. malleus*, *id.*, *ibid.* ; Brems., *Icon.*, tab. 15, fig. 17 — 19.

Observ. Ce genre, établi par Frœlich (*loc. cit.*), paroît l'être, suivant M. Rudolphi, sur un animal monstrueux : nous le concevons très-bien, puisqu'il dit qu'il l'a rencontré non-seulement dans les canards, où il séjourne habituellement, mais encore dans un pic vert. Mais de quelle espèce est-il une monstruosité ? Nous n'en trouvons réellement aucune parmi les espèces qui vivent dans celles du genre *Anas*, Linn., à laquelle il puisse être rapporté. Ainsi c'est encore un sujet de recherches : la forme des articulations nous porteroit assez à croire que ce ne doit pas être un véritable ténia, mais plutôt un bothriocéphale.

** *Le corps plus ou moins court, ridé plutôt qu'articulé, et terminé par une dilatation cystoïde.*

HYDATIGÈRE, *Hydatigera.*

Corps mou, assez alongé, subcylindrique ou médiocrement déprimé, composé d'un très-grand nombre d'articles transverses, peu distincts, très-fins, surtout en arrière, et terminé par une dilatation cystioïde.

Renflement céphalique bien distinct, pourvu de quatre ventouses ou suçoirs orbiculaires et d'un mamelon médian fort court, armé d'une couronne de crochets.

Espèce. L'H. DES RATS ; *H. fasciolaris*, Brems., *Icon.*, tab. 17, fig. 3 — 9.

Observ. Ce genre est évidemment fort rapproché de celui qui contient les véritables hydatides ; aussi n'a-t-il pas été admis par M. Rudolphi : cependant, d'après ce que nous avons observé nous-même en comparant ces animaux, il semble qu'il peut être reconnu. En effet, quoique les uns et les autres n'existent jamais que dans les cavités splanchniques à la surface de la membrane séreuse, souvent même contenus dans un kyste formé par celle-ci, il est certain que l'hydatigère est quelquefois à découvert. En outre il est constamment, à ce qu'il paroit, adhérent au tissu organique au moyen de sa couronne de crochets, les suçoirs libres, comme nous l'avons vu, tandis que les cysticerques ou hydatides proprement dites ont toujours la tête rentrée dans leur renflement hydatoïde, de manière qu'elle n'est jamais adhérente. C'est ainsi du moins que nous avons trouvé tous les individus que nous avons observés; alors il semble que le mode de nutrition soit un peu différent : en effet, dans les hydatigères, il est évident que les suçoirs peuvent absorber les fluides de l'animal même sur lequel ils sont implantés, tandis que dans les cysticerques c'est dans leur extrémité cystoïde que les suçoirs agissent sur les fluides absorbés par cette extrémité elle-même.

En y réfléchissant cependant, ne se pourroit-il pas que l'hydatigère fût un développement du cysticerque?

Nous ne connoissons encore qu'une espèce de ce genre, qui se trouve sur ou dans le foie des espèces du genre Rat, *Mus*, L.

CYSTICERQUE, *Cysticercus.*

Corps mou, assez arrondi, composé d'un petit nombre d'articulations transverses en avant, et se prolongeant postérieurement en un renflement cystoïde considérable.

Renflement céphalique très-distinct, pourvu de quatre suçoirs ou ventouses arrondies et d'une trompe très-courte, garnie à sa circonférence de deux couronnes de crochets très-aigus.

Contenu dans un kyste ou poche fibreuse étrangère.

Espèces. Le C. DES LAPINS : *C. pisiformis*, Zeder; Goëtze, *Naturg.*, p. 210, tab. 18 *A*, fig. 2 et 3, et tab. 18 *B*, fig. 4 — 7; cop. Enc. méth., pl. 59, fig. 6 — 8.

Le C. DES HERBIVORES ; *C. tenuicollis*, Brems., *Icon.*, tab. 17, fig. 10 et 11.

Le C. DU CAMPAGNOL ; *C. longicollis*, Brems., *ibid.*, fig. 12 — 17.

Le C. DES MAKIS ; *C. crispus*, Brems., *ibid.*, fig. 18 — 21.

Le C. DU TISSU CELLULAIRE : *C. cellulosæ*, Rud. ; Brems., Vers intest. de l'homme. pl. 8, fig. 1, édit. franç.

Observ. Ce genre a été réellement établi par Bloch sous le nom de *Vermes vesiculares* ou d'*Hydatigera*, appelé *Vesicaria* par Schrank, *Hydatula* par Abildgard, et enfin *Cysticercus* par Zeder.

Nous avons rencontré souvent la première espèce dans la cavité péritonéale des lapins, contenue dans des kystes formés par une extension du péritoine, offrant bien la structure fibreuse de cette membrane et une sorte de petit mésentère, par lequel elle tient au reste du système. En fendant cette poche, on trouve sans fluide interposé, sans adhérence aucune, le cysticerque lui-même, ordinairement la tête rentrée plus ou moins dans sa propre vessie, de manière quelquefois à ne présenter rien qui ressemble à un animal que quelques mouvemens de contraction, quand on le met dans l'eau. En pressant avec soin le renflement hydatidien, on fait sortir peu à peu la tête, en retournant le corps comme un doigt de gant qu'on auroit préalablement rentré. La dilatation postérieure du corps, qui semble n'avoir rien de bien fixe, n'est réellement pas une vessie pleine d'eau, comme cela paroît au premier aspect; mais bien une masse parenchymateuse, celluleuse, à mailles très-lâches, contenant dans leur intérieur un fluide qui, examiné au microscope, offre une grande quantité de globules ovales, subparallélogrammiques, ayant un peu l'aspect des globules du sang des animaux vertébrés ovipares, et que quelques auteurs ont regardés comme des œufs, peut-être avec raison. En enlevant tout ce parenchyme intérieur, on voit que le tissu extérieur, plus serré, et qui, dans son état de distension, paroissoit subgélatineux, avec des articulations formées par des lignes plus blanches, est réellement ridé ou plissé transversalement d'une manière assez régulière.

Le rostre ou capitulum est un peu excavé, mais certainement il n'est pas perforé.

Les suçoirs sont au contraire fort grands et profonds.

Les cysticerques n'ont jamais été trouvés que dans le tissu même du corps animal, et essentiellement sous les membranes fibreuses des cavités splanchniques.

Toutes les quatorze espèces, dont sept sont douteuses, indiquées ou décrites dans le *Synopsis* de M. Rudolphi, ont été trouvées dans des animaux mammifères non carnassiers.

Un fait curieux, que nous devons soigneusement noter, c'est que M. Rudolphi cite comme monstruosités du *C. tenuicollis*, nouvelle espèce trouvée dans l'abdomen des singes, et du *C. longicollis*, trouvé dans la poitrine d'un campagnol (*mus arvalis*), des individus conservés dans le Muséum de Vienne, qui avoient, l'un trois, et l'autre deux têtes sur une même vessie. Il figure même ce dernier, *Synops.*, tab. 5, fig. 18.

Schrank donne le nom d'*Hygroma* à ce genre.

CŒNURE, *Cœnurus*.

Corps mou, rond, extrêmement court, ridé plutôt qu'articulé, ayant en avant un renflement céphalique tétragone bien distinct, pourvu de quatre fossettes orbiculaires ou suçoirs, et d'un rostre médian court, armé d'une couronne de crochets, et en arrière, un renflement cystoïde plus ou moins considérable, servant de terminaison à un nombre variable d'individus.

Espèce. Le C. DES MOUTONS : *C. cerebralis*, Rud.; Bremser, *Icon.*, tab. 18, fig. 1 et 2.

Observ. Ce genre a été établi par M. Rudolphi pour une seule espèce célèbre, parce que son développement dans le cerveau des moutons et d'autres animaux ruminans détermine chez eux une maladie mortelle, connue sous le nom de vertige ou de tournis, sur laquelle M. Girou de Buzaringe a donné des détails curieux.

Nous n'avons encore été à même de l'observer que dans une occasion au Jardin du Roi, sur un animal qui fut tué exprès ; nous pûmes nous assurer des mouvemens de contraction du renflement cystoïdien commun ; mais nous n'analysâmes pas la manière dont les corps individuels étoient ainsi en connexion avec lui. La seule observation que nous ayons notée, c'est qu'ils étoient répartis d'une manière fort irrégulière. Ayant été plus heureux pour ce qu'on nomme l'échinocoque, nous allons rapporter à son article ce que nous avons observé sur ce singulier animal, que nous regardons comme une véritable monstruosité.

ECHINOCOQUE, *Echinococcus*.

Corps mou, peu déprimé, ridé, mais non articulé en forme

de cou, terminé en avant par un renflement céphaloïdien très-distinct, tétragone, pourvu à chaque angle d'un suçoir et au milieu d'une couronne simple de crochets.

Saillant à la surface interne d'une dilatation cystoïdienne considérable, commune à un nombre variable d'individus semblables, elle-même contenue dans un kyste fibreux de l'animal étranger.

Espèce. L'ÉCHINOCOQUE VÉTÉRINAIRE : *E. veterinorum*, Rud.; Bremser, *Icon.*, tab. 18, fig. 3 — 13.

Observ. Ce genre a été établi par M. Rudolphi et adopté par tous les zoologistes.

Nous l'avons défini d'après plusieurs assemblages ou réunions d'individus trouvés dans la cavité péritonéale d'un lapin sauvage.

La poche ou le kyste qui les contenoit étoit évidemment une expansion proportionnée et vésiculiforme d'une partie du péritoine dont les vaisseaux sanguins offroient même un développement considérable. En la fendant, elle parut formée de deux lames : une externe, fibro-musculaire, plus mince, et une interne, plus épaisse et comme tomenteuse; mais nous croyons que celle-ci n'étoit qu'une sorte de membrane adventive ou artificielle, produite par dépôt. Quoi qu'il en soit, l'échinocoque flottoit librement, sans adhérence, dans cette poche. C'étoit une masse ou grosse hydatide globuleuse, plissée irrégulièrement et présentant à sa surface des agglomérations souvent sériales de pores ou de petits orifices un peu alongés, mais du reste irréguliers dans leur nombre et leur disposition. Il fut aisé d'apercevoir que chacun de ces pores n'étoit rien autre chose que l'ouverture de la rentrée du corps de chaque petit animal, composée absolument comme cela se voit souvent dans les hydatides ou cysticerques simples. Chaque corps ainsi rentré fait une saillie plus ou moins considérable dans l'intérieur de la vessie commune, et l'on conçoit que, si l'on agissoit ici sur tous ces corps, comme on le fait pour obtenir le développement des hydatides simples, on auroit un renflement cystoïdien comme hérissé d'une quantité plus ou moins grande de corps de cysticerques. Mais alors en quoi le genre des Échinocoques diffère-t-il de celui des Cœnures?

Nous ne le voyons pas trop; car le corps et la tête sont tout-à-fait semblables. Nous allons plus loin, et en rappelant le fait rapporté plus haut, d'après M. Rudolphi, des cysticerques à deux ou à trois corps, pour une seule vessie, il nous semble qu'on pourroit très-bien considérer les cœnures et les échinocoques comme des assemblages fortuits; des soudures accidentelles d'un nombre plus ou moins considérable d'individus, un peu comme cela a lieu pour les botrylles par rapport aux ascidies; et alors on se rendroit compte de la variété de nombre et de disposition des individus composant les cœnures et les échinocoques, et qui est telle, qu'on ne trouve jamais deux assemblages semblables.

Mais l'animal que nous avons observé dans le lapin est-il un véritable échinocoque? Il semble impossible d'en douter, d'après la définition que M. Rudolphi donne de ce genre. Ce qu'il y a de certain, c'est que ce n'est pas une monstruosité du cysticerque pisiforme; car celui-ci a deux couronnes de crochets au rostre, tandis qu'il n'y en avoit qu'une ici, comme dans les échinocoques. Maintenant seroit-ce une nouvelle espèce? ou bien est-ce l'E. vétérinaire? C'est ce qu'on ne peut assurer, tant les descriptions et les figures de celle-ci semblent incomplètes. En comparant cependant ce que nous avons vu sur notre E. du lapin et les figures de l'E. vétérinaire, données par M. Bremser, et celles que M. Rensdorff a publiées de l'E. de l'homme; en nous rappelant qu'ils décrivent et représentent les animaux composans libres dans la vessie commune, nous restons encore un peu dans le doute; mais certainement, d'après ce que nous avons vu et d'après la caractéristique du genre Échinocoque, donnée par M. Rudolphi, ce genre n'est qu'une cœnure à têtes rentrées, et les cœnures ne sont que des soudures de cysticerques.

On ne cite encore que trois espèces d'échinocoques, et M. Rudolphi, contre son habitude, ne les définit pas dans son *Synopsis*. Elles proviennent toutes les trois de mammifères.

Fam. III. Anorhynques, *Anorhyncha.*

Renflement céphalique sans tentacules ni mamelons proboscidiforme, garni de crochets.

* *A quatre lobes ou suçoirs.*

Massette, *Scolex.*

Corps extrêmement mou, polymorphe, continu ou sans aucun indice d'articulations, renflé en avant, atténué et caudiforme en arrière.

Renflement céphalique bien distinct, tétragone, et pourvu de quatre fossettes peu profondes, auriculiformes.

Espèce. La Massette des poissons : *S. auriculatus*, Mull., *Zool. Dan.*, t. 2, p. 24, tab. 58, fig. 1 — 21; cop. sur l'Encycl. méth., pl. 38, fig. 24, *A—N*; Bremser, *Icon.*, tab. 11, fig. 9 et 10.

Observ. Ce genre, établi par Muller (*loc. cit.*), a été adopté par tous les zoologistes, si ce n'est par M. Leuckart, qui regarde l'animal qui le constitue comme le jeune âge d'un *Floriceps.*

Nous avons observé fréquemment cet animal libre et vivant dans les mucosités de l'estomac ou de l'intestin de plusieurs poissons, et surtout dans le turbot, la sole, le merlan, le barbeau. Il est véritablement remarquable par la grande variation de ses formes et surtout de sa tête, qui offre quelquefois des espèces d'appendices tentaculaires courts, mais beaucoup plus souvent quatre espèces d'auricules, bordant en arrière les fossettes.

M. Rudolphi, qui, dans son Entozoologie, avoit distingué six espèces de *scolex*, dont, il est vrai, quatre étoient douteuses, n'en admet plus qu'une dans son *Synopsis.* Nous n'osons pas assurer qu'il ait raison, car il semble que l'espèce que nous avons trouvée dans le barbeau diffère notablement de celle de la sole. Elles ont cependant toutes deux, comme toutes celles que j'ai vues, deux petites taches rouges, dont nous ignorons complétement la nature, à la partie postérieure de la tête.

Alyselminthe, *Alyselminthus.*

Corps mou, déprimé, ténioïde, composé d'un très-grand nombre d'articles enchaînés, constamment beaucoup plus larges que longs et à peu près égaux.

Renflement céphalique très-distinct, subtétragone, pourvu de quatre suçoirs profonds, sans trompe médiane, ni couronne de crochets.

A. Espèces sans cirrhes bilatéraux à chaque article, et avec un lobe auriculé sous chaque suçoir.

L'Alyselminthe du cheval: *A. perfoliatus*, Zeder; Bremser, *Icon.*, tab. 15, fig. 2 — 4.

L'A. du xiphias : *A. plicatus*, Zeder; Brems., *ibid.*, fig. 1.

L'A. des phoques : *A. phocarum*, Zeder; Othon Fabricius, *Faun. Groenl.*, p. 316, n.° 296; *Dansk. selsk. skrift.*, 1, 2, p. 153 — 155.

L'A. de la perche : *A. octolobatus*, Zeder; Oth. Fabricius, *Faun. Groenl.*, p. 317, n.° 297.

B. Espèces avec des cirrhes bilatéraux et sans lobes auriculés sous les suçoirs.

L'A. du lapin : *A. pectinatus*, Zeder; Brems., *Icon.*, tab. 14, fig. 5 et 6; Encycl. méth., pl. 44, fig. 7—11; cop. de Goëtze.

L'A. du bœuf : *A. denticulatus*, Rud.; Carlisle, *Trans. linn. soc.*, 2, tab. 25, fig. 15 et 16.

L'A. des ruminans : *A. expansus*, Rud.; Goëtze, tab. 23, fig. 1 — 5; cop. sur l'Encycl. méthod., pl. 45, fig. 1 — 12.

Observ. Nous croyons cette division générique fondée, et surtout la dernière. Elle est au moins extrêmement distincte de toutes celles qu'on pourroit former dans la grande famille des ténias.

Nous avons observé une espèce de chaque division.

Dans l'A. perfolié, qui est commun dans toutes les espèces du genre Cheval, la forme des articulations est véritablement particulière. Elles sont d'abord toutes sensiblement égales en longueur et extrêmement courtes, s'imbriquant cependant fortement les unes sur les autres. Nous n'avons pu apercevoir aucune trace d'orifices latéraux ou inférieurs pour les ovaires; en sorte qu'il faut admettre que, comme dans les véritables ténias, ces organes ne se déchargent de leurs œufs que par la rupture des articulations.

Dans l'A. pectiné, qui existe presque constamment dans le lapin sauvage, et qui est bien remarquable par sa grandeur, comparativement à celle de l'animal dans l'intestin duquel il se trouve, la tête, bien tétragone, n'a certainement aucune trace de rostre ni de crochets; mais ses suçoirs n'ont pas les auricules de ceux de l'A. perfolié. Ses anneaux, quoique toujours bien moins longs que larges, et s'imbriquant sensiblement par leur bord postérieur, le sont bien moins que dans celui-ci; mais ce en quoi il diffère le plus, c'est que presque tous les anneaux sont pourvus sans interruption, à droite et à gauche, d'un cirrhe tentaculaire, conique, sortant d'un tubercule basilaire.

TÉTRABOTHRIE, *Tetrabothrium*.

Corps mou, fort alongé, très-déprimé, ténioïde, composé d'un grand nombre d'articles enchaînés, transverses en avant et au plus ovales en arrière.

Renflement céphalique très-distinct, pourvu de quatre fossettes fort grandes, bien semblables, à bords quelquefois foliacés, sans trompe ni crochets.

Orifices des ovaires évidens et occupant constamment le milieu de la face ventrale de chaque article.

Espèces. Le T. DU RENARD, *T. vulpis*, de Blainv.

Le T. DU PLONGEON: *T. macrocephalum*, Bremser, *Icon.*, tab. 13, fig. 12 et 13; Leuckart, *Monogr.*, p. 36, tab. 1, fig. 12.

Le T. DES SQUALES: *T. auriculatum*, Brems., *ibid.*, fig. 14—19; *Bothr. flos*, Leuck., *Monog.*, pag. 34, tab. 1, fig. 8 — 11, et tab. 2, fig. 39.

Le T. DES RAIES: *T. tumidulum*, Bremser, *ibid.*, fig. 20 et 21; *Both. echeneis*, Leuckart, *Monogr.*, p. 32, tab. 1, fig. 4.

Observ. Nous établissons ce genre indiqué par M. Rudolphi et par M. Leuckart comme division des bothriocéphales, fort aisé à caractériser d'après un ver ténioïde que nous avons trouvé, pendant l'hiver de 1828, dans le canal intestinal d'un renard, et qu'il ne nous a été possible de rapporter à aucune des espèces définies par M. Rudolphi. Il se pourroit cependant que ce fût son *T. opuntioides*, dont il ne connoît, dit-il, ni la tête ni la queue. Nous en avons tiré toute notre caractéristique; mais il nous est impossible d'assurer que les autres espèces ont aussi l'orifice des ovaires unique et sur la face plate, sans pores ni cirrhules latéraux, ne les ayant pas observées nous-même, et les descriptions étant incomplètes dans les auteurs. Nous remarquons même qu'Abildgard dit de son *T. immerina : T. macrocephalus, nodulis oriferis binis ad articulorum marginem, et porus in utroque margine;* particularité que n'a point aperçue M. Leuckart, non plus que M. Rudolphi : celui-ci se borne à dire que les ovaires sont sacciformes et composent une tache pellucide.

Les espèces que nous rangeons dans ce genre appartiennent à trois classes des ostéozoaires, une de mammifères, une d'oiseaux et deux de poissons.

**** *A deux suçoirs ou fossettes.***

Bothridie , *Bothridium.*

Corps mou, très-alongé , très-déprimé, ténioïde, composé d'un très-grand nombre d'articles enchaînés, transverses, réguliers, sans pores latéraux ni cirrhes.

Renflement céphalique bien distinct, composé de deux cellules latérales, ouvertes en avant par un orifice arrondi.

Ouverture des ovaires unique pour chaque article, et percée au milieu d'une des faces aplaties.

Espèce. Le B. du pithon : *B. pithonis,* de Blainville, pl. 2, fig. 15, de l'Append. au Traité des vers intest. de l'homme, par Bremser; atlas du Dict. des sc. nat., pl. des Vers.

Observ. Nous avons établi ce genre pour un ver qui se trouve communément dans le canal intestinal de plusieurs espèces de pithons, et qui présente un caractère tout particulier dans la forme des fossettes de la tête. Il atteint une assez grande taille. La tête, assez étroite, quoique bien distincte, n'est formée que par le rapprochement des deux ventouses ouvertes en avant. Elle est portée sur un cou assez long et assez grêle. Les anneaux, peu marqués d'abord, le deviennent de plus en plus; ils sont extrêmement courts ou presque linéaires transversalement en avant; ils augmentent ensuite peu à peu de longueur, mais cette dimension n'atteint jamais la dixième partie de la largeur. Ils sont du reste parfaitement réguliers avec un seul pore médian pour chacun d'eux.

Bothriocéphale, *Bothriocephalus.*

Corps très-mou, très-déprimé, fort alongé, ténioïde, composé d'un très-grand nombre d'articles enchaînés, ordinairement transverses, sans pores ni cirrhes latéraux.

Renflement céphalique tétragone, plus ou moins distinct, généralement alongé, sans rétrécissement postérieur bien marqué et pourvu de deux fossettes latérales, étroites, alongées et peu profondes.

Orifices des ovaires distincts et constamment à la face inférieure des articles, quelquefois doubles pour chacun d'eux.

Espèces. Le Bothriocéphale des pleuronectes : *B. punctatus*, Rud.; Leuck., *Monogr.*, tab. 1, fig. 16; tab. 2, fig. 40.

Le B. de la scorpène : *B. angustatus*, Rud.; *B. affinis*, Leuck., *ibid.*, fig. 17.

Le B. de l'homme; *B. latus*, Bremser, Vers de l'homme, édit. franç., pl. 4 et 5.

Le B. du saumon : *B. proboscideus*, Rud.; Leuck., *Monogr.*, tab. 1, fig. 14.

Le B. du xiphias : *B. plicatus*, Rud.; Brems., *Icon.*, tab. 13, fig. 1 et 2; *B. truncatus*, Leuck., *ibid.*, tab. 1, fig. 13.

Le B. des saumons alpins : *B. infundibuliformis*, Rud.; Leuck., *ibid.*, tab. 1, fig. 18 et 19.

Le B. de la mole : *B. microcephalus*, Rud.; *B. sagittatus*, Leuck., *ibid.*, fig. 15.

Le B. de l'alose : *B. fragilis*, Rud.; Leuck., *ibid.*, fig. 20.

Le B. du phoxin : *B. granularis*, Rud.; *B. cyprini phoxini*, Leuckart, *ibid.*, fig. 31.

Le B. du barbeau : *B. rectangulum*, Rud.; Bremser, *Icon.*, tab. 13, fig. 3 — 8; Leuck., *ibid.*, tab. 2, fig. 22 — 25.

Le B. de la merluche : *B. crassiceps*, Rud.; *B. pillula*, Leuck., *ibid.*, tab. 2, fig. 26.

Le B. du gastérostée : *B. solidus*, Rud.; Bremser, *Icon.*, tab. 13, fig. 10 et 11; Leuck., *ibid.*, fig. 27.

Le B. des plongeons; *B. nodosus*, Rud., *Synops.*, p. 140.

Le B. de l'anguille : *B. claviceps*, Rud.; Leuckart, *ibid.*, fig. 28.

Observ. D'après la caractéristique que nous assignons aux

bothriocéphales, on voit que nous réservons ce nom aux espèces de vers ténioïdes qui n'ont plus que deux fossettes extrêmement prononcées aux deux côtés de la tête, c'est-à-dire à la division que M. Rudolphi a désignée par les mots d'*inermes dibothiri*.

L'espèce que nous prenons comme type de cette division est le *B. punctatus*, si commun dans le turbot (*pleuronectes maximus*), qu'on peut en trouver tous les degrés de développement depuis l'état d'œuf jusqu'à une longueur de plusieurs pieds.

Il est facile de l'observer vivant; mais il faut pour cela le plonger dans l'eau froide. On peut alors remarquer les mouvemens de la tête et des différentes parties du corps pendant près d'une heure.

Des quinze espèces définies par M. Rudolphi dans cette division, une seule vient de mammifères, une seule d'oiseaux; toutes les autres proviennent de poissons de plusieurs genres, mais essentiellement d'eau douce, et de malacoptérygiens.

Ligule, *Ligula*.

Corps très-mou, subgélatineux, alongé, assez déprimé ou ténioïde, continu ou sans aucune trace de plis transverses ni d'articulations.

Renflement céphalique peu distinct et seulement indiqué par un petit sillon transverse, avec une fossette médiane fort peu profonde en dessus et en dessous.

Ovaires plus ou moins distincts dans la ligne médiane, sans orifices particuliers, ou quelquefois avec des orifices rapprochés et même accompagnés d'un cirrhule.

Espèce. La L. très-simple : *L. simplicissima*, Rud. ; Bremser, *Icon.*, tab. 12, fig. 1.

Observ. Ce genre a été établi par Bloch, en séparant le ver qui le constitue du *G. fasciola* de Linné. Il a été adopté par tous les zoologistes.

Nous avons observé un grand nombre d'individus d'une ligule provenant du canal intestinal d'une spatule, au mois de Mars 1828. Il y en avoit de plus d'un pied de long sur trois ou quatre lignes de large. La forme de la tête étoit assez bien indiquée, ainsi que les deux fossettes. On voyoit aussi sur quelques individus des traces des ovaires, mais sans circonscription ni orifices, et encore moins de cirrhules pour chacun d'eux, comme l'a figuré M. Bremser pour une espèce trouvée dans le *colymbus cristatus,* et qu'il nomme *L. sparsa.*

Nous devons rappeler ici la singulière opinion de M. Rudolphi, qui pense que les ligules commencent leur vie dans les poissons et la terminent dans les oiseaux qui se nourrissent de ceux-ci, s'appuyant sur l'observation que, péritonéaux dans les premiers, ils sont constamment intestinaux dans les seconds; qu'il n'a jamais trouvé de ligules de poissons avec des indices du développement des ovaires, au contraire de ce qu'il a vu dans celles des oiseaux, et que là où ne se trouve pas le gastérostée épinoche, en Autriche, par exemple, les oiseaux aquatiques n'offrent jamais de ligules. Malgré ces raisons, qui sont sans doute spécieuses, M. Bremser, l'helminthologiste praticien par excellence, n'en étoit pas convaincu; mais si cela étoit ainsi que M. Rudolphi le veut, ne pourroit-on pas lui demander comment les ligules commencent dans les poissons et à quoi sert qu'elles aient des œufs dans les oiseaux?

M. Rudolphi admet maintenant sept espèces de ligules; mais sont-elles aussi aisées à caractériser qu'à nommer? c'est ce dont nous doutons fortement. Ce qui est certain, c'est que des vingt ou trente individus que j'ai trouvés dans la spatule, il n'y en avoit pas deux qui se ressemblassent complétement.

Catalogue des principaux auteurs qui ont écrit sur les vers.

ABILDGARD (Pierre-Chrétien), *Allgemeine Betrachtungen über Eingeweidewürmer,* etc., dans les *Schriften der Naturforcher-Gesellschaft zu Kopenhagen,* 1ster B., 1ste Abtheil; aus dem Dänischen. Copenh., 1795; in-8.°, p. 24-49, tab. V.

ANDRY (Nicolas), De la génération des vers dans le corps de l'homme, etc.; 1 vol. in-12. Amst., 1701.

BAIER (Christ. Guill.), *Dissertatio inauguralis de generatione insectorum in corpore humano;* broch. in-4.° Altorf, 1740.

BASTER (Job), *Opuscula subseciva observationes miscellaneas, de animalculis et plantis quibusdam marinis, eorumque ovariis et seminibus con-*

tinentia. Deux tom. in-4.°.... livres dans le premier, trois dans le second, avec figures. Harlem, 1764 et 1765.

Cet ouvrage, qui parut, comme l'indique son titre, par fascicules, dans les deux années indiquées, ne contient, sous le rapport qui nous occupe, rien de bien important.

Batsch (Aug. Joh. George), *Naturgeschichte der Bandwurmgattung über-haupt und ihrer Arten insbesondere, nach den neuern Beobachtungen, in einem systematischen Auszuge*; 1 vol. in-8.° de 298 pages, avec 5 planches gravées. Halle, 1786.

Bening (B. F.), *Dissertatio zoolog. med. de hirudinibus*; broch. in-4.° Harder, 1776.

Blainville (Henri-Marie Ducrotay De), Essai sur la classe des séti-podes (chétopodes), publié en extrait dans le Bulletin, par la Soc. philomatique pour l'année   .

— Appendice à la traduction du traité des vers intestinaux de l'homme.

— Monographie des Hirudinés, article *Sangsue* de ce Dictionnaire.

— Dictionnaire des sciences naturelles, publié par F. G. Levrault. Tous les articles de zoologie concernant les chétopodes, depuis 1815.

Bloch (Marcus-Eliezer), Traité de la génération des vers intestinaux et des vermifuges; traduit de l'allemand. Berlin, 1782; in-4.°, avec 10 pl. grav. Suivi d'un Traité du traitement contre les *Tænias*, publié par ordre du roi; 1 vol. in-8.° avec fig. in-4.° Strasbourg, 1788.

— *Beiträge zur Naturgeschichte der Blasenwürmer.* (*Schrift. der Berl. Gesellsch. naturforsch. Freunde, B. I, S.* 335-347, *Tab. X, f.* 1-8.)

Blumenbach (Jos. Fréd.), *Handbuch der Naturgeschichte*; prem. édit., Gœttingue, 1779, in-8.°; et 8.° édit., 1807.

Traduit en français par M. Artaud; 2 vol. in-8.°, 1803.

Bojanus (L. H.), *Bemerkungen aus dem Gebiete der vergleichenden Anatomie.* (*Russ. Sammlung. für Naturwissenschaft und Heilkunst. Riga und Leipzig,* 1817; in-8.°)

— *Ueber Blutig.* (*Isis,* 1817, p. 381.)

Bommé (Léonard), *Act. Vlissing.* ou Mém. de la Soc. des sc. de Fles-singue.

Bonnet (Charles), Traité d'Insectologie. Paris, 1745. Deux vol. in-8.° Pour des Naïs et des Lombrics.

— Dissertation sur le vers nommé en latin *Tænia* et en françois *Soli-taire.* (Mém. présentés à l'Acad. des sciences de Paris, tom. I, pag. 478-529; 1750.)

Bonnet (Charles), *Nouvelles recherches sur la structure du Tænia.* (Journ. de phys., tom. IV, p. 247-267, avec fig. — Et dans ses OEuvres complètes, in-4.°; Neufchâtel, 1779; tom. II, p. 65-134, pour le premier Mémoire; et tom. V, part. 1, pag. 138-142, pour le second, auquel on ajoute, p. 213, un nouveau Supplément aux Nouvelles recherches sur la structure du Tænia.)

Borlase (Guillaume), Histoire naturelle de Cornouailles; en anglois; 1 vol. in-fol. Oxford, 1758.

Bosc (Louis), Histoire naturelle des Vers, contenant leur description et leurs mœurs, avec des figures dessinées d'après nature. Trois vol. in-18, faisant suite à l'édition de Buffon, donnée par Déterville en 1802.

— Sur un nouveau genre dans la classe des vers intestinaux, *Tetragulus.* (Nouv. bullet. pour la soc. ph.; 1811; n.° 44, p. 269.)

— Nouveau Dictionnaire d'histoire naturelle, 1.re édition, par Sonnini de Manoncourt. Paris, 1804; et 2.e édition, Paris.

Tous les articles qui ont traité des chétopodes, sont de lui, et ne sont en général que des extraits de Muller, outre quelques observations qui lui sont propres, et qu'il avoit publiées d'abord dans son Histoire générale des vers.

Il suit presque rigoureusement le système de Linné, perfectionné par Bruguières.

Braun (Jos. Fréd. Phil.), *Systematische Beschreibung einiger Egelarten;* broch. in-4.°, avec 7 planches gravées; Berlin, 1805.

Braun, *Beiträge zur Geschichte der Eingeweidewürmer, et Fortsetzung der Beiträge zur Kenntniss der Eingeweidewürmer.* (Schrift. der Berl. Gesellsch. naturforsch. Freunde; 8ter B., 4tes St., S. 236-238, et 10ter B., 1stes St., S. 57-65.)

Brehm, *Dissertatio de hydatidibus.* Erfurt, 1745. (*Halleri Collect. dissert., t. IV, n.° 22, p. 256.*)

Bremser, *Ueber lebende Würmer im lebenden Menschen;* 1 vol. in-4.° de 284 pages, avec 4 pl. grav. Vienne, 1819.

Traduit en françois par le docteur Grundler, avec un appendice de Henri de Blainville; 1 vol. in-8.° de 574 pages, avec un atlas in-4.° de 12 pl. lithogr. Paris, 1824.

Brera (Valer. Louis), *Lezioni medico-pratiche supra i principali vermi del corpo umano vicente e le cosi dette malattie verminozo;* 2 vol. in-4.° de 198 pages, avec 5 pl. grav. Crema, 1802.

Traduit en allemand par Weber (F. A.); in-4.°, 156 pages, avec 5 pl. grav. Leipsic, 1803. Traduit en françois, avec des notes par MM. Bartoli et Calvet neveu; in-8.° avec 5 pl. Paris, 1804.

Brera (Valer. Louis), *Memorie fisico - mediche sopra i principali vermi del corpo umano vivente e le cosi delle malattie verminozo, per servire de supplemento e di continuazione alle Lezioni;* 1 vol. in-4.° de 452 pag., avec 5 pl. grav. Crema, 1811.

Browne (Patrice), Histoire naturelle et civile de la Jamaïque, en anglois; 1 vol. in-fol., avec figures. Londres, 1756.

Ouvrage de peu d'importance pour le sujet dont il est question dans cette Liste bibliographique.

Bruguières (Jean-Guillaume). Dictionnaire des vers dans l'Encyclopédie méthodique. Quatre vol. in-4.°

— Planches du même ouvrage. Paris, 1792.

Camper (Pierre), *De fasciola hepatica ovium ejusque origine.* (A la suite de l'Agriculture nouvelle, publiée en Belge, en 1762; tom. II, p. 304.)

Carena (Hyacinthe), Monographie du genre *Hirudo*, L. (Mémoire de l'Acad. royale des sciences de Turin, tom. XXV, p. 273, avec fig.; et Supplément, tom. XXVIII, p. 351.)

Carlisle (Ant.), *Distomatis artificiose injecti explicatio.* (*Trans. Linn. Soc.*, vol. *II*, p. 261, 262, tab. 25, *f.* 17-19.)

— *Observations upon the structure and œconomy of those intestinal worms called Tænia.* (*Trans. Linn. Soc.*, vol. *II*, p. 247-262, tab. 25. Londres, 1794.)

Chabert. Traité des maladies vermineuses dans les animaux; 1 vol. in-8.° de 120 pages, avec 2 pl. grav. Paris, 1782 et 1787.

Traduit en allemand par Meyer. Gœtting., 1789.

Clesius (J.), *Beschreibung der med. Blutig.*; broch. in-4.°, avec 2 planch. Hadamar, 1811.

Collet-Maygret (G. F. H.), Mémoire sur un vers trouvé dans les reins d'un chien. (Journ. de phys., tom. LV (1802), p. 458-464, avec 1 pl.)

Columna (Fabius), *Aquat. et terrest. aliquot animalium aliarumque naturalium rerum observationes.*

A la suite de son *Ecphrasis*; un vol. in-4.° Romæ, 1616.

Il parle de la serpule ordinaire sous le nom de *Prosciplectanos.*

Crammerer, *Dissertatio circa hydatid. sist.* Stuttgard, 1793.

Cuvier (George-Léopold-Chrétien-Fréderic-Dagobert), Tableau élémentaire de l'histoire naturelle des animaux; un vol. in-8.° Paris, an 6 (1798).

— Leçons d'anatomie comparée, recueillies par MM. Duméril et Duvernoy. Paris, 1800 — 18

Cuvier (George-Léopold-Chrétien-Fréderic-Dagobert), *Le Règne animal distribué d'après son organisation*; 4 vol. in-8.° Paris, 1817.

Daly, *Dissertatio de teretibus intestinorum lumbricis*; broch. in-8.° de 53 pages. Édimbourg, 1790.

Daudin (Franço's-Marie), Sur quelques vers et mollusques : une petite brochure in-12. Paris.

Delisle (Vict. Améd.), Dissertation zoologique et médicale sur le ténia humain ou ver solitaire. (Journ. de méd., 1812, tom. XXIII, p. 218; et tom. XXIV, p. 364.)

Delle Chiaje (Étienne), *Sulla sanguisuga medicinale, e su varie altre specie di mignatte.*

— *Sull' anatomia et la classificazione del sifunculo nudo de Linneo.*

— *Riflessione sulla tenia umana armata.*

— Collect. de Mém. sur les animaux sans vertèbres du royaume de Naples; in-4.°, avec pl. grav. Naples, 1823.

Derheim (J. L.), Hist. natur. et méd. des sangsues; 1 vol. in-8.°, avec fig. Paris, 1825.

Dicquemare (Jacques-François), Mémoires insérés dans les Transactions philosophiques de Londres et dans le Journal de physique, ann. 1777 — 1779.

Duméril (Constant), Observations sur l'arénicole. (Bulletin par la Soc. philom.)

— Zoologie analytique, 1 vol. in-8.°, Paris, 1806, analysée dans l'Histoire de la science.

Durondeau, Observations anatomiques sur les sangsues médicinales. (Journ. de phys., Octobre 1782, p. 284.)

Dutrochet, Sur un nouveau genre de sangsues. (Bullet. par la soc. phil., Mars 1817, p. 130.)

Duvernoy, Dictionnaire des Sciences naturelles, tom. I.er à VI.

Eber (Jos. Henri), *Observationes quædam helminthologicæ*; broch. in-4.° de 42 p., avec des fig. grav. Gœtting., 1798.

Ellis (Jean), Essai sur l'histoire naturelle des corallines; un petit vol in-4.°, avec fig. Londres, 1755, in-4.°, et en françois. La Haye, 1756.

Fabricius (Othon), *Fauna groenlandica, systematice sertius animalia Groenlandiæ occidentalis hactenus indigata*, etc. , un vol. in-8.°, avec une planche. Copenhague et Leipsic, 1780.

Ouvrage remarquable par les excellens matériaux qu'il contient sur un grand nombre d'animaux de cette classe et de celle des vers en général, non-seulement sous le rapport des descriptions, parfaites pour la plupart, mais encore sous celui des mœurs et des habitudes ; du reste exécuté rigoureusement dans le système de Linné et de Muller.

FELIZ (G. H.), *Bemerkungen über verschiedene vermeintliche Haut- oder Fleischwürmer im menschlichen Körper, besonders über den* Dracunculus *oder die* Vena medinensis. (*Neues Magazin von Baldinger*, 10ter B., 6tes St., S. 492-507; in-8.°, 1788.)

FISCHER (C.), *Brevis Entozoorum seu vermium intestinalium expositio, et methodus eosdem investigandi et conservandi;* broch. in-8.° de 60 p., avec 1 pl. Vienne, 1822.

FISCHER (Jos. Léonh.), *Tæniæ hydatigenæ in plexu choroideo inventæ historia; accedunt nonnullæ alius argumenti de vermibus intestinalibus observationes;* broch. in-8.° de 44 p., avec fig. Leipsic, 1789.

FONTANA (Félix), *Lettere sopra le idatidi e le tenie.* (*Opusculi scelti*, tom. *VI*, p. 103-109.)

— Lettre sur la maladie des bêtes à laine nommée *Folie*; — Sur le ténia. (Journ. de phys., tom. XXIV, p. 227-236.)

FRISCH (Léonh. Jos.), *Var. dissert.* (Dans les Mélanges de Berlin, t. III, p. 42, 43, 44, 48; t. IV, p. 392-396; t. VI, p. 121, 129.)

FROELICH (Joseph-Aloys), *Beschreibung einiger neuen Eingeweidewürmer.* (*Naturf.*, *Stuck XXIV*, S. 101-162, *Tab. IV.*)

— *Beiträge zur Naturgeschichte der Eingeweidewürmer.* (*Naturf.*, *Stück XXV*, *S.* 52-115, *Tab. III*; et ibid., *Stück XXIX* (1802), *S.* 5-96; avec 2 pl. grav.)

GABUCINO (Jérôme), *De lumbricis alvum occupantibus, etc.*; 1 vol. in-12 de 219 pages. Lyon, 1549, et Venise, 1547.

GAEDE (Henri-Maur.), *Dissert. sistens observat. quasdam de insectorum verminmque structura;* broch. in-4.° de 20 pages. Kiliæ, 1817.

GMELIN (Jean-Fréd.), *Caroli a Linné systema naturæ;* 13.ᵉ édition; 4 vol. in-8.° Leipsic, 1789, 1790.

GOETZE (Jean-Aug. Éphraïm), *Versuch einer Naturgeschichte der Eingeweidewürmer thierischer Körper;* 2 vol. in-4.° de 471 p., avec 44 pl. grav. Leipsic, 1782.

GRASHUIS, *Dissertatio de natura et ortu hydatidum.* (*Acta nova Cur.*, vol *VII*, p. 408-424.)

GUETTARD, Mémoires sur différentes parties des sciences et arts, tom. 3, pag. 18 — 218.

GUNNER (Jean-Ernest), *Acta nidrosiana*, tom. 3 et 4.

— *Script. soc. Hafn., danice primum ed., nunc latine*, in-4.°; 1745 — 1747.

HARTMANN, *Dissertatio de hirudine medicinali*. Vindobonæ, 1777.

HEATH (George), *Observ. on the Guinea-Worm*. (*Edimb. med. and jury Journ.*; Janv. 1816, p. 120.)

HERMAN (Joh.), *Helminthologische Bemerkungen*. (*Naturforscher, Stück XVII, S.* 171-182, *Tab. IV, fig.* 8-12; et *Stück XIX, S.* 34, 35, 36, 46, 47; avec fig.)

HILL (Joh.), *An History of animals, containing descriptions of the Birds, Beasts, Fishes, and Insects of the several parts of the World*, etc. Un vol. in-fol., avec figures nombreuses. Londres, 1752.

HOME (Éverard), Mémoire sur la circulation dans le lombric et l'arénicole, dans les Transactions philosophiques de Londres et dans le Recueil de ses Mémoires, intitulé : *Lectures on comparative anatomy.* Deux vol. in-4.° Londres, 1814.

— Sur l'*Aphrodita aculeata* (*Trans. phil.*, 1815, part. 2, tab. 15, fig. 1 et 2).

HOOPER (R.), *De vermibus eorumque dispositione systematica*. (*Mem. Lond. med. soc.*, vol. *V*, n.° 27; avec fig.)

HUMBOLDT (Alexandre DE), Observations de zoologie et d'anatomie comparée; 1 vol. in-4.° Paris, 1811.

JÆGER (Jean-Henri), *Spicilegium de pathologia animata præmissa tractatione de generatione æquivoca*; broch. in-4.° de 64 pages. Gœttingue, 1775.

JOERDENS (Jean-Henri), *Entomologie und Helminthologie des menschlichen Körpers*; 1 vol. in-8.°, avec pl. color., Hof, 1801; et 2 vol. in-4.°, 1802.

JOHNSON (S. Rawlins), *A treatise on the medicinal leech.*; broch. in-8.°, avec 2 pl. grav. Londres, 1816.

KLEIN (Jacq. Théod.), *Descriptiones tubulorum marinorum, etc., cum fig.*, in-4.° Gedan., 1731; *et Gedan. et Lipsiæ*, 1773.
Il n'est question que de quelques tubes seulement.

— *Tentamen herpetologiæ, cum perpetuo commentario. Accessit P. A. Unzeri Observ. de tæniis. latine reddita, cum dubiis circa eamdem*, in-4.° Leyde et Gœttingue, 1755, avec 2 planches.

KNOLZ (J. Z.), *Abhandl. über die Blutig.*; 1 vol. in-8.° Vienne, 1820.

KOELER (Martin), *Nereis lapicida medit. Acta Holm.*, ann. 1754, p. 143, *tab. 3, fig. A, et Analecta transalp. , vol. 2, pag. 372, art. 13, tab. 7, fig. A, F.*

KUNZMANN (J. H.), *Untersuchung über den Blutig.;* 1 vol. in-8.°, avec 5 pl. Berlin, 1818.

LAENNEC (Théoph.). Mémoire sur les vers vésiculaires, et principalement sur ceux qui se trouvent dans le corps humain. (Bulletin de la société de l'école de médecine pour 1804, n.° 10, p. 132.)

LAMARCK (Jean-Bapt. de Monnet, chevalier DE), Système des animaux sans vertèbres. Paris, 1801, 1 vol. in-8.°

— Philosophie zoologique. Deux vol. in-8.° Paris, 1809.

— Extrait du cours de zoologie sur les animaux sans vertèbres. Paris, 1812.

— Histoire naturelle des animaux sans vertèbres. Paris, 1815 — 1822. Sept vol. in-8.°

Ces ouvrages, importans dans l'histoire de la science, ont été analysés plus haut.

LE CLERC (Daniel), *Historia naturalis et medica latorum lumbricorum intra homines et alia animalia nascentium, etc.;* 1 vol. in-4.° de 456 p., avec 14 pl. grav. Genève, 1715 et 1718.

Traduite en anglais; in-8.° Londres, 1721.

LEDERMÜLLER (M. F.), *Physikalisch-mikroskopische Zergliederung,* in-fol. Nuremberg, 1764.

LIMBOURG (Jean-Philippe DE), *Observationes de ascaridibus et cucurbitinis, et potissime de tænia, tam humana quam leporina. (Phil. trans. Lond.,* 1766; p. 106-132.)

LINNÆUS (Carol. a), *Systema naturæ.* 1735 — 1748 — 1760 — 1766.

— *Idem,* 12.° édit. Stockholm, 1767.

— *Museum Adolph. Fred. Reg. seu Car.,* in-fol. et in-8.°

— *Amœnitates academ.,* in-8.°, 10 vol. *Holm.,* 1751 — 1790.

— *Iter Westrogoth.;* in-8°. Halle, 1765.

— *Iter Scan.*

— *Faun. suec., sistens animalia Sueciæ regni;* in-8.° Stockholm, 1746 — 1761.

LUDERSEN (Henr. Charl. Louis), *De hydatidibus : dissert. inaug.;* in-4.° Gœtting., 1808.

MALPIGHI (Marc), *Variis de vermibus : opera posthuma, p.* 112, 113; in-4.° Amst., 1698.

MANGILI (Guillaume), *De systemate nervoso hirudinis, etc., epist.*; in-8.º de quelques pages. Pavie, 1795.

MAZÉAS, Académie des sciences. Mém. des sav. étrangers. Onze vol. in-4.º Paris, 1750 — 1786.

MONTAGU (George), Observations sur les lombrics. Annales du Muséum.

MONTÈGRE (DE), Mémoire sur les vers de terre, dans les Mémoires du Mus. d'hist. nat. de Paris, tom. 1, tab. 12.

MOQUIN-TANDON (Alfred), Monographie de la famille des Hirudinées; 1 vol. in-4.º de 152 p., avec fig. lithogr. Montpellier, 1827.

MOUGEOT (J. H.), Essai zoologique et médical sur les hydatides; broch. in-8.º Paris, an XI (1803).

MORAND (Jean-François), Mémoire sur l'anatomie de la sangsue. (Mém. de l'Acad. royale des sc. de Paris, pour 1730, p. 159.)

MÜLLER (Othon-Fréd.), *Vermium terrestrium et fluviatilium seu animalium infusoriorum, helminthicorum et testaceorum, non marinorum, succincta historia*; 2 vol. in-4.º Copenh. et Leipsic : le prem. en 1773, et le second en 1774.

— *Verzeichniss der bisher entdeckten Eingeweidewürmer, der Thiere in welchen sie gefunden worden, und der besten Schriften, die derselben erwähnen.* (*Naturforsch.*, *Stück XXII, S.* 33-86; 1787.)

— *Abhandlung von Thieren in den Eingeweiden der Thiere, insonderheit vom Kratzer im Hecht.* (*Naturf.*, *Stück XII, S.* 178-196, avec fig.)

— *Unterbrochene Bemühungen bei den Intestinal-Würmern.* (*Schrift. der Berl. Ges. naturf. Fr.*, 1ster B., S. 202-218.)

— *Zoologiæ danicæ prodromus.* Un vol. in-8.º de 283 pages, sans la préface, avec 32 figures. Copenhague, 1776.
Cet ouvrage fit connoître 800 espèces nouvelles.

— *Von Würmern der süssen und salzigen Wasser.* Un vol. in-4.º de deux cents pages de texte, avec 7 planches gravées au burin.
Ouvrage classique, et dont les descriptions sont exactes et les figures passables.

— *Zoologia danica*, in-fol., avec figures coloriées. Copenhague, 1788 — 1789.
De cet ouvrage véritablement classique, qui le premier donna de bonnes figures de vers, les trois premiers cahiers sont seuls de Muller, le quatrième est d'Abildgard, de Vahl, etc.

MURRAY (Jean-André), *De lombricorum setis observationes.* Brochure in-12 de 76 pages, avec 2 planches gravées, dont une pour les lombrics. Gœttingue, 1769.
Bonne observation, qui a rectifié ce qu'on disoit avant lui sur ce sujet.

Nicholls (Frank.), *An account of worms in animal bodies.* (*Phil. trans. Lond.*, 1755, p. 246-248.)

Oken, *Lehrbuch der Naturgeschichte, 3ter Theil: Zoologie; 1ste Abtheilung: Fleischlose Thiere;* 2 vol. in-8.º Leipsic, 1815.

Olfers (J. Fr. M. De), *De vegetativis et animatis corporibus in corporibus animatis reperiundis commentarius, pars I;* broch. in-8.º de 112 p., avec pl. grav. Berlin, 1816.

Oliger (Jacobæus), *apud Bartholin. Acta Hafn.*

Otto (A.), *Ueber Nervensystem der Eingeweidewürmer.* (*Berl. naturf. Freunde Magaz.*, B. *VII*, S. 223-233, *Tab. V, VI.*)

Pallas (Pet. Sim.), *Dissertatio de viventibus insectis intra viventia;* broch. in-4.º de 84 p. Leyde, 1760.

— *Bemerkungen über die Bandwürmer in Menschen und Thieren.* (*Neue nordische Beiträge;* in-8.º Saint-Pétersbourg et Leipsic, 1781.)

— *Beschreibung der, hauptsächlich im Unterleibe wiederkäuender Thiere anzutreffenden Hydatiden oder Wasserblasen, welche von einer Art von Bandwurm ihren Ursprung haben.* (*Stralsund. Magaz.*, 1stes *Stück*, S. 64-83; in-8.º; 1767.)

— *Miscellanea zoologica.* Un cahier in-4.º La Haye, 1766.

Les articles 8, 9, 10 et 11 de cet ouvrage sont la base de tout ce qu'on a dit de meilleur jusqu'ici sur l'organisation de la classe des chétopodes. Les figures sont en général exactes.

— *Spicilegia zoologica, quibus novæ et imprimis obscuræ animalium species iconibus, descriptionibus atque commentariis illustrantur;* 14 fasc. Berlin, 1767 — 1780.

Le dixième fascicule contient quelques observations sur les animaux dont Gærtner a fait le genre Thalassema.

— Mémoire sur différens animaux. *Nova Acta petropol.*, 2, t. 5, fig. 21.

Paton, *Cases of Guinea-Worms, with observations.* (*Edimb. med. and jury journ.*, vol. II, p. 151; 1806.)

Paulini (Ch. Franç.), *De Lumbr. terrestr. schediasma,* in-8.º Francfort, 1703.

Pennant (Thomas), *British zoology.* Quatre vol. in-4.º Londres, 1776 — 1777.

Péré, Mémoire sur le dragonneau. (Journ. de médecine de Roux, tom. XLII, p. 121.)

Phelsum (Mark van), *Naturgeschichte der Springwürmer, herausgegeben von Johann Weise.* Un vol. in-8.º Gotha, 1781.

Rafinesque-Schmaltz, Précis de somiologie. Un petit volume in-18, Palerme.

RANZANI (Camille), *Memorie di storia naturale; decas prima.* Un vol. in-4.º Bologne, 1820.

Les trois premiers articles de ce recueil, qui avoient d'abord été publiés dans les *Opuscula scientifica*, ont trait aux chétopodes.

REDI (François), *Osservazioni intorno agli animali viventi, che si trovano negli animali viventi;* 1 vol. in-4.º de 232 p., avec 26 pl. grav. Florence, 1684.

— *Opuscula* 3, pag. 276, tab. 25; *Histrix marina*, in-12. Amsterd., 1685 — 1686.

RENDTORFF (Charles), *De hydatidibus in corpore humano, præsertim in cerebro repertis;* dissert. inaug. de 57 p., in-8.º, avec fig. Berlin, 1822.

RETZIUS (Jean-André), *Lectiones publicæ de vermibus intestinalibus, imprimis humanis;* broch. in-8.º de 55 p. Stockholm, 1786, et dans les *Delectus opusc. medicorum, vol. IX, n.º* 1.

ROESEL DE ROSENHOF (Auguste-Jean), *Insect-Belustigungen* ou Amusemens sur les insectes. Quatre vol. in-4.º; 1746.

ROLANDO (Louis), Description d'un animal nouveau qui appartient à la classe des échinodermes; mémoire de 17 p. in-4.º, avec 2 pl. grav. (Dans les Mém. de l'Acad. royale de Turin, tom. XXVI, p. 539.)

ROSA (Vincenzo), *Lettere zoologiche onia osservazioni sopra diversi animali, etc.;* broch. de 27 pages, in-4.º Pavie, 1794.

RUDOLPHI (Charles-Asmund), *Beobachtungen über die Eingeweidewürmer.* (*Wiedmann's Archiv für Zoologie und Zootomie*, vol. II, 1.ᵉʳ cahier. Brunswick, 1801; p. 1-65.)

— *Observationes circa vermes intestinales;* dissert. academ., in-4.º de 46 p. Grypswalde, 1793.

— *Novæ species excerptæ.* (*Meyer's zoolog. Annal.*, 1ster B., S. 242-245. Leipsic, 1794.)

— *Observat. circa vermes intestinales;* autre thèse, in-4.º Leipsic, 1795.

— *Beobachtungen über die Eingeweidewürmer.* (Dans les archives de zoologie et de zootomie, vol. II.)

— *Entozoorum sive vermium intestinalium historia naturalis;* 3 vol. in-8.º, avec fig. Strasbourg, 1810.

— *Entozoorum synopsis, cui accederunt mantissa duplex et indices locupletissimi;* 1 vol. in-8.º de 811 p., avec 3 pl. grav. Berlin, 1819.

RUYSCH (Fréd.), *Opera omnia anatomico-medico-chirurgica;* 4 vol. in-4.º Amsterd.. 1721-1724.

SAVIGNY (Jules-César), Système général des annélides. Un petit volume in-fol. de 57 pages, sans figures, faisant partie du grand ouvrage d'Égypte. Paris, 1812.

Nous avons donné l'analyse de cet ouvrage important dans l'Histoire de la science.

Schæffer (Jacq. Chr.), *De lue ovium, ex distomate hepatico.* (*Breslauer Sammlungen,* 1719-1721.)

— *Die Armpolypen in den süssen Wassern um Regensburg,* Un vol. in-4.° Ratisbonne, 1754.

— *Die Egelschnecken in den Lebern der Schafe, und die von diesen Würmern entstehende Schafkrankheit;* broch. in-4.° de 44 p., avec fig. Ratisbonne, 1762.

— *Die eingebildeten Würmer in Zähnen,* etc.; broch. in-4.° de 54 p., avec 1 pl. Ratisbonne, 1757.

Scheerer (Jean-André), *Ueber den Ursprung der Eingeweidewürmer; — über Helminthographie; — Topologie der Eingeweidewürmer; — Bemerkungen über Topologie der Eingeweidewürmer.* (En différens articles insérés dans les *Medizinische Jahrbücher der K. K. östreich. Staaten,* pour 1815, 1816 et 1817, publiés à Vienne.)

Schrank (Franz von Paula), *Verzeichniss der bisher hinlänglich bekannten Eingeweidewürmer, nebst einer Abhandlung über ihre Anverwandtschaften;* 1 vol. in-8.° de 116 pages. Munich, 1788.

— *Fauna boica; pars secunda, tert. volum.;* p. 177-248.

— *Sammlung naturhistorischer und physikalischer Aufsätze;* 1 vol. in-8.° de 456 p., avec 7 pl. grav. Nuremberg, 1796.

Schroeder (Théod. Guill.), *Progr. commentationis de hydatidibus in corpore animali, præsertim humano, repertis; sectio I;* in-8.° de 48 p. Rinteln, 1790.
   Le reste n'a pas paru.

Séba (Albert), *Locupletissimi rerum naturalium thesauri acurrata descriptio.* Quatre vol. in-4.° Amsterdam, 1754 — 1765.

Solander (Dan. C.), *Furia infernalis vermis,* etc. (*Nova acta Ups., vol. I,* p. 44-58.)

Sorg (Franç. Loth. Aug. Guill.), *Disquisitiones physiologicæ circa respirationem insectorum et vermium;* 1 vol. in-8.° de 225 p. Rudolstadt, 1805.

Spix (Jean), Anatomie de la sangsue médic. (Mém. de l'Acad. royale de Bav., in-4.°, 1813.)

Steinbuch (Jos. George), *Commentatio de tænia hydatigena anomalia, adnexis cogitatis quibusdam de vermium visceralium physiologia;* broch. in-8.° de 126 p., avec fig. Erlangen, 1802.

Stroem (Jean), *Acta Nid.,* tom. 4 : pour le cirratule.

Sulzer (Charles), Dissertation renfermant la description d'un ver nouveau, etc.; broch. in-4.° de 52 p., avec 2 pl. grav. Strasbourg, an IX.

Swammerdam (Jean), *De phyalo, Biblia nat.*, tab. 10, fig. 8 : c'est de l'aphrodite hérissée dont il est question.

Thomas (P.), Mémoire pour servir à l'histoire naturelle des sangsues; broch. in-8.° Paris, 1808.

Trembley (Abraham), Mémoires pour servir à l'histoire des polypes d'eau douce à bras en forme de cornes. Leyde, 1744, in-4.°
  Pour quelques naïs.

Treutler (Fréd. Aug.), *Observationes pathologico-anatomicæ, auctarium ad helminthologiam humani corporis continentes*; broch. de 44 p. in-4.°, avec 4 pl. grav. Leipsic, 1793.

Tyson (Edward), *Lumbricus teres, or some anatomical observations on the round worm bred in human bodies.* (*Phil. trans. Lond.*, 1683, p. 153-161, avec fig.)

— *Lumbricus latus, or a discourse of the jointed worm.* (*Phil. trans. Lond.*, 1683, p. 113-141, avec fig.)

— *Lumbricus hydropicus, or an essay to prowe that hydatides often met with in morbid animal bodies, ave a species of worm, or imparfact animal.* (*Phil. trans. Lond.*, n.° 193, p. 506-510, avec fig.)

Vallisnieri (Ant.), *Considerazioni ed esperienze intorno al creduto cervello impetrito, ed alla generazione de vermi ordinari del corpo umano,* ou *Considerazioni ed experienze intorno alla generazione de vermi ordinari del corpo umano*; un petit vol. in-4.° de 160 pages, avec 4 pl. grav. Padoue, 1710.

— *Nuove osservazioni ed esperienze intorno all' ovaja scoperta ne vermi rondi del uomo e de vitelli, con varie lettre spettante alla storia medica e naturale*; 1 vol. in-4.° de 184 pages, avec 2 pl. grav. Padoue, 1713.

— *Racolta de vari trattati accresciuti con annotazioni e giunte*; 1 vol. in-4.° de 261 pages. Venise, 1715.

— *Opere fisico-mediche, racolte da Antonio suo figliulo*; 3 vol. in-fol. Venise, 1733.

Vandelli (Dom.), *Dissertationes tres.* Patav., 1748.

Virey (J. J.), Mémoire sur la classe des vers, et principalement sur ceux qu'il importe le plus à connaître en médecine. (Journ. de phys., tom. XLIV, 1798, p. 409-440.)

— Addition au Mémoire sur les vers. (Journ. de phys., tom. XLVIII, 1799, p. 453.)

Vitet (Louis), Traité de la sangsue médicinale; un gros vol. in-8.°, avec fig. Paris, 1809.

Viviani (Dominique), *Phosphorentia maris quatuordecim lucescentium animalculorum novis speciebus illustrata.* Une brochure in-4.° Gênes, 1805.

W**atson** (G.), *De hirudinibus;* dissertation inaug. in-8.°, avec fig. Édimbourg, 1813.

W**erner** (Paul-Chrét. Fréd.), *Vermium intestinalium, præsertim tæniæ
humanæ, brevis expositio;* 1 vol. in-8.° de 144 pages, avec 7 pl. grav.
Leipsic, 1782.

— *Vermium intestinalium brevis expositionis continuatio;* broch. de
28 p., in-8.°

— *Continuatio secunda, aucta, eod. post mortem auctoris edita, et ani-
madversionibus atque tabulis II æneis aucta, a Fischer (Joh. Leon.);*
broch. in-8.° de 96 pages. Leipsic, 1786.

— *Continuatio tertia, auctore J. L. Fischer;* broch. in-8.° de 79 pages.
Leipsic, 1788.

Z**eder** (Jean-George-Henri), *Erster Nachtrag zur Naturgeschichte der
Eingeweidewürmer, von Joh. Aug. Eph. Götze, mit Zusätzen und An-
merkungen herausgegeben;* 1 vol. in-4.° de 320 p., avec 6 pl. grav.
Leipsic, 1800.

— *Anleitung zur Naturgeschichte der Eingeweidewürmer;* 1 vol.
in-8.° de 432 pages, avec 7 pl. grav. Bamberg, 1803.

La seconde partie de cet ouvrage n'a pas paru.

Ajoutez en outre à cette liste tous les auteurs généraux de conchyliologie qui ont décrit et figuré les tubes des serpules, térébelles et sabelles. (D**e** B.)

VERS. (*Foss.*) On voit, pl. 12 de l'ouvrage de Knorr, sur
les pétrifications, la figure de corps fossiles, que quelques
auteurs ont rapportés à des vers de terre ou lombrics; mais
il est difficile de croire que des corps aussi mous aient pu
passer à l'état fossile, et nous ne savons à quels corps organisés ils peuvent se rapporter. (D. F.)

VERS DE CHAIR. (*Entom.*) Ce sont des larves de mouches
diverses. (C. D.)

VERS DES CHAMPIGNONS. (*Entom.*) On y trouve diverses
larves de diptères, en particulier celles des tipules, que l'on
nomme *bolétophiles.* (C. D.)

VERS DES CHAROGNES. (*Entom.*) On donne ce nom aux
asticots, larves de mouches, et à diverses larves de silphes,
de dermestes, etc. (C. D.)

VERS ÉCHINODERMES. (*Actinoz.*) Bruguière, en commençant la réforme qui a été faite successivement dans la
grande division du règne animal qui comprend les vers de

Linné, a formé avec les holothuries, les oursins et les étoiles de mer, un ordre particulier, qu'il a nettement circonscrit et caractérisé; aussi a-t-il été adopté par tous les zoologistes, quelle que soit la dénomination qu'ils aient donnée à cette division. Voyez VERS. (DE B.)

VERS DES EXCRÉMENS. (*Entom.*) Ce sont des larves de mouches scathophages. (C. D.)

VERS DES GALLES DES VÉGÉTAUX. (*Entom.*) Ce sont des larves de diplolèpes et de diverses espèces d'insectes diptères. Voyez GALLES. (C. D.)

VERS HÉTÉROMORPHES. (*Entoz.*) Troisième section de l'ordre premier de la classe des vers de M. de Lamarck, caractérisée, comme l'indique le nom, par la variété de la forme du corps, et qui comprend les genres AMPHISTOME, GÉROFLÉE, MASSETTE, MONOSTOME, SAGITTULE, TENTACULAIRE et TÉTRAGULE. Voyez ces différens mots et *Vers intestinaux*, à l'article VERS. (DE B.)

VERS HISPIDES. (*Chétopod.*) Dénomination employée par M. de Lamarck pour désigner le troisième ordre de sa classe des vers, qui, ayant pour caractères : corps garni de soies latérales ou de spinules, contient les Naïs de Linné, divisées en Naïs, Stylaire et Tubifex. Voyez à l'article VERS. (DE B.)

VERS INTESTINAUX, VERS INTESTINS. (*Entom.*) Voyez l'article VERS. (DESM.)

VERS MOLLASSES. (*Entoz.*) Dénomination du premier ordre des vers, sous laquelle M. de Lamarck comprend les vers intestinaux qui ont une consistance molle, sans roideur apparente, et qui, d'après sa définition, sont diversiformes, et la plupart irréguliers. Il est ensuite partagé en trois sections, les V. VÉSICULAIRES, les V. PLANULAIRES et les V. HÉTÉROMORPHES. Voyez ces différens mots et *Vers intestinaux* à l'article VERS. (DE B.)

VERS DES PÊCHEURS ou ASTICOTS. (*Entom.*) Ce sont les larves des mouches des cadavres, etc. (C. D.)

VERS PLANULAIRES. (*Entoz.*) Seconde section de l'ordre des vers mollasses, établie par M. de Lamarck pour les vers intestinaux dont le corps est aplati, et parmi lesquels se trouvent cependant les fascioles, dont un très-grand nombre ont le corps parfaitement cylindrique. Voyez *Vers intesti-naux*, à l'article VERS. (DE B.)

VERS POLYPES. (*Entom.*) de Réaumur. Ce sont des larves de tipules aquatiques, etc. (C. D.)

VERS DE PORC. (*Entom.*) Larves des syrphes apiformes, qu'on nomme aussi *vers à queue de rat*. (C. D.)

VERS RIGIDULES. (*Entoz.*) Nom sous lequel M. de Lamarck comprend tous les vers intestinaux que nous nommons asca-ridiens, et que M. Rudolphi a appelés nématoïdes, parce qu'en effet la plupart ont le corps assez roide et presque élastique. Voyez *Vers intestinaux*, à l'article général VERS, où nous avons exposé le système helminthologique de M. de Lamarck. (DE B.)

VERS A ROSSIGNOL. (*Entom.*) Ce sont les larves du té-nébrion meunier. (C. D.)

VERS A SANG ROUGE. (*Entomoz.*) C'est la dénomination classique sous laquelle M. Cuvier a réuni dans ses ouvrages antérieurs à son Règne animal, tous les entomozoaires ou animaux articulés, dont le fluide récrémentitiel est rouge, que le corps soit pourvu ou non d'appendices; ce qui com-prend tous les chétopodes de M. de Blainville et une partie de ses apodes, la famille des hirudinés; mais dans son Règne animal il a abandonné ce nom pour adopter celui d'annélides, que M. de Lamarck a donné au même groupe. Voyez VERS, où le Système helminthologique de M. Cuvier a été analysé. (DE B.)

VERS STERCORAIRES. (*Entom.*) Ce sont des larves de diverses espèces de mouches, de bousiers, de silphes, d'es-carbots, etc. (C. D.)

VERS DES TRUFFES. (*Entom.*) Ce sont des larves de ti-pules et d'autres espèces qui s'y développent et qui produi-sent des diptères. (C. D.)

VERS DES TUMEURS ou DES ULCÈRES DU BŒUF. (*Entom.*) Ils produisent des oëstres. (C. D.)

VERS VÉSICULAIRES. (*Entoz.*) Première section de l'ordre des vers mollasses dans le Système helminthologique de M. de Lamarck, établie pour les vers intestinaux dont le corps est terminé par une vessie ou qui adhèrent à une vessie qui les contient. (DE B.)

VERS DE LA VIANDE. (*Entom.*) Ce sont des larves de diverses espèces de mouches. Voyez Mouche, n.ºs 1, 2 et 3. (C. D.)

VERSICOLOR. (*Ornith.*) Sous ce nom spécifique on trouve mentionné dans le Nouveau Dictionnaire d'histoire naturelle, une espèce de corbeau que Latham avoit nommé *Corvus versicolor*. (Ch. D. et L.)

VERSICOLORE. (*Entom.*) Voyez Bombyce, n.° 4. (C. D.)

FIN DU CINQUANTE-SEPTIÈME VOLUME.

STRASBOURG, de l'imprimerie de F. G. Levrault, impr. du Roi.